有机合成安全学

SAFETY SCIENCE FOR ORGANIC SYNTHESIS

徐继有 著

科学出版社

北京

内 容 简 介

本书旨在通过全面提升安全素养、规范安全行为和增强有机合成安全知识，切实有效地避免有机合成研发实践中事故的发生。

全书共四篇。第一篇安全原理，从社会规范着手，论述了安全学原理性理论与安全文化；第二篇安全管理，主要阐述了如何强化化学实验室的人、物(机)和环境的安全管理；第三篇危险化学品安全，分述了八类危险化学品及化学废弃物的性质和安全防范；第四篇安全操作，分述了各类有机合成危险反应、各类事故的原因，以及如何做到安全操作，避免化学实验室事故的发生。

本书可作为药物化学、有机化学、高分子化学、材料化学、应用化学等相关学科的大学高年级学生、硕士研究生或博士研究生的参考教材，也可作为有机合成研发人员及管理人员的参考书。

图书在版编目（CIP）数据

有机合成安全学/徐继有著. —北京：科学出版社，2016.3
ISBN 978-7-03-047377-6

Ⅰ. ①有⋯ Ⅱ. ①徐⋯ Ⅲ. ①有机合成–化工生产–安全管理 Ⅳ. ①TQ02

中国版本图书馆 CIP 数据核字（2016）第 031962 号

责任编辑：贾　超 / 责任校对：杜子昂　彭珍珍
责任印制：吴兆东 / 封面设计：东方人华

科学出版社 出版
北京东黄城根北街 16 号
邮政编码：100717
http://www.sciencep.com
北京华宇信诺印刷有限公司印刷
科学出版社发行　各地新华书店经销
*
2016 年 3 月第 一 版　开本：787 × 1092　1/16
2025 年 4 月第十次印刷　印张：33 1/4　插页：1
字数：750 000

定价：98.00 元
（如有印装质量问题，我社负责调换）

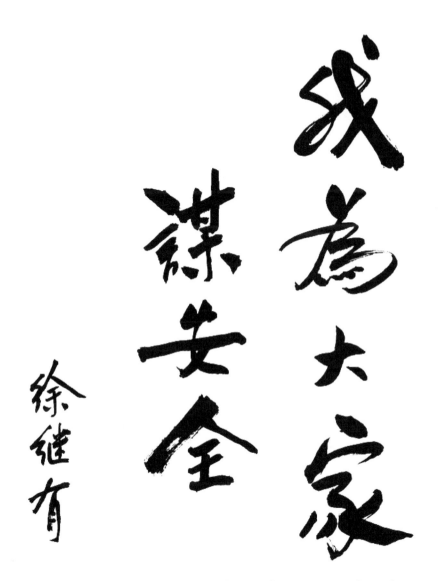

I am striving for safety for everybody.

Xu Jiyou

前　言

　　有机合成是药物化学、有机化学、高分子化学、材料化学、应用化学等学科的基础和核心。有机合成是一门以实验为基础的自然科学，是一门实践性很强的学科。有机合成的实践包括研发和生产，实践的前期主要体现在实验室的相关研发活动中，中期体现在实验室放大实验，后期则直接与放大生产相关。对于实践性很强的当代有机合成，又始终与物理学、环境科学、建筑工程、生物、医学、核辐射，甚至天文地理等学科密切相关，并相互渗透。

　　有机合成是人类认识和改造物质世界的主要方法和手段之一，人类的生活能够不断提高和改善，有机合成在其中起了重要的作用。有机合成成就了现代社会文明，推动了社会发展。然而，我们也必须看到另一面，在整个有机合成实践活动中，包括研发人员在内的相关人员经常要与有毒有害、易燃易爆的物品打交道，事故率较高，负面影响大。无论是高等院校、研究院所，还是研发公司，安全问题一直比较突出，经常造成人员伤亡、经济损失、环境破坏等不良的社会影响，一些组织因此而停业整顿，甚至关门倒闭。有机合成的相关企业，失败的多数原因出在安全问题上。

　　安全问题一直是有机合成实践活动的重要研究内容，需要从内在本质和外界相关要素上进行探讨和综合解决。有机合成研发实践活动的点点滴滴每时每刻都渗透着与安全相关的元素，不但包含有机合成领域的化学品、合成工艺、单元过程、仪器设施，以及环境和工程防护等诸多方面的元素，更重要的是包含了社会规范、管理、人的思想、观念、意识、习惯和行为等诸多元素。这些多学科相互交汇、相互渗透的安全元素就是本书的基本素材。

　　《有机合成安全学》是有机合成研发领域内的安全理论和学问。本书较全面地反映了有机合成研发领域安全问题的客观规律，既包括物质运动的基本规律，也包含社会规范、人的思维和行为轨迹，是有机合成领域安全科学的世界观和方法论的集中体现，既具有有机合成安全实践的普遍意义，也更科学、更实际、更具体、更生动地把安全科学全面地展现在人们面前。本书的目的是使所有有机合成研发实践人员能从思想意识上(第一篇安全原理)、管理体制上(第二篇安全管理)、专业辨识能力上(第三篇危险化学品安全)和操作技能上(第四篇安全操作)做到本质安全，少出事故甚至不出事故。

　　作者在长达四十多年药物合成实践的职业生涯中，见证和汇集了国内外众多院校、药物研发和制造公司的有机合成研发实践(实验室和车间)的人、物(机)、环境、管理等多因素轨迹、数据和案例，对有机合成研发实践和生产活动中发生的大量事故进行分析和推理，力求找出事故原点，通过艰苦探索，全面归纳和总结了有机合成领域研发实践和生产活动中的诸多安全问题，成就了这本适合有机合成研发实践活动相关人员阅读的《有机合成安全学》。作者关于安全的理念和方法，已经在很多企事业单位得到成功践行。事实已经证明，这套理论和方法，不但对有机合成领域的研发实践和生产活动有直接而密切的普遍理论指导意义，而且对减少和防止事故的发生、保障研发和生产作业人员的切身安全、保障研发工作或生产活动的顺利开展、组织的安全和持续发展，乃至社会的安全，都具有普遍的现实意义，充分体现了本书的理论价值和实用价值。

本书既系统详细地阐明了有机合成领域的安全基本理论及其前沿理念，也较全面地阐述了有机合成领域的安全基本方法。全书由四篇组成，有机地构成了一个严谨的有机合成研发领域的安全体系：第一篇是"安全原理"，解决我想安全的问题，需要深刻领悟安全本源及其价值观；第二篇是"安全管理"，解决我要安全的问题，需要决策和实施好安全管理；第三篇是"危险化学品安全"，解决我懂安全的问题，需要知晓危险化学品的危害性质；第四篇是"安全操作"，解决我能安全的问题，需全面掌控安全操作。前三篇是手段，最后一篇是目的。

安全体系好比一棵大树，大树由根基、树干、枝杈和花叶果实四个部分组成。"安全原理"是根基，思想意识和观念习惯集合成的安全文化是安全的根基，根基夯实，安全这棵大树才能牢固不倒；"安全管理"是主干，科学规范化的管理是安全的主干，主干承上启下，坚实有力，大树才能端直挺立；"危险化学品安全"是枝杈，不同类型化学品是安全的脉络枝杈，搞清它们的纹理性质才能强枝壮杈，大树才能撑开大局面；"安全操作"是花叶果实，各单元安全操作和各类反应的安全操作是安全的花朵绿叶，花繁叶茂，大树才能硕果累累。

本书四篇组成了一个完整的安全体系，从根基到树干，从树干到枝杈，从枝杈到花叶果实，要使大树健康向上，生长旺盛，四个层面缺一不可。要真正做到有机合成研发实践的安全，本书的四个篇章同样也是缺一不可。只有全面系统地学习和掌握了四个篇章组成的《有机合成安全学》，知行合一，学以致用，最终落实到第四篇的"我能安全"，安全才能真正属于你，属于你所在的组织。

另外，作者在几十年探索药物有机合成反应的理论、实践和安全规律以及酝酿撰写本书的过程中，还亲自指导性地为各研发单位审核了 50000 多个危险反应（危险反应仅占有机合成反应的 3%～5%）。结果表明，只要研发人员确实是按照作者的批注意见进行操作的，就没有发生过一起事故，做到了万无一失。

书中所列举的国内外事故案例都是相关当事人不遵循客观规律、不遵守标准操作程序(SOP)所酿成的"苦果"。然而，这些事故案例却成为很有价值的反面教材，值得反省。一些具有代表性的危险反应在本书的篇章中有所体现，并主要体现在第四篇的后几章中，研发人员可以认真细读和思考，做到活学活用。大家要树立信心，所有事故都是可以预防的。

总之，有机合成安全学不但是一门学问，更显示人的品质和素养，需要去悟、去学、去做、去体会、去归纳、去总结。"博学之，审问之，慎思之，明辨之，笃行之"，修炼至极，安全大器成矣。

由于作者写作时间仓促，加上水平有限，书中的缺陷在所难免，恳请有关专业人士和广大读者批评指正，作者的邮箱地址为 xu_jiyou@sina.cn。

徐继有

2015 年 8 月 26 日

Foreword

Organic synthesis is the foundation and core of pharmaceutical chemistry, organic chemistry, polymer chemistry, materials chemistry, applied chemistry and other disciplines. Organic synthesis is a natural science based on experiments, as well as a very practical discipline. The practice of organic synthesis consists of research, development and production. The preliminary phase of the practice consists of relevant research and development activities in the laboratory, the middle phase is represented by scale-up experiments in the laboratory, and the later phase is large scale production related. Modern organic synthesis is closely associated with and interacts with other disciplines such as physics, environmental science, construction engineering, biology, medicine, nuclear radiology, astronomy, and even geography.

Organic synthesis is one of the main methods and means for human beings to understand and transform the material world. Organic synthesis has played an important role for continuously enhancing and improving the quality of human life. Organic synthesis has helped to establish the civilized society and promoted social development. However, we must also realize that when practicing organic synthesis, people, including research and development personnel, often have to deal with toxic, hazardous, flammable and easily explosive reagents. This leads to high accident rate and results in other negative impacts. Whether it is in universities, research institutes, or research and development companies, accident has always been a prominent issue, often causing casualties, economic losses, environmental damages and negative social impacts. Some organizations have been ordered to suspend production for rectification, or even to close down completely. In organic synthesis related businesses, the major cause of failure is related to safety issue.

Safety has always been an important research issue in the practice of organic synthesis. Safety issue in organic synthesis requires the investigation of both internal and external elements. Every detail and every moment of organic synthesis practice is permeated with elements related to safety, which not only contains such factors in the fields of organic synthesis as chemicals, synthesis processes, unit processes, instruments and facilities, but also contains environmental and engineering protection and many other aspects. More importantly, it is related to the various elements of social norms, management, people's ideas, views, awareness, habits and behaviors. The major theme of this book, *Safety Science for Organic Synthesis*, is related to the safety issue in organic synthesis and how it intersects and interpenetrates with multiple disciplines.

Safety Science for Organic Synthesis is concerned with the theory and knowledge of safety for organic synthesis. This book comprehensively reflects the objective laws in the field of safety in organic synthesis, including not only the basic laws of the motion of matter, but also social norms, human thinking and behavior trajectories. It epitomizes the world outlook and methodology of the safety science in the field of organic synthesis. It also presents the various principles of safety in a more scientific, practical, concrete and animated approach. The purpose of ***Safety Science for Organic Synthesis*** is to allow all practitioners in organic synthesis to achieve essential safety from the aspects of ideology (Safety Principle), management system (Safety Management), safety analytical skills (Safety of Dangerous Chemicals) and operational skills (Safety Operation), finally reaching the goal of zero accidents.

With over 40 years professional career in pharmaceutical synthesis and explorations, the author has observed and analyzed a large number of the multivariate tracks, data and accident, that were from people, machine (material), environment and management in organic synthesis laboratories of domestic and international universities, pharmaceutical research, development and manufacturing companies. By combining social and natural sciences, this book exams many accidents occurred during research and development, and production activities in the field of organic synthesis. It seeks the origins of the accidents, summarizes many safety issues in the research, development and production activities of organic synthesis. The research result makes this book, ***Safety Science for Organic Synthesis***, relevant for people engaged in the practice of organic synthesis. The author's concepts and methods on safety have been successfully implemented in many enterprises and institutions. Facts have proven that this book is not only of direct and universal theoretical significance for guiding the research and development activities in the field of organic synthesis, but also a very practical guide in reducing and preventing accidents, protecting the vital safety of R & D and production personnel, protecting the safety of the organization and society, guaranteeing the smooth conduction of research and development or production activities. These aspects fully embody the theoretical and practical value of this book.

This book illustrates the basic theory and cutting-edge concepts of safety in the field of organic synthetic systematically and in great detail, as well as giving a comprehensive overview of the basic safety methods in this field. Some of the chapters have been released one after the other, and also the content has been widely reproduced and spread by internet. R & D personnel have considered these chapters as important references for the practice. Following the book's ideas and methods, and with many years of extensive and deep practices, the majority of R & D personnel have greatly enhanced their safety awareness, improved their safety skills and significantly reduced the accident rate. Under the guidance of such safety concepts, safety epistemology and safety methodology, thousands of organic synthesis research and development people have greatly improved their professional qualities and their professional career have developed rapidly and healthily.

The book consists of four sections, organically constituting a rigorous safety system for research and development in the field of organic synthesis:

The first section is "Safety Principle", addressing problems related to my desire for safety, which requires a profound understanding of the values of safety; The second section is "Safety Management", addressing problems related to my hope for safety, which requires good decision-making and the implementation of safety management; The third section is "Safety of Dangerous Chemicals", addressing problems related to "my understanding" of safety, which requires profound knowledge of the chemicals' nature and property; The fourth section is "Safety Operation", addressing problems related to my abilities for safety, which requires a full mastery of the principles of safety operation. The first three sections are means, and the last section is the purpose of this book.

Safety system is like a tree, which is composed of four parts, including roots, trunk, branches and flowers and leaves. "Safety Principle" is the roots. Safety culture integrating ideology, concepts and conventions is the foundation of safety. Only by reinforcing the foundation can the tree of safety be steady and secure. "Safety Management" is the trunk. Scientific standardization management is the trunk of safety. This trunk supports the upper part and it is linked to the roots. Only when the trunk is firm and strong, can the tree stand straight. "Safety of Dangerous Chemicals" is the branches of the tree. Different types of dangerous chemicals are the branches of safety. Only by finding out the nature of their texture can the branches be strong and can the tree have the supporting function. "Safety Operation" is the flowers and leaves. The safety operations of each unit processes and various types of dangerous reactions are the flowers and leaves of safety. Only when flowers and leaves are plentiful can the trees be fruitful.

The four sections of the book form a complete safety system, from the roots to the trunk, from the trunk to the branches, from the branches to flowers and leaves. If we want to have a healthy and vigorous tree, the four main parts are indispensable. To truly achieve the safety of organic synthesis practice, the four sections of this book, *Safety Science for Organic Synthesis*, are also indispensable. Only with the comprehensive and systematic study and mastery of the *Safety Science for Organic Synthesis* composed in these four sections: the combination of knowledge and practice, the application of knowledge in practice, and finally to achieve the "abilities for safety" in the fourth section, can safety ultimately belong to you and your organization.

In addition, in the decades of exploring the theory, practice and safety laws of pharmaceutical chemistry synthesis reaction and in the preparation and research of this book, the author has also personally reviewed more than 50000 dangerous reactions (dangerous reactions only account for 3%~5% of the synthetic reactions). The results show that as long as R & D personnel truly operate in accordance with the concepts and methods in this book, they have achieved the goal of zero accident.

All the domestic and international accidents cited as examples in this book were resulted from the violation of objective laws and the non-compliance with SOP, but the accidents have become very valuable negative examples worthy of consideration and reflection. Certain representative dangerous reactions are presented in various chapters of this book, especially in later chapters of the fourth section. Research and development personnel should read in detail and think deeply, so as to apply the principles in practice.

In short, *Safety Science for Organic Synthesis* is not only a discipline, but also knowledge that demonstrates human nature and qualities. It is a study that requires us to understand, to learn, put into practice, to experience, to conclude and to summarize. "Study extensively, inquire thoroughly, consider deliberately, discern clearly, work persistently", and with long practice, you are sure to achieve safety successfully.

Xu Jiyou

August 26 2015

目　　录

第一篇　安　全　原　理

第二篇　安　全　管　理

第三篇　危险化学品安全

第四篇　安　全　操　作

第一篇 安全原理

开 篇 语

宇宙爆炸，地球形成；日月盈昃，辰宿列张。

电闪雷鸣，风雨交加；云腾致雨，露结为霜。

凸壑平凹，山河川洋；阳光育绿，蛋白脂糖。

毛行蠕爬，鳞潜羽翔；人类诞生，社会运畅。

漫漫长河，纵贯天灾；万代繁衍，人祸悲哀。

天灾无奈，人祸不该；分秒之间，生死两边。

物竞天择，适者生存；自然法则，立足世间。

内儒自律，外法他律；社会规范，和谐人间。

律法章规，遵循天意；道体德用，天人合一。

顺从自然，确保安然；操作规范，才能无恙。

工业革命，事故由来；灾祸因由，隐患寻源。

人机物管，本质安全；安全文化，根基平安。

孔子　　　　　　　　　　老子　　　　　　　　　　庄子
公元前 551 年—公元前 479 年　　公元前 571 年—公元前 471 年　　公元前 369 年—公元前 286 年

第一章　社会规范与广义 SOP

　　现代社会的各种社会秩序，包括人与人、人与团体、人与自然、人与生产领域之间的秩序都是由各种社会规范维持着，正所谓不以规矩，不能成方圆。脱离了社会规范就谈不上安全，更谈不上社会的进步与健康发展。

　　社会规范是指人们社会行为的规则和社会活动的准则，在本书中是指特定范围内的人们必须共同遵守的社会行为标准以及与物质相关的操作标准。

　　有些规范是人为设定、以书面形式规定的条文，如法律法规、条例规则、规章制度、规定通则、守则章程、公约合同、手册标准、操作规范或规程等；有些是还未成文的约定俗成的潜规则或相习成风的风俗习惯、规条惯例、教规戒律，甚至歌谣、顺口溜等。无论哪种社会规范，只要符合客观规律，顺应自然、造福人类，就必须遵守它们。

　　社会规范有很多类型，概括为法律规范、管理规范、操作规范三大类，分别由法律法规、规章制度、操作规程组成。社会规范的作用和目的是协调各种关系，通过自律、互律和他律，避免或减少违法、违章、违规，构筑一个高度文明、平和稳定、健康向上和安全可靠的社会环境。社会规范是安全科学的重要组成部分，是安全实践的基础要素。

第一节　违法、违章和违规的本质原因

一、人的自然属性、社会属性和圣性的综合图

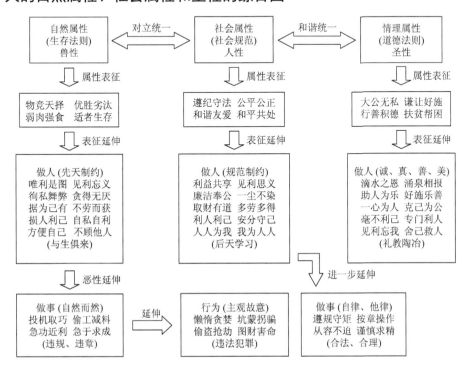

二、自然属性

自然属性以自然法则为导向，表现在不同物种之间甚至同物种之间具有优胜劣汰和适者生存的残酷性。自然属性的残酷性是上个环节对下个环节而言的，表现为强吃弱、大食小。

那么，强者的上个环节又是什么呢？答案是直属底层的某些弱者。因为强者个体不可能永远是强者，它的生命会终结，终结后又有一个环节(如微生物、植物的光合作用等)来连接消化它，以接应循环，最后组成一环扣一环的形形色色的生物链，并由此组成最大的生态系统——生物圈。动物之间，动物与植物之间，以及微生物的参与，无时无刻不在按照自然法则诠释着自然属性。

自然属性的本质是兽性(也称动物性)，兽性是生态系统中所有生物的基本表现。

三、人的自然属性

人是自然的一员，人类属于自然界一族，同样要参与生物圈，也有着同样的、物竞天择、优胜劣汰、弱肉强食、适者生存的自然属性，是与生俱来的，否则，人类无法生存于自然界。

人的自然属性是人的本质属性。人的本性是利己和贪婪，这其实就是人的自然属性的基本表征。任何生物都要努力获得生命延续所需要的各种物质，人类作为生物的一种也不例外，为了维持生命，也要争夺食物(生物体)和生存空间等，从而满足人的基本权益——生存权和繁衍后代，以及附着的其他权益。

四、自然属性的无限制延伸是人容易犯错的根本原因

生存是人类立足自然的基础，但与其他生物的不同之处在于，人类的智力和逻辑思维高度发达，除了满足生存外，还有不断发展的欲望。这就需要组织社会生产。社会生产需要进行人与人的交往，这就是做人；生产需要操作，这就是做事。同时，社会生产迫使人类要排除兽性的各种弊病，制订各种规范，并按照相应规范相互协调和紧密配合，这样才能使社会生产产生最优化效果和最大利益。

而另一方面，人的自然属性必然会固执地、自然而然地将利己贪婪的本性延伸下去。延伸后的意念表征为：唯利是图、见利忘义，徇私舞弊、贪得无厌，据为己有、不劳而获，损人利己、自私自利，方便自己、不顾他人等；更进一步延伸下去的行为表达为：投机取巧、偷工减料、急功近利、急于求成等；甚至更深层次的延伸：图财害命、高科技诈骗等。以上所涉及的本性、延伸和再延伸等，都遵循了自然界的能量最低法则，即以最低的代价获取最大的收益。然而，这些与生俱来的兽性的延伸和再延伸是人类高智商与低级素质思维相结合的结果，这种结果又进一步渗透到人类社会的各个领域和活动中。显然这些延伸和再延伸会与社会规范产生冲突，这种冲突的表现形式就是犯错，也即违法、违章或违规。这既扰乱了生产关系、破坏了生产力，也可能由此造成对自己、他人、家庭或社会的损害，甚至巨大危害。

第二节　社会属性与社会规范

一、修正或颠覆人的自然属性的必要性

虽然人属于自然界，但人具有逻辑思维能力，属于自然界万物中的高智商一族。如果放任人的自然属性渗透到人类社会，那么由此引起的资源掠夺、战争、生态失衡、环境污染和各类安全事故等后果将会毁灭人类自己。所以，人类为了自身能更好地生存和健康有序地发展，有必要用社会规范来约束、修正，甚至根本性地颠覆延伸到人类社会中的自然属性。

二、社会的含义

人类社会是物质运动的最高形式，是人们在特定的物质资料生产基础上相互交往、共同活动形成的各种关系的有机系统。或者说，人类社会是以自然为依托的人与人在特定契约或法理下，相互间发生和满足交换的稳定集合，并渗透到人与自然、人与生产领域中去。这种稳定集合以社会规范为导向，属于社会属性。

人类社会是不以人的意志为转移而形成的，人类社会形成的基本目的是人类群体利益最大化。通过人类的逻辑思维，人类社会的内涵与要素会更加丰富。群体由个体组成，只有在群体利益高于个体利益的情况下，个体利益才有长远保障。群体社会只有保持整体团结和谐、整体意识和行为的规范，才能增强群体社会的利益，从而使个体得利。反之，如果个体利益高于群体利益，只会削弱群体社会的利益，这个群体就会败落。

三、人的社会属性和社会规范

社会属性表现为人与自然、人与生产以及人与人之间的相互关系，其本质属于人性。虽然人类社会为了前进发展而存在优胜劣汰和竞争，但基于群体利益最大化，人类社会属性的基本表征是遵纪守法、公平公正、尊重客观、维护和谐，并以社会规范为导向。

四、人的自然属性与社会属性的关系

人的自然属性与社会属性之间既是相互制约和相互对立的关系，又是相互依存和相互统一的关系。

人的自然属性从根本上制约着人的社会属性，因为人的自然属性是人的社会属性赖以存在的基础，没有自然属性就没有社会属性。自然生存法则运用物竞天择、适者生存、弱肉强食、优胜劣汰的运行机制，而社会规范需要遵纪守法、公平公正、和谐友爱、和平共处的运行机制，两者之间往往是对立的。例如，和谐对自然法则来说是反动的，而对社会规范来说，你死我活是要规避的。但是，自然属性和社会属性统一于人之中，是客观天生共存的。中国伟大的哲学家和思想家庄子在战国时期就提出"天人合一"的道家处世哲学，后被很多大家如汉代思想家董仲舒发展为"天人合一"的哲学思想体系。虽然两千多年来对"天人合一"有不同的论述和见解，解释纷纭，莫衷一是，但共同点却显而易见，这里

的"天"代表了以自然客观规律为基本要素的自然属性，"人"指的是社会属性。天道就是自然界的变化规律，人违天道，必受天谴。

人类的初始思想行为是自然的直接反映，更进一步，人类的生理、伦理、政治理论等社会现象也是自然的直接反映。一切人事均应顺应自然规律，天人必须相应，天人必须相通，天人必须同律，天人必须合一，达到人与自然的和谐。例如，能如老子说的"人法地，地法天，天法道，道法自然"，就能"没身不殆"。老子的这句话，层次更鲜明，更有从属性和哲学逻辑性。虽然其中的"天"与"天人合一"的"天"含义不同，但是其最后两字"自然"是与"天人合一"中的"天"相吻合的，指的是自然客观规律。"天人合一"是社会大道，是人类社会立足于自然的大道，更是安全哲学和安全科学的基本理论和最高境界。天人合一就是行天意，行天意就是正确反映客观规律。"顺天意者，兼相爱，交相利，必得赏；反天意者，别相恶，交相贼，必得罚。"《墨子·天志上》中的这句话表明，安全科学的实质就是天人合一。"形而上者谓之道，形而下者谓之器"（《易经·系辞》），人类要实现安全和发展，不但要形而上求通求道，而且要形而下求真，由真达通。

社会规范就是顺行天意，践行本书《有机合成安全学》也是顺行天意，最终目的都是实现个体不殆、组织不殆、兴旺发达、社会和谐顺畅发展。

然而，人的社会属性又往往从本质上制约着人的自然属性，人的自然属性受人的意识的指导，具有强烈的社会色彩。所以，人类既要保留自然属性的一些基本的生存要素，又要修正或颠覆自然属性延伸出来的一些有悖于人类自身发展的要素，以摆脱这些自然属性延伸要素在思想或精神上的枷锁。这样，就要在各个社会层面上对不同的人群和不同的要素制订相应的社会规范，用以协调人与自然、人与生产、人与人的以和谐为核心的各种相互关系。

五、社会规范的作用

社会规范是社会组织根据自身的需要提出的，用以调节其成员的社会行为的标准、准则或规则。法律规范、管理规范、操作规范等各种行为标准互相配合，有机地组成社会规范体系。社会规范调整人们的思想意识和观念习惯，从而制约和规范各方面的行为；社会规范使个体服从群体，个人服从社会，从而将各种社会活动纳入统一的轨道。社会规范是社会控制、自然控制、生产控制和健康安全控制的重要手段。

社会规范的作用正日益为人们所重视，不仅对社会的安全存在和稳定发展是至关重要的，而且直接关乎个体或小集体的安全存在和健康发展。

（一）社会规范是人类的行为工具

人类作为一种高级生物存在，其满足自身物质与精神需要的方式不同于动物的本能活动。其特殊性表现在两个方面：人是通过使用工具来实现其需要的，而且这种需要是不断提升、没有终点的；人类满足自身需要的活动具有社会性特点，即以群体联合的方式以及社会大生产的实践方式来弥补个体自然本能的不足，从而最大限度地满足自己的需要。这种联合是在社会规范的引导下结成一定的社会关系和生产关系，按社会规范的要求来统一各方的意志与行动。

社会规范反映了一个群体的共同意愿,即一种共同的价值体系。个体要在群体中生活,在大生产中提升生活质量,就必须掌握这种价值标准,并自觉地用来约束自身的各种社会行为,调节人际间、人与自然间、人与机物间的交往活动,才能为群体、自然和机物所接纳。这种适应各系统的价值需要的过程也就是个体获得社会标准、自然标准与生产标准,完成适应的过程。因此,社会规范是个体的各种行为选择及定向的工具。

(二)社会规范通过社会控制、自然控制和生产控制来维持秩序

人类社会是通过物质资料生产的相互交往活动来满足共同需求,而以一定方式结合起来的人类群体。社会是由人类个体构成的,而人类个体首先是一个生物实体。为维持个体的生物存在,必须首先从自然环境中通过生产获取满足生命需要的物质资料。同时,人类个体除了有各种物质需要外,还必须有多种精神需求。因而,从某种意义上说,社会就是人类多种需求的驱动体,社会的发展正是社会需要驱动的结果。

有需要和欲望就应当有节律,才能避免向大自然恶意透支、避免人与人之间的恶意纷争、避免违法违章和违规操作,保证人类与大自然的和谐相处、个体与群体间的和睦相处,最大限度地满足每一个体的需要。荀子说:“人之生,不能无群,群而无分则争,争则乱,乱则穷矣”(《荀子·富国》)。又说:“人生而有欲,欲而不得,则不能无求,求而无度量分界,则不能不争。争则乱,乱则穷”(《荀子·礼论》)。这里的“度量分界”,实际上就是指规范及节制。有了社会规范,便有了满足个体物质与精神需要的思维标准和行为准则,从而使每一个体与他人正常相处,维护社会稳定;与自然和谐相处,维护繁衍和生态平衡;与研发和生产实践默契相处,以满足提高生活质量、健康和安全的需求。因此,对于一个社会的存在、稳定和发展而言,社会规范是不可缺少的。社会规范越完善、越充分,就越有利于维护社会各项秩序,越有利于促进社会发展。总之,社会规范的健全和遵守在推动社会文明进步、环境优美和健康安全等实践活动中起着极其重要的作用。

六、社会规范中三个层面的标准要素

社会规范属于社会属性的范畴,由法律法规、规章制度和作业程序(操作规程)三个层面的标准要素构成,它们之间的相互关系如表 1-1 所示。

表 1-1　社会规范中三个层面的构成要素间的相互关系

规则要素	制定主体	适用范围	违反须承担的责任
法律法规	各级人民代表大会或各级政府(西方的议会)	整体或规定范围内的个人或集体 [a]	刑事、民事、经济、行政等法律责任
规章制度	行业、团体、组织或部门	行业、团体、组织或部门的个人或集体	造成损害要承担经济,甚至刑事等法律责任
作业程序	行业、团体、组织或部门	行业、团体、组织或部门的个人或集体	造成损害要承担经济,甚至刑事等法律责任

a 集体是指由两人以上组成的行为群体,如行业、团体、组织或部门等。

（一）法律法规

法律法规是社会规范中第一层面的构成要素，在社会属性中具有纲领性的作用。法律法规具有普遍约束力，以各种方式影响着每个相关人员的日常行为，甚至影响整个社会。它是由各级人民代表大会或政府为遵循自然发展规律或社会发展规律，以协调人与自然、人与人以及人与机物间的相互关系为目的而制定的，旨在维护社会的基本秩序和保持社会稳定，若违反要承担刑事、民事、经济、行政等法律责任。

（二）规章制度

规章制度是社会规范中第二层面的构成要素，在人类社会中发挥着极其重要的作用，一般以规章、制度、守则、规范或标准，甚至公约、契约与合同等形式来表述。由行业、团体、组织或部门为特定的范围和特定的人群，按照特定要求来制定的，以协调自然、人、物(机)、团体等相互间的利益关系，基本属于如何做人和制度管理的范畴。如果违反则要承担相应责任，包括经济责任，甚至刑事等法律责任。

（三）作业程序

作业程序或称操作规程，属于操作规范，是社会规范中第三层面的构成要素，也是最丰富的部分，属于行为规范或技术指标，在各个领域和活动中无所不在。它是由行业、团体、组织或部门为特定岗位(或操作)和特定的人群，按照特定的质量标准或安全标准制定的，用以协调人和物(机)之间的关系，一般属于如何做事的范畴。若违反造成损害要承担经济，甚至刑事等法律责任。

七、标准管理规程和标准操作程序

随着十八世纪工业革命的兴起，各类管理问题越来越复杂，管理矛盾日渐突出。因此需要以规章和制度作为标准来明确和规范团体之间、组织之间、人与人之间、人与团体或组织之间、人与物(机)之间等的统一协调关系，按照社会规范，使具有共同利益的人或团体切实做到遵纪守法、公平公正、和谐友爱、和平共处，否则就不能适应规模化社会大生产的要求。于是，规章和制度作为管理标准应运而生。这就是标准管理规程(standard management procedure，SMP)的由来，它代表着社会规范中第二层面的构成要素。

另外，进入工业革命以后，生产规模不断扩大，产品日益复杂，分工日益明细，品质关联日益紧密，各工序的管理日益困难。为了适应规模化的生产要求，必须以作业指导书形式统一各工序的操作步骤及方法，标准操作程序(standard operation procedure，SOP)随SMP 应运而生。从起源上分析，SOP 既不是法律，也不是制度，而是对某一程序中的关键控制点进行细化和量化，实际上是一种作业程序，即标准作业指导。它是一种操作层面的程序，是实实在在的，具体可操作的，不是理念层次上的东西。如果结合 ISO9000 质量管理体系标准，SOP 属于三级文件，即作业性文件。SOP 代表着社会规范中第三层面的构成要素。

八、广义的 SOP

在实际工作中，SOP 的定义和应用可以被延伸（已经被大大延伸），因为现实中的所有法律法规、规章制度或作业程序组成的社会规范其实都是可操作性的标准。法律法规是法规标准，规章制度是管理标准（或称标准管理规程），作业程序是作业标准（或称标准操作规程），它们都同属贯彻标准、执行标准、行动标准、考核标准或验收标准。所以根据这些标准要求的属性和内在含义，由法律法规、规章制度和作业程序三个层面的标准要素构成的社会规范可以被统称为广义的 SOP，即 G-SOP（generalized standard operating procedure）。

我们常说的违法、违章和违规，分别指的就是违反法律法规、违反规章制度和违反作业程序。

鉴于本书涉及的专业范围，在一些章节里如果没有涉及法律法规的属性要求，所说的 SOP 是指有机合成研发实践领域的相关人员都必须遵守的标准管理规程和标准操作规程；如果没有涉及法律法规和标准管理规程的属性要求，所说的 SOP 仅指有机合成研发实践领域的相关人员都必须遵守的标准操作规程。

第三节　人性和圣性之间的关系

一、人的圣性

圣性是陶冶的人性，是指比社会属性更高层次的悟性或称情理性，其基本表征是大公无私、谦让好施，行为核心是遵循规范、舍己利人。圣性被作为美德来颂扬，是人类的最高境界。圣性的倡导可以大大影响和提高社会属性的质量，凡是圣性成分高的社会，违法犯罪率会很低，违法、违章、违规现象会很少，事故率低。

然而，圣性不是先天的。有人专门研究过，虽然大约 4% 的人一开始就有诸如"怜悯"等的心态，但这仅仅是非理性的初级圣性。理性的圣性必须立足于自然属性并归顺社会属性，需要人性或礼教的感悟，依次进化并陶冶至大成，至善、至诚、至仁。正如伟人孙中山说的"古人所谓天人一体，依进化的道理推测起来，人是由动物进化而成，既成人形，当从人形更进化而入于神圣。是故欲造成人格，必当消灭兽性，发生神性，那么才算是人类进步到了极点。"孙中山说的神性，其实就是圣性。

二、法理与情理的关系

法理归属社会属性，属于社会规范；情理闪烁圣性，反映了品德和情操。法理和情理通常也是一对矛盾,合乎法理不一定合乎情理,合乎情理也不一定合乎法理。"法不留情"显示法理优于情理,"对弱势群体网开一面"表现情理优于法理,这都说明法理和情理既有差异和区别,又和谐统一、相依相伴、紧密相随。

案例1

一女子买了三张火车连座票,然后将长座椅当成卧铺躺着。旁边一位男子和老父亲因为没买到坐票而一直站着,于是男子就上前商量,是否能让出一个座位给其父亲,让他坐着休息一下,哪怕付点钱也可以。女子理直气壮地说:"不行"。她继续躺着,找来乘务员也没办法,她的确买了三张座票啊。该女子的做法是合法(理)不合情(理)。

案例2

氢化实验室是有机合成研发实践中的安全重点场所,制度规定,未提前申请并经主管领导批准,节假日是不允许研发人员擅自进入操作的。而某研发人员周五晚上才突然想起氢化实验室里他的那个反应差不多到终点了,为了赶项目进度,他放弃周末休息,周六起了个大早匆匆忙忙赶到单位加班,偷偷进入氢化室取样,结果被监控探头记录而遭处罚。这种处罚是合法(理)不合情(理)。

日常各项安全工作中,常会出现上述这种"规章制度不合理"的案例,这往往是规章制度合法(理)而不合情(理)的表现。

规章制度是社会发展和时代进步的必然产物,它的合理性表现在保护整体或大多数人的利益,而它的"不合理性"表现在对少数违反规章制度的人的惩处。表面上损害了当事人的一时利益,然而从规章制度的本质作用和实质意义来说,这种惩处也正是在保护当事人的根本利益,使当事人今后不会再犯,或教育其他人吸取教训不再犯类似的错误。

法理顺应当代社会,是有操作标准的;情理则代表高尚,通常没有明文的操作标准。当法理和情理发生如上冲突、两者严重对立时,在现阶段往往是通过法理来解决问题。然而,我们也应该看到,法理是需要不断完善的,越接近情理越好。

社会文明的主要成分属于社会属性,并且其通常以法理性彰显在社会属性中,所以现阶段一般以社会规范为标准来衡量社会文明程度。如果闪烁圣性的情理成分的比例升高,社会文明将会更加灿烂。

第四节　建立 SOP 和遵守 SOP 的艰难性

一、要建立 SOP 的原因

人类生存必须遵循自然法则,先天基因带来的利己本性容易自动膨胀和无限拓展,因此这种与生俱来的烙印必然导致:无论是主观或客观上都容易违法、违章、违规或犯错。见钱眼开、唯利是图、徇私舞弊、贪得无厌、自私自利等自然而然并根深蒂固地掌控着上至高官下至普通百姓的思维程序;而损人利己、据为己有、方便自己、不顾他人、投机取巧、偷工减料、急功近利、急于求成等则主导并操纵着人类的惯性行动方式。

两千多年前荀子提出"性恶论"(《荀子第二十三性恶》),从根本上揭露了人的恶性是先天遗传的自然属性。而孟子的"性善论"则更突出儒家思想的入世哲学，强调人性可塑的后天性——空白的心灵犹如白纸，涂黑则黑，抹红便红。从后天教育的重要性来说，"性善论"与"性恶论"并不对立、并不相互抵触，其实是一致的，所追求的都是"以善为人性"、"天人合一"的终极目标，都认为人的知识、法性、理性和真善美是需要经过后天学习、改造、礼仪教化和克己复礼而获得的。孔子提出的克己复礼是人生大道，是社会规范的基础，是维护社会安定、健康有序发展的根本，代表了正确的人生哲学，是非常科学的道德理论。这里的"己"多指自然属性，"礼"就是指仁、德、理，代表了秩序与和谐。通过"克己"来处理人的自然属性和社会属性之间的对立统一关系，通过"礼"来达到"天人合一"的最高境界。

为了遏制人类与生俱来的自然属性导致的思维模式和行动方式，人类社会需要在各个层面，多维度地建立 SOP，并宣传、组织培训、执行和落实，相关人员需要自觉认真学习和切实遵守。人类社会需要管理，不管理就会乱。用什么来管理？只有 SOP。在阐明客观存在内在规律的基础上，SOP 反映了人类社会发展的根本性和必要性。

二、遵守 SOP 的艰难性

SOP 代表了社会规范，其基本特征除了标准性和可操作性外，还有一个就是制约性，也称约束性。

社会通过种种规范维持着各种秩序。不管这种规范是人为设定的，还是客观存在的(包括潜在、默认、约定俗成、相习成风、流传下来的不成文规定等准规范)，只要是规范，便具有制约性。因为规范都具有绝对或相对的约束力，所以人的行为是一种只有在一定的范围内才可以得到许可的行为，才是可行的行为，而不是一种完全无拘无束的行为。这种许可包括自然界的许可、环境的许可、社会的许可、他人的许可、物(机)的许可，这就是规范的制约性的表现。因为在这种制约性中包含着个体切身的利害关系，所以规范的制约性是普遍存在的，是不可消除的。然而，制约性通常是令人难受和痛苦的。

人们常说"学坏容易，学好难"，这是从社会属性角度来评价的。这里的"坏"通常指在利益面前的兽性，表达着"自然属性"的成分，"学坏"就是指"违法、违章、违规或犯错"的行为表达和结果；而"好"属于"社会属性"的范畴，是"遵纪守法、按章办事"的行为表达和结果。《汉书·贾谊传》中有"少成若天性，习惯如自然"的论述，说明好习惯要从小或某新事物开始接受时就要养成的重要性，而到坏习惯成型就麻烦了。坏习惯是在不知不觉中形成的，而好习惯的养成却需要付出非常多的耐心与毅力，因为养成一个好习惯比坏习惯需要更多的能量。但是坏习惯往往比好习惯更加顽固，它如同毒瘤，要把自己身上的"毒瘤"割下来，当然会很痛苦，有时甚至要经历一种炼狱之苦。"堕落"一词说明，人学坏非常容易，像自由落体"坠"下去那样快；而"努力学习、奋发进取、拼命向前"，说明学"好"是需要"努、奋、拼"的，不但费力而且很难。这与俗话说的"不进则退"其实是一个意思，人类社会是在激流中向前发展和进步的，回退落后不用费力，自然而然地就退落下去了，而前进却要花大力气。所有这些都充分说明了遵守 SOP的艰难性。

第五节　自律、监督和奖惩是遵守执行 SOP 的保证

约束性是 SOP 的基本特征，约束性包括主动自我约束和被动性强制约束两种。

主动自我约束也称自律，需要很高的自觉性来支撑，而自觉性的基础是素质。这种素质是需要人们通过长期思想改造和不懈努力才能取得的。SOP 的执行主要靠自律，然而在一些涉及个人或团体利益的情况下，如投机取巧、偷工减料、急功近利、急于求成等面前，自我约束和自我监督往往是靠不住的。由于人类与生俱来的自然属性而形成的思维枷锁和行为习惯，导致主动自觉遵守 SOP 往往是件很难而且很痛苦的事情。正因为如此，多数情况下人类要刻意强迫自己去遵守 SOP，如果主动自觉这方面做不到，就要采取被动强制约束的途径，这就是"他律"。被动强制约束是通过他人监督和惩处来实现的，即通过 SOP 中的惩处措施来迫使相关当事人遵守 SOP。

被动性强制约束是一种痛苦。痛苦改变人的思维，思维改变人的行为。这里的"痛苦"是指"批评、警告、经济惩处或刑罚"等，即通过"批评、经济惩处或刑罚等"来改变人的兽性，改变不遵守 SOP 的行为。批评警告包括口头和书面的，也包括公开和非公开。点名公示属于公开的，触及自尊心，伤及情面和形象，是一种精神痛苦，这种批评警告有时比经济处罚的效果还大。点名公示或点名批评要实事求是，不能偏离主题或有其他成分在里面，否则效果会适得其反。符合法律规定的经济惩处包括奖金的减扣，职位的降级等，甚至也包括现金处罚。而刑罚只能由国家政府职能部门实施，是最严厉的一类强制方法。

一些法律法规或规章制度中往往标注有"若有违反或不遵守，将处以什么什么处罚；造成严重后果的，将处以什么什么处罚"等条款来迫使相关人员遵守该法律法规或规章制度。而各种作业程序及非成文的准规则，虽然没有相关书面惩处条款，但是都需要顺应事物的内在特征，这其实就是遵守对应的 SOP。一旦违反其事物内在特征，往往会酿成事故，造成伤害或经济损失，除了可能会受到社会规范中第一层面的法律法规或第二层面的规章制度的惩处外，这种事故导致的伤害或经济损失本身实际上也是一种直接惩处。

严明的奖惩制度是执行 SOP、保障安全的重要措施，也是安全工作的一项重要内容。国家和地方有关安全的法律法规，以及各企事业单位按照国家和地方的安全法律法规并结合自身实际情况而制定的安全方面的规章制度，对奖惩都会有规定，特别是对于处罚都有明确的规定：对于违反安全法律法规、规章制度以及造成事故的责任人，可以进行批评、要求赔偿、降级、处罚、解聘；对构成犯罪的，政府执法部门还会依照法律追究刑事责任。例如，《上海市安全生产管理条例》第十七条要求各企业法人建立安全奖惩制度。这样，违反安全 SOP 受惩处就有了法律依据，"惩"是法律赋予企业法人在安全工作方面的尚方宝剑。

安全工作的核心之一是保障安全 SOP 的正常运作，而奖励和惩处又总是伴随在安全 SOP 运作的整个过程中。对于一个组织，那种规划起草关于惩罚细则的 SOP 时心存恐惧、左右为难，以及落实执行惩罚案例时手软害怕、碍于情面的态度，都是不利于安全管理工作的。

第六节　实验室 SOP 的制订和运行

有机合成研发实践的基地主要是在实验室，制订实验室各项 SOP 的唯一目的是更好地管理人、事和物。管人的 SOP 称为规章制度，管事、管物的 SOP 称为操作规范或规程，以促使实验室的相关人员和各项事物中的诸多要素能多快好省和安全地为研发人员及项目服务。

实验室各项 SOP 的制订和运行程序如下：

发起立项→撰写→讨论→主管审核→领导批准→公告→培训→实施→实践后修改（版本更新）→主管审核→领导批准→公告→培训→实施→实践后又修改（版本不断更新）→持续改进、不断提高。

一、立项和撰写

格物致知，立项和撰写 SOP 首先要充分地去认识客观存在，因为 SOP 的内涵是反映事物的客观存在。

（一）主动认识客观存在的途径

物质是第一性的，意识是第二性的。意识是高度发展的物质——人脑的机能，是客观物质世界在人脑中的反映。客观存在永远是第一性的，人的意识也即认识，总是在客观存在之后。也就是说，先有客观存在才会有认识。从另一个角度说，客观存在需要去体会和认识才知道有客观存在。

伟大教育家、思想家陶行知极力倡导"行是知之始，知是行之成"。也就是说，只有行动或实践了才能知道。行知是认识客观存在的过程，如何行就如何知，行知可分成亲知、闻知、深知和推知四个层面：亲知是亲身得来的，也称感知，是感性的东西；闻知（加工过的亲知）是从旁人那儿如师友口授和书本媒体等传来的，往往是似懂非懂不太牢固的东西；而推知（也称理性认识）则是在亲知或闻知的基础上经过深知（也称知性认识）推理出来的。不否认闻知的意义，但必须强调亲知是一切认识的根本，闻知、深知和推知必须扎根于亲知里面才能发挥效力，没有亲知做基础，闻知、深知和推知就接不上去。

《有机化学》也好，《药物化学》也好，书本知识仅是闻知，所以还要通过相关实验课的实践，认知各种化学物品和仪器，亲手操作做实验，才能加深对书本知识的理解而扎根于脑。

同样，撰写实验室 SOP 也是一个"亲知→闻知→深知→推知"的过程，或者说是一个从感性到理性的过程。只有在悟出道理之后，才能写出很好的东西，所以，撰写或审核实验室 SOP 的合适人选应当是该领域的技术权威。如果要求那些没有感知，很少接触易燃易爆有毒有害物品以及很少做各类危险化学反应的人，仅靠闻知（书本知识）去讲有关实验室危险源、安全隐患等安全的道理、重要性和具体措施，或者要求他们去撰写实验室的相关 SOP，那是强人所难，他们写不出真实反映客观规律的 SOP。

《有机合成安全学》的基础是安全认识论和安全方法论，既要用哲学的观点来阐述和理解安全,更要通过"行知"(先行后知,实践第一),然后"知行"(知行合一,学以致用)的完整过程来实现安全。"行知"是手段,"知行"才是目的。

1. 客观存在的定义

主观精神的认识能力把存在作为认识对象,这就构成了互为对象的依存关系。因此,和主观认识行为发生相互作用的存在就是客观存在。其实,主观存在和客观存在是相对概念,只有当主观意识开始把某种存在及其内涵作为自己的对象时,这个对象才成为相对于它的客观存在。当意识把作为全集的存在作为对象时,这时世界就成了"作为意识表象的世界"。当意识把某一个外在的事件和物质作为对象时,这个事物作为客观存在依赖于意识和感觉,也就是说,当你不去感觉和意识它时,它就不是对于你的客观存在。不仅如此,你也没有充分理由说它是客观存在着的。

意识还经常把意识本身作为对象,这称为自我意识。这时,尽管对象是意识(精神)的,但它同样也属于客观存在的东西,因为意识和思维是物质运动的特殊状态。

2. 客观存在的内容

客观存在是指事物的特征集合,即自然逻辑或自然逻辑组合的现象表达、展现或标识,也就是说,客观存在由事物的内在特征、次生特征和细微特征组成。

事物的内在特征是通过标准比对或量比后的显示结果。标准比对和量比包括:数字、度、量、衡、度量衡中的相互比例关系(如面积、密度、压力、压强、溶解度等),物理标准(如状态、颜色、电流、电压、电阻、电导率、时间、速度、温度、湿度、硬度、光强度、声强度、功率、比热、焓、常数、放射性同位素活度等),化学标准(如原子量、摩尔、电负性、pH、反应性等),环保标准[如浊度、化学需氧量(COD)、生化需氧量(BOD)、总有机碳(TOC)、PM2.5 等],气象标准中的风力与风向等。另外,一些不好用标准比对和量比的,如布置摆设的齐与乱、性格的躁与温、操作的粗与细和快与慢、责任心的强与弱、意识的强与弱等,这些事物的标准比对和量比可以用文字描述或用图示来进行比对判别。

客观存在还应该包括该事物的内在特征通过外部条件的改变,如相互作用、被颠覆、或违反、或扭曲后出现的变态。这种影响内在特征而导致的改变可称为该事物的次生特征,甚至可能有多层次的次生特征被显示出来。也就是说,外部条件的改变一般都会导致该事物内在特征的变化,如果外部条件的改变能量是超极限的,超出内在特征的承受能力,该事物就会发生蜕变,并通过各种次生特征表达出来。

这些次生特征通常由问题的出现或事故的发生等进行表征。例如,某有机叠氮化合物的内在特征由状态、密度、pH、沸点、熔点、焓、各种吸收光谱等表征,属于自身原有的特征;而它的次生特征则是通过外部条件的改变(加热、加压、摩擦、焓变、反应等)而表现出来。若通过与某个化合物反应而生成另一个新化合物(目的),反应期间有更毒副产物生成或者发生燃烧爆炸(非主观愿望),造成人身伤害或财产损失。这里的新化合物(包括新化合物的内在特征)、毒性的增减、燃烧或爆炸等,就是该有机叠氮化合物的次生特征。

几乎所有事物的内在特征和次生特征又都可能由前溯的更多、更细微的特征组成。正是由于存在这些由内在特征、次生特征和细微特征组成的事物,包括人,客观存在才变得如此丰富多彩。

3. 客观存在与灵性

世间万物皆有灵性。万物指的是大千世界的客观存在，灵性有很多种理解和说法，但无论怎样去分类或解释，共识可以存在，那就是，灵性是指某事物的内在特征、次生特征和细微特征的总合的结果。该总合不一定是单纯的相加，绝大多数情况下，它是由这些数目庞大的又呈连续变化的各种特征的有序交互、逻辑搭配等集合而成的结果。

人是万物之一，所以人也有灵性，人的灵性是通过逻辑整合复杂的意识并通过言行举止体现出来的。

做事要顺应该事物的灵性，否则做不好事情，甚至容易出事。一个人用旋转蒸发仪，新三年，旧三年，修缮之后又三年。固定某一个人用，十年八年没有问题。但是一旦该旋转蒸发仪由多人使用，寿命会大大缩短，不是这里坏，就是那里出问题。问题在于是否顺应了该旋转蒸发仪的灵性。人有灵性，每台旋转蒸发仪也都有各自的"脾气性格"，脾气性格就是灵性，旋转蒸发仪的灵性就是它的各种特征的交互搭配集合的结果。人的灵性和旋转蒸发仪的灵性互通融合，才能协调。固定某人使用，人的灵性和物的灵性相通，他摸得着该旋转蒸发仪的"脾气性格"，掌握得住它的灵性，人物之间灵性相通，所以使用寿命长。别人是生手，不熟悉其灵性，旋转蒸发仪也不熟悉这位生手，相互很别扭，所以容易用坏。张某使用自己那台旋转蒸发仪多年一直好好的，李某由于有很多浓缩物品，临时借用了张某的这台，结果瓶子脱落掉入水浴，有机溶剂挥发达到爆炸极限，引起燃烧，造成旋转蒸发仪被烧毁、物料损失的事故。问题出在李某的灵性和张某这台旋转蒸发仪的灵性互不协调。因此，实验室的仪器设备最好划归个人或专人使用，若公用，使用寿命会大打折扣。类似这种事情在日常工作、生活和有机合成研发实践中是很常见的。

既然万物都有灵性，那就不光是人和事（物）之间的灵性需要相通和相适应，其实物与物之间也有灵性相通、相互适应的问题。新标号汽油出来后，发动机与新标号汽油互不适应，老是熄火，但用过一段时间后，发动机开始慢慢适应新标号汽油，就不再熄火了。

4. 事物次生特征的特殊意义

在很多情况下，次生特征是比内在特征更有研究和应用价值的内容，也是更有启发性和更有指导意义的客观存在。特别是实验室中的各项安全 SOP，很多内容都是在问题出现或事故发生后，人们认识到某事物的很多次生特征后而制订的对策，以及针对该事物出现的问题或事故的分析报告和整改措施。吃一堑长一智，这个"堑"就是指次生特征或其演变出来的东西，这个"智"就是教训引发的对策等有价值的东西。这些对策、分析数据和整改内容通常就是撰写该事物 SOP 的起始素材或直接内容。人们常说，有机合成研发实践及实验室安全 SOP 中的每一条款都是用教训（鲜血、生命和财产损失）换来的，充分说明了事物次生特征的特殊意义。

（二）撰写 SOP 必须充分认识和详尽顺应客观存在

制订 SOP 是让客观存在着的事物能更好地为人类服务，如果没有对客观存在的某事物的内在特征和次生特征作充分的剖析和认识，是不可能正确而缜密地撰写出相关 SOP 的。充分的剖析认识事物的内在特征和次生特征，是一个由感知到闻知、由闻知到深知，然后再由深知到推知的过程。只有达到推知的阶段，才能着手撰写 SOP。

如果没有顺应客观存在，没有与某事物的内在特征和次生特征相适应，撰写出来的 SOP 就可能会导致适得其反的结果。例如，SOP《有机试剂的干燥指南》中关于 DMF 的干燥曾是这样写的："DMF 可用 $LiAlH_4$ 进行干燥"，某新入职的研发人员按照此 SOP 程序操作，在待干燥的 DMF 中加入 $LiAlH_4$，结果发生起火燃烧事故。问题出在该 SOP 没有顺应 $LiAlH_4$ 是特强还原剂这一内在特征，导致操作时 $LiAlH_4$ 与 DMF 发生剧烈反应而燃烧。

如果 SOP 没有详尽地写明细节，也会出问题。SOP《危险废弃试剂处理规程》中关于淬灭失效 NaH 只作了简单的描述："在 THF 中加入干冰，然后将失效 NaH 加入其中，最后滴加乙醇小心淬灭"。某研发人员虽然按照此 SOP 程序进行操作，结果还是发生火灾事故，问题就出在 SOP 没有详尽地写明细节。例如，THF 中加多少干冰；NaH 如何取样、如何加；如何搅拌；乙醇的浓度、滴加速度；小心一词很笼统，不是量词，如何做才算小心？

如果照搬别人的 SOP，不适合自己的实际情况，也会出现管理问题或闹出事情。例如，欧洲一些国家的有机合成实验室(本书中也称化学实验室)，通风橱门下方的进风速度标准是 0.30m/s，而我国大多数化学实验室的通风橱，无论是宽度、长度、高度或体积都大大超过欧洲国家，如果进风速度定为 0.30m/s，就有可能不能及时和充分地排出通风橱内的有害气体而危害操作人员的健康。

（三）SOP 撰写中需要注意的方面

SOP 的撰写不同于其他文体，缜密性是 SOP 的基本特点，还要求有法理性、实用性、可操作性、标准性、合理性、逻辑性、严密性、匹配完整性和流畅性，这些也是 SOP 的基本特性。

1. 法理性

在法治社会里，SOP 必须具有严格的法理性，只能法治不能人治，撰写 SOP 不能带有个人意愿或个人的随意性。

制订的 SOP 内容应与国家、政府相关的法律法规保持一致，不可以相违背。因为法律是全社会范围内约束个人和团体行为的基本规范，是一个单位正常生存发展的基本条件和保证，制订 SOP 时切不可忽视，应予以重视。不合法、不合规的 SOP 本身就违法违规。例如，某单位的 SOP 规定：不按规定将仪器摆放整齐的处罚 50 元。从法人层面来说，该处罚条款就不合法，不合法就不能执行，不能执行等于没用，没用等于默认和纵容。结果是，还不如没有。

2. 实用性

制订的 SOP 是要拿来用的，所以制订 SOP 要从实际出发，从本单位的环境、人员组成、业务特点、技术特性及管理沟通的需要等方面考虑，要体现单位特点，保证其具有实用性和适用性，切忌不切实际。

3. 可操作性

不具有可操作性条款的 SOP 是很忌讳的。例如，某单位的 SOP 规定，员工不遵守主管合理指示的视为一般违纪。何谓"合理"？各有各的说法，实际可操作性极弱，而且还有"人治"的成分在里面。一旦按照此条款操作，往往引发没有意义也没有结果的争议。因此，规章制度的条款需要可操作性强的表述。

4. 标准性

任何事物的内在特征都是通过标准比对或量比后才显示出来的。"消防箱附近不能摆放其他物品"，这个"附近"描述模糊，很不标准，执行起来似是而非，没法判断。这完全可以采用数字和量词，如"一米内"，也可以用文字"消防箱旁的禁戒线内"来描述，这样就非常标准化。还有"不按照规定将仪器摆放整齐"中，"规定"的标准是什么？"整齐"的标准是什么？又如，"危险试剂不能过度领取"，"过度"的标准是什么？要求尽可能多地考虑管理中可能发生的情况，如果不方便用数字和量词，就用能起到判别作用的文字描述或图示图表把标准描述出来，或者另外用附件说明。这样，发生情况后就能进行定性分析或定量分析。

5. 合理性

制订 SOP 要合理，一方面要体现制度的严谨、公正、高度的制约性和严肃性，同时还要考虑人性的特点，避免不近情、不合理等情况出现。在制度规范的制约方面，要充分发扬自我约束、激励机制的作用，避免过分使用强制手段。

6. 逻辑性、严密性和匹配完整性

特别是在奖惩制度中，对于大错不犯小错不断的员工，采用逻辑递进的惩罚模式，能够较好地达到"治病救人"的效果。还要注意状态及其结果的逻辑性、严密性和匹配完整性。

案例 1

某 SOP 中规定：实验室里未按要求穿戴的记一般违章，长时间多次打私人电话的属于严重违章。穿戴的要求是什么？多长时间属于长时间？几次算多次？又如，油浴锅内的导热油快要溢出的属于一般违章。"快要溢出"的标准是什么？没有表达清楚就不好严格执行。

案例 2

某单位的实验室安全管理 SOP 中规定：除了维修外的任何情况都不允许开窗。但是该单位行政部却要求每天上下午分别开窗半小时通风。两个部门的规定发生冲突，不匹配、不完整。

7. 流畅性

一个 SOP 写得好不好，关键在于此后执行起来是否流畅，不会自相矛盾。如果流畅，就说明该 SOP 符合法理性、实用性、可操作性、标准性、合理性、逻辑性、严密性和完整性。

二、讨论、审核和批准

讨论的目的是为了使相应条款中可能存在的谬误和缺陷尽早得到修正和补充。

审核和批准是 SOP 产生效力的法定程序。审核由主管完成，如果条规涉及多个部门，则需要多个平级主管完成，如果存在层级关系，则需要多级主管完成，最后由法定代表人或法人代表批准。审核和批准是一种法律行为，对 SOP 的实施和产生的结果承担法律责任。

三、公告和培训

既然 SOP 是相关人群必须遵守的操作程序，就需要相关人员都要知晓。公告的途径很多，如邮件、书面文件或广播等方式。培训是公告的深度延伸，要有签名和考核程序，以起到"法理告知"、"法律送达"、"有言在先"或"大家都同意"的效果，为更好地实施执行打下基础。

四、试行和执行

一旦完成 SOP 的制订、审核批准和公告培训，就要进入实施阶段。如果考虑到有些 SOP 在实施中可能存在争议，那最好有一个试行阶段，然后修改定稿。

实施就是执行，制订的 SOP 是用来执行的。SOP 的生命力在于执行，有多大的执行力度就有多大的效果，执行得好才能体现 SOP 的作用和意义。所以执行是 SOP 生命周期的诸多环节中最重要的部分。

（一）执行的种类

执行的强制性是 SOP 的生命力所在。执行分为刚性执行、柔性执行和灵活执行三种。

1. 刚性执行

按照 SOP 中最严格的要素不折不扣地执行称为刚性执行。刚性执行的特点是不折不扣、毫无妥协、不讲情面、没有商量的余地。

2. 柔性执行

执行 SOP 既有刚性的一面，也有柔性的一面。处罚不是最终目的，而是手段。只要能达到改造当事人和教育相关人员的效果，能不处罚就不要处罚，但不能与 SOP 的执行规定冲突或产生副作用。

3. 灵活执行

执行 SOP 还有灵活的一面，哪怕是涉及生命安全的 SOP，特殊情况需要灵活特殊对待。马路交叉路口的红绿灯属于第一层面的 SOP，但是在某些特殊情况下就是灵活的。例如，对 119 消防车和 120 救护车就网开一面，当车载警报声很远响起，其他车辆就需要提前闪开避让，这两种车的车载警报在法理优先度上要高于路口的红绿灯；另外，交警手势指挥的法力也高于红绿灯,紧急情况下需遵守交警的手势,而不是看红绿灯。

柔性执行和灵活执行不是随心所欲,不是想怎么样就怎么样,要有附加措施来弥补。对于有机合成实验室,"灵活执行"的前提是要付诸更多的行动(安全措施),这样才能保障安全。

在执行 SOP 时,如果与新情况有冲突,就要灵活对待。例如,按照规定,进入实验室之前必须穿实验服戴防护眼镜,但若某员工在走廊里看到实验室里起火了,则要迅速响应,进入实验室灭火,这种情况下,不必先穿实验服再进实验室。

(二)执行的通病

1. 有法不依

无法可依不行,有法不依也不好。不能有不执行的 SOP,要么更新,要么宣布作废。不执行的 SOP 称为睡着的 SOP。一定要让 SOP 时刻醒着,不能让 SOP 打瞌睡或沉睡,睡着的 SOP 比没有更糟糕。醒着的也有,睡着的也有,会造成不平等,不平等会引来麻烦。例如,张三触犯了 SOP 后,由于该 SOP 是沉睡的而没有执行,那么李四在因触犯了另一个醒着的 SOP 而被处理时就会问,张三为什么不被处理?出现这样的局面就糟糕了。

2. 时而执行时而不执行

有的 SOP 一会儿醒着一会儿睡着,或醒或睡,似醒似睡,忽冷忽热。这一阵子执行得热火朝天,下一阵又没了声响,等到问题成堆了,又搬出来执行。这样更会产生不利影响。

3. 部分执行部分不执行

有的 SOP,其中部分睡部分醒,不能全面执行,这样有损 SOP 的完整性。

总之,既不能让有效制度变成时而有效时而无效的制度,也不能让有效制度变成部分有效部分无效的制度,更不能让有效制度变为无效制度。

五、不断修改提高

社会不断进步和持续发展是不以人的意志为转移的客观趋势。前进中会出现新情况,而且人类也会有更高要求,人类社会只有不断修正自己才能求得进步和发展,所以就需要对原有的 SOP 进行修改,废旧立新,通过 SOP 版本的不断升级,以适应社会不断进步和持续发展的需要。版本的每一次升级,都会迎来该 SOP 的一个新的生命周期。SOP 版本的不断升级表明了社会的持续发展和不断进步。

六、文本 SOP 和准 SOP

许多单位为了管理好实验室,已制定了很多正式的文本 SOP,并经过审核批准、培训,进入了实施落实阶段,如一些规章制度和操作标准等。这些文本 SOP 基本上都顺从了事物的内在科学要素,反映了事物的相关内在特征和次生特征。然而,绝大多数事物的相关内在特征和次生特征并没有在为数不多的经审核批准的文本 SOP 中得到展现，而是蕴藏于浩如烟海的自然科学书籍中，包括期刊、教材和其他各类读物等。这些书籍都会涉及很多事物的各种内在特征和次生特征，如《有机化学》和《无机化学》等，它们都在描述化学事物的内在特征和次生特征，而这些特征又预示着相应的操作规程，所以这些海量的特征描述其实就是潜在的 SOP 内容。我们把这些还没有经过审核批准程序，但必须顺应事物内在特征和次生特征而采用的相应的操作规程称为准 SOP。

"违反安全规则或安全原则"包括违反法律、规程、条例、标准，也包括违反大多数人都知道并一直遵守的不成文的安全规则或原则，即违背安全常识。"安全常识"有时也包含在一些公众认可的安全顺口溜、安全谚语、安全口号、安全警句、安全歌中，如"一慢二看三通过"、"废试剂、脏纸头，易燃物品莫乱丢"、"防明火、防静电，化纤衣服绝不穿"等。我们把这些还没有经过审核批准程序的未成文的"安全常识"也称为准 SOP。

除了经过审核批准程序的文本 SOP 和未成文的安全常识外，还有一些约定俗成、默认的、经过长期社会实践而确定或形成的公认的规定，也属于准 SOP。由于它们也符合科学并且顺应事物的各种内在特征和次生特征，所以相关人员也要遵守。

虽然准 SOP 的强制性相对较弱，但反映了客观事物的本质面目，违反了就会犯错出事。从内容数量(广度与深度)上说，准 SOP 比正式审核批准的文本 SOP 要多得多。

广义的 SOP 是文本 SOP 和准 SOP 的总和。顺应每个事物的各种内在特征和次生特征，以及顺应安全常识，就是遵循了相关的 SOP(包括文本 SOP 和准 SOP)，否则就是违反 SOP，可能会出问题或引起事故，如以下案例所示。

对于金属钠，教科书中已经详细写出了它的各种内在特征(尽管未知的还会有)，其中关于它的反应性的内在特征有：电负性为 0.93，外层电子排布为 $3s^1$，钠原子的最外层只有 1 个电子，很容易失去。由此导致的次生特征是其具有强还原性，遇有活泼氢的化合物会发生强烈反应，若遇水可能会起火爆炸等。类似根据金属钠的内在特征和次生特征而需要采取的密闭防潮和避水等的操作规程仅可能在教科书中介绍，很少会在文本 SOP 中体现。然而，违反金属钠的特征而引发的事故，我们也可以定性为违反操作规程。例如，某研发人员在剪切金属钠时，忘记把身边地上的塑料水桶移走，结果剪切时一不小心，一块钠蹦出恰好落进该水桶里，由于桶内底部有未倒干净的水，引发爆炸起火，飞溅的火星点燃操作台上正在过柱用的有机溶剂，引起通风橱内大火，后在同事协助下用灭火器扑灭，图 1-1～图 1-4 是监控录像截图。

图 1-1　剪取金属钠

图 1-2　钠屑掉入身边水桶

图 1-3 钠屑遇水爆炸起火

图 1-4 通风橱内燃起大火

该事故的故意性主观因素不大，但是属于违章，即没有尽到责任将水桶移到安全距离外，虽然属于疏忽，但是结果却定性为一起违反 SOP 的责任事故。

事物的内在特征和次生特征需要科学认识、科学掌握和科学应用。例如，金属钠与水会发生强烈反应的次生特征可以应用于多种无水溶剂的制备，与上述事故的结果恰恰相反，制备无水溶剂是顺应了金属钠的各种特征，遵循了有关金属钠的相应 SOP。

复习思考题

1. 人类违法、违章和违规的基本根源是什么？
2. 人的自然属性的基本表征有哪些？延伸后的表征有哪些？
3. 社会规范的基本表征有哪些？延伸后的表征有哪些？
4. 为什么说社会规范是社会属性的导向？
5. SOP 有哪些基本特性？
6. SOP 的生命力在哪里？如何体现？
7. 撰写 SOP 的基本要求是什么？
8. 什么是文本 SOP 和准 SOP？

第二章　事　故

什么是事故？顾名思义，事故是因做事而发生的灾祸性的变故。

对事故的定义，由于行业不同等因素而存在多种解释。人们较认可的是伯克霍夫（Berckhoff）对事故的定义。他认为，事故是人（个人或集体）在为实现某种意图而进行的活动过程中，突然发生的、违反人的意志的、迫使活动暂时或永久停止、或迫使之前存续的状态发生暂时或永久性改变的事件。

结合词义、公众认知度以及相关法规条文，本书认为，事故是指发生在人们生产、生活等活动中的由于人为因素造成的人身伤害、环境破坏、经济损失或社会负面影响的意外事件。

第一节　事故是现代工业文明的产物

事故是工业革命的结果，是现代文明的产物，伴随工业革命而来，随同文明发展。这是否是主流观点有待探讨，但现代文明与事故同步以及两者之间呈线性关系是已经证明的事实。

刀耕火种时期除了自然灾害，很少有工伤和财产损失的人为事故发生。手工时期开始有了初步安全问题；进入铁器时代后，特别是蒸汽机的出现，引发了18世纪的第一次工业革命，如图2-1所示。但是，紧接着工业伤害、职业病和财产损失的各类事故也开始频繁出现。

图 2-1　蒸汽机的出现引发了 18 世纪的第一次工业革命

为了不断满足人们日益增长的物质需求，推陈出新的商品开始规模化大批量生产，为了带动高速、高负荷的生产机器，内燃机、汽轮机、核电应运而生；为了加快人流和物流的速度，汽车、飞机和巨轮每天都在地上、天上和大海里飞快运行；为了加速各种商品更新换代的步伐，科研和开发满负荷日夜运作。

现代文明是建立在科学技术不断向前发展和商品大批量规模化生产基础上的，然而，伴随而来的负面效应是不言而喻的：生产规模越大，事故就越大；速度越快，事故的发生频率就越高。现代社会高负荷的快速运作导致了大量事故的发生，如图2-2所示。

图 2-2　高负荷的快速运作导致的大量事故

现实摆在面前：每年过节都会因放鞭炮而炸伤许多人，断指、毁容、伤眼，甚至夺人性命，然而鞭炮生产厂家照样生产，商店照卖，人们照买、照放不误。交通事故无时无刻不在摧残人的生命，全球每年死于交通事故的人数在 60 万左右，因车祸受伤的人数在 1200 万左右，这比一般的自然灾害引起的伤亡数要大得多，然而汽车产量和销量却逐年大幅上升。太平轮号和泰坦尼克号夺去上千人的生命，然而各大造船公司的生产订单却排满并延后很多年才能安排生产和交货。飞机坠毁事故不断，然而，飞机却越造越多，越造越大。危险化学品造成的事故持续不断，然而却在大力开发和大批量地生产，下图自左起依次为 2003 年 6 月 12 日北京某大学一实验室爆炸(图 2-3)；2001 年 11 月 20 日广东某大学研究所实验室爆炸(图 2-4)；2003 年 1 月 19 日广州某大学一实验室爆炸(图 2-5)；2004 年 10 月 16 日长沙某大学一实验室火灾(图 2-6)；法国某大学一实验室火灾爆炸后的情景(图 2-7)。

图 2-3　北京某大学一实验室爆炸　　图 2-4　广东某大学研究所　　图 2-5　广州某大学一实验室
　　　　　　　　　　　　　　　　　　　实验室爆炸　　　　　　　　　爆炸

图 2-6　长沙某大学一实验室火灾　　图 2-7　法国某大学一实验室火灾
　　　　　　　　　　　　　　　　　　爆炸后的情景

世界范围内每年约 400 万人死于各类事故，造成的直接经济损失高达 GDP 的 2.5%。

在人类社会迅猛发展的进程中，各类事故有其消极的一面，但不可否认，许多事故也从反面大大地推动着科技进步和社会发展，应一分为二辩证地看问题，没有事故就没有今天这样高度发达的物质文明。不断向前发展的科学技术和不断更新换代的商品的规模化生产，使今天的物质生活是如此丰富多彩，达到了前所未有的程度，汽车进入千家万户，智能手机几乎人手一部。然而，人类要明白，这种辉煌是以自身的伤害以及生命为代价换来的。不说进行生产和取得科研成果曾经付出的代价，仅以现在进行时计算，全国平均每产出 100 万吨煤，就有 3～5 人遇难，重伤或轻伤数目就更多。曾被认为是世界上最安全、最可靠的切尔诺贝利核电站，由于人为操作失误发生爆炸引起核泄漏，导致 9.3 万人死亡，27 万人患癌，250 多万人因此事故而身患各种疾病（其中包括约 47.3 万名儿童），数百亿美元经济损失，后续自然环境危害和影响至少延续 800 年，而持续的核辐射危险将延续 10 万年，原本繁华的城市变为废墟，原本美丽广袤的大地变成人类无法生存的荒野。世界上的核电站超过 400 座，已经发生过多次重大核泄漏等事故。

虽然都知道人类社会不可能在"绝对安全"的环境下向前发展，但在很长的时间和很大的空间范围内，人类并没有将安全放在非常重要的位置，"安全"概念在整个人类社会的发展进程中一直是那么苍白无力。

事故虽然一直伴随着人类前进，但从人类社会的利益来看，事故毕竟是人类不愿看到的。因此避免和减少事故的发生一直是人类时刻面临而需要努力探讨和解决的大课题，也是本书的写作目的。

第二节　事故是违反 SOP 的结果

事故是现代文明前进中事与愿违的事件，然而，大量事故又实实在在并经常不断地发生在我们的周围。

事故都是由其内在原因和相关客观规律决定的，是内在原因的外部表达，是与其相关的客观规律综合发展变化的结果。

内在原因或客观规律是指不以人的意志为转移的客观世界的规则，是事物运动过程中固有的、本质的、必然的、较稳定的联系。内在原因或客观规律是包括多维实体、行为、环境、管理和时空等要素的单个客观存在和逻辑交合状态。同样的内在原因或客观规律，由于它们相互间可能发生各种逻辑对应关系、轨迹交合和逻辑发展，因此其结果在一些情况下使人类受益，而在另一些情况下却危害人类，危害人类的这部分就称为事故。

所有事故都具有内部和外部两重性。一是事故内部自身变化演绎的逻辑合理性：事故是顺应了其发生前的内在原因和内在客观规律的发展变化的必然结果，事故就是存在，存在体现自身的逻辑合理性；二是事故外部结果对人类的负面性：这种内在原因和内在客观规律的发展变化的必然结果是人们不愿意看到的。

事故的两重性给了人们一个很明确的启示：导致事故发生的内在原因或内在客观规律以及它们相互间可能的各种逻辑对应关系、逻辑发展和逻辑轨迹交合，并不是人类所希望的。也就说，要避免事故的发生，就是要引导、改变、避免或去除发生事故所必备的内在原因和内在客观规律以及它们相互间可能的各种逻辑对应关系、逻辑发展和逻辑轨迹交合，达到化险为夷、变不利为有利和变有害为有益的目的，这也就是SOP的本质所在。

人类各种正常活动需要涉及大量的多维实体以及其内涵、行为、环境、管理和时空等要素，而事故在发生前也同样涉及这些要素，但是，正常活动的安全开展和事故的形成，在各要素的逻辑组合和轨迹变化上是不同的。如果逻辑组合的结果和轨迹变化的结果是事与愿违，那就是事故，如果顺从意图或计划，那就是安全和效益。

综上所述，事故是指人们没有按照客观规律来协调好各要素内部相互间可能的各种逻辑对应关系、轨迹交合和逻辑发展而导致的有负面作用的办事结果，所以我们通常将事故定性为是不遵守或违反了客观规律的结果；而安全就是遵守客观规律的结果，是指顺应了客观规律并且协调好了它们内部相互间可能的各种逻辑对应关系、轨迹交合和逻辑发展而产生的有正面作用的办事结果。

简而言之，SOP的本质就是顺应客观规律，正确反映客观规律。遵循SOP就是按照客观规律办事。若反其道而行之，违背SOP，不按照客观规律行事，就会出事，吃亏栽跟斗。也就是说，祸因恶积，违反SOP才会导致事故发生，所有事故都是违反SOP的结果。这里所说的SOP当然包括文本SOP和准SOP。

违反SOP有两种情况，一种是违反未知世界的客观规律，另一种是违反已知世界的客观规律，两者的责任性质完全不同，前者属于非责任事故，后者属于责任事故，需要区分对待。

一、非责任事故

非责任事故往往发生在开拓新学科或新领域的先驱者身上，他们是未知世界（注：这里所说的未知世界是指未被公众认知或从未被客观报道的事物的特征或部分特征，而不是指个人未知的那部分）的首批事故案例亲知者。无论是主动地还是被动地触及该未知世界事物的各种特征，人们先前通常都是茫然的，这就是所谓"不识庐山真面目，只缘身在此山中"。未顺从未知世界事物的客观规律而导致的事故属于非责任事故，只有到事故发生之后，才能知道或才能验证事故前的行为是违反事物的客观规律的。先前的行为有主观性或非主观性两种，导致的事故分别称为未知世界的主观型事故和未知世界的非主观型事故。

"吃一堑，长一智"，每发生一次事故，都可以从中总结教训，积累经验，未知世界的主观型事故和未知世界的非主观型事故通常都具有深远意义和重要价值。如同前面所说，没有事故，人类社会就发展不下去，事故对社会发展有推进作用。

（一）未知世界的主观型事故

未知世界可以是全新的事物，也可能是某类已知事物的延伸或剩余的未知部分。

探索未知世界的主观性行为是指在已知某类事物部分特征的基础上去探索未知世界而发生的操作。这种主观性行为常由惯性思维左右，而这种惯性思维通常来自于对某类事物已了解的那部分特征的认识，往往是带有主观性的。惯性思维就是通常所说的照搬照套的思维，若用于全新的事物或某类事物的延伸或剩余的未知部分，有可能对，也有可能错。如果是对的，就是顺从了全新事物的客观规律或某类事物延伸或剩余部分的客观规律；如果是错的，就是违背了全新事物的客观规律或某类事物延伸或剩余部分的客观规律，还有可能因此发生事故，如果发生事故就称为未知世界的主观型事故。换句话说，未知世界的主观型事故是指当事人在不完全知"情"的情况下，用惯性思维对全新事物规律或某事物的延伸或剩余未知部分主观地施加了不合乎该事物特征所能承受的非法影响或非法外力而导致的"意外事件"。

安全炸药发明者诺贝尔在光辉灿烂的科学发明道路上，发生过很多未知世界的主观型事故。例如，在对硝化甘油进行开拓性探索期间，他一步一步向前迈进，不断取得成果。为了研制安全炸药，在一次实验中发生意外大爆炸，实验室被炸毁，地面也炸出了一个大坑。当人们跑来将诺贝尔从废墟中救出来时，满脸血迹的诺贝尔还在不停地说，"试验成功了，我的试验成功了"。新试验是成功了，然而，教训是惨痛的，他的实验室被完全摧毁，最小的弟弟埃米尔被当场炸死，父亲重伤致残，哥哥和他自己也都受了伤(也有报道称，共 5 人死亡)。这些未知世界的主观型事故为后来逐渐弄清炸药的各种特征奠定了基础，连续不断的未知世界的主观型事故使安全炸药取得了很多开创性的科研成果，仅在英国申请的发明专利就有 355 项之多，获得专利权的有 255 项，其中仅与炸药相关的就达 129 项，为后人避免事故发生和进行安全生产留下了很多非常宝贵的教训和经验，也为今天的开矿、筑路等现代化大型工程建设做出了极其巨大的贡献。

（二）未知世界的非主观型事故

探索未知世界的非主观性行为是指由于科学研究或其他原因而开创性地进入尚未揭示过的客观存在王国而采取的探险实践。在这个从未探讨过的未知世界面前，人不可能先知先觉，附加不了任何主观性的预谋或方案，能展现的只能是非主观性质的东西，到后来的结果出现后，才能知道非主观性质的东西是顺从了未知世界的客观规律还是违反了未知世界的客观规律。因与未知世界的各种特征不相符而导致的事故称为未知世界的非主观型事故。

在未知世界面前，根本没法知晓该领域事物的内在特征、次生特征和细微特征，既无可遵循的文本 SOP，也无法确认其准 SOP 来对症下药，将一些非主观的探险行为介入未知世界往往是存在风险的，但是总得有人去闯，"科学探索就是冒险"充分表达了这个意思。如果因此发生意外，这种用自我生命健康和财产损失为代价换来的不幸可以认定是一种奉献，因为它经过论文报道等媒体传播而广为人知，可以为后人铺路。这种未知世界的非主观型事故往往是科学的新发现，有些是非常有价值的新发明。

二十世纪将近，元素周期表上还没有钋，也没有镭。1898 年居里夫妇发现了放射性元素钋和镭的存在，还把它们分离出来，并且证明放射性分别比纯铀强 400 倍和 900 倍，最后测得了原子量，纵横定位后，落实在元素周期表的第 84 和 88 位处，从此为这两个新元素安了家。由于长期接触放射性物质，积蓄在体内的放射性物质所造成的恶性贫血即白血病最终夺去了享有世界盛誉、两次获得诺贝尔奖(分别是诺贝尔物理学奖和诺贝尔化学奖)的科学家居里夫人宝贵的生命。

居里夫人受放射性伤害导致癌症而死亡的意外事故属于未知世界的非主观型事故,属于非责任事故。因为在研究初期,放射性元素的特性都披着神秘的面纱,从没有人去揭开过它,放射性物质如何损害机体细胞属于未知世界。在发现和分离新元素的研究工作开始时,人类并不知晓放射性元素会严重侵害体内细胞,而仅仅靠当时一般的化学防护措施又不能有效阻挡放射性物质的侵害。

居里夫人对放射性的发现突破了经典物理学的旧框,把物理学的研究对象由宏观、低速领域推进到微观、高速领域,改变了人们关于物质和物质特性的传统观念。放射性新元素钋和镭的发现开辟了放射化学这一新领域,居里夫人研究工作的杰出应用之一就是以自己的健康与生命为代价,创造性地将放射性物质应用于治疗癌症,以毒攻毒,保障了后代无数人的健康,挽救了千千万万人的生命。居里夫人本人由于放射性同位素的侵害而离开了人世,但是她为人类所做的贡献以及她的崇高品行将永远铭记在人们心里,她给世界留下了宝贵财产,创造了不朽的伟绩,永远存留在人类的史册上。

二、责任事故

与未知世界的非责任事故相比,已知世界发生的事故要多得多。已知世界不存在非责任事故,已知世界的所有事故都是责任事故。

无论是主观原因还是客观原因,无论是直接原因还是间接原因,无论是人的原因还是物的原因,最终都要通过人的主观能动性才能对客观事物发生关键性作用。世界上没有单纯的由客观原因,或单纯的由间接原因,或单纯的由物的原因引起的事故。客观因素要通过主观因素起作用,间接因素要通过直接因素起作用,物的因素也还是要通过人的因素起作用,归根到底,已知世界上的所有事故全部都是人为违反事物的客观规律的结果,都属于违反 SOP 的责任事故。

（一）事故的主观原因和客观原因

所有事故的发生都由违反操作规程引起,但有主观原因,也可能有客观原因。主观原因一般出自当事人一方。客观原因是相对主观原因而言的,是指主观原因以外的其他因素的总和,出自非当事人一方,有可能包括气候、水电和设施等周围环境的原因,或者是别人的因素。但是,所有客观因素只有通过人的主观因素才能起作用。

下面是一起有关硼氢化锂起火爆炸伤人的责任事故。

化学实验室所用的 NaH、$LiAlH_4$ 和 $LiBH_4$ 长时期以来基本都是国外大桶进口国内小袋分装。它们是一类遇湿易燃试剂,分装品一般是由塑料袋作直接内包装,再用密封的马口铁桶作间接包装,然后入箱。某公司研发人员在打开装有硼氢化锂($LiBH_4$)铁桶的瞬间,突然发生起火爆炸,高温火焰将该研发人员的面部、前胸和双手烫伤,并造成毁容。通过追溯分析,发现主观因素和客观因素都有,分别违反了相关操作规程。主观原因方面,没有按照硼氢化锂的内在特征掌握开启要领(要领也是 SOP),开启要领包括:应该在充满惰性气体的氛围里开封取样,特别是在外界潮湿的情况下更应该如此;若在通风橱内开启,要拉下橱门隔着防爆玻璃操作等。而当事人违反了硼氢化锂开启取样的操作规程,在通风橱外开启铁皮桶,并且开口不是朝前，而是朝向自己的脸部或胸部，导致起火爆炸并伤害了自己。客观原因是除了当事人人为因素以外的原因。例如，这罐硼氢化锂本身的包装有问题，包装问题又出在分装、保管、存储和领料各个环节。事后检查库存的相同包装，进行分析发现，各个环节都没有顺应硼氢化锂的内在特征，违反了硼氢化锂应有的相关操作规程。分装环节违反了分装操作程序，用塑料袋分装没有在无氧无水的环境中进行，密闭不良，使潮气和空气侵入，分装工作不缜密不规范，使得日后不断有潮气和空气侵入，埋下人为的安全隐患，是事故的源头或称元凶；保管和存储方面也没有按照其特征存储在干燥低温的环境中，铁桶外锈迹斑斑，致使内容物变质加快，违反了仓管的基本操作规程，是事故的帮凶；出库领用方面没有遵照"先进先出"原则（原则也是 SOP），而是后进先出，出新留旧，致使仓库仍有早期批号的硼氢化锂，违反了出库基本操作规程，这也是事故的帮凶。

　　分析上述事故的原因，主观原因是当事人未按规范开启硼氢化锂铁桶，其他都作为客观原因。其实对于那些客观原因，细究起来都存在人为因素，硼氢化锂遇湿易燃的次生特征是通过人为因素的参与才会发生。上述所有人为因素的各个环节里都违反了硼氢化锂的安全操作规程，因此事故发生就成为必然的了。

　　实验室里经常发生 NaH、$LiAlH_4$ 取样时的自燃或由此引起的伤人事故，无论是主观原因，还是客观原因，都是人为因素引起，不能归咎于 NaH、$LiAlH_4$、$LiBH_4$ 等遇湿易燃的自然特征。

（二）主观原因中的故意因素和非故意因素

　　所有事故的发生都由违反操作规程引起，在主观违反操作规程方面，有故意违反和非故意违反两种（或称故意因素和非故意因素，非故意因素也称无意因素）。故意违反的根源是存在投机取巧和侥幸等思想。无意违反通常源自不知或无知，但仍属于主观原因的范围。两者都定性为"违反 SOP"，是因为这两者都违背了事物的客观规律才导致事故的发生，并且事故后果的严重性不因"故意"或"非故意"而有区别。不过，论行为性质，故意违反要比无意违反严重，因为由不知或无知等造成的非故意违反可以通过培训学习而避免下次再犯，而故意违反就比较麻烦。俗话说的"本性难改"就是这个意思，这里的"本性"由故意、投机取巧和侥幸思想等实质的东西组成，有这种本性的人，很有可能再犯。

　　事故主观原因中的故意因素，其危害和性质是不言而喻的；而事故主观原因中的非故意因素也要引起足够重视。

　　事故发生后，有的人以"没有引起足够重视"、"不太清楚"、"不十分懂"等作为推卸事故责任的理由，这是不符合逻辑的，也是推卸不掉的。没有重视，或不很清楚，或不太懂，只能说学习掌握还没有到位，没重视或没有学习掌握好的本身就是没有尽到责任，由此引发的事故就是责任事故。没有学习掌握好是前因，由此导致的事故是后果，前因后果既有当事人的直接责任，也有主管（直接领导、老师或师父等）的连带管理责任和法人的不可推卸的责任。有机合成实验室的危险性大的反应不能交由未转正的新员工去做，这要成为实验室的 SOP，如果主管或法人明知当事人不懂不熟练而执意要当事人去违反 SOP进行操作，那么，就要直接追究主管或法人的责任。

　　同样，对于由于"无知"引起的一些事故，有的人就认为，"无知"属于非故意性的范围，那么由"无知"引起的事故不能算作责任事故，而应该归类于非责任事故。其实这是一种原则性的错误。"无知"仍然属于主观原因的范围，对已知世界不应该无知，"无知"的本质是不负责任，不负责任引起的事故理所应当属于责任事故。从另一个角度分析，"无知"的后续行为十有八九属于违反 SOP，其行为是有责任性质的，而违反 SOP 引起的事故当属责任事故。

其实"无知"也可分为故意无知和非故意无知两种。故意无知是指当事人没有专业知识，或者在事前不去好好学习不去接受培训，或者事前没有仔细查阅资料而导致。所以，故意无知理所应当是当事人的责任，而非故意无知多数是由主管领导连带管理的不尽职或法人的不尽职引起，如未给予培训指导或未给予法律告知等。又如，招收一些专业不对口的人来化学实验室进行操作，如果由此发生事故，企业法人就要承担相应的主要法律责任。

这是一起由于"无知"导致的三氯氧磷爆炸伤人的人为责任事故：某新入职员工，用三氯氧磷做氯化反应实验，反应结束之后用旋转蒸发仪把三氯氧磷蒸发至旋蒸接收瓶内，然后在水池前将自来水直接装入接收瓶，摇晃接收瓶，大约 10s 后，反应引发，瞬间放热发生爆炸，工作服被飞溅的玻璃击穿形成许多洞眼，当事人严重受伤。

三氯氧磷与水会发生剧烈放热分解反应，这是准 SOP，淬灭时要将三氯氧磷慢慢加入水中，而不能将水加入三氯氧磷中，这已有文本 SOP。而当事人将水直接加入三氯氧磷中，违反了 SOP。结果，三氯氧磷及部分三氯氧磷被水淬灭后生成的盐酸和磷酸，以及碎玻璃，随同爆炸一起喷溅和飞溅，导致当事人脸部、颈部、手掌和大腿严重受伤，全身血迹斑斑，满地鲜血，工作服被飞溅的碎玻璃击穿，洞眼密布。后经三次全麻手术，才将嵌入体内的玻璃碴一一取出。

这起事故属于典型的由当事人的主观意识引起的责任事故，其中有故意因素也有非故意因素。故意因素是当事人事先未主动搞清楚三氯氧磷的相关特征而盲目作业，非故意因素是受其师父的错误指导。事故发生前，当事人的"无知"又恰逢其师父对三氯氧磷如何安全淬灭也是"无知"的，从而发生当事人在其师父的错误授意下进行的违章操作，最后导致惨剧发生。非故意因素通过故意因素起作用，当事人自己不懂，就无法辨识其师父的错误指令。对这起事故，其师父有着不可推卸的责任，虽然师徒两人都是非故意性的，但是两人的这种非故意性行为是不该发生的，因为三氯氧磷如何安全淬灭属于已知的东西，而且已有文本 SOP 可以参照，然而他们没有尽职地去学习，去做事前的充分准备。事后，当事人、师父、主管及领导都受到了相应的责任追究。

（三）事故的直接原因和间接原因

事故的发生有其必然原因，可分为直接原因和间接原因。在分析调查事故及撰写事故报告前需要找出事故的直接原因和间接原因，这是事故处理流程中最重要的组成部分，也是事故发生后"四不放过"中不可缺少的环节。

事故的直接原因是指时间关系或逻辑关系上最接近事故发生的那个原因，是对事物的发生发展起到最直接的推动，并直接促成其发生性质突变的因素，不经过中间事物和中介环节，属于外表性的原因，通常是事故的导火线。

直接原因的组成包括人的原因和物的原因。人的原因，是指由人的不安全行为而引起事故。人的不安全行为是指违反安全规范和安全操作原则，使事故有可能或有机会发生的行为。物的原因，是指由于仪器设施或物品的特征所引起的，也称为物的不安全状态，是使事故发生的不安全的物体条件或物质状态。需要特别指出的是，没有单纯的物的原因能作为事故的直接原因，物的原因必须通过人的原因才能成为事故的直接原因。

间接原因指引起事故原因的原因，也是深层次原因。间接原因是不起主导作用的原因，只是在其中起辅助或促成作用的原因。间接原因主要包括知识水平、培训教育、技术、身体和精神、环境、管理等。知识水平和培训教育的原因包括：与专业和安全有关的知识和经验不足，对作业过程中的危险性及其安全运行方法无知、不理解、训练不足及没有经验等。技术的原因包括：工艺路线的设计，后处理方案，仪器设施不符合要求及检查维护保养等技术方面不完善；危险场所的防护设备及警报设备，防护用具的维护和配备等所存在的技术缺陷。身体和精神的原因包括：身体有缺陷或疲倦，体质过敏，怠慢、反抗和不满等不良态度，焦躁、紧张和恐怖等精神状况，盲从、偏狭和固执等极端性格，轻视和毛躁等坏习惯，侥幸和投机取巧心态等。环境的原因包括：仪器设施的布置，温湿度、照明以及通风等。管理原因包括：主管和领导对安全的责任心不强，作业标准不明确，缺乏监督检查制度，组织调度安排不合理等。管理原因通常是间接原因最主要的组成部分，也通常是整个事故的本质原因。

上述所提到的三氯氧磷爆炸伤人事故，大量三氯氧磷与大量水快速混合，是发生爆炸伤人事故的直接原因；主管的错误指令和当事人违章操作是事故的间接原因。

（四）事故的系统原因

有机合成实验室的研发工作对象包括易燃易爆有毒有害的化学物品和各种仪器设备，并受所在环境的影响。以"人-物(机)-环境-管理"作为工作活动要素，一旦这些要素"不协调"就容易发生人身伤害、物品损失和仪器设施损坏的安全事故。

事故发生的系统原因有以下几点。

1. 人的不安全行为

人的不安全行为是指违反 SOP 的行为，如"故意"、"逼迫"、"无知"、"侥幸"、"投机取巧"、"盲从"、"疲倦"等行为。人的不安全行为施加于事物，不一定会发生事故造成伤害，但发生事故一定是由人的不安全行为引起的。不安全行为的产生，受其知识、教育、性格、生理、心理、个体差异、病理等内在因素的影响，也受外部因素的影响。例如，"人-人接口、人-物(机)接口、人-环境接口"的存在，是因为在系统设计时未能很好地运用人机工程准则，系统设计存在缺陷。这些内外部因素的影响，会造成操作者自身与机器或物品或环境系统不协调而导致失误，发生事故。人的不安全行为不仅来自肇事者(操作者)本人，也可能来自周围同事的影响，包括主管或领导以及他们的指令。

2. 物(机)的不安全状态

机或物的不安全状态除了是由于设计不科学、维护不及时，以及与环境等因素不协调外，通常是由疲劳和老化的演变而形成的。疲劳和老化是物理过程或化学过程的运行轨迹及结果。

近年来,"疲劳"及"老化"的概念在事故致因论的研究领域中已经大大拓展和加深。任何事物都有一个产生、发展变化和消亡的过程,疲劳或老化是这个过程的普遍特征。材料、零件或构件的疲劳和老化是指在物理学的循环加载下或化学上的侵蚀所引起的局部结构变化和内部缺陷发展的过程,导致在某点(部位)或某些点(部位)的力学等性能下降并最终造成局部或永久性损伤的现象。化学物品的疲劳和老化是指受内外因素的综合作用,如在外界环境(温湿度、气体、光和压力等)的影响下随着时间的推移发生分子内部的变化,从而导致品质发生改变和性能逐渐变坏的现象。

物(机)的不安全状态是由物(机)本身的各种特征为内因,通过人为因素、其他物(机)因素或环境因素这些外因而引起的。化学实验室的物(机)不安全状态的产生,基本都与人的不安全行为或管理失误有关。其不安全状态的出现既反映了物的自身特性,又反映了人的问题和管理问题。物(机)的不安全状态运动轨迹一旦与人的不安全行为的运动轨迹交叉,就会发生时空结点上的事故。因此,判断和控制物(机)的不安全状态对预防和消除事故有直接现实意义。

纯粹由其他物(机)因素或环境因素等这些外因引起的事件,称为灾难。例如,地壳板块被挤压破裂等引起的地震海啸,温差引起的热气旋,树木被雷击引起森林大火等。由人为因素引起的物(机)的不安全状态而导致的事件才被称为事故。

3. 环境因素

化学实验室是一个多维环境,湿度、温度、光照、送风、排风、有毒有害物质的浓度等会影响人在工作中的情绪;恶劣的作业环境还会导致职业性伤害。安全作业是一套由人、物(机)、环境综合而成的系统。合理协调可实现"人适物(机)、物(机)宜人、人-物(机)匹配"的良性循环,能减少失误、提高效率、消除事故,做到本质安全。如何营造一个良好的作业环境,消除职业危害,是作业环境管理的核心。在现场管理过程中,要及时发现、分析、消除作业环境中的各项安全隐患,努力提高现场作业条件,切实保障员工的安全与健康,防止安全事故的发生,促进生产力的发展。

4. 管理

在弄清人的不安全行为和物(机)的不安全状态以及环境因素的基础上,还应进一步追踪管理上的原因,弄清为什么会产生不安全行为、不安全状态和环境缺陷,为什么没能在事故发生前采取措施,预防事故的发生。现实中发生的事故,总是可以找到人的不安全行为和各种不安全因素,所有这些的背后总能反映出管理方面的缺陷。

管理缺陷通常是事故发生的间接原因,但却是本质上的原因。管理缺陷有以下几个方面:

(1)有些管理者在思想上对安全工作的重要性认识不足,安全法律意识和责任意识极为淡薄,将其视为可有可无,对安全隐患熟视无睹,以麻木的心态和消极的行动来对待日常安全管理工作,总是"说起来重要,做起来次要,项目忙起来不要",其实根本就没有把安全当回事,安全意识很淡薄。

(2)安全规章制度、操作规程、岗位责任制、相应预防措施、安全注意事项和物流管理程序等未建立、或未健全不完善。

(3)有些管理人员不学习、不理解、不落实或不彻底落实公司的各种安全规章制度，只注重指标和项目进度，忽视安全检查、安全教育和隐患整改。未能按照公司的安全管理制度和安全管理要求，结合管辖区域的作业特点和作业环境，用心钻研确保管辖区域的人员健康和财产安全的管理办法及有效的预防措施，安全管理的执行力很差。

管理者的安全责任感、安全知识和管理能力有问题是最大的管理缺陷。

总之，实验室安全管理实际上是对"人-物(机)-环境"系统的全程控制和过程协调，做到有布置、有检查、有考评、有奖惩，及时公布评比结果，使全程的不安全行为、不安全状态和环境缺陷得以减少或消除，就可以减少因管理缺陷造成的事故，杜绝伤亡事故的发生。

图 2-8 所示是一起发生在某科技园区的实验室火灾爆炸事故。事故发生在一个有机合成实验室，事故起因是实验人员抽滤 200g 的雷尼镍催化剂不慎起火，处理过程中慌乱出错，灭火方法又不正确，且实验室内堆放了大量有机溶剂、四氢铝锂、氢化钠和各种活泼金属，致使火势迅速扩大和蔓延，并连续发生多次爆炸。随后冒出的滚滚浓烟高达几十米，数公里外的地方都可见，局面无法控制，只好求援 119。消防大队共出动了 12 辆消防车，1 辆指挥车，经过三个多小时的紧张施救，才将火扑灭。

图 2-8　某科技园区的实验室火灾爆炸事故

这起火灾是典型的"人-物(机)-环境-管理"系统出问题而导致的事故。实验人员的不安全行为是事故导火索，危险物品的不安全状态是事故的直接原因，糟糕的环境是事故的客观原因，管理缺陷是事故的根本原因。雷尼镍暴露于空气极易起火，过滤时雷尼镍一旦露出溶剂表面，或者抽滤时一旦抽空，与空气摩擦(雷尼镍为静态，空气为动态)，其马上起火，这是基本的常识。需要针对雷尼镍这种物品的不安全状态采取相应措施。在条件允许的情况下或在工厂车间里是采用氮气压滤的方式，而在实验室的过滤或抽滤过程中，要求在雷尼镍快要露出液面前要继续加反应液或洗液，不能滤空使雷尼镍直接接触空气，最后用水浸淹雷尼镍，雷尼镍在惰性气体氮气的环境下或在水中都是稳定的。实验室规定此操作需要两个人协调，因为一个人操作往往顾此失彼。而该实验人员违反操作规程，导致雷尼镍起火，继而点燃有机溶剂。该实验室存有大量有机溶剂，还有极易燃烧的四氢铝锂、氢化钠和各种活泼金属等，既当实验室又当仓库，既有产品又有原料，混杂在一起，为事故的扩大化创造了条件。

分析下来，整个"人-物(机)-环境"系统的所有环节都存在着管理问题。研发人员的培训、职责和监督等管理不到位甚至是空白，包括雷尼镍催化剂在内的各种中间体、各种成品、各种试剂、各种有机溶剂等危险物品的不安全状态的管理不到位甚至是空白，以及实验室环境等的管理不到位甚至是空白，综合管理缺陷的后果就是，一旦各种导致事故的因素集中在某个交汇点的空间，事故就是必然的了。

以下是另一起由物(机)的不安全状态引起的事故。某合成研发人员在反应结束进行后处理时，发生了冲料。物料溅落在台面上，他先用脱脂棉吸附反应液，为了判断反应程度以及计算收率，需要彻底回收台面上的反应产物溶液。于是他又用洗瓶喷洒丙酮，然后继续用脱脂棉吸附,再做提纯用。这时,台面上搅拌器的电线中间段突然发生短路起火,由于整个台面浸润着易燃丙酮,顷刻间通风橱内燃起大火,后在同事协助下用灭火器扑灭,图 2-9 为当时的监控录像截图。在这起事故中,电线老化龟裂属于物(机)的不安全状态,丙酮的喷洒给龟裂处创造了一个致命性的肇事环境。这两个因素的加合交汇,导致短路起火。

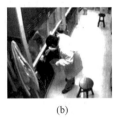

(a)　　　　　　　　(b)　　　　　　　　(c)　　　　　　　　(d)

图 2-9　实验室事故的监控录像截图

(a)反应冲料至台面;(b)丙酮洗瓶稀释;(c)脱脂棉吸附丙酮稀释液;(d)丙酮使老化龟裂的电线短路起火

进一步分析,是什么因素造成电线老化龟裂?这里有深层次的人为因素问题。电线外层材料是塑料或橡胶等有机化合物,在通风橱内的恶劣环境里,其使用寿命不能用常态来估量,酸碱腐蚀以及有机溶剂的侵蚀会使电线外层体的"疲劳"负荷加大,电线外层体的严重过早"疲劳"导致老化,最后龟裂。所有这些因素都是人的因素引起的,而且对包括电线在内的仪器设施的维护及定期保养,既没有做到位,也没有检查程序,更没有相关 SOP 可循。

(五) 人的不安全行为是实验室事故的根本原因

人的行为与人的心理活动和生理条件存在较强的相关性。人的心理活动与生理条件支配和控制着人的行为,人的行为则是人的心理活动和生理条件的外在表现。因此,人的不安全行为是人的不安全心理活动和有缺陷的生理条件的外在表现。

人的不安全行为分为无意识的不安全行为和有意识的不安全行为两种。无意识行为是非故意的,未意识到的行为;有意识行为是有目的、有意识、明知故犯的行为。

无意识的不安全行为是由人的心理、生理、教育、培训、管理、知识、技术和社会环境等原因,导致人在信息处理过程中无法感知或感知错误、判断失误、配合不好、动作迟钝、人为失误等造成的。无意的不安全行为可以通过自我加强学习、培训、治疗、调换工作等方式或措施来解决。

有意识的不安全行为具有顽固性和习惯性的特点,危害很大,如投机取巧、偷工减料、急功近利、急于求成、损人利己、自私自利、方便自己、不顾他人等,这些都是自然属性特征的延伸,其本质都是反社会规范,都是主动违反 SOP。

1. 投机取巧、冒险和侥幸心态

可以说,畏惧伤害或死亡是每个正常的人都会有的心态,这是自然属性的本来特征。而有一些人却漠视自己的生命,将生命当儿戏,这从自然属性和逻辑上分析本该是不通的,但是现实中是大量存在的。作为站在最高级动物之上最富逻辑性的人,却在一些关乎自己性命的时刻超脱了自然属性和基本逻辑,特别是从道路交通实践的频发事故中可以最明显地看出,谁都知道酒驾、超速和闯红灯等是危险的,可能发生相撞、翻车或出人命,但是就有人偏要那样做。

追根溯源,漠视生命其实就是投机取巧、冒险和侥幸等心态在作祟,而这些心态的理念基础是:不是每次违章都会出事故,甚至认为安全事故与违法违章违规行为之间不存在关联。把安全事故除以违法违章行为的商值(事故概率)视为零,即安全事故与违法违章违规行为之间没有线性关系,或认为这种事故的概率很低,即违法违章违规行为很可能不会产生事故。如果事故概率等于100%,投机取巧、冒险和侥幸就不会存在了。

一旦有了投机取巧、冒险和侥幸心态,酒驾、超速和闯红灯等违法违章违规行为就是优先或唯一选择,认为违章冒险行为与自己的性命简直就是搭不上边的两码事。慢慢地,由投机取巧、冒险和侥幸心态导致的违法违章违规行为就变成了习惯行为。

漠视自己的生命和健康,在化学实验室里大有人在。实验室里相当多的事故就是出自投机取巧、冒险和侥幸等心态。

以下是一起典型的由于存在投机取巧心理、冒险和侥幸心态而造成的责任事故。

某博士为了做一个氯代反应需要预先制备氯气。制备氯气(包括工业制氯)有多种方法,实验室制备氯气也有几种方法,无论哪种方法,都要预先搭建一套完整的装置,包括氯气发生装置、缓冲装置(也称安全瓶)、干燥(吸水)装置、暂存装置、主反应装置和尾气吸收装置。其中的氯气发生装置、干燥(吸水)装置、暂存装置和主反应装置是必不可少的,而安全瓶缓冲装置和尾气吸收装置主要是出于防爆和防危害的安全目的而设置的。

该博士根据手头已有的原材料,采取以下反应:

$$2KMnO_4+16HCl \Longrightarrow 2KCl+2MnCl_2+8H_2O+5Cl_2\uparrow$$

按照制备氯气的操作规程,搭建仪器装置,见示意图2-10。

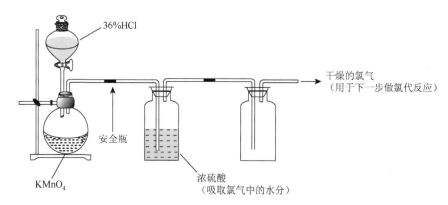

图 2-10　制备氯气的仪器装置示意图

在上面的整套装置中,安全瓶的作用是防止浓硫酸发生倒吸而直接进入前面的反应瓶,与高锰酸钾接触发生剧烈反应导致爆炸,所以该安全瓶又称缓冲瓶,也称防爆瓶,起缓冲防爆作用。事实上,浓硫酸发生倒吸的情况确实不是很多,概率很小。另外,搭一个安全瓶毕竟费事，搭不搭无所谓的思想就这样无形中影响了一些人，所以少数惯于投机取巧的研发人员出于侥幸冒险心态，为图省事，就故意不搭建该安全瓶。该博士就是其中一位，他知道不搭建安全瓶是冒险侥幸行为。但是这一次他不走运，操作中出现了倒吸，结果发生爆炸。该博士的眼镜片被飞溅的碎玻璃炸破，右眼角被碎玻璃划破，脸部和手部被浓硫酸等严重灼伤，且被碎玻璃划伤。

爆炸的直接原因是浓硫酸与高锰酸钾反应生成氧化性比高锰酸钾更强并有爆炸性的油状液体七氧化二锰：

$$2KMnO_4+2H_2SO_4 =\!=\!= Mn_2O_7+2KHSO_4+H_2O$$

生成的七氧化二锰很不稳定，在受热时可引起分解爆炸，分解为二氧化锰、氧气（可能有少量臭氧）：

$$2Mn_2O_7 \xrightarrow{\triangle} 4MnO_2+3O_2\uparrow$$

间接原因是该当事人违反操作规程，没有搭建安全瓶。

事故定性：投机取巧、心存侥幸，违反操作规程，冒险行动，属于安全责任事故。

2. 方便自己、损人利己

贪图自己方便、不顾他人安危，是一些实验室研发人员的自私自利行为。例如，日常工作中一些人违反化学试剂领用和及时退库原则，为了自己方便，个人长期占有大量试剂，不但不能得到及时流转和合理使用，造成资源浪费，同时又不遵守"及时规范处理危险试剂"的规定，存

图 2-11　没有标签的试剂瓶

积下了许多人为过期试剂，包括不及时处理或失效的危险试剂和中间体。有的试剂瓶连标签都没有了，见图 2-11，由此遗留下了潜在的安全隐患，许多事故由此而引发。

在调整研发项目组或人员变动时，往往需要搬迁实验室。实验室搬迁的基本规则之一

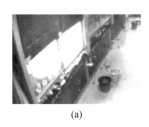

(a)　　　　　　　(b)

图 2-12　起火时的监控录像截图
(a)以及火灾被扑灭后的现场照片(b)

是，属于自己的试剂、物品等都要彻底搬离，要求不得遗漏。某些研发人员违反搬迁规则，搬迁时只顾自己，不顾他人，自己不及时处理危险试剂，而是留在通风橱下方的试剂柜内或其他角落，把隐患留给别人。别人搬进来，接下这么多的无名试剂，处理起来一头雾水，由于方法对不上号，结果起火爆炸，造成人员伤害或财产损失，见图 2-12。

3. 急功近利、急于求成

实验室的事故都是因为违反 SOP，急功近利的心态和急于求成的做法常常违背科学而容易发生事故。以下是一起与急功近利的心态和急于求成的做法相关的实验室爆炸事故。

某研发人员在做 2-甲酸乙酯吡啶氧化物的转位时发生爆炸。化学反应式如下：

前一步是用 *m*-CPBA 氧化 380g 的 2-甲酸乙酯吡啶，反应结束，进行后处理，过柱纯化。用旋转蒸发仪浓缩馏分，产物(氮氧化物)呈半固态黏稠状物留在茄形瓶内。

接着就是进行该氮氧化物(半固态)与三氯氧磷(液体)的转位反应，面临着将哪个加到哪个里面的问题。除非早已确认固液混合不产热或极少产热(经验值是温升不超过 3℃)，正确的投料顺序为：固体必须往液体里加，而不能将液体加入固体中。因为前者有利于散热，后者方法易聚热发生冲料或爆炸。另外，应将不稳定或性质活泼的物料加到稳定或温和的物料中。例如，将浓硫酸慢慢加入水中，而不能将水加到浓硫酸里。如果加料顺序颠倒，将液体加到固体里，危险是显而易见的。危险性大小主要由各反应物的内在反应特性决定，还与量的大小有关，量小的情况下，一般不会有严重后果，量越大，危险性就越大。当然，还与环境温度、加料速度和搅拌速度等因素有关。

该研发人员投料 15g 2-甲酸乙酯吡啶做小试时，为了方便，是将三氯氧磷液体直接加到半固体氮氧化物中，虽然违反了 SOP，但除了有稍许自然升温外，没有发生危险。而对由 380g 2-甲酸乙酯吡啶经过氧化生成的氮氧化物，需加 1200mL 三氯氧磷进行转位反应，这就是一个很大量的反应了，其危险性就另当别论，不能依据前一次的经验，想当然地采用相同的操作顺序。然而，把半固态黏稠状的氮氧化物从茄形瓶内一点一点地取出加到盛有三氯氧磷的反应瓶中，毕竟是一件既费时间又不太利索的麻烦事，考虑到前面已经有过一次顺利而安全的小样反向加料操作，这时急于求成、贪图方便的心理超越了规范操作的安全底线，于是研发人员又一次直接将三氯氧磷液体倒入盛有氮氧化物的茄形瓶中。另外，半固态黏稠状的外观掩盖了氮氧化物内在的强爆炸性的狰狞面目。

当快要加完 1200mL 三氯氧磷时，先看见有气泡，接着很快就有大量气体放出，当事人即刻将该茄形瓶放入通风橱，刚拉下橱门便发生强烈爆炸，橱门防爆玻璃碎落一地，门框变形，通风橱内一片狼藉。事后，该项目组负责人描述这次爆炸：非常猛烈，杀伤力巨大。

三、事故的必然性和偶然性

许多事故往往是在人们的意料之外，具有偶然性和突发性的特征，但纵观并分析各类事故可知，人的不安全行为、物(机)的不安全状态、环境缺陷以及安全管理体系的系统性问题，是导致安全事故发生的必然性因素。而一旦这些因素中的相关部分在一个合适的时间和部位等多维空间发生组合和有效碰撞，事故就会发生，这就是事故的偶然性。

唯物辩证法认为，偶然性中有必然性，必然性是通过大量偶然性表现出来的，人们要认识必然性就要透过偶然认识必然。必然性是指客观事物变化发展中不可避免的一定要发生的确定不移的趋向，正如墨菲定律描述的，"如果事情有可能变坏，不管这种可能性多么小，它迟早都会发生"。"一定要发生"是必然性的逻辑意义，"一定要"不是"马上要"。必然性在事物的发展过程中居于支配的地位，规定着事物发展的前途和方向，其特点是确定性。而偶然性是指事物发展中并非不可避免的必定要发生的，而是可能出现，也可能不出现，可以这样出现也可以那样出现的不确定趋向。必然与偶然是统一的，在偶然中隐藏着必然性，而任何偶然性又总是服从于必然性。偶然只是必然的外衣，必然性存在于偶然性之中，总是支配着偶然性，没有脱离偶然性的纯粹必然性。

　　绝大多数事故的发生从表面上看似乎都是偶然的，是一种随机的小概率事件，然而世界上没有纯粹的偶然事件，任何事件的发生都有着它的必然性。偶然仅是事件发生的某个时空，必然的是它迟早都要发生。任何责任事故都既有偶然性的一面也有必然性的一面，必然性与偶然性的共同存在并相互作用最终促成了事故的发生。

　　当事故发生后，很多人只看到表面的现象，觉得这纯粹是一次偶然的事故，不去理解必然性的逻辑意义，不去深挖事故的根本，不去研究寻找事故发生的必然性。这就是很多小概率事故会不断重复出现的原因。

　　必然性和偶然性的关系实际上是因果关系，必然性是因，偶然性是果，根除了因，果就不存在。人为因素、物(机)因素、环境因素以及管理体系构成了必然性的基本要素，而必然性是偶然性的基础，所以防止事故发生的重点应放在防止引起事故发生的必然性上，尽量根除基础性的东西，就可以防止偶然性事件的发生，这样才能真正做到防患于未然。也就是说，如果能够通过事故的现象(偶然性)来抓住事故的本质(必然性)，认识必然性，通过采取措施来除掉事故发生的必然因素，这样就断了偶然性的根基，就不会有安全事故的发生。

案例1　少有的真空油泵爆炸

　　某实验室晚间真空油泵运转时发生爆裂，伴随着一声巨响，整个油泵底部的钢板脱落，油污四溅，见图2-13。图2-14显示泵体内部不应该有的大量乌黑污垢。

　　真空油泵发生爆炸是不应该发生的偶然事件。然而这种偶然事件的背后有着许多必然因素支撑，偶然事件是必然的结果，分析可知，有很多的必然性因素。

　　(1)不顾电器的使用规则，将其置身于弥漫的腐蚀性环境中，大大缩短使用寿命，造成电机腐蚀、线路短路、跳火，从而引起事故。

图2-13　油泵底部钢板脱落、油污四溅　　　　图2-14　泵体内部不应该有的大量乌黑污垢

　　(2)为贪图方便，追求快捷，将真空油泵当水循环真空泵用，常常用来抽低沸点物质以及酸碱等腐蚀物质，不但缩短使用寿命而且易引发事故。低沸点的有机溶剂被源源不断地抽进油泵内，泵体不爆炸才不符合常理。

　　(3)偷工减料不装配或者不按照规定装配各种基本的吸收装置，甚至连冷阱中的干冰等冷媒都忘了加，长此以往，油泵不可能不出事。

(4)平时操作粗放，不按照规定进行保养维护。发生事故的这个实验室，从研发人员到主管都不重视规范使用真空油泵，水泵和油泵的区别，在他们心里没有概念，这样下去，没有不出事的道理。

以上不规范行为都是引起泵体爆炸的必然因素，是孕育偶然事故的肥沃土壤，发生事故是必然的，一段时间内不发生事故或发生事故都是偶然的，只是"走运"或"不走运"而已。只有严格按照真空油泵的使用规程去做，剔除所有不安全因素，不让必然性的东西萌芽，偶然性没了基础，油泵爆炸也就不可能发生。

案例 2 一起偶然的冲料事故

该反应使用的氧化剂为氯铬酸吡啶嗡盐(pyridinium chlorochromate，PCC)，化学结构式如下所示：

研发人员用 2 个摩尔比的 PCC 进行氧化反应，反应结束后先进行两次减压过滤，然后在水浴不超过 40℃的情况下减压浓缩滤液，浓缩完毕后取下茄形瓶，刚放下突然发生冲料，喷泻而出的高沸点浓缩反应液直冲而上，冲破天花板。根据冲料的强度判断，要不是敞口放着，一定会发生爆炸。此反应之前曾进行过十多次，处理方法同上，并未出现类似现象。

分析事故原因，一是反应未到达终点，以二氯甲烷为主的滤液中既有产物，也有原料和大量多余的氧化剂 PCC；二是在浓缩前未除去多余的 PCC，致使加热浓缩时反应或副反应加速，大量放热而发生冲料(甚至可能爆炸)。

操作不严谨不到位，是冲料事故的必然因素，但不是每次都会发生。偶然发生也正说明了内在因素的必然性。在吸取教训后，采取了改进办法，一是时刻跟踪反应是否彻底，二是用还原剂淬灭多余的氧化剂 PCC，三是用硅藻土或硅胶短柱过滤。将冲料隐患的必然因素一一去除，这样就做到了本质安全。

案例 3 一起巧合的过滤头和玻璃瓶爆炸伤人事故

色谱仪吸取洗脱剂的吸管最前面都有一只过滤头，如图 2-15 所示。其用过一段时间后需要清洗，一般用醇或超声波或 10%硝酸清洗。某公司实验室一员工清洗过滤头，用通常惯用的超声波方法，发现不奏效，就改用其他方法来处理：先用乙醇清洗，然后将过滤头放入另一个盛有浓硝酸溶液的玻璃瓶中，如图 2-16 所示。在该员工拧紧瓶盖时发生了爆炸，手中的瓶子被炸碎。玻璃碎片和硝酸伤害了其左手，造成深度切伤，肌腱、神经和动脉被切断。

依据已知事物的各种特性，造成该事故的可能原因有以下几方面：

(1)过滤头的孔隙和内腔中带有的乙醇与玻璃瓶内的硝酸发生反应形成了爆炸物。

(2)硝酸具有强酸性和强氧化性，可以与乙醇等有机物反应生成气态物质，气压过大，导致密闭玻璃瓶发生物理性爆炸。

图 2-15 过滤头

图 2-16 放入盛有浓硝酸溶液玻璃瓶中的过滤头

(3)硝酸和过滤头中的各种金属反应生成硝酸盐：

$$M+HNO_3 \longrightarrow MNO_3$$

式中，M 表示 Cu、Ag、Pb、Cd 等金属。

然后硝酸盐与乙醇反应生成雷酸盐，如 $Cu(ONC)_2$、$AgONC$、$Pb(ONC)_4$、$Cd(ONC)_2$ 等：

$$3MNO_3+2CH_3CH_2OH \longrightarrow 3MONC+CO_2\uparrow+6H_2O$$

生成的金属雷酸盐具有爆炸性，对细微碰擦等极其敏感，甚至可能自爆。

为了找出真实原因，在事后多次模拟同条件的实验中，所用的同类滤头、乙醇、硝酸，以及取用量、浓度、操作顺序、时间、温度等，都尽可能一致，但是没有发生爆炸，也没有发现任何有价值的东西。

这次事故和模拟实验的结果虽有天壤之别，但这只能说明模拟实验还没有找全发生爆炸事故的内在必然性因素或没有找到偶然爆炸时的多种必然性因素的时空交合点。这也说明，许多事故的重现性不好的原因就是难以找全事故的所有必然因素，以及发生事故那一瞬间诸多必然因素的逻辑交合点。

虽然模拟爆炸没有重现，但以后都不能再用乙醇和硝酸进行清洗，需重新制订可靠的清洗规程，或者一律不予清洗，直接更新淘汰，努力按照本质安全去做。

案例 4 一起叠氮化物爆炸事故

美国某大学化学实验室的一位研究生用 200g 叠氮钠制备 $(CH_3)_3SiN_3$，不幸发生爆炸。

$$(CH_3)_3SiCl + NaN_3 \xrightarrow{\text{二甘醇二甲醚，70℃，60h}} (CH_3)_3SiN_3$$

图 2-17 爆炸后的通风橱

当事人未做任何个人防护，爆炸造成他二度烧伤，玻璃伤到他的手臂和脸侧面，耳膜也受损，爆炸还引起了实验装置和通风橱的摧毁，如图 2-17 所示。

原因分析：该实验室研究小组按照文献已经做过至少十次这样的反应，一直都很安全。据该校的化学系教授分析，这次爆炸可能是由不够干燥的替代溶剂 PEG 引起。因为在三甲基氯硅烷(chlorotrimethylsilane)的反应体系中，内在的水分将叠氮钠转化为爆炸敏感性更强的叠氮酸；也可能是叠氮钠在过热的环境下导致爆炸。

虽然该反应在此之前已经做过多批并且没有发生爆炸，但是一旦该反应相关因素中的相关部分在一个合适的时间和部位等多维空间发生组合和有效碰撞，事故就发生了，这就是事故的偶然性。对于一个危险反应，之前的几次很顺利，不代表今后就一定不会发生事故。另外，许多事故的重现性很不好，其实是人们还没有搞明白或没有找到偶然性中的必然性。反过来换一个角度看，在同一条生产线上生产出来的高质量炮弹，也可能有千分之一二的哑弹概率，这些哑弹也可以认为是偶然性的表现。

四、"四不放过"是安全事故的处理原则

事故发生后，如何妥善处理，需要有正确的态度和方法。一些人特别是主管或领导会认为，家丑不可外扬，采取内部私下了断、或隐瞒、封闭、不了了之和企图蒙混过关的消极态度来应付。这样做，一是违法，二是越怕越麻烦，因为现代社会是信息高速传播的年代，一旦事故真相被其他人或非专业媒体有意或无意地走样传播或错误报道甚至歪曲宣传，会产生更坏的作用。谣言止于公开，这个公开需由发生事故的责任单位发布，而且要在迅速查清事故真相的基础上立刻公布，要抢时间，赶在谣言或传言四起之前公开，以起到标杆震慑作用。

实践证明，只有"四不放过"才是安全事故的正确处理原则，目的是避免今后再次发生。"四不放过"处理原则是 2004 年国务院办公厅在关于加强安全工作的紧急通知中首次提出的。"四不放过"以积极主动的态度，既承认事故是负面的东西，也认为是教训，将事故当作反面教材，通过共享的方式，提高大家的预防意识，防止同类事故重复发生。

（一）安全事故"四不放过"处理原则的内容

(1) 事故原因未查清不放过。
(2) 责任人员未处理不放过。
(3) 整改措施未落实不放过。
(4) 有关人员未受到教育不放过。

（二）安全事故"四不放过"处理原则的剖析及其意义

1. 事故原因未查清不放过

在调查处理安全事故时，首先要及时把事故原因分析清楚，找出导致事故发生的真正原因，人的原因、物的原因、环境的因素以及管理系统上的原因，主要原因和次要原因，主观原因和客观原因，直接原因和间接原因。不找到真正原因绝不轻易放过，并搞清各因素之间的逻辑关系才算达到事故原因分析的目的。

调查方法和程序包括事故当事人的溯源描述，实物取证，记录查阅(操作记录、领料记录等)，监控回放等，然后对第一手材料进行分析比对，必要时可以做模拟验证。

2. 责任人员未处理不放过

责任人员既包括直接当事人（一般是违规操作者），根据"管生产必须管安全"的原则，也包括直接当事人的主管的连带管理责任，以及企业安全第一责任人即法定代表人或

法人代表的领导责任，甚至法人的法人责任。

责任人员未处理不放过是安全事故责任追究制的具体体现，绝不能大事化小、小事化无，"下不为例"是姑息纵容的处理方式，当然也不能无限上纲，需要实事求是。

对事故责任人员要按照事故的严重程度、影响、性质和后果，严格按照安全事故责任追究规定和有关法律、法规的规定进行严肃处理，包括口头批评、书面批评、通报批评、警告、经济处罚（合法罚款、扣奖金等）、降级、解聘，特别严重涉嫌犯罪的由政府机关处理，如停业整顿、处罚、对责任人拘留或处以刑罚等。通过严肃处理，可以对责任人和相关人员起到教育与震慑作用。

3. 整改措施未落实不放过

针对事故发生的原因，在对安全事故进行严肃认真的调查处理的同时，还必须提出防止相同或类似事故发生的切实可行的预防措施，并督促事故发生部门及相关部门加以实施。触动那些对安全隐患熟视无睹、麻木不仁和不思改动的懒散惰性的灵魂，推动对身边的那些不安全行为、机和物的不安全状态、环境缺陷、管理缺陷等的整改，只有这样，才算达到了事故调查和处理的最终目的。

4. 相关人员未受到教育不放过

在调查处理工伤事故时，不能认为原因分析清楚了，相关人员也处理了就算完成任务了，还必须通过通报、培训等方式，使事故责任者和相关员工了解事故发生的原因及所造成的危害，起到警示作用，切实寻找自己身边的安全隐患，提高全员安全意识，并深刻认识到搞好安全管理的重要性，使大家从事故中吸取教训，在今后的工作中更加重视安全工作。

前事不忘，后事之师，只有认清安全事故的真相，认真了解事故的因果关系，把别人的事故当成自己的事故对待，真正吸取事故教训，做到举一反三，才能做好预防措施，防止类似事故的再次发生，否则"今天听别人讲故事，明天该故事成为我的事故"又会重演。

对于以上四个不放过，前三个是"事务性"的，第四个则是"实质性"的；前三个是基础，第四个是关键。只有查清了事故原因、处理了责任人、落实了整改措施，才能让相关人员真正地吸取教训，避免今后再次出现类似事故。

复习思考题

1. 如何理解事故的两重性？

2. 事故合理性的属性是什么？为什么又说事故是违反 SOP 的结果？

3. 理解事故中的主观性责任和非主观性责任。

4. 事故一般由主观原因和客观原因引起，为什么无论是客观原因或者是主观原因中的非故意因素的责任归属依旧是人？

5. 充分理解事故的必然性和偶然性的辩证关系，以及在安全学中的地位和意义，并思考如何践行于日常安全工作。

6. 理解安全事故"四不放过"处理原则的目的和意义。

第三章　事故致因论

安全事故的发生不是一个孤立的事件，尽管事故可能在某瞬间突然发生，但却是一系列事件(事故原因)相继发生或逻辑组合的结果。探索事故的成因是本书的主要内容之一，也是人类社会长期以来一直关注的重要研究内容。

从不同时期、不同角度、不同学科，以及用不同观念来进行事故成因的研究，诞生了许多不同类型的事故致因理论。一些事故致因理论具有某范围的普遍意义，如本章第一节所涉及的一些公认的事故致因理论。然而，就有机合成研发实践来说，需要提出更科学和更实际的事故致因理论，找出事故原点，理顺前因后果的整个过程，这将在本章的第三、四节讨论。并且在之后的篇章及章节中，侧重对事故原点进行详细讨论，这是本书的一大特点。

第一节　经典的事故致因理论

在安全事故研究中，事故致因理论的发展是非常引人注目的。事故致因理论是从大量典型事故的本质原因的分析中所提炼出的事故机理和事故模型。这些机理和模型反映了事故发生的规律性，能够从理论上为事故原因的定性定量分析，事故的预测预防以及改进安全管理工作，提供科学的、完整的依据。随着科学技术和生产方式的发展，事故发生的本质规律在不断变化，人们对事故原因的认识也在不断深入，因此先后出现了很多具有代表性的事故致因理论和事故致因模型。这些理论和致因模型对事故致因的研究和应用都具有重大指导意义。

一、各种事故致因理论

(一)事故频发倾向理论

1919年，英国的格林伍德(Greenwood)和伍兹(Woods)对大量事故的发生次数进行统计分析后认为，事故频发倾向是指个别容易发生事故的稳定的个人内在倾向。1939年，法默(Famert)和查姆勃(Chamber)等提出了事故频发倾向理论。他们把工业事故发生的主要原因归结于事故频发倾向者的存在，即少数具有事故频发倾向的工人是事故频发倾向者，他们的存在是工业事故发生的原因。如果企业中减少了事故频发倾向者，就可以减少工业事故，他们认为开除了那些肇事者就会太平许多。

该理论强调了人的因素，是其积极的一面。

(二)海因里希事故因果连锁理论

1941年，美国著名安全工程师海因里希(Heinrich)把工业伤害事故的发生发展过程描述为具有一定因果关系事件的连锁反应，即人员伤亡的发生是事故的结果，事故的发生原因是人的不安全行为或物的不安全状态，这种状态是由人的缺点造成的，而人的缺点是由不良环境诱发或者是由先天的遗传因素造成的。

海因里希将事故因果连锁过程概括为以下五个因素：遗传及社会环境，人的缺点，人的不安全行为或物的不安全状态，事故和伤害。他认为，事故的发生是一连串事件按照一定顺序，互为因果依次发生的结果，如同多米诺骨牌——第一块骨牌倒下（第一个原因出现），则发生连锁反应，后面的骨牌相继被碰倒（相继发生）。企业安全工作的中心就是要移去中间的骨牌——防止人的不安全行为或消除机械物质的不安全状态，中断事故连锁的进程，从而中断事故链的进程，避免事故的发生。

海因里希的理论过于绝对化和简单化。事实上，各个骨牌（因素）之间的连锁关系是复杂和随机的，前面的牌倒下，后面的牌可能倒下，也可能不倒下，不安全行为和不安全状态并不一定必然造成事故。另外，海因里希理论也和事故频发倾向论一样，把工业事故的责任归因于工人。从这种认识出发，海因里希进一步研究事故发生的根本原因，认为人的缺点来源于遗传因素和人员成长的社会环境。

博德（Bird）在海因里希事故因果连锁理论的基础上，提出了与现代安全观点更加吻合的事故因果连锁理论，提出管理缺陷、个人及工作条件的原因、直接原因、事故和损失五个因素，其中管理缺陷是最关键的原因。他认为完全依靠工程技术措施预防事故既不经济也不现实，只有通过完善管理，经过努力才能防止事故的发生。管理也要随着生产的发展变化而不断调整完善，但管理总是落后于发展，所以十全十美的管理不可能存在，正是管理上的缺陷导致能够造成事故的其他原因出现。

亚当斯（Adams）提出了一种与博德理论类似的事故因果连锁理论，其核心是事故与管理体系缺陷和管理缺陷密切相关。管理体系的问题可能导致管理失误，若出现决策失误、管理的差错或疏忽，则对一个组织的安全工作具有决定性的影响。

（三）能量意外释放（转移）理论

1961 年，吉布森（Gibson）提出了事故是一种不正常的或不希望的能量释放，各种形式的能量是构成伤害的直接原因。因此，应该通过控制能量或控制作为能量达及人体媒介的能量载体来预防伤害事故。

能量的种类有许多，如动能、势能、电能、热能、化学能、原子能、辐射能、声能和生物能等。人受到伤害都可以归结为上述一种或若干种能量的异常或意外转移。

1966 年，哈登（Haddon）完善了能量意外释放理论，提出"人受伤害的原因只能是某种能量的转移"，将伤害分为两类：第一类是由施加了局部或全身性损伤阈值的能量引起的；第二类是由影响了局部或全身的能量交换引起的，主要指中毒窒息和冻伤。哈登认为，在一定条件下，某种形式的能量能否造成人员伤亡等伤害事故取决于能量大小、接触能量时间长短和频率以及力的集中程度。根据能量意外释放论，可以利用各种屏蔽来防止意外的能量转移，从而防止事故的发生。

按照能量意外释放（转移）理论，美国职业安全健康管理局（OSHA）的事故致因模型认为，事故的发生是复杂的，一个事故可能有 10 个或更多的前导事件。事故分析要结合三个原因层次，如图 3-1 所示。

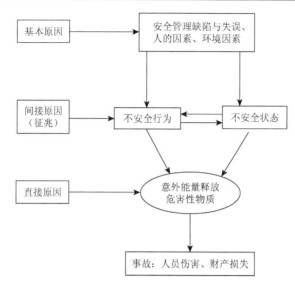

图 3-1　事故的三个原因层次

引发事故的直接原因是人或物接受了一定量的不能被接受的能量或危害性物质；而它是由一种或多种不安全行为或不安全状态或两者的组合造成的，这就是间接原因或"征兆"；而间接原因是基本原因(管理缺陷与失误或人的因素、环境因素)导致的。

（四）动态变化理论

客观世界是在变化的，安全工作也要随之改进，以适应发生了的变化。如果管理者不能或没有及时地适应变化，则将发生管理失误；操作者不能或没有及时地适应变化，则将发生操作失误。外界条件的变化也会导致物的变化以及仪器设施的故障，进而导致事故的发生。

1. 扰动起源事故理论

贝纳(Benner)认为，事故过程包含着一组相继发生的事件。这里的事件是指生产活动中某种发生了的事情，如一次瞬间或重大的情况变化，一次已经被避免的或导致另一事件发生的偶然事件等。因而，可以将生产活动看做是一个自觉或不自觉地指向某种预期的或意外的结果的事件链，它包含生产系统元素间的相互作用和变化着的外界的影响。由事件链组成的正常生产活动是在一种自动调节的动态平衡中进行的，在事件的稳定运行中向预期的结果发展。

事件的发生必然是由某人或某物引起的，如果把引起事件的人或物称为"行为者"，而其动作或运动称为"行为"，则可以用行为者及其行为来描述一个事件。在生产活动中，如果行为者的行为得当，则可以维持事件过程稳定地进行；否则，可能中断生产，甚至造成伤害事故。

生产系统的外界影响是经常变化的，可能偏离正常的或预期的情况。1972 年，本尼尔(Benner)称外界影响的变化为"扰动"(perturbation)。扰动将作用于行为者，产生扰动的事件称为起源事件。当行为者能够适应扰动时，生产活动可以维持动态平衡而不发生事故。如果其中的一个行为者不能适应这种扰动，则自动平衡过程被破坏，开始一个新的事件过程，即事故过程。该事件过程可能使某一行为者承受不了过量的能量而发生伤害或损害，这些伤害或损害事件可能依次引起其他变化或能量释放，作用于下一个行为者并使其承受过量的能量，发生连续的伤害或损害。当然，如果行为者能够承受冲击而不发生伤害或损害，则事件过程将继续进行。

综上所述，可以将事故看做由事件链中的扰动开始，以伤害或损害为结束的过程。

2. 变化——失误理论

1975年，约翰逊(Johnson)发表"变化-失误"模型；1980年，塔兰茨(Talanch)在《安全测定》一书中介绍了"变化论"模型；1981年，佐藤音信提出了"作用——变化与作用连锁"模型。变化-失误理论认为，事故是由意外的能量释放引起的，这种能量释放的发生是由于管理者或操作者没有适应生产过程中物的或人的因素的变化，产生了计划错误或人为失误，从而导致不安全行为或不安全状态，破坏了对能量的屏蔽或控制，即发生了事故，造成生产过程中人员伤亡或财产损失。客观事物变化在先，人的认识在后，客观事物变化可引起人失误，社会、环境或某种机物的变化也可以引起所在或相临近机物的故障。主变和被变(也称应变或失误)的差异就是事故成因的动力。因此，变化被看做是一种潜在的事故致因，应该被尽早地发现并采取相应的措施。

（五）轨迹交叉论

轨迹交叉论也称轨迹交合论(trace intersecting theory)。安全事故是许多相关联的轨迹(成因或事件等)发展交叉(交合)的结果，这是轨迹交叉论的基本思想。斯奇巴(Skiba)和约翰逊(Johnson)都认为，这些事件概括起来不外乎人和物(包括环境)两大发展系列。当人的不安全行为和物的不安全状态在各自发展过程中的轨迹在一定"时空"发生了交叉，接触发出的能量转移于人体或目标物时，事故就可能发生。人的不安全行为和物的不安全状态之所以产生和发展，又是多种因素作用的结果。在人和物两大系列的运动中，二者往往是相互关联，互为因果，相互转化的。有时人的不安全行为促进了物的不安全状态的发展，或导致新的不安全状态的出现；而物的不安全状态也可以诱发人的不安全行为。

轨迹交叉论可用下面的事故模型(1)和(2)形象地表示出来，见图3-2和图3-3。

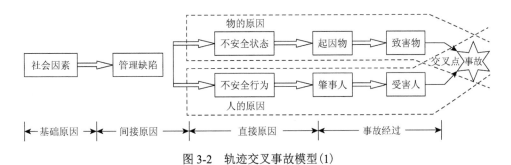

图3-2 轨迹交叉事故模型(1)

用事故模型(2)的交合表示导致事故发生时的情况，其中 H 为人的不安全行为子集，M 为物(机)的不安全状态子集，E 为环境的不安全条件子集。三者交汇的核心部分就是事故，其他两两交叉的部分被称为事件(或未遂事故)。

传统的轨迹交叉论揭露了绝大多数事故的因果关系，认为只有少量事故是与人的不安全行为或物的不安全状态无关，绝大多数事故则是与两者同时相关的。日本厚生劳动省调查分析的 50 万起事故中，如果从人的方面分析，只有约 4%的事故与人的不安全行为无关，如果从物的方面分析，只有约 9%与物的不安全状态无关。人的不安全行为和物的不安全状态往往互为因果、相互转化。在人与物的两大系列中，人的失误占绝对位置。人的不安全行为和物的不安全状态是事故发生的表面的、直接的原因，如果对其再进行追踪就会发现还有更深层次的管理方面的原因，管理缺陷(管理不科学和领导失误)是造成事故的间接原因也是本质的原因。

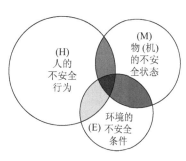

图 3-3　轨迹交叉事故模型(2)

轨迹交叉论是近些年来较流行的事故致因理论，该理论强调，人的因素和物的因素在事故致因中占有同样重要的地位。按照该理论，可以通过从时空上避免人与物两种因素的运动轨迹交叉来预防事故的发生。

（六）系统安全理论

在 20 世纪 50 年代到 60 年代美国研制洲际导弹的过程中，系统安全理论应运而生。

系统安全理论包括很多区别于传统安全理论的创新概念，包括以下内容：

(1)在事故致因理论方面，改变了人们只注重操作人员的不安全行为，忽略硬件故障在事故致因中的作用的传统观念，人们开始考虑如何通过改善物的系统可靠性来提高复杂系统的安全性，从而避免事故。

(2)没有任何一种事物是绝对安全的，任何事物中都潜伏着危险因素。通常所说的安全或危险只不过是一种主观的判断。

(3)不可能根除一切危险源，但可以减少来自现有危险源的危险性。宁可减少总的危险性而不是只彻底去消除几种选定的风险。

(4)由于人的认识能力有限，有时不能完全认识危险源及其风险。即使认识了现有的危险源，随着生产技术的发展，由于出现了新技术、新工艺、新材料和新能源，又会产生新的危险源及其风险。

二、事故致因理论的意义

以上各种事故致因理论均从人的特性与机器性能和环境状态之间是否匹配和协调的观点出发，认为机械和环境的信息不断地通过人的感官反映到大脑，人若能正确地认识、理解、判断，做出正确决策并采取行动，就能化险为夷，避免事故和伤亡；反之，如果人未能察觉、认识所面临的危险，或判断不准确而未采取正确的行动，就会发生事故和伤亡。

由于这些理论把人、机、环境作为一个整体(系统)看待，研究人、机、环境之间的相互作用，进行反馈和调整，从中发现事故的致因，揭示预防事故的途径，所以，也有人将它们统称为系统理论。

时至今日，事故致因理论的发展还很不完善，还没有给出用于事故调查分析和预测预防方面的普遍和有效的方法。然而，通过对事故致因理论的深入研究，必将在安全工作中产生以下几方面的深远影响：

(1)从本质上阐明事故发生的机理，奠定安全管理的理论基础，为安全管理实践指明正确的方向。

(2)有助于指导事故的调查分析，帮助查明事故原因，预防同类事故的再次发生。

(3)为系统安全分析、危险性评价和安全决策提供充分的信息和依据，增强针对性，减少盲目性。

(4)有利于将认定性的物理模型向定量的数学模型发展，为事故的定量分析和预测奠定基础，真正实现安全管理的科学化。

(5)增加安全管理的理论知识，丰富安全教育的内容，提高安全教育的水平。

第二节　事　故　原　点

本章第一节所阐述的经典事故致因理论都暂时避开了危险源的具体特点和事故的具体内容与形式，只是抽象概括地考虑构成系统的人、机、物、环境和管理的几大要素，虽然具有本质和普遍的意义，但如果将这些事故致因理论和具体的危险源或具体的事故原点结合，就可以更科学、更实际、更生动地把可能的事故成因、过程、结果全面地展现在人们面前。这部分内容将在本章的第三节和第四节以及本篇的第四章中就有机合成研发实践的事故成因作进一步详细介绍。

虽然事故的前身是隐患，隐患的前身是危险源，但是危险源并不一定就是事故原点。事故原点是该危险源中事故的原引发点或起始位置。

一、事故原点的特征

从理论上说，事故成因的溯源可以无尽止地延展下去，但是过分延伸并没有多大意义，会造成主次层面不分(物)，责任不清(人)。事故成因的溯源要有合适的截止点，这就需要找出实实在在的事故原点。事故原点的显著特征有三个，即具有发生事故的初始起点性，具有由"危险源→安全隐患→事故"的突变性，并且是在事故形成过程中与事故后果有直接因果关系的点。这三个特征被认为是分析、判定事故原点的充分必要条件，在事故分析中常被称为直接原因的原点。应注意的是，确定事故原点虽是查找事故成因的首要一环，但它并不就是事故成因，在一个单元事故中只能有一个事故原点，而事故成因可能有多个。

二、事故原点的确定

掌握事故原点是对已经发生的事故进行科学调查、分析的基础，也是进行风险评价、事故预测和采取相应安全对策所必需的。因此对可能成为事故原点的地方，必须重点予以评价和防范。

发生了燃烧火灾或爆炸事故以后，由于当事人可能受到了严重伤亡，现场也遭到破坏，往往不易直接确定事故原点，这时就需要间接地进行推定。推定方法通常有以下三种：

(1)定义法。即根据事故原点的定义，运用它的三个特征找出原点。此法用于简单的事故分析较为有效。

(2)逻辑推理法。事故原点虽不是事故成因，但事故致因理论中的逻辑分析方法对于寻找事故原点仍是有用的，即沿着事故因果链进行逻辑推理，并设法取得可能的实证，如物、机受损情况，抛掷物飞散方向，烧毁程度，残渣残片，爆炸后的表象等。通过综合分析、推理，使事故的形成、发展过程逐渐显现出来。此法用于火灾、爆炸等破坏性大的、复杂的事故调查分析较为有效。

(3)技术鉴定法。即收集、利用事故现场事故前原有的和事故后留下的各种实证材料，配合一定的理化分析和模拟验证试验，以"再现"事故发生、发展情景。此法适用于重大事故的调查分析。

当然，在实际工作中可穿插、综合使用这几种方法，使之成为进行风险分析、安全性评价、对策制订、监控管理，以及事故调查分析的更为有力的武器。

第三节　　有机合成研发事故成因探讨(1)
——多维立体动态轨迹交合论

单纯由物的不安全状态以及单纯由环境缺陷引起的事件称为自然灾害，而不是事故，如地震、台风、瘟疫、虫害、灾害性气候等。只有通过人为因素与物(机)的不安全状态的交合作用，或通过人为因素与物(机)的不安全状态以及环境等因素的交合作用而引起的人身伤害、环境破坏、经济损失或社会负面影响的意外事件才称为事故。

有机合成研发实践中的事故多种多样，包括各种化学性的燃烧爆炸、冲料、泄漏、中毒、腐蚀、过敏等事故，以及物理性的电器事故、机械事故、爆炸事故等，表面上看起来好像全是由物(机)的不安全状态因素引起的，但是溯源的结果都是通过人的不安全行为引起的。也就是说，事故的第一因素来自人的不安全行为，只不过是在某些事故案例分析中，人的不安全行为是作为间接原因来定性的。

一、事故是轨迹的函数

轨迹可以是变化着的因素(事故成因)函数，甚至是变化着的事件函数。也就是说，轨迹是在多维空间上与事件直接关联的不安全变量，或在多维空间上与事故直接关联的不安全变量。

事件或事故其实就是各种相关不安全变量(多维轨迹)在空间上有效逻辑交合的函数。纵观有机合成研发实践中的所有事件或事故，其函数关系中的自变量，至少有一个是人的不安全行为变量(轨迹 H)，并伴随有物(机)的不安全状态变量(轨迹 M)和(或)环境因素的变量(轨迹 E)。

可用抽象函数关系式(多元方程)［式(3-1)］来描述事故的发生：

$$A=f(H, M, E) \tag{3-1}$$

式中，A 表示事故；H 表示人的不安全行为；M 表示物（机）的不安全状态；E 表示工作环境的缺陷。

也可以用简单的示意图来描述事故的发生（图 3-4）。

第 1 种方式是人的不安全因素作用于物（机）的不安全因素而间接引起的事故：

$$A=f(H, M)$$

第 2 种方式是人的不安全因素作用于物（机）的不安全因素和环境因素而间接引起的事故：

$$A=f(H, M, E)$$

第 3 种方式是人的不安全因素作用于环境因素和物（机）的不安全因素而间接引起的事故：

$$A=f(H, E, M)$$

第 4 种方式是人的不安全因素作用于环境因素而间接引起的事故：

$$A=f(H, E)$$

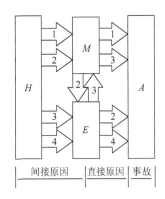

图 3-4 事故发生示意图

在一些情况下，对于事件或事故而言，式（3-1）中的变量 M 不是基本变量，而是受 H 或 E 影响的变量函数，就要分别用式（3-2）和式（3-3）及相应的多维坐标图（图 3-5，图 3-6）表达：

$$M_A=f(H) \tag{3-2}$$

$$M_A=f(E) \tag{3-3}$$

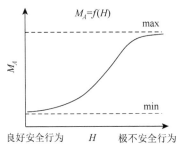

图 3-5 M_A 与 H 的函数关系坐标图

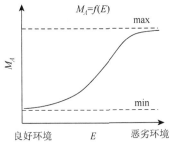

图 3-6 M_A 与 E 的函数关系坐标图

式（3-2）和式（3-3）说明，如果事件或事故与物（机）的不安全变量（轨迹）存在函数关系，则在人的良好安全行为状态下（H 值为零），物（机）的因素变量趋于零，因此与事故无关，只有当人趋于不安全的状态下，物（机）的因素才开始变化，并与事件或事故的因变量存在函数关系；在良好环境状态下（E 值为零），物（机）的因素变量趋于零，因此与事故无关，只有当环境趋于恶劣的状态下，物（机）的因素才开始变化，并与事件或事故的因变量存在函数关系。同理：$M_A=f(H, E)$ 亦然；$E_A=f(H)$，$E_A=f(M)$ 和 $E_A=f(H, M)$ 亦然。

还有一些情况，对于事件或事故而言，式（3-1）中的变量 H 不是基本变量，而是受 M 或 E 影响的变量函数，就要分别用式（3-4）和式（3-5）及相应的多维坐标图（图 3-7 和图 3-8）表达：

$$H_A = f(M) \tag{3-4}$$

$$H_A = f(E) \tag{3-5}$$

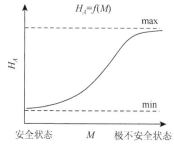

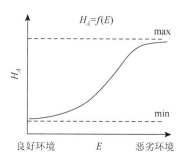

图 3-7 H_A 与 M 的函数关系坐标图　　图 3-8 H_A 与 E 的函数关系坐标图

式(3-4)和式(3-5)说明,如果事件或事故与物(机)的不安全变量(轨迹)存在函数关系,那么,在物(机)稳定安全的状态下(M 值为零),人的不安全变量(轨迹)与事故无关;只有当物(机)不安全的状态下,人的因素开始变化,并与事件或事故的变量存在函数关系。同理: $H_A = f(E)$ 或 $H_A = f(M, E)$ 亦然。

二、一级轨迹交互方式——事故原点

事件或事故发生前的物(机)不安全状态一般包含一个或多个元素变量,如沸点(随压力、纯度等因素变化)、蒸气压、浓度、pH、爆炸极限、含量、势能、动能、热能、毒害性、内能、静电、刺激性、致敏性等。每个元素变量为一个轨迹曲线,它们都被称为一级轨迹曲线,所以某一种物(机)的不安全状态往往是由多条一级轨迹曲线表现出来的,并且这些轨迹往往是连续曲线,或称一级连续曲线(例如,某化合物的蒸气压轨迹是与压力和温度因素相关的函数,也称某化合物的蒸气压一级连续曲线)。同样,一个人的不安全行为也包含多元素变量,如动能、时机、方向、方式、性格、习惯、素质、健康、性别等,即可能有多条变量轨迹,其轨迹也呈连续曲线,也称一级连续曲线。环境的轨迹也有多元素变量(如温度、湿度、压力、各种气体比例等)的一级连续曲线。

事件或事故是不同因素的两条或多条轨迹(一级连续曲线)的有效逻辑交合,这个交合点就是事件或事故的原点,这就是事故的一级轨迹交互方式,即

$$A = f(H, M, E)$$

三、二级轨迹交互方式——事故原线

有机合成研发实践中的同类型事件或事故往往不是只有一个原点,而是由于多元一级连续曲线的交合,会产生很多的有效逻辑交合点,即很多的原点,由很多的原点可形成立体动态二级连续曲线,在这里称其为事故的二级轨迹交互方式,或称事故原线。理论上说,这条事故原线(二级连续曲线)上有无穷的事故原点。

可用如下抽象线性函数关系式来描述事故原线的产生:

$$A_H = f(H_n, M, E) \tag{3-6}$$

事故 A_H 中，H_n 是主变量 M 和主变量 E 的应变量。

$$A_M=f(M_n, H, E) \tag{3-7}$$

事故 A_M 中，M_n 是主变量 H 和主变量 E 的应变量。

$$A_E=f(E_n, M, H) \tag{3-8}$$

事故 A_E 中，E_n 是主变量 M 和主变量 H 的应变量。

式(3-6)～式(3-8)中，n 表示连续子变量($0 \to \infty$)；A_H、A_M 和 A_E 表示各主轨迹作为应变量的事故原线；H_n 表示人的不同的不安全行为轨迹函数(一级连续曲线)，$H_n=f(H_1, H_2, H_3\cdots)$；$M_n$ 表示物(机)的不同的不安全状态轨迹函数(一级连续曲线)，$M_n=f(M_1, M_2, M_3\cdots)$；$E_n$ 表示工作环境的不同的缺陷轨迹函数(一级连续曲线)，$E_n=f(E_1, E_2, E_3\cdots)$。

由式(3-6)～式(3-8)可以看出，同一类事故其实是由一条性质相同但能量不同的事故原点连成的事故原线。以可燃混合气体的化学性爆炸为例，除了可燃物质本身外，还必须同时有合适的爆炸极限以及最小点火能量(如电流)。对于每一种可燃气体(蒸气)的爆炸性混合物，存在不同的爆炸极限(浓度)，并有不同的能引起爆炸的最小点火能量，低于该能量，混合物就不爆炸。

这里先排除可燃混合气体发生化学性爆炸的其他影响轨迹(如人的因素等)，仅以物和环境的不安全状态分析，即可燃混合气体的爆炸极限和点火能，那么，爆炸是爆炸极限和点火能的函数：

$$E=f(V/V, A) \tag{3-9}$$

式中，V/V 为体积分数，表示爆炸极限(%)；A 表示引爆电流(A)。

将实验得到的数据作图，结果如图 3-9 所示。图中 a 表示甲烷的爆炸原线，b 表示丙烷的爆炸原线，c 表示戊烷的爆炸原线。

这些爆炸原线其实分别是甲烷、丙烷和戊烷的外围爆炸原线。原线内侧的任意一点都是该可燃混合气体的爆炸原点；原线内侧的任意一条连续曲线都是该可燃混合气体的爆炸原线。从图 3-9 可以看出，引起烷烃爆炸的电火花的最小电流分别为：甲烷 0.57A，丙烷 0.36A，戊烷 0.55A。从图 3-9 还可以看出各种可燃气体的不同的爆炸极限与不同能量之间的线性函数关系。

事故原线是立体动态轨迹逻辑交合的更高表达形式，从本质和形态上反映了有机合成研发实践中所有事故的普遍规律。

四、三级轨迹交互方式——事故原区

在很多情况下，同一类事故其实是由很多性质相同但能量不同的事故原线组成的事故原区。理论上说，事故原区内有无穷的事故原点，甚至是无穷的事故原线，在这里我们称其为三级轨迹交互方式。

在具体案例中，事故原区、爆炸原区和燃烧原区是同义的不同表述；而原区、区间和区域也是同义的不同表述。

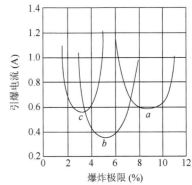

图 3-9　三种烷烃的爆炸极限

其实，图 3-9 中的甲烷爆炸原线、丙烷的爆炸原线和戊烷的爆炸原线，它们的内侧区域就是各自的爆炸原区。如果在此基础上再增加一个压力轨迹变量，甲烷的爆炸函数关系（爆炸原区）就将显得更复杂。下面以氢和氧的混合物发生爆炸为例来说明爆炸原区（也称事故原区）的构成。

氢和氧的混合物发生爆炸是热反应和支链反应两种不同机理的协同结果，一旦反应速率达到阈值就会发生爆炸，因此，爆炸是反应速率的函数：

$$E = f(v) \tag{3-10}$$

式中，v 表示反应速率。

支链反应是指在反应中一个游离基能生成多个新的游离基（活性质点），随之瞬间连锁扩延可使反应速率急剧加速增大，如图 3-10 所示，温度也急剧上升，但体积膨胀受限，导致压力加速提高，最后形成爆炸。

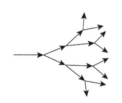

在链增长即反应可以增值游离基的情况下，如果与之同时发生的销毁游离基（链终止）的反应速率不高，则游离基的数目就会增多，反应链的数目也会增加，反应速率也随之加快，这样又会增加更多的游离基，如此循环进展，在极短的时间内使反应速率（v）加速到爆炸的等级，令

图 3-10　支链反应示意图

$$v = \frac{F(c)}{f_s + f_c + A(1-a)} \tag{3-11}$$

式中，$F(c)$ 表示反应物浓度的函数；f_s 表示链在器壁上的销毁因素；f_c 表示链在气相中的销毁因素；A 表示与反应物浓度有关的函数；a 表示链的分支数，在直链中 $a=1$，在支链中 $a>1$。

根据上述链式反应的机理，增加气体混合物的温度可使连锁反应的速率增加，使因热运动而生成的游离基的数量增加。在某一温度下，连锁的分支数超过中断数，这时反应便可以加速并达到混合物自行着火的反应速率，所以可认为气体混合物自行着火的临界条件是连锁反应的分支数等于中断数。当连锁分支数超过中断数时，即使混合物的温度保持不变，仍可导致自行着火。在一定条件下，如当 $[f_s + f_c + A(1-a)] \to 0$ 时，就会发生爆炸。

根据危险物受热发生的热反应历程，反应在一定空间内进行时，如果散热不良会使反应温度不断升高，温度的升高又会使反应速率加快，使得释放热大于散热，导致爆炸发生。至于在什么情况下发生热反应，什么情况下发生支链反应，需根据具体情况而定，甚至同一爆炸性混合物在不同条件下有时也会有所不同；如图 3-11 所示为氢气和氧气按化学当量浓度（$2H_2+O_2$）组成的混合气发生爆炸的温度和压力区间，黑色区域为爆炸原区（或称事故原区），区内任何一个点都是爆炸原点（或称事故原点），区内任何一条连续的曲线都是爆炸原线（或称事故原线）。

从图 3-11 中可以看出当压力很低且温度不高时（如在温度 500℃和压力不超过 200Pa 时），由于游离基很容易扩散到器壁上销毁，此时链中断速率超过支链产生速率，因而反应进行得较慢，混合物不会发生爆炸；当温度为 500℃，压力升高到 200~6666Pa（图 3-11 中的 a 点和 b 点之间）时，由于产生支链的速率大于销毁速率，链反应很猛烈，就会发生

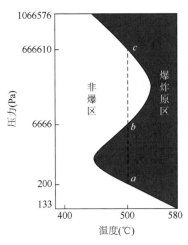

图 3-11　氢气和氧气混合物(2 : 1)爆炸区间

爆炸；当压力继续提高超过 b 点(大于 6666Pa)以后，由于混合物内分子的浓度增高，容易发生链中断反应，致使游离基销毁速率又超过链产生速率，链反应速率趋于缓和，混合物又不会发生爆炸了。

图 3-11 中 a 点和 b 点所处的的压力，即 200Pa 和 6666Pa，分别是混合物在 500℃时的爆炸下限和爆炸上限。随着温度升高，爆炸极限会变宽。这是由于链反应需要有一定的活化能，链分支反应的反应速率随温度升高而增加，而链终止的反应速率却随温度的升高而降低，因此升高温度对发生链反应有利，结果使爆炸极限变宽，在图 3-11 中呈现半岛形。当压力再升高超过 c 点(大于 666610Pa)时，开始出现下列反应：

$$H\cdot +O_2 \longrightarrow HO_2\cdot$$
$$HO_2\cdot +H_2 \longrightarrow H\cdot +H_2O_2$$
$$HO_2\cdot +H_2O \longrightarrow OH\cdot +H_2O_2$$

产生游离基 H· 和 OH· 的这两个反应是放热的。结果使反应释放的热量超过从器壁散失的热量，从而使混合物的温度升高，进一步加快反应，促使更多的热量释放，导致发生热爆炸。

上述是仅以氢氧混合物的压力和温度两个变量轨迹来表述事故原区，而更多的事故是由很多轨迹决定的，可用如式(3-12)所示的抽象线性函数关系式来描述事故原区的产生：

$$A_{nf(H, M, E)}=f(H_n, \ M_n, \ E_n) \tag{3-12}$$

以氢气引起爆炸事故为例，先排除人的因素，仅以物的不安全状态分析，至少有三个主要轨迹：氢气在空气中的比例(即爆炸极限或燃烧极限 C)、最低点火能(E)、混合气体压力(p)。

事故原点：$A=f(C, E, p)$

式中，C、E 和 p 为连续主变量，A 为连续应变量。

事故原线：$A_C=f(C_n, E, p)$，$A_E=f(C, E_n, p)$，$A_p=f(C, E, p_n)$

如果 A_C 成立，则 A_C 是 C_n、E 和 p 的函数，同时 C_n 又是 E 和 p 的函数；

如果 A_E 成立，则 A_E 是 C、E_n 和 p 的函数，同时 E_n 又是 C 和 p 的函数；

如果 A_p 成立，则 A_p 是 C、E 和 p_n 的函数，同时 p_n 又是 C 和 E 的函数。

$$事故原区：A_{nf(C, E, p)}=f(C_n, E_n, p_n)$$

式中，A_n 是 C_n、E_n 和 p_n 的函数。

以上公式中的 n 均为连续子变量。

事故原区(三级轨迹交互方式)实际上是多维立体动态轨迹逻辑交合的完整表达形式。

综上可知，多维立体动态轨迹交合论不但是一个有本质和普遍意义的事故致因理论，而且通过深入细致的科学剖析(定性和定量分析)，能更科学、更实际、更生动地把可能的事故成因、过程、结果全面地展现在人们面前。

多维立体动态轨迹交合论是安全科学中一个全新的重要研究领域。

五、轨迹分述

(一)人的轨迹

人的轨迹虽然是事故的间接因素，但却是事故的第一因素。

人的不安全行为主要涉及员工个人和管理者两个方面。

1. 员工的不安全行为

人的行为从属于人的思想意识、观念文化、性格素养、习惯取向、知识水平，并受生理体质、社会家庭、同事主管、人事关系等诸多因素的影响。所有事故都与人的不安全心理引导下的不安全行为有关，所以探讨人的不安全心理引导下的不安全行为是极其重要的。

《企业职工伤亡事故分类》(GB 6441—1986)中将人的不安全行为归为 13 大类，结合有机合成研发实践中的人的不安全行为，大致有如下类型：

(1)不守规矩型。具有这类性格的人，在工作中喜欢偷工减料、投机取巧、冒险，喜欢挑衅，争强好胜，不接纳别人建议，不遵守规矩。这类人一般技术较好，但也很容易出大事故。表现为：不讲规则、无所顾忌、不听劝阻、固执叛逆、我行我素、知错不改、明知故犯、油头滑脑等。

(2)自我为中心型。这种人以自我为中心，始终谋求个人利益，常妄自尊大、固执、心胸狭窄、对人冷漠。这类人漠视安全，是很多事故的人为起因。表现为：自以为是、自私自利、方便自己、不顾他人等。

(3)冲动型。这类人性情不稳定，易受情绪感染支配，易于冲动，情绪的起伏波动很大，受情绪影响长时间不易平静，因而在工作中易受情绪影响，忽视安全工作。表现为：冒失莽撞、不顾后果，甚至与主管对着干等。

(4)马虎型。这种人对待工作往往马虎、敷衍、粗心。这种性格常是造成事故的直接原因。表现为：丢三落四、毛手毛脚、急于求成、粗心大意等。

(5)轻率型。这种人处理问题轻率、冒失。在发生异常事件时，常不知所措，坐失排除故障、消除事故的良机，使一些本来可以避免的事故成为现实。表现为：心神不定、遇事慌张、手忙脚乱、急性躁动等。

(6)迟钝型。具有这种性格的人的感知、思维或运动迟钝，不爱活动，懒惰。由于在工作中反应迟钝，无所用心，常会导致事故发生。表现为：懵懵懂懂、无知迷茫、不懂不问、头脑不清、凑凑合合、懒惰随意、侥幸麻痹、熟视无睹。

(7)胆怯型。这种人通常表现为懦弱、胆怯、没有主见；遇事爱退缩，不善于合理变通；不敢坚持原则，人云亦云，不辨是非，不负责任。这类人在某些特定情况下，也很容易发生事故。表现为：从众糊涂、胆小怕事、盲从指挥、不辨是非、疑神疑鬼、缩头缩脑、举棋不定等。

具有以上不安全心理素质和不安全行为的人基本属于事故频发倾向理论中"稳定的个人内在倾向"者，也就是事故频发倾向者。

非常容易犯错误和闯祸出事故，不是因为倒霉、运气不好或命中注定，而是由非常复杂的内在因素决定的。稳定的个人内在倾向属于本性难改的极端类型，一旦其不安全行为的动态轨迹与物(机)不安全状态的动态轨迹交汇，就会从本质上违反 SOP、违背客观规律而导致事故发生。

这类人需要额外的培训，不仅是安全知识的培训，更主要的是人格塑造、性格和思维方式的转变，如果不奏效，就要转换到另外的岗位。

忘记交接望远镜导致泰坦尼克号沉没；未拧紧一颗螺丝钉导致美国航天飞机爆炸；工人一次很小的失误导致切尔诺贝利核电站悲剧；操作工未将应关闭的阀门及时关闭造成史无前例的吉林石化双苯厂大爆炸……大量人为事故不是单从技术层面上能解决的。

人的不安全行为轨迹受多种因素的影响，在质、量等多维空间上，都是呈动态变化的。如果人的不安全行为的多维动态轨迹没有与物(机)的不安全状态的多维动态轨迹相交合，就不会发生事故，如果发生交合，那就是事件或事故。

2. 管理者的不安全行为

长期以来人们一直把研究事故起因的重点放在管理客体，即员工的不安全行为上，其实，追溯员工的不安全行为，很多是由管理主体即管理者本身的不安全行为导致的。

管理的工作本质是协调，管理者的不安全行为就是管理者没有很好履行自己的安全管理职责所表现出来的不协调行为。管理者的不安全行为主要有：不从长远安全利益考虑的短期行为、雷声大雨点小的虎头蛇尾行为、违章指挥的强令冒险行为、只顾赶进度的藐视安全行为、弄虚作假的敷衍了事行为，以及熟视无睹、找借口推卸责任、整改措施不尽职落实等。

管理人员的不安全管理行为常常与管理职责中的不安全因素有很大关系。从整个安全责任体系来说，管理者承上启下，所以，认真履行安全管理职责是每一级每一个管理者应尽的义务。在安全管理方面，管理的职责是制订和实施。制订就是决策，实施就是落实(包括执行、检查和改进)。前者是对管理者的行为进行决策，管理者需要在自己的认知范围内对各种管理行为加以制订。后者是对管理者的行为进行落实，将它们付诸实施。这样，管理者就可能存在两种不安全行为，即行为决策不正确和工作不努力。行为决策是否正确主要受管理者工作能力因素的影响，而工作是否努力主要受管理者工作积极性因素的影响。工作积极性低的管理者很难做好安全管理工作，而工作积极性高但工作能力不高的管理者也很难做好安全管理工作。前者是管理者主观上不愿意认真履行自己的安全管理职责，后者是管理者由于自身的原因而无法履行好安全管理职责。管理者要履行好自己的安全管理职责，不但要确保管理者的管理行为决策正确，而且要实施到位。要做好决策和实施，必须仔细分析员工的不安全行为，根据员工不安全行为的实际情况，对症下药，对自己的管理行为进行正确决策，这样才能及时正确地把握员工的不安全行为倾向和特点，从而制订出科学有效的安全管理措施和控制手段，提高对员工不安全行为的管控效果，排除安全隐患，减少事故的发生。

管理者的不安全行为与管理者自身的意识修养、观念习惯、知识水平、技术水平、性格态度等不安全心理状况相关，反映在项目管理、计划管理、人员管理、与下属的灵性匹配、机物管理等诸多方面出现的不符合安全的偏差和错误。管理者与被管理者之间也会发生不安全行为的轨迹交汇。错误的指令发给错误的人去执行，违章指挥与违章操作的人结合等，导致错上加错。偏差的叠合、错误的叠合，或偏差与错误的叠合，就会导致各种轨迹(不安全行为)恶性交合而出现事故。

关于人的轨迹在有机合成研发实践中对事故发生的内在作用可参见第四篇第二十五章。

（二）物（机）的轨迹

物(机)的能量可能释放引起事故的状态称为物(机)的不安全状态,通常与事故直接关联而可能成为事故原点。

《企业职工伤亡事故分类》(GB 6441—1986)将物的不安全状态分为 4 大类，主要内容有以下几个方面：

(1)防护、保险、信号等装置缺乏或有缺陷，如无防护或防护不当、无安全保险装置、无报警装置、无安全标志、电器未接地、绝缘不良等。

(2)设备、设施、工具、附件有缺陷，如安全间距不够、强度不够等，设备在非正常状态下运行、超负荷运转、保养不当、设备失灵。

(3)个人防护用品、用具缺少或有缺陷，如无个人防护用品用具、所用的防护用品用具不符合安全要求。

(4)工作场地环境不良，如工作场地狭窄、照明光线不良或光线过强、通风不良、杂乱、地面滑、储存方法不安全、环境温湿度不当等。

有机合成研发实践中除上述之外，相关物(机)的不安全状态还表现在物理、化学、毒害、空间和环境等方面。

1. 物理状态

沸点、蒸气压、爆炸极限、浓度、pH、含量、焓、静电、放射性等是制约物(机)不安全状态的基本元素。

在一些情况下，物(机)的不安全状态是即将释放机械能的函数，机械能是自变量，物(机)的不安全状态是应变量。机械能是势能与动能之和。势能是状态量，又称作位能，是无限能源储存于一个系统内的能量，也可以释放或者转化为其他形式的能量。势能不是单独物体所具有的，而是相互作用的物体所共有。势能按作用性质的不同，可分为重力势能、磁场势能、弹性势能、分子势能、电势能、引力势能等。动能是物体由于运动而产生的能量，它通常被定义为使某物体从静止状态变为运动状态所做的功。动能是物体的质量和速度的函数，是运动物体的质量和速度平方乘积的二分之一。

2. 化学状态

有机合成实验室中的许多化学品，其不安全状态与化学反应活性有直接密切的关系。

化学反应活性是内在本质(由结构特征决定)在相关联的外部条件影响下或与相关联的外部条件相互作用时才能表现出来。轨迹交叉时出现的事件或事故,其化学能需要转化为热能(如燃烧、碳化等)、机械能(如冲料或爆炸等)、腐蚀和(或)毒害性等形式。

3. 毒害状态

化学品的毒性、刺激、三致(致癌、致畸、致突变)和致敏等毒害性,与物(机)的危险特性强度、数量、时间、时机和人的体质等有密切关系。例如,过敏事故与过敏原的结构、浓度、纯度、溶剂、温度、环境,以及个体的体质、年龄、性别、状态等轨迹相关。

4. 空间状态

同样的物(机)不安全状态在不同的空间位置所导致的结果是不一样的,有可能仅是一个小事件,也有可能是大事故。

另外,物的不安全状态也反映了物(机)的自身特性,即物(机)的内在本质。物(机)的轨迹及其内在本质在有机合成研发实践中的具体表现及详细内容可参见第四篇第二十四章。特别是决定危险性有机化合物轨迹的内在本质特征,即危险性有机化合物的结构特征方面的内容,可参见第四篇第二十六章。

总之,在物(机)的不安全状态的背后往往隐藏着人的不安全行为或失误,所以解决物(机)的不安全状态首先要解决人和管理上的问题。

5. 环境缺陷

环境缺陷与时空(如安全距离等)、温度、湿度、通风、压力、光照、工程防护等因素相关。另外,环境缺陷的背后也往往隐藏着人的不安全行为或失误,解决环境缺陷也首先要解决人和管理上的问题。

六、立体动态轨迹交合论与事故的偶然性

事故不仅是其内在众多不安全因素(人、机、物、管理、环境等)相互间可能的各种逻辑对应关系和轨迹逻辑交合的结果,而且是立体动态交合的结果。

案例 1

在进行一个 Claisen 重排反应时突然发生爆炸,通风橱玻璃被震碎,还殃及另外两个反应。该反应式如下所示:

而下面的反应,尽管反应温度更高,反应时间更长,反应物质量从 100mg 到 30g 不等,做了很多次,都没有发生爆炸,反应式如下所示:

3a R=F
3b R=Cl
3c R=NHCH$_2$CH$_2$CH$_2$N(CH$_3$)$_2$

虽然是同一类反应，但是发生爆炸的反应肯定有其不同之处，要么轨迹不同，要么轨迹运动过程不同，都需要进一步探讨。例如，人的轨迹：温度和搅拌速度的调节、密闭性操作、其他的人为轨迹；物的轨迹：底物分子结构的危险特性（如爆炸性基团和热焓等）、原料的纯度、杂质含量、杂质对反应的影响、反应热释放速度、反应热释放高潮与油浴环境温度的内外相互交合、其他轨迹；机的轨迹：反应瓶的强度、疲劳度、其他轨迹；环境的轨迹：反应液上空的情况、与液体的体积比等情况、油浴温度、其他轨迹；上述诸多轨迹变化过程存在诸多轨迹交合点的时机和位置。只要有一个或多个轨迹不同、或多出或减少，就可能协同相关轨迹的交变而成为这次爆炸的事故原点。

通过仔细比对和定性、定量分析，运用归类、排除等方法，基本确定化合物 **1** 或 **2** 的爆能比值这一轨迹比 **3a**、**3b**、**3c** 略高（见第三篇第十三章第三节），这可能就是此次爆炸的事故原点。

有些令人难以置信的事故看起来很偶然，想办法模拟都难以成功，这是因为我们还没有找出相关轨迹以及它们相互间可能的各种逻辑对应关系、轨迹交合点和逻辑发展的规律，也就是说，既没有找到事故原点，又没有找到事故原线或事故原区，如下面的案例。

案例 2

某研发人员做一个用硼烷还原羧酸的反应，反应式如下所示：

在 0℃和氮气保护下，将 BH$_3$·SMe$_2$（10mL）逐滴加入化合物 **1**（10g，33mmol）的 THF（50mL）溶液中。滴加完毕，反应混合液在 20℃搅拌 1h。然后将反应混合液转移到闷罐中，加热至 70℃反应过夜。反应混合液用饱和氯化铵水溶液（200mL）淬灭，并用乙酸乙酯萃取两次，每次 150mL。

该反应同时进行 8 个平行反应（10g×8），将 8 个反应所需的原料一起在低温下完成加料，室温搅拌 1h，在无气泡冒出后，平均分配转移到 8 个 100mL 的闷罐中，在 70℃左右反应。反应 1h 后，其中一个闷罐爆炸，闷罐底部被炸脱，通风橱顶部被炸穿，一个搅拌器和两个油浴锅以及通风橱玻璃损坏。

这个反应在过去的一年里做过近百个批次，都平安无事。这批的 8 个平行反应也只有一个闷罐发生爆炸。图 3-12 是爆炸后的场面，图 3-13 是爆破的闷罐。

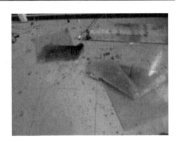

图 3-12　爆炸后的场面

图 3-13　爆破的闷罐

原因分析：这虽然是一个偶然事故，但里面蕴含着必然性。爆炸的成因是化学热能瞬间释放以及压力过大的物理爆炸，而且压力过大在多数情况下仍是化学作用的结果。此次爆炸可能是两个因素都有，需要进行反应热测定，通过定量分析才能确定。另外，闷罐留有的安全空间很小也可能是发生爆炸的一个重要因素。

虽然是有 8 个平行反应，但是发生爆炸的闷罐及该反应肯定有其不同的地方，需要进一步详细分析。例如，人的轨迹：是否平均分配成 8 瓶、先后顺序、分配时的温度、浓度、油浴温度的调节(高低和速度)、其他轨迹；物的轨迹：氢气释放的充分性、物料的温度和浓度、其他轨迹；机的轨迹：闷罐的强度、疲劳度、其他轨迹；环境的轨迹：罐内气液两相空间的比例、油浴温度、其他轨迹；

上述诸多轨迹运行过程存在诸多轨迹交合点的时机和位置。只要有一个或多个轨迹不同、或多出或减少，就可能协同相关轨迹的交变而成为这次爆炸的事故原点。此事故的原点仍在探索中。

以上两个案例说明，许多偶然性的事故其实是必然性的表现，很多不安全因素组成事故的必然性。现实中，包括上述两个案例在内，有许多事故未能解析明了，人为模拟的重现性很差，就是因为难以找全事故的所有必然因素，不能完全透析所有相关轨迹，包括很微小的轨迹，没有搞清相关轨迹的运动过程以及相关轨迹交合点的位置，总之，没有找到事故的原点。这就是"我前面根据文献方法已经安全地做了几十个批次同样的反应，唯独这一次莫名其妙地发生了爆炸"的问题所在。

一方面，有许多未知世界没有被人类认识和掌握，这些未知世界或许就是引发事故的因素；另一方面，有些好像与事故无关的轨迹，但在某些情况下，却成了事故的实质性轨迹；还有就是各轨迹的交合点并非一个，可能随着某轨迹的变化而变化。

对于化学反应或后处理来说，其过程和系统是动态的，受很多因素或条件影响，任何扰动都可能造成过程和系统的变化，事故交汇点也随之变化。有些交汇点简单粗犷，如炸药、爆炸极限等引起的事故；有的很精细复杂，以至于人为很难模拟出事故交汇点的状态，难以找出事故原点。但我们相信只要花精力和时间去进行认真仔细的比对，通过定性、定量分析，运用归类、排除等方法，祸首轨迹、运行过程及交合点是可以被发现和确定的。

立体动态轨迹交合论是指导我们分析事故成因，以便于对症下药、日后整改，避免再次发生的有力武器，但需要在安全实践中进一步拓展和探讨。

七、避免轨迹交合的方法

（一）识别轨迹

加强多层面 SOP 和专业知识的学习，增强对各类轨迹的识别能力。

（二）移除或纠正人的不安全行为

因为物(机)的轨迹和环境的缺陷都从属于人的轨迹，所以相关人员首先要加强相关法律法规、规章制度、专业理论和操作规程的学习，从理念、行为习惯上杜绝、移除或纠正人的不安全行为，从源头上根除引起事故的各种相关元素。

（三）改变和控制物（机）的不安全状态

运用本质安全(见本篇第五章)的基本方法。例如，用消除、减少或替代等方法来改变物(机)的不安全状态；用工程防护、安全技术和行政管理来引导、缓和和控制物(机)的不安全状态。

（四）错开交合

研发实践和生成实践中，很难全部杜绝各方面的不安全因素，要做到没有任何风险几乎是不可能的。这就需要我们善于避险，错开相关轨迹的恶性交合，因势利导，化险为夷。

第四节　有机合成研发事故成因探讨(2)——事故链

一、事故链的含义

任何事故都存在因果关系。不尽职责和不遵守 SOP 违章操作等不安全行为是事故的原因，有前因才有后果。事故无论大小，分析下来，通常都不是由单一原因酿成的，而是存在多种或多重原因，有直接原因也有间接原因，有主观原因也有客观原因，有人的原因（人的不安全行为），也有物的原因（物的不安全状态），几乎所有的事故都有一系列的原因，是多种因素导致的必然。而某个原因(因子)往往由多个潜在原因(次因子)跟随组成，甚至某个"次因子"又可能由多个更小原因(小因子)跟随组成，并以此类推。

例如，以隐患 a(因子 a)开始形成事故导火索→隐患 b(因子 b)形成事故元凶→因子 1

导致事件 1(未遂事故或苗头或小事故)→因子 2 导致事件 2(未遂事故或苗头或小事故)→…→因子 n 导致事件 n→导致事故(伤害、死亡、财产损失、环境恶化或社会影响等大事故），就这样构成了事故链。

在绝大多数的事故中，除了事故链的起因(可称事故的"导火索")和事故"元凶"外，事故链的中间段通常还会包含着多个"事件"。这些"事件"之间再通过有效碰撞相接组合，一环连着一环，"事故链"就形成了。事故链就是指事故的前因后果的整个链接过程，是多级事件逻辑发展的结果。只包含因子的为简单事故链，加有次因子和(或)小因子的为复合型事故链。图 3-14 为复合型事故链。

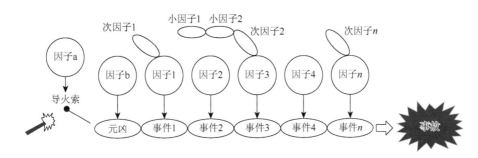

图 3-14　复合型事故链

二、一起事故的事故链

2007 年某新药研发公司发生一起严重的责任事故，一场大火将整个实验楼顶层的所有化学实验室烧光，只留下一排排通风橱的金属通风管道(图 3-15)。图 3-16 为火灾现场一角。

图 3-15　整层实验室被烧光

图 3-16　火灾现场一角

（一）事故发生的过程与事故链

某研发人员在自己实验室的通风橱里做常压催化氢化反应(因子 a)，玻璃瓶发生破碎(导火索)。

将玻璃瓶碎片和活性钯碳催化剂(Pd/C)一起扔进垃圾桶(因子 b)，垃圾桶内的钯碳催化剂起火(元凶)。

　　正值中午，研发人员离岗吃饭，实验室里无人，未及时发现(因子1)，火势继续增强(事件1)。

　　做反应及过柱用的溶剂桶、试剂瓶和废液桶到处都是，随处随地乱放(因子2)，垃圾桶内的火引燃旁边的溶剂，溶剂桶被火烧化坍塌，成流淌火，火焰随地蔓延(事件2)。

　　发现的人又不会用灭火器(因子3)，火势未被控制(事件3)。

　　为吹散烟雾，大开门窗，进风加大火力(因子4)，并加速了火势蔓延(事件4)。

　　楼顶烧塌，该公司的一半实验室和员工个人财产被连续的爆炸和熊熊大火付之一炬，整个楼层被烧光(结果)。

　　整个事故链如图3-17所示。

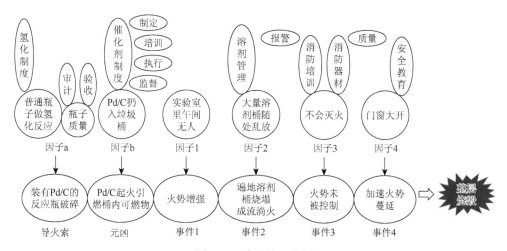

图3-17　事故链示意图

(二) 事故链的深入剖析

1. 导火索

　　反应瓶破碎在实验室是常有的事情(当然我们也可以将反应瓶破裂本身当作是一次事件)，通常就反应瓶破碎而言，绝大多数不至于会引起人员伤害或重大经济损失的后续事故。而这次反应瓶破碎却充当了事故的"导火索"。事故链由此展开并发展下去。

　　"导火索"的引发是由"因子a"，以及一些"次因子"导致。

　　因子a1：用普通反应瓶做氢化反应。其下属"次因子"有：氢化反应的管理制度为空白。做该危险反应为什么不在专门的氢化实验室中进行而在没有专门防护设施的普通实验室中？

　　因子a2：反应瓶的质量等相关问题。其下属"次因子"有：反应瓶供应商是否定期认真审计，反应瓶质量是否一直被跟踪，有无验收制度，验收检验员的水平和责任感。

　　反应瓶内部压力过高；如果一开始压力符合要求，但是加温后压力升高的定量数据；脱苄上Boc时生成的二氧化碳对压力的改变数据；玻璃瓶耐压能力；该研发人员是否被培训过关于压力的知识；是否违反操作规程；搅拌是否正常；相关搅拌中如器械电源等小因子。

以上任何一个"因子"或"次因子"只要关联上，都可以生成这次事故的"导火索"。相关制度不健全及主管领导不力(人的因素)是该导火索产生的根本原因。

即使有了反应瓶破碎这一"导火索"，如果不去点燃，只到此为止，就不会发生后面的事情。然而，事态仍在恶化。

2. 元凶

事故当事人把破碎的玻璃瓶扔进垃圾桶的同时，也将 Pd/C 催化剂一并扔进了垃圾桶里，这是最不该做的，是违反 Pd/C 催化剂相关操作规程的。这一举动点燃了前面的导火索，实际上就是这起重大事故"元凶"的"因子b"。

"因子b"又是由相关"次因子"以及"小因子"导致。

次因子：催化剂相关的规章制度是否建立。其下属"小因子"包括规章制度的培训、执行和监督落实，氢化反应的应急预案。

以上任何一个"次因子"或"小因子"只要关联上，都可以构成事故"元凶"。

相关制度不健全及主管领导不力(人的因素)是产生该"元凶"的根本原因。

如果仅仅到此为止，也不会发生后面的事件。然而，事态继续恶化。

3. 事件 1

中午用餐，实验室空无一人，无人及时发现，是导致"事件1"发生的"因子1"。

相关制度不健全及主管领导不力(人的因素)是产生"事件1"的根本原因。

试想，如果严格执行轮流用餐制度，有人在场，及时扑灭桶内的小火，就可以到此为止，也就不会发生后面的事件。但是事态仍在恶化。

4. 事件 2

大量溶剂桶随处乱放是导致遍地溶剂桶烧塌，成流淌火(事件2)的"因子2"。

因子2的下属"次因子"为：有机溶剂管理制度以及执行不完善。其下属"小因子"有：日常对制度的执行、监督落实以及严格程度；是否有带有负压的试剂柜，安全距离是否达到；桶装有机溶剂未及时和全部放入试剂柜；实验室管理制度和执行力度；丙类建筑内有机溶剂的限制存储量；实验室地面是否设计、建有防二次泄漏设施，是否有双道隔气地漏。

以上任何一个"次因子"或"小因子"只要关联上，都可以导致"事件2"的发生。

相关制度不健全及主管领导不力(人的因素)是产生"事件2"的根本原因。

如果仅仅到此为止，也不会发生后面的事件。然而，事态加剧恶化。

5. 事件 3

员工不会灭火、处理紧急事件不得力以及未及时报警等导致火势继续增强，是导致"事件3"的"因子3"。其"次因子"包括：入职消防安全培训制度，后续定期消防安全培训，消防器材是否配备。其下属小因子包括：报警电话、消防器材是否足够有效，其管理制度如何。

以上任何一个"次因子"或"小因子"只要关联上，都可以导致"事件3"的发生。

相关制度不健全及主管领导不力(人的因素)是产生"事件3"的根本原因。

若只到此为止，就不会发生把整个楼层烧毁的恶劣事故。然而，事态仍在恶化。

6. 事件4

烟雾大，打开门窗通气，导致进风加大，风助火势，火力加速蔓延扩大。缺乏实验室事故应急预案，安全培训不到位导致愚昧、想当然和自以为是，也成了这次事故的"事件4"。

相关制度不健全及公司领导不重视安全生产(人的因素)是导致该事故的根本原因。

综上所述，所有环节中的物(机)不安全状态的背后都有人为的因素，就是说，都是人的不安全行为导致了物(机)的不安全状态，最终导致事故链的形成。

三、事故链意义的探讨

(一) 事故在事故链中的位置

除了事故链终端发生的事故外，在实际活动中，导火索或元凶本身就是事件或事故，事故链中途的某个链接点更可能属于事件或事故，这要看情节轻重、伤害程度和损失大小。这就是说，事故会不会在某一时刻或事故链的某个链接点或最后端发生，完全取决于该时刻或该链接点上的致害体(物或人)对被害体(人或物)的危害程度。因此，从本质上看，事故就是一种在事故链中产生了一定危害的"随机事件"，它发生于人、物、行为轨迹和时间等多维空间的刚好交汇的"时空"。一旦这个"时空"来临，就已经不可逆了。

虽然事件或事故一旦发生便不可逆，但可以通过事故链进行追溯，并且可以对其过程和结果进行定性和定量分析，便于对症下药，日后整改，不再重犯。

(二) 一切事故都可以预防

事故链的发生如同多米诺骨牌效应，只要相关因子、次因子和小因子链接上，最终的事故就可能发生。但是在即将成立的事故链中，只要存在相关阻断因子，就可以截掉其中一个或多个链环，这样，整个事故链就会发生断裂，末端的事故就不会发生。

什么是阻断因子呢？事故链环的属性归根于自然属性，是人的不安全行为的产物，其本质是违反社会规范(也即违反 SOP)和责任的丧失，则某链环的阻断因子就是该链环的反属性。由此推理，阻断因子的构成基础就是 SOP 和责任，表达方式包括相关人员的职责、SOP 的制订、培训、执行以及顺应相关内在特征和客观规律的发展而持续不断修正提高的过程。

阻断因子越靠近事故链的前方，造成的伤害、损失或影响就越小；越靠近事故链末端，所产生的危害程度就越大。

(三) 防患于未然是阻断事故链的法宝

"防患于未然"的实质是强化阻断因子的基本要素。

两千多年前荀子就对如何阻断事故链做过精辟分析："一曰防、二曰救、三曰戒。先其未然谓之防，发而止之谓之救，行而责之谓之戒。防为上，救次之，戒为下。"荀子说的第一种办法就是在事情没有发生之前就预防警戒，防患于未然，这称为预防；第二种办法是在事情或者征兆刚刚出现时采取措施加以制止，防微杜渐，防止事态扩大，这称为补救；第三种办法是在事情发生后再行责罚教育，这称为惩戒。也就是说，事前要"未雨绸缪"或"防患于未然"，不要总是事后"亡羊补牢"（补救措施），防范重于治疗。无独有偶，"曲突徙薪"（出自《汉书·霍光传》）也表达了"防患于未然"的思想。

古时扁鹊治病的策略就在于防患于未然。扁鹊是春秋战国时期的名医，且一家几个兄弟都从医。一次，魏文王问扁鹊："你们家兄弟三人都精于医术，到底哪一位最好呢？"扁鹊答："长兄最好，中兄次之，我最差。"魏文王再问："那为什么是你最出名呢？"扁鹊答："我长兄治病，是治病于病情发作之前，由于一般人不知道他事先能铲除病因，所以他的名气无法传出去，只有我们家的人才知道。我中兄治病，是治病于病情初期，一般人以为他只能治治轻微的小毛病，所以他的名气只限于本乡里。而我扁鹊治病，是治病于病情严重之时，一般人都看到我在经脉上穿针管来放血，在皮肤上敷药等大手术，因此大家都以为我的医术高明，名气响遍全国。"

事后控制不如事中控制，事中控制不如事前控制。可惜许多人都未能体会到这一点，甚至不认可类似扁鹊长兄那样的人或做法，等到事态严重或造成事故、财产损失时才来寻求弥补整改，却发现为时已晚。当然，现实中很多事情要做到事前控制有很大难度，这时，我们就不得不利用事中弥补或事后整改了，亡羊补牢也是要做的。

100元钱事前预防=1000元钱事中弥补=10000元钱事后整改或投资，这是安全经济学的基本定量规律，对有机合成实验室的安全管理也有重要指导意义，预防性投入的效果大大优于事后整改效果。这就要求在实验室安全管理中，要谋事在先，尊重科学，探索规律，采取有效的事前控制措施，将事故消灭在萌芽状态。"源头预防、过程控制、末端治理"，应该将安全工作的重点前移。在实际工作中，要由被动整改向主动抓管理、抓思想转变，由阶段性安全专项整治及突击式安全检查向长期性规范化、经常化、制度化安全监管转变，由注重事后查处向注重事前防范转变，由事后的被动经验管理向事前主动预防管理转变，由以控制事故为主向全面做好职业安全健康工作转变，切实推动安全管理工作重点前移，强化事前防范，提高安全工作的前瞻性，提倡大家要做扁鹊长兄那样的人。

（四）强化责任和管理是事故链的阻断剂

有些事故看起来与人的因素关系不大，而与物的不安全状态密切相关，与环境、气候、突然停水停电等意外有关，但是通过事故链分析可知，这些因素都是通过人的因素产生或引起的，事故链中的因子、次因子和小因子究根溯源都是人的问题，所以可以得出结论：已知世界的所有事故细究下来都是责任事故，已知世界是不存在非责任事故的。

物的不安全状态和环境的问题也与管理缺失等有关。很多事故的发生并非没有征兆，只是许多隐患被忽略、被轻视，甚至被拒绝接受。在大量隐患面前麻木、疲倦、引不起重视，更谈不上高度重视了。很多事故在发生之前都存在隐患，要求查找隐患，或者限期整改，但一些当事人要么置若罔闻，不予理睬，要么敷衍了事，草草对付。本来可以避免的隐患结果就变成了不可避免的事故。事故链的形成归根到底是责任缺失和管理失误的结果，强化责任和管理是事故链的阻断剂。事前问责比事后追责好，要避免事故，就要负起责任，强化事前管理，尽心尽职做好一切预防工作。

（五）侥幸麻痹是事故链的原因之一

自然界万物中，"侥幸"恐怕只是人类专有，这是因为"侥幸"是人类逻辑思维的结果，属于人的自然属性的再延伸部分。这里的"麻痹"不是指医学名词，而是指思想麻痹，是指不重视。事故过去了，时间一长就淡化成了故事；或隐患很多，反而麻木，熟视无睹，正如俗话说的"虱子多了不痒，债多了不愁"。无数惨痛的教训告诉我们，在安全生产事故中，侥幸麻痹是最大、最主要的因素之一。

侥幸麻痹是指由于偶然的原因避免了事故，而对隐患失去警惕性的一种思想和行为状态。有机合成实验室中相当多的事故是由侥幸麻痹造成的。

侥幸麻痹思想的形成有其深刻的客观原因。在生产过程中，确实常常存在一些安全隐患从出现到最后消失都没有酿成事故的情况。这种情况和现象作用于思维，便使一些人心存侥幸，产生麻痹思想。而在下一次出现时，就不一定那么幸运了，它会在人们解除警惕的情况下产生突如其来的灾难性后果。

不少事故说明，侥幸麻痹思想往往把某些没有发展成为事故的偶然现象扩大化，并当作其思想行为的主要依据，最后忽视或否认隐患在一定条件下必然发展成事故的客观存在。

侥幸麻痹是重生产、轻安全的思想根源。由于相当多的不安全条件最终并没有都发展成为事故，因此在不少主管的管理中，不安全不生产、隐患不排除不生产的要求得不到落实，最终容易酿成事故。

侥幸麻痹思想是懒惰、怕麻烦、图省事的"挡箭牌"。有的隐患处理起来较麻烦，因此，相关当事人就以此为借口，或者对隐患睁一只眼，闭一只眼，或者听之任之，致使隐患继续存在，最终导致事故发生。

侥幸麻痹思想也是一些人不愿投入、减少投入、盲目追求效益的重要依据。他们认为，某些设备设施以前没有购置、安装或更换并没有发生事故，今后也不一定就会发生事故。因此，他们吝啬投入，以致装备设施不能满足安全生产的需要。

由此可见，侥幸麻痹是以简单侥幸的心理对待隐患，听任其存在和发展，而隐患的预防和治理则认为一旦发现不安全因素，应果断落实防范措施，争分夺秒整改；侥幸麻痹往往把事故的预防寄托在一种毫无把握的"希望"之上，而隐患的预防治理则是全力寻找最薄弱、最易导致事故的因素，完善措施，积极整改，把隐患和事故的预防建立在科学管理和加强防范的基础之上；侥幸麻痹是把生产放在第一位，而隐患的预防治理是坚持在安全的前提下生产；侥幸麻痹是把金钱看得比安全重要，比生命重要，而隐患的预防治理是把生命看得高于一切，把安全作为最大效益。侥幸麻痹思想作用于生产，迟早会发生事故；

隐患的预防治理则会较大幅度地减少和避免事故发生。

（六）事故链中的必然性和偶然性

第二章中已经阐述了事故的必然性与偶然性的辩证关系，许多事故看起来很偶然，其实是必然性的表现。不安全因素组成事故发生的必然性，特殊条件下某些不安全因素链接或交合就可能成为事故，这就是事故的偶然性。

事故链中的因子、次因子和小因子都是不安全因素，它们是事故发生的必然性的要素。这些"不安全因素"可以概括为人的因素（如上述事故中研发人员违反安全操作规程）、物的因素（如上述事故中的反应瓶质量、催化剂的易燃性、大量有机溶剂随地放等）、作业环境因素（实验室的工作环境不符合规范要求）、管理因素（培训不到位和规章制度不健全等管理缺陷）等几方面。包括上述火灾实例的化学实验室事故都存在人的因素、物的因素、作业环境性因素、管理性因素四大"不安全因素"。现实中，"人的失误与其他因素巧合交叉"这一特殊条件下的偶然性，是导致几乎所有事故发生的必然性的具体反映。

恩格斯指出"历史事件似乎总的说来同样是由偶然性支配着的。但是，在表面上是偶然性在起作用的地方，这种偶然性始终是受内部的隐藏着的规律支配的，而问题只是在于发现这些规律。"（《马克思恩格斯选集》第 4 卷，第 247 页）。这里说的规律是指形成事件的各种"不安全因素"的内在规律，尤其是那些具有决定意义的本质性联系。

所以，抓安全既要戒备偶然性，更要严控或根除必然性。戒备事故的偶然性就是要千方百计地设法解除导致事故的因子、因子的次因子和次因子的小因子等不安全因素的交合、碰撞和链接机会；严控或根除事故的必然性就是要消除事故链中的因子、次因子和小因子等不安全因素。构成必然性的不安全要素控制得越严，根除得越彻底，交合、碰撞、链接的偶然性的概率就越小，甚至为零。这才是安全工作的精髓。

第五节　有机合成研发事故成因探讨(3)——事故的其他形式

除了事故链外，还有集中型事故(危险场)和随机型事故等。

一、集中型事故（危险场理论）

集中型事故也称"危险场"，如图 3-18 所示。危险场是指各种不安全因素（因子）能够对人体造成危害或财产损失的时间和空间的范围。引起集中型事故的各因子之间没有链接逻辑关系，这是与事故链的不同点。

集中型事故分析的结论是，人的因素与物的因素在事故致因中占同样重要的地位，如果避免人和物两类因素的多因子交叉，即可避免同时空出现，以预防事故的发生。或者通过消除人的不安全行为来避免事故，也可以通过消除物的不安全状态来避免事故的发生。

图 3-18　集中型事故

当然，为了有效防止事故发生，必须同时预防人的不安全行为和物的不安全状态等多因子的生成，才能筑起更牢固的防线。

例如，由物料(主要是溶剂)的静电造成起火或爆炸事故的，主要与物料的极性、体积量、流速(包括管道输送速度、搅拌速度、加热回流时蒸气分子与冷凝管内壁摩擦程度等)和爆炸性混合物的爆炸极限四个因素相关，四个因素需要同时集中并交汇，缺一不可，只要控制住其中一个因素，就不会导致火灾或爆炸的发生。

"危险场"理论运用于有机合成研发实践中时，需要做安全风险评估，要充分知晓有哪些轨迹以及这些轨迹在危险场中的时空地位，花最小代价就能控制住危险场。

二、随机型事故

随机型事故是指由众多诱发因素(因子)中任何一个单独诱发因素就能引起的事件，如图 3-19 所示。

与具有多米诺骨牌效应的事故链截然不同，随机型事故的多种诱发因素中，只要存在其中一个就有可能导致事故发生。例如，金属叠氮物极易爆炸，诱发因素有受热、摩擦、震动、搅拌、撞击、明火、快速大量接触强氧化剂、遇酸等，各诱发因素间不需要链接，也不需要协同作用，这些危险因素中的任何一种都能导致金属叠氮物发生爆炸。

图 3-19　随机型事故

复习思考题

1. 有哪些经典的事故致因理论？它们各自的意义是什么？
2. 事故原点、事故原线和事故原区的定义及其意义。
3. 充分理解：事故原区(三级轨迹交互方式)是多维立体动态轨迹逻辑交合的完整表达形式。
4. 合成化学事故成因模型有哪些？结合身边的案例进行剖析。

第四章　安全风险学

可以这样说，现代文明是建立在危险源和安全隐患的基础上的，危险随时随地都在伴随着我们。装载着剧毒液氯的车辆在城市马路上跑，易燃易爆的液化气管道密布于城市的地下街道和居民楼内的千家万户，各个实验室都有危险试剂……到处都有危险源，到处都有安全隐患。

我们所处的化学实验室是一个危险场所。要同易燃易爆、有毒有害的物品相伴，要同危险反应、危险操作相随；另外，对这些客观存在，我们自身也存在思维和意识上的盲区和误区，以及滞后的管理，这就新增了许多人为的不安全因素。这些因素的组合就是危险、隐患。

应该辩证地看问题。危险、隐患和风险是客观存在，是伴随着人类社会发展过程而产生的，同时，一些元素也是人类社会发展的需要，这些元素的产生都是不以人的意志为转移的。可以这样说，没有危险、隐患和风险，就没有今天高度发达的人类社会。每天都有车毁人亡事故发生，每年都有飞机失事或失联，但是大家还是要开车坐飞机，这是因为好处(收益)大于风险。

另外，采取极端思维把危险、隐患和风险统统划入贬义范畴，然后全盘否定，一棍子打死，这样就完全否定了危险、隐患和风险这些客观存在的价值与合理性的一面，同时也违反了社会发展的客观规律。本章内容的主要目的是指导我们如何深刻全面认识它们，以及如何合理控制和有效利用它们。

第一节　危　险　源

一、危险源的定义

危险源是指可能导致伤害或疾病、财产损失或环境破坏的根源、状态或行为，或其组合。进一步描述，危险源是指一个系统中具有潜在能量和释放危险的、可造成人员伤害、财产损失或环境破坏的、在一定的触发因素作用下可转化为事故的部位、区域、场所、空间、设备及其位置、岗位、行为。

危险源的实质是具有潜在危险的源点或部位，是爆发事故的源头，是能量、危险物质集中的核心，是能量传来或爆发的地方。危险源存在于确定的系统中，对不同的系统范围，危险源的区域也不同。危险源的形式与种类是多样性的，从地域来说，可以是某国家、地区及某个地点，或就行业来说是某危险行业、某个单位(例如，某化工厂冒出有害气体)，或就单位来说是某个部位(例如，危险试剂柜就是危险源)，或是某件设备仪器甚至其中某个部件，或是某个物品某瓶试剂，或是某个群体、某类人、某人的不安全思维、不安全观念、不安全行为、不安全活动，或是管理缺陷等。其中人的不安全行为、不安全活动，以及管理缺陷，可能发展为安全隐患(见第二节安全隐患的定义)。

需要特别指出的是，以上危险源的定义其实是狭义的，仅是以危险源的危险性和负面作用来定义的，否定了一些物品危险源可以造福人类的真实性质及带来的正面作用和实际价值。许多物品危险源在作用和意义上都有两重性，如果全是负面作用，那人类为什么还要生产它们呢？例如，公安部门管制的一百多种剧毒品，既有剧毒性的一面(危险源)，但也是非常有用的物品，没有它们，药物研发生产、农药、日用化工等行业就支撑不起来，没有用这些剧毒品生产出来的药物，人类的基本健康安全就得不到保障。

二、危险源的分类

危险源的分类方法有多种，如果按照其在事故发生、发展过程中所起的作用，可以划分成两大类别。

(一) 第一类危险源

根据能量意外释放理论，能量或危险物质的意外释放是事故发生的物理、生物或化学本质。这里把生产过程中存在的，可能发生意外释放的能量(能源或能量载体)或危险物质称为第一类危险源。

根据不同危险物质的特性，国家标准《危险化学品重大危险源辨识》(GB 18218—2009)将重大危险源的危险物质分为 9 大类：①爆炸品；②气体；③易燃液体；④易燃固体；⑤易于自燃的物质；⑥遇水放出易燃气体的物质；⑦氧化性物质；⑧有机过氧物质；⑨毒性物质。

国家《危险货物品名表》(GB 12268—2012)根据危险货物的危险性将其分为 9 大类：①爆炸品；②压缩气体和液化气体；③易燃液体；④易燃固体、自燃物品和遇湿易燃物品；⑤氧化剂和有机过氧化物；⑥毒害品和感染性物质；⑦放射性物品；⑧腐蚀品；⑨杂类。

工业生产作业过程的危险源一般分为 7 类：①化学品类：毒害性、易燃易爆性、腐蚀性等危险物品；②辐射类：放射源、射线装置、电磁辐射装置等；③生物类：动物、植物、微生物(传染病病原体类等)等危害个体或群体生存的生物因子；④特种设备类：电梯、起重机械、锅炉、压力容器(含气瓶)、压力管道、客运索道、大型游乐设施、场(厂)内专用机动车；⑤电气类：高电压或高电流、高速运动、高温作业、高空作业等非常态、静态、稳态装置或作业；⑥土木工程类：建筑工程、水利工程、矿山工程、铁路工程、公路工程等；⑦交通运输类：汽车、火车、飞机、轮船等。

为了防止第一类危险源导致事故，必须采取措施约束、限制能量或危险物质，控制危险源。

(二) 第二类危险源

正常情况下，生产过程中的能量或危险物质受到约束或限制时不会发生意外释放，即不会发生事故。但是，一旦这些约束、限制能量或危险物质的措施受到破坏或失效(故障)，则将发生事故。导致能量或危险物质的约束或限制措施破坏或失效的各种因素称为第二类危险源。

第二类危险源主要包括以下三种：人的失误(包括管理失误)、物的故障和环境因素。

1. 人的失误

人的失误是指人的行为结果偏离了被要求的标准，即没有完成规定功能的现象。人的不安全行为也属于人的失误。人的失误会造成能量或危险物质控制系统的故障，使屏蔽破坏或失效，从而导致事故发生。

国家标准《企业职工伤亡事故分类》(GB 6441—1986)中将人的不安全行为归纳为操作失误、忽视安全、忽视警告，造成安全装置失效，使用不安全设备，手代替工具操作，物体(指成品、半成品、材料、工具等)存放不当，贸然进入危险场所，攀、坐不安全位置，在起吊物下作业和停留，机器运转时加油、修理、检查、调整、焊接、清扫等工作，有分散注意力行为，在必须使用个人防护用品用具的作业或场合中，忽视其使用，不安全着装，对易燃、易爆危险品处理错误 13 大类 48 项。

2. 物的故障

物的故障是指机械设备、装置、元部件等由于性能低下而不能实现预定的功能的现象。从安全功能的角度看，物的不安全状态也是物的故障。物的故障可能是固有的，由设计、制造缺陷造成的；也可能是由维修、使用不当，或磨损、腐蚀、老化等原因造成的。

国家标准 GB 6441—1986 将物的不安全状态归纳为防护、保险、信号等装置缺乏或有缺陷，设备、设施、工具、附件有缺陷，个人防护用品用具缺少或有缺陷，以及生产场地不良 4 大类 61 项。

3. 环境因素

人和物存在的环境，即生产作业环境中的温度、湿度、噪声、震动、照明或通风换气等方面的问题，会促使人的失误或物的故障发生。

事故的发生往往是两类危险源共同作用的结果。第一类危险源是伤亡事故发生的能量主体，决定事故后果的严重程度，是事故发生的内因。第二类危险源是第一类危险源造成事故的必要条件，决定事故发生的可能性，是事故发生的外因。两类危险源相互关联、相互依存。

三、危险源导致事故发生的三个要素

导致事故发生的危险源一般由三个要素构成：潜在危险性、存在条件和触发因素。

（一）潜在危险性

危险源的潜在危险性由其内在特性决定，如爆炸性、燃烧性、毒性、放射性、密度、温度、质量体积等。危险源的潜在危险性强弱是指一旦触发事故，可能带来的危害程度或损失大小，或者说危险源可能释放的破坏性能量强度或危险物本身价值的大小。

（二）存在条件

危险源的存在条件是指危险源所处的物理、化学状态和约束条件状态，如物质的压力、温度、化学稳定性，盛装压力容器的坚固性，周围环境障碍物等情况。

（三）触发因素

危险源的触发因素虽然不属于危险源的内在固有属性，但它是危险源转化为事故的外因，而且每一类型的危险源都有相应的敏感触发因素。例如，易爆物质的敏感触发因素是热能，压力容器的敏感触发因素是压力升高，遇湿易燃品的触发因素是水和空气(缺一不可)，过氧化物的触发因素有浓度和外能(缺一不可)。因此，一定的危险源总是与相应的触发因素相关联。在触发因素的作用下，危险源转化为危险状态，继而转化为事故。很多情况下，危险源的存在条件和触发因素可以理解为外部因素。在危险源构成的三个要素中，具备潜在危险性以及存在条件的危险源可称为安全隐患，如果没有触发因素的作用，这个危险源就不会被触发造成事故。

这与燃烧事故一样。燃烧需要同时具备三个要素才能发生，一是可燃性物质，二是助燃性气体，三是着火点(温度)，缺一不可。可燃性物质是危险源，如果缺了后面两个要素或其中一个要素，燃烧都不可能发生。可燃性物质由于有其内在可燃特性，因此决定了它本身就是危险源；而可燃性物质又放置在有助燃性气体的空气(存在条件)中，这就形成了安全隐患；该安全隐患遇上火花，就会发生燃烧(事件)，如果该燃烧引起人员伤害或财产损失或环境污染，就称为事故。

只有一个要素：可燃性物质=危险源

具备两个要素：可燃性物质+空气(存在条件)=安全隐患

具备三个要素：可燃性物质+空气+火花(触发因素)=燃烧事件(如果有严重后果)

危险源发展成为事故，如同种子发芽的过程。危险源的潜在危险性好比种子，存在条件好比水和空气，触发因素好比温度，光有种子而没有水、空气和温度，种子不会发芽；有了种子、水和空气，而没有温度，或者有了种子和温度而没有水和空气，种子也不会发芽。有水、空气和温度而没有种子，更和发芽搭不上边。内因(种子)是核心要素，外因(水、空气和温度)是必要条件，缺一不可。

四、危险源的三个基本属性

危险源有三个基本属性，即决定性、可能性和隐蔽性。

（一）危险源的决定性

危险源的本质决定了它具有决定性，事故的发生前提是危险源的存在，也就是说危险源是事故发生的根基，离开了危险源就不会有事故。正如本篇第二章第二节中提到的三氯氧磷爆炸事故，其发生的原因是有三氯氧磷这个危险源的存在，没有三氯氧磷这个危险源或换成其他合成方法或不做这个实验就不存在三氯氧磷爆炸这个事故，这是第五章中专门讨论的最简单的本质安全。另一方面，顺应三氯氧磷的客观特性进行合规操作也不会发生事故，这称为管控。三氯氧磷(危险源)的不安全状态(与在原包装瓶中的安定状态相比)，加上当事人的不安全行为(将水加入三氯氧磷中进行淬灭的违章操作)，就导致事故的发生。通常，把失去管控或管控不足的危险源称为隐患。所以说，危险源可能是隐患，也可能不是隐患，但隐患必然存在于危险源中。

（二）危险源的可能性

危险源并不必然导致事故，只有失去管控或管控不足的危险源才可能导致事故。按照美国著名安全工程师海因里希的事故法则，存在 1：29：300 的事故概率，即每存在 300 件危险(trouble)，就会导致 29 件人员轻伤事件，1 件人员重伤或死亡事件，也就是说，虽然不是每个危险源都会导致事故发生，但危险的量化积累必然导致事故的发生。

过程定律是：危险源→隐患→事件；数量定律是：危险源≥隐患≥事件≥事故。

要防止事故的发生，一是要管控危险源的品种和数量，二是要监视物的状态(存在条件)是否在管控范围内，三是管控人的行为等多种触发因素。

（三）危险源的隐蔽性

危险源具有隐蔽性。这种隐蔽性，一是存在于即将开展的作业前或过程中，不容易被人们意识到。二是存在于作业过程中的危险源虽然明确地暴露出来，但没有变为现实的危害。相当一部分危险源是在事故发生后才会明确地显现出来。因此，对危险源及其危险性的认识往往是一个不断总结教训并逐步完善的过程，对于尚未认识的和新的危险源，其管控措施上也必然存在隐藏的管理缺陷。

五、危险源的辨识

危险源的辨识不但包括对危险源的识别，而且还包括对其性质加以判断，即是识别危险源并确定其特性的过程。

如果涉及识别重大危险源，不但要识别物质的危险特性，还要涉及其数量是否达到或超过临界量。关于重大危险源辨识的相关法律、法规和标准，本书从略。

以下是涉及化学实验室的危险源的辨识方法，参照《生产过程危险和有害因素分类与代码》(GB/T 13861—2009)，重点对物理性危害因素，化学危害因素，心理和生理性危害因素，以及人的行为性危险、危害因素进行辨识。

（一）物理性危害因素

1. 设备和设施缺陷

设备和设施缺陷包括强度或刚度不够、应力集中，同时还包括：

稳定性差：抗倾覆、抗位移能力不够，包括重心过高、底座不稳定、支承不正确等。

密封不良：由密封件、密封介质、设备辅件、加工精度、装配工艺等的缺陷以及磨损、变形、气蚀等造成。

外形缺陷：设备、设施表面的尖角利棱和不应有的凹凸部分等。

运动件外露：人员易触及的运动件。

操纵器缺陷：结构、尺寸、形状、位置、操纵力不合理及操纵器失灵、损坏等。

2. 设施及部件的损坏

老化：电线老化短路、调压器自燃、疲劳、磨损(例如，钢丝绳断开致使通风橱门掉落砸伤人)等。

3. 防护缺陷

无防护：防护装置、设施本身安全性、可靠性差，包括防护装置、设施、防护用品损坏、失效、失灵等。

防护不当：防护装置、设施和防护用品不符合要求、使用不当。

4. 电危害

负荷匹配、电涡流、带电部位裸露、漏电、静电、雷电、等电位、接触不良等。

5. 电磁辐射

电离辐射：X 射线、γ 射线、α 粒子、β 粒子、中子、质子、高能电子束等。
非电离辐射：紫外线、激光、射频辐射、超高压电场。

6. 能造成灼伤的高温物质或造成冻伤的低温物质

高温物质：高温气体、液体(如反应物冲料、导热油飞溅)或固体等。
低温物质：液氮、干冰等。

7. 有害气溶胶、易燃易爆性粉尘和作业环境不良

有害气溶胶：有害液态或有害固态微粒在空气中的悬浮体系，通过呼吸道(主要)和皮肤接触(次要)危害人体(需强化单位时间内新鲜空气置换次数和送排风效果)。

易燃易爆性粉尘：铝、锌等金属粉末、有机物品粉末等。

作业环境不良：温湿度、光照(过暗过强、眩光和频闪效应)、狭窄、凌乱、强迫体位等。

8. 安全距离不符合标准

安全距离不够：设备布置，机械、电气、防火、防爆等的安全距离不够。例如，反应瓶与稳压器的距离、电插头或气泵(电火花)等与可能的易燃体泄漏源(过柱、反应、后处理、有机溶剂容器开口处的爆炸极限)的距离等。

9. 物体的势能与动能

摆放高度、倒塌、坠落、反弹、飞甩、固液体飞溅等。

10. 其他

消防设施缺陷：使用性质的对应性、有效期、质量和数量等。
应急措施等缺陷：洗眼器、冲淋器、各类呼吸器、警报铃。
标志缺陷：无标志、标志选用错误或不规范、标志不清晰、标志位置缺陷。

（二）化学性危害因素的查阅和辨识

化学性危害是化学实验室的主要危害因素，辨别化学性危害因素，特别是化学品的危害有很多种方法，如查看说明书、查阅文献、询问和实验等。其中，查阅各类化学品的安全技术说明书（material safety data sheet，MSDS）是常用方法。

MSDS 的主要作用体现在：①提供有关化学品的危害信息，保护化学产品使用者；②确保安全操作，为制订危险化学品安全操作规程提供技术信息；③提供有助于紧急救助和事故应急处理的技术信息；④指导化学品的安全生产、安全流通和安全使用；⑤是化学品登记管理的重要基础和信息来源。

MSDS 既是技术文件也是法律文件，各个国家对 MSDS 的撰写内容的要求和格式不同，我国为同国际标准 ISO110 14-1：1994（E）接轨，也制定了对应标准《化学品安全技术说明书内容和项目顺序》（GB/T 16483—2008），规定了 MSDS 的内容分为十六个部分。

这里要特别强调，一些化学品的 MSDS 并不是完全正确，有些是不完整的，由于受到撰写人员的认知水平、实践经验以及写作时整体科学水平的影响，特别是其中的危险性概述、稳定性和反应性、毒理学资料等内容，可能会存在很大缺陷、偏差或遗漏。因此，对化学品的 MSDS，只能从作为参考的角度对待。

按照《常用危险化学品的分类及标志》（GB 13690—1992），将常用危险化学品按危险特性辨识分为 8 类（将在第三篇中详细介绍）。

（三）心理和生理性危害因素

1. 负荷超限

负荷超限是指由单一动作、疲劳、劳损和伤害引起的体力、听力、视力、皮肤敏感度和其他负荷超限。

2. 健康状况异常

健康状况异常是指伤病期间，癫痫等突发，体位性血压下降，经期、孕期、哺育期等。

3. 从事禁忌作业

禁忌作业是指个体对物质敏感或有过敏症、色盲、反胃恶心等。

4. 思维、心理异常

思维、心理异常是指思维和理解能力不足、判断不良、呆板、情绪异常、有冒险心理、过度紧张等。

5. 辨别功能缺陷

辨别功能缺陷是指感知延迟、辨识错误等。

6. 不正确的触动

不正确的触动是指不正确的激励，正确的表现遭受处分，不正确地尝试避免不舒适，缺乏奖励，不适当的同事竞争等。

（四）人的行为性危险、危害因素

1. 操作错误

操作错误一是指生产研发过程中的作业人员不正确地尝试省时省力、投机取巧、偷工减料、急功近利、急于求成以致违反 SOP 引起的错误操作；二是指由于缺乏知识(如初始训练不足、辅导不足、后续训练不足、更新辅导不足、误解指示等)以及缺乏技能(例如，实习不足、表现机会稀少、缺乏培训等引起的操作失误、违章操作、脱岗等)导致的错误操作。

2. 指挥错误

指挥错误是指生产研发过程中的各级人员的指挥失误、违章指挥。

3. 监护失误

监护失误是指监护系统内的软件和硬件损失或错误，包括程序、仪器设施、管理制度、执行失误等。

第二节　隐患(安全隐患)

一、安全隐患的定义

（一）隐患的定义

在《辞海》中没有找到专门有关"隐患"的概念或定义，在以下出处中可查到：
《明史·徐文华传》："宁王威燄日以张，隐患日以甚。"
清代李渔《比目鱼·办贼》："这些山贼未除，终是地方隐患。"
孙中山《三民主义与中国前途》："社会问题，隐患在将来……"
由上推理，隐患，顾名思义，即潜藏或隐蔽的不易发现的祸患。近些年来，政府部门及各行业对隐患的普遍定义基本形成，一般认为隐患泛指物(机)的不安全状态、人的不安全行为和管理上的缺陷。

（二）安全隐患的释义

安全隐患是指可能导致不安全事件或事故发生的物(机)的不安全状态、人的不安全行为、生产环境的不良以及生产工艺、管理上的缺陷。安全隐患在一些情况下也简称为隐患。

二、安全隐患的分类

安全隐患分为一般安全隐患和重大安全隐患。

（一）一般安全隐患

一般安全隐患是指危害和整改难度较小，发现后能够立即整改排除的隐患。

（二）重大安全隐患

重大安全隐患是指危害和整改难度较大，应当全部或者局部停产停业，并经过一定时间整改治理方能排除的隐患。根据作业场所、物品、设备及设施的不安全状态，人的不安全行为和管理上的缺陷，按可能导致事故损害的程度将其分为以下两级。

1. 重大安全隐患

重大安全隐患是指可能造成 10 人以上死亡，或可能造成直接损失 500 万元以上的安全隐患。

2. 特别重大安全隐患

特别重大安全隐患是指可能造成 50 人以上死亡，或可能造成直接损失 1000 万元以上的安全隐患。

化学实验室由于业务性质、场地和人员所限，所存在的基本为一般安全隐患。

三、危险源与隐患的实质性区别

危险源的实质是危险的根源，即源头或部位，是事故能量的聚集核心。

隐患的实质是要出事故的危险源，也即"已经有危险、已经不安全、已经有缺陷"的危险源，是危险源的不安全存在状态，是危险源演变成事故的中间过程。危险源的不安全存在状态(存在条件)是由所在空间及环境因素(结构、安全距离、雷电等)，物理因素(温湿度、状态和势能突变等)，化学因素(存放互忌、分解、聚合、加速老化、损坏、变质等)，生物因素(微生物和动物侵蚀等)，以及人为不安全因素(过失、无知、毛躁、鲁莽、违反SOP 和管理不善或缺失)等多种因素引起的。

危险源是客观存在的，存在并非一定会发生事故，它仅是事故的载体，只有处于不安全存在状态(条件)，才有可能形成安全隐患或导致事故发生。性质不同的危险源往往决定了事故类型及事故后果的严重性。安全隐患则是决定事故发生的可能性，它是潜在的祸患，是最终导致事故发生的直接因素。

从国家标准对这两个词的延伸解释也能非常明确地对其加以区别。重大危险源是指可能导致重大事故发生的危险源，其按照《危险化学品重大危险源辨识》(GB 18218—2009)来进行辨识，是指长期地或临时地生产、加工、使用或存储危险化学品，且数量等于或超过临界量的单元(包括场所和设施)。简言之，判别是否属于重大危险源的依据，一是物质的内在危害性质，二是物质的数量。重大安全隐患是由危险源的潜在能量、数量以及其所处环境和状态组合而成的。

从以上标准解释可以看出，重大危险源不是重大安全隐患，但危险源与安全隐患有直接关联，危险源是安全隐患的根本要素。

四、非危险源、危险源、隐患和事故的逻辑关系

危险源是否会成为隐患呢？未必会或未必不会。安全隐患一定是由危险源引起，而危险源则不一定引起安全隐患。

例如，柜子里放着一瓶包装完好的密封的 $LiAlH_4$，虽然是危险品，但是安然无恙，只能算危险源，没有成为隐患。然而，一旦被开启，密封被破坏，空气和水分渐渐进入，或者时间长了造成包装损坏，在这样的存在条件下，危险源升级变成了安全隐患。又如，一瓶 KCN，虽然是剧毒品，但它存放在"五双"制度严密的柜子里，它永远只是危险源而已，不会发生事故，然而如果没有标识，或者"五双"制度不严密，或者随便放在不经批准就能随意取到的地方，那它不仅是危险源，还升级成了安全隐患。所以存在如下关系：

安全隐患=危险源+人的不安全行为/物的不安全状态/管理上的缺陷/环境的缺陷

在生产或科学实验活动中，危险源作为客观存在，不以人的主观意识为转移。本章第一节中的第一类危险源，就其自身性质意义来说，是人类需要利用的，但由于其自身性质，可能会产生另一个负面效应链：

$$危险源 ＋ 存在条件 \longrightarrow 隐患 \xrightarrow{触发因素} 事故$$

上式中的存在条件是指人的不安全行为、物的不安全状态和管理缺陷等因素的总和。

有的原本不是危险源，属于非危险源，但在一定条件下可以转化为危险源，继而成为隐患，一旦有触发因素，就成为事故：

$$非危险源 ＋ 存在条件 \longrightarrow 危险源 \xrightarrow{存在条件} 隐患 \xrightarrow{触发因素} 事故$$

例如，一枚普通的硬币(非危险源)到了婴儿手里，原本是非危险源的硬币变成了危险源(婴儿手里的硬币)，而"硬币在婴儿手里"这个状态就意味着隐患成立了，一旦放到嘴里咽下去就会卡住咽喉，这就是环节的终端，即事故发生。又如，导热用的甲基硅油，通常状态下属于非危险源，一旦喷洒在地上，存在条件被改变，就成了危险源(地上的油)，并且成为隐患(油在地上)，人踩上去会摔伤(事故)。再如，一台新领的属于非危险源的器具，如果放在架子或高处的边缘，或架子不牢，这种存在状态使原本的非危险源无形中增加了势能瞬泄的可能，而变成了危险源，并成为隐患，一旦不小心被其他物体刮到或架子断塌或震动落下(触发因素)，就可能砸到人的脚或其他部位，造成伤害或财产损失(事故发生)。

同理，危险源在一定条件下也可以转化为非危险源，也就不会成为隐患。例如，诺贝尔在极易爆炸的硝化甘油中加入一定比例的惰性物质而制成安全炸药，其安定性大大增强，可以在一定储存期间内不改变其物理性质、化学性质和爆炸性质，危险源(炸药)成了非危险源(安全炸药)，这样在包装、运输等环节的安全可靠性大大得到增强。因势利导，化险为夷，化消极为积极，变不利为有利，这是更高一筹的安全理念和管理方式。

危险源和非危险源在一定条件下可以相互转化。安全管理工作的主要任务就是辨识危

险源，改变危险源的不安全状态(存在条件)，不使危险源成为隐患，更不能让非危险源演变成为隐患。最好的方法就是通过技改将危险源转化为非危险源，即通过培训和教育，改变员工的不安全行为，减少管理上的缺陷，增强安全管理技能，以消除人为的危险源，如图 4-1 所示。

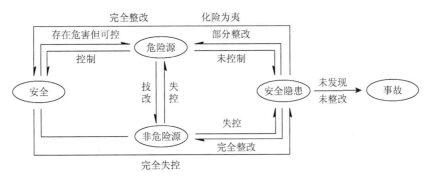

图 4-1　非危险源、危险源、安全隐患与事故的关系图

按照冰山理论或海因里希事故法则，并从事故发生概率上进行统计，发现由非危险源、危险源、安全隐患和事故构成的事故成因图呈塔状三角形，如图 4-2 所示。

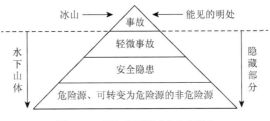

图 4-2　事故成因图(冰山理论)

安全隐患的基础是危险源，而安全隐患又是事故的成因，在事故发生的整个过程中，安全隐患起到承上启下的中间过渡作用。事故仅是冰山一角。也就是常说的"事故背后有隐患，隐患背后有征兆"，事故(accident)的发生是事件(incident)量的积累的结果，而事件是危险源或失误(miss)量的积累的结果。

五、安全隐患的特性

1. 相关性

安全隐患源自危险源或可转变为危险源的非危险源，其潜在危险性和危害能量直接与危险源或非危险源相关。危险源有什么危害性(如是有毒的，还是具有破坏力的燃烧爆炸等)，安全隐患就有什么样的危害性；危险源的能级有多大，安全隐患的潜在破坏能级就有多大。

2. 隐蔽性

隐患是潜藏的祸患，它具有隐蔽、藏匿、潜伏的特点，是一时不可明见的灾祸。它在一定的时间、一定的范围、一定的条件下显现出静止、不变的状态，往往使一些人一时看不清楚、意识不到它的存在，随着时间的推移，客观条件的成熟，隐患逐渐形成灾害。

3. 危险性

隐患是事故的先兆，而事故则是隐患存在和发展的必然结果。隐患不彻底消除，事故随时都会发生。俗话说，"细微可不慎，堤溃自蚁穴"。在社会生产和科研活动中，一个小小的疏忽都有可能引起危险，一个小小的隐患往往引发巨大的灾害，无数血与泪的历史教训都反复证明了这一点。

4. 突发性

任何事物都存在量变到质变，渐变到突变的过程。隐患也不例外地遵循这一基本规律，它集小变而为大变，集小患而为大患。在化学实验室中，研发人员常常要与易燃易爆物质打交道，一些化学品本身的燃点、闪点很低，爆炸极限范围很宽，稍不留意，随时都有可能造成事故的突然发生。过氧化物、叠氮物等爆炸品以及有机溶剂蒸气的爆炸极限的起爆能极小，多数为毫焦级，一旦有热能、摩擦和撞击等微小外加能量，可使之瞬间爆炸伤人或造成损失和社会影响。

5. 随意性

俗话说，"安全来自长期警惕，事故来自瞬间麻痹"，一些隐患和事故的发生出自于人的安全意识的淡薄或安全知识的缺乏。安全责任心的缺乏和安全意识的淡薄或安全知识的缺乏是相辅相成的，安全责任心的缺乏必然导致安全意识的淡薄或安全知识的缺乏，也必然引发日常工作中的随意性。隐患的随意性绝大多数是由人的主观意志所决定的，而这种隐患也极有可能会在短时间内引发事故。

6. 重复性

安全隐患经过一次或若干次整改后，并不等于从此销声匿迹，永不发生，也不会因为发生一两次事故，就不再重演历史的悲剧。只要企业的生产方式、生产条件、生产工具、生产环境等因素未改变，同一隐患就会重复发生。甚至在同一区域、同一地点，对同一类人或同一项目都会发生与历史惊人相似的隐患和事故，因此，重复性也是安全隐患的重要特征之一。

所以要严格按照"四不放过"原则来处理事故，其目的就是吸取教训，改进措施，整改隐患，避免再次出现类似或相同的安全隐患，以科学的、合理的管理方式，先进的技术条件来防止安全隐患的重复性出现。

7. 因果性

隐患是因、事故是果；隐患在暗、事故在明，"暗"与"明"是辩证的统一。俗话说"有因必有果，有果必有因"，没有隐患就没有事故。事故是隐患存在和发展的必然结果，只有及时地发现和消除隐患，才可避免事故的发生。在生产或研发的过程中，对待安全隐患的不同态度往往会导致安全生产的结果截然不同，"严是爱，宽是害，不管不问遭祸害"就是这种因果关系的体现。

8. 时效性

安全检查的目的是发现和消除安全隐患，但消除安全隐患还必须讲究时效性。通过检查发现了安全隐患，但是由于相关责任人或部门没有及时有效地落实整改，一拖再拖导致事故发生，教训深刻。某药物化学研发公司，虽然只有十几个员工以及两间不足一百平方米的实验室，但是安全隐患很多，既是实验室也是化学危险品仓库。公安消防部门上门检查，多次下达整改通知书，但是该公司领导却借故一拖再拖，安全隐患越来越多，最终整个实验室被一场自己酿成的大火吞噬。为此，公司法定代表人和事故当事人被拘留，后悔懊恼却为时已晚。

虽然隐患演变为事故具有偶然性、意外性的一面，但如果从隐患发现到隐患消除过程中讲求时效，是可以避免其演变成事故的。像齐桓公那样坚持"知非而处"的态度，知错不改或忧郁寡断，就不能有效地把隐患治理在初期，必然错失时机导致严重后果。无数惨痛教训告诫人们，对隐患的治理不讲时效，拖得越久，代价越大。

一个企业、一个部门或一个实验室都会存在或多或少、或大或小的安全隐患，指望隐患会随着时间的延长而消失，那是不切实际的想法。一定要在思想上树立尽早预防、尽早消除的防患于未然的意识观念，把安全隐患整改的时效性放在首位，随时发现随时解决。对一些整改难度大，一时确实无力解决的，应在整改前采取切实可行的防范或补救措施。

9. 连锁性

在社会实践中常常遇到一种隐患引发另一种隐患，一种隐患与其他隐患相互作用的连锁现象。例如，某员工使用电热枪，由于内温高而死机暂停，但该员工未关掉电热枪的电源开关就随意放在台面上，留下了严重的安全隐患。过了一会，电热枪自动启动，将旁边的一瓶甲苯引燃，继而引发通风橱内配制好的有机洗脱液的燃烧和反应爆炸，旁边的员工匆忙跑来，又不幸被乱放的板凳绊倒摔伤。大火造成实验室停电，继而造成其他反应失去搅拌而不能及时散热，导致出现储热而冲料爆炸、真空泵倒吸等一连串安全隐患和事故。这种连带且持续地发生在研发生产过程中的隐患，对安全生产构成的威胁很大，往往会导致"拔出萝卜带出泥，牵动荷花带动藕"的现象发生，出现祸不单行甚至一连串事故发生的局面。

10. 特殊性

隐患具有普遍性，同时又具有特殊性。由于人、物(机)、环境和管理的不同，其隐患属性、特征是不尽相同的。即使同一种隐患，对不同的行业与企业、不同的岗位、不同的环境、不同的管理方式，其表现形式和变化过程也是千差万别的。例如，用途广泛的通风橱钢丝绳拉索，其安全隐患与质量和截面积密切相关。钢丝绳拉索的质量和截面积决定了使用寿命、安全系数和承受拉力，这是普通的隐患评估方法。但是用在化学实验室的上下移动型的通风橱门上，与其他用途相比，除了质量和截面积外，还要评估这里的钢丝绳拉索的安全隐患与众不同的特殊性：一是环境的特殊性，化学品的酸雾会加速腐蚀，使其损坏和老化的速度大大加快，极易引起脆断；二是钢丝绳拉索与滑轮的磨损会因上下推拉的频繁度和力度而有不同变化，极易产生断毛磨损导致突然断开。如果在实际运用中不充分认识这种隐患的特殊性，根据实际情况来采取加大检查频率、缩短使用周期、及时更换等措施，而运用与其他钢丝绳拉索相同的管理办法，就很难及时发现安全隐患，以致钢丝绳拉索断开、承重门突然掉落，发生事故。

事实上，某个安全隐患通常同时具有多个特性，这也是安全隐患的一个共性。在排查、分析、评估和管控安全隐患上尤其要注意多特性的共性。

六、安全隐患的管控

安全隐患的管控要参照上述的 10 个特性，并从管控危险源抓起。

（一）危险源的管控

本章第一节提到将危险源分为第一类危险源和第二类危险源。第一类危险源主要是指危险物品，这一类危险源是人类组织社会生产的基本要素之一，人类要生存、要提高生活水平必须利用和依靠它们。我们说的危险源的管控实质上是指对危险源负面作用的管控。第二类危险源不但要控制，更重要的是不能允许它们发生和存在。

1. 第一类危险源的控制

第一类危险源的控制应从三个方面进行：一是顺应危险源的性质，二是减少危险源的数量，三是不使非危险源成为危险源。

1）顺应性质

顺应危险源的性质就是要在危险源的性质特征上动脑筋，有直接法和间接法，两者的基本出发点都是尽量从本质安全的角度来利用和控制危险源，甚至替换危险源。

（1）直接法。

通过研发和技改等方法和途径，不改变危险源的正面作用的性质，而只改变、转移或消除危险源的负面作用（危险性）的性质，最后使之成为只具有正面作用的非危险源，或分解、稀释、降低和控制危险源的危险性，突出它的正面作用。这些都是人类社会实践中最频繁使用的有效方法。

例如，早期的火柴隐患大，极不安全，后经一代代人不断探索，终于发明了安全火柴。安全火柴的火柴头上主要含有氯酸钾、二氧化锰、硫磺和玻璃粉等，火柴盒侧面的摩擦层是由红磷和玻璃粉调和而成。划火柴时，火柴头和盒子侧面摩擦发热，放出的热量使氯酸钾分解，产生少量氧气，使红磷燃烧，从而引燃火柴梗。安全火柴的成功研制是控制安全隐患的典范，通过把红磷与氧化剂分开的简单技改方法，既利用了危险源的正面作用，又大大避开和降低了危险源的负面作用。

硼烷在有机化学合成中被广泛用作还原剂，而且手性定位选择性好，但是有剧毒性，且与空气接触会立即燃烧，甚至发生爆炸性分解。如果将它溶解在二甲硫醚或 THF 中，稀释成浓度为 2mol/L 左右，就降低甚至解除了遇空气立即燃烧爆炸的危险。

为了防止反应后的过量 *m*-CPBA（间氯过氧苯甲酸）在加温浓缩时会发生爆炸，用还原

剂彻底淬灭多余的 *m*-CPBA，这样就改变了 *m*-CPBA 的原有性质，使其变成作为非危险源的 *m*-CBA(间氯苯甲酸)，加温浓缩等后处理操作也都安全了。

配置手套箱，在氮气氛围里称取遇湿遇空气易燃易爆的 LiAlH$_4$ 等危险品，就能抑制住这些危险品的易燃易爆危险性。

低沸点易燃品的危险性主要因其易形成爆炸极限，如果所在空间是低温和无外能(如防爆冰箱内部不会产生电火花)的状态，这些低沸点易燃品的危险性就会大大降低甚至消除。

(2)间接法。

间接法指"移花接木、另辟蹊径"，用非危险源或危险性小的危险源替代原危险源，从本质上避开安全隐患的生成，这也是社会实践中常常采取的安全办法。

有机合成的一个主要内容是合成工艺的改进和优化。尽量选用危险性小和绿色环保的原料来替代原有合成路线中的易燃易爆和有毒有害的原料。用不会或不大可能会产生安全隐患的危险性小的危险源，或用非危险源替代危险源以避免安全隐患的生成，是每位化学工作者每天需要考虑的要务。例如，乙醚非常容易出事的原因在于其低沸点(只有34℃，接近夏季的室温)、热容太小、极易燃和爆炸极限范围很宽等，反应稍微放热，就极易引起冲料，继而起火燃烧或爆炸。如果选用沸点较高、热容较大的 THF、甲基叔丁基醚、异丙醚等，控制反应温度在 60℃以下，就不太可能有冲料的安全隐患和燃烧爆炸事故的发生。又如，过柱时用气泵加压发生过多次燃烧事故，就是因为这种方法存在安全隐患。这种安全隐患是由一个危险源(易燃的有机洗脱剂)处在一个可触发因素(气泵内部的电火花)的氛围中而形成的，如果改用氮气恒压、双连球或减压过柱，就去掉了电火花这一触发因素，也就不存在安全隐患了。

在人类广泛的生产和科研的社会实践中，存在许多类似上述直接法或间接法控制安全隐患的成功案例，每天都有大量相关的论文、专利和报告等公众于世。

2)减少数量

不言而喻，安全隐患导致事故规模或损害程度的大小，除了安全隐患的前身——危险源的性质外，还主要取决于危险源的数量，所以控制安全隐患的另一个主要途径就是控制危险源的数量，这也是日常安全管理的一项重要内容。

例如，某药物研发公司的整层楼的所有化学实验室被全部烧光，就是因为现场的易燃有机溶剂太多。实验室的有机溶剂使用量和过夜存储都必须加以严格控制，这属于强制性的规定，绝不能任由研发人员以使用方便、项目紧急等为借口而存放过多有机溶剂等危险化学品。

化学实验室危险反应的危险性取决于三个要素：一是危险源(危险物料)的性质，二是数量规模，三是操作是否标准。其中控制用料量需要严格执行，实验室不是工厂，其防灾等级低、抗灾能力弱，采取小量分批分场所做反应，就能用减少危险源数量的方法来控制安全隐患。

3)不使非危险源成为危险源

非危险源变成安全隐患的事件，虽然看起来很低级、荒谬可笑，但却非常多见，而且由此引发的事故屡见不鲜。非危险源一般是在失控情况下，先转化为危险源，然后演变成安全隐患，有时则失控直接转化为安全隐患。

原本属于非危险源的客观存在，因它们的不安全存在状态，包括受所在空间环境(结构、安全距离、位移、雷电等)、物理(温湿度、状态、动能和势能突变等)、化学(存放互忌、分解、聚合、加速老化、损坏、变质等)和生物(微生物和动物侵蚀等)等因素的影响,以及受人为不安全因素(过失、无知、毛躁、鲁莽、违背 SOP 和管理缺失不善)等的影响,也可能成为危险源,进而演变成安全隐患。

可以这样说,如果人类违反客观规律,不遵守 SOP,放任自然演变,在一定条件下,任何非危险源都有可能转化成为危险源。下面是一些典型的案例。

整个大楼的实验室下午三点开始停自来水,不知道什么时候来水。清洁工为了能及时知道是否来水,便把水池的水龙头拧开,以便很远就能看到或听水声就知道来水。结果一直到下班也没来水,由于该清洁工忙于其他事情,时间一长,忘了关水龙头就匆匆下班回家。黄昏时分来水了,水池的下水道又被堵塞,水池中水满了就往地上流淌,等到值班保安发现时,水已经从走廊顺着楼梯往下流了,整个实验楼层里水漫金山,包括楼层底下的技术夹层、天花板、墙壁、下层办公室的木地板,共造成十多万元的经济损失。该事件中,日常非危险源的自来水成了危险源,该危险源加上低级错误(没人控制一直开着的水龙头和下水道被塞)成了安全隐患,最后演变成事故。

化学实验室里上下移动的通风橱门,如果材料不过关,安装不规范,保养维护不好,或毛毛躁躁地不规范使用,猛拉猛推,就可能成为危险源,并形成安全隐患。发生过多起钢丝绳拉索一断两截的事件:沉重的通风橱门突然掉落砸下,造成人身伤害、物品损害等事故。

只有通过增强人的安全意识来提高安全技术和加强安全管理,才是防止非危险源变成危险源或防止它们继而演变为安全隐患的有效途径。

2. 第二类危险源的管控

第二类危险源是指导致第一类危险源成为安全隐患的人的失误(包括管理失误)、物的故障和环境因素等。要管控好第二类危险源,必须强化安全责任感和加强自身学习。

1)增强安全责任心

增强安全责任心有主动型和被动型两种。

(1)主动型。

通过建立企业安全文化,充分调动员工的主动型安全意识,把企业的命运与员工的切身利益紧密联系在一起。形成一种"企业兴旺,个人得益;企业衰败,个人受损;安全生产,人人有责;安全隐患,人人排查"的文化氛围,树立员工的主人翁意识。

(2)被动型。

建立和强化安全生产责任制,每个部门每个员工都要定岗定责,工作和责任同时到位。奖惩分明并及时兑现,不姑息、不迁就,不徇私情,不搞下不为例。安全责任心增强了,许多问题就能迎刃而解。

2)学习安全知识与安全技术,增强对安全隐患的控制能力

学习与社会实践相关的安全知识与安全技术,增强控制安全隐患的能力,是每个人立足社会的基本要求。"打铁还需自身硬",只有通过不断学习,与时俱进,才能充分辨识危险源,彻底控制安全隐患,搞好安全生产。遵循事物的客观规律,遵守相关 SOP,才能

在客观世界里减少人为不安全因素和安全管理上的失误,进而对这些安全隐患采取控制措施,杜绝它们的发生和存在。

(二)控制和杜绝安全隐患

与第一类危险源的两重性不同,安全隐患不但要严控,更主要的是杜绝它们的滋生和存在,这与第一类危险源负面作用的严防理念和措施几乎是一致的。

无数事故分析证实,安全隐患的存在是事故的成因,多一个隐患就多一个发生事故的因素。然而,有生产或研发活动就会出现隐患,而且隐患又有着非常复杂的特性。有的隐患是动态的,老的隐患解决了,与老隐患相关的新隐患又出现了;有的隐患随着时间的推移而发生变化;有的隐患会在瞬间发生裂变;有的隐患会反复出现和产生。有的隐患是直观易见的,而有的是潜在不易被发现的,要透过现象才能分析判定。隐患伴随着不同程度的危险性,来自各个方面、各种原因。

辨识隐患是预防隐患的重要前提,要靠人的知识和经验,靠科学的评估和计算,要运用监测监控、管理和技术等综合手段,才能予以发现和解决。要求在生产和研发的各个环节,如仪器设备的安装、使用、维护,合成工艺路线设计,试剂的运用,操作等过程中进行综合考虑,要开展经常性的安全检查,及时整改隐患,不给隐患有存在和发展的机会。即使一时解决不了的,也要有充分的应对方案。主管要亲自参与,监管部门应制订措施,强化监督工作,责令及时整改,对隐患整改不及时不到位的,应追究责任人的责任。

预防比整改更具有意义,要加强辨识能力,把隐患消灭在萌芽状态。

可以这样说,所有安全隐患的根源都来自人。人的不安全思维意识和不安全行为的概率是不可能为零的,人的生理和心理状态容易受到环境的干扰和影响,往往因一些偶然因素产生事先难以预料和防止的错误思维和不安全行为。所以,安全隐患的管控需从人的各个方面去考虑。

(1)在管理制度方面,应建立完善的安全生产管理制度,主体是安全生产责任制,包括安全教育、安全检查、责任制考核及奖罚等制度。完善的制度是增强责任心、预防不安全思维和不安全行为的基础。

(2)强化执行力度。管理办法的效果如何,是用实施的效果来检验的,从企业发展的角度来说,只有认真贯彻执行国家的法律法规、行业标准和企业的规章制度,做到"让SOP成为习惯,让习惯符合SOP",才能真正摆脱不安全思维和不安全行为。

(3)在培训教育方面,不安全行为的出现主要是因为不安全思维的产生,不安全思维的产生主要是接收的安全培训教育不足。有足够的安全知识武装头脑,作业者才能更主动地去预防事故发生。

(4)加大监督检查是预防和控制不安全思维和不安全行为的有效措施,也是必备措施。监督检查部门需要认真履行本职职责,消除作业人员的不安全思维和不安全行为。

(5)认真实现考核奖罚。对安全生产工作成绩突出的需要进行奖励,对不安全行为惯犯者或者因不安全行为发生事故及较大影响事件的,需要进行惩罚,以对其他人员进行警戒。

(6)保证安全隐患管控的资金投入。安全隐患的管控是保障安全生产的关键,需要资金投入来降低危险源的危险性,减少危险源演变成安全隐患的可能性。

第三节 安 全 风 险

一、风险的定义

(一) 危险

危险是指人的思维意识或行为、系统、物品、设施、场所、工艺过程、管理或自然等不确定因素对人、财产或环境等具有产生损害的潜能,这种潜能是人类不希望的。

"产生损害的潜能"是指遭受经济损害和非经济性损害的可能性。潜在的经济损害是指物(机)损失、对人员生命健康的伤害、环境的变坏等,非经济性的损害是指局势的不利、精神心理的创伤、企业名誉和社会影响的挫伤等(详见本节安全风险的特征之损害性)。在本书中,损害定义为损失和伤害的总称。

危险是危险源、即将转化为危险源的非危险源和安全隐患的集合。危险始终伴随着人类的社会实践,危险的最终结果是损害,也就是危险事故,表现形式是以损害来冲抵人类社会实践期望的收益。

(二) 风险

评估一个事物,我们常说风险有多大;对一个结束的事物,我们常说险些出事故。这里的"风险"和"险些"就是概率,或称可能性。

风险是由收益和危险两个本质属性组成的统一体,是指人类社会实践中在获得收益期望值的同时,伴随危险发生的可能性和结果的组合,即

风险=收益的可能性和结果+危险的可能性和结果

收益由经济效益或非经济性的预计效果(如政治目的、体质健康的改善、局势的扭转、环境改善,或风气、名誉和社会影响的提高等)等元素组成。

(三) 广义风险和狭义风险

人们常常谈及的风险包括广义和狭义的两种定义。

广义的风险强调风险实践中风险的不确定性。风险的不确定性是指风险产生的结果可能带来收益(收益也称获利或回报)或损害,即收益结果和危险结果的加和:

广义风险=收益的不确定性+危险的不确定性

狭义的风险仅单纯强调风险实践中损害的不确定性。损害的不确定性是指风险实践后的损害结果是有还是无,是大还是小,也就是说只强调危险,即遭受损失、伤害、不利或毁灭的可能性:

狭义风险=危险的不确定性

狭义风险的大小可用式(4-1)来表示其量化指标:

$$R=P\times S \tag{4-1}$$

式中,R(risk)表示风险表征;P(probability)表示出现风险的概率(0~1 的实数)或某风险活动发生有害事件的次数;S(sequel)表示风险事件的后果。

如果风险受多重独立而相关联的因素控制,那么其量化指标为

$$R=P_1\times P_2\times P_3\times P_n\times S$$

广义风险和狭义风险两种定义的相同点是,风险与危险两者都可能对行为主体发生损害。不同点在于,广义风险是抽象的概念,其结果可能导致损害,也可能导致获利,或兼而有之;而狭义风险通常指一种具体的概念,其结果仅导致损害。广义风险和狭义风险之间并不矛盾,狭义风险概念并不否认收益的不确定性,而是省略了收益的不确定性,是一种习惯的思维结果,主要用于分析"危险源→安全隐患→风险事故"的过程。人们通常所说的"冒风险"或"此事有很大风险"等均属于狭义风险的概念。

（四）冒风险是人的必然选择和决定

在任何社会实践中,安全是相对的,风险是绝对的。风险不同于危险,危险是人类主观上不期望、但在客观上又存在的;风险不但客观存在,而且是始终伴随人类的主观愿望而产生的。因为收益来自风险,所以风险需要财力成本,以及时间、精力和勇气的投入。又因为风险和收益成正比,所以要想获得高收益,就需要高投入,冒高风险,也就是人们常说的,高风险才有高收益。企业不怕有风险,就怕企业没风险;风险是发展空间,没风险就没发展。这是来自广义风险中积极一面的观念。

人类所有的社会实践都有风险,生产和科研实践的过程就是参与风险的过程,而参与风险的目的就是取得收益或达到某种目标。人类要生存求发展就要有收益,但是收益是与危险同时存在的,所以要想取得收益就要冒风险,这是不以人的意志为转移的客观规律。

二、安全风险的实践

人类社会实践中有许多种类的风险,按照风险的性质可以划分为纯粹风险和投机风险;按照风险发生的原因可划分为政治风险、经济风险、社会风险、自然风险、技术风险;按照风险致损的对象划分,有财产风险、人身风险、责任风险等数量庞大的各种风险。这些风险大多是从狭义的角度命名的。

本节讨论的安全风险是指科研和生产实践中的技术性安全风险,包括研发和生产活动中安全风险活动各要素之间的关系、风险收益以及风险损害的不确定性。风险损害由风险事故体现出来,如仪器设施和物料的损失、项目延误或失败、停业整顿、政府处罚、赔偿、对人员生命健康的伤害、环境变坏、精神的创伤、或风气、名誉和社会影响的挫伤等。

安全风险实践活动中各要素之间的关系如图 4-3 所示。

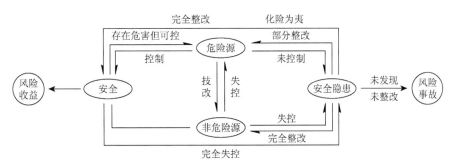

图 4-3　安全风险实践活动中各要素之间的关系图

从广义风险的角度分析，安全风险实践活动后的量化结果有 5 种：①全是危险没有收益；②危险大于收益；③危险等于收益；④危险小于收益；⑤全是收益没有危险。

人类主动参与安全风险实践的目的和要求是减少危险达到上述第④种的量化结果或消除危险达到第⑤种的量化结果。第⑤种的量化结果是最好的，虽然实践起来有难度，但却是我们要去努力争取的目标。

本书将从安全风险的特征、评估和控制等方面，以狭义风险概念进行探讨。

三、安全风险的特征

安全风险中的危险具有客观性和普遍性，不确定性、必然性和偶然性，可变性，隐蔽性、可识别性和可控性，损害性，可逆性和不可逆性等。

1. 客观性和普遍性

安全风险活动由人们主动策划和主动参与，尽管安全风险产生的危险是人们不希望的，但它却是不以人的意志为转移的客观存在。危险属于自然界的物质运动或社会发展规律，由事物的内部因素所决定，由客观规律所决定。

鉴于安全风险中危险的客观性和普遍性，不可能完全消灭安全风险中的危险。然而，采取"零容忍"的强化防范和控制措施的态度仍然是有必要的，并可以采用防范措施来降低安全风险。

2. 不确定性、必然性和偶然性

危险及风险事故发生的时间具有不确定性。从总体上看，有些危险及风险事故是必然要发生的，这就是必然性，但何时发生是不确定的，表现为偶然性。例如，生命风险中，死亡是必然发生的，这是人生的必然现象，但是具体到某一个人何时死亡，在其健康时却是不可能确定、难以预测的。

从个别事件来看，风险导致事故的发生又有不确定性，不幸事件何时何地、如何发生，带来多大损害，有很大的偶然性，对于独立个体来说，事先难以确定。

3. 可变性

危险性元素和非危险性元素可以互变，互相转化。通过技改、控制等手段措施将危险性的元素转化为非危险性的元素，这称为化险为夷或转危为安；反之，非危险性的元素也可以因时间、空间和人为等各种因素的变化而有所变化，甚至转化为危险性的元素，并且通常比前者来得容易。

4. 隐蔽性、可识别性和可控性

危险性的元素通常不易被发现，具有隐蔽性，但是它们作为客观存在，总是会通过许多现象表征出来，这样就可以透过现象看本质，甚至通过各种科学方法和技术手段进行定性定量分析。庐山真面目在有责任心和有专业知识的人面前是完全可以被识别的。

另外，虽然危险是不可避免的，是客观存在的，但它是可控的。

5. 损害性

风险实践活动中，除非危险性各元素完全被控制，达到化险为夷的结果，所发生的风险事故总是会有损害的结果伴随。风险意识也正是由此而来。

通常将损害分为两种形态，即直接损害和间接损害。直接损害是指风险事故导致的财产本身损失和人身伤害等，这类损害又称为实质损害；间接损害则是指由直接损害连带引起的其他损害，包括额外相关费用损失、项目延误的相关损失、停业整顿、政府处罚、赔偿、环境损害等。在很多风险事故案例中，造成的间接损害一般远远大于直接损害，直接损害通常是冰山一角，而间接损害却是水下的更大部分。间接损害还可能包括非经济性的损害，如企业信誉形象伤害、市场竞争力下降、商业机会损失、局势的恶化、个人信心丧失、精神创伤、心理伤害、积极性挫伤以及社会影响等无形损害。

6. 可逆性和不可逆性

从本节安全风险实践活动中各要素之间的关系图(图 4-3)可以看出，风险事故发生之前各要素之间通过整改都是可逆的，可以相互转化；而一旦风险事故发生，就不可逆转了，此时再来亡羊补牢，那仅仅是为下次的安全风险实践活动考虑了，虽然有必要，但对当次事件来说，为时已晚。所以，安全风险管理工作做得越靠前，成效就越大。

四、安全风险的评估

安全风险评估的目的是通过定性或定量的风险分析和评估，提供安全风险等级，确定当前的安全管理现状，为安全风险控制提供依据。

(一) 安全风险评估的定义

任何一个组织都可能存在各种危险源和安全隐患，它们是造成各种损害的潜在危险因素。我们需要从风险管理角度，运用科学的方法和手段，系统地分析所面临的威胁，对这些潜在危险因素引发事故的可能性、损害程度和造成影响的程度进行认识、分析、论证和评价，这个综合过程称为安全风险评估。风险评估工作贯穿风险项目的整个生命周期，包括规划阶段、设计阶段、实施阶段、运行阶段和结束阶段。

安全风险评估首先要识别存在的危险源(见本章第一节危险源的辨识)，认识存在的风险并了解其特征，再用发生概率、危害范围、可能造成的损害大小等指标来评价，然后评定是否可以容许该风险的存在，即风险的程度是否已低到企业考虑其法律责任、经济基础、战略目标和政策等能容忍的水平，最后作出容忍、控制、消除该风险的决定。一般应建立专门针对安全风险评估的程序或工作过程，采取较系统的方式来进行风险评估，以保证结论的全面、详尽和有效。这一过程应考虑到分析识别工作的费用和时间，以及数据的准确性和可靠性。总的来说，风险评估的过程或程序要解决的问题是：有哪些危险源和安全隐患，它们会严重到什么程度，发生事故的可能性(概率)有多大，是否能承受。安全风险评估是为下一步如何去应付和控制做准备。

（二）安全风险评估方法

已经开发出数十种安全风险评估方法，如，鱼骨刺图因果分析、类比法、安全检查表、预先危险性分析（PHA）、故障类型和影响分析（FMEA）、事故树（ETA）、格雷厄姆-金尼法安全评价（LECD）、道化学公司法（DOW）、帝国化学公司蒙德法（MOND）、日本劳动省六阶段法、单元危险性快速排序法、危险与可操作性研究（HAZOP）等。每种方法的原理、目标、应用条件、适用的评价对象、工作量均不相同，各有其特点和优缺点。按评估方法的特征一般可分为定性评估、定量或半定量评估。

1. 定性评估

定性评估是根据人的经验和判断能力，对第一类危险源和第二类危险源及其隐患进行评估，评估结果由危险集合给出，可以为｛是、非｝、｛合格、不合格｝等形式，具体可采用安全检查表以及鱼骨刺图因果分析、类比法、预先危险性分析、故障类型和影响分析、事故树等方法。定性评估方法的主要优点是简单、直观，缺点是取决于评估人员的经验和采集数据的准确可靠性和是否齐全，不同的人可能得出不同的评估结果。

在进行定性风险评估时，常用严重度的若干等级来表示危害性事件的后果严重程度。事故发生的可能性可根据危害性事件出现的频繁程度，相对地分为若干级，称为危害性事件的可能性等级。风险评估指数矩阵法是较简单的一种定性评估方法。

风险评估指数矩阵法将严重性等级分为 4 级，见表 4-1。

表 4-1　危害性事件的严重性等级

严重程度	等级说明	事故后果说明
I	灾难的	人员死亡或系统报废
II	严重的	人员严重受伤、严重职业病或系统严重损坏
III	轻度的	人员轻度受伤、轻度职业病或系统轻度损坏
IV	轻微的	人员伤害程度和系统损坏程度都小于III级

将危害性事件的可能性等级分为 A、B、C、D 和 E 5 个等级，见表 4-2。

表 4-2　危害性事件的可能性等级

可能性等级	等级说明	以往该类风险项目发生情况
A	频繁	频繁连续发生
B	很可能	在风险项目活动期间出现多次
C	有时	在风险项目活动期间有时会发生
D	很少	在风险项目活动期间不易出现、但有可能发生
E	不可能	在风险项目活动期间没有发生、可认为极不易发生

以危害性事件的严重性等级作为表的列项目，以危害性事件的可能性等级作为表的行

项目，制成二维表格，在行列的交叉点上给出定性的加权指数，所有加权指数构成一个矩阵，这种方法称为风险评估指数矩阵法，对应的风险评估指数矩阵如下所示：

$$R = \begin{bmatrix} 1 & 2 & 7 & 13 \\ 2 & 5 & 9 & 16 \\ 4 & 6 & 11 & 18 \\ 8 & 10 & 14 & 19 \\ 12 & 15 & 17 & 20 \end{bmatrix}$$

矩阵中的元素为加权指数，也称风险评估指数。风险评估指数是综合危害性事件的可能性和严重性确定的，通常将最高风险指数定为1，相对应的危害性事件是频繁发生的并有灾难性后果的事件；最低风险指数定为20，对应于危害性事件几乎不可能发生并且后果是轻微的事件，如表4-3所示。数字等级的划分虽然有随意性，但是要便于区别风险的档次，划分的过细或过粗都不便于风险评估，因此需要根据具体对象划定。

表4-3 风险评估指数矩阵法实例

严重性等级 / 可能性等级	I（灾难的）	II（严重的）	III（轻度的）	IV（轻微的）
A（频繁）	1	2	7	13
B（很可能）	2	5	9	16
C（有时）	4	6	11	18
D（很少）	8	10	14	19
E（不可能）	12	15	17	20

将矩阵中指数的大小按可以接受的程度划分类别，以形成风险接受准则或风险判定准则。其中，指数等于1~5的为不可接受的风险，是企业不能接受的；6~9的为不希望有的风险，需要企业决策是否可以接受；10~17的是有条件接受的风险，需要企业评审后方可接受；18~20的是不需评审即可接受的，从而形成下面的定性风险级别判定准则，见表4-4。

表4-4 定性风险级别判定准则

严重性等级 / 可能性等级	I（灾难的）	II（严重的）	III（轻度的）	IV（轻微的）
A（频繁）	不可接受	不可接受	不希望有	有条件接受
B（很可能）	不可接受	不可接受	不希望有	有条件接受
C（有时）	不可接受	不希望有	有条件接受	可接受
D（很少）	不希望有	有条件接受	有条件接受	可接受
E（不可能）	有条件接受	有条件接受	有条件接受	可接受

2. 定量或半定量评估

定量评估的方法也有很多。有些方法既可以定性也可以定量，或者半定性半定量。由美国安全专家格雷厄姆（K. J. Gtahara）和金尼（G. F. Kinney）提出的作业条件危险性评估法（LECD 法）是一种简单易行的半定量评估方法。它是用与系统风险率有关的三种因素指标值之积来评估系统人员伤害和财产损失的风险大小，如式(4-2)所示：

$$D=L\times E\times C \tag{4-2}$$

式中，D（danger）表示危险性分值；L（likelihood）表示发生事故的可能性大小；E（exposure）表示被害目标（如人体等）暴露在危险环境中的频繁程度；C（consequences）表示发生事故造成的损害后果（危险严重度）。

因为要取得 L、E 和 C 的科学准确数据是相当烦琐的过程，所以为了简化评估程序，可采用半定量计值法，采取"打分"的办法指定各种自变量以分数。即给这三种要素的不同等级分别确定不同的分值，再以三个分值的乘积 D 来评估危险性的大小。

D 值大说明该风险项目的危险性大，需要增加安全措施来减少发生事故的可能性，或减少被害目标在危险环境中的频繁暴露程度，或减少事故损害后果，直至调到允许范围内。

1)L——发生事故的可能性大小

事故或危险事件发生的可能性是与它们实际发生的数学概率相关联的。当用概率来表示时，绝对不可能事件发生的概率为 0，必然发生的事件的概率为 1。在考虑系统的危险性时，根本不能认为发生事故是绝对不可能的，所以也就不存在概率为 0 的情况。我们只能说，某种环境发生事故的可能性极小，其概率紧密地趋近于 0 以至实际上是不可能的。以实际不可能（virtually impossible）的情况作为"打分"的参考点，规定其可能性分数为 0.1 或其他合适数字，而必然要发生事故的分数定位 10，介于这两种比较极端情况之间的情况可以指定若干个中间值，见表 4-5。

表 4-5　事故发生的可能性大小——L

分数值 L	事故发生的可能性	分数值 L	事故发生的可能性
10	完全可以预料	0.5	很不可能，可以设想
6	相当可能	0.2	极不可能
3	可能，但不经常	0.1	实际不可能
1	可能性小，完全意外		

2)E——被害目标（人体等）暴露在危险环境中的频繁程度

被害目标如人员等出现在危险环境中的时间或次数越多，受到伤害的可能性越大，相应的危险性就越大，见表 4-6。连续出现在危险环境的情况被指定暴露分数值为 10；外推考虑非常稀少的暴露情况，以分数值 0 代表根本不暴露的情况，同样，根本不暴露的情况在实际上是没有意义的；将非常罕见地出现在危险环境中的分数值定为 0.5。以 10 和 0.5

这两种比较极端的情况为参考点来规定中间情况的暴露分数值。例如，每周一次或仅仅偶尔暴露的情况被指定分数值为3。

表 4-6　被害目标(人体)暴露在危险环境中的频繁程度——E

分数值 E	暴露于危险环境的频繁程度	分数值 E	暴露于危险环境的频繁程度
10	连续暴露于潜在危险环境	2	每月暴露一次
6	每日在工作时间内暴露	1	每年几次出现在潜在危险环境
3	每周一次或偶然地暴露	0.5	极罕见地出现在潜在危险环境

3)C——发生事故造成的损害后果

事故或危险事件造成的人身伤害或物质损失可在很大范围内变化。对于伤亡事故来说，可以从轻微伤害直到多人死亡。对于这样广阔的变化范围，规定分数值为 1～100。把需要救护的轻微伤害的可能结果规定为分数值 1，以此为一个参考点(基准点)。把造成多人死亡的可能结果规定为分数值 100，作为另一个参考点。在两个参考点之间内插指定中间值。表 4-7 所示为可能结果的分数值。

表 4-7　发生事故造成的损害后果——C

分数值 C	发生事故的后果	分数值 C	发生事故的后果
100	大灾难，许多人死亡	7	严重，重伤
40	灾难，数人死亡	3	重大，致残
15	非常严重，一人死亡	1	引人注目，需要救护

4)D——风险性分值

将表 4-5～表 4-7 中所得数据代入式(4-2)，就可以计算出危险分数，根据 D 值来评估危险程度，即危险性的大小。

如何确定危险等级划分标准？根据经验判断，可以参见表 4-8 所示的划分标准。一般来说，总分在 20 分以下被认为是低危险的，比日常生活还要安全；如果危险分数为 20～70，属于一般危险，操作者和管理人员都需要注意；70～160 分之间的属于显著危险，需要及时整改；160～320 分之间的属于高度危险的风险实践项目，要求立即整改才能进行；大于 320 分的，不能容忍，必须立即停业整顿，直到彻底改善才能进行。

表 4-8　危险程度分数值——D

分数值 D	危险程度	分数值 D	危险程度
>320	极其危险，不能继续作业	20～70	一般危险，需要注意
160～320	高度危险，要立即整改	<20	稍有危险，可以接受
70～160	显著危险，需要整改		

　　如何确定 L、E、C 各个分值和评估总分 D，以及危险等级的划分，要根据实践情况并结合企业实际属性进行定量、定性评价，并及时修正。

五、安全风险的控制

　　根据安全风险评估的结果，决定能否接受、容忍该风险，即认定对该风险目前是否可以不采取任何措施。如果企业认为不能容忍该风险，则需要辨别出必须做些什么，用什么经济有效的方式来应对它，怎样在降低风险的情况下优化和计划投资以配合业务成长需求便是应做的风险控制决策。所有这些都需要按照风险级别制订相应的风险控制措施计划，见表4-9。风险控制就是使风险降低到企业可以接受的程度。

表4-9　简单的风险控制措施计划

风险水平	风险控制措施及整改时间期限
极低的风险	不需采取措施
可接受的风险	应考虑投资效果更佳的解决方案或不增加额外成本的改进措施，并通过监测来确保控制措施得以维持
不希望有的风险	要努力控制和降低风险，但应仔细测定并限定预防成本，并应在规定时间期限内实施风险减少措施。在该风险与严重事故后果相关的场合必须进行进一步的评价，以更准确地确定该事故后果发生的可能性，以确定是否需要改进的控制措施
不可接受的风险	终止风险，或直至风险被降低后才可启动项目。为降低风险，有时必须配给大量资源。当风险涉及正在进行中的工作时，就应采取应急措施

　　为了降低或消除被评估的风险，企业应该选择合适的风险控制措施，即以风险评估的结果作为依据，判断与事故相关的关联点，决定什么地方需要控制或保护，以及采取何种控制或保护手段。

　　风险控制选择的另外一个重要方面是费用因素。如果实施和维持这些控制措施的费用比资产遭受威胁所造成的损失预期值还要高，则所建议的控制措施就是不合适的。如果控制措施的费用比企业的安全预算还要高，也是不合适的。但是，如果由于预算不足以提供足够数量和质量的控制措施，导致不必要的风险，则应该对其进行关注。

　　通常，一个控制措施能够实现多个功能，并且功能越多越好。当考虑总体安全性时，应该考虑尽可能地保持各个功能之间的平衡，这有助于总体安全的有效性和效率。

　　根据控制措施的费用应当与风险相平衡的原则，企业应该对所选择的安全控制措施严格实施和应用。任何生产活动和研发项目在一定程度上都存在风险，绝对的安全是不存在的。当企业根据风险评估的结果完成实施所选择的控制措施后，会有残余的风险。为确保企业的安全，残余风险也应该控制在企业可以接受的范围内。

　　生产活动和研发项目是变化着的，风险也会随之变化，所以风险管理是一个动态的管理过程，这就要求企业实施动态的风险评估与风险控制，即企业要定期进行风险评估和控制。

复习思考题

1. 危险源的定义是什么？如何分类？有哪三个要素和哪三个基本属性？
2. 危险源的辨识包括哪些内容？
3. 安全隐患与危险源的区别是什么？
4. 非危险源、危险源、隐患和事故之间的逻辑关系是什么？
5. 安全隐患有哪些特性？安全隐患如何管控？
6. 风险的定义是什么？安全风险有哪些特征？
7. 安全风险如何进行评估？
8. 安全风险如何进行控制？

第五章 本 质 安 全

本质安全一词的提出源于 20 世纪 50 年代世界宇航技术的发展,主要是指电气系统具备防止可能导致可燃物质燃烧所需能量释放的安全性。在本质安全概念明确提出之前,就有与此非常接近的概念,即"可靠性"。例如,美国航空委员会在 1939 年提出飞机事故率的概念和要求,这可能是最早的可靠性概念;1944 年纳粹德国试制 V-2 火箭时提出了最早的有关系统可靠性的概念,即火箭可靠度是所有元器件可靠度的乘积,本质安全追求的乘积是 1(即 100%)。本质安全概念的广泛接受和人类科学技术的进步以及对安全文化的认识密切相连,是人类在生产、生活实践的发展过程中对安全认识的一大进步。这一概念使我们对事故由被动接受到积极事先预防,从而实现从源头杜绝事故和人类自身安全保护的需要。

国内本质安全研究开展的并不晚,其前身是 20 世纪 50 年代关于电子产品的可靠性研究,但在学术上明确提出本质安全的概念应该是在 20 世纪 90 年代后期,而真正提出本质安全(intrinsic safety)一词的,源于 GB 3836.4—2010 标准。该标准中提及用于煤矿井下的本质安全型防爆电器,即使在爆炸极限环境下使用,也不会导致爆炸事故发生。

近十年来,本质安全在我国逐渐得到重视并开始推广,各行业也都有一些初步的应用成果,但多集中在技术系统如仪器设备装置等狭义的本质安全上,化学研发领域的本质安全研究和应用几乎是空白,需要加以重视。

第一节 狭义的本质安全

狭义的本质安全是指机器设备、物品、环境、工艺等要素本身所具有的安全性能,属于技术系统的本质安全。当以人和制度管理系统为要素构成的社会系统发生故障时,这些技术系统的本质安全要素能够自动防止操作失误或自动防止事故的引发,或即使由于人为操作失误甚至制度管理系统失误,技术系统的相关要素也能够自动排除、切换或安全地停止运作,产生安全补偿作用,从而保障人身、设备和财产的安全。

一、消除或避开隐患

消除或避开隐患就不会发生事故,这是最简单的本质安全。

(一)消除社会实践中的隐患

某公司大门口由于地下管道施工,留下了一个大坑,为了不致使人或车掉入,需要提醒行人和车辆留心,于是采取了很多安全措施,如派人守着、树立一块警示牌、出书面通知、开会告知、培训提醒、晚上亮灯等。然而所有这些都没能从根本上解决该安全隐患问题。如何才能做到本质安全呢?其实非常简单,施工时在大坑上加盖一块扎实大钢板,或施工结束后立即将大坑填平,根本就不需要其他的预防措施。因为隐患就是这个大坑造成的,填了这个坑,该隐患就不存在了,这就是最简单的机械式本质安全。

(二) 避开社会实践中的隐患

某公司员工中午去另一个园区用餐,要走很长一段马路。与机动车共用一条路,行人必定危险。对行走的员工来说,马路上的机动车就是隐患。后来在该公司围墙外的绿化带中开辟出一条专用人行道,员工不用行走在有安全隐患的车道上,人车各行其道,人的行走安全就得到了保障。人行道的安全性能就是最简单的机械式本质安全。

在有机合成研发实践中,避开危险物品,采用安全工艺,是最简单实用的本质安全。

可见消除或避开隐患确实是最简单也是最好的本质安全,但是在人类各项活动高度复杂化的今天,大量隐患不是靠消除或避开等简单方法能规避得了的,人类社会若要在大量隐患中谋求更好的生存和更快的发展,必须依靠科技等手段来达到更高、更深层次的本质安全。

二、通过增强物(机)和环境的安全性能来达到本质安全

(一) 通过技改来增强物(机)的安全性能达到本质安全

许多事故是由某机器设备或某物质的不安全状态造成的,可以通过技改来增强物(机)的安全性能达到本质安全。

以下这个案例通过改变接头形状,实现了物料传送的本质安全。

这是一个使用丁基锂的反应,其在中试成功后,要平移到中试车间做放大反应。首先需要用氮气将 200L 罐装的丁基锂压送到反应釜中,但是当班操作工误将压缩空气的管接头当作氮气管接头,往装丁基锂的大罐中压潮湿的空气。大约压送了一半时,一位安全管理人员巡检进入车间,职业的敏感使他及时发现了这一极其严重的错误操作,他摸了摸接头,很烫手,随时有整体爆炸的危险。他赶紧通知当班操作工立即关闭空气开关,并与当班操作工一起卸下空气压送接头,改用氮气管接头,由此避免了一场即将发生的大爆炸(后果是不堪设想的:一旦爆炸,该车间将被夷为平地)。为防止今后再次发生误操作,采取了两项措施,一是将活动的空气管长度改短,使其够不着釜盖上的此类接头;二是将氮气的公母接头形状改样,这样即使气体品种搞错也接不上去。改短措施及改进设备部件(接头)的双保险措施得到落实,想错都错不了了。这就从根本上剔除了由人为失误而造成事故的可能,从而实现了这道工序的本质安全。

(二) 通过环境的安全性能来达到本质安全

有些事故是由于环境因素引起的,可通过改变或增强环境的安全性能来达到本质安全。

以下这个案例是氮气手套箱的使用,实现了称取危险物品的本质安全。

NaH、$LiAlH_4$、$BuLi$ 等是一类遇湿遇空气易燃的危险物品,取样时非常容易起火,事故率很高,即使反复培训,小心操作,都难以避免起火伤人事故的发生,有经验的员工

也一样会出事。

　　如果能在一个内部充满氮气、能隔绝外界空气的手套箱(柜)中称取危险物品,再如何不小心都不可能发生起火燃烧事件,因为箱(柜)内的环境不存在燃烧条件。这个箱(柜)的环境安全性能就是本质安全。

三、通过新工艺的安全性能来达到本质安全

　　工艺是指各种原材料、半成品加工成为产品的方法和过程。工艺的缺陷通常也是导致事故的主要原因。

　　以下这个案例通过改换物料(溶剂、催化剂或反应物),实现了工艺上的本质安全。

　　这是一个参照文献的反应,有金属钠参与,用乙醚做溶剂。

　　在 5L 三口瓶中,氮气保护下制备 200g 钠沙。将其在甲苯中加热熔融、搅拌打细,然后冷却,倾倒出甲苯,将钠沙乙醚洗两次。依次加入 3L 乙醚和 450g TMSCl,然后在氮气保护下滴加 500g 氯丙酸乙酯。温度一开始不变,滴加一段时间后,反应触发,剧烈放热,反应液沸腾,乙醚气体迅速挥发,气球爆炸,钠沙和乙醚由冷凝管喷出落到桌面,由于台面有水,整个台面立即燃烧起来,并不时有爆炸声。当事人与同事一道奋力灭火,这时消防喷淋启动。乙醚的燃烧非常剧烈,几乎动用了上下各楼层的所有灭火器材,花了 40min 才将大火扑灭。除了通风橱外,包括管道、楼顶的风机和电机在内的整个排风系统也被烧毁。

　　后来合成人员从事故原因中得到启发,改用沸点较高的异丙醚(bp 69℃),收率与乙醚相当,但热容大大提高,即使加料快了一些,也不至于沸腾冲料引起火灾事故。这种通过改变物料来体现新工艺的安全性能就是本质安全。

四、整体本质安全是建立在局部本质安全和阶段性本质安全基础上的

　　本质安全不是绝对安全,而且纯粹的绝对安全是不存在的。

　　平时人们说的绝对安全其实是指局部的绝对安全或相对的绝对安全。其中相对的绝对安全是指某两个或多个相对要素临时比对的结果,如相对时间内、相对地点间、相对操作、相对机或物、相对环境、相对工艺等。

　　本质安全也具有局部或阶段性的特点,但从本质层面上进行辨证分析,由于本质安全受到各种条件的限制,所以本质安全的结果并不一定或不完全与人的初衷相吻合。所以,本质安全不但不是绝对安全,也不完全等同于局部的绝对安全或相对的绝对安全。

　　发生事故是偶然的,不发生事故是必然的,这才是"本质安全"的真实意义。

　　在人类生产实践中,总希望能通过某项目各局部或各阶段性的本质安全的有机融合来

达到该项目整体上的本质安全，以及通过逐个项目的本质安全来达到整体上的本质安全。

下面用本质安全理念重新分析上述用乙醚做溶剂、金属钠参与的反应的每一个工艺步骤，将其每一步的缺陷都一一展开，并提出局部或阶段性的本质安全。

这次事故的起因是由于反应潜热蓄积而后发生冲料，而反应潜热的起因又是什么，可以一步步向前追溯进行探讨。

(1)往前追溯，是由于滴加氯丙酸乙酯过急，没等反应触发就已经加量很多而造成反应潜热的蓄积。

本质安全措施：①反应触发是需要条件的，如温度、浓度和搅拌速度等，在后两者固定的前提下，提高温度可以轻而易举地触发反应；②分阶段滴加氯丙酸乙酯，每次加总量的十分之一，并不断用色谱跟踪反应进程，检查所加的是否已经参与反应或反应完，确认后再进入下一个阶段的滴加。

(2)再往前追溯，是由于乙醚沸点太低，只有34℃，热容太小，一不小心就沸腾，反应液容易冲出。

本质安全措施：改用沸点较高的异丙醚，控制反应温度在 40℃以下时反应液不可能冲出。

(3)再往前追溯，是由于冷凝管上口采用了气球。气球使反应成了密闭体系，不能使生成的气体及时导出。

本质安全措施：换成干燥管，并用氮气流，使体系始终保持畅通状态，生成的气体能及时导出，不可能形成密闭体系，这样就不会造成反应体系被压抑而发生爆发式冲料。

(4)再往前追溯，是由于反应瓶太小。总共有接近 5L 的溶剂和反应底物装在一个 5L 的反应瓶中，不符合容积比的基本安全要求。一般反应需采用 2∶1 的容积比(瓶子的体积∶内容物的体积)，何况这是一个危险性极大的反应，容积比理论值还要加大。

本质安全措施：①换大的反应瓶，按最终反应液体积计算，至少保留三分之二的空间，让出足够的安全缓冲空间；②减少反应规模，减少投料量，分批做。

(5)再往前追溯，是由于台面上有水，钠遇水燃烧。

本质安全措施：反应开始前将台面整理干净，不留任何水渍，包括深冷反应钢精锅外面的冰霜和水浴等一切可能出水的部位都要做好遮蔽屏蔽或彻底移除，以断除金属钠与水的起火反应。

(6)再往前追溯，是由于整个合成工艺的特殊危险性。

本质安全措施：根据最终产物的结构，从根本上改换合成路线，避免使用乙醚做溶剂，避免使用金属钠。

然而，在上述 6 个环节步骤中，没有一个环节实现或达到了本质安全，事故发生是必然的。

通过上述分析可以得出结论，在这 6 个步骤中，只要每一步能做到本质安全，火灾事故发生的概率就会大大降低。就是说，如果每一步都能做到本质安全，该反应的整体本质安全就实现了。

实现项目的整体本质安全，是要确保各个环节(物料、仪器设施)、操作步骤等局部本质安全的连贯性和百分之百的实施。

作为化学合成研发人员，设计出操作简单、收率高，每一步又都能达到环保健康和本质安全的新合成工艺，是大家永远不断探索和追求的目标，只有这样，才能实现经济效益和整体本质安全的双丰收。

第二节　广义的本质安全

一、广义的本质安全的组成

广义的本质安全是将狭义本质安全的内涵加以扩大，并将人、物(机)、环境、制度管理等诸多要素的本质安全有机融合组成统一的集合体，是将生产过程中诸多要素最佳集合而成的系统整体本质安全，以使整个系统中的各种危害因素始终处于受控状态，进而逐步趋近整体本质型、持久型的安全目标。

人的本质安全和制度管理系统的本质安全的总和构成了社会系统的本质安全。

广义的本质安全是在狭义本质安全的基础上增加了人的本质安全和制度管理系统的本质安全，即技术系统本质安全与社会系统本质安全的总和，可以统称社会技术本质安全或简称系统本质安全。关系式表示为

广义的本质安全(大系统)=社会技术本质安全(大系统)=系统本质安全(大系统)

系统本质安全=社会系统本质安全(子系统)+技术系统本质安全(子系统)

式中，技术系统本质安全也包括环境系统的本质安全。

社会系统本质安全(子系统)=人的本质安全(小系统)+制度管理系统的本质安全(小系统)

广义本质安全的包容关系见图5-3。

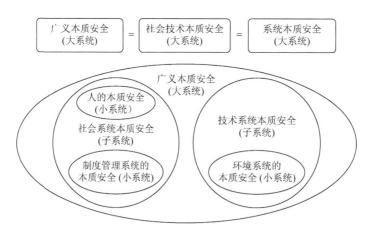

图5-3　广义本质安全的包容关系

二、社会系统本质安全

社会系统本质安全是指人的本质安全和制度管理系统的本质安全的总和。

（一）人的本质安全

人的本质安全是由想安全、懂安全、能安全等要素组成的。本质安全的人就是具备自主安全理念，具备充分的安全技能，创造可靠的安全环境系统，实现安全结果的生产管理者和作业者。

人的本质安全包括两方面基础性含义，一是人在本质上有着对安全的需要，二是人通过教育引导、培训强化和制度约束，可以实现系统及个人岗位的安全生产无事故。

人的本质安全相对于物(机)、环境等方面的本质安全而言，具有先决性、引导性、基础性地位。

人的本质安全是一个可以不断趋近的目标，同时又是由具体小目标组成的过程。人的本质安全既是过程中的目标，也是诸多目标构成的过程。

本质安全型企业是指在存在安全隐患的环境条件下，通过人的本质安全，建立科学的、系统的、主动的、超前的、全面的事故预防安全工程体系，能够依靠内部系统和组织保证长效安全生产的企业。

（二）制度管理系统的本质安全

制度管理系统的本质安全是由 SOP 体系、组织体系、管理体系等要素组成的。本质安全的制度管理系统就是具备事事有制度、事事有人管和事事有记录的安全文化氛围，建立可靠的安全事故防御体系，具有安全结果的安全保障系统。

1. 事事有制度

当今社会的所有实践活动，都应该立规矩、制订相关 SOP，不能留空白，做到有法可依、有规可遵、有矩可守，在制度规范的大环境中规范实践，逐步形成自我约束力，做到做事有标准、结果有标准。另外，所有 SOP 都要遵循和真实反映技术系统的本质安全和人的本质安全各要素的客观性和内在特征，都要有法理性、可操作性、标准性、逻辑性、严密性、匹配完整性和流畅性。制度是管理的依据，是本质安全的基本要素。

2. 事事有人管

任何事情都要有人管。如何管？应该需要有三个层面的人来管。核心层是有最合适的执行目标的人，即当事人、直接管事的人、操作者，是安全生产的主体和关键人物，是要承担直接责任的。第二层是紧贴核心的主管层，即主管领导，如组长、班长和主任等，是间接管事直接管人的人，这个层面的人物是要承担连带管理责任的，这是国家《安全生产法》规定的"管生产必须管安全"的基本原则，是安全生产的第二道防线。第三层是外围的监管层，即安全管理部门的专职人员，他们是 SOP 执行的监管者，负有监督管理职责，既管人又管事，是安全生产的第三道防线。这里要特别强调的是，作为一个肩负生产、效益和安全三项职责的企业，《安全生产法》赋予了企业法定代表人或法人代表作为安全第一责任人的地位，无论是哪个层面的安全责任，都由法定代表人或法人代表承担。

3. 事事有记录

社会实践靠制度管理，制度管理结果靠数据说话，所以，制度管理的过程记录非常重要，通过记录和数据库分析，提出改进措施和努力方向。

总之，事事有人管，管理有制度，制度有落实，落实有记录，记录有结果，结果有考核，考核有奖惩，奖惩有兑现，制度管理系统的本质安全才有保障。

三、技术系统本质安全与社会系统本质安全的关系和特点

狭义的本质安全是从技术系统基本构成要素的零缺陷上来实现本质安全的，由于技术系统的构成元素间的关系是可以确定的，且又是呈线性的，所以技术系统的本质安全系数可以计算出来，可以认为是等于所有构成元素本质安全系数的乘积，只要能够保证所有技术系统构成元素的本质安全性，整个技术系统也就能实现本质安全。然而在现实社会实践中，完全单靠技术系统的本质安全是有一定限制的，因为现在包括科研领域在内的所有社会安全实践所涉及的系统都不是单纯的技术系统，而是复杂的社会技术系统，除了技术系统的构成元素外，还有社会系统的构成要素，如个人的意识、理念、信息、文化、制度、管理等，技术系统的构成元素和社会系统的构成要素通过复杂的交互作用形成了一个庞大的有机整体大系统。该大系统具有各自的组织性和独立性，技术系统和社会系统之间又呈非线性关系，而且社会系统的大部分构成要素是一种自由智能体，对于这些自由智能体来说，安全性本身就是一个具有相对性的概念，虽然会随着时代发展和技术进步而不断得到提升，但客观地讲，这些自由智能体是无法或很难达到本质安全性的。

另一方面，若社会系统不主动积极，技术系统的本质安全也建立不起来，纯粹的技术系统本质安全是不存在的。技术系统是社会系统的结果，但又反作用于社会系统，两者之间相互融合相互制约。

大系统本质安全是通过各个实体项目的本质安全来表现的，各个实体项目的本质安全是通过技术系统本质安全来实现的，而技术系统本质安全是通过社会系统本质安全来实现的。

社会系统本质安全不是逻辑意义上的终极目标，只是系统安全的前提，是技术系统本质安全的实施主体，通过与技术系统交互、作用于技术系统本质安全而达到的系统本质安全才是最终目的。

四、实现系统本质安全的四个基本外围条件

（一）物（机）的本质安全

物(机)的本质安全是指机器设备和仪器的运行是正常的、稳定的，并且自始至终都处于受控状态，并有完善的维护保养，物品在运输、存储和使用过程中自始至终都处于受控状态。物(机)在设计、生产和应用等环节上都要考虑到应具有较完善的防护功能，以保证物(机)能够在规定的周期内安全、稳定、正常地使用，这是预防事故的主要手段。

然而，没有可识别到的危害的物(机)几乎是不存在的，几乎所有的物(机)本质安全只能是相对的，不可能是绝对的。需要通过以下环境的本质安全、人的本质安全和制度管理系统本质安全的和谐交互作用来达到系统本质安全。

（二）环境的本质安全

这里所说的环境包括空间环境、时间环境、物理化学环境和自然环境。环境要符合各种规章制度的要求和相关标准。实现空间环境的本质安全,应保证实验室及相关作业空间、平面布置和各种安全卫生设施、通道等都符合国家和行业的有关法规和标准。实现时间环境的本质安全,必须按照物(机)的技术使用说明等要求决定它们的修理、维护保养、更新或报废(淬灭),同时必须遵守劳动法,使人员在体力能承受的法定工作时间内从事工作。实现物理化学环境的本质安全,就要以国家和行业标准作为管理依据,对采光、通风、温湿度及有毒有害物质采取有效措施,加以控制,以保护员工的健康和安全。实现自然环境的本质安全,就是要提高装置的抗灾防灾能力,搞好事故灾害应急预防对策的组织落实。以上各要素本质安全的综合就是作业现场环境的本质安全。

然而,没有可识别到的危害的工作场所几乎是不存在的,作业现场环境的本质安全只能是相对的,不可能是绝对的。需要通过以下人的本质安全和制度管理系统本质安全的和谐交互作用来达到系统本质安全。

（三）人的本质安全

人的本质安全是指作业者完全具有适应研发工作要求的生理、心理条件,具有在作业全过程中很好地控制各个环节安全操作的能力,具有正确处理系统内各种故障及意外情况的能力。要具备这样的能力,首先要提高员工的职业理想、职业道德、职业技能和职业纪律;其次要开展安全教育,实现由"要我安全"到"我要安全"的转变;再次要提高职工的法规观念、安全技术素质和应变能力。

人的本质安全在系统本质安全中具有决定性作用,是预防安全事故的核心要素。

（四）制度管理系统的本质安全

安全管理就是管理主体对管理客体实施控制,通过执行和落实各项规章制度,使其符合安全生产规范,达到安全生产的目的。安全管理要从传统的问题发生型管理逐渐转向现代的问题发现型管理,并持续改进,通过科学分析做到提前预防,才能有效控制事故的发生。

制度管理系统的本质安全在系统本质安全中具有保障性作用,是安全生产的重要防线。

五、系统本质安全是系统内部各要素之间和谐交互融合的结果

任何社会实践在一定程度上都存在风险,绝对的安全是不存在的,安全是相对的,风险是绝对的。虽然复杂社会技术系统的构成要素也许永远达不到本质安全性的必然性要求,但这并不意味着系统作为一个整体无法达到本质安全性的偶然性要求。这里需要特别

强调的一点是,对于复杂的社会技术系统,系统的本质安全性并不代表系统的所有构成要素是本质安全的,由于系统自身及其要素都具有一定的容错性和自组织性,只要在保证系统的构成元素是相对安全可靠的条件下,完全可以通过系统的和谐交互融合机制使系统获得本质安全性。

要求任何一个子系统或小系统中的每一个构成要素都绝对安全可靠是不现实的,而相对安全可靠是能够通过努力做到的。如果有一个和谐交互融合机制,就可以实现可靠加相对可靠等于安全、甚至可以实现错加错等于正确(这个正确就是将错就错的结果)的极端例子或硬碰软更合适等非逻辑结果的本质安全。反之,如果系统的构成要素在交互过程中是一个非和谐的抵触过程,其结果将可能是一场事故。

系统本质安全的和谐交互机制其实是通过更深层次、更为复杂的微妙渗透作用实现的,而这些微妙渗透作用及由此产生的和谐交互机制在所有社会安全实践中起着重要和决定性的作用。

人与人之间的关系贯通需要这种以微妙渗透作用作为基础的和谐交互融合机制,人与物(机)之间或与环境之间完成灵性融通也要通过这种以微妙渗透作用为基础的和谐交互融合机制来实现,本质安全子系统或小系统中的每一个构成要素在不一定绝对安全可靠的情况下,也可以通过以微妙渗透作用为基础的和谐交互机制达到系统的本质安全。

安全事故总是成因于社会技术系统内、外部交互作用的不和谐性,即由系统内部交互作用的波动引起的系统性偏差所造成的系统内部不和谐性,以及由系统与外部交互作用的波动引起的外生偏差所造成的系统外部不和谐性的耦合作用结果。因此应该把握好系统的和谐交互机制,消除复杂社会技术系统的内外部不和谐性,使系统和谐性始终处在临界点之上,从而使系统保持内、外部的本质安全。此外,系统和谐临界点(也即系统和谐预警点)的存在也为系统安全预警提供了定量依据,这是一个可操作的层面。例如,形成"人机(物)互补、人机(物)制约"等安全系统,运用组织、架构、设计、技术、管理、规范及文化等手段在保障人、物(机)及环境的可靠前提下,通过合理配置系统在运行过程中的基本交互作用、规范交互作用及文化交互作用的耦合关系,实现系统的内在和外在的和谐性,从而达到操作可靠、管理全面、系统安全及安全文化深入人心,最终实现对可控事故的长效预防。

实现系统本质安全首先是要保证系统内外各要素的安全可靠或相对安全可靠,这属于系统本质安全的外层必备要素。另外,一定还要通过相关要素间的微妙渗透作用,排除波动引起的偏差,以促成本质安全的和谐交互融合性,这属于内层关键要素,通过这样的内外结合,从而构成了系统本质安全的全部内容。也就是说,系统本质安全只能通过由外而内,消除相互抵触的部分,通过微观层面的和谐交互融合,才能达到系统整体的和谐,最终达到系统的实实在在的本质安全性。

总之,系统本质安全是一个动态演化的过程,也是一个具有一定相对性的过程,它应随着技术进步、管理创新而不断提高;它是安全管理的终极目标,最终达到对可控事故的长效预防;及时理顺系统内外部交互关系,提高系统和谐性;对事故进行前瞻性管理,从源头上预防事故。

复习思考题

1. 狭义本质安全的意义是什么？广义的本质安全包括哪些要素？
2. 本质安全主要分哪几个阶段？
3. 人的本质安全和制度管理系统的本质安全在系统本质安全中的地位和意义是什么？
4. 列举你身边的实体项目，思考如何做到本质安全？

第六章　安　全　文　化

　　组织要提供一个安全工作场所，即一个没有可识别到的危害的工作场所是不可能的，只能提供一个使员工安全工作的氛围和环境。在很多情况下，是人的行为而不是工作场所的特点决定了伤害的发生，许多事故是在社会实践过程中通过人对物的行为发生的。人的行为可以通过安全理念加以控制，抓事故预防就是抓人的管理、抓员工的意识(也包括管理者的意识)、抓员工的参与，杜绝各种各样的不安全行为(包括管理者的违章指挥)。

　　上述程序实际上就是安全文化的基本内容。

　　安全文化属于企业文化范畴，是企业文化的根基和核心部分。企业的安全文化就是要让员工在科学文明的安全文化主导下，创造安全的氛围和环境，通过安全理念的渗透，来改变员工的行为使之成为自觉的规范的行动，以杜绝事故的发生。

第一节　安全文化序

一、安全文化的概念和定义

　　安全文化伴随人类的生存发展而产生和发展，然而，人类真正有意识并正式地提出安全文化仅仅是近三十年的事。

　　"安全文化"(safety culture)的概念产生于 20 世纪 80 年代的美国。

　　1979 年美国三哩岛的核泄漏，特别是 1986 年苏联乌克兰的切尔诺贝利核电站爆炸，这两次由人为误操作造成的核事故震撼了整个世界，国际核工业领域更是笼罩在巨大的恐慌之中，所以，最初提出安全文化概念和要求的正是国际核工业领域。1986 年国际原子能机构(IAEA)召开切尔诺贝利核电站事故后评审会，认识到"核安全文化"对核工业事故的影响。1991 年国际原子能机构的国际核安全咨询组(International Nuclear Safety Group，INSAG)首次给出了"安全文化"相对狭义的定义：安全文化是存在于单位和个人中的种种特征和态度的总和。它建立了一种超出一切之上的观念，即核电站的安全问题由于它的重要性要保证得到应有的重视，并由此建立了一套核安全文化建设的思想和策略，强调只有全体员工致力于一个共同的目标才能获得最高水平的安全。接着，英国健康安全委员会核设施安全咨询委员会(HSCASNI)对 INSAG 的定义进行了修正，认为："一个单位的安全文化是个人和集体的价值观、态度、能力和行为方式的综合产物，它决定于健康安全管理上的承诺、工作作风和精通程度。"

　　随后核安全文化理念又被推广到包括航空航天等其他工业领域的安全管理中，意识到预防工业事故必须加强企业的安全文化建设。

　　在这一认识的基础上，我国的安全科学界把这一高技术领域的思想引入传统产业，把核安全文化推广到一般安全生产与安全生活领域中，从而形成一般意义上的安全文化。这样，安全文化从核安全文化、航空航天安全文化等企业安全文化迅速拓宽到全民安全文化。

由于专业领域和角度对象的不同,安全文化会有各种不同的定义,有狭义的,有广义的。内涵方面:狭义的定义主要强调精神层面,广义的定义既包括了安全精神层面,又包括了安全物质层面;外延方面:广义的定义既涵盖企业,又涵盖公共社会、家庭、大众等领域,而狭义的定义则只局限在所属领域。

(一)狭义的安全文化

(1)学术界普遍认为,安全文化是存在于单位和人员中的特征和态度的总和,是安全理念、安全意识以及在其指导下的各项行为的总称,主要包括安全观念、安全行为、安全系统、安全工艺等。

(2)我国《企业安全文化建设评价准则》(AQ/T 9005—2008)中对企业安全文化的定义是,被企业组织的员工群体所共享的安全价值观、态度、道德和行为规范组成的统一体。

(二)广义的安全文化

(1)有学者认为,安全文化是人类安全活动所创造的安全生产、安全生活的精神、观念、行为与物态的总和。

(2)还有学者认为,安全文化是在人类生存、繁衍和发展的历程中,在其从事生产、生活乃至实践的一切领域内,为保障人类身心安全(含健康)并使其能安全、舒适、高效地从事一切活动,预防、避免、控制和消除意外事故和灾害(人为的和自然的),为建立起安全、可靠、和谐、协调的环境和匹配运行的安全体系,为使人类变得更加安全、康乐、长寿,使世界变得友爱、和平、繁荣而创造的安全物质财富和安全精神财富的总和。

还有很多表述,到目前为止,对于什么是安全文化,还没有一个大家都完全接受的统一定义。但这并不影响我们去认识、发展安全文化,并将其应用于生产和生活的实践中。

在许多有关安全文化的论文、会议、培训或宣讲材料中,我们常常可以看见或听到如"提高安全文化素质"、"倡导安全文化"、"普及安全文化"、"学习安全文化"等说法,这些说法实际上都是将安全文化看作一种人们对安全健康的意识、观念、态度、知识和能力等的综合体。

企业的安全文化就是企业员工的群体性习惯行为,或称风气。各个企业在长期的生产经营活动中,决策层和管理层按照企业自身的特点,带领员工经过长时期的探索,就可以形成具有自己企业特色的安全文化。

二、安全文化的起源与发展

安全文化如同其他事物,都有一个起源与发展的过程。

(一)人类社会安全文化的起源与发展

安全文化被正式定义虽然起源于核安全文化,然而追溯历史,国人在长期的生产实践中就已经总结出许多具有深厚底蕴的安全意识的警世良言,这些都映衬着现代企业安全文化的基本特征。

居安要思危,有备才无患,出自《左传·襄公十一年》。"居安思危,思则有备,有备无患。"只有防患于未然，才能遇事安然，成竹在胸，泰然处之。"安不忘危，预防为主"，正如孔子所说："凡事预则立，不预则废"，这是安全行动的原则和方针。

曲突且徙薪，源自《汉书·霍洌传》。"臣闻客有过主人者，见其灶直突，傍有积薪。客谓主人，更为曲突，远徙其薪，不者则有火患，主人嘿然不应。俄而家果失火……"只有事先采取有效措施，才能防止灾祸。这是"预防为主"的体现，是防范事故的必遵之道。

未雨也绸缪，出自《诗·幽风·鸱》。"迨天之未阴雨，彻彼桑土，绸缪牖户。"尽管天未下雨，也需修补好房屋门窗，以防雨患。如要安全，也须此然，这不失为有效的事故预防上策。

防微且杜渐，源于《元史·张桢传》。"有不尽者，亦宜防微杜渐而禁于未然。"从微小之事抓起，重视事物的"苗头"，使事故和灾祸刚一冒头就被及时制止。

"尺蚓穿堤，能漂一邑；寸烟汇穴，致毁千室"，出自《刘子新论慎隙》。蚯蚓虽小，但它若把堤岸穿透了，就能把整个城市淹没。比喻不注意小的事故，就会引起大祸。

亡羊须补牢，出自《战国策·楚策四》。"亡羊而补牢，未为迟也。"虽然已受损失，也需想办法进行补救，以免再受更大的损失。古人云："遭一蹶者得一便，经一事者长一智。"故曰："吃一堑，长一智。""前车已覆，后来知更何觉时。"谓之："前车之鉴。"这些良言古训，虽是"马后炮"，但不失为事故后必做之良策。

长治能久安，出自《汉书·贾谊传》。"建久安之势，成长治之业。"只有坚操长治之业，才能实现久安之势。这不仅对于国家安定是这样，生产安全也是这样。

古语指教的安全意识不失为现代宝贵的"安全警言"。但应予注意的是，面对现代复杂多样的事故与灾祸，若以教条不变的格律对待，怕是不够的。正如秘本兵法《三十六计·总说》中所云："阳阴燮理，机在其空；机不可设，设在其中。"只有以变化和发展的眼光在安全生产实践中探求和体验，才能在与事故和灾祸的较量中立于不败之地。

社会在进步，安全文化也在进步，社会在发展，安全文化也在发展，安全文化将一直随着人类社会和人类文明的发展而发展下去。

（二）企业安全文化的发展

安全文化归属社会属性，社会是由人组成的共同体，其中，企业是以共同经济利益为纽带形成的共同体，所以企业安全文化属于社会安全文化的范畴，并有着极其重要的地位和意义。各个企业在发展过程中，其安全文化通常有多个发展阶段。

国家安全生产监督管理总局发布的国内安全标准《企业安全文化建设评价准则》（AQ/T 9005—2008）将安全文化建设水平划分为 6 个阶段（层级）来进行评分。

(1)第一阶段(层级)为本能反应阶段。企业认为安全的重要程度远不及经济利益；企业认为安全只是单纯的投入，得不到回报；管理者和员工的行为安全基于对自身的本能保护；员工对自身安全不重视，缺乏自我保护的意识和能力；员工对岗位操作技能、安全规程等缺乏了解；企业和员工不认为事故无法避免；员工普遍对工作现场和环境缺乏安全感。

(2)第二阶段(层级)为被动管理阶段。企业没有或只为应付检查而制定安全制度；大多数员工对安全没有特别关注；企业认为事故无法避免；安全问题并不被看作是企业的重要风险；只有安监部门承担安全管理的责任；员工不认为应该对自己的安全负责；多数人被动学习安全知识、安全操作技能和规程；企业对安全技能的培训投入不足；员工对工作现场的安全性缺乏充分的信任。

(3)第三阶段(层级)为主动管理阶段。认识到安全承诺的重要性；认为事故是可以避免的；安全被纳入企业的风险管理内容；管理层要意识到多数事故是由一线工人的不安全行为造成的；注重对员工行为的规范；企业有计划、主动地对员工进行安全技能培训；员工意识到学习安全知识的重要性；通过改进规章、程序和工程技术促进安全；开始用指标来测量安全绩效(如伤害率)；采用减少事故损失工时来激励安全绩效。

(4)第四阶段(层级)为员工参与阶段。具备系统和完善的安全承诺；企业意识到有关管理政策，规章制度的执行不完善是导致事故的常见原因；大多数员工愿意承担对个人安全健康的责任；企业意识到员工参与对提升安全生产水平的重要作用；关注职业病、工伤保险等方面的知识；绝大多数一线员工愿意与管理层一起改善和提高安全健康水平；事故率稳定在较低水平；员工积极参与对安全绩效的考核；企业建有完善的安全激励机制；员工可以方便地获取安全信息。

(5)第五阶段(层级)为团队互助阶段。大多数员工认为无论从道德还是经济角度，安全健康都十分重要；提倡健康的生活方式，与工作无关的事故也要控制；承认所有员工的价值，认识到在安全方面公平对待员工十分重要；一线职工愿意承担对自己和对他人的安全健康责任；管理层认识到管理不到位是导致多种事故的主要原因；安全管理重心放在有效预防各类事故上；所有可能相关的数据都被用来评估安全绩效；更注重情感的沟通和交流；拥有人性化和个性化的安全氛围。

(6)第六阶段(层级)为持续改进阶段。

保障员工在工作场所和家庭的安全健康，已经成为企业的核心价值观；员工共享"安全健康是最重要的体面工作"的理念；出于对整个安全管理过程充满信心，企业采取更多样的指标来展示安全绩效；员工认为防止非工作相关的意外伤害同样重要；企业持续改进，不断采用更好的风险控制理论和方法；企业将大量投入用于员工家庭安全与健康的改善；企业并不仅仅满足于长期(多年)无事故和无严重未遂事故记录的成绩；安全意识和安全行为成为多数员工的一种固有习惯。

三、安全文化的实质、目的和意义

安全文化适用于所有组织，特别是高技术含量、高风险操作型企业。例如，常与易燃易爆、有毒有害化学品打交道的有机合成研发公司和生产型企业更要大力倡导安全文化。

(一)安全文化的实质

安全文化是企业文化的基础与核心部分。安全文化的实质是一种手段，它是要建立一整套科学而严密的规章制度和组织体系，通过各种专业或技能培训提高全体员工的知识和技能，培养员工具有遵章守纪的自觉性和良好的工作习惯，在企业内创造一种良好的组织环境，营造一个人人自觉关注安全的氛围。安全文化是筑成立体防御体系根本性的基础。

（二）安全文化的目的和意义

在安全生产的长期实践中，人们发现，对于预防事故的发生，仅有安全技术手段和安全管理手段是不够的。目前的科技手段还不能完全达到机和物的本质安全化，机和物的不稳定状态带来的危险不能从根本上避免，因此需要用安全管理的手段予以补充，然而安全管理的有效性仅依赖于对被管理者的全面监督和正面反馈。由管理者无论在何时、何事、何处都密切监督每一位职工或公民遵章守纪，就人力、物力来说，几乎是一件很难甚至不可能的事，这就必然带来安全管理上的疏漏，何况管理者本身也会有缺陷。被管理者出于自然属性的本能，为了某些利益或好处，会投机取巧，如省时、省力、多挣钱、赶进度等，会在缺乏管理监督的情况下，无视安全规章制度，冒险采取不安全行为。然而并不是每一次不安全行为都会导致事故的发生，这又会进一步强化这种侥幸心理带来的不安全行为，并可能传染给其他人。不安全行为是事故发生的重要原因，大量不安全行为的结果必然是发生事故。安全文化手段的运用正是为了弥补安全管理手段不能彻底改变人的不安全行为的先天不足。

倡导安全文化的目的是使企业全体员工养成共同的价值观，养成正确的安全意识和思维习惯，约束个人不良行为，按照安全文化的原则行事，规范操作，为员工创造属于自己的更加安全健康的工作、生活环境和条件，最终实现安全、健康和效益创优的业绩。

安全文化实际上就是员工的安全素养。人的这种对安全健康价值的认识以及使自己的一举一动符合安全行为规范的表现正是所谓的"安全修养（素养）"。安全文化只有与员工的社会实践，包括生产实践紧密结合，通过文化的教养和熏陶，不断提高员工的安全修养，才能在预防事故发生、提高环境质量、保障健康品质等方面真正发挥作用，这样，安全文化的意义才能体现。

四、安全文化的作用

企业文化包括物质文化、精神文化、安全文化等，安全文化是企业文化建设的基础。

企业安全文化形成后，能更好、更进一步地统一员工的思想，能更好地形成企业的凝聚力和向心力，对落后的员工和新员工还有"教化"或"归顺"的作用。

具有现代安全观的员工才能保证完成企业的安全健康目标和加快提升企业的各项业绩。

安全文化的具体作用可以归纳为以下三个方面：

（1）规范人的安全行为。人的不安全行为是可以控制的，可以靠制度、靠管理、靠加强自身学习、靠扭转意识、改变观念。对组织和组织中的个人来说，文化决定意识，意识决定观念，观念决定行为，也就是说，要改变人的不安全行为，必须按照企业文化→意识→观念→行为，一步一步推进，才能通过改变每个人的意识和观念来改变每个人的行为，使之成为安全行为。

安全文化使每一位员工都能意识到安全的重要性、对安全的责任及应有的态度，从而能自觉地规范自己的安全行为，也能自觉地帮助他人规范安全行为。其基本功能有以下几个方面：

①导向功能。

企业安全文化提倡什么、崇尚什么将通过潜移默化的作用，将员工个人目标引导到企业目标上来，使员工的注意力转向所提倡、崇尚的内容，从而接受共同的价值观念，起到使人"无意识顺从"的作用。

②凝聚功能。

当一种企业安全文化的价值观被该企业员工认同之后，其就会成为一种黏合剂，从各方面将企业成员团结起来，形成巨大的向心力和凝聚力，这就是文化力的凝聚功能。

③激励功能。

文化力的激励功能指的是文化力能使企业员工从内心产生一种情绪高昂、奋发进取的效应。通过发挥人的主动性、创造性、积极性、智慧能力，使人产生激励作用。

④约束功能。

约束功能是指文化力对企业每个员工的思想和行为具有约束和规范作用。文化力的约束功能与传统的管理理论单纯强调制度的硬约束不同，它虽也有成文的硬制度约束，但更强调的是不成文的软约束。

⑤被动变主动。

安全文化能通过对人的观念、道德、伦理、态度、情感、品行等深层次的人文因素的强化，利用领导、教育、宣传、奖惩、创建群体氛围等手段，不断提高人的安全素质，改进其安全意识和行为，从而使人们从被动地服从安全管理制度转变成自觉主动地按安全要求采取行动，即从"要我遵章守法"转变成"我要遵章守法"。

上述基本功能最终通过行为表现出来。因此建设安全文化的重要意义是通过提高人们的安全文化素质，规范人们的安全行为，并促进精神文明的建设。

(2) 安全文化不是纯粹的安全管理，是比安全管理更高级的阶段。法律法规、规章制度或操作程序是一个制约人和人被制约的阶段，制约就是管理，管理需要成本，既花钱也费力。而通过该制约阶段形成的安全文化是一个自觉顺从的阶段，前后两个阶段有着质的不同，安全文化比 SOP 执行阶段更进步、更通畅。

安全文化在组织及协调管理机制方面更能体现优势。安全管理与其他的专业性管理不同，其还承担着协调安全生产的功能。要想做到这一点，只有安全文化能使之具有共同的安全行为准则。

(3) 良好的安全文化可以带动提升一个企业所有员工的整体观念和行为素质，促进其他各项管理的质量和效率，提高生产的进度和效益。

安全文化带来的是一种社会公德，其最终的作用是文化的长久浸润和积累，使企业领导和全体职工都能形成强烈的安全意识、以人为本的责任意识、生命高于一切的道德价值观、遵纪守法的思维定势、遵守规章制度的习惯方式和自觉行动，形成预防为主的事故防御体系，从而促进企业的持续、稳定、安全发展。

五、安全文化的整体性

安全文化表现为一整套科学而严密的规章制度，再加上全体员工遵章守纪的自觉性和良好的工作习惯，从而在整个企业内部形成人人自觉关注安全的氛围。企业全体员工，包括决策层和管理层，既各自承担着一份安全责任，又要联手创造对安全的贡献，这就是我们所要求的整体安全文化水平。

六、安全文化的特点

（一）高效的安全生产管理

(1)企业安全生产的目标明确，并且将目标分解成指标落实到各个岗位。

(2)安全职责清楚，每个岗位的员工都明白要做什么样的工作，在工作中会出现哪些不安全的因素和怎样预防。

(3)安全措施具体化，企业为实现安全目标而制订的各项安全措施都能落到实处。

(4)员工行为标准化，管理体系按照程序运作，不因人而发生改变。

(5)整个企业是一个高效运行的体系，指挥体系令行禁止，部门之间相互协调。

（二）和谐的人际关系

(1)企业与员工的利益融为一体，员工的需要与企业的安全生产目标一致，每个员工都有归属感，都为能成为本企业的一员而自豪，员工主人翁意识强，关心企业的发展。

(2)企业领导与员工只是岗位不同和职责不同，在人格上是平等的。领导敢为下属承担责任，不仅关心下属的工作，而且还关心下属的生活、学习和身体。

(3)员工主动为领导分忧，创造性地完成领导交办的工作，在工作中遵章守纪，兢兢业业。员工之间相互关心、互相学习、共同进步。

（三）优美的工作环境

优美的工作环境是企业安全生产的外在形象，是保障员工生命安全的基本条件，也是加强企业内部管理的必然要求。企业在自身不断发展的同时，有责任为员工创造优美的工作生活环境，在优美的环境中工作，能提高员工的工作效率，给人以舒畅的感觉，员工的工作创造性也会大大迸发。同时优美的环境能净化、美化人的心灵，约束人的不良行为，有利于员工的身体健康。

（四）良好的学习氛围

一个企业建立了先进的安全文化，企业就成了一所学校。员工为了适应科学技术的发展和仪器设施的升级改造，需要不断学习，知识成为员工实现自我价值的一种自觉行为，员工由要我安全转变为我要安全、我能安全。企业员工通过学习培训，一方面增强了自身工作技能，另一方面促进了企业整体科技实力的进步。学习创新成为激发员工积极性和创造性的力量源泉。

七、安全文化与企业安全管理的关系

安全文化与企业安全管理有着内在的联系，但是安全文化不是纯粹的安全管理，企业安全文化也不是纯粹的企业安全管理。

企业安全管理是通过局限性的企业安全管理技术和方法，在企业员工从事生产经营活动的过程中发挥作用，被管理者始终处于一种被动安全、服从安全、要我安全的强迫和监督状态，从精神上、心理上的影响是相对短暂的、有限的。在企业安全管理上，要研究人的安全心理，以人为本，企业安全管理才能持久、深远。

安全文化则能不断影响和塑造整个人生过程。安全的精神财富和物质财富能教育和激励人，能提高人的安全素质即安全技术和安全文化知识，能提高安全社会适应力和安全生理、心理承受能力。一个人无论在何时何地都自觉或不自觉地被当时当地的安全文化熏陶、改造和提高。

八、安全文化需要持续提高

安全文化是安全管理的高级阶段，但不能停滞不前。社会在发展，人类在进步，企业也要与时俱进，规章制度等需要跟进，SOP 版本需要升级，安全管理要深入，员工的观念也要随同发生新的变化，这样安全文化也就需要随之发展提高、不断优化和持续改进。

安全文化属于意识形态上的东西，而意识是客观事物在人脑中的反映，意识可以反作用于物质。如果不及时跟随客观事物的发展，旧的安全文化会对发展中的客观事物产生副作用，甚至是危害作用。

第二节　安全文化的建立

大量事实证明，在时空上，短期安全靠运气，中期安全靠管理，长期安全靠文化，一个企业要长期健康发展，必须建立安全文化。

安全文化和其他文化一样，是人类文明的产物，涉及范围可以大到一个国家、区域或民族等，也可小到一个企业单位（如企业安全文化），甚至小到企业中的一个部分或团体如化学实验室等（如化学实验室安全文化）。

除特别注明外，本书的安全文化是指组织安全文化，如企业安全文化。

一、企业安全文化的形成类型

企业安全文化的形成类型有被动型和主动型两种。

（一）被动型的企业安全文化

大量事实证明，小型企业的安全靠领导的魅力，中型企业的安全靠严格的规章制度，大型企业的安全要靠企业文化。绝大多数企业是由小到大发展起来的。小型企业的管理由领导说了算，大家一心想的是如何做大业务，这时还没有将安全管理放在重要的位置上来抓。等企业发展到中等规模，事故越来越多，安全问题越来越突出，开始订立规章制度来进行严格管理，收效是肯定的，但处于监督和被监督阶段。企业规模继续发展，到了有成千上万员工的大型企业，光靠规章制度进行强制管理总是有局限性，强制管理不但需要投入大量人力、物力和财力，而且不尽人性化，此时，由单纯的制度管理上升为企业安全文化的"我要安全"的必要性日趋迫切，决策层开始意识到员工自觉安全意识和自觉安全行为的重要性，这样就有了建立企业安全文化的愿望和推动企业安全文化建设的动力。

许多企业的安全文化的发展道路就是这种被动形成的过程：自身深刻的事故教训引发关注，关注引起重视，重视创造企业安全文化，企业安全文化推动企业整体安全和全面进步。然而，企业安全文化即使属于被动型的建立过程，也不是完全以被动为动力的，中间或后期必定有一个主动努力的过程，否则形成不了企业安全文化。自身的事故仅仅是被动型安全文化的初始动力。

（二）主动型的企业安全文化

现代企业的决策层应该从一开始（企业成立之初）就从企业自身发展的需要出发，充分地意识到人是企业发展的第一要素。员工的安全和健康、以人为本才是企业真正的核心价值观。从工业革命到现在，将近三个世纪过去了，发生了大量的人员伤亡和财产损失的事故，人们已经能够主动意识到建设企业安全文化的重要性，建设安全文化的主动性大大提高。

明智的决策层应该明白，再走被动的道路是短视观念，肯定得不偿失。主动态度是现代企业建设安全文化的主流，也是最快、最经济、最有效的途径。

二、安全理念、思维习惯和行为习惯的统一

企业安全文化的建立必须是在企业全体员工安全理念一致的基础上，必须是在企业全体员工思维习惯和行为习惯统一在一个轨道的基础上。

有什么样的理念，就有什么样的思维，有什么样的思维，就有什么样的行为。安全理念、思维习惯和行为习惯是安全文化的三个基本人文构成要素。

（一）安全理念

安全理念也称为安全观念或安全价值观，是安全意识的表达，是在安全方面衡量对与错、好与坏等的最基本的道德规范和思想。

企业的安全理念首先来自该企业的领导或决策层，通过全体员工，从整体上反映企业的基本安全意愿。

对于企业来说，企业安全理念主要通过 SOP 等一套系统体现出来，包括核心安全理念、安全方针、安全使命、安全原则以及安全目标等内容，是企业安全文化的核心要素。

（二）思维习惯

思维是人脑对客观现实概括的和间接的反映过程，是在社会实践的基础上进行的以概念、判断、推理等形式反映客观世界的能动过程。它反映的是事物的本质和事物间规律性的联系，包括逻辑思维和形象思维。

然而，人们通常都倾向于相信那些与自己愿望一致的事物。这种倾向经常导致产生偏执和成见，严重妨碍了理智思维的发展。解决办法是树立由反省思维、客观思维和换位思维组成的理智思维的态度，这样才有利于使用最好的探究和实验方法。让头脑养成良好的

思维习惯绝不是轻而易举的事，以下四种正确态度的培养是养成良好思维习惯的先决条件。

1. 虚心

这个态度可被界定为以自我否定为前提，没有偏见，没有派性，没有其他使心智封闭、不肯思考新问题和容纳新思想的习惯。它包括一种积极的愿望，即乐于倾听多方面的意见，充分注意各种可能性，认识到即使我们认为最可贵的信念也有可能出错。

2. 专心

当对一些事物有十足的兴趣时，会乐于投身其中，即我们所说的，"尽情地"或是全心全意地投入。这种态度或意向的重要性通常在实际的和道德的事务中得到证实。

3. 决心与耐心

旧的思维习惯往往有很强的惰性，需要有坚强的决心、持久的耐心与顽强的毅力才能改正。可以通过刻意的心理暗示来改变自己原来的旧的思维习惯，有人做过研究，当每天都重复同一个暗示时，其就会变成对待特定主题的首选思维模式。这个新的思维习惯通常需要一个月左右的时间才能形成(也有人称为 21 天效应)，但必须持续重复该心理暗示三个月，新的思维习惯才能在脑海里根深蒂固。

现代社会的发展日新月异，随着时间的推移，新生事物不断出现，原来的新的思维习惯就又可能变成了旧的思维习惯，所以思维习惯也是要与时俱进的。

4. 责任心

为了深化对于新观念和新思想的渴望，以及向吸收主要内容的热情和能力提供足够的支持，责任是一种必不可少的态度。理智方面的责任心就是指考虑计划中的步骤的可能结果；也就是说，假如这些结果是合理地从己采纳的态度中推导出来的，便愿意承受。理智的责任心保证了完整性，也就是信念上的一致和协调。能够使事情完满结束，就是有始有终的真正含义，而所需要的力量有赖于是否具有理智的责任心的态度。

（三）行为习惯

形成什么样的习惯，需要标样，即习惯的从属源、目的、标准和达到后的效果。养成良好的行为习惯需要以下四个先决条件。

1. 提高正确的分析和判断能力

良好的行为习惯来自于对行为的正确认识。知道哪些是对的哪些是错的，选择正确的行为方式来作为自己行为的准则。

2. 对自己提出明确的要求

"没有规矩，不成方圆"，事无巨细，要对自己提出明确、具体而又严格的要求，并且认真依照去做，时间长了，自然就成为习惯了。

3. 培养自己顽强的意志力

形成良好的行为习惯要靠持之以恒的精神。意志力薄弱，自控能力差的人很难建立良好的行为习惯。

4. 建立督导机制

良好行为的建立除靠自身努力外，还要靠 SOP、同事、主管的监督与指导，内因、外因共同起作用，就更有利于良好习惯的建立。

（四）形成思维习惯和行为习惯的基本要素

无论是从员工个体角度或从企业整体范围来分析，任何习惯的形成都有以下三个基本要素。

1. 习惯的形成需要时间、耐心和方法

习惯的养成是一项需要时间、耐心和方法的艰巨任务，需要常抓不懈，不能图省时省力，也不要有追求立竿见影的不切实际的愿望，否则欲速则不达。

2. 习惯的形成需要实践

拉里和拉姆为《执行》一书写的中文序中，有一句话非常精彩："人们永远不可能通过思考而养成一种新的实践习惯，而只能通过实践来学会一种新的实践方式。"

3. 习惯形成过程的逻辑顺序

习惯是意识的外部表达。习惯是一个从无意识到有意识，再从有意识到无意识的过程。

"从无意识到有意识"的过程是一个 SOP 的执行和约束的过程，处于养成习惯的前期和中期。也就是说，这个过程其实是一个培训或教育的学习过程。

"从有意识到无意识"的过程是一个 SOP 的执行和约束的后期成熟过程。最后这个"无意识"意味着习惯成自然，可以不刻意进行思索、不需要额外监督和约束就能做到了。

在行为心理学中，人们把一个人的新理念、新习惯的形成并得以巩固至少需要 21 天的现象称为 21 天效应。根据我国成功学专家易发久的研究，习惯的形成大致分为三个阶段。

第一阶段：1～7 天左右。此阶段表现为"刻意，不自然"，需要十分刻意地提醒自己，需要强烈的意识控制，需要刻苦扭转，总之需要很多能量。

第二阶段：7～21 天左右。此阶段表现为"刻意，自然"，但还需要意识控制，仍需要坚持努力，总之还需要额外能量。

第三阶段：21～90 天左右，此阶段表现为"不经意，自然"，无需意识控制，不需要额外过多的能量。

21 天效应不是说一个新理念、新习惯只要经过 21 天便可自然机械式地形成，而是在 21 天中这一新理念、新习惯要不断地重复才能产生效应，这与每个人的特性、改变习惯

对象所需的能量强度(难易程度)、适应期间的更替频率三要素有关。21 天是对需要中等程度能量的新理念、新习惯而言的,能量强度低的、简单的新理念、新习惯的形成就可能会形成的快一些,能量强度大的、复杂的新理念、新习惯就可能形成的慢一些。

进入实验室要求佩戴防护眼镜,许多人开始都不习惯。通过安全培训,不断实践,认识到佩戴防护眼镜的重要性,佩戴久了就逐渐成为了习惯。许多已经养成佩戴防护眼镜习惯的人说,进实验室如果不佩戴,反而觉得不习惯,这就是习惯的力量。对于这些人,进了实验室,就会下意识地伸手拿出防护眼镜并戴上,这个"下意识"其实就是"无意识"的条件反射。

习惯需要更新换代,人类社会是不断前进发展的,新观念、新思维也要不断跟进。随着时间的推移,原来的习惯就可能成了故步自封的"习惯性思维",变成前进的绊脚石。所以思维习惯和行为习惯需要更新换代,及时调整,以适应新形势,进入下一个"从无意识到有意识,再从有意识到无意识"的进程。

(五)理念的一致和习惯的统一是建立企业安全文化的基本条件

企业由众人组成,只要成员长期不懈地共同努力,对于关乎该企业各个安全要素的理念,上下都达成一致;思维习惯和行为习惯都成为日常习惯,上下都规范地统一在一个轨道上,真正的企业安全文化就形成了。

三、安全文化的建立需要三个主体层面的共同参与

对于企业安全文化的建设,人是主体,涉及三层人物,即决策层、管理层和员工层。

(一)决策层

决策层是最关键的领导者。《中华人民共和国安全生产法》明确规定企业法定代表人是安全生产第一责任人,对本企业安全生产负全面责任。企业的决策层由法定代表人及其董事会成员组成,决策层根据企业的员工和业务现状,以及发展规划,对企业走什么路、有什么要求,通常都持有一个总体思路。这个思路蕴藏着企业安全文化的框架。

企业安全文化的关键在领导,领导不重视,一切免谈。决策层漠视安全文化,该企业的安全文化就无法建立。

国际商业机器公司(IBM)前总裁路易斯·郭士纳在《谁说大象不能跳舞》中说"伟大的机构不是管理出来的,而是领导出来的。"这句话如实揭示了企业文化的源头:优秀的文化不是"管理"之功,而是"领导"之功。安全文化是企业文化的重要组成部分,同理,企业安全文化是决策层领导出来的,无数的实例佐证了这一结论。

决策层也是企业安全文化的支持者,在企业安全文化的建立过程中,没有决策层的支持,安全文化就不可能有实质内容,最多是一种不起作用的面子摆设。

(二)管理层

管理层是最关键的引导执行者。"管生产必须管安全"和"谁主管谁负责"是安全

生产的原则，管理层既要管生产的细节，还要管安全以及包括安全文化等意识形态上的内容，安全文化靠管理层的引导和执行。

《执行》一书的作者拉里和拉姆说："执行力不足而产生的'企业病'在众多企业均有体现，具体特征是内部运作效率低下，影响重要领导者对重要工作的关注和思考；管理和技术人员能力发挥不够，产生依赖思想；部门、车间以及部门之间缺乏顺畅沟通，导致有的计划难以执行到位；诸多虎头蛇尾、雷声大雨点小的现象，更常常令决策者和管理者力不从心；制度制定是起草者想如何，而不是应该如何，从而造成制度的执行先天不足。"所以，企业安全文化建设工作需要全体管理层的共同参与并认真强力执行。

（三）员工层

员工层是最关键的参与者，他们是企业里人数最多的一个群体，更多时候也是安全文化建设和发挥作用的主体。安全文化建设与实施的许多内容，如安全理念渗透、安全培训与宣传、安全承诺、安全责任履行、安全操作等，都是以员工层为核心，离不开员工的参与。从某种程度上说，员工层的安全意识和行为代表着企业的安全文化水平。

建设安全文化如同种庄稼，领导是种子，员工是土壤，通过管理才能生根发芽和结果。有好的种子、好的土壤、好的管理，才能有好的收成。

四、创建企业安全文化的七大要素

创建企业安全文化是提高企业竞争力的一种手段。创建优秀的企业安全文化是保障企业安全生产、保护员工安全与健康、提高广大员工安全生活质量和水平的最根本途径。

（一）以人为本

"以人为本"是指以人为出发点和中心，调动人的积极性、创造性和主动性，实现企业和人的共同发展。该理念注重对人的解放和开发，为每个人的潜能和能力的发挥提供相对平等的机会与平台，使人各尽其能，保障个人的利益，最终形成安全管理"命运共同体"，从而推动企业安全文化的改善和提高。

据资料表明，在现代化的大企业中，综合素质低的群体容易多发事故。提高操作者的安全文化素质是控制其不安全行为很有效的途径。提高员工综合素质，尤其是安全文化素质，就一定要抓好各级的培训工作，把提高员工的安全意识和员工的安全技能培训结合起来，从生产实际出发。

（二）形式多样

要创建优秀的企业安全文化，首先要真正把安全教育摆到重点位置。在教育途径上要多管齐下，既要通过安全培训、"安全月"、"部门班组会"等进行常规性的安全教育，又要充分发挥其他会议、活动、邮件等多种途径的作用，强化宣传效果。在安全教育的形式和内容上要力求丰富多彩，推陈出新，使安全教育具有知识性、趣味性，寓教于乐，广大员工在参与活动中受到教育和熏陶，在潜移默化中强化安全意识。要通过多种形式的宣传教育逐步形成"人人讲安全，事事讲安全，时时讲安全"的氛围，使广大员工逐步实现从"要我安全"到"我要安全"的意识转变，进而达到"我会安全"的境界。

部门和班组是企业的单元细胞，搞好班组安全活动，是推动企业安全文化建设的最有效途径。例如，结合班组会，以安全为主题，让员工思考和学习，使其在思考和学习的过程中提高安全意识和增长安全知识，规范自己在生产中的作业行为，从而保障自身和他人的安全。

（三）重视对员工的激励作用

企业员工安全工作的积极性调动要靠安全管理人员的挖掘和引导，从而激发他们的工作热情和创造能力。企业可以在各级安全生产责任制的基础上，对安全工作搞得好的集体和个人进行物质奖励，反之要进行物质惩罚。也可以搞评选安全标兵、安全之星等安全活动，对入选人员给予一定的奖励，从而调动员工参与安全管理工作的积极性和热情。

（四）把情感融入安全管理

在人的社会实践活动中，精神力量起着极大的作用。其中，人的感情因素深深地渗透到行为中，影响着行为目标、行为方式等多个方面。在企业内部，每一名职工都拥有自己的情感世界，安全管理者只有深入了解、沟通和激发职工的内心情感，才能在管理工作中起到事半功倍的效果。

（五）全员参与

企业在充分发挥专业安全管理人员作用的同时，要想方设法让全体员工都参与到安全管理中来，充分调动和发挥广大员工的安全工作积极性，达成"安全工作，人人有责"的共识。只有这样，才能对现场的作业人员、设备状况，给予静态控制、动态预防，切断和制止有可能引发事故的根源，明确和约束作业者的责任和行为，实现作业人员之间的自保、互保和联保，极大地降低安全事故的发生率。

（六）实行全方位安全管理

安全管理就是对人的作业行为进行有效的管理，制订出企业职工作业行为规范和安全操作规程等，建立切实可行的新型管理模式，不断学习安全理论知识，加强岗位安全技能培训，改正作业过程中的不安全、不规范、不正确的操作方法。创建企业安全文化就要把有效的工作方法贯穿到企业安全生产的全过程。同时，安全管理不仅仅是专业安全管理部门的工作，必须各部门齐抓共管，一丝不苟，严格要求，将安全管理辐射到企业生产的各个方位，从上到下，纵横结合，横向到边、纵向到底，形成企业、部门、班组的三级安全网络和全方位全时空的多维立体安全管理体系，从而确保安全工作的顺利进行和安全规章制度的真正落实。

（七）实行企业安全目标管理

企业安全目标管理是企业安全管理部门确定在一定时期内应该达到的安全总目标，也是在分解展开、落实措施、严格考核的基础上，通过组织内部自我控制达到安全目的的一种安全管理方法。它以企业安全管理部门总的安全管理目标为基础，逐级向下分解，使各级安全目标明确、具体，各方面关系协调、融洽，把全体成员都科学地组织在目标体系之内，使每个人都明确自己在目标体系中所处的地位和作用，通过每个人的积极努力来实现企业安全管理部门的安全目标。这样，不但可以发挥每位员工的力量，提高整个企业的安全工作管理绩效，还可以增强管理部门的应变能力，提高各级安全管理人员的领导能力和自身素质，进而促进企业安全文化的长远发展。

五、自律和他律的辩证关系

安全管理制度作为正式制度之一，是用"他律"来规范员工的行为，但是企业仅有安全管理制度是不够的，在正式制度之外还有管理存在的空白，这就需要另一种非正式制度、但更高层次的东西——企业文化来配合。因为企业文化这种非正式制度是通过"自律"来激励和约束员工的，许多情况下员工内心对企业的责任感或使命感才可能真正对员工的行为发生作用。这就说明，安全管理制度能对安全管理真正起作用，关键在于"自律"和"他律"相结合，通过形成"互律"，安全管理制度和企业安全文化相融合，这才有可能达到企业的全面安全。

六、建设企业安全文化的一般途径

安全管理的最终目标是通过协调组织，把不同人员的思维、意识和行为统一到一个安全认识模式和一个安全行为轨道上来，这个统一的安全认识模式和安全行为轨道的总和就是企业的安全文化。

企业安全文化是安全自觉的综合体现，其实就是所有安全各要素的和谐统一。

作为安全各要素和谐统一的安全文化，其实是人世间的复杂大系统。该系统之所以复杂，是因为它是一个由有思维能力和高自由度的人或人的组合介入其中并主宰其行为状态和演变趋势的有机系统，且充满活力。然而成也活力，败也活力。任何活力系统都具有非线性的特征，既有创造性又有破坏性，只有保持安全各要素的和谐统一状态，才能顺乎自然、预防事故、推动生产力的发展。

建设企业安全文化就是和谐统一安全文化各要素，从意识观念、行为、机物环境等大要素及围绕其要素的各个方面入手。

以安全观念文化为核心导向是安全文化发展的高级阶段，安全方面的哲学、艺术、伦理、道德、价值观、风俗习惯等都是它的具体体现。

核心层是安全观念文化，是人们在长期的研发生产实践活动过程中所形成的一切反映人们安全价值取向、安全意识形态、安全思维方式、安全道德观等精神因素的统称。人类的行为都是受行为执行者的观念支配的，观念正确与否直接影响到行为的结果，正如美国人类学家安·瑞菲尔德(Redfeid)说的："价值观是一种或明确或隐含的观念。这种观念制约着人类在生产实践活动中的一切选择、一切愿望以及行为的方法和目标。"通过组织中的每一位成员对自然属性的控制、心戒和纠正来达到克己复礼，一个组织的安全观念文化才能形成。

核心层的安全观念文化决定了安全行为文化(图6-1)。在有机合成研发领域,行为文化是指导人们安全研发生产实践活动的行为方式、行为规范、行为准则及技术思想的文化。行为文化是核心价值观在行为方式上的外在表现,能够直接塑造物质文化。可以从制度和管理两方面理解行为文化,包括约束和规范行为的安全生产法律法规、技术标准、操作规范等制度,以及安全生产管理体制与模式。

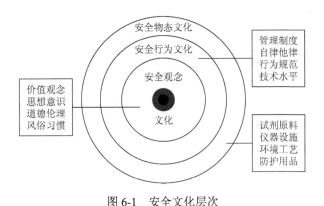

图6-1 安全文化层次

图6-1中层的安全行为文化直接关联、影响和决定着外层的安全物态文化,不安全行为可使各种物态发生转化,使非危险源变成危险源甚至安全隐患,使危险源变为安全隐患,使安全隐患转化为事件或事故。

外层为安全物态文化,指有机合成研发人员为了安全舒适工作的需要而创造并使用各种试剂原料、仪器设施、安全生产工艺、个人防护用品和安全环境等能够见之于形、闻之于声的文化。这些物化了的安全文化载体是有机合成本质安全得以实现的必备条件和物质基础。

(一)强化企业员工的安全意识

推进安全文化建设,首先要推进观念文化建设,这需要开展各种安全知识的普及和安全技能的培训,加大对安全意识的宣传力度,提高员工对生命健康重要性的认识。全员安全文化意识的培养要注重以下三个方面。

1. 安全思想教育

通过各种形式的安全教育,充分阐释安全文化,大力传播安全文化,系统灌输安全文化,认真实践安全文化,唤醒人们对安全健康的渴望,从根本上提高安全认识,提高安全觉悟,牢固树立"人的安全与健康高于一切"的观念。

2. 安全知识教育

利用培训班、竞赛活动等手段对员工进行相关操作的安全技术知识、专业安全知识、社会公共安全知识、抗灾避险知识等内容的普及教育、再教育以及继续教育,从而使员工充分掌握各种安全知识和自我防护知识。员工每年应该进行至少一次各种安全知识的再教育和充实更新教育。

3. 安全文化氛围

研究、规划和建立一些安全文化气氛浓、艺术性较强、有益于人们增强安全意识、增强安全知识的宣传标志和艺术作品，开展各种有益于安全文化建设的文娱体育活动，逐步形成企业安全文化的浓厚氛围。还可以与其他单位挂钩，进行多边合作，共建安全文化。

（二）强化员工行为文化建设

有机化学及药物合成实验室的环境充满风险，但是有风险和危险并非就一定要出事故，重要的是要保证自己的行为安全，即遵守和服从各种环境、各种操作条件下所需要的规章制度和操作程序。如果我们认真遵守技术规范，遏制不良行为或习惯动作，很多事故是可以避免的。

（三）强化制度文化建设

长期以来，因为人为的安全意识和责任心不强而发生令人遗憾的事故屡见不鲜，所以强化安全制度建设尤为重要。

(1)切实执行"安全责任制"，各方面各层次的人员都要落实责任，建立起横向到边、纵向到底、高效运作、队伍思想业务文化素质高的企业安全管理网络。

(2)切实履行"全员监督"职责，形成上下结合、奖惩严明、对各层次能进行有效监督的劳动保护监督体系。建立健全各项规程、规章制度。

(3)完善安全管理中的各项基本法规、规章制度和奖惩制度等，使其规范、科学、适用并严格执行。

（四）强化物态文化建设

物态文化建设就是指安全硬件建设。这就涉及资金的投入、投入产出比以及安全与效益的关系等问题。无数惨痛的教训告诉我们，企业所需的安全设施及相关的材料是节省不得的，物态文化不良也会引发事故。因此，提高决策层和管理层的安全经济意识，推动安全物态文化建设，建立良好完备的企业安全环境，是整个企业安全文化建设不可或缺的重要组成部分。

复习思考题

1. 安全文化的实质、目的意义和作用是什么？
2. 安全文化与企业安全管理的关系是什么？
3. 如何理解习惯是一个从无意识到有意识，再从有意识到无意识的过程？
4. 安全文化的建立需要哪些主体层面的共同参与？为什么？
5. 创建企业安全文化的七大要素是哪些？
6. 建设企业安全文化的一般途径是什么？

第二篇 安全管理

安全管理是管理科学的一个重要分支，它是为实现安全目标而进行的有关决策、计划、组织和控制等方面的活动，主要运用现代安全管理原则、方法和手段，分析和研究各种不安全因素，并从技术上、组织上和管理上采取有力的措施，解决和消除各种不安全因素，防止事故的发生。

安全管理是对人、机(物)、工作环境的状态进行管理与控制，是一种动态管理。

安全管理的三项基本原则是"管生产必须同时管安全"、"安全生产，人人有责"和"谁主管谁负责"。

"管生产必须同时管安全"，无论是个人、或是部门、或是整个组织，安全要始终贯穿于所有工作环节中。只抓生产(产值或进度)忽视安全，违背了安全管理的基本原则。

"安全生产，人人有责"，安全不单是安全管理人员的事，也不单是安全管理部门的事，更是组织中所在岗位上的每一个员工义不容辞的责任。

"谁主管谁负责"同岗位职责紧密联系。作为第一把手的单位负责人是该组织的安全管理第一责任人；部门负责人是该部门的安全管理第一责任人；项目组负责人是该项目组的安全管理第一责任人；组织中的每一位员工都有自己对应的岗位职责，都应成为本岗位的安全管理第一责任人。"谁主管谁负责"必须由上而下，层层落实，将安全责任分解到每一个人；"谁主管谁负责"必须自下而上，落实逐级负责制。

将安全管理的三项基本原则落实到实处，才能形成一个横向到边，纵向到底的全方位全时空的多维立体安全管理体系。

一个组织的安全管理专门机构如安全部门，应该遵循国家相关法律法规，从维护组织整体和所有个人的基本安全诉求出发，对组织中的安全管理三项基本原则实行监督和管理(简称监管)，通过全方位的监管实现安全管理的总目标：有效地控制人的不安全行为、物和环境的不安全状态，消除安全隐患，避免事故的发生，防止或消除事故伤害，保护员工的安全与健康，保证各项工作的顺利进行。

安全管理如何进行？通过建立健全各项规章制度和操作规程，并得以切实执行和落实。安全管理重在控制，"预防为主、综合治理"是安全管理工作的核心。要避免事故，重在防范，要保证安全，必须以预防为主。

安全管理必须抓住4个要素：一是人的不安全行为；二是物的不安全状态；三是环境因素不佳；四是管理措施不到位。安全管理工作所做的一切都是围绕着这4个要素展开的。

要建立健全并落实各项规章制度和操作规程。完善各项管理制度，制订相关操作规程，杜绝因管理缺陷给安全工作带来的隐患。不折不扣地执行各项规章制度和操作规程，推进管理手段创新，实现生产管理的安全。做好事故预防，始终坚持"安全第一、预防为主、综合治理"的管理方针，紧紧围绕上述4个要素，采取强有力的监管措施，优化监管制度，强化监管和现场巡查力度，不留死角，才能达到安全管理的目的，完成逐项安全目标。

通过不折不扣地执行各项规章制度和操作规程来规范员工的安全行为。人的行为是受内在的思维机制所控制驱动的，加强学习，提高认识，能够修正和改良人的思维机制，消除人的不安全行为。要让每一位员工充分认识到，安全生产对企业来讲是生存的基础，而且与企业效益并行，对个人来讲是切身利益的根本，与健康和生命息息相关。要从提高人的素质、意识、执行效果、风险识别和防范能力等入手，保持安全生产的主导地位，营造人人要安全、想安全、保安全的安全文化氛围，坚持落实各项规章制度和规定，建立安全长效机制，规范安全生产管理，把握安全生产规律，遵守安全生产纪律，落实安全生产措施，畅通安全生产渠道，防止各种事故的发生。

按照各项相关规章制度，监管好仪器设备和化学品，及时有效地消除物的不安全状态，保证时时刻刻都符合各项研发活动的综合要求，注重监管实效，防止各类事故发生，确保安全生产可控、在控。加强现场危险源的控制管理，最大限度地防止事故的发生和职业病的产生。抓仪器设备和化学品的使用过程和维护管理，抓动态管理，抓技术监控，抓标准化管理，抓专项治理，抓技术创新，推广新技术，使用新工艺，实现仪器设备和化学品在使用中的本质安全。

做好工程防护和个人防护，规范劳动安全与作业环境，实现操作环境的本质安全。通过配备相应可靠的劳防设施、个人防护用品，强化电气安全管理、有效的消防设施和消防器材用品等要素组成的消防安全管理，制订完善的应急响应等预防措施，根据不同时期、不同阶段、不同场合，使事故应急预案更加合理，使突发事件应急响应更加严密，达到"严、细、全、完"的目标。

以巡查为主要管理模式的现场安全管理是实验室安全管理的重点之一。以 5S 管理为基本要求，通过日常安全巡检，对照相关规定，保证工作环境始终处于动态下的干净整洁，杜绝"脏、乱、差"，提高工作效率，保障员工的身体健康、消除安全隐患、防止事故发生。

第七章 安全管理制度

安全管理制度在社会规范中属于第二层面的构成要素，由规章制度、管理规范和管理规程组成，也是组织(公司等企事业单位的统称)的第一层面的 SOP，是组织的内部"法律"。

对于与有机合成相关的研发型公司，包括工厂、学校以及研究所等，化学实验室是组织的关键区域，其安全管理在整个组织的安全管理体系中具有举足轻重的意义。

化学实验室的安全管理制度是实现组织目标的有力措施和手段，其作为员工行为规范的模式标准，能使员工个人的活动得以合理进行，同时又成为维护员工共同利益的一种强制手段。各项安全管理制度是组织进行正常经营管理和维护员工的安全健康所必需的，它是一种强有力的保证。优秀组织安全文化的管理制度必然是科学、完整、实用的管理方式的体现。

本章中涉及的各项安全管理制度概述可供有机合成研发公司、院校和研究院所参考使用，各组织可结合实际情况进行制订，经讨论、审核和批准后予以实施，并在实施的过程中不断修订和完善，以完全适应所在组织的实际情况。

第一节 安全生产责任制

安全生产责任制是一个组织在安全管理方面的"纲"，纲举才能目张，有了安全生产责任制这个纲，其他的人和物的细节管理就可以跟上去。

一、责任制

责任应该有两层含义：一是指分内应做的事，如职责、尽责任、岗位责任等；二是指没有做好自己的工作而应承担的不利后果或强制性义务。

责任就是承担那些应该做的事。如同是花就应芬芳，是梅就该傲霜，公鸡就该司晨，狗就该守户，这称为尽职；反之，花不露容，草不着翠，兔子不打洞，猫不捉老鼠，就是不尽职、不负责任。

从人类社会实践层面看，责任是一个系统，可以是个人，也可以是多人组成的团体。根据责任文化倡导者和研究专家唐渊在《责任决定一切》(清华大学出版社)中的阐述，责任作为一个完整的系统，应包含五个方面的基本内涵：责任意识，是"想干事"；责任能力，是"能干事"；责任行为，是"真干事"；责任制度，是"可干事"；责任成果，是"干成事"。这五个方面的基本内涵相辅相成，缺一不可。

责任制就是把责任作为一项制度来实施和考量。责任制已经渗透到人类的各项活动中，如科研活动、生产活动、文体活动等。在企业的科研生产活动中，既要有经济责任制(包括质量责任制、数量责任制、时效责任制、成本责任制等)，也要有安全责任制(对于企业来说，也就是安全生产责任制)做保障，企业才能生存和发展。

如果没有尽到责任，就要进行责任追究，当事人要承担没有尽到责任的责任及后果。责任制就是要从制度上将责任落实到每一个人，要求每个员工尽到自己应尽的责任。

二、安全生产责任制的定义

安全生产责任制是企业根据我国"安全第一，预防为主"的安全生产管理基本方针和遵循"管生产必须同时管安全"、"谁主管谁负责"、"安全生产，人人有责"的原则，依据国家有关法律、法规和各级政府及有关部门的规定，结合本企业生产特点而制订的一项基本管理制度，是企业的各级领导、职能部门和在各个岗位上的员工个人对安全生产工作层层负责的一种制度，是企业安全生产、劳动保护的核心管理制度。

三、全员安全生产责任制的管理与落实

任何企业的生产都要经过"人—物"、"人—机"和"人—环境"的诸多交集环节，以及组织生产加工的各个细节和过程。而对每一个交集的环节和过程自始至终实施安全监督，都必须始终贯彻安全至上的原则，这是现代企业管理制度的要求。这个思路能否得以贯彻的一个重要前提是落实全员的安全生产责任，这是科学管理的基础。

（一）落实责任制是企业安全生产的有效保障

毋庸置疑，企业经营管理的目的在于通过生产活动取得更大的经济效益。然而，在企业生产活动中，无论是领导还是管理者，越来越感觉到安全管理才是企业进行正常生产活动的前提。作为以经济效益为目的的企业经营活动，自始至终都要有一个安全的经营氛围，这不但是前提，也是向安全要效益。企业实施全员的安全生产责任制是企业以一种制度的形式落实下来的。

对于一个企业来说，若要在市场中争得一定的效益就必须承担一定的风险，由此决定了企业管理者的任务就是化解风险。落实责任制、层层承担风险是企业化解风险的有效途径。特别是安全风险，如果不能有效地落实责任，企业就无法化解各种不安全因素。生产存在安全与事故相互作用的过程，事故伴生于生产之中，在这个过程中人起着决定性的作用，保证安全就要求参与这个过程的每一个岗位的操作者都必须按照规章操作，责任制就是最好的约束手段。当然，企业员工也要以个人的固有资产——劳动力，投入市场换取收益所要承受的风险。

落实责任制的初级阶段是一个强制性的过程，这就需要通过强制性的手段把企业各个生产环节和过程的风险分解到每个人的头上，使每个人都感到有压力存在，从而达到提高责任心的目的，促使每一个人全力去提高自己的工作质量、工作效率等，从而实现化解个人风险的目的。这不但能提高个人的工作质量意识和工作效率意识，也涵盖了安全意识。

落实责任制是市场经济的要求，更是市场经济的需要。责任制的落实可以促进安全意识的提高，为安全生产提供有效保障；同时安全意识的提高又可以保证责任制的实施，这就是二者之间相互作用的结果。

（二）用严格的制度保证安全责任的落实

任何企业为保证实现既定的目标，都要有一个完整的管理制度体系，以保证企业有效地从事生产活动。安全责任制和经济责任制只有都与企业的经营目标相结合，才能在企业战略实施中提供约束和激励机制，才能提高员工在企业中的地位和作用，才能有效地解决安全第一和效益第一的辩证统一关系。在市场经济条件下经济效益对企业来说是第一位的，市场不可能容忍一个不创造效益的企业生存下去，离开效益企业什么都无从谈起，这是效益在空间排位上的第一，不将效益排在第一，人类的存在安全就得不到保障。同时还要看到，企业取得经济效益的前提和基础是必须安全，没有安全保障的企业，效益无从谈起，因此，"安全第一"是安全在时间排位上的第一，是永恒的，即在任何一项工作之前首先要讲安全，没有安全做保障，效益就不成立。没有时间排位上的第一，就没有空间排位上的第一。在生产中通过"晨会讲安全，操作中消灭违章，班后分析总结"来保证安全在时间上的第一位。此外也要求人人去创造安全的条件，这个创造安全条件的过程就是贯彻"安全第一，预防为主"的过程，否则工作就偏离了科学管理所约束的轨迹。具体地讲就是要抓好责任制的落实，每位员工的责任落实了——从事有效的安全生产活动；管理者的责任也落实了——制定实施科学的管理制度保证企业有序的生产，才是真正落实了科学管理中的安全生产责任制。

（三）建立层层负责制，促进安全责任的落实

首先，要落实好领导负责制，坚持"一把手"是安全生产的第一责任人，对安全生产负全面的领导责任，分管领导负具体的领导责任。其次，实行部门负责，加强专业指导、技术管理和技术监督。第三，实行岗位负责，把安全责任落实到生产过程的每一个岗位和每一个环节，形成人人抓安全的局面。

安全管理贯穿于生产的每一个环节，本着"管生产必须管安全"的原则，在某个环节的生产过程中谁是这个生产过程中的总体负责者，谁就是这一环节的第一安全责任者。从安全管理的角度要求人人都必须建立起这种意识。它是一个企业安全管理的内在因素。落实责任制是从严治企的一种手段，是一个外因，外因必须通过内因起作用，所以提高人的安全意识，使人人都建立起这种第一安全责任者意识是企业安全教育的首要内容，也是企业安全管理从强制化管理(要我安全)走向主动管理(我要安全)的一个必由之路。如果没有这种意识的建立，责任制只能是写在纸上、挂在墙上，它不会真正地根植于每一个员工的心里。

（四）强化安全检查，落实安全监督

安全生产是实实在在的工作，来不得半点虚假，必须克服形式主义，培养从严务实的工作作风。发扬"严、细、实"的作风对实施安全责任制和加强安全管理至关重要。严，就是从严要求，依法管理，敢抓敢管，大胆揭露矛盾，果断解决问题；细，就是深入课题，深入环节和过程，对安全生产情况心中有数，部署周密，工作细致，不搞粗枝大叶、大而化之；实，就是工作务实，狠抓落实，不漂浮、不虚假、不走过

场。安全责任制要突出安全工作的严肃性、管理者的权威性和落地有声的果断性，存在安全隐患就必须停下来整顿，不安全就不能生产。因此，必须落实安全生产的监督和检查工作，把安全监督检查制度纳入安全工作惯例。一是建立全员性的安全监督网络，人人成为安全工作的监督员；二是认真开展安全检查和治理整顿，领导和管理者要深入课题、超前防范，努力把隐患消灭在萌芽状态；三是根据不同的侧重点进行有针对性的安全检查。

总之，安全生产责任制作为安全生产管理的核心，是实现安全生产目标的关键。建立和落实好安全生产责任制是《安全生产法》的规定，也是保护从业人员的安全和健康、保证社会稳定的需要，更是企业的责任。一个企业也只有实施全过程的安全管理、落实全员的安全生产责任制，才能全面提高企业安全生产水平，推动企业的健康发展。

四、安全生产责任制的主要内容

安全生产责任制作为企业岗位责任制的一个重要组成部分，综合各种安全生产管理制度和安全操作规程，对企业和企业各级领导、各职能部门、所有员工在各自岗位上应负的安全责任加以明确的规定。安全生产责任制的主要内容包括以下两方面：

(1)哪些人应尽哪些责任(分内应做的事)，即什么人应当承担什么责任。

明确安全责任到每一个员工，就是要让所有的员工都清楚地知道，自己在整个安全工作中应该承担什么任务，知道哪些是应该做并且是应该无条件做好的。领导者应明确作为领导者的安全责任，管理者应明确作为管理者的安全责任，各个操作岗位的员工应明确操作岗位的安全责任。这种安全责任的明确不应是宽泛的，也不应是约定俗成的，而应该是具体的、成文的，每个部门和每个岗位的每个细节都应该依据实际制订相应的安全责任，并且将这种安全责任与具体的工作相结合，明确哪些行为是符合责任要求的，哪些行为是违反责任要求的，从而约束与指导各自的具体行为。

(2)不负责任造成的后果是什么，或应该承担什么责任。

安全责任应该是可以量化的，其后果不管是好还是坏，都应该是可以量化的。不尽到责任产生的后果是什么，如何承担，可以在安全生产责任制中体现出来，也可以在其他绩效考评等制度中加以体现和量化。

五、安全责任的明确

企业的法定代表人或法人代表是企业的最高权力者，也是企业安全生产的第一责任人，对企业的安全生产负全面责任；企业的各级领导和生产管理人员在管理生产的同时，必须负责管理安全工作，在计划、布置、检查、总结、评比生产时，必须同时计划、布置、检查、总结、评比安全工作；有关的职能机构和人员必须在自己的业务工作范围内，对实现安全生产负责；员工必须遵守以岗位责任制为主的安全生产制度，严格遵守安全生产法规、制度，不违章作业，并有权拒绝违章指挥，险情严重时有权停止作业，采取紧急防范措施。

第二节　安全奖惩管理与安全绩效管理

企业各级领导、管理人员、各职能部门人员以及各类安全生产或研发人员，其安全职责的目标是否达标，或不负责任造成的后果应该承担什么责任，可以在安全生产责任制中体现出来，但是大多需要另立 SOP，进行细化和量化，以作为安全生产责任制的属下细则制度。

安全奖惩管理与安全绩效管理是安全生产激励机制中的重要部分，可以通过安全生产的日常监督检查和年终总结评比，使安全生产责任制得以真正地实施和落实。

一、安全奖惩管理

安全奖惩制度是安全管理中的常规手段，也是行之有效的管理办法。奖与惩均是激励机制：奖励是正激励，目的是鼓励企业和从业人员安全生产的积极性，产生正面影响；惩罚是负激励，目的是制止企业从业人员在安全生产中的过失行为，强化企业领导和从业人员的安全生产意识，同时也是安全教育的一种方式。二者的手段不同，但相辅相成、目的一致。

实行安全奖惩管理，可以制订《EHS 管理奖惩条例》，按照国家和地方政府的相应法律法规，针对企业的实际情况，进行精心梳理，全方位考虑；可以细化甚至定量到人的相关不安全行为，对产生安全绩效的建议和行为，以及违反该《EHS 管理奖惩条例》的各种行为进行奖与惩，保证企业的安全生产在管理体系上得到落实。

二、安全绩效管理

安全绩效管理一般通过年度岗位安全责任目标管理制度进行年度量化来实现。量化指标一般包括：①违章次数。通过各种专项检查的累积数，对个人、班组、部门等进行加权量化；②处罚次数。根据工作岗位性质，对个人、班组、部门等进行加权量化；③伤害损失工作日比率。根据工作岗位性质，对个人、班组、部门等进行加权量化；④安全责任事故起数。根据工作岗位性质，对个人、班组、部门等进行加权量化。

量化结果就是个人、班组、部门的安全绩效，这种安全绩效会对个人、班组和部门的年终奖、个人晋升或降级产生直接的影响。

安全奖惩管理与安全绩效管理是实施和落实安全生产责任制的有力保证。

第三节　其他安全管理制度

为了全方位落实安全生产责任制，除了安全奖惩管理与安全绩效管理外，还需要很多更加细致的管理制度来支撑，通过各部门和各个方位的齐抓共管，从上到下，纵横结合，一个组织的安全管理才能够真正做好。

一、危险化学品管理制度

危险化学品管理制度应包括：《剧毒化学品安全管理制度》《放射性同位素安全管理制度》《有机溶剂管理制度》《过氧化物管理制度》《实验室危险试剂管理制度》等。

二、危险化学反应管理制度

实验室发生的事故很多是由危险反应管理无序、管控薄弱或不得力所致。

危险化学反应的危险性来自多方面，一是反应本身的危险性；二是仪器等硬件及相应条件不符合危险反应的要求；三是操作者及主管未顺应反应本身的客观规律，即未遵守危险反应的相关 SOP 或非文本 SOP。对于这三个方面，人是最基本的要素。

人的危险要素由以下因素组成：①操作者对危险反应不了解，知之不多、认识不足，没有体会或没有经验；②操作者和主管不重视，安全观念淡薄，或偷工减料、急功近利，或急于求成、投机取巧；③操作者追求进度，主管违章指挥。

强化对危险反应的安全管控对于降低事故率以及减轻事故危害程度起着至关重要的作用。强化危险反应安全管控的主要措施包括以下两方面：

(1)落实责任制，分清责任主体的职责以及主管的连带管理职责。

(2)对危险反应进行系统管理，制订危险反应申报制度，在此基础上，各方相关人员共同出谋划策，提前讨论分析危险反应可能出现的现象与问题，充分利用有经验及资深人员的知识结构，征求他们的指导性建议，这样可以充分认识其危险特性，为可能出现的危害做好预防措施和各项准备。

三、功能实验室安全管理制度

较大的有机合成研发公司、研究院所或院校等单位的化学实验室，通常采用集约化管理，对通用性大的危险性实验，从功能性上进行分类，专门设置功能实验室，包括无水溶剂实验室、特殊气体实验室、氢化实验室和公斤级实验室等，并制订各自单独的安全管理制度。集合人力、物力、财力、管理等生产要素，进行统一配置，在集中、统一配置生产要素的过程中，以节俭、高效率与高效益为价值取向，从而达到降低成本、高效管理、安全管理的目的。

功能实验室安全管理制度包括：《氢化实验室管理制度》《特殊气体实验室管理制度》《公斤级实验室管理制度》《无水溶剂实验室安全管理制度》等。

复习思考题

1. 有机合成化学实践中一般有哪些安全管理制度?
2. 安全生产责任制的意义是什么?
3. 为什么说落实安全生产责任制是企业安全生产的有效保障?
4. 如何全面落实好安全生产责任制?

第八章 防护安全管理

本质安全需要多层次并且是独立的保护层，需要多方位的预防控制策略。安全实践表明，以暖通设施为主的科学、合理设计的工程控制、合理运用防护用品的防护措施等保护层和预防控制策略，在防止事故的发生或减轻它们所造成的职业伤害方面有着实质性的意义。

第一节 暖 通 设 施

出于人身安全和实验项目安全的考虑，化学实验室基本都是相对密闭的。而相对密闭的实验室，通过吐故纳新，送入必需的新空气，及时完整地排出有害有毒气体或蒸气是保证研发人员身体健康的重要措施。

暖通系统包括送排风和空调（heating ventilaion and air conditioning，HVAC）。根据化学实验室的特点和经验，采用顶送侧排的通风方式比较好，因为新风顶送在设计和施工上比采用侧送方案要容易得多，同时新风顶送能达到均衡扩散，人体感受也较舒适，且对实验操作影响较小。

一、送新风

新风系统的两端分别称为室外新风进风口和室内新风送风口。

（一）室外新风进风口位置的要求

(1)应设在室外空气较洁净的地方。

(2)应尽量设在排风口的上风侧(指进、排风口同时使用时，季节的主导风向的上风侧)，且应低于排风口。

(3)进风口与排风口设在同一高度时的水平距离不应小于20m。当水平距离小于20m时，进风口应比排风口至少低6m。

图 8-1　窗口上方的百叶进风口(1)　图 8-2　窗口上方的百叶进风口(2)

室外新风进风口可就近选择在所在实验室的窗口上方，采用侧面吸风，外口设计成百叶以阻挡较大杂物被吸入(图 8-1 和图 8-2)。否则就要将新风进风口移至较远的地方，并且要根据气象风向玫瑰图定位在频率意义上的上风处(图 8-3)。

(4)室内新风送风口通常通过技术夹层的风管进行顶送，从实验室的天花板出口往下送新风(图 8-4)。

（二）新风量

按照国家标准《采暖通风与空气调节设计规范》（GB 50019—2003）的 3.1.9 条，应保证每人每小时不小于 30m³ 的新风量[≥30m³/(h·p)]。结合化学实验室的实际情况，其新

图 8-3 上风处的进风口　　图 8-4 天花板新风出口

风量的设计和实施通常都大大超过此数值。一般以采用空气置换次数来进行，化学研发人员的较合适的人均实用实验室面积为 10m²（即人均实验室实用体积为 30m³），如果以 30m³/(h·p) 来计算，新风量置换一次就够了，但是根据实际情况来看，室内空气的置换次数多采用 2～3 次/h 来计算，也就是 60～90m³/(h·p)。根据实验室的具体情况，有的需要 4～6 次/h，特殊情况甚至达到 12 次/h。

（三）室内活动区的风速

室内活动区风速的设计控制在冬季≤0.2m/s；夏季为 0.2～0.5m/s，当室内温度高于 30℃时，可大于 0.5m/s。

二、排风

通风橱是化学实验室的核心操作区，有毒有害气体和蒸气一般产生和聚集于通风橱内，这些有毒有害气体或蒸气需要及时全部排出操作区。为了使站在通风橱旁的研发人员免受有毒害气体或蒸气的伤害，通风橱需要时刻保持负压状态。

（一）排风机的位置

排风机一般安装在建筑物的顶层外（图 8-5），每个实验室用 1～2 个排风机（通常一排通风橱可共用 1 个排风机）。如果排出的气体超过国家排放标准，需要作吸收处理。

（二）排风口的位置

1. 通风橱操作口

楼顶层的排风机通过排风管连接于通风橱上方，不断排出通风橱内的有毒有害气体或蒸气，再通过通风橱门下的空隙吸入新风（图 8-6）。

参考《实用供热空调设计手册》（陆耀庆主编）7.2.5 中的数据，通风橱的排风量 L（m³/h）为

图 8-5 建筑物顶层外的排风机　图 8-6 从通风橱门下的空隙吸入新风

$$L=3600Fv\beta \tag{8-1}$$

式中，F 表示操作口面积，m^2；v 表示操作口平均风速，m/s（按照表 8-1 采用）；β 表示安全系数，一般取 1.05～1.10。

表 8-1 　通风橱操作口推荐的吸风速度

散发有害物种类	吸风速度 v(m/s)
无毒有害物	0.25～0.375
有毒或有危险的有害物	0.4～0.5
极毒物或少量放射性有害物	0.5～0.6

一般化学实验室通风橱操作口的吸风速度推荐为等于或略大于 0.35m/s。吸风速度过大也不好，因为当启用通风橱时，操作者伸手进入通风橱内进行实验操作，身体是紧靠通风橱的，气流会在操作者身边形成旋转蹭流，从而引起橱内气流溢出，甚至沿着操作者的身体到达呼吸区域。风速越大，形成的旋转气流就越强，所以需要控制进气速度等于或略大于 0.35m/s，一般不宜超过 0.75m/s。

通风橱操作口的吸风速度需要定时检测，一般每个季度用风速仪检查一次，或根据情况定检测周期。填写记录卡，一橱一卡，贴在各个通风橱上，一旦风速低于 0.35m/s 或出现问题要及时排除。在记录卡的基础上建立台账，以便维护保养的及时跟进。

2. 活动式吸风罩

一些有毒有害气体也会产生在某些局部操作区域，可用活动式吸风罩(图 8-7)。

3. 试剂柜后壁连通管

试剂柜内有毒有害液体产生的蒸气也需要排出实验室,可通过柜后壁的孔和管道连通排风系统(图 8-8),使橱内空间呈负压,才能保证有毒害的液体蒸气不溢出柜外,不污染实验室内的空气。

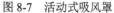

图 8-7 　活动式吸风罩　　图 8-8 　试剂柜后壁的排风孔

（三）事故排风

近几年来，火灾中由于烟雾和毒气致死的比例逐年上升，在相当多的火灾事故案例中，烟毒窒息致死数高于被火直接烧死的人数。所以，对于可能突然释放大量有害气体、有爆炸危险气体或燃烧爆炸时有大量有害烟雾产生的化学实验的建筑物，要设置事故通风装置。风机的电开关应分别设置在室内和室外便于操作的地点，最好为自动式的，可同温度传感器实行同步自动连锁。

事故排气量的换气次数要大于 12 次/h。事故排风的排风口如图 8-9、图 8-10 所示。

按照国家标准 GB 50019—2015,排风口的位置应该符合下列规定:①不应布置在人员经常停留或经常通行的地点;②排风口与机械送风系统的进风口的水平距离不应小于 20m,当水平距离不足 20m 时,排风口必须高出进风口,并不得小于 6m;③当排气中含有可燃气体时,事故通风系统排风口距可能有

图 8-9　事故排风的排风口(正面)　　图 8-10　事故排风的排风口(侧面)

火花地点(如电线、汽车等)应大于 20m;④排风口不得朝向室外空气动力阴影区和正压区。

　　事故排风的好处是能及时消除事故区域的烟雾和毒气,给事故区域的逃生人员以新鲜空气,从而看清逃生方位,防止窒息或致盲。

　　需要引起注意的是,事故排风主要是针对排除烟雾让人员清醒逃离,其负面缺陷是给火灾助威,加速火力蔓延。

　　吸风口要采用顶吸,根据逃生便捷途径,实验室的人员可以迅速逃离,实验室的顶部不需要安装事故吸风口,而长长的走廊顶部则一定要按照长度和容积来设置吸风口。

三、排风量与送风量的比值及安全问题

(一)排风量与送风量的比值

　　为了避免化学实验室的有害气体或蒸气给所在环境造成影响,在设计原则上,排风量与送风量的比值要大于 1,以使整个实验室所在的建筑物(大楼)处于微负压状态。排风量通常设计为送风量的 1.1～1.4 倍。

(二)安全问题

　　微负压状态的实验室需要正视的安全问题:除了维修、打扫卫生和停电等情况外,其他任何情况下无论实验室发生何种事件都不能通过打开门窗进行通风换气。

　　案例 1

　　某实验人员先是违规在通风橱外的操作台上称量刺激性很大的恶臭液体异腈,接着又不小心打落在地上,事故当事人既没有采取合理应急处理方法,也没有请教同事和实验室主管,在不知所措的情况下,又是扫又是拖,致使污染范围扩大。更为严重的是,事故当事人自以为开窗通风能很快驱散气味,就擅自打开窗子,致使空气污染范围迅速扩大至所在楼层其他实验室和其他楼层的实验室。由于异腈的气味会让人恶心,同时催泪性很强,大楼内所在员工均受到伤害,轻者感到不适,重者头痛呕吐。这次污染事故链的元凶是:违规在通风橱外操作;帮凶是:①拖扫使污染扩大;②违章开窗使污染范围迅速蔓延。

　　为什么不能开窗子?结合下面的图 8-11(彩图见文后)进行分析。

　　图 8-11 中的上下左右共标示了四个实验室,横向的中间是走廊。所有实验室的通风

橱内都有完整的排风系统：楼顶的功率强大的排风机通过管道不断吸取通风橱内的气体，这样，在窗子紧闭的正常情况下，就使通风橱、实验室、走廊等各部分呈现有序的负压梯度差，整个大楼也就由此处于负压状态。见图 8-11 中的实验室（二）、实验室(三)和实验室(四)，每个实验室的各部分及公用走廊处于一个有规则的梯度气压差状态：$p4$(楼外的大气压力)＞$p3$(走廊的大气压力)＞$p2$(实验室的大气压力)＞$p1$(通风橱内的大气压力)。假设当实验室(一)出现情况，如有刺激性很大的气味或烟雾火情时，按照常规思维的人就有可能下意识地去开窗通风换气。但是一旦开窗，本来正常状态下的有规则的梯度气压差状态马上被打破，即：由于楼外空气迅速大量进入实验室(一)，见右上方两个蓝色箭头，实验室(一)的梯度气压差状态变成：$p4＞p2＞p3＞p1$。原本正常的 $p3＞p2$ 的气压差顺序，随着肇事实验室(一)窗子的打开，瞬间变成了 $p2＞p3$，这样，肇事实验室(一)空间的污染气味或火灾烟雾就按照绿箭头方向迅速进入走廊，使整个走廊受到污染；即使没有开门，实验室(一)内的污染气体也会通过门缝进入走廊，开门就更厉害了。又因其他正常实验室（二、三、四)仍为 $p3＞p2$，所以，从实验室(一)迅速蹿入走廊的污染气体或火灾烟雾又会以极快的速度蹿入各个正常的实验室，再通过楼上楼下贯通的楼梯将污染面迅速扩大到整个大楼，使更多的人受到危害。

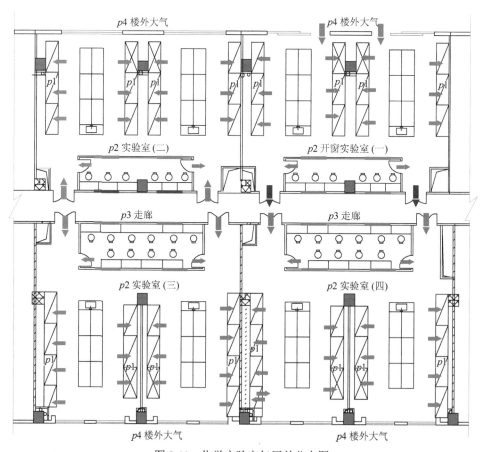

图 8-11　化学实验室气压差分布图

结论：一旦实验室里发生毒气或刺激性气体泄漏或发生火灾等危机情况，打开窗子其实是最不科学的做法，既不能快速解决问题，又伤害到其他实验室的人，甚至殃及整个大楼人员的安危。

正确的做法包括以下两方面：

（1）当遇到有毒有害物质泄漏、刺激气体或蒸气散发等类似情况时，关掉送风机，以增大该实验室的负压，气味或烟雾才能以最快的速度通过通风橱抽走。

（2）撤退的同时立即通知安全管理部门的专职人员佩戴正压呼吸器进入，并要说清事故原因，以便能针对具体情况，采取相应的对策来做妥善处理。

另要注意，家庭的房屋结构与实验室不是一码事，住宅楼房通常没有送排风系统，所以一旦有煤气等泄漏，要尽快打开窗子换气，以防中毒，并消除爆炸极限。

案例 2

某有机合成开发公司一研发人员在实验室违章处理使用后的氢化反应金属催化剂时发生起火。由于该公司实验室有机溶剂的管理混乱，火情扩大，为了疏散烟雾，又错误地将门窗打开，结果导致公司的一千多平方米实验大楼顶层被彻底烧光，见图 8-12。事故发生时，大开门窗为火灾的肆虐创造了条件，给该公司造成了灾难性打击。

图 8-12　实验大楼顶层被彻底烧光

四、评估风量（实验室空气置换次数）和送排风比值的注意点

对于由送排风综合后的实验室空气置换次数，基本要求是必须大于一次，一般认为越多越好。但是要考虑到另一个重要因素是送风量及排风量的大小（置换次数）与冷损失（暑季空调）或热损失（寒季空调）成正比。过大的风量（置换次数）会抵消空调的制冷（暑季空调）或制热（寒季空调）能力，无谓损耗空调的电能，加大成本，并影响研发人员的舒适性甚至身心健康。对于一般化学实验室，空气置换次数以 2～3 次为宜，散发有害物较严重的实验室则需要加大置换次数。相对于排风，送新风又称补偿风，也可以采用无动力的自然补偿进风。补偿风与排风的比值一般以 0.8～0.9 为宜，散发有害物较严重的实验室则要低于 0.7，甚至低于 0.5。空气置换次数和送排风比值需要参考《工业企业设计卫生标准》（GBZ 1—2010），按照各种有害物质的最高允许浓度（表 8-2）和实际情况来确定。

表 8-2　实验室空气中主要有害物质的最高允许浓度

物质名称	最高允许浓度（mg/m³）	物质名称	最高允许浓度（mg/m³）
一氧化碳	30	乙酸甲酯、戊酯	100
甲胺	5	乙酸乙酯、丙酯、丁酯	300
乙醚	500	氰化氢及其盐换算成 HCN	0.3
乙腈	3	硫化氢	10

物质名称	最高允许浓度(mg/m³)	物质名称	最高允许浓度(mg/m³)
二甲胺	10	氯	1
二甲苯	100	氯化氢及盐酸	15
二氧化硫	15	氯苯	50
二硫化碳(皮 ª)	10	甲苯	100
吡啶	4	甲醛	3
环氧乙烷	5	丙酮	400
苯(皮)	40	丙烯腈(皮)	2
苯胺、甲苯胺、二甲苯胺(皮)	5	光气	0.5
金属汞	0.01	四氯化碳(皮)	25
氨	30	溴甲烷(皮)	1
臭氧	0.3	丙醇、丁醇	200
碘甲烷(皮)	1	硅胶粉	2
溶剂汽油(包括石油醚)	350	甲醇	50

a 表示可因皮肤黏膜和眼睛直接接触蒸气、液体和固体,通过完整的皮肤吸收引起全身效应。

第二节　防护措施和防护用品

化学实验室是一个存在多种危险源和具有潜在安全隐患的工作场所。冲料、燃烧、爆炸、腐蚀、灼伤、污染、致敏、中毒、窒息、触电、辐射、噪声、器械伤人等问题和风险时刻都伴随着研发人员。大家处于一个相关联的团体中,一人违章,会牵连大家的安危,由此一定要时刻牢记常说的"四不伤害"原则,即不伤害自己,不伤害他人,不被他人伤害,不让他人伤害其他人。其实这短短 25 个字组成的"四不伤害"几乎涵盖了安全管理的全部内容。

化学实验室其实是一个探索未知世界的场所。仅仅已知世界就已经有对人员构成危害的许多因素,未知世界还有更多更复杂的隐患和危害因素,加上人员操作行为的不稳定性,如各自的习惯、准确度和水平高低等,更增加了化学实验室的风险。"四不伤害"实际上是应对和治理大量隐患和危害因素的综合体现。

要做到"四不伤害",除了自己主观上不违反操作规程,避免发生事故外,还需要有相应有效的防护措施和防护用品。合理的防护措施和适当的防护用品能够阻断、封闭、吸收和分散危害因素,是我们生命和健康的最后一道防线。

有人贪图方便或省事,以不习惯、不舒服或影响操作等为由,不自觉或不愿意甚至拒绝实行防护措施,以及佩戴防护用品,这是非常不理智的,这就需要用制度来进行强化管理,违者要受到警告、批评甚至处分。

一、防护措施

(一)通风橱门

一个通风橱通常有左右两个门,两个门都可以独立上下移动。每个门一般有可以左右移动的两块玻璃。通风橱内部上方连着排风管,通风橱内是一个负压环境。有毒有害气体或蒸气需要通过这种负压及时排除，避免溢出通风橱，防止飘溢到实验室里伤害实验人员。门框上的玻璃应该采用夹胶玻璃(利用特殊的添加剂和中间的夹层如 PVB 胶片由机器加工做成的特种玻璃)或内面贴膜玻璃，即使玻璃打破也不会轻易掉落，可以阻挡橱内发生爆炸时物体或物料对人体的打击，以降低对人体的危害程度。有人将这种夹胶玻璃或内面贴膜的玻璃称为防爆玻璃，但是不能误解为它可以防止爆炸。其实它并不能主动阻止橱内的爆炸，只能起到隔离防护作用，而且不是绝对可靠的。不能寄予通风橱门很大的安全期望值，如果橱内发生规模较大的猛烈爆炸，通风橱门及其防爆玻璃都是挡不住的。

图 8-13　通风橱门的防爆玻璃

防爆玻璃对冲料或轻微爆炸等小型事故的防护作用明显；对于中等程度的爆炸，这种防爆玻璃会自碎成很钝的颗粒，且不会飞出，仍保持一整块，不会对人造成伤害，如图 8-13 所示。

图 8-14 示出了爆炸发生后的普通型防爆玻璃，其专业名称为钢化玻璃。虽然通风橱内爆炸发生后，钢化玻璃的碎片是小的圆圆的颗粒状，没有锋利的碎片，但是玻璃碎片会脱落，甚至飞出伤人，这种玻璃不能有效抵挡气浪冲击或重物二次冲击。严格地说，钢化玻璃并不属于真正意义上的"防爆玻璃"，不适合用于通风橱门。

图 8-14　通风橱门钢化玻璃炸碎后的场景

操作时，为了预防有害气体或蒸气的吸入，以及预防冲料或爆炸对人体造成伤害，进行投料、调节反应的温度或搅拌速度、后处理、过柱，甚至整理台面等时都要求如图 8-15 那样拉下橱门，手通过门框下方或移动玻璃伸进去，脸部隔着玻璃操作。

只要通风橱内有反应、后处理等单元操作在进行中，都不能将头或上身越过橱门伸进橱内。头部及上身探进橱内，碰巧遇上突然冲料、高温油溅出、爆炸等而引起的严重伤害事故已经有很多。研发人员千万要牢记如图 8-15 所示的规范动作，并反复重复直到这种规范动作成为条件反射(习惯)，因为只有这样，才能在这个行业里长期发展。

图 8-15　规范操作

另外，如果通风橱门抬得太高，通风橱内的有毒有害气体也会飘溢出来伤害到人。

作为一个化学实验室的职业工作人员，面对的是各种各样比正己烷危害更大的有毒有害气体或有机溶剂的蒸气，这些气体或蒸气至少可以引起慢性中毒，所以我们必须做到：随时随刻都要拉下橱门，并使脸部隔着玻璃操作。如图 8-16(a)所示，通风橱门这

 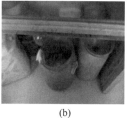

样高高抬起，有害气体迎面扑来；如图 8-16(b)所示，落地通风橱门高抬，废液桶不加盖，有害气体飘溢出落地通风橱，造成实验室污染扩散。

图 8-16　不规范现象

某研发人员做一个酸的甲酯化反应时，突然发生爆炸，反应式为

$$\text{Cl}\underset{\text{OH}}{\overset{\text{CO}_2\text{H}}{\bigcirc}} \xrightarrow[\text{MeOH}]{\text{H}_2\text{SO}_4} \text{Cl}\underset{\text{OH}}{\overset{\text{CO}_2\text{CH}_3}{\bigcirc}}$$

此反应之前已经做过。将浓硫酸由滴液漏斗缓慢滴加至反应瓶内。反应在敞口状态下进行，滴加至 20min 左右时忽然听到爆炸声。滴液漏斗和通风橱玻璃被炸碎，浓硫酸飞溅到通风橱内壁。这类难以预料、一时难寻原因的爆炸事故在实验室里也是常见的。

通风橱门原本是普通玻璃的，幸亏在该事故发生的前一天，被安全部门责令改成了有防爆作用的夹胶玻璃，所以爆炸时虽然橱门上的玻璃碎了，但是由于中层有胶，碎玻璃是成片地挂在门框上的，挡住了飞溅的浓硫酸，没有浓硫酸溅出，也没有碎玻璃飞出，站在通风橱旁边的研发人员毫无伤害。在该事故的报告中，当事人写道："因为有一些安全隐患是谁都无法预料的，随手将通风橱门放到底是至关必要的，在保护自己的同时，也不会影响其他同事的安全。由于通风橱玻璃的重新安装，我和同事免受这次爆炸的伤害，这是我最大的安慰，要不是安全部门提出的整改措施得到了及时落实，我们就麻烦了。"

再如以下反应：

$$\underset{\text{O}}{\overset{\text{O}\quad\text{O}}{\bigvee}} \xrightarrow[\text{CCl}_4,\ 50\sim60\text{℃}]{\text{次氯酸叔丁酯}} \overset{\text{Cl}}{\underset{\text{O}}{\overset{\text{O}\quad\text{O}}{\bigvee}}}$$

室温下向 24g 原乙酸三甲酯的 250mL CCl₄溶液中加入 22g 次氯酸叔丁酯，加完后，反应用油浴加热至 60℃，突然间发生剧烈爆炸。

对于一般研发人员，这样的爆炸是难预计到的。次氯酸叔丁酯的爆炸特性等同于过氧化物，虽然该反应此前已经做过多批且都很顺利，但是发生事故有其必然性和偶然性。当事人事后感悟道：反应过程中做好防护是必需的，在这次事故中，正是因为

及时拉下了通风橱门，才没有造成人员的伤害，安全部门强调"要时刻保持通风橱门拉下"的规定确实太重要了。从录像回放来看，通风橱门拉到底大约 2s 后发生了这次爆炸，如果门是敞开的，站在通风橱旁边操作的当事人很可能会因为这突然的爆炸事故而受到伤害。

以上两个实例以及许多事故告诉我们，规范操作和严密防护都是非常重要的，必须做到随时随刻都要拉下通风橱门和并使脸部隔着玻璃操作，因为一些安全隐患是难以预计的。

通风橱是化学实验室最基本的一种安全隔离设备，但是也要知晓，通风橱门本身也存在危险性：橱门突然下滑或坠落而伤人，可能将头、肩、手臂或手砸伤。

如何防止通风橱门的突然落下呢？应从三个方面加强管理，其一，在使用方面，研发人员应妥善使用，不猛力推拉；其二，发现异常如配重失常、发出异响等，应立即联系维修部门；其三，维修部门应定期检查钢丝绳的磨损情况和钢扣的连接部位，防止断裂等意外发生。

除此之外，通风橱的玻璃还时有发生掉落的情况。通风橱玻璃是靠上下两个槽卡住的，其中上部的槽较深一点，底部的槽较浅。如果使劲往上推，速度过快会导致玻璃从底部的槽中脱出来，从而可能造成人员的伤害或设备的损坏。

通风橱门的维护保养：能上下移动的橱门是通过门上方的两根钢索、滑轮组合和平衡橱门质量的"配重"来完成的。钢索绳直径不得小于 4mm，滑轮槽深度不得小于 4mm，以免钢索绳溜出滑轮槽。检查周期通常定为三个月。使用者一旦发现通风橱门上下移动不利索，就有可能是钢索和滑轮的连接处出现问题，要赶紧检修。如果强制性拉动，可能导致橱门突然掉落而伤人。由于通风橱内弥漫着各种有机溶剂和强酸等气体，对橱门的金属拉索有腐蚀作用，易造成其过早老化和疲劳而缩短使用寿命。拉索一断，橱门就会掉下来(图 8-17)，可能引起伤人或损伤物品。

图 8-17　拉索断裂后橱门掉落的场景

（二）防护挡板

用于防止冲料或爆炸引起伤人的挡板，其材质为透明有机玻璃，既不影响视觉也不会破碎伤人，底托或边框的材质可为塑料、木制或不锈钢(图 8-18)。

图 8-18　不同材质的防护挡板

通常将防护挡板放在认为可能有潜在危险的场所，以减缓爆炸等事故的冲击力。若放在操作台的旋蒸瓶前，或放在通风橱内危险反应的反应瓶或其他危险项目的前面，就增加了一道防护线。

二、个人防护用品

个人防护用品（personal protective equipment，PPE）是指在劳动过程中为防止物理、化学、生物等有害因素伤害人体而穿戴和配备的各种物品的总称。

虽然个人防护用品不能替代本质安全，不能主动避免事故的发生，但是只要合理应用个人防护用品，在一定程度上能起到保护身体的局部或某器官免受外来不利因素侵害的作用，其属于保护措施的重要组成部分。

有时危险的发生在于不合格的防护用品，或者使用不当、保管不当、失效、日益老化以及破旧损坏，所以正确认识和使用个人防护用品显得非常重要。

（一）躯干防护用品

为防止化学物品对人体造成侵害，进入化学实验室时一定要穿合适的工作外衣，也称白大褂。白大褂织物的成分为至少 90%的棉，合成纤维成分如涤纶虽然能增强布料的耐磨性和挺括性，但是不得大于10%，过多的合成纤维容易产生静电。

即使是夏季用的白大褂，也必须是长袖，以防止手臂外露。

化学实验室的穿着规定：不得穿拖鞋、高跟鞋和短裤(包括七分裤等)。

化学实验室的穿着原则：正常情况下除了脸部外，不能有暴露的部分；特殊情况下，脸部也要遮掩防护。

以下是一起未做好个人防护的事故案例。

一位研发人员手持塑料袋装的两瓶氯磺酸，中途塑料袋破损，瓶子掉落在地面打碎，由于未穿防护服，其皮鞋、袜子和裤脚被溅落的氯磺酸腐蚀而冒烟，窟窿密布(害己)，一旁的同事也遭受了同样的伤害(害人)。氯磺酸不但有强腐蚀性，而且是剧毒，如果有皮肤暴露，后果可想而知。所以一定要加强个人防护，并且使用二次防泄漏托来转移化学品，领料或转移化学试剂时一定要将它们放在桶(起到二次防泄漏作用)里拎着走。

非主观故意的意外事故在化学实验室中是很难完全避免的，大家都必须遵守化学实验室的上述穿着原则，做好最后一道防线。

（二）眼（面）部防护用品

按照《个人用眼护具技术要求》（GB 14866—2006）规定，结合化学实验室的特点，眼部防护用品主要有防护眼镜，以及包括眼部在内的面部防护用品如面罩。

1. 防护眼镜

防护眼镜分安全眼镜和眼罩两种。

1)安全眼镜

(1)普通型安全防护眼镜(safety glasses)：镜片为平光，只能防止正面的液体或固体对眼睛的直接轻微冲击，该型号一般不符合有机合成实验室的防护要求，见图 8-19。如果两侧边加戴护翼，见图 8-20，防护性能得到提高，化学分析和生物实验室可视情况使用。

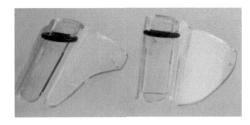

图 8-19　平光镜片的普通型安全防护眼镜　　图 8-20　两侧边加戴护翼的普通型安全防护眼镜

(2)带侧光板型安全防护眼镜：这种眼镜两翼有遮边，不但能防止正面的液体或固体的冲击，还能防止左右侧面飞溅而来的溶液或固体的伤害。对于正常情况下可以普遍使用的防护眼镜，要求眼镜的四周设计与制造符合人体眼部的形体功能，框宽大，足以覆盖使用者的眼睛，且用柔韧的强化透明聚丙烯酸酯有机玻璃或其他合成树脂塑料制成。这种防护眼镜是目前化学实验室最为普遍使用的，见图 8-21。

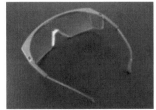

图 8-21　带侧光板型安全防护眼镜

2)眼罩

当认为化学实验室可能存在更加危险的因素时，如存在严重危害人体健康的气体或液体蒸气，佩戴防护眼罩(goggles)就显得尤为重要。防护眼罩的整个边缘是用较软的耐酸碱硅胶或橡胶制成，可以紧贴于眼睛四周，能有效阻挡溅落的化学液体等物品流入或渗透进入眼睛内，如图 8-22 所示。

图 8-22　各种眼罩

2. 安全面罩

图 8-23　安全面罩

在容易发生冲料或爆炸等特殊情况下（如硝化反应、叠氮及过氧化物的使用和处理等），为避免对包括面部在内的整个头部造成正面伤害，应戴安全面罩，如图 8-23 所示。

所有种类的防护眼镜都忌接触乙醇、丙酮、乙酸乙酯、石油醚等有机溶剂，否则会模糊不清，损坏眼镜，清洗时只能用稀释的洗涤液，最后用清水冲洗晾干。另外还要注意面罩的有效期。

（三）手部防护用品

手部防护用品按照防护功能分为 12 类，即一般防护手套、防水手套、防寒手套、防毒手套、防静电手套、防高温手套、防 X 射线手套、防酸碱手套、防油手套、防振手套、防切割手套和绝缘手套。每类手套按照材质又分为许多种。根据化学实验室的环境、物品和工作对象等的特点，主要使用第一类的一般防护手套。

手是化学实验室事故中最容易受到伤害的部位。只要手接触物品就必须戴手套。戴手套的目的是防止手受到可知或不可预知的物理伤害（灼伤、烫伤、冻伤、穿刺、磨损等）、化学伤害（腐蚀、吸收和中毒等）以及生理伤害（过敏和辐射等）。因此我们需要了解防护手套的类型、用途及材质，并在工作中根据实际情况选择合适的手套，从而对手进行有效的防护。

1. 手套种类

1）一次性手套

一次性手套，穿戴舒适，感觉就像是第二层皮肤，适用于对手指触感要求高的工作，用于保护使用者的手部和被处理的物体。例如，进行一般的转移物品、取样、称量等基本操作及清洁等工作时应用。这类一次性手套一般用丁腈橡胶（图 8-24）、乳胶（图 8-25）或聚乙烯（图 8-26）制成，价格较低。缺点是较单薄，强度小，不可接触尖锐物品，不可用力过猛，不可接触创伤表面。另外，佩戴一次性手套时指甲不宜过长过尖。

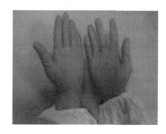 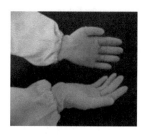 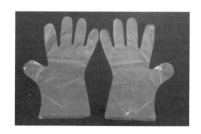

图 8-24　丁腈橡胶一次性手套图　　图 8-25　乳胶一次性手套图　　图 8-26　聚乙烯一次性手套

这类一次性手套由于单薄、强度小，不适合用于强腐蚀性和过敏性物品的操作，这点千万要引起注意。例如，杂环卤代化合物对人体特别是皮肤可能有强烈致敏性，仅靠单薄的乳胶或丁腈一次性手套根本不行，觉察不到的渗透会严重伤害皮肤，需要用以下介绍的化学防护手套。

2）化学防护手套

化学防护手套可防止化学浸透，用多种合成材料制成，如乳胶（图 8-27）、聚氯乙烯（PVC）、聚乙烯醇（PVA）、丁腈、丁基合成橡胶、氯丁橡胶和天然橡胶（图 8-28）等。对于多涂层的手套，其表面的聚乙烯醇涂层使其抗化学品性能大大增强，抵抗危险的有机溶剂特性突出，优质化学防护手套对于芳香或氯代有机溶剂来说几乎是惰性的。化学防护手套的价格从几十元到百元以上不等。

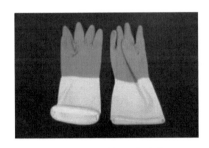 

图 8-27 天然乳胶手套　　　　　图 8-28 天然橡胶手套

3）织布手套

织布手套的种类大致可分为：涤纶、锦纶以及棉花制成的一般用途手套；棉花制品又分纱线（图 8-29）、纯棉（图 8-30）和帆布（图 8-31）等几种。使用织布手套时手指灵活，接触感好。加厚的织布手套隔热效果好，可用于防热、防冻，以及防砸、刺、切割等伤害。

  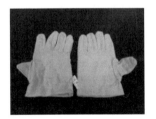

图 8-29 纱线手套　　　　图 8-30 纯棉手套　　　　图 8-31 帆布手套

2. 各种材质手套的优缺点及防护性能

赵晶晶等对化学实验室的防护手套做过比较系统的分析和对比，见表 8-3 和表 8-4。

表 8-3 各种材质手套的优缺点

材质	优点	缺点
天然橡胶	成本低、物理性能好，重型款式具有良好的防切割性以及出色的灵活性	对油脂和有机化合物的防护性能较差，有蛋白质过敏的风险，易分解和老化
丁腈橡胶	成本低、物理性能出色、灵活性良好，耐划、耐刺穿、耐磨损和耐切割性能出色	对很多酮类、一些芳香族化学品以及中等极性化合物的防护性能较差

续表

材质	优点	缺点
聚氯乙烯	成本低，物理性能不错，引起过敏反应的风险最低	有机溶剂会洗掉手套上的增塑剂，在手套聚合物上产生分子大小不同的"黑洞"，从而可能导致化学物质的快速渗透
聚乙烯醇	非常坚固，高度的耐化学性，良好的物理性能，具有良好的耐划破、耐刺穿、耐磨损和耐切割的性能	当接触到水和轻醇时会很快分解，与很多其他的耐化学性手套相比不够灵活，成本高昂
氯丁橡胶	耐化学性良好，对油性物、酸类(硝酸和硫酸)、碱类、广泛溶剂(如苯酚、苯胺、乙二醇)、酮类、制冷剂、清洁剂的耐化学性极佳，物理性能中等	抗钩破、切割、刺穿的性能及耐磨性不如丁腈橡胶或天然橡胶，不建议用于芳香族有机溶剂，价格较高
丁基橡胶	灵活性好，对于中等极性有机化合物，如苯胺和苯酚、二乙二醇醚、酮和醛等，具有出色的抗腐蚀性	对于包括碳氢化合物、含氯烃和含氟烃等的非极性溶剂的防护性较差，成本昂贵
布手套	用于一般性防护，缺点是纯棉材质不耐碱	

表 8-4 各种材质手套的防护性能

材质 化学物质	天然橡胶	丁基橡胶	氯丁橡胶	聚氯乙烯	聚乙烯醇	丁腈橡胶
无机酸	好	好	优秀	好	差	优秀
有机酸	优秀	优秀	优秀	优秀	优秀	—
醇类(甲醇)	优秀	优秀	优秀	优秀	一般	优秀
芳香族(甲苯)	差	一般	一般	差	优秀	差
酮类	一般	优秀	好	不推荐	一般	一般
乙酸乙酯	一般	好	好	差	一般	一般

3. 手套选择与使用中的注意事项

手套选择的合适与否，使用的正确与否，都直接关系到手的健康。在选择与使用手套的过程中要注意以下几点：

(1)选用的手套要具有足够的防护作用。

(2)使用前，尤其是一次性手套，要检查手套有无小孔或破损、腐蚀的地方，尤其是指缝处。

(3)戴手套前要洗净双手，摘掉手套后也要洗净双手，并擦点护手霜以补充天然的保护油脂。

(4)戴手套前要治愈或罩住伤口，阻止细菌和化学物质进入血液。

(5)不要将使用后的污染手套任意丢放，应放在专门的收集桶内作为危废处置。

(6)不要戴着手套走出实验室，更不能在实验室外抓摸物品，如按电钮、转动门把等。

(7)摘取手套一定要注意正确的方法，防止手套上沾染的有害物质接触皮肤和衣服，造成二次污染。

(8) 不要共用手套，共用手套容易造成交叉感染。

(9) 不要忽略任何皮肤红斑或痛痒、皮炎等皮肤病。如果手部出现干燥、刺痒、水泡等，要及时请医生诊治。

（四）呼吸防护用品

《呼吸防护用品的选择、使用与维护》（GB/T 18664—2002）和《呼吸防护　自吸过滤式面具》（GB 2890—2009）是具有指导性的执行标准。

1. 防尘口罩

佩戴口罩的主要目的是防止说话时产生的口沫对目标物的污染，以及过滤颗粒物，避免颗粒物对人体造成危害。颗粒物包括粉尘、液态雾、烟和含微生物的气溶胶，根据国家标准 GB/T 18664—2002，所有防尘口罩都只适合有害物浓度不超过 10 倍的职业接触限值的环境，否则就应使用全面罩或防护等级更高的呼吸器。如果颗粒物属于高毒物质、致癌物和有放射性物质，应选择过滤效率为最高等级的过滤材料。

需要指出的是，曾经广泛使用的纱布口罩，按照 2000 年国家经济贸易委员会明文规定，由于低效，现在不得作为防尘口罩使用。

如果考虑到有毒害物质的可能泄漏，需考虑使用下述的过滤式防毒面具。

PM2.5 口罩是指能有效过滤直径小于等于 2.5μm 微粒物的口罩，口罩的密闭性决定了滤过悬浮颗粒分子的能力。此种口罩能够有效过滤空气中的隐形杀手——雾霾、病毒、细菌、尘螨、花粉等微小颗粒。

N95 型口罩（图 8-32）是 NIOSH（美国国家职业安全卫生研究所）认证的 9 种防颗粒物口罩中的一种。"N" 的意思是不适合油性的颗粒；"95" 是指在 NIOSH 标准规定的检测条件下，能对 0.3μm 颗粒进行阻隔，阻隔率须达 95% 以上。N95 不是特定的产品名称，只要符合 N95 标准，并且通过 NIOSH 审查的产品就可以称为 "N95 型口罩"。N95 型口罩是 NIOSH 在 1995 年制定的 9 种标准之一。

图 8-32　N95 型口罩

注意事项：佩戴 PM2.5 口罩和 N95 型口罩这类专业的防护型口罩，是要经过测试和培训的，因为这种口罩质地很厚，有的人戴上后很容易因缺氧而感到头晕。使用前须经佩戴者脸庞紧密度测试，确保空气能透过口罩进出，而不是从四周进出。

PM2.5 口罩和 N95 型口罩仅适用于由尘埃颗粒引起的空气质量较差的环境，对刺激异味（分子级别）几乎没有防护作用。在工程防护合格的有机合成实验室没有必要佩戴这类口罩。

2. 过滤式防毒面具

如果操作环境中有害气体或有害液体的蒸气浓度较高，超过了职业接触限值，有害尘粒超过职业接触限值的 5～10 倍（超出防尘口罩的作用范围），就要考虑佩戴过滤式防毒面具。

过滤式防毒面具由面具和滤毒罐（薄的称为滤毒盒）组成，两者不可单独使用。

1) 面具

面具由硅胶材料或橡胶材料制成，在耐老化性能方面，硅胶材料一般比橡胶材料好。能罩住鼻和口的称半面罩；能罩住鼻、口和眼睛的称全面罩。四周边缘需严密贴紧脸部以罩住鼻子、口和（或）眼。密合性是极其重要的，否则失去防毒保护意义。

(1) 半面罩。半面罩可紧密罩住鼻子和口（也称防毒口罩），如图 8-33 和图 8-34 所示。

(2) 全面罩。全面罩可紧密罩住鼻子、口和眼，见图 8-35。

图 8-33　单罐防毒口罩　　　　图 8-34　双罐防毒口罩　　　　图 8-35　双罐防毒全面罩

对于平常戴近视眼镜的人，面罩的使用不能影响戴眼镜，戴眼镜也不能影响面罩的密合，不能将眼镜腿插入到密封垫中，这样会导致面罩不密合。解决这个问题的最好方法是，要么使用半面罩，要么选择配内置眼镜架的全面罩。

2) 滤毒罐（薄的称为滤毒盒）

滤毒罐或滤毒盒与面具通过卡口紧密结合才能使用。

滤毒罐（图 8-36）或滤毒盒（图 8-37）是通过物理吸附和化学反应原理而设计和制造的自吸式过滤器，由活性炭、化学吸收层、棉花层等构成，罐内装有过滤纸、纱布、活性炭等，易吸潮，受潮后就失去了滤毒能力。由于化学吸收层所含的解毒药品不同，因此各种滤毒罐的防毒范围也不一样，使用前应根据有害物的种类和防护要求来选择相应型号的滤毒罐。

图 8-36　各种滤毒罐

图 8-37　各种滤毒盒

按照国家标准 GB 2890—2009，表 8-5 列出了各种型号滤毒罐的对照标色、防护对象和推荐防护时间。

表 8-5　各种型号滤毒罐的标色、防护对象和防护时间

类型	罐体标色	防护气体类型	推荐防护时间(min)
A	褐	有机气体或蒸气：苯、醇类、苯胺类、二硫化碳、四氯化碳、有机卤、氯气、硝基烷等	45～100
B	灰	无机气体或蒸气	25～90
E	黄	二氧化硫和其他酸性气体或蒸气：二氧化硫(碳)、氯气、硫化氢、氮氧化物、光气、磷和含氯有机化合物等	25～40
K	绿	氨及氨的有机衍生物	40～70
CO	白	一氧化碳气体：单一防护	≤110
Hg	红	汞蒸气：单一防护	≤20
H₂S	蓝	硫化氢气体：单一防护	≤80

滤毒盒一般较薄，容易被有害物质穿透至饱和而失去再吸附能力，建议在毒气较浓的作业环境下使用滤毒罐，因为滤毒盒的防护时间一般只有滤毒罐的三分之一左右。

表 8-5 所列防护时间只能作为参考，要加权考虑所在环境有害物质的品种和浓度。

需要特别指出的是，过滤式防毒面具的滤毒能力都是有限度的，只能针对性地滤除某些低浓度的毒气。像浓度很高的酸、氨、氯、一氧化碳等有毒气体就超出了过滤式防毒面具的滤毒能力，只要达到立即威胁生命和健康的浓度(immediately dangerous to life and healthy，IDLH)，就要果断地使用独立供给空气或氧气的正压呼吸器。

使用滤毒罐应注意以下几方面内容：

(1)滤毒罐应存放在低温、干燥且远离可能沾染任何有害物的地方，开封前的存储有效期一般为 5 年，一旦其自身寿命到期就必须进行报废处理。当弃掉滤毒罐时，应将其进气口或其他部分弄坏，以免下次误领或误用。

(2)若滤毒罐在低浓度有害气体或蒸气中暴露时间过长或意外地暴露在高浓度有害气体或蒸气中，都应立即果断弃掉。在常规有害气体或蒸气中暴露 1h 就应弃掉，只有当有害物浓度很低时才可以延长到 2h，这要作为一项强制规定。

（3）对于稳定作业，结合滤毒罐制造商的产品说明书中对使用寿命的建议和原有的使用经验，并根据作业现场污染种类和浓度水平、作业强度、温度、湿度、物质的挥发性等，建立滤毒罐更换时间表，并切实执行。

（4）如果滤毒罐使用中途有几天停止使用（如遇周末），建议废弃。每当打开封盖时就应书面记录或默记使用时间，在两次使用之间应使用原来的密封端盖密封。短时间不使用，应该立即密封保存，或者将滤毒罐卸下密封保存，否则滤毒罐暴露在空气中会不停地吸收空气中的有害气体或蒸气而很快失效。未将滤毒罐（盒）卸下封闭，以及乱挂乱放等做法都是完全错误的，如图8-38所示。

图 8-38　滤毒罐乱挂乱放

3. 正压式呼吸器

1）特点

正压式呼吸器又称正压呼吸器，属于自给开放式空气呼吸器，可以使消防人员或抢险救护人员在进行灭火或抢险救援时防止吸入对人体有害的毒气、烟雾和悬浮于空气中的有害污染物，也可在缺氧环境中使用，从而有效地进行灭火、抢险救灾救护和劳动作业。

正压呼吸器分两种，即能独立供给空气的正压呼吸器和能独立供给氧气的正压呼吸器。独立供给空气的正压呼吸器又分电动送风式呼吸器和正压式空气呼吸器两种，对于化学实验室，一般使用正压式空气呼吸器（简称正压呼吸器）。

正压呼吸器用于超出过滤式防毒面具使用功能范围的毒气泄漏（如 CO、H_2S、Cl_2、HCN）、缺氧（如环境中存在大量 CO_2 或 N_2）或刺激物质释放（如化学品爆炸、催泪、气味特臭、烟雾）等严重情况。虽然不是每个实验室都会发生这些严重事件，但是单位或项目组或楼层是需要配备的。

适合于化学实验室的正压呼吸器是一种自给开放式空气呼吸器，由耐高压（30MPa）的6.8L碳纤维瓶、减压阀、供气阀、面罩和背板等组成，见图8-39。

图 8-39　正压呼吸器的组成　　　　　图 8-40　正压呼吸器的使用

碳纤维瓶用于存储洁净空气，工作时与外界空气无关。空气从高压气体瓶经减压阀减压再经能自行调整供气量的供气阀减压后，送至面罩内供使用者吸入，呼出的空气经面罩上的排气阀直接排出面罩至大气中，见图8-40。

表8-6是人体正常时吸入与呼出的空气成分（体积分数），考虑到面罩内的气体是来自气瓶

和人体呼出气体的混合气体，所以产品说明书上的使用时间是按佩戴者呼吸量的 3 倍，即平均 30L/min 耗气量计算的，通常使用时间为 40～60min。实际佩戴者的耗气量会随以下因素变化，如负重操作呼吸加快、环境温度、体质、情绪等，因此使用者要综合考虑到这些因素。

表 8-6　人体正常时吸入与呼出的空气成分 (体积分数)

气体	吸入含量(%)	呼出含量(%)
氧	20.942	17.242
二氧化碳	0.038	3.738
氮	78.084	78.084
氩	0.934	0.934
其他气体	0.002	0.002

2）使用方法

（1）佩戴正压呼吸器时，先将快速接头断开（以防在佩戴时损坏全面罩），然后将背板托放在人体背部（空气瓶开关在下方），根据身材调节好肩带、腰带并系紧，以合身、牢靠、舒适为宜。

（2）把全面罩上的长系带套在脖子上，使用前将全面罩置于胸前，以便随时佩戴，然后将快速接头接好。

（3）将供给阀的转换开关置于关闭位置，同时打开空气瓶开关。

（4）戴好全面罩（可不用系带）进行 2～3 次深呼吸，应感觉舒畅。屏气或呼气时，供给阀应停止供气，无"咝咝"的气流响声。用手按压供给阀的杠杆，检查其开启或关闭是否灵活。一切正常时，将全面罩系带收紧，收紧程度以既要保证气密又感觉舒适、无明显的压痛为宜。

（5）撤离现场到达安全处所后，将全面罩系带卡子松开，摘下全面罩。

（6）关闭气瓶开关，打开供给阀，拔开快速接头，从身上卸下呼吸器。

3）注意事项

（1）当气体瓶内空气消耗至 5MPa 以下时将有报警哨声响起，此时必须在 5min 内离开该事故场所，到清洁区域按照程序卸下。

（2）平时要建立书面台账，至少每个月要记录一次瓶内空气压力，当低于 20MPa 时就要由有资质的供气单位进行充装。

（3）正压呼吸器在初次使用前必须经过产品生产商，或经销商，或专门人员培训。如果长期未使用，每隔三个月需要再培训，以免忘记操作程序、临阵手忙脚乱。

第三节　职业病预防

职业病是指劳动者在职业活动中，因接触粉尘、放射性物质或其他有毒、有害物质等因素而引起的疾病。一般来说，凡是符合法律规定的疾病才能称为职业病。《中华人民共和国职业病防治法》规定，职业病必须具备四个条件：①患病主体是企业、事业单位或个体经济组织的劳动者；②必须是在从事职业活动的过程中产生的；③必须是因接触粉尘、放射性物质或其他有毒、有害物质等职业危害因素引起的；④必须是国家公布的职业病分类和目录中所列的职业病。四个条件缺一不可。

化学实验室是研发人员同易燃易爆、有毒有害物品打交道的工作场所。有的化学实验室还可能伴有粉尘（如硅胶粉）和放射性物质。在这样的一个小环境中，每一位相关人员必须深知这些物品的各种危害性，在尽可能减少急性中毒或危害的同时，也要预防慢性中毒。在化学实验室里产生的职业病就是由急性中毒、慢性中毒或其他因素引起的。

一、职业接触限值

职业接触限值也称职业暴露限值（occupational exposure limits，OEL 或 OELs），是职业性有害因素的接触限制量值，是指操作者在职业活动过程中长期反复接触，对绝大多数接触者的健康不引起有害作用的容许接触水平（一般指浓度）。也就是说，当有害因素超过规定的容许接触水平时，在该环境下工作的人有可能得相应的职业病，低于容许接触水平则相对比较安全（个体案例除外）。

二、职业性有害因素

职业性有害因素（occupational hazards）又称职业病危害因素，是指在职业活动中产生和（或）存在的，可能对职业人群健康、安全和能力造成不良影响的因素或条件，包括化学、物理、生物和劳动损伤等因素。本节仅涉及化学因素。

三、化学性有害因素的职业接触限值分类

化学性有害因素的职业接触限值可分为时间加权平均容许浓度（PC-TWA）、短时间接触容许浓度（PC-STEL）和最高容许浓度（MAC）三类。

1. 时间加权平均容许浓度

时间加权平均容许浓度（permissible concentration-time weighted average，PC-TWA）是以时间为权数规定的 8h 工作日、40h 工作周的平均容许接触浓度。

2. 短时间接触容许浓度

短时间接触容许浓度（permissible concentration-short term exposure limit，PC-STEL）是指在遵守 PC-TWA 前提下容许短时间（15min）接触的浓度。

3. 最高容许浓度

最高容许浓度（maximum allowable concentration，MAC）是指某个工作地点，在一个工作日内的任何时间有毒化学物质均不应超过的浓度。

四、职业接触限值标准

《工作场所有害因素职业接触限值化学有害因素》（GBZ 2.1—2007）规定了主要化学有害因素的职业接触限值。

（1）工作场所空气中化学物质容许浓度。GBZ 2.1—2007列有339个受控化合物，化学实验室中一些常用化学物质的容许浓度见表8-7。

（2）工作场所空气中粉尘容许浓度（略）。其中硅藻土粉尘（游离 SiO_2 含量<10%）的 PC-TWA 为 $6mg/m^3$。

（3）工作场所空气中生物因素容许浓度（略）。

表 8-7　工作场所空气中常用化学物质的容许浓度

中文名	英文名	化学文摘号（CAS No.）	OELs（mg/m³）			备注
			MAC	PC-TWA	PC-STEL	
氨	ammonia	7664-41-7	—	20	30	—
苯	benzene	71-43-2	—	6	10	皮，G1
苄基氯	benzyl chloride	100-44-7	5	—	—	G2A
丙酮	acetone	67-64-1	—	300	450	—
二氯甲烷	dichloromethane	75-09-2	—	200	—	G2B
过氧化氢	hydrogen peroxide	7722-84-1	—	1.5	—	—
环己烷	cyclohexane	110-82-7	—	250	—	—
甲苯	toluene	108-88-3	—	50	100	皮
甲醇	methanol	67-56-1	—	25	50	皮
甲硫醇	methyl mercaptan	74-93-1	—	1	—	—
甲醛	formaldehyde	50-00-0	0.5	—	—	敏，G1
硫化氢	hydrogen sulfide	7783-06-4	10	—	—	—
氯	chlorine	7782-50-5	1	—	—	—
三氯甲烷	trichloromethane	67-66-3	—	20	—	G2B
四氯化碳	carbon tetrachloride	56-23-5	—	15	25	皮，G2B
四氢呋喃	tetrahydrofuran	109-99-9	—	300	—	—
一氧化碳	carbon monoxide	630-08-0	—	20	30	—
乙腈	acetonitrile	75-05-8	—	30	—	皮
乙硫醇	ethyl mercaptan	75-08-1	—	1	—	—
乙醚	ethyl ether	60-29-7	—	300	500	—
乙酸乙酯	ethyl acetate	141-78-6	—	200	300	—
正庚烷	*n*-heptane	142-82-5	—	500	1000	—
正己烷	*n*-hexane	110-54-3	—	100	180	皮

注：1. 标有"皮"的物质，表示可因皮肤、黏膜和眼睛直接接触蒸气、液体和固体，通过完整的皮肤吸收引起全身效应。

2. 标有"敏"的物质是指已被人或动物资料证实该物质可能有致敏作用。通过上岗前体检和定期健康监护，尽早发现特异易感者，及时调离接触。

3. 化学物质的致癌性标识按国际癌症研究机构（IARC）分级，作为参考性资料：G1. 确认人类致癌物（carcinogenic to humans）；G2A. 可能的人类致癌物（probably carcinogenic to humans）；G2B. 可疑的人类致癌物（possibly carcinogenic to humans）。

4. 职业危害有毒物质的浓度可以自己测定，也可以委托有资质单位测定。

5. 放射性物质在第三篇第十八章第二节中已有涉及。

五、降低工作场所化学物质浓度的措施

（一）增加空气置换次数和调整送排风比值

如本章第一节所述，适当增加空气置换次数和调整送排风比值，通过强化吐故纳新的措施可以降低工作场所化学物质的浓度。

（二）采用绿色化学

用化学的原理、技术和方法，从源头上消除或减少对作业人员的健康、作业环境有害的原料、溶剂、反应产物和副产物等的使用和产生。不使用有毒有害物质，尽量使用低毒无害的原料，尽量不产生废物，以阻止污染的产生。

复习思考题

1. 在化学实验室工作期间为什么不能开着门或者开着窗子？

2. 通风橱门的使用要领，配重钢质拉索以及夹胶防爆玻璃的注意事项。

3. 化学实验室的个人防护用品(PPE)主要有哪几类？如何正确选用？

4. 理解化学性有害因素的职业接触限值，包括时间加权平均容许浓度(PC-TWA)、最高容许浓度(MAC)和短时间接触容许浓度(PC-STEL)的意义。

第九章　电气安全管理

化学实验室里有许多电气设施和仪器，电气事故时有发生，主要是电气火灾和人体触电。

第一节　电气防火

电气火灾五花八门，主要由短路、抄近路、接触不良、线径小或过载、线路杂乱以及没有安全距离等引起。

一、短路

短路是电气线路中的电线由于各种原因造成相线与相线、相线与零线(地线)的连接，在回路中引起电流瞬间增大的现象。短路的形式一般分为三种：相线之间的连接称为相间短路；相线与零线(地线)之间的连接称为直接接地短路；相线与接地导体之间的连接称为间接接地短路。电器的疲劳、磨损或电线老化等是化学实验室中引起短路起火的主要原因。

二、抄近路

偷懒、投机取巧是自然界基本属性的延伸，世间万物包括电流也有偷懒和投机取巧的特性，电流不愿意通过电阻，尽量走没有电阻或低电阻的线路，喜欢抄近路。调节反应电加热的调压器是通过不同的导线匝数来变压的，各种电机也有一定的导线匝数。如果这些导线的绝缘漆被腐蚀或被机械等原因损坏而掉落，电线内金属体裸露，电流就会抄近路直接通过，造成导线线匝间碰线，也称匝间短路，导线线匝间电压击穿，继而急剧升温而烧毁线圈或整个电器，如图9-1所示。若不及时发现或解决，可能引燃周围物品，使火情扩大，导致更大火灾。

图9-1　由于匝间短路而被烧坏的调压器

三、接触不良

由于氧化、松动等原因造成的接触不良以及电源插头接触不良等，都可以形成电阻而发热，久而久之(甚至很快)被烧毁，如图9-2所示。平时要关注所用电器，做好维护保养，紧固各个电器接头，确认损坏的要坚决淘汰或更换。

四、线径小或过载

电器设计或使用时,众多电器的线路排布没有充分考虑到线径是否符合将来的负载要求,经常出现线径小或超过荷载,结果电线发热,久而久之(甚至很快)绝缘层被熔化而起火燃烧,如图9-3(a)所示。图9-3(b)是一个调压器同时带动多个大功率加热圈,一拖二、一拖三或更多,导致调压器超过荷载而发热燃烧。

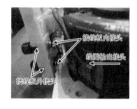

图 9-2　由于接触不良而被烧坏的调压器

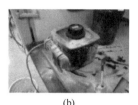

(a)　　　　　　　　(b)

图 9-3　由于线径小或过载而被烧毁的线路(a)以及调压器(b)

图 9-4　接线板上连接多个大功率的电器

多插孔的接线板上连接多个大功率的电器,如图9-4所示,也可能导致发热起火烧毁,进而引起大火。

五、线路杂乱

化学实验室以及分析实验室中电器多,线路杂乱,从而滋生安全隐患,如图9-5所示。

图 9-5　线路分布无序

(1)电器多电线就多,未适当排布和整理就会显得杂乱。一部分电线挂在实验台后面,一部分电线拖在地上,研发人员在变换各种单元操作或要使用插头时会经过这些电线,很容易绊倒或导致意外的触电事故。

(2)由于这些电线包括弱电网络线和信号线分布无序,清洁工一般很难清扫这些电线所在的狭隘区域,所以这些地方布满灰尘,而实验室中都是精密仪器,灰尘长期存在会影响仪器的正常运转和使用寿命。清洁工不打扫的原因有:线路太多并拖在地上无法打扫;为了清洁人员的安全,因为他们要拖地肯定会有水,水易导电,容易发生事故;因为电线乱,清洁人员可能会不小心触碰插头并使其脱落,导致仪器停机。

通过改造，在放置众多电器、电线杂乱排布的桌子后面各加装一排盒子，将仪器电线理顺，统统整齐地放在盒子里面，这样既整洁又安全，排除了线路杂乱带来的安全隐患，如图 9-6 所示。

图 9-6　既整洁又安全的实验室环境

六、安全距离

电器与危险试剂之间、电器与危险操作之间，以及电器与任何可能存在的危险源之间，一定要保持合适的安全距离。

开口的桶装有机溶剂与插座插头、水泵电机紧挨着，安全距离明显不够，见图 9-7，这样做，出事是必然，不出事才是偶然（运气）。图 9-8 是一次事故发生后的情景，层析柱就在电源插座旁边，没有安全距离可言，结果洗脱剂喷溅在插座上引起燃烧，当事人的脸部被严重烧伤。

另有一例，某清洁工将乙醇洗缸靠墙放着，而电源插座就在旁边的墙上，结果由于操作不小心，碱性乙醇被撒泼在墙上的电源插座中，导致短路起火，引燃洗缸内的乙醇。

调压器与反应瓶要尽量

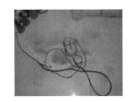

图 9-7　安全距离不够的现象　　图 9-8　安全距离不够引起的事故

拉开距离，如果距离太近，一旦反应发生溢料或冲料，调压器就会被引着起火。即使调压器当时没有着火，也会被腐蚀，在以后的日子里易发生线圈短路起火。在化学实验室里由于安全距离不够引起的电气火灾事故很多，要吸取教训。

七、电火花和电热

化学实验室内的一些局部空间，如冰箱内部、溶剂流淌的局部区域等，很容易形成爆炸极限。此区域一旦有电火花或电热，就会发生燃烧或爆炸事故。

关闭或打开带负荷的电开关时，接触处会产生火花或电弧，继而引起火灾以下是一起类似的事故。

某实验人员进行加压过柱操作时，石油醚溅出，他下意识地拔出电插头，结果电火花引燃有机溶剂蒸气，继而将整个通风橱烧着，最后排风系统的管道、楼顶的风机、技术夹层都被烧毁。

一些电热器，如电吹风、电热枪等，由于高温也会引燃有机液体或有机蒸气。例如，某研发人员先是用电吹风吹玻璃器皿，然后放下电吹风，又从通风橱里将满满的废液瓶端出，见图 9-9；结果从瓶口溢出的有机废液流淌在电吹风上而引起通风橱内着火，见图 9-10；研发人员由于紧张，将废液瓶打碎在地上，见图 9-11；形成地面流淌火，见图 9-12。天花板上的喷淋启动，加上在场人员的努力扑救，大火最终被扑灭。

图 9-9 从通风橱里将满满的废液瓶端出

图 9-10 从瓶口溢出的有机废液流淌在电吹风上而引起通风橱内着火

图 9-11 废液瓶打碎在地上

图 9-12 形成地面流淌火

八、合理开关

电源的开启要遵守逐级递进的原则，而电源的关闭要遵守逐级递退的原则。

开启时：先总后分，即先开总开关再逐级往下，最后开末端电器。如图 9-13 所示，开启时采取由上而下逐级递进的操作程序。

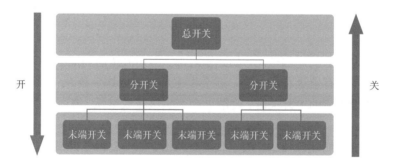

图 9-13 电源的开启和关闭原则

关闭时：先分后总，即先关闭各末端电器，再逐级往上，最后关总开关。如图 9-13 所示，关闭时采取由下而上逐级递退的操作程序。

这样做的好处：一是开或关时不带负荷或少带负荷，不冒电火花或不冒大的电火花，可以减少相关事故的发生，特别是在爆炸极限环境中或接近易燃易爆危险品的地方，不按照上述原则开关电器，冒出的电火花常常是一些爆炸火灾的导火索；二是可以延长电器设施和仪器的使用寿命，此举也是维护保养的基本要求。对于此操作要养成习惯，不能投机取巧，贪图省事。

九、发生火灾时应注意的事项

(1)当发生由于电气事故而引起的火灾时，除了有特殊情况外，应该立即切断电源，然后再开始灭火。

(2)因特殊情况，需要在通电的情况下直接灭火时，由于用水灭火有发生触电的危险，故应用干粉灭火器或二氧化碳之类的灭火器灭火。

(3)对于发生灾害时不能切断电源进行灭火的场合，为了防止事故的发生，必须预先制订相应的特别对策。

第二节　触电预防

电作用于人体的机理是很复杂的，研究表明，电对人体的伤害主要来自电流，触电事故是由电流的能量造成的，也就是说，电流是造成触电危害的本质。

人体能感知的触电跟电压、电流、时间、人身电阻、电流通道和频率等因素有关。人手能感知的最低直流为5～10mA(感觉阈值)，对50Hz交流的感知电流为1～10mA。

一般情况下，交流15～20mA以下及直流50mA以下，对绝大多数的人体是安全的，但如果持续时间过长(如1～2s)，即使电流小到8～10mA，也可能使人致命，人体电阻一般在1000Ω左右，我国规定的交流安全电压上限为42V，直流电压上限为72V，我国的电压为380/220V，这是危险电压。

一般而言，电网220V交流电会对人体造成伤害，50mA是危及生命的认可值。

电流对人体的伤害可分为电击和电伤。电击是电流通过人体内部破坏人体内部器官(如心脏、肺部的正常功能等)以及神经系统而造成的伤害。人体触及带电的导体、漏电设施的外壳或其他带电体，以及电容器放电等，都可以导致电击。电伤是电流的热效应、化学效应或机械效应对人体外表造成的局部伤害，如电弧灼伤、电烙印、皮肤金属化等。电伤在不是很严重的情况下，一般无生命危险。

通常遇上的触电事故基本上是由电击引起的，是触电事故后果中最严重的。

一、电击触电方式

按照人体触及带电体的方式和电流流过人体的途径，电击可分为单相触电、相间触电和跨步电压触电。

（一）单相触电

人体在无绝缘的情况下直接触及三相火线中任何一相，电流通过人体流入大地，这种触电现象称为单相触电。对于高压带电体，人体虽未直接接触，但由于超过了安全距离，高电压对人体放电，造成单相接地而引起的触电，也属于单相触电，这种触电常常导致电气伤害事故。

（二）相间触电

当人体与大地绝缘时，若人的双手或其他部位同时触及两根不同的相线，则形成相间触电。

人体的两个部位同时接触带电设备或线路中的两相导体，或在高压系统中，人体同时接近不同相的两相带电导体，而发生电弧放电，电流从一相导体通过人体流入另一相导体，构成一个闭合电路，这种触电方式称为相间触电，也称双线触电。发生相间触电时，作用于人体上的电压等于线电压，这种触电是最危险的。

（三）跨步电压触电

当带电设备发生某相接地故障时，接地电流流入大地。在距接地点不同的地表面呈现不同电位，距接地点越近电位越高。当人的两脚同时踩在带有不同电位的地面两点时，就引起两脚之间的跨步电压差，称为跨步电压。当电压差超过人体允许的安全电压时就会引起跨步电压触电。

二、电击对人体伤害程度的影响因素

一般而言，电击对人体的伤害程度与 5 个因素有关：通过人体的电压、通过人体的电流、电流作用时间的长短、人体的电阻和电流通过人体的途径。这 5 个因素中每一个因素都有危害阈值，其中，电流是对人体构成危害的本质要素，然而要达到一定量的电流，还需要其他 4 个因素的共同作用。

（一）通过人体的电压

如果满足了除电压外的其他 4 个因素的伤害阈值，较高的电压对人体的危害十分严重，轻则引起灼伤，重则致人死亡。从人触碰的电压情况来看，一般除 36V 以下的安全电压外，高于这个电压，人触碰后都将可能是危险的。

电压的高低对人的危害只是一种间接关系，如果达不到其他 4 个因素的伤害阈值，再高的电压几乎都不能对人体构成伤害。例如，周界报警防护用的电子围栏脉冲电压高达 5000～8000V，但是存储能量小于 2J，对人体一般不会造成伤害。又如，人体静电有时高达 100000V 以上，也很少对人体构成伤害，这是因为电流很小，导致危害的能量小。

（二）通过人体的电流

人体触电的原因是电流，通过人体的电流是造成人体伤害的关键。

一般情况下，通过人体的电流越大，人体的生理反应越明显、越强烈，生命的危险性也就越大。而通过人体的电流大小又主要取决于施加于人体的电压、人体电阻、电流作用时间的长短和途径部位。一般人群中，当人体经受的电流和时间超过 30mA·s

时，就很难自主脱离电源，导致失去知觉而发生危险，超过 50mA·s 就可能造成触电死亡。

（三）电流作用时间的长短

电流通过人体时间的长短与对人体的伤害程度有很密切的关系。人体在电流作用下，时间越短获救的可能性越大。电流通过人体的时间越长，对人体的机能破坏越大，人体获救的可能性也就越小。

通电时间越长，电击伤害程度越严重。通电时间短于一个心脏周期时（人的心脏周期一般为 75ms），一般不至于发生有生命危险的心室纤维颤动；但是如果触电正好开始于心脏周期的易损伤期，仍会发生心室颤动。

（四）人体的电阻

人触电与人体的电阻有关。人体的电阻一般在 1000～10000Ω，其中皮肤角质层的电阻最大。当皮肤失去角质层时，人体电阻就会降到 800～1000Ω。皮肤出汗、潮湿和有灰尘（金属灰尘、极性物质）也会使皮肤电阻大大降低。皮肤电阻降低后，通过的电流就越多，触电时的危险程度也就越大。即使在较低的电压下，低电阻的人体也会由于强大的电流通过而危及生命。

不同的人由于人体电阻的不同，导致不同的触电危险性。若系统电压为 380/220V，单相触电时人身电阻以 1000Ω 计，则通过人身的电流为：$I=(220 \div 1000)A=0.22A$，这个数值远大于 50mA，有致命危险。如果另一个人的电阻为 10000Ω，则电流只有 22mA，可能有危险；如果戴了绝缘手套，电阻超过 200000Ω，就不会有触电感觉，更不会有任何危险。

（五）电流通过人体的途径

电流通过人体时，可使表皮灼伤，并能破坏心脏、刺激神经及损坏呼吸器官的机能。电流通过人体的路径如果是从手到脚，中间经过重要器官（如心脏）时最为危险；电流通过的路径如果是从脚到脚，则危险性较小。

电流流经心脏会引起心室颤动而致死，较大电流还会使心脏立即停止跳动。在通电途径中，胸—左手的通路最为危险。各种不同通电途径的相对危险性可以以心脏电流系数来表示。电流纵向通过人体比横向通过人体时心脏上的电场强度要高，更易发生心室颤动，因此危险性更大一些。电流通过中枢神经系统时，会引起中枢神经系统强烈失调而造成窒息，导致死亡。电流通过头部会使人昏迷，严重时也会造成死亡。电流通过脊髓会使人截瘫。

另外，与触电者的身体健康状况也有一定关系，如果触电者有心脏病、神经病等，危险性就比健康的人大得多。

三、防止触电事故的基本措施

电气绝缘、设备及其导体载流量、明显、准确、统一的标志等是保证用电安全的基本要素。只要这些要素都能符合规范的要求，正常工作下的用电安全是可以得到保证的。

（一）电气绝缘

保持电气设备和供配电线路的良好绝缘状态是保证人身安全和机电电气设备无事故运行的最基本要素。电气的绝缘性能可以通过测定其绝缘电阻、耐压强度、泄漏电流和介质损耗等参数加以衡量。

（二）安全载流量

导体的安全载流量是指导体内通过持续电流的安全数量。当导体中通过的持续电流超过安全载流量时，导体发热就会超过允许值，绝缘将会损坏，甚至引起漏电和火灾。因此，根据导体的安全载流量确定导体的截面和选择设备是非常重要的。

（三）明显、准确、统一的标志

明显、准确、统一的标志是保证用电安全的重要因素。标志一般有颜色标志、标识牌标志和型号标志等。颜色标志可以区分各种不同性质、不同用途的导线；标识牌标志一般作为危险场所的标志；型号标志作为设备特殊结构的标志。

四、触电急救

人触电后不一定会立即死亡，往往呈"假死"状态，如果抢救及时，方法得当，人就可以获救。因此，现场急救对抢救触电者是非常重要的。国外一些统计资料指出，触电后1min 开始救治者，90%有良好效果；触电后 12min 开始救治者，救治的可能性就很小，这说明抢救时间是一个重要因素。因此，争分夺秒、及时抢救是至关重要的。平时要对员工进行触电急救常识的宣传教育，可以外请专家。触电失去知觉后进行抢救，一般需要很长时间，必须耐心地持续进行。只有当触电人面色好转、口唇潮红、瞳孔缩小、心跳和呼吸逐步恢复正常时，才可暂停数秒进行观察。如果触电人还不能维持正常心跳和呼吸，则必须继续进行抢救。触电急救应该尽可能就地进行，只有条件不允许时，才可将触电人抬到可靠地方进行急救。在运送医院途中，抢救工作也不能停止，直到医生宣布可以停止为止。抢救过程中不要轻易注射强心针，只有确定心脏已停止跳动时才可使用。

五、预防触电的方法

（一）漏电保护装置

任何一个供电系统都有漏泄电流，其大小由系统的绝缘电阻及对地电容决定。当人触及相导线时，通过人身的电流为当时系统的漏泄电流。漏电保护装置是用来防止人身触电和漏电引起事故的一种接地保护装置，当电路或用电设备漏电电流大于装置的整定值，或人身发生触电危险时，它能迅速运作，切断事故电源，避免事故的扩大，保障人身、设备的安全。

化学实验室应安装 15～30mA，并能在 0.1s（100ms）内运作的漏电保护装置，更灵敏的漏电保护装置的响应时间为 30ms。

（二）保护接地装置

当电气设备的绝缘损坏时，可能使正常不带电的金属外壳或支架带电。如果人身触及这些带电的金属外壳或支架，就会发生触电事故。为了防止这种触电事故，应将那些因电气设备绝缘损坏而可能带电的金属外壳和支架接地，这是很有效的措施。用来实现接地的接地线和接地极统称接地装置，如图9-14所示。

图9-14　接地装置

保护接地装置的要求与静电的接地预防相同，可以接在同一个"等电位连接端子箱"上，一线两用，既可防漏电危害，也可以防静电危害。可参见本章第三节中静电的预防。

第三节　静 电 防 护

静电防护在实验室安全管理中是不可忽视的重要内容。未按照规范去防范静电起电，常会发生一些火灾或爆炸事故。

一、静电的产生

静电是一种宏观上暂时停留在某处保持相对静止状态的电荷。物质都是由分子组成，分子是由原子组成，原子中有带负电的电子和带正电的质子。在正常状况下，一个原子的质子数与电子数相同，正负平衡，所以对外表现出不带电的现象。但是电子环绕于原子核周围，一经外力即脱离轨道，离开原来的原子 A 而侵入其他的原子 B，A 原子因缺少电子数而带有正电，称为阳离子，B 原子因增加电子数而带负电，称为阴离子。造成不平衡电子分布的原因是电子受外力而脱离轨道，这个外力包含各种能量（如动能、势能、热能、化学能等），任何两个不同材质的物体接触后再分离，即可产生静电，称为静电起电，如图9-15所示。

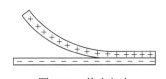

图9-15　静电起电

当两个不同的物体相互接触时就会使得一个物体失去一些电荷（如电子转移到另一个物体）而带正电，另一个物体得到一些剩余电子而带负电。若在分离的过程中电荷难以中和，电荷就会积累使物体带上静电。所以物体与其他物体接触后再分离就会带上静电。例如，在从一个物体上剥离一张塑料薄膜时就是一种典型的"接触分离"起电，在日常生活中脱衣服产生的静电也是"接触分离"起电。固体、液体甚至气体都会因接触分离而带上静电。为什么气体也会产生静电呢？因为气体也是由分子、原子组成，当空气流动时分子、原子也会发生"接触分离"而起电。所以在我们的周围环境中甚至我们的身上都会带有不同程度的静电，当静电积累到一定程度时就会发生放电。

静电起电包括使正、负电荷发生分离的一切过程。例如，通过固体与固体表面、固体与液体表面之间的接触、摩擦、碰撞，固体或液体表面的破裂等机械作用产生的正、负电荷分离，也包括气体的离子化、喷射带电等现象。接触距离小于 $2.5\mathrm{nm}(25\times10^{-10}\mathrm{m})$ 再分离是静电起电的本质。任何不同材质的物体接触后再分离，即可产生静电。摩擦实质上是一种接触分离造成正负电荷不平衡的过程，甚至没有接触的感应等方式也会产生静电。在任何时间、任何地点都可能产生静电，完全不产生静电几乎是不可能的，但是可以采取适当措施来控制静电保持在无危害的范围内。

冬季穿毛衣或化纤衣，在抓住门把手的瞬间手指会因电击而发麻，甚至冒火花；当梳头、脱毛衣或化纤衣时，电火花直冒，发出嚓嚓的响声，这种现象就是静电放电。人类通过日常活动可以产生 25000V，甚至更高的静电放电，如图 9-16 所示。人类手的神经可感觉到低至大约 3000V 的静电放电。

身上80000V的静电　　身上100000V的静电

图 9-16　人体的静电

静电起电方式除了接触-分离静电外，还有破断静电、感应静电、电荷转移静电、热电起电、压电起电、电解起电、亥姆霍兹层、喷射起电等很多起电方式。

时至今日，物理学理论还没有完全合理地解释静电这种自然现象。

二、电阻率

当物体产生了静电，其电荷能否积聚下来，主要取决于电阻率。

电阻率是电导率的倒数，是影响静电积蓄的重要原因。固体物质的电阻率用面电阻率 ρ_s 表示，单位是 Ω；液态物质的电阻率用体电阻率 ρ_v 表示，单位是 $\Omega\cdot\mathrm{cm}$。物体的电阻率高，导电性差，电子不易流失，也难以获得；电阻率低的物质，导电性好，电子获得和流失也容易。

就防静电来说，液态物质的电阻率在 $10^6\sim10^8\Omega\cdot\mathrm{cm}$ 者，即使产生静电也较易消失，不会有危害。电阻率在 $10^9\sim10^{10}\Omega\cdot\mathrm{cm}$ 者，有可能引起静电危害，但是产生的静电量不大；电阻率在 $10^{11}\sim10^{15}\Omega\cdot\mathrm{cm}$ 的物质，极易积蓄静电，是防静电的重点；电阻率大于 $10^{15}\Omega\cdot\mathrm{cm}$ 的物质，不易产生静电，但若一旦产生，也较难消除。

表 9-1 为实验室几种常用液体在常温下的电阻率。

表 9-1　实验室几种常用液体在常温下的电阻率

名称	电阻率($\Omega\cdot\mathrm{cm}$)	名称	电阻率($\Omega\cdot\mathrm{cm}$)	名称	电阻率($\Omega\cdot\mathrm{cm}$)
石油醚	8.4×10^{14}	乙醚	5.6×10^{11}	乙酸乙酯	1.7×10^7
庚烷	4.9×10^{13}	乙醇	7.4×10^8	甲醇	2.3×10^6
二甲苯	3.0×10^{13}	正丁醇	1.1×10^7	乙酸甲酯	2.9×10^5
甲苯	2.7×10^{13}	丙酮	1.7×10^7	蒸馏水	1.0×10^6

三、静电的危害实例

静电的危害很多，给化学实验室、中试实验室或车间带来的主要危害是爆炸或火灾。

静电之所以能造成爆炸或火灾危害,主要是由于静电荷火花放电和爆炸极限两个因素交汇作用的结果。对于具有潜在爆炸危险的场所,当静电放电能量达到周围易燃易爆物质的最小点燃能量时,就会引起火灾爆炸事故。

案例1

在某新药研发公司的公斤级实验室中,在旋蒸大量的非极性馏分时,由于静电积蓄放电引起火灾,且现场大量溶剂混放,导致火势迅速蔓延,不可控制,最后报119火警,消防大队出动了多辆消防车。虽然大火最终被扑灭,但偌大的公斤级实验室还是被全部烧毁,见图9-17。事故还殃及其他区域,事后该研发公司被政府责令停业整顿。

图9-17　被烧毁的实验室

50L的大反应瓶和旋蒸瓶,因为体积过大,加上使用非极性溶剂,本身就很难做到静电及时导泄和完全泄除,特别是50L玻璃材质的大反应瓶和旋蒸瓶,其不能单独使用非极性溶剂。而该公司没有把防静电作为基本防护工作来做,不按照科学规律制订操作规程,起火燃烧是必然的。

案例2

非极性溶剂在离心机高速旋转操作中极易起静电,瞬间可积蓄大量静电荷,虽然做了静电防护,但是因为面积和体积都很大,所以很难通过表面的静电泄导装置进行及时完全的泄导,由此经常性地发生静电放电起火事故,将物料烧毁,造成损失。

案例3

用空气泵从200L铁桶中抽取正庚烷送至反应釜,塑料管内的流速达4m/s,虽然管内穿有不锈钢条,但是管子一头的静电夹未接上反应釜的接地金属体,快抽完时,将管子插到桶底,瞬间发生静电放电而爆炸,空桶当场被炸出车间大门十米开外。

案例4

将甲苯和甲基叔丁基醚混合的废液打入200L塑料桶,然后装车。虽然使用的输送废液的塑料管外缠有导除静电的不锈钢丝(图9-18),但未彻底按照规程操作。塑料管的一头没有使用静电夹接地,导致静电积蓄继而放电起火发生溶剂桶爆炸,引起大火和连续多次大爆炸,将旁边正在等待装货的大货车引燃,8个轮胎被全部烧毁,轮胎及废溶剂燃烧的浓浓黑烟在几千米外都能看见。后经10辆消防车和消防队员的现场施救(图9-19),才将大火扑灭,其中一名消防队员受伤。事故发生后,几个相关责任人被刑拘。

案例5

非极性溶剂的反应或后处理不能用难以泄导静电的容器(如内衬玻璃搪瓷的反应釜

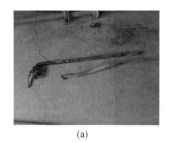
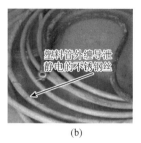

塑料管外缠导泄
静电的不锈钢丝

(a)　　　　　　　　　　　(b)

图 9-18　金属插底管(a)和外缠不锈钢丝的塑料管(b)　　　　图 9-19　救火现场

等),只能用金属如碳钢或不锈钢材质的容器。有一个以正庚烷为溶剂的反应,负责人认为金属材质会影响产品质量,因为产物中不允许含有任何微量的金属离子,所以固执违规使用内衬玻璃搪瓷的反应釜。结果导致放料时积蓄的大量静电通过人体放电起火,三个员工被烧伤,其中一个员工全身烧伤面积达 30%,需要大面积植皮,医疗费用达40 多万元。

案例 6

当气体在管道内高速流动或由阀门、缝隙高速喷出时,也会同液体一样产生危险的静电,特别是当气体内含有灰尘、铁末、液滴、蒸气等杂质微粒时,通过这些微粒的碰撞、摩擦、分裂等过程,可产生高达万伏以上的静电。某研发人员用高压氢气钢瓶充装两个氢气球,充足后,一手一个拿着离开,半路上,其中一个起火,将手烧伤,袖子也被烧焦。

四、静电的预防

静电最为严重的危险是引起爆炸或火灾,在实验室中,有些莫名其妙的起火爆炸事故,查到最后,原来都是静电在作祟。一旦爆炸极限形成,静电释放往往是爆炸和火灾的罪魁祸首。

在化学实验室里,由物料(主要是溶剂)的静电造成起火或爆炸事故的,主要与物料的极性、流速(包括管道输送速度、搅拌速度、加热回流时蒸气分子与冷凝管内壁摩擦程度等)、体积量和爆炸性混合物的爆炸极限四个因素相关,四个因素需要同时交汇,缺一不可,只要控制住其中一个因素,就不会导致火灾或爆炸的发生。为了增加安全可靠性,四个相关因素中消除得越多越安全。

静电放电火花只有当静电起电和静电荷积蓄到一定程度形成高电位时才会发生。其中,物料的极性、流速和体积量是决定静电荷数量是否满足形成高电位而放电的三个因素,缺了其中任何一个因素,都不会构成具有危害性的高电位放电,即静电荷数量的危害阈值——放电时的电火花。例如,对高极性的物料,静电来得快去得也块,难以发生静电起电,所以在一般的工艺过程中,即使流速和体积量都很大,都不会有静电危害;如果没有流速,处于静止状态,非极性的物料再多,也不会产生静电,更不会发生静电起电;如果体积量很小(几毫升或几十毫升),即使是非极性的物料以及高速搅动,也不会形成危害或危害程度很小,因为能量低于 0.02mJ 的静电火花基本不能引燃一般常用物料，即使这些物料已经达到爆炸极限。

满足了静电荷数量并放出电火花这个条件，还要满足达到爆炸性混合物的爆炸极限才能引起爆炸或起火，即在爆炸极限不成立的环境中，仅存在静电火花也是不会发生起火或爆炸的。例如，图 9-20 中的静电火花，虽然发生在有机溶剂中，但是因为没有空气，所以不会起火或爆炸，静电火花安然无恙地在有机溶剂中不断闪着，然而一旦静电火花击穿塑料管，必然起火。

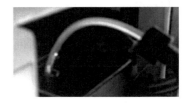

图 9-20 流动相管内的静电放电

除了溶剂的静电起电和静电积蓄放电造成危害之外，人体的静电起电和放电在爆炸极限环境中，也可以引发爆炸事故。

不断及时地导除产生的静电，以及采取其他方面的防护措施也可预防因静电起电和放电而引发的火灾或爆炸。

化学实验室的静电预防措施主要有以下几种：

(1)环境危险程度控制。静电引起爆炸和火灾的条件之一是存在爆炸性混合物。为了防止静电的危险，可采取降低爆炸性混合物浓度的措施，如增加通风换气次数、取代易燃介质等控制所在环境爆炸和火灾危险的程度。

(2)抗静电剂。抗静电剂主要是极性有机溶剂或试剂，能降低流动相的体积电阻率或表面电阻率以加速静电的逸散，消除静电的危险。例如，在实验室常用的石油醚等最易产生静电的烷烃中添加极性大的溶剂，可大大降低静电的生成和静电的泄除逸散，或改用很难产生静电的醇类等溶剂，限制静电的积累，防止静电火花的产生。实验室的实践证明，石油醚中含有高于 5%的乙酸乙酯时，就难以在 50L 以下的玻璃容器内产生静电的实质性危害。又如，在手性药物分离实验室中，将原来极易产生静电的非极性烷烃类正相柱色谱分离改为二氧化碳超临界流体色谱(SFC)技术，使用甲醇、乙醇或异丙醇等醇类，就能从本质上预防静电的产生。

(3)工艺控制。一是尽量避开使用高电阻率的液体溶剂；二是及时导除产生的静电。

一些有机溶剂特别是电阻率在 $10^{11}\sim10^{15}\Omega\cdot cm$ 的液体溶剂，如极性很小的烷烃类、醚类，它们在输送流动中，或在加热时，在沸腾(分子间的碰撞和摩擦)、回流和冷凝(分子间的碰撞和摩擦)，以及与玻璃之间的碰撞和摩擦)、搅拌、泼溅等情况下极易产生静电。为了有利于静电的泄导，可采用导电性工具；为了减轻火花放电和感应带电的危险，可采用合适阻值(如 107～109Ω)的导电性工具。

为了限制产生危险的静电，烃类在大型管道内流动时，流速与管径应满足以下关系：

$$V^2D\leqslant0.64$$

式中，V 为流速，m/s；D 为管径，m。

流速越快，静电起电就越大，所以需要限制流体在管道中的流速。

对于小管径，上述公式并不合适。对于公斤级或规模较大的中试实验室来说，非极性烃类溶剂的流速需控制在 2m/s 以内，并有静电泄导装置，如管内有不锈钢丝，管外有不锈钢丝缠绕，两端连有静电夹接地。对于化学实验室或分析实验室来说，非极性烃类溶剂的流速过高也会产生静电，图 9-20 显示了流动相管内的静电放电，当时的流速大于 2m/s，组分为 85%正庚烷和 15%异丙醇。后改为不锈钢材质的管子，并且接地，静电积蓄问题才得以解决。

为了防止静电放电，在液体灌装过程中不得进行取样、检测或测温操作。进行上述操作前，应使液体静置一定时间，使静电得到足够的消散或松弛。为了避免液体在容器内喷射和溅射产生大量静电，应将注液管延伸至金属容器底部，通过金属容器底部直接导地，以减少静电积蓄。

中试实验室或生产车间的反应釜，若使用非极性的烃类作溶剂，必须在内壁为金属(不锈钢、普通碳钢)的反应釜中进行，绝对不可用搪瓷玻璃釜。

 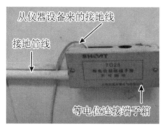

图 9-21　防静电措施

(4)仪器、设备和管线接地。接地的作用主要是消除导体上的静电，金属导体应直接接地。为了防止火花放电，应将可能发生火花放电的间隙跨接连通起来，并予以接地。仪器、设备和管线接地是最简单、最常用，也是最基本的防静电措施，如图 9-21 所示。但要注意，它只能消除导体上的静电，而不能消除绝缘体上的静电。

还需要注意：①防静电系统必须有独立可靠的接地装置(等电位连接装置)，接地电阻一般应小于 12Ω，埋设与检测方法应符合《水泥混凝土路面施工及验收规范》(GBJ 97-1987)的要求；②防静电地线不得接在电源零线上，不得与防雷线公用；③使用三相五线制供电，其大地线可以作为防静电地线，但是零线、地线不得混接；④接地主干线截面积应不小于 100mm²，支干线截面积应不小于 6mm²，设备和工作台的接地线应使用截面积不小于 1.25mm² 的多股敷塑导线，接地线颜色以黄绿色为宜。

(5)增湿。为防止产生大量静电，空气相对湿度应在 50%以上；为了提高静电消除效果，相对湿度应提高到 65%～70%。当空气相对湿度大于 70%时，物体表面往往会形成一层极薄的水膜。水膜能溶解空气中的二氧化碳，使表面电阻率大大降低，加速静电逸散。但是要注意，增湿的方法不宜用于防止高温环境中绝缘体上的静电。

(6)防静电工作服装和鞋。对易燃易爆工作场所，工作人员应统一穿着防静电工作服装和鞋，而且要有防静电服装和鞋的各方面指标以及性能的严格要求。防静电服装和鞋可以在穿着过程中消除静电隐患，避免生产事故的发生。

(7)静电消除器。在进入可能存在爆炸极限的环境前，或接触仪器设施前，需要将人体的静电清除掉，可以在门口安装人体静电消除器，触摸一下，使人体充分放电，如图 9-22 和图 9-23 所示。

图 9-22　标志　　　　　　　　　　图 9-23　人体静电消除器

不光是仪器设备要接地导除静电，人体也要进行静电接地。如果在某环境中只有仪器设备一方接地，当处于绝缘状态的带电人体(或物体)与接地体接近或接触时，会产生放电火花；相反，接地人体(或物体)接近或接触带静电的孤立导体时，同样会产生火花放电。

(8)雷电。例如，空中的闪电、运输雷和落地雷其实都是自然界的静电放电现象，危害也是很大的。雷电的防护需要在进行建筑设计时就要引起重视并按照有关设计施工标准切实实施：在建筑物最高处，如女儿墙四周，要使用规范的 25mm×4mm 防雷扁钢，连接导线需入地 2m 以上，包括各个实验室在楼顶的排风机等露天设施，都要共同牢固接地防雷。需要特别注意，实验室内的仪器、设备和管线的防静电系统接地线，可以与防漏电接地线相连，同接在等电位连接端子箱上，但不可与防雷电接地网线相连。

复习思考题

1. 电气火灾主要由哪些原因引起？
2. 开启和关闭电源要遵守什么原则？
3. 电击对人体的伤害程度与哪几个因素有关？对人体构成危害的本质要素是什么？
4. 试述静电的起电原因、危害和预防措施。

第十章　消防安全管理

　　化学实验室是一个存储和使用很多种类易燃易爆品的危险场所,加上各种电器等潜在危险源或隐患,消防安全管理需要得到切实重视和落实。

第一节　灭火器材与消防设施

　　在化学实验室工作,须知的第一点应该是,灭火器材在哪里,都有什么种类,以及如何使用。这些问题如果不搞清楚,与没有灭火器材的效果是等同的。

一、火灾分类

　　火灾依据物质的燃烧特性可划分为 A、B、C、D、E 五类,选择的灭火器材如下:

　　A 类火灾:指固体物质火灾。这种物质往往具有有机物的性质,一般在燃烧时产生灼热的余烬,如木材、煤、棉、毛、麻、纸张等的火灾。通常考虑选择干粉灭火器和灭火毯。

　　B 类火灾:指液体火灾和可熔化的固体物质火灾,如实验室内的有机溶剂、有机试剂和反应液等的火灾。通常考虑选择灭火毯(流淌火不适用)、干粉灭火器和二氧化碳灭火器。

　　C 类火灾:指氢气等气体的火灾。通常考虑选择干粉灭火器和二氧化碳灭火器。

　　D 类火灾:指金属火灾,如钾、钠、镁、铝镁合金等的火灾。通常考虑选择灭火毯或干沙。

　　E 类火灾:指带电物体和精密仪器等的火灾。通常考虑选择干粉灭火器和二氧化碳灭火器。

二、灭火器材的种类、特点和使用

　　古代的灭火器具比较简单,手压水枪是最常用的建筑火灾消防用品。

　　现代的灭火用品种类很多,除了高压水枪外,还包括灭火毯和各种灭火器等。其中,灭火器又有很多种类,按其移动方式可分为:手提式、背负式、推车式和吊挂式;按驱动灭火剂的动力来源可分为:储气瓶式、储压式、化学反应式;按所充装的灭火剂种类又可分为:泡沫、干粉、卤代烷、二氧化碳、清水等。常见的灭火器有:化学泡沫灭火器、酸碱灭火器、清水灭火器、二氧化碳灭火器、干粉灭火器等。

　　化学实验室常用的灭火器材有黄沙、灭火毯、二氧化碳灭火器和干粉灭火器。

（一）黄沙

对于很多小型火灾，干黄沙是很好的灭火用品。黄沙因具有吸热降温和阻止空气流动等性能，具有良好的熄火性能。特别适合如氢化钠等少量固体或液体的小范围火灾。

（二）灭火毯

灭火毯又称消防被、灭火被、防火毯、消防毯、阻燃毯、逃生毯等。由耐火纤维编织制成，不燃、耐高温(550～1100℃)。按基材可分为石棉灭火毯、玻璃纤维灭火毯、高硅氧灭火毯、碳素纤维灭火毯和陶瓷纤维灭火毯等。注意，鉴于石棉的致癌性，石棉材质的灭火毯要慎用。图 10-1 为碳素纤维灭火毯。

(a)　　　　　　　　　　(b)　　　　　　　　　　(c)

图 10-1　碳素纤维灭火毯

灭火毯非常容易覆盖或包裹表面凹凸不平的物体，形成一个有效的外保护层，通过覆盖火源阻隔空气的流动来阻断空气的供给，使燃烧不能持续进行下去，达到灭火的目的。灭火毯是最简单的灭火器材之一，与其他灭火器具相比较，具有很多优点，具体如下：

(1)在无破损的情况下可重复使用。

(2)没有失效期。

(3)在使用后不会产生二次污染。

(4)绝缘、耐高温(视材质而异，一般为 550～1100℃)。

(5)便于携带，可大可小，可以折叠放在台面或抽屉里，也可以挂在容易起火部位的壁上如通风橱内［图 10-1(b)］，不占据很大面积或空间，能够方便快捷地使用。

(6)可以作为及时逃生用的防护物品，只要将毯子裹于全身，由于毯子本身具有防火、隔热的特性，在逃生过程中，人的身体能够得到很好的保护。

（三）灭火器

灭火器有很多种类，化学实验室一般备用二氧化碳灭火器和干粉灭火器。

1. 二氧化碳灭火器

二氧化碳灭火器具有一百多年的应用历史，主要依靠窒息作用和部分冷却作用灭火。二氧化碳具有较高的密度，约为空气的 1.5 倍。在常压下，液态的二氧化碳会立即汽化，一般 1kg 的液态二氧化碳可产生约 $0.51m^3$ 的气体。灭火时，二氧化碳气体可以稀释和排除空气，包围在燃烧物体的表面或分布于较密闭的空间中，降低可燃物周围或防护空间内的氧浓度，产生窒息作用而灭火。另外，二氧化碳从储存容器中喷出时，会由液体迅速汽化成气体，从周围吸收部分热量，起到降温冷却的作用。

二氧化碳灭火器适用于扑救 B 类火灾(如有机溶剂、有机试剂和反应液等的火灾)、C 类易燃气体火灾、E 类物体带电燃烧的火灾(如仪器设备的初期火灾)。

1) 手提式

按照操作顺序迅速分解并卸除部件：拔掉铅封(或钥匙)→拉掉金属丝(或尼龙丝)→拔掉保险栓(金属插销)。然后右手抓住压把并提起灭火器，用左手将管口喷嘴对准火焰底部后转而托住瓶底，右手同时按下压把，灭火剂即可喷出。可由远及近，但最佳灭火距离为 1.2～1.5m，太远起不到灭火作用，太近对人有危险，要一次性将火灭掉，中间不要停顿。按照图 10-2(a) 中 1→2→3→4→5 的分解顺序进行操作。

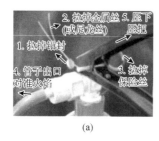  

(a)　　　　　　　　　(b)　　　　　　　　　(c)

图 10-2　手提式二氧化碳灭火器的操作

一般 3kg 的小型手提式灭火器的有效喷射灭火时间不到 10s，所以不能指望靠它来扑灭大面积或火势大的火灾。

2) 推车式

推车式二氧化碳灭火器比较适合有机合成实验室中较大的火灾，如图 10-3 所示。

图 10-3　推车式二氧化碳灭火器

使用时，管口喷嘴对准 2m 以外的火焰，旋开总阀，管口喷嘴即有二氧化碳气体喷出。使用者应逐渐向燃烧区靠近，随着有效喷射距离的缩短，一口气将火扑灭。推车式灭火器中二氧化碳一般装量 24kg，通风橱内的火灾通常可以一次性解决。

2. 干粉灭火器

普通干粉灭火剂主要由惰性气体和活性灭火组分等成分组成。以二氧化碳气体或氮气气体作动力，将筒内的干粉喷出灭火。活性灭火组分是干粉灭火剂的核心，能够起到灭火作用的物质主要是磷酸铵盐(ABC 干粉灭火剂)和碳酸氢钠(BC 干粉灭火剂)等极其细微的干粉粒子形成的气溶胶。

通常的燃烧是一类有氧气参与的剧烈氧化反应，燃烧过程是链式反应。在高温、氧气参与下可燃物分子被激活，产生自由基，自由基能量很高，极其活泼，一旦生成立刻引发下一步反应，生成更多的自由基，这些具有很高能量的众多自由基再次引发更多数目的自由基。这样，依靠自由基不断传递链反应，可燃物质分子被逐步裂解，燃烧不断进行。

干粉灭火器除了喷出的惰性气体能覆盖住火焰表面而产生窒息、稀释氧以及降温作用外，对有焰燃烧的化学抑制作用则是干粉灭火效能的集中体现和主要灭火特性，其中化学抑制作用是干粉灭火的基本原理，并起主要灭火作用。干粉灭火剂中灭火组分是燃烧反应的非活性物质，当其进入燃烧区域火焰中时，分解所产生的自由基与火焰燃烧反应中产生的 H· 和 OH· 等自由基相互反应，捕捉并终止燃烧反应产生的自由基，降低了燃烧反应的速率。当火焰中干粉浓度足够高，与火焰接触面积足够大，自由基终止速率大于燃烧反应的生成速率时，链式燃烧反应被终止，从而使火焰熄灭。干粉灭火剂在燃烧火焰中吸热分解，因每一步分解反应均为吸热反应，故有较好的冷却作用。此外，高温下磷酸二氢铵分解，在固体物质表面生成一层玻璃状薄膜残留覆盖物覆盖于表面，阻止燃烧的进行，并能防止复燃。

干粉灭火器的灭火效能比二氧化碳灭火器或 1301 等卤代甲烷灭火器高出很多倍。干粉灭火器按移动方式分为手提式、背负式和推车式三种。化学实验室主要有手提式(图 10-4)和推车式(图 10-5)两种。手提式装量一般为 3～4kg，推车式一般为 35kg。常温下其工作压力都为 1.5 MPa。

碳酸氢钠干粉灭火器(BC 干粉灭火剂)主要用于扑救有机溶剂等易燃、可燃液体、可燃气体和电气设备引起的初期火灾；化学实验室最常用的是磷酸铵盐干粉灭火器(ABC 干粉灭火剂)，除可用于上述几类火灾外，其还可扑救固体类物质的初期火灾。

图 10-4　手提式干粉灭火器　　图 10-5　推车式干粉灭火器

1) 手提式

使用前要将瓶体颠倒几次，使筒内的干粉松动。然后按照如同二氧化碳灭火器的操作顺序迅速分解并卸除部件：拔掉铅封(或钥匙)→拉掉金属丝(或尼龙丝)→拔掉保险栓(金属插销)。然后用右手抓住压把并提起灭火器，用左手将管口喷嘴对准火焰(对于无管的干粉灭火器，左手可托住瓶底)，右手同时按下压把，灭火剂即可喷出。可先远渐近，但最佳灭火距离为 1.2～1.5m，太远起不到灭火作用，太近有危险，要一口气将火灭掉，中间不要停顿。一般 4kg 的小型手提灭火器的有效喷射灭火时间也只有几秒钟，同样不能指望靠它来扑灭大面积或火势大的火灾。

2) 推车式

使用推车式干粉灭火器时，一只手握住喷嘴(图 10-6)，将喷嘴的开关扳至打开状态(图 10-7)，这一动作极其重要。然后将缠绕罐体上方的出粉管充分展开(图 10-8)，这一动作也非常重要，切记不可在未充分展开(扭折状态)时就开始出粉的动作。最后才能打开罐体上方的总开关，干粉即可喷出。如果操作顺序搞颠倒，没有先将喷嘴的开关扳至打开状态，或粉管没有充分展开，就打开罐体上方的总开关，干粉就会被堵在粉管里或喷嘴的开关处，该灭火器就报废了，而且贻误灭火时机。

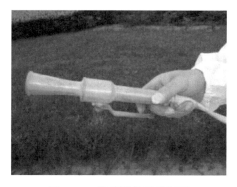

图 10-6　握住喷嘴　　　　　　　　图 10-7　将喷嘴的开关打开

图 10-8　将缠绕罐体上方的出粉管充分展开

　　无论是手提式或推车式干粉灭火器，扑救可燃、易燃液体的火灾时，应对准火焰的要害部位（一般为底部）扫射，如果被扑救的液体火灾呈流淌燃烧时，应对准火焰根部由近而远，并左右扫射，直至把火焰全部扑灭。扑救容器内可燃液体的火灾时，应注意不能将喷嘴近距离直接对准液面喷射，防止喷流的冲击力使可燃液体溅出而扩大火势，造成灭火困难。使用磷酸铵盐干粉灭火器扑救固体可燃物火灾时，应对准燃烧最剧烈处喷射，并上下、左右扫射。如果条件许可，使用者可沿着燃烧物的四周边走边喷，使干粉灭火剂均匀地喷在燃烧物的表面，直至将火焰全部扑灭。

（四）其他灭火用品

　　进行灭火可以就地取材，如手头的湿抹布、瓶塞、桶盖等，只要合理应用，也能起到灭火作用。例如，某实验室的一个 25L 有机废液桶突然发生起火，研发人员首先想到的是去取灭火器，由于耽搁时间，而且灭火器的气体冲力大，结果将桶内的有机废液冲出，导致有机废溶剂外溅，火势扩大。其实最简便的方法就是用桶旁边的桶盖。

三、灭火器材的选择原则

对于化学实验室内的火灾，各种类型都有，但以 B 类火灾最为常见。实践证明，对于化学实验室内的一般火灾，干粉灭火器是最为有效的，然而，干粉灭火器由粉状无机盐组成，灭火后留下许多细粉，特别是缝隙空洞中，难以清除干净。鉴于此，针对火灾情况，要迅速作出准确判断：能用黄沙或灭火毯就只用黄沙或灭火毯，其次考虑用二氧化碳灭火器(干净不留痕迹)，如果黄沙、灭火毯或二氧化碳灭火器解决不了，最后才考虑用干粉灭火器。如果手提式的效力不够，就要果断选择大的推车式灭火器，以免贻误灭火时机。

临阵火场，需要根据起火原因和火情快速而准确地选择灭火器材，能简单就简单，不能复杂化，灭火器材的选择顺序见图 10-9。

图 10-9　灭火器材的选择顺序

灭火毯→黄沙→手提二氧化碳→手提干粉→推车式二氧化碳→推车式干粉

容器内着火用灭火毯是最简单的；电器着火用二氧化碳灭火器最好；对于化学实验室最为常见的有机溶剂或反应液起火，使用干粉灭火器是最好的方法，但是，如果是很小的火情，用灭火毯能解决的就不要用干粉灭火器，因为灭火毯一般就在手头边，而干粉灭火器要跑几步路去取，加上零部件的分解卸下等动作，可能要耽误更多时间，而且干粉灭火器喷出的细粉无孔不入，清理起来很麻烦。可以视火情灵活使用或综合运用以上灭火器材，原则是快而准地将火灾消灭在早期阶段。

四、灭火器材的检查周期与报废年限

(一)检查周期

二氧化碳灭火器一般一个月检查一次，可以采取包括零部件在内的整体外部检查和称量的方法。

干粉灭火器的检查周期一般为一个月，包括零部件在内的整体外部和压力表。指针在压力表绿色区域表示工作压力正常，见图 10-10(彩图见文后)；黄色表示偏高，而红色区域表示压力低于要求，需要报废淘汰或返厂重充，见图 10-11(彩图见文后)。

图 10-10　指针在正常（绿色）区域　　图 10-11　指针在不正常（红色）区域

（二）台账

周期检查的记录要做好台账，每只灭火器都要有档案，包括编号、所在部位、出厂日期、外观和零部件是否完好、压力(干粉灭火器)或质量(二氧化碳灭火器)、检查日期以及检查人。

台账不但要体现在器体的标签上，还要有相应的书面台账或电子台账。

（三）报废年限

按照《灭火器维修与报废规程》（GA 95—2007)规定，从出厂日期算起，灭火器报废年限分别是，手提贮压式干粉灭火器 10 年，推车贮压式干粉灭火器 12 年，二氧化碳灭火器 12 年。但是，凡灭火器外体严重锈蚀或腐蚀的，随时报废。

各种灭火器一旦打开过，无论喷出多少，都要重新充装，使用完的灭火器也可以在检测后重新充装使用。

五、灭火器材的放置

灭火器具是一种平时往往被人冷落，紧急状况时又能大显身手的消防必备之物，如果没有它们或取用不便，则会贻误时机，造成更大灾难，所以灭火器具的摆放要引起高度重视。灭火器材存放处应选择干燥、阴凉、通风之处，不可靠近高温或可能受到曝晒的地方，防止压力过高或过早失效；要存放在取用方便的地方，周围无妨碍物(图 10-12)。不可以在灭火器箱周围的一米内放置其他物品，也不可以在灭火器箱的盖子上放置其他物品，否则会妨碍紧急情况下取用，如图 10-13 和图 10-14 所示。

图 10-12　灭火器材的规范放置　图 10-13　灭火器材不规范放置(1)　图 10-14　灭火器材不规范放置(2)

小的灭火毯(如 40cm×40cm)可以挂在通风橱的内侧壁上，也可以放在台面一角或抽屉里，大的（如 120cm×120cm）可以折好放在灭火器箱上。

干黄沙一般被装在红色的铁质消防桶中，桶呈半圆形，便于紧贴墙挂着，也可在靠近灭火器箱的地面上放置。

六、消火栓箱和消防设施

遇有火警时，根据箱门的开启方式，按下门上的弹簧锁，销子自动退出，拉开箱门后，取下水枪拉转水带盘，拉出水带，同时把水带接口与消火栓接口连接上，按下箱体内的消火栓报警按钮，把室内消火栓手轮顺开启方向旋开，即能进行喷水灭火。

图 10-15 和图 10-16 为消火栓箱，图 10-17 为消防泵房。

图 10-15　消火栓箱(1)　　　图 10-16　消火栓箱(2)　　　　　图 10-17　消防泵房

一旦打开消火栓的水阀，或者如本章第二节所述的喷淋头内的温度敏感支撑管被高温摧断而打开时，消防水泵房(图 10-17)内的水泵即刻自动启动，能保持消防水管内的水压且不断供水。

第二节　报警器材

一、火灾探测器

火灾探测器是消防火灾自动报警系统中，对现场进行探查，发现火灾的设备。在火灾初始阶段，一方面有大量烟雾产生，另一方面物质在燃烧过程中释出大量的热量，周围环境温度急剧上升。火灾探测器是系统的"感觉器官"，它的作用是监视环境中是否有火灾的发生。一旦有了火情，就将火灾的特征物理量，如温度、烟雾、气体和辐射光强等转换成电信号，立即动作传送，由位于监控中心的监控火灾报警控制器发出报警信号，此信号为声、光或声光结合，并自动记录打印。

火灾探测器包括感温火灾探测器(简称温感)、喷淋头(图 10-18)、感烟火灾探测器(简称烟感，图 10-19)、复合式感烟感温火灾探测器、紫外火焰火灾探测器、可燃气体火灾探测器(图 10-20)、红外对射火灾探测器。

图 10-18　喷淋头

图 10-19　感烟火灾探测器

图 10-20　可燃气体火灾探测器

化学实验室内主要有喷淋头、烟感和可燃气体(如氢气)火灾探测器。高温、烟雾、氢气都是往上升的,所以,这些火灾探测器都是安装在房顶天花板上。

1. 喷淋头和感温探测器

喷淋头和感温探测器主要是利用热敏元件来探测火灾的。探测器中的热敏元件发生物理变化,将温度信号转变成电信号,并进行报警和喷淋灭火处理。

感温探测器和喷淋头的安装需符合 GB 50116—1998 规范。

喷淋头既是探测器,更是执行器,应用广泛;感温探测器仅有探测报警功能,化学实验室较少采用。

感温探测器和自动喷淋喷头的动作温度分为 57℃、68℃、93℃等不同型号。感温探测器的动作温度在出厂前已设定,不可自调,但可以根据火灾性质要求进行选择。按温度范围分类有 20 种左右,常见的是 A1 和 A2 两种。A1 的动作温度下限是 54℃,动作温度上限是 65℃;A2 的动作温度下限是 54℃,动作温度上限是 70℃。化学实验室的探测温度一般选择 54~70℃较合适。自动喷淋喷头的安装距离按照保护面积计算,通常隔几米就有一个。

自动喷淋喷头是靠感温动作的,当温度达到喷头的临界温度后自动爆裂喷水灭火,不会有喷水预警。自动喷淋有很多种,大致有干式、湿式、预作用三种。最常见的是湿式系统,其工作原理是,喷淋头中的红色液体是一种对热极其敏感的有机液体,当温度升高时(一般设定在 68℃),它就迅速膨胀,使装在其外部的玻璃管破裂,先前被该玻璃管顶住的消防喷头的盖子随着玻璃管的断裂而被打开,喷淋头开始喷水,水管内预有的压强(0.4~0.8MPa)迅速下降,消防泵房的水泵自动启动,消防水就源源不断地供水,而一旦启动水泵,喷水会不间断。如果要使水泵停歇,需要有资质的专门人员按照关闭程序进行操作。

2. 感烟探测器

感烟探测器是通过监测烟雾的浓度来实现火灾报警的探测器。常用的感烟探测器有离子感烟探测器、光电感烟探测器及红外光束线性感烟探测器。

二、报警按钮、火灾报警器

报警按钮包括手动火灾报警按钮(一般安装在墙上,图 10-21 和图 10-22)和在消火栓内的消火栓按钮(图 10-23),用手按动火灾报警按钮将报警信息传至监控中心,监控中心自动启动火灾铃声报警器(图 10-24)、火灾火光报警器或火灾声光组合报警器,以提醒所在区域的人们采取应急措施或紧急疏散。

图 10-21 墙上的手动火灾 　图 10-22 墙上的手动火灾 　图 10-23 消火栓内 　图 10-24 火灾铃声
　　报警按钮(1) 　　　　报警按钮(2) 　　　的消火栓按钮 　　　报警器

感温探测器、喷淋头和感烟探测器也会将探测到的火灾信息传至监控中心的信息处理系统，该系统立即自动启动火灾铃声报警器、火灾火光报警器或火灾声光组合报警器，以提醒所在区域的人们采取应急措施或紧急疏散。

第三节 防 火 门

化学实验室所在的建筑由许多功能性的空间组成，为了能使各个区间相对隔离，阻止肇事部位烟火的蔓延和侵入，各功能区之间必须设立防火门，以相互隔开。

防火门一般由能防火的门和闭门器组成。

一、防火门

防火门除具备普通门的作用外，还具有防火、隔烟的功能。当某区域一旦发生火灾烟雾时，各区域、通道、楼梯间和电梯的防火门可以将所在区域分隔开，使各种事故的影响不至于蔓延扩大，财产损失和人员伤害可以降到最低。

化学楼的防火门有很多种类，主要有防火墙门、防火分隔墙门、楼梯间封闭门、通道防火门、楼梯间防烟门以及电梯通向走道的门等，如图 10-25 所示。

　　　(a) 　　　　　　　　　(b) 　　　　　　　　　(c)

图 10-25 化学楼的防火门

(a)各区域的防火门；(b)通道防火门；(c)楼梯间防火门

所有防火门的材质、质量和安装都必须符合国家建筑设计防火规范。

化学楼的防火门几乎都兼有工作通道性质,大多都是可以打开的,但出入后必须关好,保持常闭状态,即除了进出的瞬间外,应时刻保持关闭状态。防火门敞开着或没有关闭严密,等同于没有安装防火门,防火门也就失去了其实际意义,一旦事件发生,火和烟雾就可以长驱直入,事态迅速扩大蔓延。

二、闭门器

为了能使防火门时刻处于关闭状态,并能保证关得严密,使之不蹿烟蹿火,每个防火门的上方一般都安装了闭门器,如图 10-26 所示。

图 10-26　闭门器

我们现在使用的是液压闭门器,始于二十世纪初期美国人注册的一项专利,它是通过对闭门器中的液体进行节流达到缓冲作用。液压闭门器设计思想的核心在于实现对关门过程的控制,使关门过程的各种功能指标能够按照人的需要进行调节。闭门器有很多用途,但最主要的用途还是使门能自行关闭,从而限制大楼内的通风和火灾的蔓延。

但当开门的角度超过了 90°时,就超过了闭门器能自动关闭的张力角度,如图 10-27 所示。

图 10-27　超过了闭门器能自动关闭的张力角度

开门的角度过大,所带来的危害主要表现为:闭门器容易漏油、损坏,永久性失去收缩关门能力,从而起不到自动收缩关门作用,也就起不到防火门应有的作用和意义。

三、关好防火门人人有责

进出防火门时,不要将门的角度开得太大,人能穿过就行。若遇搬运物品而需要将防火门彻底打开,则在通过后及时关好关严密,不要任其敞开着或半开着。要养成打开防火门后随手关闭严密的习惯。

如有损坏，要及时报修，相关责任部门也要对闭门器定期查看和检修。

复习思考题

1. 化学实验室需要配置哪些类型的灭火器材与消防设施？试述它们的特点和使用方法。
2. 火灾探测器中感烟探测器、喷淋头和感温探测器的作用。
3. 防火门的意义、构造和使用注意事项。

第十一章　应急响应

为了应对实验室可能发生的突发事件和紧急情况，组织需要制订有效的应急响应措施，确保事故发生时能迅速快捷、有组织地妥善处理，将各种事故和灾害损失减至最低程度。

第一节　火灾爆炸应急响应

一、概述

火灾是燃烧造成损失的结果。燃烧是物体快速氧化，产生光和热的过程。燃烧的本质是氧化还原反应。广义的燃烧不一定要有氧气参加，任何发光、发热、剧烈的氧化还原反应，都可以称为燃烧。

爆炸是物质的一种非常急剧的物理、化学变化，是能量(物理能、化学能或核能)在瞬间迅速释放或急剧转化成机械能和其他能量的过程与现象。化学爆炸指物质在有限的空间内瞬间发生急剧氧化反应、聚合反应或分解反应，产生大量的热和气体，并以巨大压力急剧向四周扩散和冲击而产生巨大响声的现象；如果没有化学反应，而仅是由于压力增大等因素发生的爆炸称物理爆炸。

火灾爆炸应急响应是指在发生火灾或爆炸时，能有效有序地组织人员解决发生的灾情，减少人身伤亡和财产损失。爆炸有可能是单独性的，也可能继而引起火灾。

火灾爆炸应急响应的培训和演练要普及到从公司的最高领导层到普通员工的所有人员，目的是贯彻"预防为主、防消结合"的工作方针，防止灾情的发生，充分发挥所有员工在防爆、防火工作中应有的主体积极作用，做到有备无患。一旦有灾情发生，可以作出及时正确的应急响应，减轻事故带来的损失。

二、职责

安全部门是火灾爆炸应急响应方案制订和实施的主要负责部门。

行政部门、工程部门、物流部门、人事部门和研发部门等各部门协调响应，保证火灾爆炸应急响应的有效实施。

在日常生产、研发活动和应急响应训练中，各部门应按照"谁主管、谁负责"的原则，把安全生产落实到每个工作细节中。积极配合安全部门，加强对部门老员工、新员工以及外来施工人员的安全培训工作，严格按规定进行"三级教育"。

三、火灾爆炸事故的报警

(1)一旦发现火警，发现人应沉着冷静，立即利用现有消防器材按照初期火灾的扑救程序进行灭火自救,同时大声呼救;火警现场当班负责人负责组织现场人员灭火,并安排专人通报安全部门和主管领导,视火情决定是否报告火警119。

(2)报警时要准确报告火灾发生的单位、地点、火势情况、燃烧物和大约数量,以及报告人姓名、电话等联系办法。

(3)在专职消防队到达之前要做好自救以及现场隔离。

如果要害部位为重要电器设备,除按规程要求和操作程序切断电源外,还要利用现场所配备的消防器材进行扑救,控制火势蔓延。

四、火灾现场领导及分工

(1)总指挥人选:现场最高级别领导。

行使总指挥职责的人选原则:公司最高级别领导→如果不在,公司分管安全的负责人即为总指挥→如果不在,安全部门负责人即为总指挥→如果不在,现场最高级别领导即为总指挥→如果不在,现场最有经验的人即为总指挥。

(2)总指挥职责:当确认发生火灾时,迅速报火警,并有权直接指挥灭火,按消防规程迅速启动各种消防设施灭火,同时指挥利用就近的各种灭火器材灭火;专职消防人员赶到时将指挥权移交专职消防负责人。

(3)安全部门负责人:在接到火警警报后,组织应急人员携带灭火器材赶到现场;当判明可能发生爆炸、危及人员生命安全时,迅速组织人员疏散、撤离。

(4)其他部门负责人:按职责分工执行,服从总指挥,调动或赶赴现场协助灭火。

(5)安全部门:负责接报警、灭火器材的调配供应,组织火灾现场的设备保护抢救工作,设置火灾现场警戒,维持现场秩序及救援车辆、人员的引导工作。

(6)所有在场员工:服从统一指挥,按各自的岗位分工保护设备、参加灭火,紧急情况下组织人员撤离现场。

(7)不管哪个部位发生火灾,公司全体员工都要积极配合灭火救灾。火警就是命令,火场就是战场,全体参加灭火作战的人员要服从命令、听从指挥,减少不必要的损失。

五、事故响应

安全部门接警后,一面组织人力、携带器材赶赴现场,一面与现场取得联系确认火情。应急人员到达火警现场后,如果发现灾情严重,在向公安消防队报告的同时,应迅速启动应急预案,立即分四组在总指挥的指挥下开展有序扑救。警戒组在火灾区域疏散人员,设置警戒区域;灭火组实施具体灭火程序;救援组对现场出现伤亡的人员进行抢救、转移或送医院;物资保护组负责贵重物资的抢救保护。

六、灭火原则与措施

在火灾发展过程中,初期阶段是火灾扑救最有利的阶段,将火灾控制在初期阶段,就能赢得灭火的主动权,减少人身伤亡和财产损失。

（一）初期火灾扑救的原则

在扑救初期火灾时，必须遵循以下原则：先控制后消灭的原则；救人第一的原则；集中人力的原则；先重点后一般的原则。

(1)先控制后消灭是指对于不能立即扑救的火灾，要首先控制火势的继续蔓延和扩大，在具备扑灭火灾的条件时，展开全面扑救，一举扑灭。

(2)救人第一是指火场中如果有人受到火势的围困时，应急人员或消防人员首要的任务就是把受困的人员从火场中抢救出来，在运用这一原则时可视情况，救人与救火同时进行，以救火保证救人的展开，通过灭火，更好地救人脱险。

(3)集中人力是指现场灭火负责人要按照灭火预案把灭火力量集中于火场的中心，将灭火器材集中使用，以利于在最短时间内扑灭火灾。

(4)先重点后一般是指在扑救初期火灾时，要全面了解火场情况，区别重点与一般：人和物相比，人是重点；贵重物资和一般物资相比，贵重物资是重点；火场上风方向和下风方向相比，下风方向是重点；要害部位和其他部位相比，要害部位是重点；有爆炸毒害、倒塌危险的区域和普通区域相比，有爆炸毒害、倒塌危险的区域是重点；可燃物集中区域和可燃物较少的区域相比，可燃物集中区域是重点。

扑救初期火灾比较容易，扑救的基本对策与原则是一致的，无论是义务消防人员还是专职消防人员，要做到及时控制和扑灭初期火灾，主要是依靠现场人员和义务消防员，因为他们对现场的情况最了解、最熟悉；只要方法得当，扑救及时，合理正确地使用灭火器材，就能有效地控制和扑灭初期火灾，减少损失。

（二）灭火措施

物质燃烧必须同时具备三个条件(可燃物、助燃气体、火源或潜火源)，这些条件缺一不可，因而破坏已经产生的燃烧条件就成为灭火的基本途径；另外，还有根据火灾现场物质燃烧的性质而采取的灭火措施。

根据物质燃烧的原理，可把灭火的基本方法归纳为四种，即冷却灭火法、窒息灭火法、隔离灭火法和抑制灭火法。

1. 冷却灭火法

冷却灭火法就是将灭火剂直接喷洒在可燃物体上，将可燃物的温度降低到物体的燃点以下，使之停止燃烧，这是一种常见的灭火方法。灭火剂主要是水，一般物质燃烧都可以用水来冷却灭火。火场上除了用冷却方法直接灭火外，还可以用水冷却尚未燃烧的可燃物质，防止其达到燃点而燃烧。也可以用水冷却建筑物件、生产装置或容器，以防止其受热变形或发生爆炸。

2. 窒息灭火法

窒息灭火法即采取适当的措施，阻止空气、氧气进入燃烧区或用惰性气体稀释空气中的氧含量，使燃烧物质缺乏或断绝氧气而熄灭。这种方法适用于扑救封闭式的空间、生产设备装置和容器内的火灾。具体操作如下：

(1)采用灭火毯、消防沙等不燃或难燃材料覆盖燃烧物。

(2)对于容器内着火，直接用容器的盖子封好容器口。

(3)利用建筑物上原有的门窗及生产储运设备上的部件来封闭燃烧区，阻止新鲜空气进入。

3. 隔离灭火法

隔离灭火法是将燃烧物与附近可燃物隔离或将其疏散到安全地点，从而使燃烧停止。这种方法适用于扑救各种固体、液体、气体和电器火灾，进行隔离灭火的措施有很多，具体如下：

(1)将火源附近的易燃、易爆物质转移到安全地点。

(2)关闭设备或管道上的阀门，阻止可燃气体、液体流入燃烧区。

(3)排除生产装置、容器内的可燃气体、液体。

(4)阻止、疏散可燃液体或扩散的可燃气体。

(5)排除与火源相连的易燃建筑结构，制造阻止火势蔓延的空间地带。

4. 抑制灭火法

抑制灭火法是将化学灭火剂喷入燃烧区参与燃烧反应，终止燃烧链反应而使燃烧反应停止。采用此法可使用配备的干粉、二氧化碳灭火器；要有足够的灭火剂喷射在燃烧区，使灭火剂参与阻止燃烧反应，一鼓作气将其扑灭，在采取阻燃措施时，要同时采取必要的冷却降温措施，防止复燃。

具体采取什么方法灭火，应根据燃烧物质状态、燃烧特点、火场情况以及灭火器材装备的性能来确定。

(三) 常见火情、火灾的处置

1. 可燃、易燃、易爆气体火灾的处置

(1)火灾描述：可燃气体、易爆气体着火后，火势猛、发展快、破坏力大，在强烈的热流面前，人员不容易接近，对灭火人力的安排，灭火设备的配备以及灭火战术的运用都带来一定的困难和不利条件。

(2)在生产中，一旦发生易燃、可燃气体着火不要惊慌失措，应采取以下措施：①临时设置现场警戒范围，禁止一切无关人员进入现场；②在泄露范围区域内禁止使用各种明火，关闭所有电源；③注意防止静电的产生，以防引燃可燃、易爆气体；④使用有效的灭火剂或土、沙掩埋，防止可燃、易爆气体的流散；⑤发生在室内的泄漏事故，要采取积极的通风措施，防止发生火灾或爆炸事故；⑥在采取一定措施的同时，及时报警。

2. 可燃、易燃、易爆固体或有机液体火灾的处置

(1)对于金属钾、钠、锂和易燃的铝粉、锰粉等固体着火，千万不可用水扑救。因为它们会与水反应生成大量可燃性气体——氢气，不但如同火上浇油，而且极易发生爆炸。

(2)除了二氧化碳或干粉灭火器、灭火毯、黄沙外，水溶性的醇、酮类(甲醇、乙醇、丙酮等)，可视火情用水稀释，能起到灭火的作用。

(3)密度小于水的水不溶性有机易燃液体着火后不宜用水扑救，因为着火的易燃体会漂在水面上，到处流淌，形成流淌火，反而扩大事故范围，造成火势蔓延和更大损失。因此只能用二氧化碳或干粉灭火器、灭火毯、黄沙等。

(4)格氏试剂、烷基锂等有机金属试剂，以及硼烷等遇湿易燃液体，只能用二氧化碳或干粉灭火器、灭火毯、黄沙等处理。

3. 容器内溶剂火灾的处置

(1)火灾特点：容器内溶剂发生火灾时，燃烧快、火势猛，如果得不到及时控制，易造成容器爆炸。一旦容器爆炸，周围的容器同时都受到爆炸带来的剧烈振动和高强度的辐射热，易造成新的、更大的潜在危险，容器爆炸后着火的溶剂必然会向低处流，形成流淌火，危害更大。

(2)容器内溶剂发生火灾后，不要惊慌失措，最简便的方法是用盖子或灭火毯，或视情况使用合适灭火器材灭火，同时按照报警程序报警。

(3)防止溶剂喷溅伤人。

4. 电器、电缆火灾的处置

(1)火灾描述：化学实验室的电器、电缆火灾主要是由过载、短路、老化引起，分为电器及线路本身及其引燃周围可燃物两种。一旦着火则火速快、烟雾大，又因是带电灭火，扑救有较大的技术困难。

(2)电气火灾的处置重点是防止人员触电伤亡，同时尽快将火势控制住再行灭火，具体做法为：①迅速切断电源，一时找不到总闸时，要用专用工具剪断单相电线；②遇到电线落地情形时，要划定危险区域并有专人看管，以免触电伤亡；③电器设备失火不能用水来扑救，一是水能导电，容易造成电器设备短路烧毁，二是电流容易沿水传到其他器材上，造成现场人员触电伤亡。可使用二氧化碳或干粉灭火器；④禁止无关人员进入火灾现场。

5. 通风橱内的火灾

化学实验室的各种火灾多数发生在通风橱内。如何扑灭通风橱内的火灾？首先要知晓通风橱内是靠排风造成负压环境，空气流由橱外向橱内做单向流动，这样橱内有毒有害气体不至于溢出橱外而伤害操作人员。当通风橱内发生火灾时，单向快速流动的空气会使得橱内的火越烧越旺，加剧火灾的严重性。

扑灭通风橱内的火灾，有两项基本要点必须做到。第一时间要做的事情是切断排风机的电源，使橱内外的空气不会发生单向流动。实践证明，不关排风机的电源，源源不断的空气使得火焰越烧越旺，灭火难度非常大，因为灭火器的惰性气体会很快被源源不断的空气置换。另外，要打开通风橱门，以便灭火器的惰性气体到达通风橱内的火区上空。实践证明，紧闭通风橱既无助于火的熄灭，更不能使灭火器发挥应有的作用。

（四）应急疏散

火灾发生后，除了按照灭火程序进行灭火外，紧急情况下还要疏散人员和物资。

1. 人员疏散

（1）疏散人员的工作要有秩序，服从指挥人员和按疏导人员的要求进行疏散。做到不惊慌失措，勿混乱、拥挤，减少无谓的人员踩踏伤亡。

（2）疏散要有顺序。疏散应以先着火层，后以上各层，再下层的顺序进行。

（3）疏散过程中，如果是楼层，禁止使用普通电梯，要徒步走安全通道和楼梯。

2. 物资财产疏散

（1）对于可能扩大火势和有爆炸危险的物资，性质重要、价值昂贵的物资以及能影响灭火工作的物资应予以疏散。

（2）应紧急疏散的物资是：易燃、易爆和有毒的物品；档案资料；贵重的仪器、仪表；妨碍灭火的物资。

（3）在组织、指挥人员抢救、疏散物资时，要有专人负责，使整个疏散工作有条不紊。疏散物资时，应首先疏散受火威胁最大的物资，疏散的物资要放在安全的地方，不要堵塞扑救火灾的通道，并做好相应的保护工作，防止这些物资的丢失和损坏。

（五）火场自救

1. 火场自救的方法

（1）一旦在火场上发现或意识到自己可能被烟火围困，生命安全受到威胁时，要立即放弃手中的工作，争分夺秒设法脱险。首先迅速做些必要的防护准备（例如，穿上防护服或质地较厚的衣物，用水将身上浇湿等），然后尽快离开危险区域，切不可延误逃生良机。

（2）逃生时，应尽量观察判别火势情况，明确自己所处环境的危险程度，以便采取相应措施。

（3）探明疏散通道是否被烟火封堵，选择一条最为安全可靠的路线。如果逃生必经路线充满烟雾，可做简单防护（例如，用湿毛巾或口罩捂住口、鼻）穿过烟雾区。

（4）选择逃生路线时，应根据着火情况，优先选用最简单、最近、最安全的通道。

（5）如果正常通道均被烟火切断时，可将绳子或衣物裤带等连接起来，用水浸湿，拴在牢固的物体上，顺绳下到安全楼层或地面上。

（6）如果处于二层楼的高度，在等不到救援而万不得已的情况下，有时也可以跳楼逃生。但跳楼之前，地面人员可垫一些柔软物品，然后危难人员用手扒住窗台，身体下垂，自然落下。

（7）在各种通道均被切断，火势较大，一时又无人救援的情况下，可以退至未燃烧房间，关闭门窗。还可以用衣物等将门窗遮挡，防止烟雾蹿入。有条件时，要不断向门窗上泼水降温，延缓火势蔓延，等待救援。尽可能挥动醒目物或呼喊，让救援人员知晓。

2. 火场自救应注意的细节

(1)在室内发现外部起火时，开启房门前，应先触摸门板，如果发热或有烟气从门缝蹿入时，不要贸然开门，应缓慢开启，或设法从其他出口逃脱。必须开门时，要在一侧利用门扇等物品做掩护，防止被烟气熏倒或被热浪灼伤。

(2)逃生时，要随手关闭通道上的门窗，延缓烟雾沿人们逃离的通道流通。通过浓烟区时，最好以低姿势前进或匍匐前进，并用湿毛巾捂住口、鼻。

(3)呼救时，除大声呼喊外，还应挥动鲜艳醒目的物品，夜间还可以用手电筒等发光信号或敲击金属等物品，以引起其他人员的注意。有条件的应通过各种通信工具按报火警程序报警。

(4)如果身上的衣服着火，应迅速将衣服脱下、撕下或就地翻滚，将火压灭。但应注意不要滚动过快，一定不要身穿着火的衣服跑动。

第二节　突然停电应急响应

一、概述

有机合成实验室、分析实验室、氢化实验室、特殊气体实验室以及公斤级实验室都有很多设备和仪器在运行，并有许多反应在进行，突然停电后若不及时采取相应的措施，轻则损坏仪器设备，实验失败，严重时，则会引发有害试剂的泄漏、反应冲料、火灾爆炸等事故。应制订和执行"突然停电应急响应"，按照程序在停电后及时关闭设备仪器并停止正在进行的实验，减少安全隐患，防止事故的发生。

二、职责

突然停电应急响应适用于所有实验室研发人员、主管以及相关人员。

三、突然停电应急处理

主要从停电后及来电后两个时段进行程序处理：在突然停电状态下主动按程序进行设备保护、实验保护、消除火灾等安全隐患，以避免突然来电造成事故；来电后正确有序启动各类设备仪器，避免同一时间启动大量设备对公司供电系统造成损坏及引发事故。操作程序有以下几个方面：

(1)在正常工作日突然停电时，有机合成实验室按照常规方法处理：加温变压器电压调零、搅拌装置关闭、妥善处理已有的加温反应，来电后重新调整反应至正常；连接真空油泵的装置(如真空烘箱、冷冻干燥机等)，以及连接空压机的装置，都要在第一时间正确稳妥地泄去真空和压力，妥善处置相关物品，并立即拔掉电源；其他仪器设备最好全部拔掉电源。

在非正常工作日停电时，安全部门值班人员或当班保安应立即协同工程部进行相应处理。

(2)氢化室如果突然停电，立即做如下处理：关闭所有气体钢瓶总阀、关闭搅拌(高压釜要将调速旋钮归零)、调温电压归零。有管理员在场时，由管理员完成上述操作；无管理员时，由安全部门安排。恢复供电后，必须由管理员恢复实验。

(3)分析实验室在正常工作日停电，分析部门要进行相应程序操作；非正常工作日停电，值班电工必须在不间断电源(UPS)应急供电时间内通知分析人员进行操作，也可以通过电话并根据分析人员的远程指令要求进行操作。

(4)其他部门遇到停电，有应急预案的按照已有的应急预案进行；若无，做好必要的安全检查。

(5)对于停电会造成无法估量的损失或事故的电器，要安装备用电源UPS。工程部统计有UPS的电源控制开关，做好分布图并在开关上贴好蓝色指示，保证相关电工人手一份分布图并熟知其分布。

(6)未经工程部电工允许，任何人不得进入配电间。恢复供电前，核实用电负荷。

(7)当班水电工、保安或其他人员如果发现大面积停电、漏水，应及时通知工程部第一责任人或第二、第三责任人，并做好相应措施，防止事故扩大。应急处理责任人在没有特殊原因的情况下应快速到现场及时协调当班人员进行现场处理。

(8)突然停电及重新恢复供电是极其严肃紧张的事情，事关重大，在场的任何人必须积极协作，其他人员必须服从应急人员的安排。在此期间，如有人为怠慢或消极处理行为，将追究其责任，情节严重时交由公安机关处理。

(9)对停电会造成影响、安全隐患或事故的电器设备，需要贴上印有紧急联系人姓名和手机号码的标签，紧急联系人也称责任人，最好要有2~3位，如第一责任人、第二责任人等，便于晚间或节假日遇紧急情况联系；并且还要有在突然停电情况下的安全操作程序图示标贴。

第三节　化学品泄漏应急响应

一、概述

化学实验室的化学品泄漏包括反应或后处理过程中的冲料、溢料，储存容器(瓶、桶、罐)发生破损泄漏、打翻或倒塌，气体钢瓶破损或阀门关闭不严等造成有害气体泄漏。

化学品泄漏的危害涉及多方面，轻微的造成损失、环境污染，严重的可能危及人的健康与生命、造成爆炸或火灾，甚至危及社会的各个方面。

二、职责

化学实验室研发人员以及配送工、清洁工、仪器设施的维护维修工等相关人员，都要加强化学知识特别是各种试剂物料MSDS的了解学习和规范操作的安全培训，包括岗前和日常培训，各部门应按照"谁主管、谁负责"的原则，坚持"预防为主，严阵以待"的策略，把防范化学品泄漏和泄漏后的应急响应落实到每一个相关工作细节中。

三、泄漏事故的报警

(1)一旦发现化学品泄漏，责任人或发现人应沉着冷静，根据现场条件，立即采取适当的措施，阻止泄漏继续蔓延，同时结合自救，防止泄漏扩大化。如果事态较严重，应安排人员立即报告监控室、安全部门和主管领导，以尽早获得救援、控制和处置。

(2)报警内容：报警时要准确报告化学品泄漏的发生地点、品种类别、数量，以及报告人姓名、电话等联系办法。

四、泄漏事故响应

(1)安全部门或主管接警后，一面组织人力并携带器材(正压呼吸器和吸附材料等)赶赴现场；一面与现场取得联系，确认事故细节。

(2)应急人员到达现场后，如果灾情严重，应该立即按照火灾爆炸事故处理工作流程，确定总指挥人选，并视情况立即将现场人员分成四组，在总指挥的指挥下开展有序处置。①警戒组：在事故区域疏散人员，设置警戒区域，以防人员接触到泄漏物品(呼吸道吸入或皮肤接触)；②处置组：实施具体处置程序，控制泄漏，收集和处置泄漏物品；③救援组：对现场出现伤亡的人员进行抢救、转移或送医；④物资保护组：负责其他未污染物资的抢救保护。

五、泄漏处置原则与措施

（一）基本原则

泄漏处置基本原则包括救人第一的原则，以及先制止并控制住泄漏、后清理现场、再处置已泄漏物质的原则。

(1)救人第一是指泄漏现场中如果有人受到化学物品伤害，应急人员首要的任务就是把受伤害的人员抢救出来。在运用这一原则时可视情况，救人与阻止泄漏同时进行，通过控制或阻止化学物品的泄漏，更好地救人脱险。

(2)要针对泄漏化学物品的性质，采用科学妥当的措施，制止并控制住泄漏，不能蛮干，以防应急人员受到伤害；然后在稳住继续泄漏的基础上进行泄漏物的清理；最后再处置泄漏物。

（二）处置措施

化学品泄漏处理措施主要分泄漏源控制、泄漏物处置两部分。

1. 液体泄漏

1)吸附材料

(1)抹布和草纸。

如果仅有少量液体泄漏物，用手头的干抹布或干草纸可以迅速解决问题。

(2) 干黄沙。

干黄沙在某些情况下既是良好的灭火材料，也是液体泄漏物的良好吸附剂，如图 11-1 所示。

(3) 化学吸附棉。

吸附棉由熔喷聚丙烯制成，可制成片、条、卷、枕、围栏等形状。其中，吸附棉片非常适

图 11-1 干黄沙

用于化学实验室的小面积范围的泄漏处理，使用时可直接把吸附棉片放在液体表面。吸附棉通常分为三种：吸油型、吸化学品型和通用型。化学实验室一般用的化学品吸附棉简称化学吸附棉，有白色(吸附烷烃类，不吸水)，黄色、粉红色或红色(可吸附各种化学品如酸、碱、有毒物质或其他化学液体)，灰色(水、油品以及不明液体，属于通用性)。吸附棉是应急处理化学品泄漏事故的最好材料，能在极短时间内控制和处理泄漏事故，如图 11-2 所示。

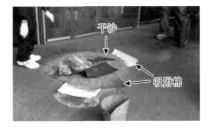

图 11-2 吸附棉

吸附棉的优点有很多，具体有：吸附量大，可吸附相当于自身质量 15～40 倍的液体；吸附迅速、轻便、清洁、安全方便；可重复使用；不容易与吸附物发生化学反应；安全环保，不助燃，不腐烂发霉；焚化后几乎不剩灰烬。

2) 措施

(1) 液体危险物品发生严重泄漏时，必须建立隔离区，禁止无关人员进入。

(2) 应急人员要根据需要佩戴防毒面具、手套、长袖工作服等防护用品。

(3) 在处置过程中，首先要把控住液体泄漏源的继续泄漏，不使事态扩大化，其次尽量用合适的吸附材料将液体泄漏物集中收集起来。物料泄漏到地面上时会四处蔓延扩散，一方面难以收集处理，另一方面，大量的有毒有害、易燃易爆的挥发性气体与空气混合后，可能会产生如爆炸、人员中毒等更大的危险。为降低物料向大气中的蒸发速度，施救人员可采用黄沙或吸附棉等物品覆盖或吸附外泄的液体物料，抑制其蒸发。不能用拖把拖，以避免污染面扩大化。避免将未经处理的高浓度的液体泄漏物直接向下水道排放。对于泄露处置产生的危险废弃物应集中密封起来，交由有资质单位统一焚烧处理，防止造成二次污染。

(4) 如果液体泄漏物已经流入下水道，要组织人员对下水道沿路进行监控，以防有烟头等火星落入引起燃烧或爆炸。

3)防范在先

防患于未然应该放在首位，以下措施是极其重要的。

(1)实验室存储试剂、溶剂和液体中间体要有防泄漏托盘或托盆，这是二次防泄漏的方法，如图 11-3 所示。

图 11-3　各种二次防泄漏的托盘或托盆

(2)每个实验室、至少每个楼层应该配备一个防泄漏应急箱，内装吸附棉、活性炭口罩、防护眼镜和丁腈橡胶手套。

(3)液体容器的放置要规范，不能放在可能会被人碰翻或碰倒掉落的地方。

2. 气体泄漏

(1)处理事故时必备条件：在处理时首先应知晓泄漏物质的特性，采取对应的个人防护措施。

如果发生低毒气体泄漏，现场应急处理人员处理事故时必须佩戴防毒面具、手套、长袖工作服等防护用品；对于高毒或剧毒气体，必须使用隔离式正压呼吸器；即使无毒的氮气等气体泄漏，在高浓度时由于缺氧也会使人窒息，所以也必须使用隔离式正压呼吸器。

(2)打开通风橱的排风，将泄漏的气体储存容器(桶、罐、钢瓶)置于负压的通风橱内，注意风的导向，操作者必须站在或面向上风的方向。

(3)因为气体泄漏可能导致爆炸极限，所以严禁明火，使用防爆工具，严禁铁器敲击。

(4)不能打开窗子透风，否则有害气体会通过门隙流出肇事实验室，进入走廊而殃及其他实验室和办公室等区域，只能打开该实验室的所有排风(注意爆炸极限和电火花)。

(5)抢险人员必须有两人以上。抢险人员进入实验室时，室外必须有人观望，以便室内出现人员危急时紧急呼救和提供施救。

(6)通过关闭有关阀门、停止作业等方法控制泄漏源，制止进一步泄漏。反应瓶(釜)或气管阀门发生泄漏时，首先由现场操作人员对泄漏物料介质及泄漏点进行判断，然后采取不同的措施。

①反应釜法兰泄漏，跑料量少：操作人员穿戴好防护用品后对泄漏处进行紧固，同时对泄漏物料进行稀释处理，清理现场。

②反应瓶、管路、分阀发生溢喷，应迅速关闭总阀或上游阀门，切断气体物料输送。若危险或剧毒品发生大量泄露，气体大量散发，同时多处着火，局面失控，随时有爆炸危险，应立即撤离现场并拨 119 报警。

(7)特殊气体实验室一般有三类气体钢瓶，如果发生泄漏，需要分别对待。

①氯气、氯化氢、硫化氢、二氧化硫等酸性毒性气体钢瓶。平日要备一个装有半桶水

的大桶、备用颗粒状固体烧碱和搅拌木棍。一旦这些气体钢瓶发生泄漏,阀门关闭不严,应关闭大楼内所有送排风系统,并立即将钢瓶倒过来,放入装有水的桶内,随后倒入固体烧碱,用木棍搅拌几分钟至全部溶解,中和泄漏的有毒气体。应急处理人员操作时必须佩带好正压呼吸器,穿防酸服。

②乙炔、丙炔、乙烯等易燃气体钢瓶发生泄漏,应急处理人员需戴自给正压式呼吸器。因为易燃气体浓度可能达到爆炸极限,须穿防静电服(非化纤或毛衣制品)进入现场施救,不要对任何电源进行动作,以防爆炸,如果排风开着,就任其开着,加强通风稀释,防止可燃气体聚集。

③碱性液氨泄漏的处置。将泄漏(如关闭不严等情况)的钢瓶倒过来放入备有水的桶中,加酸中和。施救人员必须戴好护目镜或面罩、浸塑手套并穿好长袖工作服,必要时戴好正压式呼吸器;如果发生大量泄漏,所有人员必须立即撤离现场,周围区域禁止人员入内。

3. 放射性同位素泄漏

(1)辐射事故是指放射性同位素和射线装置在使用、运输、处置等过程中,由于管理失误或操作不当等原因,发生放射源泄漏、溅出、失控冲料、丢失和被盗等而引起的放射性泄漏污染事故,导致工作人员、公众受到意外的、非自愿的异常照射。

(2)当出现或发现放射性同位素泄漏或失控等事故时,当事人员要立即采取隔离措施,明确标示被污染区域,严禁无关人员进入该区域。并随即告之实验室负责人和辐射安全管理人员,同时启动辐射事故应急预案。应急预案包括以下内容:

①当涉及放射性物质泄漏污染的事故出现时,务必牢记,生命救助总是在去污和其他事情之前进行。

②由有资质的放射性同位素实验室人员立即疏散与事故处理无关的人员,保护事故现场;切断一切可能扩大污染的环节,穿戴好个人防护设备(防护帽、含铅护目镜、护颈、防护服、防护鞋和手套等),迅速开展检测,严防对食物、禽畜及水源的污染。

③对可能受到放射性污染或辐射伤害的人员,立即采取暂时隔离和应急救援措施,在采取有效个人安全防护措施的情况下,对人员去污并根据需要呼叫救护车实施其他医疗救治及处理措施。

④迅速确定放射源的种类、活度、污染范围和污染程度,并向政府环境保护主管部门、公安部门等相关主管部门报告。

⑤对于溅出泄漏的放射性同位素,要由有资质的放射性同位素实验室人员清除污染,整治环境。如果本实验室人员无法处理,则尽量保持现场封闭,等待法规部门专业技术人员清除污物,在污染现场达到安全水平以前,不得解除封锁。

尽快用吸收材料覆盖溅出物,并且尽可能地覆盖完全,防止扩散。局限污染物之后,由外向内清除溅出物,不要来回擦拭或采用随意的方式擦拭。

如果要离开污染区域,应脱掉手套、鞋和实验服,并在离开实验室前将其作为放射性废物进行隔离。在脱掉防护服后彻底清洗。

⑥发生放射源丢失和被盗事故时,由放射性同位素实验室组织人员保护好现场,并认

真配合公安、环保部门进行调查、侦破。不得故意破坏事故现场、毁灭证据。

⑦当发生火灾和爆炸，同时又涉及放射性物质时，除了参照本章第一节《火灾爆炸应急响应》进行处理，还需要在电话报警时说明放射性物质的情况，另外要拉下所有的通风橱并关闭通风系统，撤离现场时要脱掉手套、防污鞋和防护服，彻底冲洗可能受污染的皮肤。对于皮肤，不需要用力擦洗，使用冷水和温和洗涤剂清洗 5～10min，对于表面伤口用冷水冲洗彻底后用消过毒的敷料包裹。

⑧提交事故报告。当放射性同位素实验室出现国家法规中所规定的泄漏事故时，需要向政府环境保护主管部门、公安部门等相关主管部门出具报告，事故报告需要在 2h 内完成。

第四节　化学品接触感染、中毒及外伤等应急响应

一、化学品接触感染及急性化学中毒

(1)在化学品接触感染及急性化学中毒的现场急救中，了解该有害物的性质和进行初步处理是十分重要的。及时正确的现场急救可挽救许多危重患者的生命，减轻中毒的程度，防止并发症，争取时间，为进一步的治疗创造条件。

(2)立即切断泄漏源或暴露源，防止继续伤害人，并设立必要的警戒区。

(3)化学中毒的三条途径和送医前常用的基本急救应对措施有以下几方面内容：

①通过呼吸道吸入有毒的气体、粉尘、烟雾或气溶胶而中毒。

以最快的速度了解接触感染及急性化学中毒的原因，参加救护者必须首先做好个人防护，佩戴合适的个人防护用品。例如，对于剧毒或毒物浓度大的空间，需要佩戴正压呼吸器，或视现场具体情况佩戴防毒面具或用湿毛巾掩捂口鼻(短时间紧急运用)。

呼吸系统轻度中毒时，应使中毒者撤离现场，只要把中毒者移到空气新鲜的地方，解松衣服，安静休息即可，清醒者会较快恢复正常。必要时可吸入氧气，但切记不要随便施行人工呼吸。例如，发生氯气中毒时，可吸入少量乙醇和乙醚的混合蒸气，使之解毒，禁忌施行人工呼吸，但若发生休克昏迷、呼吸微弱或已停止，应即刻给患者吸入氧气及实施人工呼吸(图 11-4)，并立即送医院治疗。

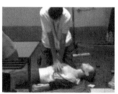

图 11-4　实施人工呼吸

②通过消化道误服而中毒。

消化道中毒首先要搞清楚是什么毒物，了解了毒物的性质才能对症处理。

一般方法是立即洗胃，常用的洗胃液有食盐水、肥皂水、3%～5%的碳酸氢钠溶液，边洗边催吐，洗到基本没有毒物后服用生鸡蛋清、牛奶、面汤等解毒剂。服用润湿的活性炭，对任何毒物中毒都有效果。

催吐的方法有多种。例如，用压迫舌根的方法催吐，或给中毒者服催吐剂——肥皂水或把 5～10mL 2%硫酸铜溶液加入一杯温水中服用，并用干净手指伸入喉部，引起呕吐。神志不清或吸气时有吼声的患者不能催吐，需紧急送医院治疗。

③通过接触皮肤而中毒。

通过接触皮肤而中毒要分清是腐蚀、过敏还是其他表征,对症处理方法是完全不同的。如果通过皮肤吸收进入血液,再通过血液循环,甚至透过血脑屏障而毒害其他部位,情况就会变得更复杂,所以清除皮肤表面的毒物是非常重要的。

凡是毒物污染皮肤者,应立即脱去污染衣物,用大量清水冲洗;若头面部被污染,首先注意眼睛的冲洗,用洗眼器冲洗眼睛至少 15min,一边冲洗眼部一边冲淋,必要时应尽快到附近医院就医。

(4)当中毒较严重,现场无法处理或不了解中毒的情况时,立即报告公司领导及安全部门,紧急救护后迅速护送伤者到医院(必要时拨打 120 联系救护车的支援),同时通知医院做好急救准备,并向医生说明中毒原因和当时的情况。受害者系接触化学危险物料或潜在感染性物质时,应向医生提供 MSDS 等相关资料。

二、外伤的医疗救护

(1)每个人都需要明白,当实验室个人受到伤害时,恰当的医疗处理、预防以及救护是非常重要的,并能有效地防止感染或继续恶化。

(2)急救医药箱和培训。实验室或楼层应该备有急救医药箱(first-aid),并由有资质的医务人员针对实验室常出现的伤害进行相关急救培训,如图 11-5 所示。

图 11-5 急救医药箱及急救培训

化学实验室的急救医药箱内所放的常用医药用品［参考《工业企业设计卫生标准》(GBZ 1—2010)］有以下几种:

治疗用品:创可贴、药棉、纱布、绷带、剪刀、镊子、压舌板等。

消毒剂:75%酒精、碘酒(含碘 0.1%～0.2%)、3%双氧水、酒精棉球。

氰化钠(钾)解毒剂:亚硝酸异戊酯。

烫伤药:玉树油、蓝油烃、烫伤膏、凡士林。

创伤药:红药水、龙胆汁、消炎粉。

化学灼伤药:应对酸伤的饱和碳酸氢钠溶液和稀氨水,应对碱伤的 3%硼酸和 2%乙酸。

催吐药:2%的硫酸铜溶液。

(3)玻璃割伤、刺伤、擦伤或扭伤骨折。受伤人员应直接压迫损伤部位进行止血,清洗受伤部位,挑出玻璃碎片,然后涂红药水或紫药水,撒上消炎粉,必要时用纱布包扎。若伤口较大或过深而大量出血,应迅速在伤口上部和下部扎紧血管止血,严重时采取止血包扎措施,送往医院诊治。骨折时用夹板固定包扎,移动护送时应平躺,防止弯折,送医院救治。

安全操作常识：切割及截断玻璃管（棒）、进行瓶塞打孔时，易造成割伤，要用布包裹住玻璃管再折断；紧固或拆卸玻璃元件有困难时，要戴纱布手套或用抹布包住再操作；往玻璃管上套橡胶管时，要用水或甘油湿润玻璃管外壁和塞内孔，并戴好纱布手套或用抹布包住再操作，以防玻璃破碎割伤手部。

（4）烫伤。立即用水冲洗，也不要把烫的水泡挑破，在烫伤处抹上黄色的苦味酸溶液或高锰酸钾溶液，再擦上凡士林、烫伤膏或万花油。被火烧伤时，在现场立刻进行冷却处理，在送医前，用 15℃左右的冷却水连续冷却，并采用洗必泰（一种消毒剂）进行消毒，最后，在伤处涂上烫伤药。发生大面积烧伤时，应急处理的同时立刻送医院治疗。

（5）冻伤。将冻伤部位放入 35～40℃的热水中浸 30min 左右。待恢复到正常温度后，将冻伤部位抬高，不需包扎。严重情况需送医院治疗。

（6）酸伤。先用大量水冲洗，然后用饱和碳酸氢钠溶液或稀氨水冲洗，最后再用水冲洗，然后搽上油膏或凡士林。酚伤和溴伤可先用大量水冲洗，再用 70%酒精洗涤，包扎。

（7）碱伤。高浓度碱（如氢氧化钠、氢氧化钾）对皮肤的腐蚀性伤害往往比高浓度酸的腐蚀性伤害来得快而且严重得多。应先用大量水冲洗，然后用柠檬酸、乙酸溶液或硼酸饱和溶液冲洗，再涂上凡士林。

三、冲淋器和洗眼器

在实验室外的 15m 内需要配备冲淋器（图 11-6）和双头洗眼器（图 11-7）。图 11-6 的上方是冲淋器：推开手把开关，冲淋器就有水当头喷下。图 11-6 的中间与图 11-7 是双头洗眼器：推开手把开关，双眼朝下睁开，一般至少冲洗 15min。

实验室内的水池上还应配备洗眼器，洗眼器连有可伸缩的软管，使用时需要拉出（图 11-8）。案例证明，受害当事人一般无法使用洗眼器，因为他（她）遇上水会不自觉地闭上眼，睁不开，如果一睁一闭，眼内的异物被反复捻搓或翻滚，反而会使眼球或眼膜破损，伤势加重。欧洲一些高校化学实验室的安全培训规定值得推广：使用洗眼器时，一旁的同事用双手强制性地翻开伤者的上下眼皮，一旦翻开，15min 内千万不能合上，另一位同事立即拿起洗眼器，对准眼部冲洗至少 15min，见图 11-9。伤者如有不自觉的抵触（能有坚强毅力配合的不多），特别是想合眼或眨眼，或抓住你的手想使劲推开，甚至大喊大叫或流泪时，旁人一定要强迫性地控制住，使其不能动。当眼睛内有异物如碎玻璃等时，要用小镊子耐心地夹掉，确保清除干净无任何遗漏后才能合上眼皮，并视情况决定是否立即送医院。

图 11-6　冲淋器　　　图 11-7　双头洗眼器　　　图 11-8　拉出洗眼器　　　图 11-9　同事配合进行眼部冲洗

第五节　应急疏散和演练

应急疏散也称逃生，其是减少人员伤亡的关键，也是彻底的应急响应。

一、应急疏散演练

应加强员工的安全应急意识，使他们提高警惕性，保持头脑清醒，真正熟悉自己所在环境和工作场所突发事件的安全通道和安全出口（图 11-10），对于逃生路线和自救方式做到熟知于心，提高员工防灾抗灾的自我救护能力，最大限度减少事故所造成的人员伤亡以及财产损失。在正常情况下，公司每年至少举办一次集体应急疏散演练。

图 11-10　安全通道和安全出口的标志

（一）演练的组织

应当预先对紧急疏散的演练进行策划，包括对预防性疏散的准备，对疏散的区域、疏散的距离、疏散的路线、疏散的运输工具、秒表、担架、医药救护、正压呼吸器、安全集合点以及排队点名等作出详细的规定和准备，如图 11-11 所示。并应考虑疏散的人数、最短距离、风向风速等条件的变化等问题。

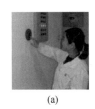   

　　　(a)　　　　　　(b)　　　　　　(c)　　　　　　(d)　　　　　　(e)

图 11-11　紧急疏散演练的组织

(a)按警铃；(b)撤退有序；(c)集合排队；(d)点名；(e)解除警报后回楼

为了防止演练出现意外，如在实验室空无一人的情况下突发的反应冲料、爆炸、起火等事故发生，要提早通知公安消防部门，以求能派消防车在演练地待命，最好还能获得技术上的指导。

计算整个楼层的整体疏散时间是从警报铃响起到最后一名离开为止，一分钟之内为优秀，两分钟之内为合格。规定时间一到（可定三分钟），迅速检查每个楼层内是否有人逗留，如有，可视为"潜在遇难人员"，并在演练结束后予以通告批评，记入个人和该部门的消防考核成绩台账。还可以结合灭火训练进行综合演习，见图 11-12。

图 11-12　结合灭火训练进行综合演习

（二）个人素质的提高

以往许多事实表明，突然发生爆炸、大火降临、烟气弥漫或毒气泄漏等事故时，在众多被困的人员中，有的命赴黄泉，有的跳楼丧生或造成终生残疾，也有人能死里逃生、化险为夷。这固然与突发事故的性质、时间、地点、事故严重程度、建筑物内消防设施等因素有关，但被困人员在灾难临头时有没有灵活应对的技能和逃生的本领也至关重要。

1. 学会消防的基本技能

每位员工都要熟悉各种消防用品等应急器材的特性，并能熟练掌握它们的使用方法，经常性地参加灭火培训，熟知所在区域的消防器材和救护器材，如灭火器材的种类、位置、数量和使用方法，以便在火灾初期就能积极主动并及时灭火，不至于遇事慌张，贻误时机而酿成大祸。

2. 要有灾难意识

每个人都要对自己的办公室、实验室、安全通道、所在建筑物的环境、路径、消防安全环境、洗眼器和冲淋器的分布等熟悉了解，牢记于心。积极认真参加每次的应急疏散演练，盘算好详细的逃生计划，对逃生出口、路线和方法，都要熟悉掌握。要留心哪些是防火门、安全出口在哪里，这样在发生意外时，不至于惊慌失措，便于迅速理智地确定逃生路线，头脑清醒地快速逃离火灾等事故现场。

二、紧急逃生方法

(1)着火时，切忌慌张乱跑，应冷静看清着火方向，在狭窄通道不要拥挤，下楼时须按楼层次序，快速行动，切勿拥挤推搡、盲从，更不要来回跑动以防止踩踏发生，造成群死群伤。在逃生过程中如果看见前面的人倒下去了，应立即扶起，对拥挤的人应给予疏导或选择其他疏散方法予以分流，必要时可损坏门窗等物逃生，减轻单一疏散通道的压力。

(2)火场逃生是争分夺秒的行动。一旦听到火灾警报或意识到自己可能被烟火等危机情况包围，不可马上钻入橱柜、办公桌下或阁楼等角落中躲避，这些地方一般都是紧急情况中最危险的地方，而且又不易被救援人员发觉，因此难以及时获得营救(除非所在区域四周全被火封锁)，这与地震的情况相反。发生严重火灾时最重要的是尽快脱险，不要过多顾及实验损失。如果初期火灾火势较小，只要迅速跑出房间，是可以安全逃生的，甚至视情况可以尽快(几秒钟时间)做一些诸如拔除电插头等简单应急操作。

(3)火灾发生时，怎样开门关门是需要果断做出正确选择的。如果你发觉楼内发生火灾，切忌立刻开门，有的人惊慌失措，在逃生时往往不假思索，直接打开门，可是刚刚冲进楼道很快就倒地不起，这是烟气熏呛的结果。而有的人很冷静，透过玻璃窗户或门缝观察外面的火情,如果没有玻璃窗户或门缝,可先用手触摸门板,如果门和门把手是热或烫的,说明外面过道已充满了高温火焰和热气,已很难通过楼道逃生了。此时,千万不能开门,可用冷水不断对门进行冷却,这样紧闭的门可暂时挡住火焰和浓烟,使你有更多的时间等待消防人员来救援。有条件的,应该结好绳索从窗口或阳台逃生或向窗外呼救。如果门不烫,你也要小心开门,可站在门板后面,轻轻开启缝隙,要是从门缝中蹿进火焰或烟气,必须赶快关紧门,跑到窗口或阳台,另寻逃生办法。假如楼道没被烟气或火焰阻隔,可以通过楼道逃生。逃离时要随手将门关牢,这样可以避免空气对流,延缓火势和浓烟的蔓延,从而降低火灾损失,同时间接控制火势发展,给逃生争取时间。

(4)如果火灾中的烟尘和热气较多,逃生时可把毛巾浸湿,叠起来捂住口鼻,无水时,干毛巾也可。身边如果没有毛巾,餐巾布、口罩、衣服也可以代替。要多折叠几层,将口鼻捂严,以提高滤烟效果。穿越烟雾区时,即使感到呼吸困难,也不能将毛巾从口鼻上拿开。也可利用身边的灭火器、消火栓等向疏散方向喷射灭火剂,打开一条通道而逃生。

(5)高层楼房着火时,应根据火势情况,优先选用疏散楼梯、消防电梯(一般商用电梯不可以乘坐)、室外疏散楼梯等。穿过浓烟弥漫或突然断电的建筑物通道时,可向头部、身上浇些凉水,用湿衣服、湿床单、湿毛毯等将身体裹好,要低姿势、沿着墙壁摸索前进,快速穿过危险区域。尽量不采用匍匐前进,以免贻误逃生时机。

(6)若无其他救生器材,可自制器材,滑绳自救逃生。例如,迅速利用身边的绳索或多股电线,或者将窗帘或衣服等撕成条,打结连接成绳,用水沾湿,然后将其拴在牢固的管道或窗框上,通过建筑物的窗户、阳台、屋顶、避雷针、落水管等,逐个顺绳索沿墙缓慢滑到地面或下到未着火的楼层而脱离险境。

(7)人身上着火,大多是衣服、鞋帽先烧着,千万不要惊慌失措,惊跑拍打。因为人在奔跑时会形成一阵风,着火的衣服得到充足的空气供应,火借风势迅猛燃烧,加重人体灼伤;同时,人在此时乱跑,势必将火种带到经过的地方,引起新的燃烧点,扩大火势。应立即将燃烧的衣物脱掉,尽快将火熄灭;如果来不及脱衣,也可就地滚动,将火压灭;如果附近有喷淋器,可迅速扳开开关灭火。如果有其他人在场,可帮忙将衣服扯下来把火灭掉,向他身上淋水,并视情况严重性酌情用灭火器帮助灭火。

(8)若逃生之路被火封锁,可利用设在电梯、走廊末端以及卫生间附近的避难间,躲避烟火的危害。若没有合适的避难处,应立即退回室内,关闭迎火的门窗,打开背火的门窗,用水浸湿抹布、衣物、草纸等堵住缝隙,同时,被烟火围困、暂时无法逃离的人员,应尽量站到窗口等易被发现和能避烟火近身处,向窗外晃动鲜艳的衣物、呼叫或外抛轻型晃眼的东西,以引起救援人员的注意。

(9)火灾时浓烟或有害气体的危害是很大的。有人做过统计,火灾中被浓烟熏死、呛死的人是烧死者的4～5倍。在一些火灾中,被"烧死"的人实际上是烟气中毒窒息死亡,或先烟气中毒之后又遭火烧的。浓烟致人死亡的主要原因是一氧化碳中毒。在一氧化碳浓度达1.3%的空气中,人吸上两三口气就会失去知觉,呼吸13min就会导致死亡。而常用的建筑材料燃烧时所产生的烟气中,由于不能完全燃烧而产生的一氧化碳含量高达2.5%。此外,火灾中的烟气里还含有大量的二氧化碳。在正常的情况下,二氧化碳在空气中约占0.03%(体积分数),当其浓度达到2%时,人就会感到呼吸困难,达到6%～7%时,人就会窒息死亡。另外还有一些有机试剂和中间体燃烧时能产生剧毒气体,对人的威胁更大。有关专家经过多年研究表明,烟比火跑得快,火没到烟却先到,烟的蔓延速度超过火的5倍。烟气的流动方向就是火势蔓延的途径。温度极高的浓烟在 2min 内就可形成烈火,而且对相距很远的人也能构成威胁,火没到就有人因烟致死了。在美国的一次高层建筑火灾中发现,虽然大火只烧到 5 层,但由于浓烟升腾,21 层楼上也有人窒息死亡了。此外,由于浓烟出现,严重影响了人们的视线,使人看不清逃离的方向而陷入困境。

(10)烟火上行,人要下行。尽量不要往楼上跑,火灾降临,烟火上升,楼顶烟雾缭绕,如果灾情特别严重,人处楼顶就再无脱身之处,可能属于绝路。如果是在离楼顶很近的楼层,局部火势,又处上风,才可能考虑在楼顶上风处避难。

从烟火中出逃,如果烟不太浓,可俯下身子快速行走,以争取时间逃脱;若为浓烟,须四肢爬行或匍匐前进,在贴近地面30cm 的空气层中,烟雾相对较为稀薄。

复习思考题

1. 火灾爆炸和化学品泄漏应急响应如何进行?
2. 扑救初期火灾必须遵循哪几项原则?
3. 针对化学实验室的火灾,有哪些基本灭火方法?
4. 扑灭通风橱内的火灾,注意哪两项基本要点?
5. 化学实验室正常工作期间突然停电,需要做哪些应急措施?
6. 熟记使用洗眼器的注意事项。

第十二章 实验室现场安全管理

实验室现场安全管理是安全管理的重要组成部分，忽视现场安全管理常常导致一些安全事故。图 12-1 为某大学等单位由于实验室安全管理松懈，化学品存放不当导致的大火。

实验室现场是各种生产或研发活动诸要素的集合，是企业各项管理功能的"聚焦点"。现场管理是对现场各种要素的管理和对各项管理功能的验证，是贯彻执行相关 SOP，促使各项事物合规化，包括动态下的合规化、静态下的合规化、行为准则的合规化、机物管理的合规化、环境要求的合规化等。

图 12-1 化学品存放不当导致的大火

现场安全管理的主要内容就是通过查找安全隐患，使各项管理功能有序规范化，包括物受控有序规范化、人的操作和各种行为有序规范化、人体健康环境和生产环境的有序规范化。各要素有序规范化才能减少管理差错、防止人为失误、降低事故率、使各项工作流畅，才能极大地提高工作效率，充分优化生产品质和增强经济效益价值。

现场安全管理对安全生产有着至关重要的意义。

首先，加强现场安全管理能够减少事故发生。管理欠缺、管理不力和管理错误是事故发生最重要的间接因素。正是由于管理存在缺陷，才造成人的行为失控、机物的不稳定状态、环境不良等安全隐患的存在，从而直接导致事故发生。加强现场管理，就会促进各项基础管理工作的提高，避免和减少因管理不当或失误造成的事故，从而在根本上消除事故的致因，达到实现安全生产的目的。

另外，现场安全管理其实是广泛的安全文化教育。现场安全管理的许多内容就是安全生产的内容。例如，安全教育是否开展、规章制度是否得到执行、岗位危险识别控制活动是否开展、安全通道是否畅通、安全设施是否完好、5S 是否达标等，都是安全生产的重要内容，都可以通过现场安全管理得以体现和落实。

表面上看，现场安全管理仅涉及作业现场的四维时空(T、X、Y、Z)，即时间(time)和三维空间(X、Y、Z)的可视有序化管理，可以通过规范现场的四维时空来反向变革和颠覆人的旧思维模式，扭转和改变人的不良观念，纠正人的错误思想，消除由这些观念和思想产生的不合规行为。现场安全管理其实是广泛的群众性活动，要求每一位员工"从我做起"、"从身边做起"，通过对作业现场"脏、乱、差"的治理，对不安全、不文明的行为进行规划以及对各项基础管理工作的加强，不仅能增强员工的责任心、荣誉感，也必然极大地优化安全生产的大环境，营造良好的企业安全文化氛围。

现场安全管理包括以查隐患为主的巡检、违章核实、问卷调查、事故调查、标志管理、台账和档案等，通过查思想（安全意识与培训教育）、查违章（现象与行为）、查管理（各项管理制度和安全操作规程的执行）、查隐患（重点岗位、化学品等物料、仪器设备、环境、人员、PPE）、查整改（隐患整改及效果）、查事故处理（调查、报告、处理、纠正与预防措施制订及实施跟踪）的现场安全管理来促进和完善各项安全目标的实现。

第一节　合规化管理

化学实验室的日常有序规范化安全管理，靠自律（自我约束）的内在动力是最好的，具有实质性的意义。然而，人人自律很难做到，需要外围监督检查来促进，特别是通过专职部门如安全部门的日常巡检或者由各部门组成检查组的巡检、专项检查、突击检查、重点检查、节假日检查、定期检查、不定期检查、部门互查、分类抽查等"互律"或"他律"的形式，以督促和提高实验室的合规化管理。

现场安全检查不只是哪一个部门或哪一个人的事，从一把手到部门负责人，从部门负责人到项目主管或组长，从主管或组长到每一位员工，都是合规化管理的主体。

以巡检为主要形式的合规化管理是现场安全管理的主要手段，检查的结果要记录在安全检查表中，便于建立台账和日后进行对照，看是否整改到位。

合规化管理首先需要有一套实验室的安全管理规章制度，然后从这些 SOP 中细化出一些可操作、可量化的检项，便于统计、评定、公布、有目的性地进行整改、达标验收。

以实验室高风险评定和整改为主要内容的合规化管理，旨在通过对实验室的动态现场管理和对诸多违规项进行评定工作，可以发现和纠正管理上的缺陷、人的不安全行为、机（物）的不稳定状态、环境不良等安全隐患，避免事故的发生。

第二节　5S 现场管理

5S 起源于日本，是指在生产现场中对人员、机器、材料、方法等生产要素进行有序而高效的管理。5S 即整理（seiri）、整顿（seiton）、清扫（seiso）、清洁（seiketsu）、素养（shitsuke）五个要素。有的企业根据自身发展的需要，在原来 5S 的基础上又增加了安全（safety），即形成了"6S"；有的企业再增加了节约（save），形成了"7S"；如此等等，甚至推行到"12S"。然而，所有这些都是从"5S"里衍生出来的。

5S 管理是企业精益六西格玛（lean six sigma）管理战略中的基础部分，是精益六西格玛以消除浪费提高效率为本质，以多快好省为精髓的具体实施。5S 管理的终极目标是在提高研发工作效率、加快项目进度的同时，提高工作质量和减少浪费，并且能完成各项安全目标，让企业和组织保持长久的、可持续发展的竞争力。因此，5S 管理有其重要的现实意义。

另外，5S 管理是一种可视化的现场管理，是一种以自我约束为主的内部主动式管理，而在化学实验室的现场安全管理工作中，主动态度和自律行为是极其重要的。

一、整理

整理包括区分物品的用途、区分要与不要的物品、清除多余的东西，现场只保留必需的物品。

例如，改善和增加作业面积；现场无杂物，行道通畅，提高工作效率；减少磕碰的机会，保障安全，提高质量；消除管理上的混放、混料等差错事故；有利于减少过度领存，节约成本；改变作风，改善工作情绪。

首先，把要与不要的人、事、物分开，再将不需要的人、事、物加以处理，对生产现场摆放的各种物品进行分类，区分什么是现场需要的，什么是现场不需要的；其次，对于实验室里各个通风橱的内外、操作台的上下、设备的前后、通道左右以及实验室的各个死角，都要彻底搜寻和清理，达到现场无不用之物。

二、整顿

整顿是指必需品依规定定位、分区放置，定方法摆放、整齐有序，明确标示、方便取用。

不浪费时间寻找物品，提高工作效率和产品质量，保障生产安全。把需要的人、事、物加以定量、定位。通过前一步整理后，对现场需要留下的物品进行科学合理的布置和摆放，以便用最快的速度取得所需之物，在最有效的规章、制度和最简洁的流程下完成作业。

物品摆放要有固定的地点和区域，以便于寻找，消除因混放而造成的差错；物品摆放地点要科学合理。例如，根据物品使用的频率，经常使用的东西应放得近些，偶尔使用或不常使用的东西则应放得远些；物品摆放目视化，使定量装载的物品做到过目知数，摆放不同物品的区域采用不同的色彩和标记加以区别。

三、清扫

清扫是指清除现场内的脏污、清除作业区域的物料垃圾。

清除"脏污"，保持现场干净、明亮，防止污染。将工作场所的污垢去除，使异常的发生源很容易发现，这是实施自主保养的第一步，也可以提高设备稼动率。

自己使用的物品，如仪器、设备、用品等，要自己清扫，而不要依赖他人，不增加专门的清扫工；对设备的清扫，着眼于对设备的维护保养，清扫相当于保养；清扫设备要同设备的点检结合起来，清扫即点检；清扫也是为了改善，当清扫地面发现有疑问物料或泄漏时，要查明原因，并采取措施加以改进。

四、清洁

将整理、整顿、清扫实施的做法制度化、规范化，认真维护并坚持整理、整顿、清扫的效果，使其保持最佳状态。

通过对整理、整顿、清扫活动的坚持与深入，消除发生安全事故的根源，创造一个良好的工作环境，使研发人员能愉快地工作。

工作环境不仅要整齐，而且要做到清洁卫生，保证员工身体健康，提高员工的劳动热情；不仅物品要清洁，而且员工本身也要做到清洁，如工作服要清洁，个人仪表要整洁；员工不仅要做到形体上的清洁，而且要做到精神上的"清洁"，待人要讲礼貌、要尊重他人；要使环境不受污染，进一步消除浑浊的空气、粉尘、噪声和污染源，消灭职业病。

五、素养

人人按章操作、依规行事，养成良好的习惯，使每个人都成为有人格修养的人。提升"人的品质"，培养对任何工作都认真的人。努力提高员工的自身修养，使员工养成良好的工作、生活习惯和作风，让员工能通过实践 5S 获得人身境界的提升，与企业共同进步，是 5S 管理的核心。

复习思考题

1. 现场安全管理的主要内容是什么？
2. 5S 管理和合规化管理的目的意义及实施要素是什么？

第三篇 危险化学品安全

化学品已成为人类生产和生活不可缺少的一部分。随着人类生产和生活的不断发展和提高，人类使用化学品的品种、数量在迅速地增加。到2012年1月20日，美国化学会的CAS(Chemical Abstracts Service)已经登记了64944800余种物质的最新数据，并且以每天4000余种的速度增加。

化学品的生产和消费极大地改善了人们的生活，但是不少化学品属于危险化学品。我国现有生产使用有记录的化学物质有四万多种，其中已列入我国《危险化学品名录》的有三千余种，它们的易燃、易爆、有毒、有害等危险特性也给人类生存安全带来了一定的威胁。在化学品的生产、储存、运输、使用以及废弃物处置的过程中，对危险化学品的管理、使用和防护不当会造成事故，损害人体健康，造成财产毁损、生态环境污染。因此，如何最大限度地加强危险化学品的管理，保障危险化学品在生产、储存、运输、使用以及废弃物处置过程中的安全性，降低其危害、污染的风险等，已引起人们的高度重视。

世界各国都十分重视危险化学品安全管理工作。联合国所属机构以及国际劳工组织对危险化学品的管理提出了有关约定和建议。《作业场所安全使用化学品公约》(简称第170号公约)和《作业场所安全使用化学品建议书》(简称第177号建议书)是国际劳工组织(International Labour Organization，简称ILO)制定的国际性法律文件，其体现了政府、雇主和工人三方代表的平等权利。我国是国际劳工组织成员国，经1994年10月27日第八届全国人民代表大会常务委员会第十次会议批准，承认并实施国际劳工组织1990年第七十七届大会通过的《第170号公约》和《第177号建议书》，在化学品和危险化学品管理上已经与国际接轨。《第170号公约》就化学品的危险性鉴别与分类、登记注册、加贴安全标志、向用户提供安全技术说明书以及企业的责任和义务、工人的权利和义务、操作控制、培训、化学品转移、出口、废弃物处置等问题做出了基本的规定，要求各成员国建立化学事故控制措施，建立相应制度，有效预防和控制化学品的危害。

我国除了承认并实施《第170号公约》和《第177号建议书》外，2011年2月16日国务院第144次常务会议还修订通过了《危险化学品安全管理条例》，并自2011年12月1日起施行。该条例规范了危险化学品的生产、储存、使用、经营、运输和废弃处理6个环节全过程的安全监督管理，同时进一步明确了国家各个主管部门的监督管理职责，提出了很多新要求。

条例中所称危险化学品，是指具有毒害、腐蚀、爆炸、燃烧、助燃等性质，对人体、设施、环境具有危害的剧毒化学品和其他化学品。

我国在对危险化学品管理上，除了上述《危险化学品安全管理条例》外，还陆续颁布了几十个相关法律法规和条例等标准。按我国目前已公布并实施的法规标准，有四个国标直接涉及危险化学品的分类，它们是：《危险货物分类和品名编号》(GB 6944—2012)、《危险货物品名表》(GB 12268—2012)、《危险化学品重大危险源辨识》(GB 18218—2009)和

《常用危险化学品的分类及标志》（GB 13690—1992）。在这四个国标中，危险化学品和危险货物同义，分类也基本一致。

《常用危险化学品的分类及标志》（GB 13690—1992)将危险化学品分为八大类，每一类又分为若干项。第1类：爆炸品；第2类：压缩气体和液化气体；第3类：易燃液体；第4类：易燃固体、自燃物品和遇湿易燃物品；第5类：氧化剂和有机过氧化物；第6类：毒害品和感染性物品；第7类：放射性物品；第8类：腐蚀品。

有机合成的实践对象主要是化学品，这些化学品绝大多数都有易燃易爆、有毒有害等危险特性，可能对相关人员造成伤害，对组织造成损失，对环境造成污染。

在有机合成研发领域，许多事故来自对危险化学品的不了解，从而导致主观上或非主观上的不合规范操作。为了有效预防、避免和应对事故的发生，本篇将按照化学研发和生产的安全要求，根据危险化学物品的相关性质，分门别类地进行讨论，包括爆炸品、压缩气体和液化气体、易燃品、无机氧化剂和有机过氧化物、有毒品、稳定同位素和放射性同位素、致敏化学品、刺激性化学品、危险化学废弃物9类。另外，很多危险化学品有多重危险性，例如，叠氮钠既是剧毒品也是爆炸品，我们将按照重点特性来进行划分归类，但也可能会在其他相关章节中进行讨论介绍。

第十三章 爆 炸 品

第一节 爆 炸

一、爆炸的定义

爆炸是物质的一种非常急剧的物理、化学变化，是能量(物理能、化学能或核能)在瞬间迅速释放或急剧转化成机械能和其他能量的过程与现象。在这个瞬间变化过程中，爆炸物由一种状态通过化学变化或物理变化，突然变成另一种状态。

二、爆炸的两重性

（一）控制性的爆炸

爆炸如果得到控制，就能将分解爆炸(炸药的爆炸一般为分解爆炸)时产生的机械能应用于采矿造路、定向爆破等，就能将分解爆炸性气体爆炸时产生的机械能应用于内燃机的气缸做功来驱动被动轮。从炸药发明开始，特别是从诺贝尔时代以及内燃机兴起到今天，控制性的爆炸在人类的进步和社会快速发展中发挥了不可替代的作用，作出了特别巨大的贡献，可以说，没有爆炸就没有人类今天的现代化，就没有灿烂的文明和高度现代化的物质享受。

（二）失控性的爆炸

一旦爆炸失去控制，就会酿成事故，可能造成人身伤亡和财产损失。如何认识这一点，特别是失控性的化学爆炸，是本章节的重点讨论内容。

三、爆炸的类型

爆炸分为核爆炸、物理爆炸、化学爆炸三类。

（一）核爆炸类

核爆炸是指核裂变链式反应(原子弹)和核聚变反应(氢弹)释放出大量能量的瞬间过程。按照核爆炸的原理，其实它也可以归属物理爆炸。

（二）物理爆炸类

由系统释放物理能引起的爆炸，一般是指由于液体变成蒸气或者气体迅速膨胀、压力急速增加，并大大超过容器的耐压极限和承受强度而发生的爆炸。例如，氢化瓶内的气体压力超过规定值、反应瓶在刚性密闭情况下遭遇反应突发或气体大量生成、氢气球过载等引起的爆炸。

（三）化学爆炸类

化学爆炸是指物质发生极迅速的化学反应，将物质内潜在的化学能在极短的时间内释放出来，产生高温、高压状态，引起爆炸。化学爆炸前后物质的性质和成分均发生了根本的变化。

化学爆炸所需的启动能量，可以来自外能，即外界能量，如受热、摩擦与震动（金属勺取样、粉碎、分子间碰撞、结晶、高浓度的搅拌和旋蒸翻动等）、机械、光、电、静电、冲击波、辐射热能等；也可以出自内能，即内部能量，如爆炸物质本身的反应热、结晶重组、相变、分子间聚合或内部分解等。

一般说来，爆炸现象具有以下特征：①爆炸过程进行得很快；②爆炸点附近温度急剧升高，压力急剧升高产生冲击波；③周围介质产生震动或受到机械破坏；④由于介质振动而产生声响。其中，温度和压力的急剧升高是爆炸现象的最主要特征。

第二节　化学爆炸

一、种类

化学爆炸按照爆炸时所产生的化学变化，可分两个种类：分解爆炸和爆炸性混合物爆炸。这里的分解爆炸是指单体爆炸；爆炸性混合物爆炸是指两种以上物品混在一起引起的爆炸。

（一）分解爆炸

分解爆炸分为简单分解爆炸、复杂分解爆炸、聚合分解爆炸和分解爆炸性气体的爆炸四种，前三种可能存在固相爆炸、液相爆炸或气相爆炸，但第四种仅指气相爆炸。

1. 简单分解爆炸

引起简单分解爆炸的爆炸物在爆炸时不发生燃烧反应，属于这一类的化合物有叠氮化铅、雷酸银、乙炔银、乙炔亚铜、三碘化氮、三氯化氮、三硫化二氮等。这类物质是非常危险的，稍经触动或轻微震动即能发生爆炸。

例如，叠氮化铅的分解爆炸反应为

$$Pb(N_3)_2 \xrightarrow{\text{震动}} Pb+3N_2\uparrow+Q$$

2. 复杂分解爆炸

这类爆炸性物质的敏感危险性一般比简单分解爆炸物低，但爆炸威力大，如各类氮及卤素氧化物。这类物质爆炸时伴有燃烧现象，燃烧所需的氧由本身分解时供给。

例如，苦味酸（2, 4, 6-三硝基苯酚）的分解爆炸反应（负氧平衡）：

$$2C_6H_3N_3O_7 \xrightarrow{\text{外能引爆}} 3H_2O\uparrow+3N_2\uparrow+11CO\uparrow+C+Q$$

1kg 苦味酸发生分解爆炸反应产生的热量为 4200kJ，温度可达 2490K。

硝化甘油炸药的分解爆炸反应（负氧平衡）：

$$4C_3H_5(ONO_2)_3 \xrightarrow{\text{外能引爆}} 12CO_2\uparrow+10H_2O\uparrow+5N_2\uparrow+2NO\uparrow+Q$$

1kg 硝化甘油发生分解爆炸反应产生的热量为 6688kJ，温度可达 4970K，爆炸瞬间体积可增大 1.6 万倍，速度达 8625m/s，故能产生强大的破坏力。

3. 聚合分解爆炸

一些不稳定化合物，在诱发因素存在下易聚合放热而发生爆炸分解。

例如，含有环氧乙基的化合物遇热(高于 40℃)或接触碱金属、氢氧化物、高活性催化剂(如铁、锡和铝的无水氯化物及铁和铝的氧化物)易发生自身开环聚合放热反应，并迅速自动分解产生巨大能量，引起容器破裂或爆炸事故；含烯键的化合物如丙烯酸等若遇热、光、水分、过氧化物及铁质易自聚而引起爆炸。

4. 分解爆炸性气体的爆炸

分解爆炸性气体分解时产生相当数量的热量，当物质的分解热大于 80kJ/mol 时，在激发能源的作用下，火焰就能迅速地传播开来，其爆炸是相当剧烈的。在一定压力下容易引起该种物质的分解爆炸，当压力降到某个数值时，火焰便不能传播，这个压力称为分解爆炸的临界压力。例如，乙炔分解爆炸的临界压力为 0.137MPa，在低于此压力下储存装瓶是安全的，如果在高于此压力下压缩乙炔就容易产生分解爆炸。

乙炔分解爆炸反应式为

$$C_2H_2 \longrightarrow 2C(s)+H_2\uparrow+Q$$

然而若有强大的点火能源，即使在常压下乙炔也具有爆炸危险。

乙烯在 273K 下，分解爆炸的临界压力为 4.053MPa，所以高于此压力压缩乙烯也是很危险的。乙烯分解爆炸反应式为

$$C_2H_4 \xrightarrow{\text{高压}} C(s)+CH_4\uparrow+127kJ/mol$$

(二) 爆炸性混合物爆炸

爆炸性混合物爆炸又分为气体混合物爆炸和非气体混合物爆炸，前者需要助燃性气体(如空气中的氧气)，后者通常是指非气体混合物相互反应引起的爆炸。

1. 气体混合物爆炸

所有可燃气体、蒸气及粉尘与空气混合所形成的混合物的爆炸均属于气体混合物爆炸，属于瞬间的剧烈燃烧放热反应。这类物质的爆炸需要一定条件，如爆炸性物质的含量、氧气(助燃气体)含量及激发能源等，因此其危险性虽比分解爆炸类低，但极普遍，实际危险要比分解爆炸大，造成的危害性也较大。

气体混合物爆炸可分为以下几种：

(1)气体混合物，如烷烃、一氧化碳、氢等可燃气体与空气或氧形成的混合物，氯气与氢气形成的混合物。

(2)蒸气混合物，如丙酮、甲醇、乙醚等可燃液体的蒸气与空气或氧形成的混合物。

(3)粉尘混合物，如煤粉尘、有机粉尘、铝粉尘等与空气或氧气形成的混合物。

还有一些遇水爆炸的物质，如钾、钠、碳化钙、四氢铝锂、某些烷基铝、烷基锂等，它们与水接触，产生的可燃气体与空气或氧气混合形成爆炸性混合物，然后靠自身反应的高温点燃混合气体而发生爆炸。虽然起始物是固体或液体，但是爆炸的实质是气体混

合物爆炸。

2. 非气体混合物相互反应引起的爆炸

非气体混合物相互反应引起的爆炸相关内容将在第四篇第二十四章中专门讨论。

除了上述分解爆炸和爆炸性混合物爆炸外，还有较少见的其他种类的爆炸，如固相转化时造成的爆炸。固相相互转化时放出热量，造成空气急速膨胀而引起爆炸。例如，无定型亚稳态锑转化成结晶型稳定锑时，由于放热而发生爆炸。

二、气体混合物爆炸的反应历程

气体混合物发生爆炸，有热反应和链式反应两种不同的历程。

（一）热反应机理

气体混合物燃烧和爆炸从化学反应的角度看，本质是一样的。当燃烧在某一定空间内进行时，如果散热不良会使反应温度不断升高，温度的升高又会促使反应速率加快，如此循环持续进行而导致爆炸发生。

（二）链式反应机理

有些爆炸现象不能用热反应机理来解释。例如，溴和氢的混合物在较低温度下爆炸时，其反应式为：$H_2+Br_2 = 2HBr+3.5kJ/mol$，反应热只有 3.5kJ/mol；而二氧化硫与氢的反应，其反应式为：$SO_2+3H_2 = H_2S+2H_2O+12.6kJ/mol$，反应热为 12.6kJ/mol 却不会爆炸。类似这样的例子很多，所以，有些爆炸现象就不能用热反应机理来解释，需要用化学动力学的观点来说明，这类爆炸是链式反应的结果。

按照链式反应理论，爆炸性混合物(如可燃爆炸性气体和氧气)与外能(如火源)接触后，活化分子就会吸收能量而离解为游离基，即自由基，游离基作为链式反应的活性中心由此形成。在此基础上，热以及链锁载体都向外传播，促使邻近一层的混合物起化学反应，然后这一层又成为热和链锁载体源泉而引起另一层混合物的反应，并与其他分子相互作用形成一系列的链式反应。如此循环地持续进行下去，释放燃烧热，直至全部爆炸性混合物反应完为止。爆炸时的火焰是以一层层同心圆球面的形式向各方向蔓延的。整个过程是在极短的时间内瞬间完成的。

链式反应有直链反应和支链反应两种。

1. 直链反应

直链反应是指每一个游离基都进行自己的连锁反应，例如，氯和氢就属于这一类反应，即氯分子在光的作用下被活化成两个氯的游离基，每一个氯的游离基都进行自己的连锁反应，而且每次反应只引出一个新的游离基。

2. 支链反应

支链反应是指在反应中一个游离基能生成一个以上的新游离基，由于支链反应有较多的活性质点——自由基的产生，可使反应速率急剧加快，温度加速上升，体积膨胀，在受限空间压力加速提高，以致引起爆炸。例如，氢和氧的连锁反应就属于此类反应，它的特点是在反应中一个游离基(活性中心)能生成一个以上的游离基：$H+O_2 \Longrightarrow OH+O$，$O+H_2 \Longrightarrow OH+H$，于是反应链就会分支。支链反应如图13-1 所示。

在链增长即反应可以增殖游离基的情况下，如果与之同时发生的销毁游离基(链终止)的反应速率不高，则游离基的数目就会增多，反应链的数目也会增加，反应速率也随之加快，这样又会增值更多的游离基，如此循环进展，瞬间可使反应速率加速到爆炸的等级。

图 13-1　支链反应

链式反应历程大致分为 3 个阶段：①链引发，游离基生成；②链传递，游离基作用于其他参与反应的化合物，产生新的游离基；③链终止，即游离基的消耗，使连锁反应终止。

三、气体混合物爆炸的爆炸极限

(一) 定义

爆炸极限是指当可燃性气体、蒸气或可燃粉尘与助燃性气体(如空气或其他合适气体)在一定浓度范围内均匀混合，遇到火源等外能发生爆炸的浓度范围，也称为爆炸浓度极限。

这里的浓度指的是爆炸主体物(可燃性物质)在助燃性气体中的体积分数(V/V)，可燃性粉尘的爆炸极限常以在混合物中的粉尘质量与混合物体积之比(g/m^3)来表示。爆炸极限由爆炸下限(LEL)和上限(UEL)组成，分别指爆炸主体物的最低浓度和最高浓度。爆炸极限之外(上限以上，下限以下)，是不会发生爆炸的。当混合物浓度低于爆炸下限时，由于过量空气的冷却作用，火焰的蔓延被阻止；同样，当混合物浓度高于爆炸上限时，由于空气的不足，爆炸反应不能彻底完成。

爆炸极限是衡量爆炸性气体或液体爆炸危险程度的重要指标。

若以爆炸极限的上限与下限之差除以下限，其结果为危险度，表达式为

$$R=\frac{X_2-X_1}{X_1}$$

式中，X_1 表示爆炸下限；X_2 表示爆炸上限；R 表示危险程度(risk)。

一般来说，R 值越大，表示爆炸的危险性越大。爆炸极限的范围越宽，特别是爆炸下限越低，则爆炸的可能性和危险性就越大。爆炸极限的范围越窄，即上限和下限越接近，

也即爆炸下限越高,上限越低,火灾爆炸的可能性和危险性就越小。爆炸极限可作为评定和划分危险性的标准。例如,可燃气体按下限(<10%或≥10%)分为一、二两级。一些常见气体和蒸气在空气中的爆炸极限(常温常压)见表13-1。

表13-1 一些常见气体和蒸气在空气中的爆炸极限(常温常压)

物品名称	爆炸极限(%, V/V)		物品名称	爆炸极限(%, V/V)	
	下限	上限		下限	上限
氢气	4.0	75.0	戊烷	1.4	7.8
一氧化碳	12.5	80.0	己烷	1.1	7.5
氯气	15.7	27.4	庚烷	1.1	6.7
硫化氢	4.3	45.5	辛烷	1.0	6.7
二硫化碳	1.3	5.0	环戊烷	1.5	9.4
氨	16	25	环己烷	1.3	8.0
甲胺	4.9	20.1	汽油	1.1	5.9
二甲胺	2.8	14.4	乙醚	1.9	36.0
苯胺	1.3	11.0	甲醇	6.7	36.0
吡啶	1.7	12.0	乙醇	4.3	19.0
氰化氢	5.6	40.0	乙腈	4.4	16.0
丙烯腈	3.0	17.0	乙酸乙酯	2.2	11.0
乙烯	2.7	36.0	呋喃	2.3	14.3
乙炔	2.5	100[a]	四氢呋喃	2.0	11.8
丙烯	2.0	11.1	丙酮(0℃)	2.6	12.8
氯乙烷	3.8	15.4	丁酮	1.8	10.0
氯乙烯	3.6	33.0	环己酮	1.1	8.1
氯丙烯	2.9	11.1	甲苯	1.2	7.1
环氧氯丙烷	4.0	21.0	(混)二甲苯	0.9	7.0
环氧乙烷	3.6	100[b]	硝基苯	2.0	9.0
1,2-二氯乙烷	6.2	16.0	二硼烷	0.8	88.0

注:本表数值的来源基本上以《石油化工企业可燃气体和有毒气体检测报警器设计规范》(GB 50493—2009)为主,并参考《常用化学危险品安全手册》等进行了整理汇编,数据与第三篇第十五章第一节表15-1和第四篇第二十四章第八节表24-3中的数据,由于出处有异而存在较大差异。

a 乙炔没有爆炸上限,在缺氧情况下,当超过0.137MPa时会产生分解爆炸;b 环氧乙烷也没有爆炸上限,在温度高于40℃,特别是有铁锈、无机卤化物、酸等诱发时,即使缺氧,自身也易发生聚合放热反应,会自动加速并汽化而发生爆炸分解。

闪爆也是一种爆炸性混合物爆炸,而且比较常见,往往发生在爆炸极限条件成熟的非密闭空间环境里。

(二)影响爆炸极限的因素

爆炸极限并非固定数值,受多种因素的影响,主要因素有初始温度、初始压力、氧含量、点火能等。

1. 初始温度

混合物的初始温度越高，则爆炸极限范围扩大变宽，即下限降低，上限升高，危险性增大；反之爆炸极限范围变窄。因为系统的温度升高，分子或原子的动能增加，即增加了活化分子的冲击能量，从而加速分子之间的碰撞频率和次数。例如，丙酮的爆炸极限在 0℃时为 4.2%～8.0%，而在 100℃时为 3.2%～10.0%。

2. 初始压力

在压力变化的情况下，爆炸极限的变化比较复杂。一般压力增加，爆炸极限变宽，危险性增加。这是因为系统压力增加，分子间的距离缩短，分子碰撞的概率加大，危险性就增大；反之，爆炸极限范围变小，当压力降至一定值时，其上下限重合，此时的压力称为爆炸的临界压力。如果压力降到临界压力以下，系统就不能爆炸，所以，降压操作相对安全一些。

压力对上限的影响较明显，而对下限的影响较小。例如，甲烷的爆炸极限在 0.1MPa时为 5.6%～14.3%，在 5MPa 时为 5.4%～29.4%。

也有例外，如磷化氢与氧混合，一般不反应，若将压力降至一定值，混合物反而会突然爆炸。又如在含有空气的氢化硅混合物的容器内，造成一定负压(抽真空)会发生爆炸。

3. 惰性气体浓度

在混合物中，如果惰性气体浓度增加，则爆炸极限缩小，当惰性气体浓度提高到某一数值时，混合物就不能爆炸。这是因为惰性气体浓度的增加表示系统中氧的浓度相对减少，于是爆炸上限大大下降，从而缩小了爆炸极限范围。当惰性气体增加到一定浓度时，在爆炸物分子和氧分子之间会形成惰性气体障碍层，最初的反应就不容易进行。所以，研发或生产中常在易燃或易爆的气体或蒸气中掺入氮气、氩气或二氧化碳等惰性气体加以保护，其目的就是降低混合物中的氧含量，缩小爆炸极限范围，避免爆炸事故的发生。

4. 点火能

外能(如静电火花、撞击摩擦火花)的能量、热表面面积、火源与混合物的接触时间等，对爆炸极限都有影响。例如，甲烷在电压 100V、电流 1A 的电火花作用下，无论甲烷的浓度为多少都不会引起爆炸；但是当电流增加到 2A 时，其爆炸极限为5.9%～13.6%；3A 时进一步扩大为 5.85%～14.8%。当可燃气浓度达到或略高于化学当量浓度时，所需的引爆能最低。对于一定浓度的爆炸性混合物，都有一个引起该混合物爆炸的最低引爆能量。浓度不同，引爆的最低能量也不同。对于给定的爆炸性物质，各种浓度引爆的最低能量中的最小值称为最小点火能(也称最低引爆能或临界点火能)。

一些常见可燃气、蒸气的最小点火能见表 13-2。

表 13-2　一些常见可燃气、蒸气的最小点火能

物质名称	质量分数(%)	最低引爆能(mJ)		物质名称	质量分数(%)	最低引爆能(mJ)	
		空气中	氧气中			空气中	氧气中
氢气	29.2	0.019	0.0013	甲醇	12.24	0.215	
氨	21.8	0.77		乙醚	5.1	0.19	
硫化氢	12.2	0.077		乙醛	7.72	0.376	
二硫化碳	7.8	0.009		乙烯	6.52	0.016	0.001
乙炔	7.73	0.02	0.0003	丁二烯	3.67	0.17	
甲烷	8.5	0.28		环氧乙烷	7.72	0.105	
乙烷	4.02	0.031	0.031	环氧丙烷	7.5	0.13	
丙烷	5.2	0.25		丙酮	4.87	1.15	
丁烷	3.42	0.38		苯	2.71	0.55	
己烷	3.4	0.24		甲苯	2.27	2.50	

除上述因素外，混合体系接触的容器内壁材质、机械杂质、光照、表面活性物质等都可能影响到爆炸极限范围。例如，甲烷与氯的混合物在黑暗中长时间发生缓慢反应，但在日光下照射，便会引起剧烈反应，如果比例适当就会爆炸。环氧乙烷装在内壁有铁锈的钢瓶里可能发生爆炸。

（三）爆炸反应当量浓度

爆炸反应当量浓度是指爆炸性混合物中的可燃（爆）性物质和助燃（爆）性物质的浓度比例为恰好能发生完全的化合反应时的化学当量浓度，此时爆炸所释放出的热量最多，所产生的压力也最大。

例如，计算一氧化碳在空气中的爆炸反应当量浓度。

以空气中 O_2 含量为 21%（体积分数）、以 N_2 为代表的其他气体含量以 79%（体积分数）计，则空气中 1mol O_2 相当于 3.76mol N_2。

$$2CO+O_2+3.76N_2 =\!=\!= 2CO_2+3.76N_2$$

根据反应式得知，参加反应的物质的总体积为 2+1+3.76=6.76。如以 6.76 这个总体积为 100，则 2 个体积的一氧化碳在总体积中所占比例为 X=2/6.76×100%=29.6%。所以，一氧化碳在空气中完全反应的浓度为 29.6%。

虽然一氧化碳的爆炸极限是 12.5%～80.0%，但其浓度在 29.6%时，在同等温度和同等压力等条件下，爆炸危险性最大，而且爆炸的威力也最大，见表 13-3。

同理可以计算出所有其他可燃（爆）性气体在其他助燃（爆）性气体中的爆炸反应当量浓度。

以上所述其实是指理论爆炸反应当量浓度，实际的爆炸反应当量浓度等于或稍高于计算出的理论爆炸反应当量浓度。

表 13-3　一氧化碳与空气混合在火源作用下的燃爆情况

一氧化碳与空气混合的比例(%，体积分数)	燃爆情况
<12.5	不燃不爆
12.5	轻度燃爆
12.5~29.6	燃爆逐渐加强
29.6	燃爆最强烈
29.6~80.0	燃爆逐渐减弱
80.0	轻度燃爆
>80.0	不燃不爆

四、单体爆炸品的分解爆炸与气体混合物爆炸的异同

1. 爆炸速度

单体爆炸品的爆炸之所以摧毁力巨大，主要是因为爆炸反应一般在 10^{-6}~10^{-5}s 的瞬间发生并完成，爆炸传播速度(简称爆速)一般为 2000~9000m/s。由于速度极快，瞬间释放出的能量高度集中，所以有极大的破坏作用。气体混合物爆炸时的反应速率比单体爆炸品的爆炸速度要慢得多，一般在数百分之一秒至数十秒内完成，所以爆炸功率要小得多，但危险性比较普遍，造成的危害仍然非常大。

2. 反应放出大量的热

单体爆炸品爆炸时的反应热一般为 2900~6300kJ/kg，可达到 2400~3400℃的高温。气体产物依靠反应热被加热到数千摄氏度，压力可达数万兆帕，能量最后转化为机械能，使周围介质受到压缩或破坏。气体混合物爆炸后，也有大量热量产生，但温度很少超过 1000℃。

3. 反应生成大量的气体产物

1kg 单体爆炸品爆炸时能产生 700~1000L 气体，由于反应热的作用，气体急剧膨胀，但又处于压缩状态，数万兆帕压力形成的强大冲击波使周围介质受到严重破坏。气体混合物爆炸虽然也放出气体产物，但是相对来说气体量要少，而且因爆炸速度较慢，压力很少超过 2MPa。

所有类型的爆炸除了可以直接对人和财物造成损害外，还可能通过间接作用对人和财物造成损害，如燃烧扩大、毒气释放等。

第三节　爆炸品的认识和管控

本节所说的爆炸品是指单体化学爆炸品，包括无机爆炸品和有机爆炸品。

军工等行业对爆炸品的爆炸性主要持正面态度，因为爆炸有其军工意义和重大社会经济价值，而有机合成行业则对爆炸品(包括中间体)的爆炸性持否定态度，唯恐发生爆炸而造成损害。

一、爆炸品的定义

爆炸品是指在外能(如受热、震动、摩擦、撞击、光、电、冲击波、辐射能等)或内能(如爆炸品本身的结晶重组、相变、分子间聚合及内部分解时产生的能量)的作用下能发生剧烈的化学反应的物品,并且在反应瞬间能产生大量的气体和热量,使周围的压力急剧上升,发生爆炸,往往会对周围环境、设备、人员造成破坏和伤害。

二、爆炸品的热力学本质

爆炸品发生爆炸式的高速放热反应,反应的自由焓变($\Delta G < 0$)所取负值较大,所以它能做大量的有用功,这是化学性爆炸的热力学本质。

三、爆炸品的敏感度

任何一种爆炸品发生爆炸,都需要供给它一定的起爆能,不同爆炸品所需的起爆能是不同的,某一爆炸品所需的最小起爆能,即为它的敏感度,简称感度。起爆能同敏感度成反比,起爆能越小,则敏感度越高,敏感度是确定爆炸品的爆炸危险性的一个重要标志,敏感度越高,则爆炸危险性越大。

各种爆炸品的敏感度一般都很高。爆炸品的化学组成、性质以及起爆能决定了发生爆炸的可能性。决定爆炸品敏感度的内在因素是其本身的化学结构,影响敏感度的外来因素主要包括温度、杂质、爆炸品的数量、浓度等。

(一)内在因素——化学结构

化学结构决定包括爆炸危险性在内的所有性质是化学的一条基本规律。

键能:一般来说,爆炸品分子中各原子间的键能越大,破坏它就越困难,敏感度也越低。

分子结构和成分:爆炸品分子中含有各种不稳定的原子基团,这些基团的稳定性越小,其敏感度越高。

生成热:生成热小的爆炸品,其敏感度高。

热效应:一般热效应越大的爆炸品,其敏感度越高;反之,热效应小,敏感度低。

活化能:活化能越大的爆炸品,敏感度越低;相反,活化能越小,则敏感度越高。

热容量:热容量大的爆炸品,敏感度低;而热容量小的爆炸品,敏感度高。

1. 爆炸性基团

爆炸品一般含有对热等外能非常敏感的"爆炸性基团"。表 13-4 所列的是《Bretherick 反应性化学危害手册》(Bretherick's Handbook of Reactive Chemical Hazards)第 2035 页中的一些主要高敏感度"爆炸性基团"。

表 13-4　具有爆炸性基团的化学结构

基团	化合物类别	分解能(kJ/mol，大体值)
$>C-O-O-H$	过氧酸、过氧醇	230～360
$>C-O-O-metal$	金属过氧化物	230～360
$>C-O-O-C<$	过氧醚、过氧酸酯等过氧化物	230～360
$>CN_3$	叠氮化合物(酰基叠氮、芳烷基叠氮等)	200～240
$>CN_2$	重氮化合物	100～180
$>CN_2^+S^-$	硫代重氮盐及其衍生物	100～180
$>CN_2^+Z^-$	重氮根羟酸酯或盐	100～180
$>C-N=N-S-C<$	偶氮硫化物、烷基硫代重氮酸酯	100～180
$>C-N=N-O-C<$	偶氮氧化物、烷基重氮酸酯	100～180
$>C-N=N-C<$	偶氮化合物	100～180
$>N-N=O$	N-亚硝基化合物(亚硝胺)	150～290
$>N-metal$	N-金属衍生物、胺(氨)基金属盐	
$>C=N-O-metal$	金属雷酸盐、亚硝酰盐	
$>C-O-NO_2$	硝酸酯	400～800
$>C-O-N=O$	亚硝酸酯	210～460
$C(NO_2)(NO_2)$	偕二硝基化合物	
$>C-NO_2$	硝基化合物	310～360
$>C-N=O$	亚硝基化合物	190～290
$>N-NO_2$	N-亚硝基化合物	400～430
$>N^+OHZ^-$	羟胺盐(脎盐)	110～140

基团	化合物类别	分解能(kJ/mol，大体值)
（环氧乙烷、氮丙啶三元环结构）	三元环：1,2-环氧乙烷衍生物，氮丙啶衍生物	
（环丙二氮烯结构，C—N=N三元环）	环丙二氮烯	
—O—X	氧的卤化物，如次氯酸叔丁酯（高于室温可能爆炸）	
N→O	氮氧化物	100～130
—N—X	氮的卤化物	
—C≡C—	炔类化合物，包括—C≡C—X(M)炔类卤代衍生物、金属盐等	120～170
N—NH₂	肼（联氨）衍生物	70～90
—N=N—N=N—	高氮化合物、四氮唑	
C—N=N—N(R)—C	三氮烯（如三氮唑衍生物）(R＝H、—CN、—OH、—N)[a, b]	
（呋咱环结构 R、R′取代的1,2,5-噁二唑）	呋咱衍生物	60～550

a 2005 年 9 月 4 日江苏省如皋市某化工厂苯并三氮唑蒸馏塔发生爆炸事故，爆炸摧毁了整个苯并三氮唑生产车间。

b Malow M，Wehrstedt K D，Neuenfeld S. On the explosive properties of 1H-benzotriazole and 1H-1, 2, 3-triazole.Tetrahedron Letters, 2007, 48（7）：1233-1235.

2. 爆炸性基团的数量

爆炸品分子中含有的"爆炸性基团"的数量对敏感度有着明显影响。同一种化合物分子中含有"爆炸性基团"越多，其敏感度越高。

例如，硝基苯只含有一个"爆炸性基团"硝基，它在被加热时虽然有分解但不易爆炸；二硝基苯虽然有爆炸性，但不敏感；三硝基苯的爆炸性突出，被定为爆炸品。

硝基苯　　　　二硝基苯　　　　　三硝基苯

又如，在医药、含能材料等领域都具有广泛应用价值的呋咱类化合物。

呋咱　　　　　氧化呋咱　　　　　　　　DPX1

呋咱：呋咱环本身相当于一个"潜硝基"，通常情况下不易爆炸。

氧化呋咱：由于多了一个氮氧基"爆炸性基团"，属于敏感性较大的爆炸品。

DPX1：(E, E)-3, 4-二肟甲基氧化呋咱，除了呋咱"潜硝基"和氮氧基两个"爆炸性基团"外，还增加了两个胲(羟胺)"爆炸性基团"，所以是高爆炸敏感性和爆炸力更大的炸药，是近来德国慕尼黑大学化学系从硝基乙醛肟出发经一步反应制备出来的，其爆速和爆压分别为 8236m/s 和 29.6GPa。

3. 爆能比值

爆炸品分子中含有的"爆炸性基团"在分子中的比重对敏感度有着极其重要的影响。

本书在这里要新定义一个名词"爆能比值"，爆能比值是指某爆炸品分子中的"爆炸性基团"的分解能(kJ/mol)与摩尔质量的比值，单位为 kJ/g。

爆能比值的大小基本上可以反映化合物内在的爆炸敏感度的强弱特性。爆能比值越大，爆炸敏感度就越高；反之，爆能比值越小，爆炸敏感度就越低。

特别是衡量或评判一个化合物在取样、反应(加热回流)、后处理(浓缩、干燥)等常规操作中是否安全(不爆炸)时，爆能比值具有非常重要的参考意义。

爆能比值的实质是放热熔变 ΔH，当其大于 0.8kJ/g（以下将省去 kJ/g，仅以数字表示）时，爆炸的危险性就存在。

一般而言，经验参考值是，爆能比值在 0.8 以下，基本上可认为是安全的。爆能比值越低越安全，越高越危险。但是，一个系统或一个化合物是否爆炸，爆能比值仅仅只能作为其中一个主要变量来考量，还与反应临界温度、安全热容量、反应体积和浓度等变量有关，在有些特别个案中，即使爆能比值低至 0.4 也发生过爆炸，特别是在反应临界温度高、安全热容量小、反应量(或体积)大、浓度大的情况下，爆能比值会降低。而在反应临界温度低、安全热容量大、反应量(或体积)小、浓度低的情况下，即使爆能比值超过 0.8，许多情况下也不会发生爆炸。

对于实验室一般化学反应及后处理操作，爆能比值在 0.8 以下的原料、中间态或产品，不太可能发生爆炸；爆能比值在 0.8～1.5 的，加温时可能存在分解，特别是高浓度状态下加温可能爆炸；爆能比值在 1.5～2.0 的，爆炸危险加大，要按照危险单元操作规程进行；爆能比值超过 2.0 的属于高度爆炸危险，需要采取特别保全措施或从根本上改换合成工艺路线。

例如，下面的化合物分子中含有两个"爆炸性基团"——双酰基叠氮，爆能比值超过2.0，在高浓度状态下，无论是室温或遇光，都发生过剧烈爆炸。

而以下两个商品药物和一个叠氮试剂，虽然也都含有叠氮基，但由于整体分子较大，"爆炸性基团"的爆能比值被"冲稀"至 0.8 以下，所以无论在生产、纯化、干燥、制剂，还是人体服用时基本都很安全。

齐多夫定　　　　　　　　叠氮西林　　　　　　　　　叠氮磷酸二苯酯

治疗艾滋病的药物齐多夫定(叠氮脱氧胸苷)，分子式为 $C_{10}H_{13}N_5O_4$，分子量为 267.24，爆能比值为 0.75。

抗生素叠氮西林，分子式为 $C_{16}H_{17}N_5O_4S$，分子量为 375.40，爆能比值为 0.53。

叠氮磷酸二苯酯(DPPA)，分子式为 $C_{12}H_{10}N_3O_3P$，分子量为 275.20，爆能比值为 0.73。

已经知道，过氧化氢、过氧醚、过氧醇、过氧酸、过氧酯等过氧化物受热会引起爆炸。乙醚和四氢呋喃等醚类在存储过程中，与空气中的氧接触会通过自由基机理生成对热极其敏感的爆炸性物质——过氧化物，由此发生的爆炸事故已经不计其数。反应式如下所示：

$$R—O—R + 1/2\ O_2 \longrightarrow R—O—O—R$$

而从中药青蒿中提取的有过氧基团的倍半萜内酯抗疟药物青蒿素，分子式为 $C_{15}H_{22}O_5$，分子量为 282.33，虽然也含有"爆炸性基团"——过氧基团，但由于整体分子较大，该"爆炸性基团"的爆能比值被"冲稀"至 0.8，所以在植物提取、成品的纯化、干燥、制剂及人体服用时都比较安全。

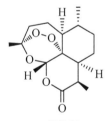

青蒿素

在实际研发和生产活动中，上述评判值是经验性的，并没有阈值(临界值)的严格规定，而且有些情况显得很特殊，所以在计算和评估爆能比值时，还要全面考虑分子的整体结构、其他基团的种类与位置、电子云分布等内因。另外，实验时还需考虑操作条件和外能等多种外部因素，以确保安全。

例如，下面的一个 Claisen 重排反应(无溶剂)：原料 **1a**、**1b** 和 **1c** 被长时间(10h)加热到 200～220℃，规模为 0.3～30g，并进行过多次反应，都没有发生任何意外。

$$\xrightarrow{200～220℃,\ 10h}$$

1(30g)　　　　　　　　**2**

1a R=NHCH₂CH₂CH₂N(CH₂)₂
1b R=Cl
1c R=F

而当投料 30g 原料 **3** 时，却在 160℃反应时突然发生爆炸，通风橱玻璃也被震碎。

$$3(30g) \xrightarrow{160℃，2h} 4$$

硝基的分解能以 310kJ/mol 计，**1a**、**1b**、**1c** 和 **3** 的爆能比值分别为 1.12、1.46、1.58 和 1.60，**3** 的爆能比值仅比 **1a**、**1b** 和 **1c** 略高一点，就在热熔状态发生爆炸，这与分子的结构如硝基的位置等因素有关。**1a**、**1b** 和 **1c** 及它们的重排产物虽然没有发生爆炸，但是可以认为，在无溶剂的熔融高温状态，这三个化合物还是处在爆炸危险边缘的。

又如，无机叠氮盐中的叠氮钠的爆能比值超过 **3**，其爆炸敏感度却低于爆能比值为 1.4 的叠氮化铅，所以不能单凭爆能比值来考量其爆炸敏感度。叠氮化铅对撞击极为敏感，在军工上用作炸药的雷管和弹体的底火。

（二）外在因素

1. 爆炸品的数量（质量）

爆炸品的敏感度受数量的影响很大，做常规反应和常规后处理操作时，即使爆能比值较高，但在量少（如 3g 以下）的情况下一般不容易爆炸，随着数量的增加，爆炸的危险性加大。叠氮化合物在浓缩时，可采取少量多次、分批进行的保全方法。例如，苯并三氮唑在熔点以上可能放热分解，故不能进行大批量蒸馏，曾有在 160℃大量减压蒸馏时发生剧烈分解爆炸的记录。

2. 爆炸品的浓度

爆炸品的敏感度受浓度的影响非常大，即使某化合物的爆能比值很高，但只要溶解（分散）在稳定性高的溶剂中，即使加温回流也是比较安全的。一旦浓缩到一定浓度，爆能比值高的化合物随时可能发生爆炸。这在反应后处理的浓缩操作中尤其要密切注意，爆能比值高的化合物一般是作为原料或中间体存在，不会是最终产物或临床用药，所以可以结合下一步所用溶剂，在加热浓缩时，考虑用较高沸点的溶剂来置换低沸点的溶剂，避免溶剂蒸发导致高浓度而引起爆炸。

3. 温度

不同爆炸品的温度敏感度是不同的。例如，雷汞为 165℃，黑火药为 270～300℃，苦味酸为 300℃。绝大多数爆炸品的敏感度随环境温度升高而升高，同一爆炸品随着温度升高，其机械感度也升高。原因在于其本身具有的内能也随温度相应增高，起爆所需外界供给的能量则相应地减少。因此，爆炸品在储存、运输中绝对不允许受热，必须远离火种、热源，避免日光照射，在夏季要注意通风降温。

但有些爆炸品的结晶有安定型结晶和不安定型结晶两种：安定型结晶的敏感度较低，

而不安定型结晶的敏感度则较高。例如，液体硝化甘油炸药在凝固、半凝固时，结晶多呈三斜晶系，属不安定型。不安定型结晶比液体的机械感度更高，对摩擦非常敏感，甚至微小的外力作用就足以引起爆炸。因此，硝化甘油炸药在冷天要做防冻工作，储存温度不得低于 15℃，以防止冻结。

对于吸潮结块的爆炸品(或爆炸性的中间体)，不能用撞击、敲打、压碾等方法进行取样投料，可采用合适溶剂溶解。对于爆炸敏感性高的物品，有时溶解很慢，这时只能采用轻轻搅拌而不能用加温的方法来加速其溶解，否则会因内部受热而引起爆炸。而一旦全部溶解了就可以加温甚至进行回流反应。

4. 杂质

绝大多数爆炸物的敏感度是随纯度的提高而提高的。例如，间氯过氧苯甲酸(m-CPBA)，纯品极不安定，容易爆炸，商品一般调整为 56%～80%含量的湿固体，超过85%就危险了，高纯度会给包装、存储、运输、使用带来极大的安全隐患。又如，松软的杂质或液态杂质混入爆炸品后，往往会使敏感度降低。雷汞含水大于 10% 时可在空气中点燃而不爆炸；苦味酸含水量超过 35%时就不会爆炸。

然而，各种爆炸品由于性质的不同，纯度和杂质含量对爆炸敏感度的影响会有不同的表现，并非千篇一律，有些甚至是恰恰相反的。对于有些爆炸品，不纯物和杂质的存在对爆炸品的敏感度却有提高作用，而且不同的杂质所带来的影响也不同。一些杂质的存在会加速爆炸品的分解而引起突然爆炸；对于固体杂质，特别是硬度高、有尖棱的杂质能增加爆炸品的敏感度，因为这些杂质能使冲击能量集中在尖棱上，产生许多高能中心，促使爆炸品爆炸。例如，梯恩梯(TNT)炸药中混进沙粒后，敏感度就显著提高。因此，在储存运输中，特别是在撒漏后收集时，要防止沙粒、尘土混入。

有些并非传统意义上的爆炸品，在一定条件下也可能会发生爆炸，如溴化氰(CNBr)、氨基氰(CNNH$_2$)、硼氢化锂等，不但遇酸会引起爆炸，而且在有杂质(不纯物质)存在时能很快引起聚合或分解，并引起爆炸。因此，类似容易分解的危险化学品的存储时间不能过久，一旦超过规定存储时间就会有分解物质产生，而产生的分解物质又会催化并加速分解，所以要在规定的存储时间内使用掉，如果用不完就及时淬灭掉，以免发生"不明不白"的爆炸。

四、爆炸品的管控

爆炸品在合理而严密的管控状态下只是危险源，相安无事，如果违反相关 SOP，造成管控不得力或失控，爆炸品就成了安全隐患，最后酿成爆炸事故。

除了要掌控上述爆炸品敏感度的内在因素和外在因素外，还要从以下两方面进行管控。

(一) 防止互忌混合和混放

混合是指两种以上的化学物品直接接触的过程，如反应、提取等操作；混放是指各个化学物品的整体包装放在一起(同一个空间)的过程，但各个化学物品之间并不直接接触。

在保存和使用爆炸品上，常常因为未参加培训、无知，或疏忽、毛躁等，错误地将非爆炸品与互忌物品直接混合在一起，结果导致爆炸的事故时有发生。

除了爆炸品需要防止互忌直接混合外，在存储保管爆炸品时，要遵守爆炸品(或危险品)不能与相抵触的危险物品混放在一起的基本原则。一切爆炸品(或危险品)都需要分门别类单独存放，不得与酸、碱、盐类以及某些金属、氧化剂等同柜或同库储存。如果存储不当，管理不善，可能会因坍塌、掉落、破损、爆裂，导致与相邻物品之间相互反应而引起爆炸，所以要相互隔离并留有足够的安全距离。

常犯的错误见图 13-2～图 13-4。

图 13-2　爆炸品与其他试剂同放　　图 13-3　试剂架马上就要断塌　　图 13-4　试剂放得太多

表 13-5 示出了常犯的互忌混合或混放物品。

表 13-5　物品 A 与物品 B 互忌混合或互忌混放

物品 A	物品 B	可能发生的现象(如未控制)
氧化剂	还原剂	高浓度混合爆炸
叠氮化物	氧化剂	高浓度混合爆炸
DMF	LiAlH$_4$	爆炸或燃烧
丁基锂等金属有机化合物	水或空气	爆炸或燃烧
高锰酸钾	浓硫酸	爆炸
氯酸盐、高氯酸盐	硫化物、硫酸、硝酸、低级醇	爆炸
硝酸盐	醋酸钠、氯化亚锡、有机化合物	爆炸
硝酸	二硫化碳、乙醇	爆炸
过氧化氢	胺类	爆炸
锂、钠、钾及其氢化物	酸、水	爆炸或燃烧
过氧化氢	丙酮	爆炸
过氧化二苯甲酰	氯仿等有机化合物	爆炸
过氧化物、氯酸盐、高氯酸盐	镁、锌、铝粉	爆炸
氢	氧、臭氧、氯、氧化亚氮	爆炸(光等)
氯	氮、乙炔	爆炸(阳光等)
液态空气、液氧	有机化合物	爆炸
环戊二烯	硫酸、硝酸	爆炸
氨	氯、碘	爆炸
乙炔	铜、银、汞盐	爆炸
溴化氰、三溴化硼	酸	爆炸

（二）反应操作的管控

在爆炸品的安全管理中，需要防止互忌混合和混放投料，然而，与之相反的是，做危险反应和淬灭危险反应，恰恰都是混合相互抵触的危险物的过程。

如何管控危险反应的操作？通过长期摸索和大量事故教训的总结，已经有了应对和防止事故发生的行之有效的经验和方法，这将在第四篇中重点讨论。

复习思考题

1. 化学爆炸分哪两种？
2. 影响爆炸极限的因素有哪些？
3. 有哪些爆炸性基团？要记牢。
4. 影响爆炸品敏感度的内在因素和外在因素有哪些？
5. 爆炸品的管控措施有哪些？

第十四章　压缩气体和液化气体

气体是指在 20℃时在 101.3kPa 标准压力下完全是气态的物质，或者在 50℃时，蒸气压力大于 294kPa 的物质。

正常情况下为气态的气体不易存储、装运和使用，不便于作为商品交换，需要进行压缩才能将这些气体装入钢瓶内。气体只有成为压缩气体、液化气体、溶解气体和冷冻液化气体，才有科研和商业使用价值。

一、定义

压缩气体和液化气体是指压缩、液化或加压溶解的气体，并应符合下述两种情况之一：

(1)临界温度低于 50℃，其蒸气压力大于 294kPa 的压缩或液化气体。

(2)温度在 21.1℃时，气体的绝对压力大于 275kPa，或在 54.4℃时，气体的绝对压力大于 715kPa 的压缩气体；或在 37.8℃时，里德蒸气压大于 275kPa 的液化气体或加压溶解的气体。

二、状态分类

（一）压缩气体

压缩气体是指 20℃时在存储器内完全处于气态的气体。压缩气体仍然是气体，只不过是高压气体。例如，氢气钢瓶中的氢气，即使在 130 个大气压下，仍然是气态的。

（二）液化气体

液化气体是指 20℃时在存储器内完全处于液态的气体，是指通过加压压缩后，常压下的气体状态变成了液体状态。例如，液化石油气、液氯、液氨等，在钢瓶中是液态的，打开阀门放出来就变成气体了。

（三）溶解气体

溶解气体是指存储器内被压缩溶解在溶剂中的气体，如溶解在丙酮中的乙炔气体。

（四）冷冻液化气体

冷冻液化气体是指低温时在存储器内部分处于液态的气体，是被用来作为制冷剂的气体，临界温度一般低于或者等于–50℃，如液氧、液氮、液氩。

三、性质分类

按照气体的理化性质和危险性,气体一般分为易燃气体、不燃无毒气体和有毒气体 3 类。

(一)易燃气体

易燃气体指在 20℃时、标准压力 101.3kPa 时,爆炸下限≤13%(体积分数),或燃烧范围不小于 12 个百分点(爆炸极限的上、下限之差)的气体,如压缩或液化的氢气、一氧化碳、甲胺、二甲胺、三甲胺、环氧乙烷等。

(二)不燃无毒气体

不燃无毒气体指在 20℃时,蒸气压力不低于 280kPa 或作为冷冻液体运输的不燃无毒的气体,如氮气、氩气、二氧化碳、助燃性气体氧气、压缩空气等。这类气体虽然不燃无毒,但是由于处于压力状态下,所以具有潜在的爆裂危险;其中高压氧气和压缩空气具有强氧化性,泄漏的高压气体直接对冲可燃物会着火。

(三)有毒气体

有毒气体指吸入半数致死量 $LC_{50}<5000mL/m^3$ 的气体,如氯气、一氧化碳、氨、二氧化硫、硫化氢等。

四、危险特性

所有经过压缩的气体都是危险源,都存在危害性。气体在高压之下,当受热、撞击或强烈震动时,容器内压力会急剧增大,致使容器破裂爆炸,或导致气瓶阀门松动漏气,酿成事故;有些气体具有易燃、易爆、助燃、剧毒等性质,在受热、撞击等情况下,易引起燃烧爆炸或中毒事故。

(一)易燃易爆性

在《危险货物品名表》(GB 12268—2012)中所列压缩气体和液化气体中,超过一半属于可燃性气体,有火灾危险。一旦使用操作不当或因运输存储问题引起泄漏,与空气混合就能形成爆炸性混合物,如果所在空间达到爆炸极限,遇火源(搅拌器、电吹风、旋蒸、水泵、电源开关、人体静电、手机、烘箱等内部的微小电火花)就会引爆和燃烧。研发或生产单位应该设有专门的特殊气体实验室,互忌的气体应该隔离,分门别类,至少分开通风橱,并派专人管理。加大送风和排风的空气置换次数,要求换风次数大于 12 次/h。

(二)混合危险性

某种气瓶只能专门充装某种气体,如果混装或有杂物混入,极其危险,由此发生的爆炸占气瓶爆炸事故的很大比例,所以气瓶必须专用,而且不能用尽或放空,应按照规定留有一定压力的余气。

（三）压力可变性

按照理想气体状态方程 $pV=nRT$，气体的四个变量，即压强、体积、质量、温度之间存在函数关系。由此状态方程可知，在钢瓶内的气体的压强与温度之间呈线性关系，温度越高，压强越大。根据材料力学理论，温度与钢瓶的强度成反比关系，温度越高，钢瓶的耐压强度下降。由于温度升高导致钢瓶内压力增高而引起爆炸的比例很高，所以在储运和使用过程中，一定要注意防火、防晒、隔热。

（四）带电性

压缩气体和液化气体从管口或破损处高速喷出时，由于强烈的摩擦作用，会产生静电。其主要原因是由于气体本身剧烈运动造成分子间的相互摩擦、与出口喷嘴摩擦、与输出管道的摩擦，还有气体中含有的固体颗粒或液体杂质在压力下高速喷出时与喷嘴产生的摩擦等。

从氢气钢瓶送气到氢化瓶或高压釜，一路都会产生静电荷，因此所用管道和高压釜都要接地良好，把产生的静电荷及时导除掉，不留隐患。

用氢气钢瓶的喷口直接对气球充氢气也非常容易产生静电荷，所以一定要缓慢充气，人体的静电荷也要预先导除（手摸静电消除球），否则产生的静电容易引起氢气球爆炸而伤人。曾发生过充氢气过程中因静电荷积蓄而引起爆炸的事故，还有一位研发人员左右手各拿一个充好的氢气气球，结果一个气球由于静电引起突然燃烧，衣服袖口烧坏，手不幸被烧伤。

据试验，丙丁烷（液化石油气）喷出时，产生的静电电压可高达 9000V，产生的电火花足以引起自身燃烧。

静电荷产生的影响因素主要包括以下几方面：

(1)极性小的气体。例如，氢气、烷烃类等极性小的气体分子在高速运动时产生的静电荷容易积蓄。

(2)杂质。多数情况下，气体中含的固体杂质或极性小的液体杂质越多，产生的静电荷就越多。

(3)流速。气体的流速越快，产生的静电荷就越多。

带电性也是评定压缩气体和液化气体火灾危险性的参数之一，平时要切实检查设备接地、流速控制等防范措施是否落实。

（五）腐蚀性和毒害性

一些含氢、氯、硫元素的气体具有腐蚀作用。例如，氢、氨、硫化氢、二氧化硫、氯气等都能腐蚀设备，严重时可导致容器、相应设备和管路等裂缝、漏气。对这类气体的容器、相应设备和管路，要采取一定的防腐措施，要定期检验其耐压强度，以防万一。压缩气体和液化气体，除了氧气和压缩空气外，大都具有一定的毒害性。所以在储运和使用过程中要充分做好通风和个人防护。

（六）窒息性

除了氧气和压缩空气外，压缩气体和液化气体都有一定的窒息性。易燃易爆性和毒害性常引起人们的注意，而窒息性往往被忽视，尤其是那些不燃无毒气体，如二氧化碳及氮气、氦、氩等惰性气体，一旦发生泄漏，均能使在场人员昏迷，甚至窒息死亡。氮气虽然无毒，在空气中含量大约为 78%，但是如果空气中氮气含量过高，会使吸入气中氧分压下降，引起缺氧窒息。吸入氮气浓度不太高时，患者最初感觉胸闷、气短、疲软无力；继而有烦躁不安、极度兴奋、乱跑、叫喊、神情恍惚、步态不稳的症状，称为"氮酩酊"，可进入昏睡或昏迷状态。当吸入高浓度，如 95% 的氮气时，患者可迅速昏迷、几分钟就可使呼吸和心跳停止导致死亡。实验室中常用的氩，虽然本身无毒，但在高浓度时也有窒息作用。当空气中氩气浓度高于 33% 时就有窒息的危险。当氩气浓度超过 50% 时，出现严重症状；浓度达到 75% 以上时，能在数分钟内使人死亡。液氩可以冻伤皮肤，眼部接触可引起炎症。生产场所要通风，从事与氩气有关的技术人员每年要定期进行职业病体检，确保身体健康。

氩气的分子量为 40，标准状态下的密度为 $1.784kg/m^3$，而空气的分子量约为 29，标准状态下的密度为 $1.287kg/m^3$，氩气密度高于空气，属于下沉气体，最适宜需要用惰性气体来保护的反应，不容易被空气置换掉；氮气分子量为 28，标准状态下的密度为 $1.250kg/m^3$，属于上浮气体。

一般的预防方法：①杜绝泄漏，定期和不定期检查相结合；②安装相应气体超标报警器；③使用时需另外派人在该空间外现场监视，以防操作人员有意外，一旦有窒息情况发生，外面有人救援。

五、气瓶管理规则

（一）搬运

(1) 搬运时必须戴好钢瓶上的安全帽，并注意防止钢瓶安全帽跌落。运输时，钢瓶一般应平放，并应将瓶口朝向同一方向，不可交叉；高度不得超过车辆的防护栏板，并用三角木垫卡牢，防止滚动。

(2) 装卸时必须轻装轻卸，严禁碰撞、抛掷、溜坡或横倒在地上滚动等。搬运时不可把钢瓶阀对准人身。搬运氧气瓶时，工作服和装卸工具不得沾有油污。

(3) 储运中气瓶阀门应旋紧，不得泄漏。储存中如发现钢瓶漏气，应迅速开门通风，拧紧钢瓶阀，并将钢瓶立即移至安全场所。若是有毒气体，应戴上防毒面具（正压呼吸器）。失火时应尽快将钢瓶移出火场，若搬运不及，可用大量水冷却钢瓶降温，以防高温引起钢瓶爆炸。灭火人员应站立在上风处和钢瓶侧面。

（二）验收

(1) 为了便于区分钢瓶中所灌装的气体，国家有关部门已统一规定了钢瓶的标志，包括钢瓶的外表面颜色、所用字样和字样颜色等。应按照规定验收是否与单据上的品名相符，防震胶圈是否齐备以及气瓶钢印标志的有效期。

(2)验收安全帽是否完整、拧紧，瓶壁是否有腐蚀、损坏、凹陷、鼓泡和伤痕等；附件是否齐全；是否超过使用期限，不准延期使用；压力表指示的内部气压是否符合要求。

(3)耳听钢瓶是否有"咝咝"漏气声，凭嗅觉检测现场是否有强烈刺激性臭味或异味。

（三）存放

(1)气瓶应放置在通风良好的地方；远离热源、火种，防雨淋和日光曝晒；不应放置在焊割施工的钢板上及电流通过的导体上。

(2)应采用防爆照明灯；周围不得堆放任何可燃材料；气瓶应直立放置整齐，最好用框架或栅栏围护固定，并留出通道；靠墙直立放置，要用链条固定，以防倒下撞坏总阀造成泄漏或发生其他事故。

(3)气瓶严禁近火，严禁明火试漏，明火操作之间的距离大于10m。

(4)内容物性质相互抵触的气瓶应隔离存放，因为有些气体相互接触后会发生化学反应引起爆炸，如氢气钢瓶与液氯钢瓶、氢气钢瓶与氧气钢瓶、液氯钢瓶与液氨钢瓶等，均不得同室混放。易燃气体不得与其他种类化学危险物品共同储存。

(5)氯气属于剧毒品，一旦泄漏，后果不堪设想。要有应急措施：氯气钢瓶边应放置一个大桶和一根长木棍，里面始终有半桶水，并在旁边设有柜子，里面放置规定量的氢氧化钠，一旦氯气泄漏，可将氯气钢瓶的头朝下，倒放在水桶里，立即倒入大量氢氧化钠，通过搅拌进行淬灭。淬灭反应式为 $Cl_2 + 2NaOH == NaCl + NaClO + H_2O$。

（四）使用

(1)瓶内气体不应全部用完，防止充装时发生空气倒灌。惰性气体应保留0.05MPa以上压力的气体；可燃性气体应保留0.2MPa以上的气体；氢气应保留1.0MPa以上的气体。

(2)先开总阀，再开调节阀(也称减压阀)，慢慢调节到需要的压力。此时的截止阀必须处于关闭状态。

(3)开启截止阀，将钢瓶内的气体输给反应器。

(4)使用后要将气瓶总阀、调节阀和截止阀关闭，如图14-1所示。

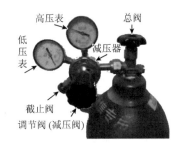

图14-1　气瓶上的各种阀门和压力表

（五）其他注意事项

(1)油脂等可燃物在高压纯氧的冲击下极易起火燃烧，甚至爆炸。因此，严禁氧气钢瓶与油脂类接触，如果瓶体沾着油脂时，应立即用四氯化碳等不燃液体揩净。氧气钢瓶的减压阀是无油型专用的，绝对禁止将其他的钢瓶减压阀用于氧气钢瓶上。

(2)各种钢瓶必须严格按照国家规定，定期在指定的单位进行技术检验：气瓶应每 3

年检测一次，表头 6 个月至少检测一次。钢瓶在使用过程中，若发现有严重腐蚀或其他严重损伤，应提前进行检验。

六、气瓶颜色标志

按照《气瓶颜色标志》（GB 7144—1999），瓶体颜色、字样、字色和色环都有相应的规定，见表 14-1。

表 14-1　气瓶颜色标志一览表

序号	充装气体名称	化学式	瓶色	字样	字色	色环
1	乙炔	$CH\!\equiv\!CH$	白	乙炔不可近火	大红	
2	氢	H_2	淡绿	氢	大红	$p=20$，淡黄色单环 $p=30$，淡黄色双环
3	氧	O_2	淡(酞)蓝	氧	黑	$p=20$，白色单环 $p=30$，白色双环
4	氮	N_2	黑	氮	淡黄	
5	空气		黑	空气	白	
6	二氧化碳	CO_2	铝白	液化二氧化碳	黑	$p=20$，黑色单环
7	氨	NH_3	淡黄	液化氨	黑	
8	氯	Cl_2	深绿	液化氯	白	
9	氟	F_2	白	氟	黑	
10	一氧化氮	NO	白	一氧化氮	黑	
11	二氧化氮	NO_2	白	液化二氧化氮	黑	
12	碳酰氯	$COCl_2$	白	液化光气	黑	
13	砷化氢	AsH_3	白	液化砷化氢	大红	
14	磷化氢	PH_3	白	液化磷化氢	大红	
15	乙硼烷	B_2H_6	白	液化乙硼烷	大红	
16	四氟甲烷	CF_4	铝白	氟氯烷 14	黑	
17	二氟二氯甲烷	CCl_2F_2	铝白	液化氟氯烷 12	黑	
18	二氟溴氯甲烷	$CBrClF_2$	铝白	液化氟氯烷 12B1	黑	
19	三氟氯甲烷	$CClF_3$	铝白	液化氟氯烷 13	黑	$p=12.5$，深绿色单环
20	三氟溴甲烷	$CBrF_3$	铝白	液化氟氯烷 B1	黑	
21	六氟乙烷	CF_3CF_3	铝白	液化氟氯烷 116	黑	
22	一氟二氯甲烷	$CHCl_2F$	铝白	液化氟氯烷 21	黑	
23	二氟氯甲烷	$CHClF_2$	铝白	液化氟氯烷 22	黑	
24	三氟甲烷	CHF_3	铝白	液化氟氯烷 23	黑	
25	四氟二氯乙烷	$CClF_2\!-\!CClF_2$	铝白	液化氟氯烷 114	黑	
26	五氟氯乙烷	$CF_3\!-\!CClF_2$	铝白	液化氟氯烷 115	黑	
27	三氟氯乙烷	$CH_2Cl\!-\!CF_3$	铝白	液化氟氯烷 133a	黑	

28	八氟环丁烷	$\begin{array}{c}F_2C\!-\!CF_2\\ \mid\quad\quad\mid\\ F_2C\!-\!CF_2\end{array}$	铝白	液化氟氯烷 C318	黑	
29	二氟氯乙烷	CH_3CClF_2	铝白	液化氟氯烷 142b	大红	
30	1，1，1-三氟乙烷	CH_3CF_3	铝白	液化氟氯烷143a	大红	
31	1，1-二氟乙烷	CH_3CHF_2	铝白	液化氟氯烷152a	大红	
32	甲烷	CH_4	棕	甲烷	白	p=20，淡黄色单环 p=30，淡黄色双环

续表

序号	充装气体名称		化学式	瓶色	字样	字色	色环
33	天然气			棕	天然气	白	
34	乙烷		CH_3CH_3	棕	液化乙烷	白	p=15，淡黄色单环 p=20，淡黄色双环
35	丙烷		$CH_3CH_2CH_3$	棕	液化丙烷	白	
36	环丙烷		$\begin{array}{c}H_2C\!-\!CH_2\\ \diagdown\ /\\ CH_2\end{array}$	棕	液化环丙烷	白	
37	丁烷		$CH_3CH_2CH_2CH_3$	棕	液化丁烷	白	
38	异丁烷		$(CH_3)_3CH$	棕	液化异丁烷	白	
39	液化石油气	工业用		棕	液化石油气	白	
		民用		银灰	液化石油气	大红	
40	乙烯		$CH_2\!=\!CH_2$	棕	液化乙烯	淡黄	p=15，白色单环 p=20，白色双环
41	丙烯		$CH_3CH\!=\!CH_2$	棕	液化丙烯	淡黄	
42	1-丁烯		$CH_3CH_2CH\!=\!CH_2$	棕	液化丁烯	淡黄	
43	2-顺丁烯		$\diagdown\!=\!\diagup$	棕	液化顺丁烯	淡黄	
44	2-反丁烯		$\diagup\!\diagdown\!\diagup$	棕	液化反丁烯	淡黄	
45	异丁烯		$(CH_3)_2C\!=\!CH_2$	棕	液化异丁烯	淡黄	
46	1，3-丁二烯		$CH_2\!=\!(CH)_2\!=\!CH_2$	棕	液化丁二烯	淡黄	
47	氩		Ar	银灰	氩	深绿	p=20，白色单环 p=30，白色双环
48	氦		He	银灰	氦	深绿	
49	氖		Ne	银灰	氖	深绿	
50	氪		Kr	银灰	氪	深绿	
51	氙		Xe	银灰	液氙	深绿	
52	三氟化硼		BF_3	银灰	氟化硼	黑	
53	一氧化二氮		N_2O	银灰	液化笑气	黑	p=15，深绿色单环
54	六氟化硫		SF_6	银灰	液化六氟化硫	黑	p=12.5，深绿色单环
55	二氧化硫		SO_2	银灰	液化二氧化硫	黑	
56	三氯化硼		BCl_3	银灰	液化氯化硼	黑	
57	氟化氢		HF	银灰	液化氟化氢	黑	
58	氯化氢		HCl	银灰	液化氯化氢	黑	
59	溴化氢		HBr	银灰	液化溴化氢	黑	

60	六氟丙烯	$CF_3CF \!=\! CF_2$	银灰	液化全氟丙烯	黑	
61	硫酰氟	SO_2F_2	银灰	液化硫酰氟	黑	
62	氘	D_2	银灰	氘	大红	
63	一氧化碳	CO	银灰	一氧化碳	大红	
64	氟乙烯	$CH_2 \!=\! CHF$	银灰	液化氟乙烯	大红	p=12.5,深黄色单环
65	1, 1-二氟乙烯	$CH_2 \!=\! CF_2$	银灰	液化偏二氟乙烯	大红	
66	甲硅烷	SiH_4	银灰	液化甲硅烷	大红	
67	氯甲烷	CH_3Cl	银灰	液化氯甲烷	大红	

续表

序号	充装气体名称	化学式	瓶色	字样	字色	色环
68	溴甲烷	CH_3Br	银灰	液化溴甲烷	大红	
69	氯乙烷	C_2H_5Cl	银灰	液化氯乙烷	大红	
70	氯乙烯	$CH_2 \!=\! CHCl$	银灰	液化氯乙烯	大红	
71	三氟氯乙烯	$CF_2 \!=\! CClF$	银灰	液化三氟氯乙烯	大红	
72	溴乙烯	$CH_2 \!=\! CHBr$	银灰	液化溴乙烯	大红	
73	甲胺	CH_3NH_2	银灰	液化甲胺	大红	
74	二甲胺	$(CH_3)_2NH$	银灰	液化二甲胺	大红	
75	三甲胺	$(CH_3)_3N$	银灰	液化三甲胺	大红	
76	乙胺	$C_2H_5NH_2$	银灰	液化乙胺	大红	
77	二甲醚	CH_3OCH_3	银灰	液化甲醚	大红	
78	甲基乙烯基醚	$CH_2 \!=\! CHOCH_3$	银灰	液化乙烯基甲醚	大红	
79	环氧乙烷	$H_2C \overset{O}{\underset{\diagdown \diagup}{\diagup \diagdown}} CH_2$	银灰	液化环氧乙烷	大红	
80	甲硫醇	CH_3SH	银灰	液化甲硫醇	大红	
81	硫化氢	H_2S	银灰	液化硫化氢	大红	

　　注：色环栏内的 p 是气瓶的公称工作压力，单位为 MPa。

复习思考题

1. 气体经过压缩后，按状态分为哪几类？按性质分为哪几类？

2. 经过压缩的气体有哪些危险特性？

3. 使用氧气钢瓶和氯气钢瓶各有哪些注意事项？

4. 气瓶在搬运、验收、存放和使用中有哪些注意事项？

第十五章 易 燃 品

易燃品包括易于引起火灾的易燃液体、自燃物品和遇湿易燃物品。有机化合物几乎都是易燃品，但是本章所涉及的易燃品不包括由于存在其他危险性而已列入其他类项管理的物品。例如，过氧乙酸虽然是易燃液体，但是由于氧化性是它的主要特性，所以将其列为有机过氧化物。

第一节 易 燃 液 体

一、易燃液体的定义、闪点、沸点、自燃点

（一）定义

易燃液体是指在常温下易挥发、易燃，其蒸气与空气混合能形成爆炸性混合物的液体，其闭口闪点等于或低于61℃。闭口闪点高于61℃的液体称为可燃液体。

（二）闪点

在规定的条件下加热易燃液体，当试样达到某温度时，其蒸气和周围空气的混合气体一旦与火焰接触，即发生闪燃现象。发生闪燃时的最低温度称为该易燃液体的闪点（flash point），即火焰发生的内火现象。

用规定的闭口闪点测定器所测得的结果称为闭口闪点，也称闭杯闪点；用规定的开口闪点测定器所测得的结果称为开口闪点，也称开杯闪点。一般闪点在150℃以下的液体用闭杯法测闪点，只有闪点在150℃以上的液体才用开杯法测闪点。测定方法不同，结果会有差异，同一种易燃液体，其开口闪点比闭口闪点高20～30℃。

闪点既是可燃性液体的挥发性指标，也是危险性指数。闪点低的可燃性液体，挥发性高，容易着火，危险性较高。

为了便于管理，按照危险特性可将易燃液体分为以下3类：

(1)低闪点液体，闪点<−18℃，如丙酮、乙醚(闪点为−45℃)等。

(2)中闪点液体，−18℃≤闪点<23℃，如甲醇、苯(闪点为−10℃)等。

(3)高闪点液体，23℃≤闪点≤61℃，如氯苯、苯甲醚、丁醇(闪点为35℃)等。

（三）沸点

沸点是指液体的气态饱和蒸气压和液体外界的大气压相等时的温度，即液体受热升温时，蒸气压随着增加，当该液体的蒸气压升到和外压相等时，液体内部产生气泡而沸腾汽化，此时的液体温度称为该压力下的沸点。沸点越低，危险性越大。

绝大多数情况下，同类有机易燃液体的分子量、闪点、沸点及蒸气压之间存在良好的线性关系，易燃液体的闪点越低，沸点也越低，蒸气压也就越高，结果越易燃。

（四）自燃点

自燃点是指在规定的条件下，可燃物质发生自燃的最低温度。自燃点越低，危险性越大。

另外，行业内还有"燃点"的习惯叫法，但在危险评估实践中意义不大。燃点也称着火点，是指气体、液体或固体可燃物与空气共存，当达到一定温度时，与火源接触点燃后能继续燃烧的最低温度。燃点与上述的自燃点是不同的概念，燃点比自燃点要低很多。

二、危险特性

（一）高度易燃性

液体的燃烧是通过其挥发的蒸气与空气形成可燃性混合物，达到一定浓度后遇火源而实现的，实质上是液体蒸气与氧发生的剧烈氧化反应。易燃液体就是其蒸气极易被引燃的危险物品，而且易燃液体被引燃一般只需要 0.1～2.5mJ 这样很小的能量。易燃液体的闪点低、沸点低、自燃点低、所需着火能量小，所以易燃液体都属于高度易燃物品，见表 15-1。

表 15-1　常用易燃液体的危险特征

易燃液体	最小引燃能量(mJ)	闪点（℃）	沸点（℃）	自燃点（℃）	爆炸极限（%, V/V）
乙醚	0.19～0.49	−40	34.5	160～180	1.9～36
石油醚	0.1～0.2	<−20	40～80	240～280	1.1～8.7
四氢呋喃	0.23～0.54	−21	66	230	1.5～12.4
丙酮	1.15	−17	56	538～575	2.0～13.0
环己烷	0.22	−16.5	80.7	245	1.3～8.4
异丙醚	1.14	−9	68.5	442	1.0～21.0
乙酸乙酯	0.46～1.42	−4	77.2	426	2.2～11.2
二乙胺	0.75	−23	55.5	312	1.7～10.1
三乙胺	0.75	<0	89.5	249	1.2～8.0
甲苯	2.5	4.5	111	535～550	1.2～7.0
乙腈	—	5.6	81	524	4.4～16.0
甲醇	0.14～0.22	11	65.4	385～430	5.5～44.0
乙醇	—	12	78.5	363～423	3.3～19.0
丁醇	—	35	117.5	340	1.4～11.2

（二）蒸气易爆性

与高度易燃性紧密相关联的另一个主要危险特性是易燃液体的蒸气易爆性。易燃液体挥发性大，当盛放易燃液体的容器有某种破损或不密封时，挥发出来的易燃蒸气会无孔不入地扩散到存放或操作过程所在的整个空间，与空气混合，当浓度达到一定范围，即达到爆炸极限时，遇明火或火花即能引起闪爆，继而引起火灾。

爆炸极限范围越大，爆炸下限越低，危险性就越大，见表15-1。

根据易燃液体的易燃易爆特点，基本的防护措施是：①减少挥发；②加大送风、排风的空气置换次数；③避开火源(包括高热、静电、碰撞等)。例如，调压器、空压泵等电器，内部会有火花，所以要避开可能产生爆炸极限的区域，拉开安全距离；人体静电要预先和及时导除等。

（三）易产生静电性

很多易燃液体为非极性物质，在泵送、灌装、运输晃荡、搅拌和高速离心甩滤过程中，以及加热回流时气态分子冲击玻璃冷凝器内壁等，都会由于摩擦而产生静电，可达几千伏特，乃至几万伏特。当所带的静电荷聚积到一定程度时，就会产生静电火花，有引起燃烧和爆炸的危险。HPLC正相色谱的流动相通常采用烷烃，在高速泵作用下，烷烃流速超过4m/s，可以看见绝缘塑料细管内的静电火花(见第二篇第九章第三节图9-20)，管子一旦被击穿遇上空气就会起火，所以输送管应该采用容易导电的不锈钢管。高速离心时，特别是烷烃类溶剂在高速甩动状态下，静电迅速积聚，若无特殊的工程防护，会使整个离心机和物料起火燃烧。

1. 易燃液体产生静电的内因

易燃液体产生静电的内因是小的介电常数和大的电阻率。

介电常数代表了电介质的极化程度，也就是对电荷的束缚能力，介电常数越大，对电荷的束缚能力越强；反之，介电常数越小，对电荷的束缚能力越弱。

电阻率是用来表示物质电阻特性(导电性能)的物理量。一个物质的电阻率越大，它的导电性能就越低。

一般来讲，介电常数小于10F/m，特别是小于4F/m、电阻率大于$10^6\Omega\cdot cm$的液体就有产生静电的能力。例如，非极性的醚类、烷烃、芳烃、酯类等，它们的电阻率一般在$10^9\sim10^{14}\Omega\cdot cm$；而醇、酮、醛、酸等液体的介电常数一般都大于10F/m，电阻率一般也都低于$10^6\Omega\cdot cm$，所以它们产生静电的能力就比较弱。常用易燃液体的介电常数和电阻率见表15-2。

表 15-2　常用易燃液体的介电常数和电阻率

易燃液体	介电常数(F/m)	电阻率($\Omega\cdot cm$)	易燃液体	介电常数(F/m)	电阻率($\Omega\cdot cm$)
二甲基甲酰胺	37.6	—	四氢呋喃	7.53	
乙腈	37.5	—	乙酸乙酯	7.30	1.7×10^7
甲醇	33.6	6.2×10^5	乙醚	4.34	2.54×10^{12}
乙醇	24.3	1.9×10^5	甲苯	2.29	2.7×10^{13}
丙酮	20.7	1.2×10^7	苯	2.28	1.6×10^{13}
正丙醇	20.3	2.0×10^7	环己烷	2.02	—
正丁醇	17.8	1.4×10^7	石油醚	1.80	8.4×10^{14}
叔丁醇	12.5	3.4×10^6	正己烷	1.58	—

是否产生静电,或产生多少静电荷,在介电常数和电阻率上并没有临界值,只是表现出一种趋势,介电常数越小或电阻率越大,在一定外部条件下越容易产生静电。具体条件下能产生多少伏特的静电压,需要通过测试才能取得数据。

2. 易燃液体产生静电的外因

1)流速

液体流动(直线、相向或湍流)时分子相互碰撞,极易产生静电,速度越快,静电荷积蓄越多,静电压越高。

2)接触面的材质

与易燃液体接触的容器或管壁内侧如为绝缘材料,静电荷就很容易产生。所以要尽可能采用金属材料,或在绝缘输液管内连通一根金属线,两头接地,把产生的静电荷及时导除。

3)接触面的粗糙度

如果与易燃液体接触的容器或管壁内侧很粗糙,或弯头阀门多,会大大增加易燃液体的湍流程度,即增加分子之间以及分子与内壁的碰撞机会,导致静电荷大量增加。

4)环境的湿度

易燃液体产生的静电大小还与介质空气的湿度有关,湿度越小,积聚静电荷程度越大,湿度越大,积聚程度越小。冬季的空气湿度一般比夏季小,所以,冬季容易积蓄静电荷。

其他因素,包括环境温度、与空气的摩擦(搅拌、甩滤等)、压力等,都与静电荷的产生有一定关系。

无论上述哪种条件产生的静电,当积蓄到一定程度,达到一定的电压时,就会发生放电现象。如果放出的静电火花所在的环境达到爆炸极限,足以引起燃烧或爆炸。

3. 高度流动扩散性

流动是液体的通性,而易燃液体的分子多为非极性分子,黏度一般都很小,不仅本身极易流动,还因渗透、浸润及毛细现象等作用,即使容器只有极细微裂纹,易燃液体也会渗出容器壁外,扩大其表面积,并源源不断地挥发,使空气中的易燃液体蒸气浓度增高,从而增加燃烧爆炸的危险性。

4. 受热膨胀性

易燃液体的膨胀系数较大,受热后体积容易膨胀,同时其蒸气压也随之升高,从而使密封容器中内部压力增大,造成“鼓桶”,甚至爆裂,在容器爆裂时会产生火花而引起燃烧爆炸。因此,易燃液体应避热存放,灌装时容器内应留有 5%以上的空隙,不可灌满。

5. 忌氧化剂和酸

有些易燃液体与氧化剂或有氧化性的酸类(特别是硝酸)接触,能发生剧烈反应而引起燃烧爆炸。这是因为易燃液体都是有机化合物,能与氧化剂发生氧化反应并产生大量的热,使温度升高到燃点引起燃烧爆炸。例如,乙醇与氧化剂高锰酸钾接触会发生燃烧,与氧化性酸如硝酸接触也会发生燃烧,松节油遇硝酸立即燃烧。因此,易燃液体不得与氧化剂及有氧化性的酸类接触，也不得同库、同柜、同架存放。

6. 毒性

大多数易燃液体及其蒸气均有不同程度的毒性，如甲醇、苯、二硫化碳等。不但吸入其蒸气会中毒，有的经皮肤吸收也会造成中毒事故。

即使毒性不大的烷烃类等易燃液体，如不注意劳动防护而长期吸入或吸收，都会有慢性职业病风险，甚至急性中毒风险。所以，应该规避粗放操作，严格按照规章操作，在做好个人防护的同时，加大送风、排风的空气置换次数，确保所在作业环境的健康安全。

第二节　自　燃　物　品

一、定义

自燃物品指自燃点低，在空气中易发生氧化反应，放出热量而能自行燃烧的物品。

自燃物品与本章第三节中的遇湿易燃物品没有本质性的区别。自燃物品一般是指接触空气后在较短的时间内自燃（如 5min 内），或在蓄热状态时能自然升温达到更高的自燃点温度的物品。

虽然自燃物品与遇湿易燃物品都不需要明火就能在空气中或遇湿情况下发生燃烧，但燃烧的实质条件仍然是较高的温度。该温度的获得除了外能（火、电火花、摩擦、辐射等）外，也可以是从自燃物品与空气中的氧气反应所产生的反应热获得，或遇湿易燃物品与空气中水蒸气的反应热获得。

常用的自燃物品有硼烷以及二烷基锌、三烷基铝、烷基锂、格氏试剂等有机金属试剂。因为这些物品特别容易自燃，不便于安全取样，所以都用惰性有机溶剂（如烷烃、四氢呋喃、二甲硫醚等）制成低浓度的稀溶液，如 1.5mol/L、2.5mol/L、4.0mol/L 等；而黄磷（也称白磷）等固体无机自燃物品则需要存放于水中，以隔离空气。

二、危险特性

（一）强还原性

绝大多数自燃物品的化学性质活泼，具有很强的还原性。例如，硼烷是强还原剂，可以将羰基直接还原成相应的醇；烷基金属中的烷基呈负电性，可以进攻羰基的正性碳，显示还原作用。

（二）遇空气自燃

自燃物品如果直接与空气接触，能迅速与氧化合，并产生大量的热，达到自燃点而起火。而如果直接接触氧化剂、酸或水，反应更加剧烈甚至爆炸。

（三）遇湿易燃

具有很强还原性的有机金属自燃物品，如锂、锌、铝、硼、锑的烷基化合物，烷基铝氢类，烷基镁和烷基铝的卤化物，烷基硅氨基锂(钾、钠)，烷基氨基锂(钾、钠)等，它们的化学反应性极强，所以，在它们进行反应时，需要采用低温(甚至-78℃)措施来减缓反应速率和移除反应生成热，淬灭反应结束后的这些多余的自燃物品时，往往以很慢的速度滴加饱和氯化铵等溶液。这些反应性极强的自燃物品遇潮湿或遇水能迅速分解，急剧升温，发生自燃或爆炸。若遇酸或氧化剂，可立即爆炸，更加危险。

第三节　遇湿易燃物品

一、定义

遇湿易燃物品是指遇水或受潮时，发生剧烈化学反应，放出大量的易燃气体(如氢气、乙炔、甲烷、磷化氢、四氢化硅、硼烷等)和热量的物品，有的不需明火，当遇水或受潮发生反应的热量达到产生可燃气体的自燃点时，即能燃烧或爆炸。

常用的遇湿易燃物品有：锂、钠、钾、钙、镁等碱金属、碱土金属，以及它们的氢化物如氢化钠、氢化钾、氢化钙等，钠汞齐、锌汞齐等，磷化物如磷化钙、磷化锌等，锂、钠、钾等的氢化物如四氢铝锂、硼氢化锂等，碳化物(如碳化钙)，硅化物(如硅化钠)，三氯硅烷等。在有机合成上，遇湿易燃物品可作为强还原剂或拔氢等使用，其中锌汞齐可通过克莱门森还原反应将醛或酮中的羰基还原为亚甲基。

二、危险特性

遇湿易燃物品与本章第二节的自燃物品除了反应性等方面有些差异外，在许多方面，包括危险特性基本上是相同的。

(一) 遇水易燃易爆

遇湿易燃物品在遇水后发生剧烈的氧化还原反应，底物和水被同时分解，反应放出可燃性气体和热量，当可燃性气体在空气中达到爆炸极限，遇明火或由于反应热达到引燃温度时就会起火或爆炸。

反应性极强的有金属钠、氢化钠、硼烷(也属自燃物品)等。为避免与空气的潮气接触，实验用的金属钠要浸入液体石蜡等惰性矿物油中；氢化钠也要被分散在惰性矿物油中；硼烷遇空气就能自燃，遇水也会燃烧，所以要用惰性溶剂稀释成很稀的溶液。

有些遇湿易燃物品的反应性稍弱，如硼氢化钠(钾、锂)、氢化铝，可以用塑料袋或玻璃瓶封装。但是存在的危险性也是不能忽视的，硼氢化钠(钾、锂)遇潮则分解成遇空气遇湿就能自燃的硼烷，硼烷遇湿生成易爆的氢气，曾发生硼氢化锂由于封装不严而起火爆炸致人残疾的责任事故(见第一篇第二章第二节)。

另外，一些遇湿易燃物品如甲基锂(钠)、碳化钙(铝)遇湿后分别生成甲烷和乙炔气体，如果包装不严密，会逐渐分解。当容器内气体的压力超过容器的承受能力时，就会发生物理爆炸和化学爆炸。

（二）与氧化剂和酸的剧烈反应性

　　因为遇湿易燃物品多为还原性很强的物品，它们在与氧化剂或酸类接触时，能发生比与水反应更加剧烈的反应，产生大量的热，反应温度提升更快，危险性更大，甚至能立即引起燃烧或爆炸。因此，遇湿易燃物品不得与氧化剂及酸类接触，或同库、同柜、同架存放，以防万一。

（三）毒害性

　　一些遇湿易燃物品本身就有毒。例如，钠汞齐、锌汞齐、铝汞齐等都是毒性很强的物品。另外，一些遇湿易燃物品与水生成的气体，不但易燃，而且有毒。例如，硅化镁与水生成的四氢化硅，以及磷化钙遇水生成的磷化氢都是易燃又很毒的物质；硼和氢的金属化合物如硼氢化钠等与水生成的硼烷，毒性极大，吸入会损害肺部、肝脏和肾脏，引起心力减退。在开展与此类物品相关的实验时，要预先做好个人防护，同时，应该规避粗放操作，严格按照规章操作，并加大送风、排风的空气置换次数，保证作业环境的健康安全。

复习思考题

1. 易燃品包括哪几类？各有什么危险特性？
2. 易燃液体与可燃液体的区别是什么？
3. 充分理解易燃液体的闪点、沸点、自燃点，以及它们在实践工作中的指导意义。
4. 易燃液体产生静电的内因和外因有哪些？
5. 自燃物品与遇湿易燃物品有什么区别？有哪些共同点？
6. 哪些易燃品对人体有危害？如何防护？

第十六章　无机氧化剂和有机过氧化物

　　无机氧化剂和有机过氧化物是指具有很强氧化性能的物质,在化学领域的应用极其广泛,但是由于其分解温度通常低于常温,遇酸、热、摩擦、冲击,或与易燃物、还原剂接触等,能发生分解反应,所以非常容易引起燃烧或爆炸。

　　它们的危险性来自本身的化学结构以及与环境或其他物质相互作用的结果。例如,某研发人员踩到跌落地上的氯酸钾而使鞋子着火;旋开久置的乙醚瓶盖发生爆炸(因为乙醚蒸气在瓶盖螺纹结合处被氧化成难挥发的过氧乙醚);用匙子取过氧化二乙酰的过程中发生着火;将过氧化氢浓溶液密封储存的过程中塞子飞出,过氧化氢溢出而着火;用硅胶精制二特丁基过氧化物,用布氏漏斗过滤时发生爆炸(因在过滤板上析出过氧化物);用过氧化氢制氧气时,刚加入二氧化锰即发生急剧反应而使烧瓶破裂……

第一节　无机氧化剂

一、基本特性

　　常用的氧化剂多为高氧化态的无机酸或其盐类,有的是有机过氧化物(本章第二节讨论)。高氧化态的无机氧化剂(或简称氧化剂),易分解放出氧和热量,本身不一定可燃,但能导致可燃物燃烧,与松软的可燃性粉末能形成爆炸性混合物,对热、震动或摩擦敏感。

二、分类

　　无机氧化剂主要有以下几类:

　　(1)过氧化物类,如过氧化氢、过氧化钠(钾)等。

　　(2)卤素(氯、溴、碘)的含氧酸及其盐类,它们的卤素都是正价,如高卤酸、卤酸、亚卤酸、次卤酸,以及它们的碱金属盐,还有与有机醇结合的次卤酸酯等。

　　(3)硝酸及碱金属或碱土金属盐,如硝酸钾(钠、铵)。

　　(4)过氧酸盐,如过硫酸铵、过硼酸钠等。

　　(5)高价金属盐类,如重铬酸钠、高锰酸钾(钠)等。

　　(6)高价金属氧化物,如三氧化铬、二氧化锰等。

三、危险特性

(一)氧化性

　　无机盐类氧化剂多为碱金属或碱土金属组成的高氧化价态的化合物,都有较强的获得电子的能力,氧化性极强;虽然本身不燃烧,但遇可燃物品、易燃物品、有机化合物、还原物等会发生强烈氧化作用而着火或爆炸。

过氧化物类：含有过氧基(—O—O—)，很不稳定，易分解放出具有氧化性的原子氧。

卤素(氯、溴、碘)的含氧酸及其盐类：含有高价态的卤，如 Cl^+、Cl^{3+}、Cl^{5+}、Cl^{7+}，容易得到电子变为低价态的 Cl、Cl^-，如次氯酸钠(钙)、亚溴酸钠、氯酸钾、高碘酸钠等。

硝酸及其盐：含有高价态的氮原子(N^{5+})，容易得到电子变为低价态的 N、N^{3+}。

高锰酸盐：含有高价态的锰原子(Mn^{7+})，容易得到电子变为低价态的 Mn^{2+}、Mn^{4+}。

过氧酸盐：如过硫酸铵$(NH_4)_2S_2O_8$ 的高价态硫原子(S^{7+})，容易得到电子变为低价态的 S^{6+}；$NaBO_3$ 的高价态硼原子(B^{5+})，容易得到电子变为低价态的 B^{3+}。

重铬酸盐：如重铬酸钠 $Na_2Cr_2O_7$ 的高价态铬原子(Cr^{6+})，容易得到电子变为低价态的 Cr^{3+}；三氧化铬也是如此。

氧化性是指物质获得电子的能力。当可变价态的中心原子相同时，其含氧酸盐的氧化能力与其稳定性成反比关系，稳定性越好，氧化能力越弱。因此同一中心原子的氧化能力大小随着中心原子氧化态的增加即其极化能力的增加(稳定性增强)而逐渐降低。例如，氯的各种含氧酸，从高氯酸、氯酸、亚氯酸到次氯酸，氧原子数目依次降低，中心原子的极化能力减弱，键长增长，稳定性减弱，故其氧化能力依次增强：

$$Cl^{7+} \rightarrow Cl^{5+} \rightarrow Cl^{3+} \rightarrow Cl^+$$

盐的热稳定性比相应的酸的热稳定性高，因此其氧化性比相应的酸弱。

(二) 分解性

1. 受热分解性

虽然无机盐氧化剂不属于可燃物质，但当受热(包括摩擦、撞击、震动等)时，极易分解出原子氧，若接触有机化合物可能引起燃烧和爆炸。常见氧化剂的分解温度和与可燃性粉状物的反应情况可见表 16-1。

表 16-1　常见氧化剂的分解温度和与可燃性粉状物的反应情况

氧化剂	分解反应式	分解温度(℃)	与有机化合物、碳粉等粉末混合
硝酸铵	$2NH_4NO_3 = 2N_2 + 4H_2O + O_2$	210	受热能着火、爆炸
高锰酸钾	$2KMnO_4 = K_2MnO_4 + MnO_2 + O_2$	加热分解	撞击爆炸
硝酸钾	$2KNO_3 = 2KNO_2 + O_2$	400	受热能着火、爆炸
硝酸钠	$2NaNO_3 = 2NaNO_2 + O_2$	380	受热能着火、爆炸
氯酸钾	$2KClO_3 = 2KCl + 3O_2$	400	摩擦立即爆炸
氯酸钠	$2NaClO_3 = 2NaCl + 3O_2$	300	摩擦立即爆炸
过氧化钠	$2Na_2O_2 = 2Na_2O + O_2$	460	摩擦立即爆炸
过氧化钾	$2K_2O_2 = 2K_2O + O_2$	490	摩擦立即爆炸
溴酸钾	$2KBrO_3 = 2KBr + 3O_2$	370	受热能着火、爆炸
溴酸钠	$2NaBrO_3 = 2NaBr + 3O_2$	381	受热能着火、爆炸
碘酸钾	$2KIO_3 = 2KI + 3O_2$	560	受热能着火、爆炸
碘酸钠	$2NaIO_3 = 2NaI + 3O_2$	熔点	受热能着火、爆炸
高碘酸钾	$KIO_4 = KI + 2O_2$	582	自身爆炸
高碘酸钠	$NaIO_4 = NaI + 2O_2$	300	受热能着火、爆炸

2. 与酸作用的分解性

大多数氧化剂遇酸反应很剧烈，甚至立即爆炸。例如

$$2KMnO_4+2H_2SO_4=\!\!=\!\!=Mn_2O_7+2KHSO_4+H_2O \qquad （立即爆炸）$$
$$Na_2O_2+H_2SO_4=\!\!=\!\!=Na_2SO_4+H_2O_2 \qquad （燃烧或爆炸）$$
$$KClO_3+HNO_3=\!\!=\!\!=HClO_3+KNO_3 \qquad （极易爆炸）$$

所以，氧化剂不可与酸类接触，也不可用酸碱灭火剂灭火。

3. 与水作用的分解性

过氧化钠（钾）等遇水或吸潮、吸收二氧化碳时，能分解放出原子氧，致使可燃物爆燃。例如

$$2Na_2O_2+2H_2O=\!\!=\!\!=4NaOH+O_2$$
$$2Na_2O_2+2CO_2=\!\!=\!\!=2Na_2CO_3+O_2$$

所以这类物品着火的初期不能用水，也不能用二氧化碳灭火器进行扑救。但是如果确认没有多余的过氧化物，是可以用水或二氧化碳灭火器进行扑救的，以免贻误灭火时机。

打扫台面时，若有氧化剂残留在草纸或抹布上，要及时淬灭，不能乱丢弃，否则会吸潮自燃发生火灾。也要注意另一种情况的案例。例如，次氯酸盐等水溶液被草纸或抹布吸附后，如果不及时处理，残留在草纸或抹布上的氧化剂干燥后可能发生反应而自燃，已经发生过多起这样的起火事故。

4. 与还原剂反应或与弱氧化剂的分解性

当氧化剂遇还原剂发生强烈反应时，特别是两者的浓度过大、温度高、加料过快时，可能发生爆炸。

强氧化剂与弱氧化剂相互间，如果浓度过大、温度高、混合过快时，也会产生高热而引起着火或爆炸。例如，硝酸铵与亚硝酸钠能发生置换反应生成硝酸钠和比其危险性更大的亚硝酸铵，亚硝酸铵的爆炸敏感性更大，在温度高于 60℃时强烈爆炸，量大时，低于60℃时都可能会发生强烈爆炸。爆炸式分解化学方程式为

$$NH_4NO_2=\!\!=\!\!=N_2\uparrow+2H_2O$$

因此，各类氧化剂不能混储混运，更不能与还原剂同储。

（三）毒害性和腐蚀性

一些氧化剂具有一定的毒害性和腐蚀性，在取样等操作中要做好个人防护。

例如，三氧化铬（铬酸）既有毒害性又有腐蚀性：可能致癌，可能引起遗传性基因损害，有损害生育能力的危险，吸入及皮肤接触可能致敏，引起严重灼伤。急性中毒：吸入后可引起急性呼吸道刺激症状、鼻出血、声音嘶哑、鼻黏膜萎缩，有时出现哮喘和紫绀，重者可发生化学性肺炎。口服可刺激和腐蚀消化道，引起恶心、呕吐、腹痛、血便等，重者出现呼吸困难、紫绀、休克、肝损害及急性肾衰竭等。慢性影响：有接触性皮炎、铬溃疡、鼻炎、鼻中隔穿孔及呼吸道炎症等。

四、氧化剂示例——过氧化氢

过氧化氢的水溶液(双氧水)为无色透明液体，纯过氧化氢是无色黏稠液体，熔点为-0.43℃，沸点为 150.2℃，凝固点时固体密度为 1.71g/cm³，密度随温度升高而减小，溶于水、醇、乙醚。1953 年美国杜邦公司采用蒽醌法制备过氧化氢，直到现在世界各国基本上都还是采用这一技术规模化生产过氧化氢。

过氧化氢分子中存在过氧键，故具有不稳定的特性，可自发分解歧化生成水和氧气：

$$2H_2O_2 \Longrightarrow 2H_2O+O_2\uparrow$$

该反应在热力学上自发进行，ΔH^0 为-98.2kJ/mol，ΔG^0 为-119.2kJ/mol，ΔS 为 70.5J/(mol·K)。

一些金属离子如 Fe^{2+}、Mn^{2+}、Cu^{2+} 等对过氧化氢的分解有催化作用。过氧化氢在酸性和中性介质中较稳定，在碱性介质中易分解。用波长为 320～380nm 的光照射会使过氧化氢分解速率加快，故过氧化氢应盛于棕色瓶中并放在阴凉处。

常用的 30%过氧化氢溶液在 34.5℃时分解，存储温度应当低于其分解反应温度，避免双氧水发生分解爆炸。

即使在非密闭情况下，遇热、光、粗糙表面、机械杂质等外界因素作用，结构中过氧键很容易断裂，形成 HO· 自由基，HO· 将引起链式反应的发生，链式反应一旦启动将很难抑制，瞬间的爆炸立即发生。

过氧化氢的分解爆炸令人烦恼。影响过氧化氢分解的因素主要有浓度、温度、pH、催化剂、杂质、重金属离子和一定频率的光，其中受 pH 的影响最大。在 pH 为 3.5～4.5 时最稳定，pH 更低时对稳定性影响不大，但当 pH 变高呈碱性时，稳定性急剧恶化，分解速率明显加快。虽然通常在过氧化氢产品中都加有稳定剂，但当污染严重时，稳定剂的作用对分解也无济于事。再看温度，在 20～100℃之间，温度每增高 10℃，双氧水分解速率可增加 212 倍；当加热到 100℃以上时，开始急剧分解，严重时可发生爆炸。在一定光照条件下，即使室温也可能会发生分解爆炸。

2010 年 6 月 9 日中国科学院某化学物理研究所发生爆炸事故就是由双氧水遇高温分解爆炸所致，加上各种危险化学品的分类管理、安全距离等安全隐患问题而导致连环大爆炸。

一般低浓度如 3%的过氧化氢主要用于杀菌及外用的医疗用途，然而，即使这样低的浓度，存储和使用时仍存在危险，要避免高温和阳光。2003 年非典时期，一些居民将消毒的医用过氧化氢放置在阳台上，由于气温高和太阳照射而发生爆炸；甚至一户居民用医用双氧水刷洗有污垢的坐便器而引起爆炸，卫生间的门窗玻璃被彻底炸碎。

在有机药物合成上，过氧化氢常用来制备有机过氧化物。例如，将二价硫(硫醚或硫醇)氧化成四价的亚砜或六价的砜，氧化氮杂环上的氮成为氮氧化物，以及对烯键进行硼氢化氧化等。特别要注意的是，过氧化氢的脂溶性很显著，虽然过氧化氢能以任何比例溶于水，但在极性不大的有机相中，过氧化氢有溶于有机溶剂的明显趋势，这在反应后处理中需要引起特别警惕。因为过氧化氢在反应中通常以 10 倍的大摩尔比加料，大大过量的过氧化氢会在反应结束后剩余下来，在用乙酸乙酯或其他有机溶剂萃取时，绝大部分的过氧化氢转移到有机相中，很难用水洗去，一旦加热浓缩有机相，就会发生爆炸。这将在第四篇中作详细的实例讨论。

第二节　有机过氧化物

有机过氧化物是指分子结构中含有过氧基（—O—O—）的有机化合物。

自 1858 年 Brudie 第一次合成过氧化苯甲酰以来，已经历了 100 多年的历史。目前已工业化的有机过氧化物有近百个品种，根据取代基的不同，可分为烃基氢过氧化物、二烃基过氧化物、二酰基过氧化物、酮的过氧化物、过氧化碳酸酯、过氧化酯、过氧酸等。有机药物合成上最常用的有过氧苯甲酸、间氯过氧苯甲酸（m-CPBA）、过氧化二苯甲酰、过氧乙酸等。

一、基本特性

有机过氧化物中的过氧键比氧气的氧氧键长而弱，内能较高，不论是从分子结构诸方面考虑，还是从热力学考虑，有机过氧化物中的过氧键都是不稳定的，有释放能量变为稳定结构的趋势。过氧键的结构特征决定了有机过氧化物具有如下化学性质：

（1）具有强烈的氧化作用。

（2）具有自然分解性质，在 40℃以上，大部分有机过氧化物活性氧的含量会逐渐或很快降低。

（3）碱性物质可促进其分解，尤其是碱金属、碱土金属的氢氧化物（固体或高浓度溶液）可引起剧烈分解。

（4）硫酸、硝酸、盐酸等强酸可引起剧烈分解。

（5）铁、钴、锰等盐类显著地促进其分解。

（6）铁、铅及铜合金等可促进其分解。

（7）胺类和其他还原剂显著地促进其分解。

几乎所有的有机过氧化物都是热不稳定的，并随温度升高而加快分解速率，一旦达到瞬间就能完成分解的温度，便发生爆炸。过氧化物受热分解形成自由基时所需的最低温度称为临界温度，一般在临界温度以上才发生引发反应。有机过氧化物在受热或光照下都会分解产生游离基，半衰期因各种因素而异，影响因素包括有机过氧化物的类型、取代基、温度和压力等。所以，存储时要低温避光，时间不能过长，用多少就领用（买）多少。长期不用的，要果断及时安全淬灭掉，作报废处理。

二、应用

由于有机过氧化物特殊的结构，在光照或加热条件下，过氧键发生均裂产生自由基，能捕捉聚合物主链特别是含脂肪族的 CH_2 单元上的氢原子。然后这些大分子自由基发生支化、交联反应进行重组，这样，有机过氧化物作为自由基的来源被广泛用作自由基聚合引发剂、不饱和聚酯的固化引发剂、高分子交联剂、高分子接枝引发剂，以及用于高分子降解制备特种高分子等。

在有机药物合成上,有机过氧化物主要作为氧化剂,可将饱和醇和不饱和醇氧化为相应的羰基化物,将二价硫(硫醚或硫醇)氧化成四价的亚砜或六价的砜,将氮杂环氧化为氮氧化物等。

三、危险特性

有机过氧化物对热、震动和摩擦极为敏感,极易分解,且易燃易爆。

(一)分解爆炸性和易燃性

从键长和键能分析,H_2O_2分子具有非对称的链状结构,—O—O—键长为 0.149nm,键能为 203.98kJ/mol(有机过氧化物的过氧键键能为 84～209kJ/mol),而 O_2 分子中 O=O 键键长为 0.1207nm,键能为 493.24kJ/mol,可见过氧键的键比较长而弱,即内能高,是不稳定性结构。过氧基的键较长,—O—O—键结合力弱,断裂时所需能量不大,一些有机过氧化物在常温或低于常温时即可分解。

从键级分析,H_2O_2 分子中 O_2^{2-} 是反磁性的,与 F_2 是等电子结构,过氧离子比氧分子多 2 个电子,即具有 18 个电子,成键和反键轨道完全被电子占据:$\sigma 1s^2$,$\sigma \times 1s^2$,$\sigma 2s^2$,$\sigma \times 2s^2$,$\sigma 2p_x^2$,$\pi 2p_y^2$,$\pi \times 2p_y^2$,$\pi 2p_z^2$,$\pi \times 2p_z^2$,键级为 1,而 O_2 分子的键级为 2。因此,—O—O—键的稳定性较差。

有机过氧化物的分解是放热反应,一旦这种热量无法有效扩散而使局部温度上升,就会发生连锁热分解,当温度超过自加速分解温度(SADT)时即为失控,分解反应以极快速度自动进行,以致发生事故。而且自动加速分解到事故发生(爆炸)往往是瞬间完成的。

过氧基分解断裂所得的两个自由基均含有未成对的电子,自由基很不稳定,具有显著的反应性和较低的活化能,并能迅速与其他基团和分子作用而放出能量。链式反应一旦发生就很难自然终止,导致释放大量的热量而燃烧爆炸。所以有机过氧化物的危险性和危害性比无机氧化剂更大。例如,纯品过氧化二乙酰〔$(CH_3CO)_2O_2$〕制成后存储 24h,可能发生强烈爆炸,即使低浓度如 25%溶液遇热也有引起爆炸的危险。纯品过氧乙酸极不稳定,在-20℃也会爆炸,超过 45%(质量分数)在常温下就有爆炸性,市售为 40%以下,这个浓度在加热到 110℃时即爆炸。

(二)反应后处理的爆炸危险性

有机过氧化物在有机合成的应用实践中,常由于不了解有机过氧化物的危险特性和违反操作规程而发生爆炸事故。每一位化学研发人员都要特别注意和充分知晓反应后处理的爆炸危险性。

为了提高氧化等反应的收率,使用有机过氧酸一般都要过量,摩尔比通常为 1.2～1.5,有的甚至多倍乃至十多倍。在反应结束的后处理过程中,一定要用还原剂彻底除去多余的有机过氧酸,并认真细致检验是否有痕量的有机过氧酸留存在有机相中,还要注意不要将假阴性当作阴性,否则在后面的加热浓缩时会发生爆炸,由此引起的突然爆炸伤人和损失的事故已是屡见不鲜,这还将在第四篇中作详细的实例讨论。

（三）有负面作用的有机过氧化物

有的有机化合物原本不是过氧化物,但是与空气接触后在光照下通过自由基机理生成过氧化物,从而产生危险性,这是很麻烦的事情。

案例 1

某校在读博士生在准备取用一单口烧瓶中久置未用、干燥处理过的 THF 时,刚一拔磨口空心塞就发生了爆炸,导致满脸血肉模糊。原因分析:THF 属于易生成过氧化物的环醚类溶剂,如果离生产时间过长或久置不用,由于瓶口与磨口空心塞有空隙,其挥发醚类在此处累积并逐渐形成过氧化物,打开瓶口(即公母件接口之间摩擦)时即发生爆炸。瓶内空间达到爆炸极限,极少的过氧化物经摩擦都会起爆整瓶的 THF。所以取用时一定不要震动,要采取措施,如将瓶口倒过来,让内部溶剂润湿瓶口以溶解并冲淡过氧化物,并做好防爆的个人防护。然后,加入还原剂以除掉生成的过氧化合物。

案例 2

某校博士生导师在浓缩乙醚提取液时发生猛烈爆炸,操作台的储物柜玻璃被飞溅的碎玻璃炸碎,幸亏当事人不在场。原因是这瓶乙醚放置时间过长,而且放置在太阳能照射到的地方,乙醚中有过氧乙醚生成。如果预先知道一时用不完,就一定要加入适量抗氧剂,以免过氧化物的形成,或在使用前将过氧乙醚除掉,或干脆废弃掉,以免留下隐患。

案例 3

某研发人员用储存过久的乙醚进行萃取操作,然后低温减压浓缩蒸去乙醚,将得到的物质放在烘箱里加热干燥时发生爆炸,烘箱的门被炸碎,原因是过氧乙醚爆炸。

1. 空气中易形成有机过氧化物的基团结构

除了醚类化合物外,一些由弱的 C—H 键以及易引起聚合的双键组成的化合物在常温下与空气接触也会发生氧化反应,形成不稳定并具有爆炸性的有机过氧化物,见表 16-2。例如,丁二烯在自身聚合过程中与空气中的氧接触,可形成具有爆炸性质的过氧化聚合物 $\ce{+CH_2-CH=CH-CH-O-O+}_n$。

表 16-2　空气中易形成有机过氧化物的基团结构

基团	化合物类别
(Ar) R——O——R (Ar)	开链醚类、环氧醚类
$\ce{>C=C<_H}$	乙烯类(单体、酯、醚类)
$\ce{>C=C-C-H}$	烯丙基类、苄基类
$\ce{-C#C-C=C<_H}$	乙烯乙炔类
$\ce{-C(=O)-H}$	醛类

续表

基团	化合物类别
>C—O— 　| 　H	缩醛类、酯类
H₃C　　R(Ar、H) 　＼／ 　 C 　／＼ H₃C　　H	异丙基类、异丙基苯类、苯乙烷类、萘烷类、四氢萘类
>C=C—X 　　　| 　　　H	卤代链烯类
>C=C—C=C< 　　|　| 　　H　H	二烯类
—C—N—C< 　||　| 　O	N-烷基酰胺、N-烷基脲类、内酰胺类

表 16-2 中所列物品与空气长期接触后会生成有机过氧化物，这些有机过氧化物在反应、加热或后处理的操作过程中，就可能会发生"莫名其妙"的爆炸。例如，使用长期放置的乙醚、四氢呋喃等，在浓缩等操作进程中，发生"想不到的爆炸"其实就源于此，已经屡见不鲜。

过氧化物的形成及形成速率，与暴露于空气、光、热、湿度和金属污染等因素直接相关。

过氧化物极有可能先形成于容器与盖子的内外螺纹接触处，因为有机蒸气被堵留在这里，长期与空气接触而被氧化成较高沸点的有机过氧化物。如果液体中已经有明显的过氧化物生成，以及晶体或沉淀的存在，当旋开盖子或拧紧瓶盖时就会由于摩擦而引爆。

2. 容易生成过氧化物的常用化合物

容易生成过氧化物的常用化合物包括：乙醛缩二乙醇、乙醛、丙烯酰胺、丙烯酸、丙烯腈、烯丙基乙基醚、烯丙基苯基醚、烯丙基乙烯基醚、1-烯丙氧基-2,3-环氧丙烷、苄基-1-萘醚、苄基丁基醚、苄基乙基醚、双(2-乙氧乙基)醚、双(甲氧乙基)醚、1,3-丁二烯、1,3-丁二炔、仲丁醇、丁烯-3-炔、丁基乙基醚、甲酸丁酯、丁基乙烯基醚、2-氯-1,3-丁二烯、1-氯-2,2-二乙氧基乙烷、2-氯丙烯腈、2-氯乙基乙烯基醚、氯乙烯、氯丁二烯、一氯三氟乙烯、肉桂醛、巴豆醛、环己烯、环辛烯、环丙基甲基醚、十氢萘、二(2-丙炔基)醚、二乙炔、二烯丙基醚、二苄醚、对二苄氧基苯、1,2-二苄氧乙烷、二丁醚、1,1-二氯乙烯、双环戊二烯、1,1-二乙氧基乙烷、1,2-二乙氧基乙烷、二乙氧基甲烷、3,3-二乙氧基丙烯、二乙醚、反丁烯二酸二乙酯、二乙二醇二甲醚、二乙基烯酮、2,3-二氢呋喃、2,3-二氢吡喃、二异丙醚、1,1-二甲氧基乙烷、1,2-二甲氧基乙烷、1,1-二甲氧基丙烷、2,2-二甲氧基丙烷、3,3-二甲氧基丙烯、2,2-二甲基-1,3-环氧五环、2,6-二甲基-1,4-二噁烷、1,3-二恶烷、1,4-二噁烷、1,3-氧代环庚-5-烯、1,3-环氧丁-4-烯-2-酮、二异丙氧基甲烷、二丙醚、二乙烯基乙炔、二乙烯醚、1,2-环氧-3-异丙氧基丙烷、1-乙氧基-2-丙炔、2-乙氧基乙醇、2-乙基丁醛、乙基异丙基醚、乙基丙烯基醚、乙基乙烯醚、2-乙基丙烯醛肟、乙二醇二甲醚、2-乙基己醛、2-(乙基己基)乙基醚、糠醛、呋喃、甘醇二甲醚类、4,5-乙二烯-2-炔-1-醇、2,4-己二醛、2,5-己二炔-1-醇、2-己醛、吲哚-2-羧酸、异丁基乙烯基醚、异丁醛、异丙氧基丙腈、异丙醚、丙基异丙基醚、异丙基乙烯基醚、2-异丙基丙烯酰肟、异戊醛、柠檬烯、1,5-对孟二烯、2-甲氧基乙醇、2-(甲氧乙基)乙烯基醚、丙炔、甲基丙烯酸甲酯、4-甲基-1,3-二噁烷、巴豆酸、4-甲基-2-戊酮、2-甲基四氢呋喃、甲基乙烯基醚、2-戊-4-炔-3-醇、α-戊基肉桂醛、异丙醇、丙醛、2-丙炔-1-硫醇、二十-5,8,11,14-四烯酸钠、乙氧基乙炔钠、苯乙烯、1,1,2,3-四氯-1,3-丁二烯、四氟乙烯、四氢呋喃、四氢萘、四氢吡喃、十三醛、1,3,3-三甲氧基丙烷、异佛尔酮(3,5,5-三甲基-2-环己烯酮)、乙酸乙烯酯、乙烯基乙炔、氯乙烯、乙烯基醚、乙烯基吡啶、4-乙烯基环己烯、1,1-二氯乙烯。

3. 分类

伊利诺伊大学芝加哥分校(University of Illinois at Chicago，UIC)的 EHS(环境、健康、安全体系)部门按照过氧化物危害性的形成，将易形成过氧化物的物质分为 A、B、C、D 四类，见表 16-3。超过期限需要处理的，则要向 EHS 部门提交请求化学处理过氧化物的书面报告。

表 16-3　易形成过氧化物的物质分类

类别	危险性	打开日期	接受日期	代表性化合物
A 类	严重危险性	3 个月	1 年	
B 类	浓缩危险性	6 个月	1 年	见表注中类别
C 类	震动和热敏感性	6 个月	1 年	
D 类	有形成过氧化物的潜在性	仅在证明有过氧化物存在下		

注：A 类(能与空气接触自发形成易爆物)：丁二烯(液体单体)、异丙基醚、氨基钠(钾)、氯丁二烯(液体单体)、四氟乙烯(液体单体)、二乙烯基乙炔、1,1-二氯乙烯等。

B 类(在外部能量如蒸馏、浓缩等作用下形成爆炸性的过氧化物)：乙缩醛、二乙二醇二甲醚、4-甲基-2-戊醇、乙醛、乙醚、2-戊醇、苄醇、1,4-二氧六环、4-戊烯-1-醇、2-丁醇、乙二醇二甲醚、1-苯基乙醇、异丙苯、呋喃、2-苯乙醇、环己醇、4-庚醇、2-丙醇、环己烯、2-己醇、四氢呋喃、2-环己烯-1-醇、甲基乙炔、四氢萘、十氢化萘、3-甲基-1-丁醇、乙烯基醚类、双炔、甲基环戊烷、双烯戊二烯、甲基异丁基酮、仲醇。

C 类(高反应性并能自发聚合，内部积累过氧化物，在这些反应中所形成的过氧化物对震动和热极为敏感)：丙烯酸、甲基丙烯酸甲酯、乙烯基二烯氯、丙烯腈、苯乙烯、乙烯基吡啶、丁二烯(气)、四氟乙烯(气)、氯乙烯(气)、氯丁二烯、乙烯基乙酸酯、三氟氯乙烯、乙烯基乙炔(气体)。

D 类(可能形成过氧化物的常用化合物)：丙烯醛、对氯苯乙醚、4,5-己二烯-2-炔-1-醇、烯丙基醚、环辛烯-n-己基醚、烯丙基乙烯醚、二烯丙基醚、异戊基苄基醚、烯丙基苯基醚、对二正丁基苯异戊基醚、4-正-戊氧基苯甲酰氯、n-戊基醚、对二苄氧基苯异佛尔酮、n-丁基醚、3-异丙氧基丙腈、二苄醚、2,4-二氯苯乙醚、2,4,5-三氯苯氧基乙酸异酯。

4. 购买、存储和使用要求

(1)生产与采购日期要有标签注明；当瓶子第一次打开时，容器还必须标有打开的日期。

(2)光可以加速过氧化物的形成，不能存储在阳光直接照射的地方。

(3)存储在惰性塑料或棕色玻璃容器中，存储容器内无任何其他污染物。

(4)存储所使用的冰箱或冷库必须防爆。

5. 抗氧剂

为了避免与空气接触生成过氧化物,在商业生产环节中,通常要在这些物品中加入一些抗氧剂,如受阻酚类抗氧剂 BHT(2,6-二叔丁基对甲酚)等。抗氧剂的作用是消除刚刚产生的自由基,或者促使过氧化物分解,阻止链式反应的进行。中断链式反应的抗氧机理如下:

注意:抗氧剂仅在液体中起作用,逃逸出来的气态单体分子接受不到抗氧剂的保护作用。对于挥发而存留于容器口与容器盖之间的单体,长时间与空气接触,就能形成过氧化物而留存在容器口与容器盖之间的接触面,当旋转盖子时,有可能发生意外爆炸。

另外,BHT 通常以 0.025%的浓度溶解在乙醚、THF、2-Me-THF 等醚类物品中来防止过氧化物生成,如果要将这些醚类作为无水溶剂使用,需要严格控制水分含量,这时应将 BHT 计算在内,因为 BHT 酚羟基的氢会淬灭反应中对水敏感的物质。0.025% BHT 相当于约 0.0011%的水,用分子筛或氧化铝为脱水剂的无水溶剂处理器是处理不掉 BHT 的。一般来说,含 0.025% BHT 的四氢呋喃对有格氏试剂、丁基锂等有机金属试剂、硼氢化锂、氢化钠等参与的反应影响不大。如果认为这相当于 0.0011%水的 BHT 对反应有影响,就需用钠丝长时间回流等方法处理并重蒸。

发展到今天,市售的抗氧剂种类非常多(见《抗氧剂》一书,胡行俊编),至于有机试剂或溶剂中掺加了哪种抗氧剂,要看产品说明书。

四、有机过氧化物示例

间氯过氧苯甲酸(*m*-CPBA),CAS 号:937-14-4。白色粉末状结晶,几乎不溶于水,易溶于乙醇、醚类,溶于氯仿、二氯乙烷;纯品不稳定,容易爆炸。商品一般为 85%以下含量(其余为水和间氯苯甲酸)的湿固体,安全性相对纯品要好一些,便于存储和运输,室温下年分解速率为 1%以下,而液态的分解速率加快。

间氯过氧苯甲酸在有机药物合成上的用途基本与过氧化氢、过氧乙酸、过氧苯甲酸等相同,有以下几方面:

(1)环化反应。例如,碳碳双键发生立体反应,生成相应的环氧乙烷基。

　　(2) Baeyer-Villiger 氧化反应。*m*-CPBA 与羰基化合物反应生成相应的酯等。

　　(3) *N*-氧化反应，与含氮杂环反应生成 N→O 物。例如，嘧啶、吡嗪和吡啶类化合物与它反应可分别得到相应的 *N*-氧化物。

　　(4) 硫醚的氧化。硫醚可以被 *m*-CPBA 氧化为亚砜，亚砜还可以进一步被氧化为砜。可以通过控制剂量、温度和时间来获得亚砜或者砜。

　　案例　(间氯过氧苯甲酸事故)

　　某研发人员做一个氧化反应，反应式为

$$
\underset{\text{5-甲基吡嗪}}{\ce{N}}\text{—}\ce{CO2C2H5} \xrightarrow{\ \textit{m}\text{-CPBA}\ } \ce{N}\text{—}\ce{CO2C2H5},\ \ce{O}
$$

　　将 300g 2-甲酸乙酯-5-甲基吡嗪与间氯过氧苯甲酸[底物∶*m*-CPBA=1∶1.5eq.(当量)]进行反应，反应结束后，未将多余的 *m*-CPBA 用还原剂淬灭就进行加热浓缩。旋蒸结束，放置了几分钟，发现 3000mL 的大旋蒸瓶里突然泛起大量泡沫，随即发生爆炸。当事人的脸部被飞溅的玻璃划伤，手腕部灼伤，腹部被一块玻璃碎片击破(穿破几层衣服)，见图 16-1 和图 16-2。爆炸时，另一位研发人员从外面进入实验室，其头部被飞溅的玻璃扎伤，见图 16-3。

 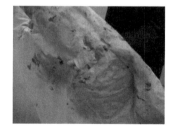 

图 16-1　手腕部受伤　　　图 16-2　工作服被玻璃碎片击破　　　图 16-3　头部受伤的同事

　　爆炸原因：过量未淬灭的间氯过氧苯甲酸和产物氮氧化物对热都很敏感。

复习思考题

　　1. 无机氧化剂主要有几类？

　　2. 无机过氧化物和有机过氧化物都有哪些危险特性？

　　3. 哪些结构的有机化合物与空气接触容易形成过氧化物？

　　4. 有机过氧化物在有机药物合成中主要用在哪些方面？

　　5. 对于有机过氧化物参与的反应，在反应后处理时如何避免爆炸危险性？

第十七章 有 毒 品

有毒品是指进入机体后，能与体液和器官组织发生生物化学作用或生物物理学作用、扰乱或破坏肌体的正常生理功能、引起某些器官和系统暂时性或持久性的病理改变，甚至危及生命的物品。

评判是否为有毒品，通常采用半数致死量LD_{50}(或LC_{50}等)这个毒性定量指标来进行。有毒品是指半数致死量需达到以下指标的物品：经口服途径，固体$LD_{50} \leqslant 500mg/kg$，液体$LD_{50} \leqslant 2000mg/kg$；或经皮肤接触24h，半数致死量$LD_{50} \leqslant 1000mg/kg$；或经吸入途径，粉尘、烟雾及蒸气吸入半数致死量$LC_{50} \leqslant 10mg/L$的固体或液体。

半数致死量简称LD_{50}(即lethal dose，50%)，表示在规定时间内，通过指定给药途径，使一定体重或年龄的某种动物半数死亡所需的最小毒物量。LD_{50}的表达方式通常为有毒物质的质量和试验生物体重之比，如毫克有毒品/千克动物体重。给药途径有口服、经皮、吸入等；动物有大白鼠、小白鼠、兔等。例如，剧毒品NaCN的大鼠经口半数致死量(LD_{50})为6.4mg/kg，是指每千克大鼠在给定条件下经口服6.4mg，在规定时间内有一半大鼠死掉。半数致死量是描述有毒品的毒性的常用指标，有毒品的半数致死量越小，说明它的急性毒性越大。

用半数致死量来评估有毒品的毒性有其重要的参考意义。然而，半数致死量仅是描述有毒品的急性毒性的常用指标，多数有毒品的毒性表现是缓慢性的，有积蓄作用，长期接触或吸收会引起慢性中毒，损害健康或导致职业病，所以不能单凭半数致死量来评估有毒品的毒性。

按照国标《危险货物运输包装类别划分原则》(GB/T 15098—1994)、《化学品安全标签编写规定》(GB 15258—2009)等标准性文件，以及2001年世界卫生组织、国际劳工组织、联合国环境规划署等7家联合国机构，联合推出并推荐的《全球化学品统一分类和标签制度》(GHS)，列出有毒化学品毒性分级标准。有毒品以毒性大小分为两级：一级为剧毒化学品，毒性大；二级为毒害品，毒性小于剧毒化学品。

除了剧毒化学品和毒害品外，本章还将涉及高活性化学品，以及化学毒物在体内的生物效应等内容。

第一节 剧 毒 品

剧毒化学品，简称剧毒品，是有毒品中一类具有更高毒性的化学品。

一、定义

按照国家《危险化学品目录》(2015年版)的定义，剧毒品是指具有剧烈急性毒性危害的化学品，包括人工合成的化学品及其混合物和天然毒素，还包括具有急性毒性、易造成公共安全危害的化学品。

剧烈急性毒性的判定为满足下列条件之一：大鼠实验，经口 $LD_{50} \leqslant 5mg/kg$，经皮 $LD_{50} \leqslant 50mg/kg$，吸入(4h)$LC_{50} \leqslant 100mL/m^3$(气体)或 0.5mg/L(蒸气)或 0.05mg/L(尘、雾)。经皮 LD_{50} 的实验数据也可使用兔实验数据。

二、特别注意事项

《危险化学品目录》(2015 年版)共收录了 148 种常用剧毒品，其实在有机合成研发领域中，遇到的剧毒品比国家在该目录中公布的品种要多得多，而且细胞毒物、超敏物质等比该目录公布的最毒品种还要毒很多倍。所以不要以为没有列入该目录的化学品就不是剧毒品而放松监管或麻痹大意。

三、危险特性

剧毒品的主要危险特性是剧毒。不但口服会中毒，有的可能通过呼吸途径吸入其有毒蒸气，或通过皮肤吸收而引起中毒。另外，同一种毒物因接触剂量、接触方式不同也可能导致不同的中毒特征。

（一）毒性

剧毒品可以通过消化道、皮肤或呼吸道三种主要途径进入人的体内而引起中毒。另外还可能通过意外注射、沾有有毒物质的利器致伤而直接进入人体血液引起中毒。

1. 消化道

某些中毒案例是由于个人卫生习惯不良，不戴防护手套或不及时洗手，手上沾着的剧毒品随进食、饮水或吸烟，通过口腔进入消化道，并经消化道侵入体内各个部位，引起中毒。所以要切实做好防范，操作后要及时洗手甚至要漱口，严禁在操作区域饮水或进食。

2. 皮肤

一些剧毒品是脂溶性的，如四乙基铅等，很容易通过皮肤吸收侵入人体，并随着血液循环迅速扩散引起中毒或过敏性反应，操作时需要佩戴防护手套。若皮肤有破裂或伤口更容易被侵入，需要特别防护。

3. 呼吸道

在研发和生产过程中，凡是以气体、蒸气、烟雾、粉尘、气溶胶形式存在的剧毒物，更容易通过呼吸道进入体内。人的肺部由亿万个肺泡组成，肺泡壁很薄，壁上有丰富的毛细血管，剧毒物一旦进入肺脏，很快就会通过肺泡壁进入血循环而被运送到全身，引起全身或相关部位中毒。

有些剧毒品在酸性介质中生成剧毒气体逃逸出来。例如，氰化钠和三甲基硅氰遇酸生成剧毒的 HCN，硼氢化钠(钾、锂)遇酸生成剧毒的硼烷，操作前要有前瞻性，做到主动防护。有些剧毒品的沸点较低，挥发性高，温度越高挥发性越大，空气中浓度也就越高，不能掉以轻心。有的本身就是气体，如氟气、光气、砷化氢等在空气中的职业健康最高容许浓度为 0.1ppm[①]；氯气在空气中的职业健康最高容许浓度为 1ppm；硫化氢和氰气（NC—CN）在空气中的职业健康最高容许浓度为 10ppm；氰气轻度中毒时，患者出现乏力、头痛、头昏、胸闷及黏膜刺激症状，严重中毒者，呼吸困难、意识丧失、出现惊厥，最后可因呼吸中枢麻痹而死亡；氢氰酸（HCN，bp 25.7℃）气体浓度超过 10ppm 时，可抑制细胞色素氧化酶，造成细胞内窒息，可致眼、皮肤灼伤，吸入引起中毒，短时间内吸入高浓度氰化氢气体，可引起急性中毒，导致呼吸停止而死亡。

下面以氢氰酸为例加以说明在防护、监测和急救等方面的注意事项。

操作时一定要在负压的通风橱内进行。选择和佩戴防毒面具时一定要谨慎，可用 GB 2890—1995 中规定的 1L 型滤毒罐，在使用其他型号滤毒罐时应认真阅读说明书和生产日期，一般在 3g/m³ 氢氰酸气浓度中有效滤毒时间仅为 50min 左右。

操作区域的氢氰酸气浓度报警和泄漏警示监测有仪器和化学两种方法。

仪器方法：可用便携式氢氰酸气体测定仪，见图 17-1。

化学方法：可采用较精确的"联苯胺"法，配制好 0.1%乙酸联苯胺和 0.3%醋酸铜溶液，分别储存于棕色瓶内，使用前将两种溶液各 1 份混合（在 15min 内使用）。用滤纸剪成 6cm×12cm 小条吸透药液，带有药液的纸条遇到氢氰酸气后呈蓝色。

图 17-1 便携式氢氰酸气体测定仪

对于氢氰酸、氰化钠等氰化物中毒案例，只要属于非骤死者，氰化物的毒性一般是可逆的。实践中，当人因氰化物中毒完全失去知觉，而心脏仍跳动时，如能及时采取救护措施和给以适当的解毒剂，则仍能恢复正常。例如，氰化氢或氰化钠中毒，可采用"亚硝酸钠-硫代硫酸钠"方案：立即将亚硝酸异戊酯 0.2～0.4mL（1～2 支）包在手帕内折断，紧贴在患者鼻前经鼻腔吸入，每次 15s，同时进行人工呼吸，可以立即缓解症状，2～3min 可重复一次，总量不超过 1～1.2mL（5～6 支），而后立即静脉缓慢注射 3%的亚硝酸钠 10～15mL，并再注射 25%的硫代硫酸钠 50mL。详细情况可参阅《常见危险化学品应急速查手册》（张海峰，中国石油出版社，2009 年）。该手册收录了一百多种常用危险化学品，重点介绍了每种化学品的燃爆、急性中毒、环境危害等危险性以及泄漏处置、火灾扑救、现场急救等应急救援措施，并对需要注意的事项给予了特别警示。

（二）其他危险特性

有些剧毒品还兼有其他危险特性。例如，叠氮钠除了具有剧毒特性外，还有易爆特性；乙硼烷既是剧毒品也是易燃品。对剧毒品的危险性，不能只知其一不知其二，要认清其全部特点，才能做好全方位个体防护。

---

① 1ppm 为 10^{-6} 量级。

第二节　毒　害　品

有毒品中除了剧毒品之外均为毒害品，毒害品的毒性低于剧毒品。

毒害品是指半数致死量在以下范围的物品：经口服途径，固体 LD_{50} 为 50～500mg/kg，液体 LD_{50} 为 50～2000mg/kg；或经皮肤接触 24h，半数致死量 LD_{50} 为 200～1000mg/kg；或经吸入途径，半数致死量 LC_{50} 为 500～10000ppm（气体）或 2000～10000ppm（蒸气）或 500～10000ppm（尘、雾）[1][2]。

毒害品的毒性虽然低于剧毒品，但在保管、使用、后处理等方面也要引起足够的重视。

第三节　高活性化学品

一、高活性物质与高活性化学品

高活性物质（high potency substances）是指只需微量（微克甚至纳克）就能够对生物体产生高度生物效应或生物作用的生理活性成分。高活性物质包括生物体自身合成的高生物活性物质和人工合成的高活性化学品。

高生物活性物质包括内分泌细胞分泌的具有调节生物体生理状态和功能的激素，活细胞产生的具有生物学催化活性的蛋白质——酶，以及干扰素、抗生素、淋巴因子、抗体等。化学结构种类繁多，有糖类、脂类、多肽蛋白质类、甾醇类、生物碱、苷类等。

人工合成的高活性化学品包括抑制或杀死肿瘤细胞的细胞毒素（抗肿瘤药）、激素、高活性生物蛋白（也称生物活性肽）、疫苗等。化学组成方面包括了所有已经知晓的大多数基本结构。

有的高活性物质对人有利，有的有害。即使对人有利的高活性物质也具有多种两重性，多种两重性表现在：对大多数人有利而对少数人有害，这为个体差异；对靶点有利而对非靶点有害；量适中有利而量过大（或高浓度）则有害。"是药三分毒"就是对高活性物质两重性的最好诠释。

本节仅涉及实验室人工合成的高活性化学品对人体具有的负面作用及其对应的防护。

同其他有毒品一样，高活性化学品对人体的负面作用主要通过四个途径实现：通过呼吸道吸入体内；通过消化道食入体内；通过体表如皮肤或黏膜接触而进入体内；通过划破体表细胞而进入体内。这四个途径主要以通过呼吸道吸入和体表接触最为突出。

其中通过环境吸入就会涉及环境高活性化学品的浓度问题和对应的工程设施防护措施及个体防护措施。

二、高活性化学品的毒性与职业接触限值

高活性化学品的毒性一般不以半数致死量 LD_{50} 或 LC_{50} 来评估，而是以职业接触限值

---

① 农药的急性毒性按 LD_{50} 大小分为剧毒、高毒、中毒、低毒、微毒 5 类。

② 各 LD_{50} 数值是国家《危险化学品目录》（2015 年版）规定前的数据。

的高低来区别对待，然而两者是有关联的。

涉及高活性化学品的毒性和对应防护措施，首先需要通过专门机构来测定和评估该高活性化学品的 MSDS，并定量地计算出环境中人体对高活性化学品的耐受浓度，即容许接触水平，也称职业接触限值(OEL，见第二篇第八章第三节)。

对于各种化学物品的职业接触限值，各国的规定可能不同。对于高活性化学品的职业接触限值，表 17-1 中的 4 级职业暴露控制体系和表 17-2 中的 5 级职业暴露控制体系可供参照实施。目前，有的单位按照 4 级职业暴露控制体系(表 17-1)，有的单位参照 5 级职业暴露控制体系(表 17-2)。

表 17-1　4 级职业暴露控制体系

职业暴露等级	OEL(μg/m³)	控制设计建议	特性
1	>500	普通室内通风；常规带有局部排气通风(LEV)的开放设备	无害、低药理活性的化合物
2	10～500	半密闭式或全密闭式的物料转移系统；层流或定向层流的局部排风工程系统	有一定毒性或药理活性的化合物
3	0.03～10	直接耦合传递，密闭系统中转移；选用单向层流罩	有毒、高药理活性的化合物 [a]
4	<0.03	完全密闭系统；传递窗；隔离技术	有极高毒性或药理活性的化合物

a 基于对健康有益的分类或其他指标，未知毒性化合物一般被认为有很高的毒性或药理活性，一般定义为 3 级。

表 17-2　5 级职业暴露控制体系

职业暴露等级	OEL(μg/m³)	控制设计建议	特性
1	>1000	普通室内通风；常规带有局部排气通风的开放设备	低药理活性，被认为是安全的化合物
2	50～1000	半密闭式或全密闭式的物料转移系统；层流或定向层流的局部排风工程系统	有害的，或低药理活性的化合物
3	20～50	直接耦合传递，用于转移物料的密闭系统；选用单向层流罩	有一定毒性或药理活性的化合物
4	1～20	完全密闭系统；直接耦合传递；隔离技术	高毒性或很高药理活性的化合物 [a]
5	<1	隔离技术；远程操作；自动化操作	毒性非常高，或药理活性极高的化合物

a 基于对健康有益的分类或其他指标，未知毒性化合物一般被认为有很高的毒性或药理活性，一般定义为 4 级。

上表中的 OEL 是指时间加权平均容许浓度 PC-TWA(permissible concentration-time weighted average)，以时间为权数规定的 8h 工作日、40h 工作周的平均容许接触浓度。

三、高活性化学品的职业防护

如果高活性化学品属于表 17-1 和表 17-2 中的最高活性级别，必须在独立全密闭的空间里进行操作。一些高活性化学品多数属于表 17-1 的 4 级体系中的 3～4 级或表 17-2 的 5 级体系中的 3～5 级。

近年来，细胞毒物抗癌药的研究开发很活跃，并且取得了很大成就。抗体-药物偶联体(antibody drug conjugate，ADC)是一类将具有细胞毒性的小分子药物和特异性识别肿瘤细胞的抗体通过化学键连接而成的药物，基本属于高活性化学品。

如果某抗体药物偶联物 ADC 经过测定和评估，它们的 OEL 为 $20\sim50\mu g/m^3$，就属于 5 级防护体系中的 3 级，或 4 级防护体系中的 2 级。这样，在其最后一步的合成、与抗体连接、冻干粉制备、动物实验，以及各个环节如接收、保存、测试、处理等操作过程中，包括对抗体-药物偶联体原液、成品、中间产物、稳定性样品等的操作，都需要按照相应防护要求来落实并执行，包括工程防护(通风设施)和个人防护。

四、高活性化学品不同形态的职业防护

根据各种高活性化学品物理形态的不同而遵循的三级防护措施如下所述,其中粉剂需要最高级别防护，因为粉剂在操作过程中容易漂浮或形成气溶胶被人体吸入；溶液属于第二级防护；包装好的用品需遵循三级防护。

1. 接触风险分级

一般认为，工作环境中对于操作人员的职业暴露范围应低于 $40ng/m^3$ 高活性化学品(如 ADC 中的化学药物部分)。根据实际操作中接触高活性化学品样品的形式和风险级别，将高活性化学品样品的接触风险由高到低分成I～III级。

(1)I级接触风险：大于 10mg 药物固体粉末或大于 100mg ADC 冻干粉末的制备、称量、溶解、转移、处理等。

(2)II级接触风险：每天处理量小于 10mg 药物或每天处理量小于 100mg ADC 样品溶液的稀释、转移、处理等。

(3)III级接触风险：具有良好密闭包装的 ADC 样品粉末或溶液的接收、分发、存储和转移等。

2. 个人防护

(1)对于 I 级接触风险的实验操作，其个人防护措施不得低于以下标准：

在相对负压的实验室(排风量大于送风量)中进行，样品处理在专用的高效过滤手套箱(出气管口伸出室外)中操作。

操作人员佩戴一次性防护帽、防护眼镜、防颗粒物口罩、双层丁腈手套、一次性洁净服、一次性防护服、鞋套等个人防护用具。将一次性防护服套在一次性洁净服外，内层手套的袖口置于一次性洁净服袖口以内，外层手套的袖口需覆盖一次性防护服的袖口。

(2)对于 II 级接触风险的实验操作，其个人防护措施不得低于以下标准：

样品处理在专用的负压通风橱或II级生物安全柜(出气管口伸出室外)中进行。

操作人员佩戴防护眼镜、双层活性炭口罩、双层丁腈手套、实验服等个人防护用具。内层手套的袖口置于实验服袖口以内，外层手套的袖口需覆盖实验服的袖口。

(3)对于III级接触风险的实验操作，其个人防护措施不得低于以下标准：

样品在转移时必须维持密封状态，并置于表面未污染的二级容器中。

操作人员佩戴防护眼镜、活性炭口罩、丁腈手套和一次性 PE 手套、实验服等个人防护用具。将一次性 PE 手套套在丁腈手套内。

各种个人防护用品随用随更换，并丢弃于规定的桶内。

3. 紧急情况处理

在操作高活性化学品样品时若发生泄漏或溢洒，应立即更换可能受污染的个人防护用品，用洁净的纸巾或棉布吸收残留的溢洒物，不要使污染面扩大。若操作者的皮肤接触高活性化学品样品，应先用洁净的纸巾或棉布擦拭，然后用流动水冲洗至少 15min，必要时应立即就医。

4. 废弃物处理

含有高活性化学品的废弃物及所用器具都要用 1.0%～2.0%的 NaClO（或 H_2O_2 等合适氧化剂）做淬灭处理。

高活性化学品动物测试样品处理过程中所产生的有潜在污染的垃圾必须置于专用的黄色垃圾袋中，按照《国家危险废物名录》规定的 HW02 类别由有资质单位做焚烧处理。未做动物测试的废弃物可以装在普通化学废弃物的桶中交由有资质的单位焚烧处理。

第四节 化学毒物在体内的生物效应

本节涉及的化学毒物是广义的，包括剧毒品、毒害品、细胞毒物等高活性化学品、致敏化学品等有害化学品，是指能对机体产生毒害作用的化学物品。

化学毒物在体内的毒作用过程包括吸收、分布、排泄、蓄积和生物转化。

一、吸收

对于化学实验室作业人员，吸收途径主要是机体的消化道、呼吸道和皮肤。

消化道的主要吸收部位是小肠，其次是胃。

呼吸道的主要吸收部位是肺泡。吸收的气态或液态气溶胶化学毒物以被动扩散和滤过方式，分别迅速通过肺泡和毛细血管膜进入血液。固态气溶胶和粉尘化学毒物吸进呼吸道，在气管、支气管及肺泡表面沉积。

皮肤吸收是指皮肤接触的化学毒物，以被动扩散相继通过皮肤的表皮和真皮，再滤过真皮中毛细血管的壁膜进入血液。

二、分布

进入体内的化学毒物在血液中，以被动扩散为主，由血液转送至机体各组织；与血液的红细胞或血管外组织蛋白相结合，再从组织返回血液以及再反复等。只有未与蛋白结合的化学毒物才能在体内组织进行分布。

三、排泄

排泄指化学毒物及其代谢物向机体外的转运过程。排泄器官有肾、肝胆、肠、肺和外分泌腺等，而以肾和肝胆为主。

四、蓄积

蓄积是指机体接触化学毒物(若吸收超过排泄及其代谢转化)，化学毒物在体内逐增的现象。蓄积量是吸收、分布、代谢转化和排泄各量的代数和。

五、生物转化过程

体内的化学毒物或活性代谢物与其受体进行原发性反应，导致受体靶位改性，继而发生生物化学效应和病理生理的继发反应，最后发生观察到的或感受到的生理和(或)行为的反应(致毒症状)。

六、毒作用的生物化学机制

(1)酶活性的抑制。

化学毒物进入机体，一方面在酶催化下进行代谢转化；另一方面也可干扰酶的正常作用，包括酶的活性、数量等，从而有可能导致机体的损害。干扰酶的正常作用包括对酶活性的抑制，也包括重金属/有机化学毒物与含巯基的酶结合。

(2)四致作用。

致突变作用：分为基因突变和染色体突变两类。

致畸作用：干扰生殖细胞遗传物质的合成；引起染色体数目缺少或过多；抑制酶的活性；使胎儿失去必需的物质(如维生素)。

还可能有致癌作用和致敏作用。

复习思考题

1. 有毒品以毒性大小分为哪两级？
2. 剧毒品通常通过哪些途径侵入人体内？如何防护？
3. 理解各种半数致死量的含义。
4. 什么是高活性化学品？如何分级和防护？

第十八章　稳定同位素与放射性同位素

原子是大千世界的基本微粒，也是化学反应中不可分割的基本微粒。原子由带正电荷的质子和不带电荷的中子构成的原子核以及带负电荷的核外电子组成。原子核占原子质量的 99.95%，而电子约占 0.05%，中子质量略大于质子与电子质量之和。

自 19 世纪末发现了放射性以后，对原子结构的研究引起了人们的重视。1910 年英国化学家索迪(F. Soddy)提出了同位素的假说：元素是具有相同的核电荷数(即核内质子数)的一类原子的总称，同位素就是一种元素存在着质子数相同而中子数不同的几种核素。也就是说，具有相同质子数但中子数不同的同一元素的不同核素互为同位素，因在元素周期表上原子序数相同，并占据同一位置而得名。

核素分述为稳定性核素和放射性核素。例如，对氢元素而言，^1H、^2H、^3H 是三个不同的核素，^1H、^2H、^3H 互为同位素；^3H 是放射性核素，^3H 是 ^1H、^2H 的放射性同位素；^1H、^2H 是稳定性同位素，^1H 和 ^2H 是两个不同的稳定性核素。在理解了核素和同位素的相互关系及意义后，有人也将稳定性核素称为稳定性同位素，将放射性核素称为放射性同位素。

同位素的质子数、核电荷数和核外电子数都是相同的(质子数=核电荷数=核外电子数)，并具有相同电子层结构，因此，同位素的化学性质是相同的。但由于它们的中子数不同，这就造成了各同位素质量会有所不同，涉及原子核的某些物理性质(如放射性等)也有所不同。

同位素的发现和定义，使人们对原子的认识更深一步。特别是稳定同位素和放射性同位素的研究和应用在过去的一个多世纪以来的时间里更为深入，并取得了重大成果。

第一节　稳定同位素

有放射性的同位素称为"放射性同位素"，没有放射性的称为"稳定同位素"(stable isotope)。到 2012 年为止，已有 118 种元素被发现，其中 94 种是自然存在于地球上，只有二十多种元素未发现稳定同位素，但所有的元素都有放射性同位素，原子序数在 84 以上的元素的同位素都是放射性同位素。大多数天然元素都是由几种同位素组成的混合物。例如，氧的同位素已知的有 17 种，包括氧-13～氧-24，其中氧-16、氧-17 和氧-18 三种属于稳定型，其他已知的同位素都带有放射性。含稳定同位素最多的元素是锡，其有 10 种稳定同位素。目前已发现稳定同位素 274 种，而放射性同位素有两千多种。

一、稳定同位素在化学领域中的应用

（一）质谱

同一元素的同位素的化学性质虽然基本相同，但由于质量数不同，所以物理性质有差

异。大多数天然元素都由于质量数不同而存在多种稳定的同位素，而每种元素的同位素都有相对丰度（isotopic relative abundance），这给结构分析带来了很大便利。

元素氢的同位素相对丰度：^{1}H=99.985%，^{2}H（D）=0.015%，^{3}H（T）极微量。

元素碳的同位素相对丰度：^{12}C=98.893%，^{13}C=1.107%，^{14}C 极微量且具放射性。

元素氮的同位素相对丰度：^{14}N=99.64%，^{15}N=0.36%。

元素氧的同位素相对丰度：^{16}O=99.76%，^{17}O=0.04%，^{18}O=0.20%。

元素氯的同位素相对丰度：^{35}Cl=75.77%，^{37}Cl=24.23%。

已经发现氯有 16 个同位素，其中 ^{35}Cl 和 ^{37}Cl 是稳定的，其他极其微量，计算原子量时可以忽略不计。这样，取氯的两个主要同位素 ^{35}Cl 和 ^{37}Cl，以及这两个主要同位素的原子量和相对丰度计算，氯的原子量为：$34.969 \times 0.7577 + 36.966 \times 0.2423 \approx 35.453$。

利用同一元素由于中子数不同而导致质量数不同的同位素相对丰度，其质谱中同一类碎片强度就会由于质量之差而呈相对丰度比例的梯度差，这在碎片跟踪、碎片元素组成、分析化合物的结构上有着非常重要的鉴定意义。

（二）核磁共振

同位素在核磁共振上的应用已经非常普及，见图 18-1。

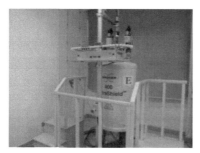

图 18-1　同位素在核磁共振上的应用

一些氘代溶剂可以溶解相应的样品，利用其中的氘信号来锁场。氘代试剂中的 ^{2}H 属于稳定同位素，见图 18-2。

图 18-2　各种氘代试剂

常用的氘代溶剂有：氯仿-d3、甲醇-d4、重水-d2、二甲亚砜-d6、丙酮-d6、乙腈-d3、三氟乙酸-d、硫酸-d2 等。对于氘代溶剂中的漏网之鱼（^{1}H），以及在不同氘代溶剂环境中各种

不同基团的质子 ^{1}H NMR 化学位移可以参见 *Journal of Organic Chemistry*（1997，Vol.62，No.21，7513）。

现代核磁共振也可以用 ^{13}C、^{15}N、^{19}F、^{31}P 等其他核素来锁场，但是可能需要改变相应的仪器配置。

（三）同位素示踪法

用同位素标记化合物已经被广泛用在免疫学、分子生物学、遗传工程研究和发展基础核医学中，发挥着重要作用。例如，用同位素氧-18 标记化合物跟踪反应历程、推断和确证反应机理等，酯化反应的反应机理就是同位素示踪法的成功例子。

二、稳定同位素与毒害性

同位素与毒害是不能画等号的，不必谈素（同位素）色变，既存在有毒有害的同位素（如放射性同位素），也有无毒无害的同位素。例如，钠离子是否有毒，与钠本身没有关系，氯化钠没有毒，人们每天都在食用它（但不能把它当饭吃），而同为钠盐的氰化钠却是剧毒品。氮气无毒，空气中含氮 78%，但是不能只吸氮气，否则会缺氧窒息导致生命终止。

物质世界主要由稳定同位素组成，稳定同位素又分为轻稳定同位素和重稳定同位素。某一元素中质量较大的同位素，相对于质量较小的同位素而言，称为重同位素，反之称为轻同位素。

人体主要由氢、碳、氮、氧元素组成，以 70kg 人体质量计，大约含 270g 重同位素及轻同位素。人体不但无时无刻不在接触同位素或受到放射性同位素的有害照射，而且每天都在直接摄取（吸入和食入）重同位素。初步研究认为喝重水可以延长寿命，只在体内有高含量的 ^{2}H 时（占体重的 15%）才会对哺乳动物产生显著性毒性。自首次发现同位素至今的一个世纪时间里，药理、毒理学研究者对稳定重同位素的毒性、致畸及致突变反应进行了大量探讨。小鼠体内 ^{13}C 含量增加到总碳含量的 15%～20%，未观察到致畸反应。用于饲养小鼠的水及空气中的氧 90% 以 ^{18}O 取代，观察三代也未出现毒性和致畸反应。

第二节　放射性同位素

除了天然存在的放射性辐射，如宇宙辐射、陆地辐射和体内辐射外，还有大量人工制造的放射性同位素（radio isotope）产生的辐射。有史以来人类一直受着天然电离辐射源的照射，包括宇宙射线、地球放射性核素产生的辐射等。这些辐射无处不在，食物、房屋、天空大地、山水草木乃至人们体内都存在着辐射照射，但通常只把放射性活度大于 7.4×10^4Bq/kg 的物品称为放射性物品。

放射性同位素分为放射源和非密封放射性物质，辐射化学实验室一般使用非密封放射性物质，放射性同位素实验室（生物领域）一般用放射源。

一、放射性同位素的特点

放射性同位素的原子核不间断地、自发地放射出射线，直至变成另一种稳定同位素，这就是"核衰变"。

放射性同位素在进行核衰变时，有多种衰变类型并发出不同射线，具体如下：

α 射线：α 衰变系放射性同位素的原子核放射出 α 粒子(即 He 核)，而衰变为另一种较小原子核的过程。

β 射线：β⁻ 衰变系放射性同位素的原子核放射出负电子而衰变为另一种原子核的过程，以及 β⁺ 衰变放射性核素的原子核放射出正电子而衰变为另一种原子核的过程。

电子俘获：放射性同位素的原子核俘获一个核外电子，使核中的一个质子转变为一个中子，从而衰变为另一种原子核的过程。电子俘获也是 β 衰变的一种形式。

γ 射线：当原子核发生 α 衰变或 β 衰变时，往往衰变到原子核的激发态，处于激发态的原子核是不稳定的，它要向低激发态或基态跃迁而放出。

内转换：原子核的激发能也可以直接传给核外的内壳电子，使电子从原子中飞出成为内转换电子。内转换是 γ 跃迁的一种。

然而，放射性同位素在进行核衰变时并不一定能同时放射出这几种射线。

放射性同位素进行核衰变时除了放射 α、β、γ 射线以外，还会放射正电子、质子、中子、中微子等粒子以及进行自发裂变、释放 β 缓发粒子等。

核衰变的速度不受温度、压力、电磁场等外界条件的影响，也不受元素所处状态的影响，只和时间有关。核衰变的速度随时间的减少服从指数定律，通常用"半衰期"来表示。半衰期(half-life)即核衰变的速度减少到其初始值一半时所需要的时间。例如，磷-32 的半衰期是 14.3d，就是说，经过 14.3d 后，其核衰变的速度只为原先的一半。按照衰变定律，半衰期越长，说明衰变得越慢，半衰期越短，说明衰变得越快。半衰期是放射性同位素的一特征常数，不同的放射性同位素有不同的半衰期，衰变时放射出射线的种类和数量也不同。表 18-1 示出了辐射化学或放射性同位素实验室做标记常用同位素的特征。

表 18-1　辐射化学或放射性同位素实验室做标记常用同位素的特征

放射性同位素名称	符号	半衰期	β 射线能量 (MeV)	射线类型	每年吸收量 (μCi)	传递距离		
						空气中	有机玻璃	机体组织
氢-3	³H	12.3a	0.018	β⁻	80000	0.61m	可忽略	可忽略
碳-11	¹¹C	20.5min	—	β⁺	—	—	—	—
碳-14	¹⁴C	5730a	0.158	β⁻	80000	24.2cm	0.25mm	可忽略
磷-32	³²P	14.3d	1.709	β⁻	400	6.1m	0.61cm	0.8cm
磷-33	³³P	25.0d	—	β⁻	—	—	—	—
硫-35	³⁵S	87.4d	0.167	β⁻	—	—	—	—
碘-125	¹²⁵I	60.0d	1.71	γEC	60	135m	0.15mm 铅	—
碘-131	¹³¹I	8.05d	0.605	β⁻, γ	—	—	—	—
碘-135	¹³⁵I	9.7h	—	β⁻	—	—	—	—

二、放射性活度、剂量当量及其度量单位

放射性同位素在单位时间内发生衰变的原子数目称为放射性活度(radioactivity)，也称

放射性强度。放射性活度的常用单位早期是居里(curie，Ci)，1977 年国际放射防护委员会(ICRP)发表的第 26 号出版物中，根据国际辐射单位与测量委员会(ICRU)的建议，对放射性活度等计算单位采用了国际单位制(SI)，我国于 1986 年正式执行。在 SI 中，放射性活度的单位用贝可(becquerel)表示，为 1s 内发生一次核衰变，符号为 Bq。居里与贝可的关系是：$1Ci=3.7\times10^{10}Bq$。

辐射化学或放射性同位素实验室的非密封放射性物质的使用，一般以日等效最大操作量来控制，以贝可或毫居为单位。

在放射医学和人体辐射防护中，辐射剂量的单位有多种衡量模式和计量单位。辐射剂量较为完整的衡量模式是"剂量当量"，是反映各种射线或粒子被吸收后引起的生物效应强弱的辐射量。其国际标准单位是希沃特，记作 Sv，定义是每千克人体组织吸收 1J 辐射能量为 1Sv。希沃特是个非常大的单位，因此通常使用毫希沃特(mSv)，1mSv=0.001Sv；或微希沃特(μSv)，1μSv=0.001mSv。

表 18-2 为我国法定计量单位名称，表 18-3 为辐射对人体的影响以及相应标准参考值。

表 18-2　我国法定计量单位名称

量的名称	单位名称	简称	单位符号	表示式
放射性活度	贝可勒尔	贝可	Bq	1/s
剂量当量	希沃特	希	Sv	J/kg

表 18-3　辐射对人体的影响以及相应标准参考值

辐射剂量(mSv)	影响和标准
0.2	乘飞机从北京到纽约往返一次的剂量(与宇宙射线和飞行高度有关)
1.0	一般职员一年工作所受人工照射剂量；从事辐射相关工作的妇女从被告知怀孕到临产所受人工放射剂量极限
1.2	与一天平均吸 1.5 盒(30 支)纸烟同居的被动吸烟者一年累计辐射
2.0	从事辐射相关工作的妇女从被告知怀孕到临产腹部表面所受人工放射剂量极限
2.4	地球人平均一年累计所受辐射(宇宙射线 0.4，大地 0.5，氡 1.2，食物 0.3)
4	一次胃部 X 射线透视的剂量
5	从事辐射相关的妇女工作者一年累计所受辐射法定极限
6.9	一次 CT 检查
7～20	CT 全息摄影
13～60	一天平均吸 1.5 盒(30 支)纸烟者一年累计
500	放射性职业工作者一年累积局部(如皮肤、手、足)受职业照射的上限
1000	出现被辐射症状，如恶心、呕吐、水晶体浑浊
2000	细胞组织遭破坏，如内部出血、脱毛脱发；死亡率达 5%
3000～5000	死亡率为 50%(局部被辐射时，3000 脱毛脱发，4000 失去生育能力，5000 白内障，皮肤出现红斑)
10000 以上	死亡率为 99%

三、射线与物质的相互作用

核衰变服从质量守恒定律、能量守恒定律、动量守恒定律、电荷守恒定律和核子数守恒定律。α 衰变发射一个氦核，新核质量数减 4，电荷数减 2。对于 β 衰变，新核质量数不变，电荷数加 1。在原子核中，中子和质子是可以互相转化的。β 衰变中放出的电子就是中子转化为质子时放出来的。

放射性同位素放射出的射线碰到各种物质时，会产生各种效应。它包括射线对物质的作用和物质对射线的作用两个相互联系的方面。例如，射线能够使照相底片和核子乳胶感光；使一些物质产生荧光；可穿透一定厚度的物质，在穿透物质的过程中，能被物质吸收一部分，或者是散射一部分，还可能使一些物质的分子发生电离。另外，当射线辐照到人、动物和植物体时，会使生物体发生生理变化，这是因为机体受到射线照射，吸收了射线能量，其分子或原子(如蛋白质、核酸等生物大分子及水等生物基质)发生电离和激发，引起基因突变等生物分子结构和性质的变化，由分子水平的损伤进一步造成细胞水平、器官水平和整体水平的损伤，出现了相应的生理紊乱并由此产生一系列临床症状。

射线与物质的相互作用，对核射线来说，是一种能量传递和能量损耗的过程，对受照射物质来说，是一种对外来能量的物理性反应和吸收过程。

各种射线由于其本身的性质不同，与物质的相互作用各有特点，这种特点还常与物质的密度和原子序数有关。α 射线通过物质时，主要是通过电离和激发将辐射能量转移给物质，其射程很短，1MeV 的 α 射线在空气中的射程约 1.0cm，在铅金属中只有 23μm，一张普通纸就能将 α 射线完全挡住，但 α 射线的能量能被组织和器官全部吸收。β 射线也能引起物质电离和激发，与 α 射线能量相同的 β 射线在同一物质中的射程比 α 射线要长得多。例如，1MeV 的 β 射线在空气中的射程是 10m。高能量快速运动的 β 粒子，如磷-32，能量为 1.71MeV，遇到物质，特别是突然被原子序数高的物质(如铅，原子序数为 82)阻止后，运动方向会发生改变，产生轫致辐射。轫致辐射是一种连续的电磁辐射，它发生的概率与 β 射线的能量和物质的原子序数成正比，因此在屏蔽防护上采用低密度材料，以减少轫致辐射。β 射线能被不太厚的铝层等吸收。γ 射线的穿透力最强，因为 γ 射线是光子流，传播速度快，一般能穿过 7cm 的铝板和钢板，射程也最大。γ 射线作用于物质可产生光电效应、康普顿效应和电子对效应，其不会被物质完全吸收，只会随着物质厚度的增加而逐渐减弱。

四、放射源分类办法

2005 年 12 月 23 日国家环境保护总局根据国务院《放射性同位素与射线装置安全和防护条例》的规定，制订了放射源分类办法。

（一）放射源分类原则

参照国际原子能机构的有关规定，按照放射源对人体健康和环境的潜在危害程度，从高到低将放射源分为I、II、III、IV、V类，V类源的下限活度值为该种放射性同位素的豁免活度。

1. Ⅰ类放射源为极高危险源

在没有防护的情况下，接触Ⅰ类放射源几分钟到 1h 就可致人死亡。

2. Ⅱ类放射源为高危险源

在没有防护的情况下，接触Ⅱ类放射源几小时至几天可致人死亡。

3. Ⅲ类放射源为危险源

在没有防护的情况下，接触Ⅲ类放射源几小时就可对人造成永久性损伤，接触几天至几周也可致人死亡。

4. Ⅳ类放射源为低危险源

Ⅳ类放射源基本不会对人造成永久性损伤，但对长时间、近距离接触这些放射源的人可能造成可恢复的临时性损伤。

5. Ⅴ类放射源为极低危险源

Ⅴ类放射源不会对人造成永久性损伤。

辐射化学或放射性同位素实验室一般仅使用Ⅳ或Ⅴ类放射源。

（二）放射源分类表

常用不同放射性同位素的放射源按表 18-4 进行分类。

表 18-4　常用不同放射性同位素的放射源分类

放射性同位素名称	Ⅰ类源(Bq)	Ⅱ类源(Bq)	Ⅲ类源(Bq)	Ⅳ类源(Bq)	Ⅴ类源(Bq)
H-3	$\geq 2 \times 10^{18}$	$\geq 2 \times 10^{16}$	$\geq 2 \times 10^{15}$	$\geq 2 \times 10^{13}$	$\geq 1 \times 10^{9}$
C-14	$\geq 5 \times 10^{16}$	$\geq 5 \times 10^{14}$	$\geq 5 \times 10^{13}$	$\geq 5 \times 10^{11}$	$\geq 1 \times 10^{7}$
P-32	$\geq 1 \times 10^{16}$	$\geq 1 \times 10^{14}$	$\geq 1 \times 10^{13}$	$\geq 1 \times 10^{11}$	$\geq 1 \times 10^{5}$
I-125	$\geq 2 \times 10^{14}$	$\geq 2 \times 10^{12}$	$\geq 2 \times 10^{11}$	$\geq 2 \times 10^{9}$	$\geq 1 \times 10^{6}$
I-131	$\geq 2 \times 10^{14}$	$\geq 2 \times 10^{12}$	$\geq 2 \times 10^{11}$	$\geq 2 \times 10^{9}$	$\geq 1 \times 10^{6}$

（三）非密封源分类

非密封源工作场所按放射性同位素日等效最大操作量分为甲、乙、丙三级，见表 18-5。具体分级标准见《电离辐射防护与辐射源安全基本标准》（GB 18871—2002）。

表 18-5　非密封源工作场所分类

级别	日等效最大操作量(Bq)
甲	$>4 \times 10^{9}$
乙	$2 \times 10^{7} \sim 4 \times 10^{9}$
丙	豁免活度值 $\sim 2 \times 10^{7}$

　　辐射化学或放射性同位素实验室一般为乙级或丙级非密封源工作场所，安全管理参照Ⅱ类或Ⅲ类放射源，运作前，须经过有审批权的环境保护局审核批准，并颁发辐射安全许可证。

五、放射性同位素在试验和实际中的应用

（一）作为示踪原子

　　同位素示踪所利用的放射性同位素及它们的化合物，与自然界存在的相应普通元素及其化合物之间的化学性质和生物学性质是相同的，只是具有不同的核物理性质。因此，可以用放射性同位素作为一种标记，制成含有放射性同位素的标记化合物（如标记食物，药物和代谢物质等）代替相应的非标记化合物。利用放射性同位素不断地放出特征射线的核物理性质，可以用核探测器随时追踪它在体内或体外的位置、数量及其转变等。在试验中的应用举例见表18-6。

表18-6　　在试验中的应用举例

应用	同位素	检测方法
DNA/RNA 打点杂交	^{32}P	放射自显影（用增感屏）
DNA 序列测定	^{32}P、^{35}S	放射自显影
原位杂交	^{32}P、^{35}S、^{3}H	放射自显影
体外蛋白质合成	$^{14}C/^{35}S$、^{3}H	闪烁计数
噬斑和菌落的筛选	^{32}P	放射自显影（用增感屏）

（二）利用它的射线

　　许多放射性同位素对人体是非常有害的，然而又可以利用其辐射特性来为人类服务。例如，钴-60 是人工制造的 β^- 衰变核素，发射 β^- 和 γ 射线，具有极强的辐射性。它会透过 β 衰变放出能量高达 0.315Mev，同时会放出两束 γ 射线，其能量分别为 1.173210Mev 和 1.332470Mev，属高毒性核素，能导致脱发，会严重损害人体血液内的细胞组织，造成白细胞减少，引起血液系统疾病，如再生性障碍贫血症，严重的会使人患上白血病（血癌），甚至死亡。但是可以利用其射线穿透力强的特点，以毒攻毒，杀伤肿瘤细胞，常用于癌和深部肿瘤的放射治疗。以医学"核导弹"为基本原理，用于放射性同位素治疗的还有 ^{131}碘、^{89}锶、^{32}磷、^{90}钇、^{153}钐-EDTMP（乙二胺四甲撑磷酸盐）、^{99}锝-MDP（亚甲基二膦酸）等。

　　放射性同位素已被广泛用于工业、农业、医学、生物、国防和各个领域的科研。

六、放射性同位素实验室内外环境的电离辐射标准

　　放射性同位素实验室内外环境中的 X 射线、γ 射线辐射剂量应满足《电离辐射防护与辐射源安全基本标准》（GB 18871—2002）中规定的对公众受照剂量的限制要求；β 表面污染水平应满足《电离辐射防护与辐射源安全基本标准》（GB 18871—2002）附录 B 中对监

督区 β 表面污染小于 4Bq/cm² 的要求。

七、放射防护

放射性的来源分天然放射性和人工放射性两类。电离辐射标志如图 18-3 所示。生活在地球上的人们经常受到这两种放射性的照射，天然放射性是不可避免的，而人工放射性的应用产生了放射性危害，因而引起放了射性防护问题。

图 18-3　电离辐射标志

（一）放射性的危害以及防护的必要性

随着放射同位素的广泛应用，越来越多的人认识到放射性对机体造成的损害随着放射照射量的增加而增大，大剂量的放射性照射会造成被照射部位的组织损伤，并导致癌变，但即使是小剂量的放射性，尤其是长时间的小剂量照射蓄积也会导致照射器官组织诱发癌变,并会使受照射的生殖细胞发生遗传缺陷。放射性对人体的影响主要有随机效应和非随机效应。随机效应(stochastic effect)指放射性对机体致癌或遗传效应的发生概率，如放射性致癌、放射性诱发各种遗传疾病的概率与所受放射照射量线性无阈，属随机性效应。非随机性效应(non-stochastic effect)是机体受照射后在短期内就出现的急性效应，以及经过一定时间后发现的发育功能低下、白内障和造血机能障碍等，其严重程度随受照射剂量不同而变化，存在着明确的剂量阈值，这种效应是随着受照射剂量的增加，有越来越多的细胞被杀死而产生的。ICRP 第 60 号出版物把非随机性效应改称为确定性效应。放射性防护的目的就在于防止有害的确定性效应，并限制随机性效应的发生率，使其达到认为可以接受的水平。

放射性物质可以从体外或进入体内放出射线，对人体造成损害。就外照射而言，由于各种射线的穿透能力不同，γ 射线照射对机体的危害大于 β 射线，而 β 射线的危害性又大于 α 射线。受照射部位不同，受害程度就不同，对某种放射性同位素蓄积率高的组织或器官必然受害严重。例如，³²P 对骨骼系统危害较大，¹²⁵I 和 ¹³¹I 主要危及甲状腺器官等。但是，由于射线与机体作用可产生电离，射线这种电离本领的大小决定了当放射性物质进入体内后，对机体造成内照射的情形下的危害。α 射线由于射程很短，其危害性大于 β 射线和 γ 射线的危害，而 β 射线的内照射危害又大于 γ 射线。

α 射线对人体的危害：主要是通过吸入或食入而产生内照射，破坏细胞。

β 射线对人体的危害：内外照射均有。

γ 射线对人体的危害：贯穿能力强，主要是外照射。

对于人体的危害，内照射危害性：α＞β＞γ；外照射危害性：γ＞β＞α。

放射防护的必要性在于保护操作者本人免受辐射损伤，防止不必要的射线照射，保护周围人群的健康和安全，做好放射性污物、污水的收集与处理，避免环境污染，保证实验能够正常进行，保证取得的结果可靠。在应用放射性同位素时，一定要考虑放射防护问题，"预防为主"，合理地使用放射性同位素，避免不必要的射线照射，减少人群的剂量负担。

（二）放射防护的三项原则

ICRP 在 1977 年第 26 号出版物中提出防护的基本原则是放射实践的正当化、放射防护的最优化和个人剂量限制。我国遵循这三项原则构成的剂量限制体系。

1. 放射实践的正当化

在进行任何放射性工作时，都应当有代价和利益的分析，要求任何放射实践对人群和环境可能产生的危害比起个人和社会从中获得的利益，应当是很小的，即效益明显大于付出的全部代价时，所进行的放射性工作就是正当的，是值得进行的。

此项原则要求：实践的利益＞付出的代价。实践的利益指社会的总利益；付出的代价指社会的总代价，包括经济、健康、环境和心理等。

2. 放射防护的最优化

放射防护的最优化是使放射性和照射量处于可以合理达到的尽可能低的水平，避免一些不必要的照射，要求对放射实践选择防护水平时，必须在由放射实践带来的利益与所付出和健康损害的代价之间的利弊进行权衡，以期用最小的代价获取最大的净利益。这就是辐射防护的主要原则，又称辐射防护最优化原则，即 ALARA 原则(as low as reasonably achievable)。其准确表述是："只要一项实践被判定为正当的并已给予采纳，就需考虑如何最好地使用资源来降低对个人与公众的辐射危险。总的目标应当是在考虑了经济和社会因素之后，保证个人剂量的大小、受照人数以及可能遭受的照射，全部保持在可以合理做到的尽量低的程度。"ALARA 原则并不是要求剂量越低越好，而是综合考虑了多种因素后，照射水平低到可以合理达到的程度。

代价-利益方法是通过代价和利益的权衡，选取净利润最大的防护水平。实践的净利润 B 表示为下列的数学分析公式：

$$B=V-(P+X+Y)$$

式中，B 表示净利润；V 表示产值；P 表示生产成本；X 表示防护代价；Y 表示危害代价。目标：净利润 B 达到最大。

考虑的变量是集体当量剂量 S。辐射防护最优化的条件是：

$$\frac{\mathrm{d}V}{\mathrm{d}S}-\left(\frac{\mathrm{d}P}{\mathrm{d}S}+\frac{\mathrm{d}X}{\mathrm{d}S}+\frac{\mathrm{d}Y}{\mathrm{d}S}\right)=0$$

分析：一般 V、P 不随 S 变化；X 与 S 呈函数关系；Y 与 S 按线性无阈假设，成正比。

$$\left(\frac{\mathrm{d}X}{\mathrm{d}S}\right)_{S_0}=-\left(\frac{\mathrm{d}Y}{\mathrm{d}S}\right)_{S_0}$$

S_0 即为与最优化条件对应的集体当量剂量，见图 18-4。

在实际工作中，辐射防护最优化主要在防护措施的选择、设备的设计和确定各种管理限值时使用。当然，最优化不是唯一的因素，但它是确定这些措施，进行设计和确定限值的重要因素。放射防护的最优化在于促进社会公众集体安全，它是剂量限制体系中的一项重要原则。

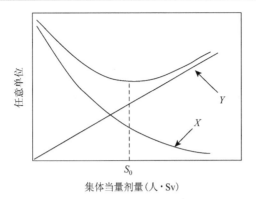

图 18-4　辐射防护最优化示意图

X. 防护代价；Y. 危害代价；S_0. 最优化的集体当量剂量

3. 个人剂量限制

个人剂量限制是指"不可接受的"和"可耐受的"区域的分界线。它也是辐射防护最优化的约束上限。做这个约束限制的原因在于群体中利益和代价的分布不均匀，虽然辐射实践满足了正当化的要求，防护也做到了最优化，但还不一定能对每个个人提供足够的防护。因此，对于给定的某项辐射实践，不论代价与利益分析结果如何，必须用此限值对个人所受照射加以限制。

在放射实践中，不产生过高的个体照射量，保证任何人的危险度不超过某一数值，即必须保证个人所受的放射性剂量不超过规定的相应限值。ICRP 规定工作人员全身均匀照射的年剂量当量限制为 20mSv，广大公众的年剂量当量限值为 1mSv（0.1rem）。《电离辐射防护与辐射源安全基本标准》对工作人员的年剂量当量限值，采用了 ICRP 推荐规定的限值，为防止随机效应，规定放射性工作人员受到全身均匀照射时的职业照射基本限值按连续 5 年结算不超过 100mSv。但这必须符合审管部门决定的连续五年平均有效剂量（不可作任何追溯性的平均）为 20mSv，而且任何一年的有效剂量应低于 50mSv、眼晶体的年剂量当量不应超过 150mSv、四肢或皮肤的年剂量当量不应超过 500mSv。公众中个人受照射的年剂量当量应低于 1mSv（0.1rem）、眼晶体的年剂量当量不应超过 15mSv、四肢或皮肤的年剂量当量不应超过 15mSv。当长期持续受放射性照射时，公众中个人在一生中每年全身受照射的年剂量当量限值不应高于 1mSv（0.1rem），且以上这些限制不包括天然本底照射和医疗照射。

个人剂量限制是强制性的，必须严格遵守。即使个人所受剂量没有超过规定的相应的剂量当量限值，仍然必须按照最优化原则考虑是否要进一步降低剂量。所规定的个人剂量限值不能作为达到满意防护的标准或设计指标，只能作为以最优化原则控制照射的一种约束条件。

辐射防护体系的三项基本原则是一个有机的统一体，必须综合考虑：

（1）这个体系是综合考虑了社会、经济和其他有关因素。经过充分论证，权衡利弊。

（2）这个体系科学合理地对辐射防护与辐射源都提出了相应要求。

（3）由于利益和代价在群体利益中的分布往往不一致，付出代价的一方并不一定就是直接获得利益的一方，因此，必须综合考虑各方付出的代价与得到的利益。

（三）放射防护方法

1. 内照射防护

防止口(误食)、鼻(内吸)和伤口侵入是内照射防护的基本原则,特别是对于非密封型放射性同位素操作,内照射的危害可能是主要的。

对于使用开放型放射性同位素的工作,放射性同位素常以液体、气体、粉末或气溶胶状态进入周围环境,污染空气、设备、工作服或工作人员体表,除了对工作人员造成外照射外,主要还能经过人的消化道、呼吸道、皮肤或伤口等进入体内,造成内照射。基本防护方法有围封隔离、除污保洁和个人防护等综合性防护措施,通称"内照射防护三要素"。

1)围封隔离防扩散

对于开放源及其工作场所必须采取层层封锁隔离的原则。例如,应在负压通风橱内操作,把开放源控制在有限空间内,防止其向工作所在环境扩散。放射性工作场所要有明显的放射性标志,与非放射性场所区分开,对进出的人员和物品要进行监测。

2)除污保洁、净化和稀释

操作开放型放射源,重要的是使工作场所容易除去污染,操作时控制污染,随时监测污染水平。为此,对室内装修有特殊要求。例如,包括墙壁地面等室内六个面应光滑,地面、台面应铺以易除污染的材料,如釉面地砖、橡皮板、塑料板等,墙面刷油漆。应当制订严格的开放型工作的规章制度和操作规程,防止放射性同位素泼洒、溅出,污染环境与人体。遇到放射性污染应及时监测,同时使用各种除污染剂(如肥皂、洗涤剂、柠檬酸等)洗消除污。负压通风橱排出的空气要有吸附、过滤、除尘等内装置,污染水可采取凝聚沉淀或离子交换等方法处理。

3)遵守规程、个人防护

制订个人防护规则,使用开放型放射性同位素应注意使用个体防护用具(如口罩、手套、工作鞋和工作服),禁止一切能使放射线进入人体的非工作内容活动,如工作场所禁止饮水、进食,杜绝用口吸取放射线液体等。

2. 外照射防护

外照射防护的三要素:时间、距离和屏蔽。

1)减少受照射的时间

工作人员照射的累积剂量和受照射的时间成正比关系,即受照射时间越长,个人所受的累积剂量就越大,危害也越严重。在一般情况下常通过对受照时间的控制来限制或减少人员所受的累积剂量,使之达到合理的最低水平。时间防护是一种无需付出经济代价的简单易行的防护措施。因此,在一切操作中应以尽量缩短受照时间为原则。作为职业人员,从事照射的实践活动需要有熟练、迅速和准确的操作技能,周密而详尽的工作准备和工作计划,不超过限制的工作时间,并尽量缩短照射时间,有效地保护自己。如果不得不在强辐射场内进行工作,应采用轮流、替换的方法来限制每个人的操作时间。

2)增大与放射源的距离

增大人体与辐射源间的距离可降低工作人员的受照射剂量率。对于点状辐射源,辐射剂量率水平与离辐射源的距离的平方成反比关系，距离增加一倍，人员的受照剂量即可减少为原来的四分之一，此规律称距离平方反比定律。因此，在实际操作中应可能采用长柄钳、远距离自动控制装置或机械手等。

　　3）设置屏蔽

　　在实际工作中，仅仅靠缩短受照时间和增大距离还不一定能完全达到安全操作的目的，通常需要在辐射源与人体之间设置适当的屏蔽物质，如墙体、遮挡板等，以减弱射线照射，这是放射防护最常用和最有效的方法，使受照者的受照剂量降至尽可能低的水平。对于不同辐射类型，其屏蔽材料的选择要求也不同，例如，对 β 射线屏蔽可选用低原子序数的材料（铝、有机玻璃或塑料等），对 γ 射线屏蔽可采用高原子序数的材料（铅、铁或混凝土等）。总之，屏蔽材料的选择应力求经济和实用。另外，个人防护用品方面的面罩、眼罩、含铅护目镜、铅橡胶围裙或外衣、铅橡胶手套和鞋等也是屏蔽措施。

　　在实际工作中根据具体的情况，以上三种防护措施通常互相配合使用。

　　3. 个人防护的一般要求

　　从事放射工作的人员必须经过相关的培训并经考核通过后才能上岗。

　　辐射化学合成实验室一般是低能量的，个人的工作服一般采用白色棉织品做成，合成纤维织品具有静电作用，容易吸附空气中的放射性微尘而不宜采用。丙级实验室（即丙级非密封放射性物质工作场所，以下类推）水平的操作，一般用棉织白大褂（包括工作帽）；乙级实验室水平的操作，宜采用帽子和上下身的连体服；甲级实验室水平的操作，应将个人衣服、帽子和袜子全部换成工作服，高辐射能量的操作需铅制防护用品的屏蔽，不过，目前的辐射化学实验室一般达不到甲级。

　　一般情况下，乳胶手套、丁腈手套、塑料手套和橡胶手套都能满足要求。手套一般作一次性使用；如必须要清洗，要戴在手上进行，不要脱下来洗。

　　一切放射性工作用的实验室都应该明确规定在放射性场所使用过的工作服、鞋和手套等防护用品的存放地点（橱柜）。未经防护人员测量并同意，绝对不准将个人防护用品穿戴出放射性工作场所或在非放射性区域使用。

　　每次工作间歇（如厕、用餐等）出入工作场所，都要仔细进行辐射测量，检查防护用品及个人卫生，当发现有污染时要做仔细的个人清理，使其污染水平接近本底方可离开工作区域；每日工作完毕后，要对放射性工作区域进行辐射测量，不但要按照规定做好上述个人清理，还要对污染区域进行必要的清理，使之在国家允许的辐射范围之内。

　　定期体检。

　　（1）对于外照射个人剂量监测，操作时佩戴好个人剂量计（如个人剂量监测片），别在胸前或置于手上，如图 18-5 和图 18-6 所示。

　　定期将个人剂量计（根据所受照射剂量情况定）送交有资质单位检测，

图 18-5　个人剂量监测片　　图 18-6　操作时别在胸前

读取照射数据后做退火处理。如果照射数据超标，应对相应人员进行生物检测，并调查原因，同时将员工调离岗位，并根据法规部门指导，定期进行身体检查，直到放射指标达到安全范围。

(2)生物测定。

生物测定主要用于检测吸入、摄取或皮肤吸收导致的内照射危害。^3H 的生物测定是利用尿样；在进行过一次或超过 3 个月的 ^{125}I 操作的员工，如果超量，都必须进行甲状腺检测。

(3)个人职业照射记录包括：①外照射个人剂量和生物测定都要备档；②工作运行、人员健康监测、人员培训等相关记录的维护和保存；③档案管理室保存职业照射的监测记录和评价报告；④调换工作单位时，向新用人单位提供工作人员的照射记录的复印件；⑤停止工作时，以及单位停止涉及职业照射的活动时，应按审管部门指定的要求，为保存工作人员的记录做出安排，一般至少为 30 年。

一般文件记录要求：原始记录为手工记录，用不褪色墨水笔签名，第二人复核。

八、放射性废物管理

为了防止放射性废物造成二次污染和危害，必须按照国家法律法规认真严肃对待和处理。

(一)放射性废物的定义

按照 2012 年 3 月 1 日起施行的《放射性废物安全管理条例》的定义，放射性废物是指含有放射性核素或者被放射性核素污染，其放射性核素浓度或者比活度大于国家确定的清洁解控水平，预期不再使用的废弃物。主要包括含人工放射性核素、比活度大于 $2 \times 10^4 Bq/kg$ 的各种污染材料(金属、非金属)和劳保用品、各种污染的工具设备、零星低放废液的固化物、试验的动物尸体或植株、废放射源，或含天然放射性核素、比活度大于 $7.4 \times 10^4 Bq/kg$ 的污染物(固体)，含放射性核素的有机闪烁液(大于 37Bq/L)。

要做好垃圾分类，比活度小于上述数值的应该当作比较安全的一般废物处理，不要混入放射性废物，以免无谓增加放射性垃圾的体积和数量。

(二)放射性去污染处理和放射性废物处置

1. 去污染处理

对于放射性实验，每次实验或阶段性实验结束后，都有不同程度的放射性污染和放射性废物的出现，因此，在实验结束后，要做去污染处理和放射性废物处理。必要时在实验过程中就要做除污染和清理放射性废物的工作。

2. 废物处置

放射性废弃物应按不同核素、不同废弃物形式分开存放的原则予以保存、定向收集，存放在放射性专用废弃物容器内，容器外围应放置防护容器，并置于专用区域。固体放射性废弃物放于废物桶、液体放射性废弃物放于废液罐，并张贴标签。放射性废弃物的回收必须建立时间表，并按照预计的时间表，要求有处置资质的部门进行回收，按照国家规定的处置方法进行处置，必要时，要对处置单位进行资质文件、设施、人员、管理和现场审计。

（三）处置放射性废物的相关法律法规

按照《中华人民共和国放射性污染防治法》和《放射性废物安全管理条例》关于放射性废物管理的规定：低、中水平放射性固体废物在符合国家规定的区域实行近地表处置，高水平放射性固体废物实行集中的深地质处置；产生放射性固体废物的单位，按照国务院环境保护行政主管部门的规定，对其产生的放射性废物进行整备处理后，送交放射性固体废物处置单位处置。废放射源按照国务院环境保护部《放射性同位素与射线装置安全和防护管理办法》的有关规定处理。

复习思考题

1. 什么是稳定同位素？什么是放射性同位素？
2. 表述放射性同位素衰变类型。
3. 表述放射性活度、剂量当量及其度量单位。
4. 放射防护应遵循哪三项原则？
5. 有哪些放射防护方法？

第十九章　致敏化学品

化学物质对人体健康的不良影响日益引起人们的关注。有越来越多的人暴露在日趋严重的污染环境中，有越来越多的人同越来越多的化学物质打交道，这足以引起众多的过敏性疾病。在全世界医疗机构中，抑制发炎、过敏反应的药品是处方药中数量最多的一种。

从 20 世纪后期开始，对发病学和致毒机理的研究进入了分子水平，从而在更根本的层次来研究不同的化学物质对人体的危害。从发病学和毒理学的角度来看，某些化学物质作用于人体后所产生的不良反应由于作用机理的不同而主要有以下五种伤害结果：①对人的机体有腐蚀作用，接触后引起皮肤溃烂等；②对人体的皮肤及黏膜有催泪或恶臭等刺激性，引起头晕、呕吐、腹泻甚至休克；③作为毒物引起的急性及慢性中毒性病变；④特殊的致畸、致突变及致癌作用，也即"三致"作用；⑤作为免疫原进入人机体后引起异常的免疫反应(包括过敏反应和免疫抑制)，造成机体的组织损伤或生理功能紊乱。

有些化学物质对人体的危害可能只局限于上述五种中的一种，也可能具有其中的多种。例如，硫酸二甲酯如果被吸入、食入或经皮肤吸收，就可能导致上述的五种伤害。其一，它有腐蚀侵害作用，接触后可引起皮肤和黏膜灼伤、深度坏死；其二，有葱头刺激气味；其三，它属于毒品，可引起急性中毒；其四，它也是 DNA 甲基化的试剂，侵入人体后，能使体内某些重要基团甲基化，从而引起染色体畸变，用大鼠进行试验，证实其还有致癌作用；其五，它是致敏剂，可损害皮肤及黏膜，引起接触性过敏性皮炎。

早期对化学物质的一般毒性的关注和研究较多，但近几十年来，面对许多化学物质对人类的多重毒理作用的出现，人们不仅要研究和重视化学物质的一般急性、慢性毒性等，而且要将化学物质的"三致"作用以及致敏作用的研究和健康安全防范摆到十分重要的地位。

本章介绍的重点内容是致敏以及发生致敏作用的化学物质——致敏化学品。

第一节　致　　敏

一、过敏原

过敏原又称致敏原或变应原(过敏原、致敏原或变应原为医学术语，过敏源、致敏源或变应源为对应的通俗用语)，是指能够使人发生过敏的抗原。过敏原可以是完全抗原如微生物、花粉、粉尘、异体蛋白等大分子，也可以是半抗原如药物和一些化学物质等小分子类型。有时变性的自身成分也可能成为自身抗原，同样可引起变态反应的发生，如遇到这样的过敏就查不到过敏原。

它们共同的特点是：接触过敏原一定时间后，机体致敏。致敏期的时间可长可短，这段时间内没有临床症状，当再次接触过敏原后，方可发生过敏反应。所以说，往往第一次接触过敏原不会产生过敏症状，第二次接触后，可出现过敏性症状。反复接触后，症状一般会逐渐加重。

（一）不同途径的过敏原

诱发过敏反应的抗原称为过敏原，过敏原是过敏发生的必要条件。引起过敏反应的抗原物质和因素常见的有几千种，医学文献记载接近 2 万种。它们通过吸入、食入、注射或接触等方式使机体产生过敏现象。常见的过敏原有以下 5 个不同的来源途径。

1. 吸入式过敏原

吸入式过敏原如花粉、柳絮、粉尘、螨虫、动物皮屑、油烟、油漆、试剂及中间体等。

2. 食物式过敏原

食物式过敏原如牛奶、蛋、鱼虾、牛羊肉、海鲜、动物脂肪、青霉素、异体蛋白、酒精、毒品、抗生素、消炎药、香油、香精、葱、姜、大蒜以及一些蔬菜、水果等。

3. 接触式过敏原

接触式过敏原如化学品(试剂及中间体)、日化用品(化妆品、洗发水、洗洁精、染发剂、肥皂、化纤用品、塑料)、金属饰品(手表、项链、戒指、耳环)、细菌、真菌、病毒、寄生虫、紫外线、电离辐射等。

4. 注射式过敏原

注射式过敏原如青霉素、链霉素、异种血清等药品，还有昆虫叮咬。

5. 自身组织抗原

过敏原也可由人体内部产生，称为自身组织抗原或自身抗原。精神紧张、工作压力、受微生物感染、电离辐射、烧伤等生物、理化因素影响而使结构或组成发生改变的自身组织抗原，以及由于外伤或感染而释放的自身隐蔽抗原，也可成为过敏原，引起各种各样的自身免疫病。

（二）完全抗原

根据抗原的性质分为完全抗原和不完全抗原。

完全抗原是具有免疫原性与免疫反应性的物质，如具有大分子量的大多数蛋白质、细菌、病毒、外毒素、花粉、动物血清等。完全抗原既能刺激机体产生抗体或致敏淋巴细胞，又能与其在体内、体外发生特异性结合反应。

（三）不完全抗原

不完全抗原也称为半抗原。半抗原是指本身分子量较小，无法刺激免疫反应，一旦和其他较大的"非抗原性"物质结合便能刺激免疫反应发生的物质。半抗原是能与对应抗体结合发生抗原-抗体反应、又不能单独激发人体产生抗体的抗原。它只有免疫反应性，不具免疫原性，所以被称为不完全抗原。大多数多糖和类脂都属于半抗原。如果用化学方法使半抗原与某种纯蛋白的分子(载体)结合，纯蛋白会获得新的免疫原性，并能刺激人体产生相应的抗体。半抗原一旦与纯蛋白结合，就构成该蛋白质的一个抗原簇。半抗原进入过敏体质的机体时，能与体内组织蛋白结合，成为完全抗原，这种完全抗原可引起超敏反应。

一般来说，B 淋巴细胞识别半抗原决定簇，T 淋巴细胞识别载体抗原决定簇。前者为体液免疫机理，后者为细胞免疫机理。

（四）抗原决定簇

抗原决定簇是抗原表面能诱导特异性抗体产生的特定化学结构(包括化学基团和分子构象)，抗原以此与相应淋巴细胞表面的受体结合，进而引发免疫应答和免疫反应。

一般抗原决定簇是由 6～12 个氨基酸或碳水基团组成，它可以是由连续序列(蛋白质一级结构)组成或由不连续的蛋白质三维结构组成。抗原决定簇大多存在于抗原物质的表面，有些存在于抗原物质的内部，须经酶或其他方式处理后才暴露出来。

抗原抗体结合具有高度特异性，即一种抗原分子只能与由它刺激所产生的抗体结合而发生反应。抗原的特异性取决于抗原决定簇的数目、性质和空间构型，而抗体的特异性则取决于抗体免疫球蛋白 Fab 段的可变区与相应抗原决定簇的结合能力。抗原与抗体的结合不是通过共价键来完成的(一些剧毒作用和"三致"作用往往是通过共价键来完成的)，而是既要存在"锁钥"关系，还要通过空间结构的相互适应以及很弱的短距引力而结合，如范德华引力、静电引力、氢键及疏水性作用等。

（五）抗原的性质与抗原性的特性

1. 抗原的三个性质

抗原有三个性质：异物性、大分子性和特异性。只有抗原才能引起特异性免疫。而过敏原不一定都具备这三个性质，若要使机体发生过敏反应，过敏原进入或接触过敏体质的机体时，需与体内组织蛋白结合，成为完全抗原，才会具备异物性、大分子性和特异性。

例如，灰尘、冷风、紫外线等对某些人是过敏原，但它们不是直接的抗原，因为灰尘、冷风、紫外线等不满足抗原的大分子性、特异性和异物性三个性质，只有这些过敏原导致过敏体质的某些结构或组成发生改变才能产生自身组织抗原。也可以说，灰尘、冷风、紫外线等过敏原是导致过敏的间接抗原。

从整体来说，过敏原是抗原的一部分，过敏原是抗原的子集。过敏是由于已产生抗体的个体再次接受相同的抗原而造成的机体损伤。导致过敏反应的过敏原一定是抗原或间接抗原，而抗原不一定是过敏原。

2. 抗原性的两种基本特性

抗原性有两个基本特性，即免疫原性和免疫反应性。

免疫原性：刺激诱导免疫系统应答，使机体产生抗体或者致敏淋巴细胞的能力，诱生体液免疫或细胞免疫的性能。

免疫反应性：与免疫应答的产物发生反应，能和抗体或者致敏淋巴细胞特异性结合的能力，引起免疫反应的性能。

具有免疫原性和免疫反应性的物质都是抗原。免疫原性及免疫反应性有时均通称为抗原性。

二、抗体

抗体是存在于血液或者体液中可与抗原特异性结合的一类糖蛋白。

抗体又称免疫球蛋白(immunoglobulin, Ig)，是一种由 B 淋巴细胞分泌的大型 Y 形蛋白质。抗体的主要功能是被免疫系统用来鉴别与中和外来物质如细菌、病毒等，通过与抗原(包括外来的和自身的)相结合，有效地清除侵入机体内的微生物、寄生虫等异物，即抗体是一种应答抗原产生的、可与抗原特异性结合的蛋白质。每种抗体与特定的抗原决定簇结合。这种结合可以使抗原失活，也可能无效或有时也会对机体造成病理性损害。

抗体蛋白上 Y 形的其中两个分叉顶端都有一被称为互补位(抗原结合位)的锁状结构，该结构仅针对一种特定的抗原表位，通过"锁钥"联动，使得一种抗体仅能和其中一种抗原相结合，如图 19-1 所示。抗体和抗原的结合完全依靠非共价键的相互作用，包括氢键、范德华力、电荷作用和疏水作用。这些相互联动作用可以发生在侧链或者多肽主干之间。正因这种特异性的结合机制，抗体可以"标记"外来微生物以及受感染的细胞，以诱导其他免疫机制对其进行攻击，又或直接中和其

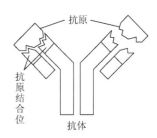

图 19-1　抗体和抗原的结合

目标。例如，通过与入侵和生存至关重要的部分相结合而阻断微生物的感染能力等。体液免疫系统的主要功能是制造抗体。抗体也可以与血清中的补体一起直接破坏外来目标。

尽管抗体是用于对抗外来异物的免疫手段，在部分人群中(如过敏体质)却存在着因为抗体异常导致的自体免疫性疾病。这种问题主要是由人体针对自身正常细胞或者化学产物的抗原，产生了对应的抗体而造成的。这些疾病中大部分是由自身免疫系统对这种自身抗体结合后的正常细胞产生免疫反应，进而导致杀伤自身细胞而造成的，如全身性红斑狼疮、干燥综合征、强直性脊柱炎以及类风湿关节炎等。这一类的疾病根据不同性质，严重程度并不一样。例如，全身性红斑狼疮严重时可能会危及性命，而干燥综合征如果稍加控制，通常只会造成口干舌燥之类的不适。

三、变态反应

变态反应是指机体对某些抗原初次应答后，再次接受相同抗原刺激时，发生的一种以机体生理功能紊乱或组织细胞损伤为主的特异性免疫应答。也可以说，变态反应是异常的、有害的、病理性的免疫反应。我们日常遇到的皮肤过敏，皮肤瘙痒、红肿，就是一种变态反应。

四、过敏反应

过敏反应是过敏体质的人体接触到某种物质后产生的过度反应，其实质是一种机体的

变态反应，又称致敏性反应或超敏反应，是人对正常物质(过敏原)的一种不正常的反应。当过敏原接触到过敏体质的人群才会发生过敏。过敏体质没有明显的性别和年龄段特征，但有明显的遗传性特征。过敏性疾病的发病率已经超过人口的 20%，而且随着环境污染和大量化学物品的出现及应用，过敏性疾病的发病率在逐年大幅提高。

五、致敏的条件

（一）内因

过敏体质是致敏的内在因素。

许多物质对多数的正常人来说是无害的，而对过敏体质的人群来说却可能是过敏原。在正常的情况下，多数正常人的身体会制造抗体来保护身体不受过敏原的侵害，但过敏者的身体却会将正常无害的物质误认为是有害的东西，IgE 抗体与之结合，产生过敏介质，引发过敏反应，对机体造成病理性损害。过敏体质的人群具有发生变态反应病的遗传素质，只有具备这种素质的人才能被致敏。这种素质基本上是先天决定的，人出生时就已定型，几乎不大可能使用任何方法在后天使其发生根本性的改变。

（二）外因

1. 过敏原

过敏原是致敏病症发生的核心外因。过敏原包括较大分子量的大多数蛋白质，如细菌、病毒、外毒素、尘螨、花粉、动物血清、食物等完全抗原，还有由气候、精神压力、温度、紫外线、电离辐射等因素产生的自身组织抗原；也包括多糖、类脂、化妆品、药物、化学物质等半抗原或简单半抗原。

过敏原侵入人体的途径有吸入式、食入式、注射式(药品)、接触式等。

虽然并不是一切异体物质都能致敏，但对过敏体质的人群来说却可能是过敏原。

2. 致敏环境

使机体能与抗原接触要有特定的环境等因素，如气候条件、通风性能、工艺变通、操作习惯、个体防护等。可以定性或定量地启动或改变过敏原对人体的侵入和途径，避免机体与抗原的接触，或使机体与抗原的接触机会减少，就可以消除或减轻过敏反应的程度，这些都可以通过加强管理来实现。

六、过敏反应机制

人体内有两类细胞，即肥大细胞和嗜碱粒细胞，它们广泛分布于鼻黏膜、支气管黏膜、肠胃黏膜以及皮肤下层结缔组织中的微血管周围和内脏器官的包膜中。这两类细胞中含有组胺、前列腺素、白三烯、5-羟色胺、缓激肽等过敏介质。在化学物质、空气污染、阳光辐照等环境因子的刺激下，细胞膜脱颗粒，释放出过敏介质。这些过敏介质可引起平滑肌收缩、毛细血管扩张、血管通透性增强、黏液分泌及组织损伤，从而引发具有各种临床症状的过敏反应的发生。过敏物质与支气管黏膜、鼻黏膜、皮肤血管相结合,产生喷嚏流涕的过敏性鼻炎、喘憋不止的过敏性哮喘、瘙痒皮症的过敏性皮炎等。在过敏反应的发生过程中,过敏介质起着直接的作用,过敏原是过敏病症发生的外因,而机体免疫能力低下,大量自由基对肥大细胞和嗜碱粒细胞的氧化破坏是过敏发生的内因。

类过敏反应是一种无免疫系统参与的,由化学性或药理性介导的,首次用药或初次接触化学物质即表现出与过敏反应相似症状的临床反应。它是化学物直接刺激肥大细胞和嗜碱粒细胞而释放大量组胺,由此产生过敏反应样症状。但是 Mertes 提出,非免疫介导的类过敏反应中,仅有嗜碱粒细胞被激活,此观点还有待证实。可诱发类过敏反应症状的药物包括阿片类药、肌松药、硫喷妥钠、丙泊酚等。其主要介导物质是组胺,症状表现与组胺浓度有关:组胺浓度小于或等于 1ng/mL,无症状;1～2ng/mL,仅有皮肤反应;大于 3ng/mL,出现全身反应;大于 100ng/mL,出现严重全身反应,主要表现为心血管及呼吸系统症状。

七、变态反应的两个阶段

变态反应的发生可分为致敏和激发两个阶段,在过敏反应中,致敏和激发是两个不可缺少的阶段(也有人将变态反应的发生分为致敏、激发和效应三个阶段)。

(一)致敏阶段

当机体初次接触过敏原后,需要有一个潜伏期(一般 1～2 周,有些则可短至几个小时),免疫活性细胞才能产生相应抗体或致敏淋巴细胞,在此期间机体无任何异常反应,但机体已具备了发生变态反应的潜在能力。此潜伏期就称为变态反应的致敏阶段,也称诱导期。

致敏状态其实是一个记忆状态或记忆期间,可维持数月甚至更长时间,这期间如不再接触相同过敏原,致敏状态可逐渐消失,即免疫活性细胞会逐渐忘记这种过敏原。

(二)激发阶段

变态反应激发阶段是指当致敏机体再次与同一过敏原接触时,过敏原与相应抗体或致敏淋巴细胞结合,释放出活性介质,活性介质作用于靶组织和器官,引起机体局部或全身的生理功能紊乱或组织损伤,也就是异常免疫反应出现,此过程出现较快,少则几秒至几十秒,多则 2～3 天。变态反应发生的原因,一是个体的免疫机能状态;二是进入机体的抗原的性质、纯度及途径等。这两个因素中,前者是主要因素,即个体免疫应答的差异。接触同一种化学物后发生变态反应者一般只是少数,而且出现的临床症状也不相同:重者可出现过敏性休克,轻者出现荨麻疹。但也有些变态反应类型,如结核菌素迟发型变态反应,与个体差异关系不大;还有多卤代杂环化合物的致敏性特强,也与个体差异关系不大。

变态反应发生的特点是:必须有变应原的刺激;具有严格的针对性,即两次接触的变应原必须相同;有一定的潜伏期,必须经历从致敏到变态反应激发两个阶段;必须有过敏体质存在。正如英国肯特郡坎特伯雷城医院的苏珊娜·巴伦博士所说,接触到过敏性化学成分后，过敏症并不会马上显现，身体会注意到它不喜欢这种化学成分，并发展出记忆细胞，当身体再次接触到这种化学成分时，过敏反应才出现，当接触得越来越多时，身体会提高它的反应程度，过敏就会更加严重，以至于让你注意到。

激发阶段表现出来的效应和表征会因各种活性介质的不同，生物学作用而不尽相同，总的可以概括为：使小静脉和毛细血管扩张，通透性增强；刺激支气管、胃肠道、子宫、膀胱等处平滑肌收缩；促进黏膜腺体分泌增强。

八、变态反应的四个类型

变态反应发生的原因和表现十分复杂，目前多数人认可 1963 年 Gell 和 Coombs 的分类，他们按照过敏反应的速度、造成免疫病理的机制和临床特征，将变态反应分为四个类型：I型（速发型）、II型（细胞毒型）、III型（免疫复合物型）、IV型（迟发型）。

1. I 型变态反应

I 型变态反应即速发型过敏反应，是临床最常见的一种，其特点是：由 IgE 介导，肥大细胞和嗜碱粒细胞等效应细胞以释放生物活性介质的方式参与反应；发生快，消退也快；常表现为生理功能紊乱，而无严重的组织损伤；有明显的个体差异和遗传倾向。

2. II 型变态反应

II型变态反应即细胞毒型，抗体（多属 IgG、少数为 IgM、IgA）首先同细胞本身抗原成分或吸附于膜表面的成分相结合，然后通过四种不同的途径杀伤靶细胞。

3. III 型变态反应

III型变态反应即免疫复合物型，又称血管炎型超敏反应。其主要特点是：游离抗原与相应抗体结合形成免疫复合物（IC），若 IC 不能被及时清除，即可在局部沉积，通过激活补体，并在血小板、中性粒细胞及其他细胞参与下，引发一系列连锁反应而致组织损伤。

4. IV 型变态反应

IV型变态反应即迟发型，与上述由特异性抗体介导的三种变态反应不同，IV型是由特异性致敏效应 T 细胞介导的。对于此类反应，局部炎症变化出现缓慢，接触抗原 24～48h 后才出现高峰反应，故称迟发型变态反应。机体初次接触抗原后，T 细胞转化为致敏淋巴细胞，使机体处于过敏状态。当相同抗原再次进入时，致敏 T 细胞识别抗原，出现分化、增殖，并释放出许多淋巴因子，吸引、聚集并形成以单核细胞浸润为主的炎症反应，甚至引起组织坏死。常见IV型变态反应有：接触性皮炎、移植排斥反应、多种细菌、病毒（如结核杆菌、麻疹病毒）感染过程中出现的IV型变态反应等。

最常见的是I型和IV型。I型有时也被称为"特应性"或者"速发型变应性"。例如，人体在被昆虫蜇伤后几秒钟就会作出反应，药品注射过敏、化学物质过敏、动物毛发和花粉过敏在几分钟内就有反应，食物过敏的时间则在 30min 以内。与此相反，IV型过敏的反应则要慢得多，症状要在一天或者十几天之后才会出现，如各种化学物质过敏和化学职业过敏等，因此，又被称为"迟发型变应性"。

化学物质引起的过敏反应在临床上的表现往往多种多样，常常并非单一型的表现。例如，青霉素过敏最常见的是I型，其次是III型，偶尔也可见I、III及I、IV混合型，这与个体情况、染毒途径和剂量等因素有密切关系。又如，用四氯间苯二甲腈做动物的皮内致敏试验，皮内染毒可激发IV型反应，而吸入其粉尘则可激发III型变态反应(过敏性间质性肺炎)。

九、过敏体质的特征

哪些人属于过敏体质？从免疫学角度看，"过敏体质"的人常有以下特征：

(1) 免疫球蛋白 E(IgE)是介导过敏反应的抗体，正常人血清中 IgE 含量极微，而某些"过敏体质"者血清 IgE 比正常人高 1000~10000 倍。

(2) 正常人辅助性 T 细胞 1(Th1)和辅助性 T 细胞 2(Th2)两类细胞有一定的比例，两者协调，使人体免疫保持平衡。某些"过敏体质"者往往 Th2 细胞占优势。Th2 细胞能分泌一种称为白细胞介素-4(IL-4)的物质，其能诱导 IgE 的合成，使血清 IgE 水平升高。

(3) 正常人体胃肠道具有多种消化酶，使进入胃肠道的蛋白质性食物完全分解后再吸收入血，而某些"过敏体质"者缺乏消化酶，导致蛋白质未充分分解即吸收入血，使异种蛋白进入体内引起胃肠道过敏反应。此类患者常同时缺乏分布于肠黏膜表面的保护性抗体——分泌性免疫球蛋白 A(sIgA)，缺乏此类抗体可使肠道细菌在黏膜表面造成炎症，这样便加速了肠黏膜对异种蛋白吸收，诱发胃肠道过敏反应。

(4) 正常人体含一定量的组胺酶，对过敏反应中某些细胞释放的组胺(可使平滑肌收缩、毛细血管扩张、通透性增加等)具有破坏作用。因此正常人即使对某些物质有过敏反应，症状也不明显，但某些"过敏体质"者却缺乏组胺酶，不能破坏引发过敏反应的组胺，而表现为明显的过敏症状。

虽然造成"过敏体质"的原因是复杂而多样的，然而造成上述免疫学异常的根本原因常与遗传密切相关，几乎是与生俱来的。

需要注意的是，过敏体质的上述免疫学指标是一个相对值，仅有参考价值。判别哪些属于过敏体质，哪些不属于过敏体质，并没有免疫学指标上的临界值，只能说过敏体质相对强或相对弱。至今，对于某些不同类型的极强致敏物，很少有人能够幸免。

对于个体的免疫学异常，虽然与生俱来就有、与遗传密切相关，但是由于个体的综合体质的动态变化、环境污染和职业化学物质的接触等不断变化，个体的过敏体质也不是一成不变的。

十、常见过敏反应的种类

(一) 过敏性紫癜

过敏性紫癜是一种血管变态反应性出血疾病。机体对某些物质发生变态反应，引起广泛性小血管炎，使小动脉和毛细血管通透性和脆性增高，伴有出血和水肿。

1. 临床表现

发病前 1～3 周往往有上呼吸道感染史，并且表现出全身不适、疲倦乏力、发热和食欲不振等，继之出现皮肤紫癜，伴有关节痛、腹痛、血尿或黑便等。

2. 类型

(1)皮肤型最常见，因真皮毛细血管和小动脉呈无菌性、坏死性血管炎，多数以皮肤瘀点为主要表现，可伴有皮肤轻微瘙痒、小型荨麻疹或丘疹。瘀点在四肢和臀部，特别在下肢的内侧为多见。

(2)腹型主要表现为腹痛，常呈阵发性绞痛或持续性钝痛，可伴呕吐、腹泻和便血。

(3)关节型以关节肿胀、疼痛为主，多发生在膝、踝、肘、腕等关节。

(4)多在紫癜后一周出现蛋白尿和血尿，有时伴水肿，可发展为慢性肾炎。

(5)混合型和特殊类型可出现惊厥、瘫痪和昏迷。

（二）过敏性皮炎

过敏性皮炎主要表现为皮肤红肿、瘙痒、疼痛、荨麻疹、湿疹、斑疹、丘疹、风团皮疹、紫癜等。有以下几种临床表现。

1. 药疹

有些药物和化学物质会引起皮肤过敏反应，主要表现为皮肤红斑、紫癜、水泡及表皮松解、瘙痒疼痛，有时还会伴随低热。皮疹消退后多无色素沉着。

2. 接触性皮炎

接触性皮炎指皮肤接触某种物质后，局部发生红斑、水肿、痒痛感，严重者可有水泡、脱皮等现象。

3. 湿疹

近年来湿疹的发病率有上升的趋势，这与化学制品的滥用、环境污染、三废治理不善、生活节奏加快、精神压力加大等因素有关。发病特点：任何年龄均可发病；可发生于体表的任何部位；反复发作；局部或全身可见红斑、丘疹、水泡、糜烂、渗出、结痂、脱屑、色素沉着；剧烈瘙痒。

4. 荨麻疹(风团、风疹块)

荨麻疹是指机体对各类刺激在皮肤上表现的一种血管神经性反应(皮下组织的小血管扩张，管壁的通透性增大，发生渗出作用，形成局部水肿)。症状为皮肤突然剧烈瘙痒或有烧灼感，患处迅速出现大小不等的、局限性块状的水肿性风团，小到米粒，大至手掌大小，常见为指甲至硬币大小，略高于周围皮肤。

（三）过敏性哮喘

某些过敏原进入患者体内，便通过一系列反应，使肥大细胞或嗜碱粒细胞释放致敏活性物质。致敏介质作用于支气管上，造成广泛小气道狭窄，发生喘憋症状，如不及时治疗，哮喘可以致命。

（四）过敏性鼻炎

过敏性鼻炎的典型症状主要有三个：一是阵发性、连续性的喷嚏，每次发作一般不少于 5 个，多时甚至达到几十个，打喷嚏多发生在早起、夜晚入睡时间，在季节变换期间表现加重，严重的几乎每天都会发作几次；二是喷嚏过程中伴随有大量清水样的鼻涕；三是鼻腔的堵塞，每次发作的轻重程度不一，可持续十几分钟至几十分钟不等。

（五）过敏性休克

过敏性休克是指强烈的全身过敏反应，症状包括血压下降、皮疹、喉头水肿、呼吸困难。50%的过敏性休克是由药物引起的，最常见的便是青霉素过敏，多发生在用药后 5min 内。

上述过敏症状除了可能由致敏化学品引起外，还可能由很多其他因素引起，包括遗传、精神压力、气候、环境（花粉、细菌、病毒、外毒素、尘螨、柳絮、冷空气、温度、紫外线、电离辐射等）、食物、化妆品、药物等。

过敏反应除了上述之外，还有脸部红血丝、化妆品过敏、花粉过敏、空气过敏、食物过敏（消化道过敏）等种类。关键看致敏原作用在什么部位的靶细胞，如果致敏原的靶细胞在皮肤，致敏原进入机体后将与皮内靶细胞结合，引起一系列生物反应，导致临床上出现荨麻疹、湿疹等各种不同的过敏性皮肤疾病；如果致敏原靶细胞在呼吸道，则产生呼吸道的过敏反应，临床上常见的疾病为过敏性鼻炎、支气管哮喘等；如果致敏原靶细胞在眼结膜，则发生过敏性眼结膜炎等。

十一、过敏反应的部位

发生过敏现象的部位不一定是在接触到过敏原的部位，有可能在身体的另一部位出现或再次出现，这是由于过敏原进入体内血液，可随血液流动，而且，抗原刺激产生的抗体也随血液流动。这在调查过敏原时尤其要引起注意。

食入或吸入：当食物、药物或化学物质被食入或吸入后，过敏原可进入血流，"旅行"到达远隔部位（如皮肤和鼻咽、扁桃体、气管、支气管及胃肠道等各器官黏膜），这些组织中有许多表面结合了 IgE 的细胞，过敏原可与这些 IgE 结合，从而可到达体内某处感染的细胞。食物过敏开始时可发生舌体或咽喉部水肿，随后可发生麻刺感、恶心、腹泻或胃部痉挛，并可发生鼻腔黏膜水肿、鼻塞或皮肤反应。

经皮肤吸收：过敏性接触性皮炎是由局部皮肤反应所致的皮肤炎症。大多数过敏性接触性皮炎不是由 IgE 导致，而是通过细胞炎症造成的。值得注意的是，当一些过敏原接触皮肤导致皮肤过敏的同时，可被皮肤吸收，从而引起全身性反应，不一定局限于接触处的皮肤。幸好对于大多数人而言，皮肤对于接触性过敏原来说是一层强大的"障碍"，也就是说大多数接触性过敏性皮炎是局限性的。常见的过敏性接触性皮炎包括：乳胶过敏、植物过敏、染料过敏、化学物质过敏、金属过敏、化妆品过敏。

　　注射：如果过敏原被直接注射（肌注或滴注）进入血液循环可发生最严重的反应。这种途径的过敏可导致全身反应，并导致危及生命的过敏性休克，如青霉素过敏、虫叮蛇咬引起的过敏等。

第二节　致敏化学品的认识和管控

　　现代社会，人们已经生活在一个无处不存在化学物质的世界里，一些人习惯了，但是也有人对化学物质比较敏感。在研发或生产过程中经常会发生一些化学品过敏，根据最近十多年产生工伤医疗费用的伤害事故统计，有机合成研发单位发生致敏化学品的过敏伤害案例数占全部伤害事故案例数的近三成，而化学实验室发生致敏化学品的过敏伤害案例数占实验室全部伤害事故案例数的47%，这需要引起人们高度重视。

　　化学致敏物变态反应可以出现在体内有黏膜和皮下结缔组织的部位。如果致敏化学品侵入体内，通过生物学变化，与广泛分布于鼻黏膜、支气管黏膜、眼结膜、肠胃黏膜上的肥大细胞和嗜碱粒细胞结合，就会产生相关部位的过敏，如过敏性鼻炎、支气管哮喘、过敏性眼结膜炎、胃肠道过敏反应等。而比较多见的是皮肤过敏，包括手部、腿脚、脸部、甚至被衣服遮盖住的背部、胸部或腹部等人体几乎所有的外表部位，如图19-2所示。

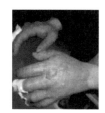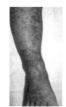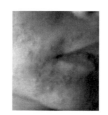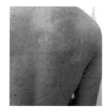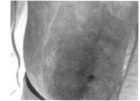

图 19-2　人体各部位外表的皮肤过敏反应

一、致敏化学品的动物试验

　　可直接或间接引起变态反应的化学物品称为致敏化学品。

　　作为半抗原或简单半抗原的小分子量致敏化学物品，本身虽不能致使体内产生特异抗体或致敏淋巴细胞，但却能与特异抗体或致敏淋巴细胞起反应，即这些化合物分子上具有抗原决定簇，与组织蛋白质结合就能构成完全抗原，引起变态反应。化学研发或生产中接触的某些化学物质就属这种半抗原或简单半抗原。这些分子或其在体内的代谢、降解产物，必须首先与某些大分子物质如蛋白质等载体相结合，形成在体内不易被裂解的抗原——载体结合物，从而发挥完全抗原的作用。

　　作为半抗原或简单半抗原的化学物质与蛋白质结合的能力与该物质化学结构中的某些活性基团有密切关系，表19-1列出了易与蛋白质结合的活性基团及其在蛋白质上的可能相应结合部位。

表 19-1 易与蛋白质结合的活性基团

在化学物质(半抗原)上的活性基团或部位	在蛋白质上的相应结合部位
偶氮：—N=N—	丝氨酸
巯基：—SH	赖氨酸
磺酸基：—SO₃H	精氨酸
醛基：—CHO	半胱氨酸
醌：O=⬡=O	胱氨酸
活性卤素：—Cl，F 等	酪氨酸

（一）动物致敏试验标准

皮肤致敏性反应/过敏性接触性皮炎是指皮肤对一种物质产生的免疫源性皮肤反应，这种反应对于人体，可能以瘙痒、红斑、丘疹、水泡、融合水泡为特征，而对动物，仅能以红斑和水肿为特征。所以，为了检测可疑致敏化学品对皮肤的变态反应性，可根据国家标准《化学品皮肤致敏试验方法》(GB/T 21608—2008)或国家职业卫生标准《化学品毒理学评价程序和试验方法第 7 部分：皮肤致敏试验》(GBZ/T 240.7—2011)，以动物皮肤过敏反应的危害程度来评价接触对照样品(可疑致敏化学品)后引起皮肤变态反应的等级。

上述国家标准方法中，用致敏受试物对试用动物采取每隔一周的诱导接触(致敏阶段)，在第三周时，再进行激发接触，在激发接触后 24h、48h 和 72h 的激发阶段，分别观察皮肤反应，并记录受试部位的红斑和水肿的面积大小、颜色深浅等试验结果，以评判受试品是否呈阳性以及致敏强度。

如同评价化学物质的毒性一样，化学物质的毒性不以有毒或无毒加以区分，而是用 LD_{50}、LC_{50} 等试验数据说明其毒性的大小。绝大多数化学物质都有毒性，毒性大小是相对的，即使像氯化钠这样的日用食盐，半数致死量大鼠试验口服 $LD_{50}=(3.75\pm0.43)$ g/kg，可见达到一定量也会显示毒性。同样，考量一个化学物质能否产生变态反应及其反应强度如何，不仅取决于化学致敏物的性质，而且也受接触者个体特征的影响。严格意义上说，大多数化学物质对于某些特定的个体来说，在一定条件下都可能成为致敏原。因为致敏作用没有阈值，所以，不能机械地将化学物质分为致敏的和不致敏的两大类，而应判断其致敏作用的大小。

表 19-2 是根据上述国家标准方法，人为地对动物的定量对照试验结果分析后进行的评判分级。

表 19-2 化学物质致敏作用强度分级

致敏率(%，如以每组 25 只动物计)	致敏强度等级	致敏作用强度分级
<9(0~2/25)	I	弱致敏物
9~29(3~7/25)	II	轻致敏物
29~65(8~16/25)	III	中等致敏物
65~80(17~20/25)	IV	强致敏物
≥81(21~25/25)	V	极强致敏物

（二）动物试验的致敏途径

化学致敏物变态反应的免疫学机理包括体液免疫及细胞免疫两种。根据其机理，动物致敏实验途径有以下几种。

1. 经皮致敏

经皮致敏的实验主要用于判定皮肤接触性化学致敏物的作用。

2. 黏膜滴入法

眼结膜囊、鼻腔等黏膜滴入法，主要用于判定有可能与黏膜接触的化学致敏物的致敏作用。

3. 皮内注射法

皮内注射法，剂量准确，操作、管理方便，反应敏感，主要用以判定化学物质的固有致敏性，适用于可经多种途径与人体接触的化学物质。

迟发型变态反应实验的致敏方法，从染毒途径来看，经皮涂敷、皮内注射、腹腔注射、淋巴结内注射及吸入等均有致敏成功的报告。

不同的致敏途径对变态反应的质和量有一定影响。一般认为皮内注射及皮肤涂敷对迟发型变态反应的致敏率较高。

迟发型变态反应是化学物质引起的变态反应中最多见的型式，但所造成的后果并非最严重，而速发型变态反应，特别是过敏性休克却能造成严重后果，尽管发生的概率远比迟发型小，但仍需给予高度重视。

4. 致敏阳性对照物

国家标准中所用皮肤致敏性试验的阳性对照物列于表 19-3。

表 19-3　阳性对照物

皮肤致敏性试验的阳性物名称	阳性物的分子结构
己基肉桂醛（HCA）	![structure] CHO, C_6H_{13}
巯基苯并噻吩	![structure] S, SH, N
对氨基苯甲酸乙酯	H_2N—⬡—CO_2Et
2,4-二硝基氯苯（DNCB）	Cl, O_2N, NO_2

续表

皮肤致敏性试验的阳性物名称	阳性物的分子结构
DER331 环氧树脂	

二、化学物质过敏反应的形成及特点

（一）三个基本步骤

化学物质过敏反应的产生过程，必须有以下三个基本步骤：

(1)具有致敏作用的化学物质(致敏原)经过一定途径进入机体，与组织蛋白质等结合，形成完全抗原，刺激免疫活性细胞，产生致敏淋巴细胞或体液抗体。

(2)一般经过一定时间的致敏期，一般为 1～2 周(甚至短至几个小时)，体内免疫反应得到充分发展，形成一定数量的致敏淋巴细胞或特异抗体。

(3)再次以一定途径接触该化学物质(激发)，即可使机体对该抗原(化学物质)感受性增高的状态以已知病理现象的形式表现出来。而过敏反应的表现形式(过敏性休克、变态反应性炎症等)，则与实验动物种类、致敏或激发染毒的方式、致敏原的特性与剂量、致敏期的长短等条件有关。

（二）五个特点

化学物质引起的过敏反应病变有以下五个特点：

(1)过敏反应的表现不同于该物质的一般毒性反应，组织病变不同于该物质的中毒性变化，而是免疫反应性炎症变化。

(2)初次接触后一般经过 1～2 周(极少为几天或几小时)的致敏期，再次接触同一物质，反应即可出现。

(3)不完全遵循毒理学的剂量-反应的规律，很小剂量进入人体即可致敏，再次接触小量该物质，症状即可再现。

(4)具有专一性，必须与致敏原化学结构相同或具有交叉反应的化学物质接触，才能引起反应的再现。

(5)并非一定是接触过敏原的部位或器官才会出现过敏反应症状。例如，虽然仅手部接触，但是却可能在背部、腿部、胸部或肠胃道等部位出现过敏。

三、常用的抗过敏药物

常用的抗过敏药物主要包括以下四种类型。

（一）抗组胺药

抗组胺药是最常用的抗过敏药物，最适用于I型（速发型）过敏反应。常用的有苯海拉明、异丙嗪、扑尔敏、赛庚啶、息斯敏、特非拉丁等。这类药物均为 H1 受体阻滞剂，因其与组胺有相似的化学结构，故能与之竞争结合组胺受体，对皮肤和黏膜过敏反应的治疗效果较好，对昆虫咬伤的皮肤瘙痒和水肿有良效；对血清病的荨麻疹也有效，但对关节痛和高热者无效；对支气管哮喘疗效较差。用药剂量应个体化，副作用是嗜睡，驾驶人员、机械操作人员以及从事危险操作或关键工作的人员应避免使用中枢抑制作用较强的品种。

（二）过敏反应介质阻滞剂

过敏反应介质阻滞剂也称为肥大细胞稳定剂。这类药物主要有色甘酸钠（咽泰）、色羟丙钠、酮替芬（甲哌噻庚酮）等。主要用于治疗过敏性鼻炎、支气管哮喘、溃疡性结肠炎以及过敏性皮炎等。

（三）钙剂

钙剂能增加毛细血管的致密度，降低通透性，从而减少渗出，减轻或缓解过敏症状。常用于荨麻疹、湿疹、接触性皮炎、血清病、血管神经性水肿等过敏性疾病的辅助治疗。主要有葡萄糖酸钙、氯化钙等，通常采用静脉注射，奏效迅速。钙剂注射时有热感，宜缓慢推注，注射过快或剂量过大时，可引起心律失常，严重的可致心室纤颤或心脏停搏。

（四）免疫抑制剂

免疫抑制剂主要对机体免疫功能具有非特异性的抑制作用，对各型过敏反应均有效，但主要用于治疗顽固性外源性过敏反应性疾病、自身免疫病和器官移植等。这类药物主要有以下 5 类：①糖皮质激素类，如可的松、强的松和泼尼松龙等；②微生物代谢产物，如环孢素和藤霉素等；③抗代谢物，如硫唑嘌呤和 6-巯基嘌呤等；④多克隆和单克隆抗淋巴细胞抗体，如抗淋巴细胞球蛋白和 OKT3 等；⑤烷化剂类，如环磷酰胺等。

一旦发生过敏反应，首先要尽快准确找出过敏原，禁止再次接触该过敏原，另外要及时送医院由专科医生就诊。过度的免疫反应往往造成组织和细胞损伤而导致炎症，所以专科医生还要作协同综合的抗炎治疗。

四、化学品致敏案例

案例 1

此案例是关于经溴代和环合两步反应完成化合物 3-溴-5-氯甲基-1, 2, 4-恶二唑的合成反应。在连续三周的时间里，某研发人员进行了多次合成小试。期间该研发人员进行了适当的防护，戴防毒口罩和乳胶手套。用到溴素和氯乙腈，在进行关环反应的后处理时，由于偶尔会有反应液沾染到手套上，手上曾多次感到刺痛，用大量水冲洗后缓解。

当事人在开始该合成项目的第三周后发现手上出现小水泡，但没有在意。后来水泡增多增大，手背红肿，并且疼痛感明显，于是到医院就诊，被医生确认为接触性皮炎。治疗两天后，病情有所加重，转至专科医院门诊，此时两手上有的水泡已经大如鸡蛋，并遍及大腿、脚底、脸部、背部等全身部位，随后住院治疗，用大剂量极限值的免疫抑制剂治疗，5 周后出院。见图 19-3 和图 19-4。

  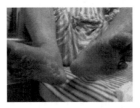 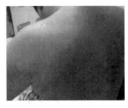

图 19-3　住院初期　　　　　　　　图 19-4　治疗两个月后的手臂、脚底和背部均已结疤

　　案例分析：从当事人接触过程和发病时间来看，溴素、中间体、氯乙腈和产物均可能属于过敏原。本案例明显属于皮肤接触致敏，但是不排除同时存在吸入过敏。

　　案例教训：本案例的化合物致敏作用极强，普通乳胶手套和丁腈手套不能解决隔离问题，需要严密隔离防护，穿全身防护服，佩戴长袖氯丁橡胶手套。在所有物品和器具彻底氧化淬灭前，必须在负压的通风橱内进行。

　　案例 2

　　某课题小组合成下面的化合物，几乎所有接触人员都相继出现了过敏症状，见图 19-5。

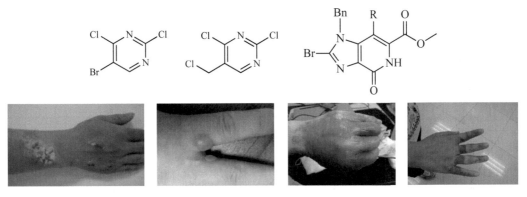

图 19-5　手部过敏症状

　　症状不一，有的出现红斑，有的起水泡。口服抗组胺药盐酸西替利嗪片和氯雷他定片（开瑞坦）后好转。

五、致敏化学品的特别注意事项

（一）找出过敏原，避免再次接触

　　一旦发现有过敏症状，要立即准确找出导致过敏的化学物品，并立即停止接触该化学物品（除非因此而采取独特的强化隔离措施）。因为一旦再次接触，往往比前一次产生的症状更严重，治疗更困难，这是过敏反应的特点。所以，一旦认定是由某种化学物品引起，一定要采取更高一级的严密隔离措施，或杜绝再次接触，或调离岗位和改换工种。

（二）避免误诊

过敏症状多种多样，皮肤过敏容易诊断，如果遇上肠胃道过敏，就可能导致食欲不振、腹痛、全身不适等，呼吸道过敏就可能导致哮喘、咳嗽等，以及疲倦乏力、发热、关节痛、鼻炎、血尿或黑便等，这些症状往往容易被误诊。例如，过敏引起的哮喘和咳嗽可能与感冒挂上钩。

（三）强化防范措施

在化学研发和生产领域，每天都可能要同各种不是特别了解的化学物质打交道，所以绝不能采取漠视马虎和投机取巧的工作态度，许多过敏事故都发生在不切实遵守相关 SOP 环节上，投机取巧、毛躁随意、邋遢懒惰是最后造成严重过敏的实质根源。

当然，也不能走另一个极端，对所有化学物质抱着"草木皆兵、恐惧一切"的消极观念，这也不是科学的主动工作态度。

然而，时刻保持戒备状态和采取充分的个体防护措施是必须要做到的。需要在尽可能查清楚欲接触的化学物质的 MSDS 基础上，做到心中有数后才能开展工作。

根据致敏化学品的侵入途径，以及致敏化学品的致敏强度，隔离防护可以分为四级，如表 19-4 所示。

表 19-4　隔离防护等级

致敏化学品的致敏强度	手部防护	服装防护	呼吸防护	气流防护
轻微致敏物（Ⅰ、Ⅱ级）	A1	B1	C1	D1
中等致敏物（Ⅲ级）	A2	B2	C2	D2
强致敏物（Ⅳ级）	A3	B2	C3	D2
极强致敏物（Ⅴ级）	A3	B2	C3	D3

注：手部防护　A1：丁腈或乳胶手套；A2：内棉手套外加丁腈或乳胶手套；A3：氯丁橡胶手套。
服装防护　B1：一般全棉长袖工作服；B2：全身防护服。
呼吸防护　C1：普通口罩；C2：过滤式呼吸器；C3：自给式正压呼吸器。
气流防护　D1：负压通风橱内取样、反应、反应后处理，使用后器皿的清洗可移出通风橱外进行；D2：取样、反应、反应后处理，使用后器皿的清洗全部在负压通风橱内进行；D3：全封闭自动负压通风橱(抽出气体需经氧化淬灭装置才能排至大气中)。

实验室常用的乳胶或丁腈手套是不能充分抵挡强过敏物质的渗透作用的，这需要特别引起注意，不能过高指望乳胶或丁腈手套的隔离防护作用。

从领料取样、投料、反应，到后处理、器皿清洗、废物处置等，都要做好充分的个人防护。只有做好应对措施，防患于未然，才能避免和减少过敏伤害事故的发生。

（四）过敏与毒害、腐蚀的区别

在化学研发和生产中，每天遇到和接触到很多种化学品。就某种化学物品来说，既可能是过敏原，也可能具有毒害和腐蚀特性。如果人体受到侵害，鉴别属于何种原因是首先需要解决的问题。有可能三种侵害作用均有，也可能只有其中一种或两种。

1. 时间

化学物质过敏反应除非属于I型(速发型),通常有一个较长的致敏诱导—致敏激发期,往往在几天或十多天后再次接触才显现出症状。除了慢性职业中毒外,急性毒害和皮肤灼伤性的腐蚀的产生往往是立竿见影的效果,一般在几分钟或几个小时的短时间内就会出现。

2. 受害部位

过敏与毒害、腐蚀不同,这可以通过受害人对受害部位的感受描述(如皮肤是否有痒、痛等感觉),以及对受害部位的观察加以鉴别。例如,强酸强碱类、酚类等强腐蚀化学物品腐蚀到皮肤等人体组织后,腐蚀作用只局限于接触部位的灼伤,没有接触到的部位不会受到影响。

3. 侵入途径等因素

毒害作用通常由食入或吸入引起,这在通风良好的实验室里是不太可能发生的。研发人员经常同剧毒品打交道,但在化学实验室发生中毒的案例是极其罕见的。

腐蚀作用通常由直接接触引起,只要有一般防护措施就能避免。

然而在化学实验室发生致敏的概率和可能性却比毒害和腐蚀大很多。化学物质粉尘、液体蒸气、气体既可能通过吸入而侵入人体,导致过敏,也可以通过体表皮肤侵入,即使带上一般手套,也可能通过渗透而入侵体内,通过血液循环将过敏原带至全身,引起体内或体表各个部位的过敏。

4. 临检分析

结合症状和临检分析结果,找出伤害原因。

5. 光敏作用

某些化学物质单独作用于皮肤并无明显的损害,但若经特定波长的光线照射之后,则能引起严重的局部损伤,甚至全身反应,这类化学物质称为具有光敏作用的物质。光敏作用的机理主要有两方面:一种情况是化合物吸收特定波长的光线(一般是 $250\sim320nm$ 的紫外区域)后,激发加强了它对皮肤的原发刺激及烧伤作用,即所谓光毒反应;另一种情况是化合物吸收了特定波长的光线(一般为 $300\sim400nm$)之后,发生了化学变化,生成了具有抗原性(光变应原)的新产物,从而形成光变态反应性病变。

通过对以上的侵入时间、受害部位、侵入途径和临检等的综合了解和分析,以及因子排除法,基本可以确定是由过敏反应引起的损害,还是由中毒或腐蚀引起的侵害。

总之,过敏与毒害及腐蚀的侵害机理都是不同的,所以诊疗也是不同的,只有找出真正的原因,才能对症治疗。

六、致敏化学品的结构特征

根据国家标准《化学品皮肤致敏试验方法》(GB/T 21608—2008)和国家职业卫生标准《化学品毒理学评价程序和试验方法第 7 部分:皮肤致敏试验》(GBZ/T 240.7—2011)中以

动物皮肤过敏反应试验的阳性对照物，以及现在已经掌握的过敏案例和过敏原的对比，致敏化学品在结构上有以下特点。

（一）含卤元素的致敏化学品

1. 某些含卤素的无机化合物

含卤素的无机化合物，如 PBr$_3$（致敏兼腐蚀）、Br$_2$（致敏兼腐蚀）、POCl$_3$、RuCl$_3$ 等。

2. 某些含卤有机试剂

含卤有机试剂，如 NBS（N-溴代丁二酰亚胺）、氯（溴）乙腈、氮芥类、DAST（二乙氨基三氟化硫）等。

3. 活性位置被卤素取代的有机化合物

1）α 位卤素取代的化合物

α 位卤代的醛、酮、酸、酯的衍生物，如

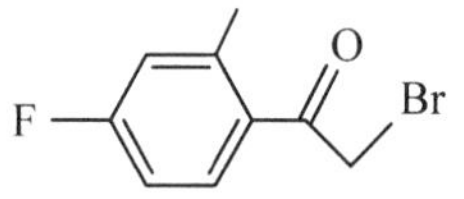

α-溴代酮　　　　α-氯代酯　　　　α-氯代酯

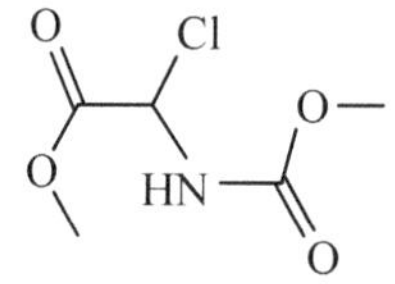

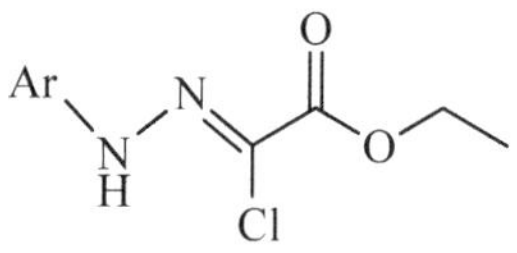

2）烯丙位及苄位被卤素取代的化合物

烯丙位被卤素取代的化合物，如

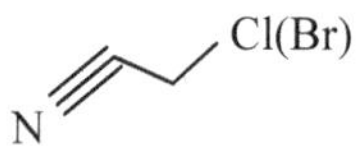

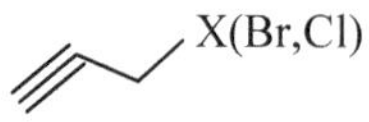

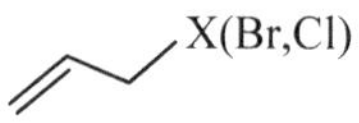

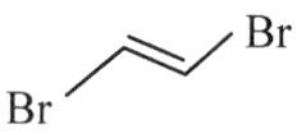

芳环或芳杂环的苄位被卤素取代的化合物，如

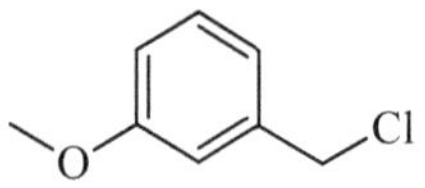

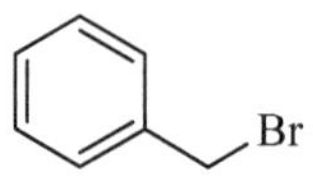

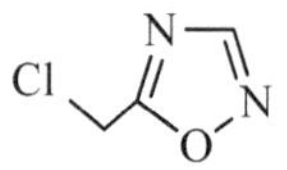

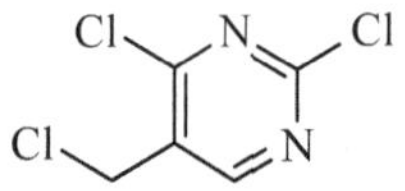

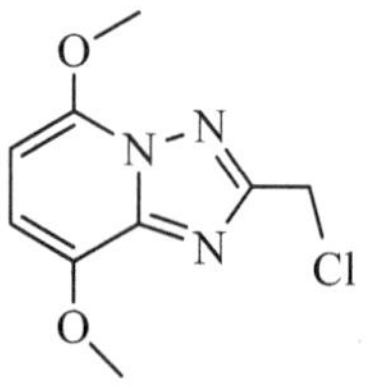

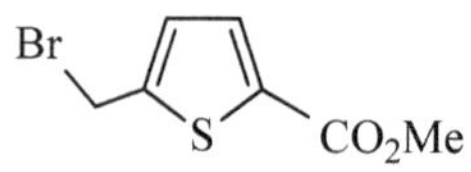

许多过敏症状表明，以上结构中，溴取代化合物的致敏作用比相应氯取代的化合物的致敏作用强。

4. 芳杂环卤代物

对于符合休克尔规则的五元或六元等多元芳杂环化合物，如果这些化合物的环上含有卤素（Cl、Br、I），对人体就会有强烈致敏性，需要采取严密的隔离防护措施。

1）五元芳杂环的卤代物

单个或多个杂原子的五元芳杂环以及稠合五元芳杂环被卤素取代后，就可能显现出致敏性，如

2）六元芳杂环的卤代物

包括下列的六元单氮或多氮芳杂环，以及稠合六元芳杂环，这些系列六元芳杂环化合物，一旦环上被卤素取代，就可能显现出致敏性，多数都比较强烈，如

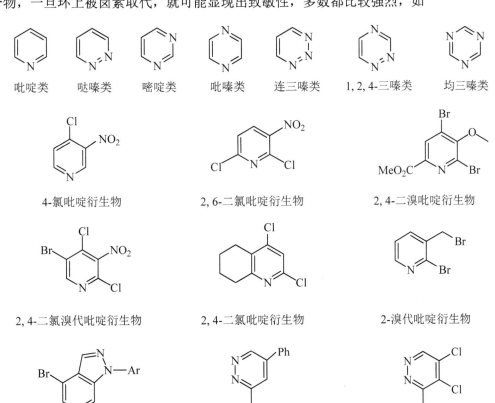

吡啶类　　哒嗪类　　嘧啶类　　吡嗪类　　连三嗪类　　1,2,4-三嗪类　　均三嗪类

4-氯吡啶衍生物　　　　2,6-二氯吡啶衍生物　　　　2,4-二溴吡啶衍生物

2,4-二氯溴代吡啶衍生物　　　2,4-二氯吡啶衍生物　　　2-溴代吡啶衍生物

3-溴代吡啶衍生物　　　　3-氯哒嗪衍生物　　　　三氯哒嗪衍生物

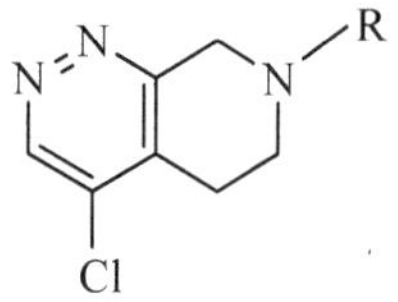

4-氯哒嗪衍生物

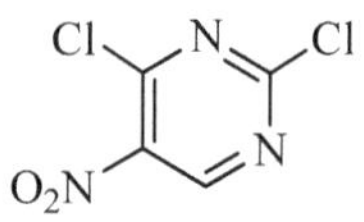

2,4-二氯嘧啶衍生物

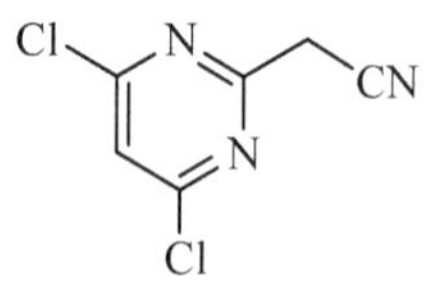

4,6-二氯嘧啶衍生物

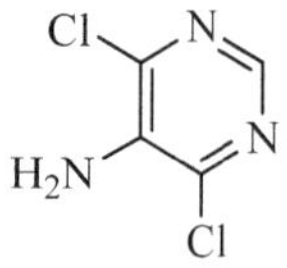

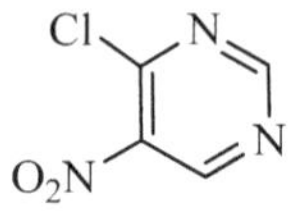

4,6-二氯嘧啶衍生物

4-氯嘧啶衍生物

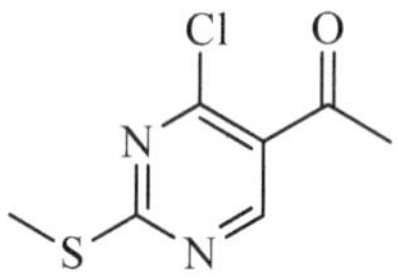

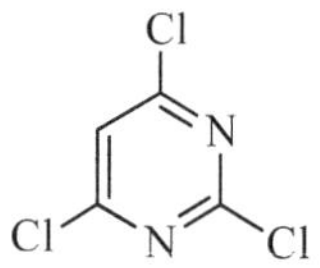

4-氯嘧啶衍生物

2,4,6-三氯嘧啶

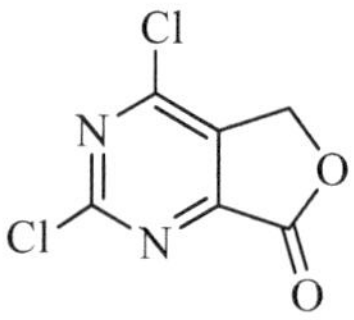

二氯嘧啶类衍生物

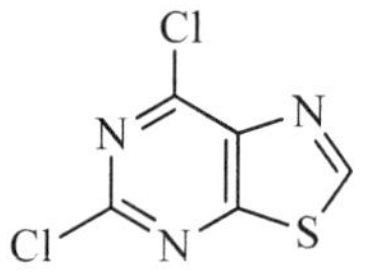

二氯嘧啶类衍生物

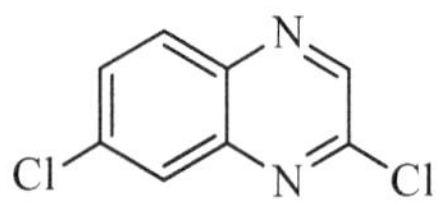

2-氯吡嗪类衍生物

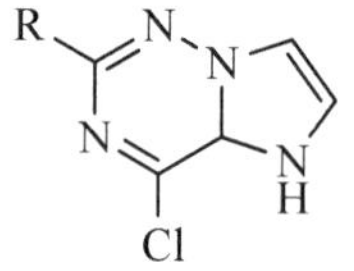

5-氯代-1,2,4-三嗪衍生物

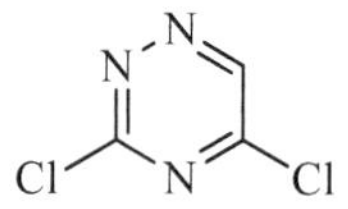

3,5-二氯-1,2,4-三嗪

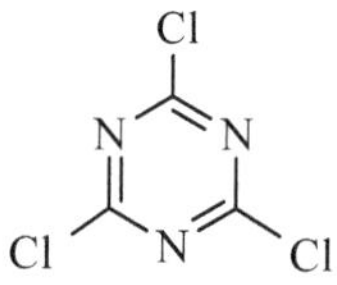

三氯均三嗪

包括稠合并环在内，经验规律是，同一系列芳杂环化合物中，卤素取代越多，致敏性越强；溴代芳杂环化合物的致敏性一般比相应的氯代芳杂环化合物强得多，这可能是由溴代芳杂环的化学反应性比相应的氯代芳烃化合物的化学反应性强所致，也就是说，在一些情况下，化学反应性与致敏性成正比，这还需要通过进一步专门研究来验证。

（二）致敏化学品的功能基团

已经发现的致敏化学品中，几乎包括了所有的具有化学反应性的功能基。

1. 含羰基类的过敏原

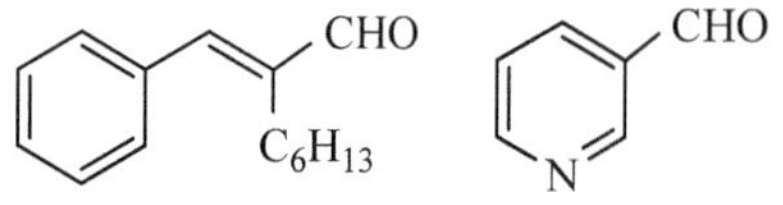

醛

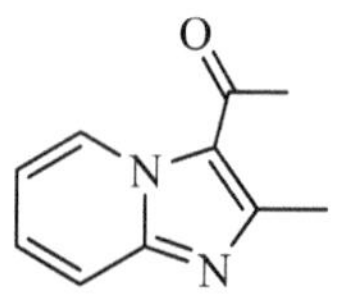

酮

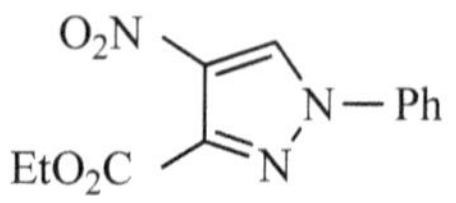

酯

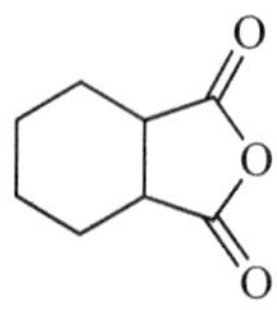

酸酐

2. 含其他各种功能基的过敏原

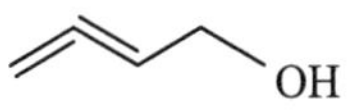

连二烯丁醇 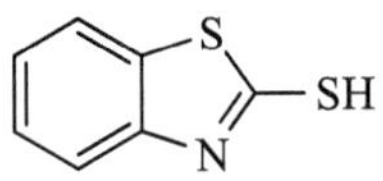　　　巯基 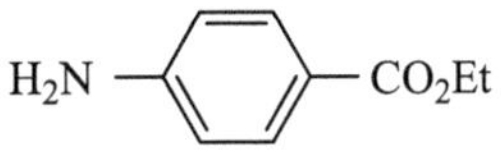　　　氨基 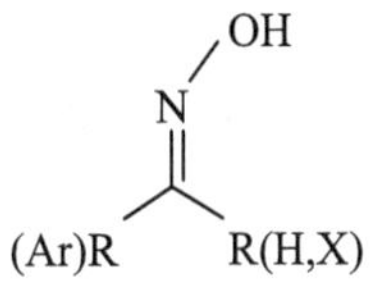　　　某些肟

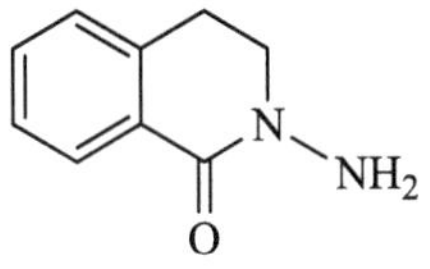

肼基 　　　丙炔腈 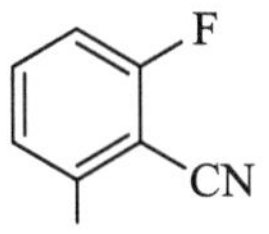　　　腈基 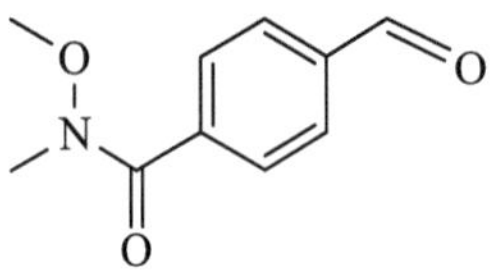　　　氮氧基

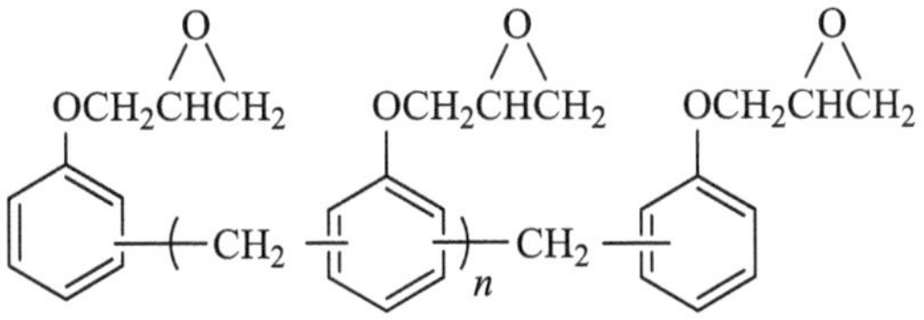

环氧基

能引起过敏的化学物质五花八门，品类繁多。单从所列分子的结构看，只能看出致敏化学品在结构和活性基团上的一些端倪。比较能肯定的是 α 位卤素取代、烯丙位卤素取代、芳环或芳杂环的苄位被卤素取代的化合物以及卤代芳杂环化合物，都极具致敏性。

抗原抗体结合的化学本质是极其复杂的，除了化合物的功能基团通过电性和引力等因素与体内纯蛋白结合产生影响外；更重要的是这些相关基团的排列组合与骨架三维结构是否适应即将嵌入的纯蛋白的空间，如同药物-受体的结合机理和定量构效关系，是需要专门加以研究的。

至今，抗原抗体结合的化学本质尚未完全阐明，所以尚不能完全根据化学结构来准确地预测某化学物质是否能与体内纯蛋白结合而构成潜在的完全抗原，以及对人体是否构成致敏作用。

另外个体之间也有差异，个体的过敏体质及抵御能力有所不同，一些人没有出现过敏反应，并不代表该物质没有致敏性；某人对某化合物有过敏性反应，不代表所有其他人员也对该物质有过敏性反应。

例如，某项目组合成 2、4、5 位卤素取代的嘧啶衍生物：

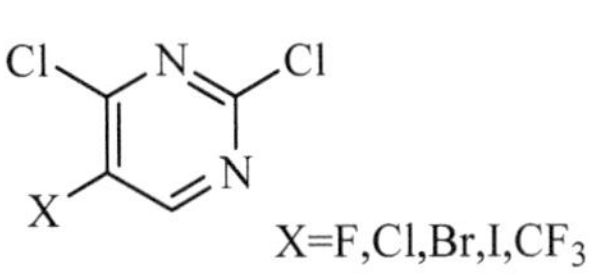

$X=F,Cl,Br,I,CF_3$

该项目组 11 人中，有 2 人始终没有出现过敏反应，而其他 9 人却有程度不等的过敏反应，有的不但有水泡，而且严重到皮肤溃烂。然而又发现，当嘧啶环的 4 位氯被氨基取

代后，致敏作用消失，没有人员出现过敏，这说明嘧啶环的 4 位氯与体内免疫球蛋白存在着某种对应关联作用。

总之，对于预防和减少由致敏化学品引起的过敏伤害，养成良好的化学实验操作习惯是非常重要的，从领料取样、投料、反应，到后处理、器皿清洗、废物处置等，都要积极、主动和认真地做好充分的个人隔离防护，同时，始终保持在具有负压的通风橱内操作，拉低橱门，以免吸入后通过呼吸和血液系统引起全身过敏。只有做好应对措施，防患于未然，才能减少甚至避免过敏伤害事故的发生。

复习思考题

1. 过敏原与抗原的关系。
2. 致敏反应的机制。
3. 致敏的内因和外因是什么？
4. 变态反应有哪两个阶段？
5. 过敏反应有哪些种类？
6. 化学物质过敏反应的特点、步骤和特别注意事项各是什么？
7. 如何鉴别过敏反应？
8. 致敏化学品在结构和基团上有什么特点？

第二十章　刺激性化学品

一些危险性化学品，不但兼有易燃易爆、有毒腐蚀等危害性，而且具有更加突出的刺激性而危害人们的身心健康。

刺激性化学品主要有恶臭化学品和催泪性化学品两大类，其危害性一般是通过侵入人的皮肤或体内外各器官黏膜而表现出来，是一类令人难受，损害健康，甚至危及生命的危险化学品。

第一节　恶臭化学品

恶臭物质的种类很多，迄今凭人的嗅觉即可感觉到的自然界产生的恶臭物质有四千多种，而已知人工合成的恶臭化合物在二十多年前就达 40 万～50 万种。

除了氨和硫化氢等少数物质属于无机化合物外，实验室中接触到的恶臭物质基本都是有机化合物。这些恶臭物质常含有巯基、氨基、羟基、羰基等功能基团，组成酚、醇、醛、酮、酸、胺、硫醇、硫醚等各种恶臭化合物。最具代表性的恶臭化合物是含二价硫的化合物(如硫化氢、硫醇类和硫醚类等)以及含氮化合物(如氨、胺、腈、胩等)。

恶臭物质基本都处于不完全氧化的状态，它们经过自然的光降解，或在大气、水体和土壤中与环境中其他有机化合物和微生物相互作用继续氧化、分解，最终转化成为"非恶臭"类的化合物。虽然大自然有消解恶臭物质的自我净化功能，但这种自我净化的消解进程是极其缓慢的。实验室作为小环境，会被恶臭物质很快污染，这就需要身处该环境的研发人员加强学习，按照恶臭物质的性质妥善尽快淬灭处理，避免污染事件发生。

一、恶臭阈值

有无恶臭气味及气味的大小除了与恶臭物质的化学结构特性有关外，还与恶臭物质在空气中的浓度有关。恶臭的检测方法有人的嗅觉法和仪器分析法两种。通常把正常勉强可以感觉到的臭味浓度称为嗅觉的阈值。其中不能辨别臭味种类的阈值称为检知阈值，能够辨别出臭味种类的阈值称为认识阈值。由于嗅觉的灵敏程度因人而异，所以不同研究者给出的臭味阈值往往差距甚远。一般恶臭多为复合恶臭形式，复合恶臭的强度同物质的种类与浓度有关。

二、恶臭强度

恶臭物质的臭气强度随其浓度的增加而增强，二者之间的关系可由下式表示：

$$P = K \cdot \lg S$$

式中，P 表示恶臭强度；S 表示恶臭物质在空气中的浓度；K 表示常数，恶臭物质种类不同，K 值也不同。

为贯彻《中华人民共和国大气污染防治法》，控制恶臭污染物对大气的污染，保护和改善环境，我国在 1993 年制定了《恶臭污染物排放标准》（GB 14554—1993）。《恶臭污染物排放标准》中对氨、三甲胺、硫化氢、甲硫醇、甲硫醚、二甲二硫、二硫化碳、苯乙烯和臭气 9 种恶臭物质的限制排放标准是根据恶臭的刺激强度与浓度之间的关系对每种物质规定控制范围的。《恶臭污染物排放标准》中例举的恶臭物处理后是否达标，可按该标准执行，见表 20-1。

表 20-1　有机合成实验室几种常见恶臭物的相关数据

名称	沸点（℃）	嗅觉阈（ppm[a]）	排放标准（mg/m³）
氨	−33.5	0.037	＜1.0（0.7722ppm）
硫化氢	−61.8	0.0004	＜0.03（0.023ppm）
甲硫醇	6.0	0.0001	＜0.004（0.003ppm）
二甲硫醚	38.0	0.0001	＜0.03（0.023ppm）

a ppm 为一百万份体积的空气中所含污染物的体积数。根据我国环保部门规定，百万分率已不再使用 ppm 来表示，而统一用 μg/mL、mg/L、g/m³ 或 mg/m³ 来表示。虽然 ppm 属于非法定计量单位，但因已经被广大研发人员接受，所以本书对原文献计量单位予以保留。

体积浓度 ppm 与质量浓度（mg/m³）的换算：$mg/m^3 = (M/22.4) \times ppm \times [273/(273+t)] \times p/101325$。其中，$M$ 为气体分子量，t 为温度（℃），p 为压强（Pa）。

恶臭强度以嗅觉阈值为基准划分等级，一般分为 6 级，见表 20-2。

表 20-2　恶臭的强度标准

恶臭强度	内容
0	无臭
1	勉强感知臭味（检知阈值）
2	可知臭味种类的弱臭（认知阈值）
3	容易感到臭味
4	强臭
5	不可忍耐的剧臭

三、恶臭化学品分类

（一）二价硫化合物

1. 硫醚和硫醇

二价硫化合物主要包括硫醚和硫醇，它们在数量上和危害性上都是比例最大的恶臭物质大家族。

二价硫化合物的成因类型有微生物硫酸盐还原、热化学分解、硫酸盐热化学还原和岩浆成因等。最简单的二价硫化合物硫化氢除了人工制造外，自然界里一般由粪便或动植物体中的蛋白质经微生物分解产生胱氨酸和半胱氨酸，再通过微生物的无氧酵解产生。硫化氢不但奇臭，而且毒性很大，人类由于硫化氢中毒而付出了巨大的生命代价和健康代价，并还在继续付出，特别是窨井内聚集的硫化氢中毒案例一直没有停息过。硫化氢对人体的危害见表 20-3。

表 20-3　硫化氢对人体的危害

浓度(ppm)	危害
0.0004	嗅觉阈值
0.007	影响眼睛对光的反射
<5	刺激人的黏膜、呼吸道
10	刺激人眼睛的最小浓度
15	美国政府规定的工作场地最大容许浓度
100	嗅觉麻痹，对人的气管和肺产生刺激
200	暴露 2～5min，使人疲劳；1h，急性中毒；8～48h，导致死亡
600	30min 的暴露导致死亡
>700	短时间内意识不清，呼吸停止，死亡

某公司曾经发生过比较严重的实验室污染事故：一研发人员在做通硫化氢气体的反应时，未搭建任何尾气吸收淬灭装置，导致整个大楼臭气弥漫，研发人员纷纷撤离大楼。

化学实验室常用的硫醇——苄硫醇，是极其恶臭的。曾有一位研发人员做反应用到苄硫醇，虽然下班后用香皂反复洗手并更换衣服，但在乘出租车时，还是由于一身臭被驾驶员赶下车。回到家，妻子、女儿捂着鼻子，远远站着，歪着头望着他，不敢靠近。

二价硫是发臭团，也称发臭结构基元，淬灭二价硫化合物的恶臭气味，核心原理是要将二价硫进行氧化。先将二价硫化合物溶于醇或 THF 中，再用过量（一般 2 个摩尔比以上）的 NaClO（有效氯 10%～20%）或 5%～10%H_2O_2 把硫醚氧化成亚砜或砜、把硫醇氧化成亚磺酸或磺酸、把 H_2S 氧化成亚硫酸盐或硫酸盐，这样处理后就不臭，低毒甚至无毒了。

对于淬灭反应液中多余的二价硫化合物，首先要核算一下，估算还剩余多少留存在反应液中，做到心中有数。在后处理的水层或有机层中加入足量的 NaClO 或 H_2O_2 进行淬灭，这一切操作都要在通风橱内进行，完成后倒入废液桶。所用相关玻璃仪器和用品也要用淬灭液进行荡洗，确认无刺激性臭味后才能移出通风橱作进一步清洗。

要特别注意，用过量的氧化剂淬灭反应液中的多余二价硫，又可能会导致过量的氧化剂（如 H_2O_2）进入有机相的提取液，最后在浓缩时容易引起爆炸。所以还要用还原剂（如亚硫酸钠等）淬灭多余的氧化剂，使润湿的淀粉碘化钾试纸呈阴性为止（注意被试溶液的 pH 必须小于 9）。此时高价态的硫不会再被还原到二价状态。

除了要用过量的氧化剂淬灭反应液中多余的二价硫化合物外,所有二价硫化合物参与的反应,都要搭建尾气吸收淬灭装置,如果量大,最好还要做二级尾气吸收淬灭以彻底消除臭气。淬灭剂一般用氧化剂,如2%～5%的过氧化氢或次氯酸钠溶液。如果二价硫化合物分子量超过250左右(大分子的沸点高,不容易溢出至空间)或量很少,才可以考虑不搭建尾气吸收淬灭装置。

2. 一氯化硫、五硫化二磷和劳森试剂

一氯化硫或称二氯化二硫,属于二价硫化物,在有机合成中用于引入C—S键,它和烯烃加成产生氯代硫醚,也是Herz反应中的试剂。它是一种黄红色液体,有刺激催泪性、窒息性恶臭,在空气中强烈发烟,遇水分解为硫、二氧化硫、氯化氢:

$$2S_2Cl_2+2H_2O == 4HCl+3S\downarrow+SO_2\uparrow$$

进行大量淬灭时,不但要用大量的水,并且要有尾气吸收装置,吸收液可用稀的碱液。也可以直接将一氯化硫缓慢滴入稀的碱液中,控制温度在30℃以下,可直接加冰降温,最后通过酸碱中和调至中性。

五硫化二磷(P_2S_5或P_4S_{10})作为硫化试剂,能将醇、羰基中的氧转变为相应的硫代化合物。虽然是黄绿色结晶固体(mp 276℃),但是遇空气中的水汽则分解成有恶臭气味的H_2S,可用氢氧化钠溶液处理,生成硫代磷酸钠等。在下面的反应和后处理操作中,当事人没有安装尾气吸收淬灭装置,其恶心的臭味导致整个大楼的很多员工出现头晕和呕吐。

劳森试剂(Lawesson's reagent)是一种氧硫交换试剂,其最常见的用途是将羰基化合物转化为硫羰基化合物。

劳森试剂

劳森试剂为微黄色的固体粉末,具有强烈难闻的腐烂气味。反应中多余的劳森试剂以及使用过的器皿,都要用次氯酸钠溶液做淬灭处理。

（二）氨及胺类

氨及胺类是恶臭物质的第二大家族。

氨及胺类的发臭结构基元是三价氮,用酸中和的方法比较简单易行,再由处置单位做彻底焚烧处置。

特殊结构的胺类恶臭物可用特殊的化学方法进行处理。例如，将三价氮化合物氧化成更高价态一般就不会再有臭味。用次氯酸钠处理时需特别注意，因为次氯酸钠与伯胺或铵盐会发生剧烈反应。

（三）异腈类

异腈也称胩，多为液体，有毒性，对眼睛、呼吸道和皮肤有刺激作用，可催泪，有恶臭。

某研发人员制备苯乙胩(反应式如下所示)，不小心将近 10g 的产物打落在地。他没有在最小范围内快速用氧化剂或酸做紧急彻底淬灭处理，而是用大的布拖把满地乱拖，又在水池里冲洗拖把，最后将还在滴水的污染的大拖把通过走廊放在洗手间里，结果将污染面扩大化，导致整个大楼的员工受害，一些员工表现出恶心呕吐、舌头发苦、头晕头疼、胸口发闷等症状。

苯乙胩

将异腈物质去臭去毒的淬灭方法有两种：其一，溶于乙醇或合适溶剂中，用次氯酸、双氧水或 Fenton 试剂进行氧化淬灭；其二，胩容易被酸分解，如果反应后的产物不忌讳酸，最好是用酸解的方法，这样更简便，易取材，花费也低。

（四）恶臭的酚类、醇类、醛类、酮类、酸类和酯类

多数应用实例是采用相应的氧化剂(如 Fenton 试剂)氧化等方法进行淬灭。例如，丙烯酸酯类的除臭降解，最有效的方法就是进行氧化淬灭。

并不是只有恶臭等刺激性物质才对人有害，其实一些很香、令人舒爽的东西对人体也可能是有毒的，如樟脑丸、空气清新剂、香水等，它们已被称为家庭杀手。作为防蛀剂的樟脑丸，香气四溢，但其中对二氯苯属于有毒的挥发性有机化合物，人体长时间吸入会引起头晕、呕吐、皮肤过敏、四肢麻木等症状，还会引起肺功能障碍、肝脏受损、急性溶血性贫血、呼吸道刺激等，严重时甚至可以致癌。很多空气清新剂中含有苯酚，其结果导致空气更浑浊，污染更严重。化学香水掩盖了体表异味却可能遮蔽潜在的感染，并可能直接或间接地迫使或诱使身体生出一些本没有的毛病来。

第二节　催泪性化学品

人在过度悲伤时可引起副交感神经兴奋导致泪腺分泌泪液，称悲泪，味道咸；过度高兴则引起交感神经兴奋刺激泪腺血管收缩导致流泪，称喜泪，味道淡；悲泪和喜泪统称为情感性流泪。患有眼病也会流泪，称为疾病性流泪。

人类流泪的另一个重要原因，是为了排除异物或冲稀刺激物而引起的自我保护反应，这时分泌泪水是一种生理性应急反射，称为反射性流泪。

凡是对眼黏膜、视网膜有刺激作用的化学物质都有催泪作用。

一、自然界中的催泪性化学物质

某些动植物为了御敌，维护自身利益常会在紧急情况下瞬间释放出能刺痛入侵方的黏膜皮肤或使入侵眼睛流泪造成痛苦的化学物质。

辣椒在被切剥磨碎时会释放出刺眼催泪的辣椒素(OC)，其实这是植物的一种保护自己和子孙的防卫功能。人们切洋葱时通常也会眼泪汪汪。洋葱和大蒜细胞质中富含蒜氨酸和异蒜氨酸，在洋葱被切割、粉碎或咀嚼时，蒜氨酶从细胞液向细胞质释放，同时在磷酸吡哆醛辅酶的参与下，在大约10s的时间里，几乎将所有暴露的蒜氨酸和异蒜氨酸转化，先生成一种复合物，再分解成具有强烈催泪性的挥发物质——S-烷(烯)基-硫代亚磺酸酯，其中具有最强烈催泪性的物质蒜辣素就是蒜氨酸被分解后生成的烯丙基-2-丙烯基硫代亚磺酸酯，其是多种衍生物中的一种。这是天意还是上帝的造化？世界上还没有哪一位化学家能这么神速般地合成出这样的化学物质来。

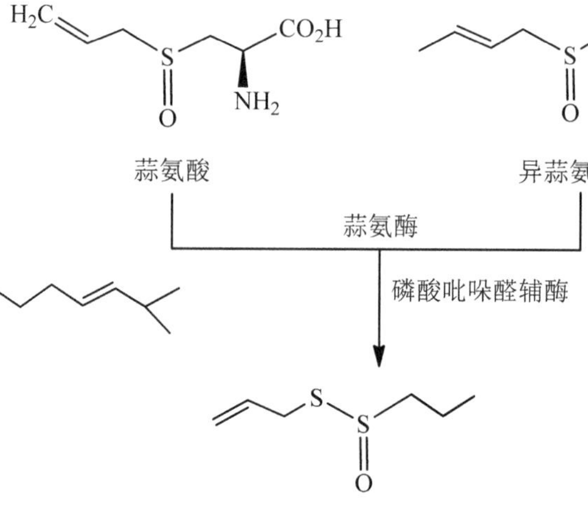

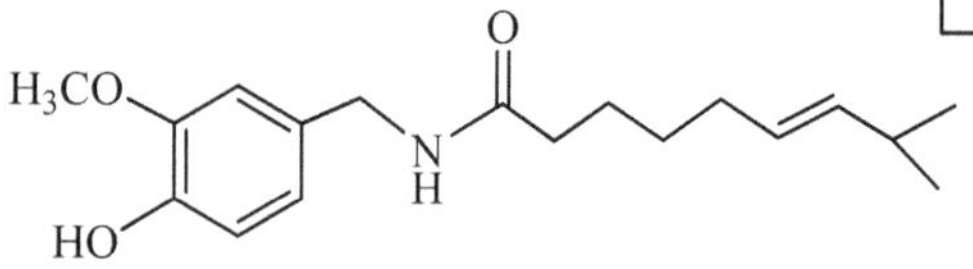

蒜氨酸　　　　　　　　　　　　异蒜氨酸

蒜氨酶

磷酸吡哆醛辅酶

辣椒素(OC)

蒜辣素

（硫代亚磺酸酯等多种催泪辛辣物质）

人类社会中被世界各国警察广泛使用的催泪弹，其催泪瓦斯主要由苯氯乙酮(CN)、邻氯苯亚甲基丙二腈(CS)、辣椒素(OC)按一定比例组成。当人体接触到催泪瓦斯时，眼部等黏膜和皮肤受到刺激，灼热疼痛，会流泪使视线模糊，会感到非常难受。

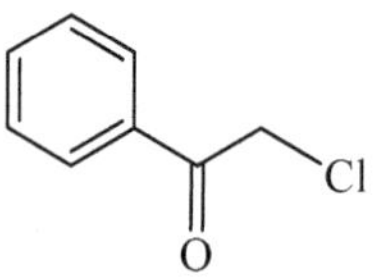

苯氯乙酮(CN) 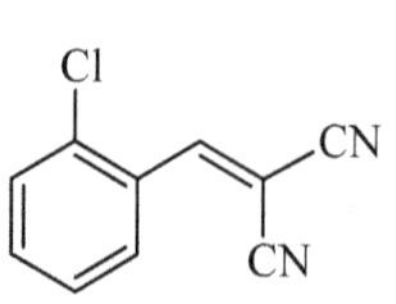　　邻氯苯亚甲基丙二腈(CS) 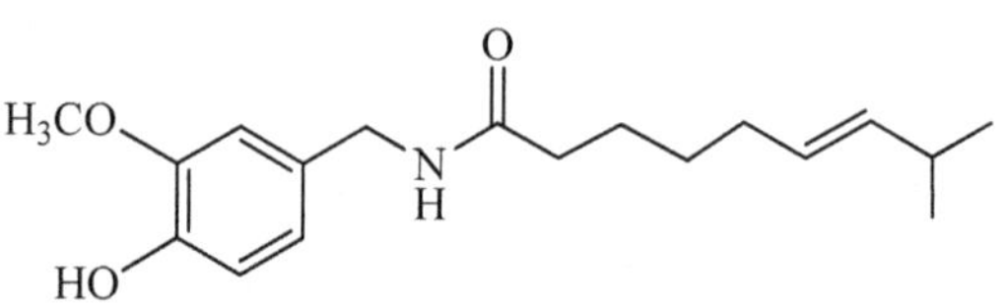　　　　　　辣椒素(OC)

二、化学实验室中的催泪性物质

(一)卤代有机化合物

化学实验室中的催泪性物质在数量上比自然界要多得多,有简单的氨气、二氧化硫、甲醛等小分子,也有结构较复杂的分子。人工合成物中具有催泪性质的以卤代有机化合物居多;而自然界中仅海藻等极少海洋生物含有卤代有机化合物,陆地生物中则罕见含有卤代有机化合物,更无催泪性卤代有机化合物的相关报道,所以自然界中有催泪活性的物质以含硫和含氮元素的居多。

化学实验室中具有催泪性质的物质虽然多种多样,但数目最多的是卤代有机化合物,除了酰卤等结构的化合物外,最特别的结构特征是:凡是 α-卤代物(如氯代丙酮、溴乙酸乙酯等)、苄位卤代物(如溴苄)和烯(炔)丙位卤代物(如 3-溴丙炔)都具有催泪性,是催泪物质中的最大家族,是化学实验室最常见也最具代表性的催泪剂。

它们的催泪结构基元通式如下:

式中,X 表示 F、Cl、Br、I;A 表示 C、N、O;B、C、D 可分别表示 H、C、N、O、X(F、Cl、Br、I)。

例如,氯丙酮、溴代乙酸乙酯、溴苄、催泪瓦斯中的苯氯乙酮等都有上述催泪结构基元,也是实验室中最为典型的催泪物品。

分子量越小,沸点越低,挥发性越大,催泪性就越强;不同卤代的同一有机化合物的催泪性强度(经验性):溴代物>氯代物>碘代物>氟代物,其规律有待进一步用定性,定量方法进行研究和确认。

对于卤代有机化合物催泪性试剂的淬灭处理,可以根据其化学性质,用亲核性试剂进行淬灭,如氨水、氢氧化钠水溶液等。也可以用次氯酸、过氧化氢等氧化剂进行淬灭。先用 THF、乙醇等合适溶剂溶解,搅拌下加入超过反应摩尔比的淬灭剂,至反应完全,最后用酸中和。

反应结束后多余的卤代有机化合物催泪性物质的消解处理,既要根据有机卤代物的化学性质,也要兼顾产物的性质,综合考虑进行处理,不能将产物也一起破坏了。

(二)异氰酸酯等其他结构类型

化学实验室中的催泪性物质除了大家族卤代有机化合物外,还有硫代有机化合物、含氮有机化合物(如胺、异氰酸酯等)、醇、酚、醚、醛、酮、酸、酯、腈等结构的化合物。要消除其催泪活性,就要通过相应的化学反应改变其催泪特征的结构。

这里着重介绍比较常用的异氰酸酯类的淬灭处理,这是一类催泪性很强的物质。

异氰酸(H—N=C=O)与雷酸(H—O—N=C:)、正氰酸(H—O—C≡N)互为同

分异构体，统称氰酸，但性质大不一样。雷酸及雷酸盐性质不稳定，易爆炸。正氰酸及其酯类一般是带有不愉快气味的有毒液体。而异氰酸和醇或酚反应生成的异氰酸酯，除了刺鼻、有臭味和有毒外，很低浓度情况下就有强烈催泪性。实验室中比较常用的有异氰酸苯酯、异氰酸苄酯、异氰酸乙酯和异氰酸甲酯。分子量越小，沸点越低，分子逸出越多，催泪性越强。催泪强度大小顺序为：异氰酸甲酯＞异氰酸乙酯＞异氰酸苯酯＞异氰酸苄酯。

异氰酸甲酯(MIC)为无色低沸点液体(bp37～39℃)，其在空气中的浓度为 2ppm 时，人眼就会感到刺激并流泪，即使浓度低于 2ppm，长时间暴露也会对眼睛造成永久性伤害。眼睛一旦接触，要立即且持续用清水冲洗 15～30min。当它的浓度为 21ppm 时可致命，动物半致死浓度(LC_{50})为 6.1ppm(6h，大鼠、吸入)。最严重的并发症是引起化学性肺炎以及肺水肿。此外，异氰酸甲酯还会引起皮肤组织坏死，以及角膜坏死等问题。

震撼世界的印度博帕尔的毒气泄漏事故，毒气成分即为异氰酸甲酯。1984 年 12 月 3 日，美国联合碳化物公司在博帕尔开办的一家农药厂发生严重的异氰酸甲酯泄漏事故，据国际聚氨酯协会异氰酸酯分会提供的数据，该事故共造成 6 千多人死亡，12.5 万人中毒受伤，5 万人终身受害。

异氰酸甲酯的处理可用碱解或 Fenton 试剂，Fenton 试剂处理的最佳反应条件为：pH 为 3～4，质量分数为 30%的 H_2O_2 加入量为 3.2%(体积分数)，H_2O_2 与 Fe^{2+} 质量比为 5∶1。其他异氰酸酯类可以按照同样方法处理。

因为许多催泪性物质挥发在空气中的浓度往往在很低的情况下就能对眼睛黏膜和视网膜产生刺激伤害作用，所以包括催泪试剂或废物，以及与之有关的反应液、试剂瓶、反应瓶等所有仪器用品，都要用淬灭剂在通风橱内荡洗，直至没有任何刺激催泪作用才能移出通风橱作进一步清洁。

复习思考题

1. 刺激性化学品主要有哪几类？
2. 恶臭化学品的结构特点是什么？
3. 废弃或反应后多余的恶臭化学品如何淬灭？
4. 催泪化学品的结构特点是什么？
5. 废弃或反应后多余的催泪性化学品如何淬灭？

第二十一章　危险化学废弃物

　　化学实验室经常会产生一些化学废弃物，它们中的大多数仍然保留着原来的各种危险特性，因此化学废弃物也称危险化学废弃物或废弃危险化学品；有的危险化学废弃物随着时间的推移或受各种因素的影响，转化成了有其他危险性质或危险性更大的物质。

　　危险化学废弃物具有某种或多种危险特性，如化学反应性、爆炸性、毒害性(分为急性、亚急性和慢性三种)、三致性(致癌、致畸、致突变)、致敏性、恶臭、催泪性、腐蚀性、浸出毒性、污染性、放射性、易燃性等。这不但会影响化学实验室正常的研发工作，而且会对运输、环境和人体健康产生危害。图 21-1 是化学实验室常有的一些危险化学废弃物。

图 21-1　危险化学废弃物(1)

　　另外要引起特别重视的是，这些化学废弃物(图 21-2)所产生的危害具有长期性、潜伏性、突发性和严重性。

图 21-2　危险化学废弃物(2)

第一节　危险化学废弃物的分类

　　危险化学废弃物主要有两类：危险化学报废试剂和危险化学废物。危险化学废弃物按其来源，又分为以下多项。

一、危险化学报废试剂

　　危险化学报废试剂也称问题危险试剂，其前身大多是危险化学试剂，也有一些是普通的化学试剂，是由于过期、失效、变质、剩余、丢弃、积压等原因造成的，如图 21-3 所示。这些危险化学报废试剂除了原有的危险特性外，还可能形成新的危险特性。

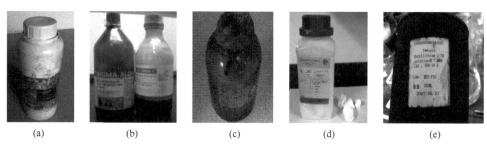

图 21-3 危险化学报废试剂(1)

(a)标签模糊不清；(b)溶剂变色沉淀；(c)包装严重破损；(d)试剂结块；(e)锈蚀

长期存储或保管不善，这些试剂其实已经从危险源变成了安全隐患——危险化学报废试剂。从成本上考虑，弃之可惜；从安全上分析，留下作孽，如图 21-4 所示。

图 21-4 危险化学报废试剂(2)

（一）危险过期试剂

危险过期试剂是指超过标示规定时限、有危险性的淘汰试剂，这些试剂仍然可能保留原来的危险特性，也可能形成新的危险特性。

（二）危险失效试剂

危险失效试剂是指达不到原定使用效果的危险试剂。实际上，"失效"并不是完全失去效果，而是由于受到温度等因素影响而部分分解，当有效成分下降超过一定规定值(如5%)时，即认为失效。化学实验室绝大多数的危险失效试剂仍然基本保留原来的危险特性，也可能形成新的危险特性。

（三）危险变质试剂

危险变质试剂是指由于受到光线、温度、湿度、分解、内部杂质等因素影响，发生品质上变异的危险试剂，主要表现为：浑浊、沉淀、分层、变色、有效成分含量下降等。化学实验室绝大多数的危险变质试剂仍然具有原来的危险特性，也可能形成新的危险特性。

（四）危险剩余试剂

危险剩余试剂是指由于包装过大，只用了其中一部分，而多余部分或零头一时派不上用处，弃之可惜，留之又有安全隐患的危险试剂。

（五）危险丢弃试剂

危险丢弃试剂是指由于实验室搬迁等原因而遗弃留存下来的危险试剂，这些无主试剂，有的连标签也没有，甚至连基本包装也不完整(如无盖子或盖子破损等)。这些常被称为"三无危险试剂"，是一类最具危险性的试剂。

（六）危险积压无用试剂

危险积压无用试剂是指由于贪图日后使用方便而过度领取，或因项目计划有变而积压、且一时又用不上的危险试剂。绝大多数的危险积压无用试剂仍然保留原来的危险特性，也可能在积压期间形成了新的危险特性。

二、危险化学废物

化学实验室的危险化学废物是指经各种单元操作后形成的具有某种或多种危险特性的化学废物。有些是残留物，有些是通过相互反应或受各种因素的影响变化而形成的新成分。它们看上去是废物，却潜在有各种危险特性，需要及时淬灭处理，如图21-5所示。

图 21-5　危险化学废物

（一）残留物

在反应、后处理、浓缩或蒸馏等单元操作后得到的危险化学废物中通常还残留有未反应完的剩余起始原料，这些剩余留存下来的起始原料其实就是原来的试剂，如 NaH、LiAlH$_4$、H$_2$O$_2$ 等，它们与反应底物的摩尔比总是大于理论量很多，有时达 10 倍以上(如 H$_2$O$_2$ 参与的氧化反应、POCl$_3$ 既当氯化剂又当溶剂等)，这些多余的危险试剂仍然保留着原有的危险特性，需要在反应后处理等环节中进行妥善淬灭处理。

（二）新危险成分

在反应、后处理、浓缩或蒸馏等环节中还可能生成新的成分，这些新成分的潜在危险特性是多种多样的，并转入到废液(物)中。如果能确切预计到形成的新化学成分，就能知晓其危险性，问题是许多情况下不知道是否会形成或形成什么新的成分，所以就难以预测其危险性，从而难以有正确应对方法，如防护方法、淬灭方法等，导致其危险性造成的危害性往往很大。

第二节　危险化学废弃物导致的事故

综合多地多年化学实验室事故统计的结果可知，因为危险化学废弃物和处理这些废弃物而发生的燃烧、爆炸等造成财产损失和人身伤害的事故占实验室事故总数的三到四成，有些实验室甚至更高。

分析所有的危险化学废弃物事故，都是由人为因素、违反相关 SOP 引起的。这需要引起所有研发人员和相关主管的高度重视。

一、发生危险化学废弃物事故的原因

发生危险化学废弃物方面的事故，主要原因有以下几个方面。

1. 思想上不重视

一些人对危险化学废弃物只是浅表性的认识，潜在意识上就认为废弃物品只是作废不再使用、没有价值的东西而已，经常不当一回事，所以在思想上就不大重视其危险性。

思想上的麻痹本身就是潜在的主观人为的危险因素，是事故之源。

2. 管理失控

对危险化学废弃物没有对应 SOP、或有制度但不执行、或存在管理漏洞、或管控力度薄弱、或措施缺失，而乱摆乱放、乱丢乱扔，处于失控状态，后患无穷。

忙于项目进度，忽视安全，管理失控是事故之根本。

3. 方便自己不顾他人

少数人贪图自己方便、或不知道如何处理、或一时拿不定主意等，将本应属于自己处理的危险报废试剂或危险废物，通过各种方式或机会故意留存给别人，从而把安全隐患转嫁给别人，这属于典型的损人利己行为。后面接手的人不清楚瓶内是什么东西，处理起来盲目性大，更容易出事故。针对这种情况，要制订专门的危险化学废弃物管理制度，职责到人，不可推卸，特别要明晰：危险化学废弃物的责任人为危险化学废弃物的产生者或持有者。如果不是危险化学废弃物的产生者，遇上搬迁、前人岗位变动或离职，需要接手危险化学废弃物时，一定要慎重，要问明情况，不可糊里糊涂接手，一旦接手，就成为危险化学废弃物的责任人。规章制度还应规定：搬迁实验室时，所有化学试剂、中间体、溶剂和产物都要搬干净，做到无一遗漏；后面的进入者在搬入前要仔细察看，如果发现有遗留化学物品，要立即追溯到原来的持有者(原物主)和主管，否则就成为新的物主而承担无谓的责任。

4. 随意性大

危险化学报废试剂的产生在时间、项目、人员、地点上有较大的随意性，监督、管理和处置难度大，时间一长就有大量和种类繁多的危险化学废弃物积累下来，成为实验室的安全隐患。

5. 混合难处理

危险废弃物中常有一些不清楚的物品，特别是共用的废液桶或废物容器，不能确认废弃物的品类，由此造成的相互反应性难以预测，难以应对，既有隐蔽性又有突发性。

6. 留存时间太长

个人的试剂柜和实验操作台，以及公用的部位，经常放置着一些危险化学废弃试剂和危险废物没人及时做淬灭降解处理，导致越积越多，最后成为棘手的安全隐患。到了卫生大检查或实验室调整搬迁时，不得不处理，处理又不能对症下药，相关人员便慌慌张张、草草应付、盲目处理，结果往往会导致起火燃烧，造成财产损失或爆炸伤人事故。

7. 缺乏事前论证和预计

缺乏论证、不知道或没有预计到反应、后处理、浓缩或蒸馏等环节中可能生成新的危险性成分，就无从应对其潜在的危险性。这是很危险的，往往会给当事人带来灾难性的后果。

8. 淬灭方法不得当

每一种危险报废试剂或危险废物都有各自不同的化学反应性等危险特性，由此对应的淬灭处理方法还会与温度，溶剂环境的极性、酸碱度、氧化性、加料顺序、浓度和速度等有很大关系。常常会发生虽然按照规定操作，但仍发生事故的案例，其实是由没有全面顾及当时所有情况和内在细节，考虑不周所致。

危险报废试剂和危险废物的淬灭处理，其实属于精细活，既需要严谨的科学态度，还需要熟练的操作技巧，才能将此类安全隐患彻底消除。

二、危险化学废弃物的事故案例

以下是一些比较典型的危险化学废弃物的事故案例，前车之鉴，切勿重蹈覆辙。
案例1
实验室的危险报废试剂和危险废物未经严格淬灭处理就被拉到废弃物处置公司。在处置公司的存放地点，平时废物桶内经常会冒出一些烟雾或火星，大家居然习以为常。电器不防爆，电线走向不规范、设置不合理。隐患不追根，必有大患出现。

图 21-6 是一次废物自发热引起大火的事故，大量危险化学废弃物燃起熊熊大火，蔓延至整个存放区，将整个存放区内的仓库和车间全部烧毁。

图 21-6　整个存放危险化学废弃物的仓库和车间被全部烧毁

火灾区正上空是密布的高压电线，发生火灾期间，供电部门立即紧急停电，整个区域因此造成的更为严重的间接经济损失已经无法统计。消防大队派来十多辆消防车，由于火太大，又了解到存放起火的物品是石油醚等疏水型的有机废物，如果用水灭火，会形成流淌火，殃及范围将更广更多，后果将更严重，因而没有使用消防水，后来几乎是任其自行烧尽的。该企业负责人被刑拘，企业被罚，并从此停业。

置评：

(1)这是一起由于危险化学废弃物的产生单位与接收单位双方的安全管理混乱，对社会极端不负责任而导致的责任事故。

(2)危险化学废弃物的产生方一定要自行进行彻底预处理，才能将危险化学废弃物运出。

(3)危险化学废弃物的接收方一定要加强软件(操作人员的安全培训、规章制度建设和应急演练等)以及硬件(电气、消防和设备设施等)的危险化学品安全管理。

案例 2

某研发人员用钯碳催化剂做脱苄反应，反应后过滤，将漏斗中的硅藻土和钯碳催化剂转移到烧杯中，及时交还给氢化实验室管理员。其实在从漏斗向烧杯转移钯碳催化剂的过程中，有细小的含有微量钯碳的硅藻土落到了台面上，下班前，当事人用草纸清洁台面，并将沾有微量钯碳催化剂的草纸随手丢到通风橱边上的废纸筐里。

直到第二天凌晨 2 点，通过远程监控，值班保安发现该实验室的废纸篓里起火，于是及时赶到现场将火扑灭，没有造成任何损失。

然而，下面是几乎由同样原因导致的另一个案例，结果却是天壤之别。

某新药研发公司一研发人员做常压催化氢化反应时玻璃瓶发生破碎，该研发人员没有正确处置实验失败后的危险化学试剂——钯碳催化剂，而是将活性钯碳催化剂连同玻璃瓶碎片一起统统扔进垃圾桶。中午时分，员工用餐，实验室空无一人，垃圾桶内的钯碳催化剂起火星，并导致桶内易燃品起火，继而引燃随处乱放的桶装有机溶剂，大火迅速蔓延，一发不可收拾，800 多平方米的整个楼顶层全部起火，火势快而凶猛，所有设施、仪器、各种用品以及个人财产被熊熊大火付之一炬。一位在外办事的公司员工后来说，在几公里外都能望见自己公司楼顶的滚滚浓烟，见图 21-7。这次事故同时造成下层的窗户被震坏，见图 21-8。

图 21-7　公司楼顶滚滚浓烟　图 21-8　窗户被震坏

该公司除了受到政府相应的惩罚外，还被责令停业，不久即被驱逐出所在的科技园区。

置评：

以上两起事故都是由违反钯碳催化剂的相关 SOP 引起的。前一起由于监控管理严密和有机溶剂管理严格，没有造成多少损失。而后一起则是一起典型的各方面管理严重缺失、当事人违反危险化学废弃物的处理操作规程的安全责任事故。该公司的安全问题很多，隐患到处都是，不出事故是偶然，出事故是必然。

案例 3

某实验室因调整需要搬迁,将遗留的大量报废试剂统统倒入废液桶和固体废弃物桶中,下班时,最后一位研发人员将三乙胺和乙醇钠也一并倒入,当时没有发现异常就离开了,实验室里空无一人。不久,该实验室的自动报警系统发出火灾报警铃声,相关人员及保安立即赶到该实验

图 21-9　大火被扑灭后的实验室和走廊

室灭火,经过大家的努力,大火终被扑灭,如图 21-9 所示。落地通风橱被烧得面目全非,风管和风机被烧毁,直接损失超过两万元。

至于为什么会燃烧,当事人也不清楚,只好凭想象描述:可能是未进行后处理的工业级乙醇钠中含有少量的金属钠,钠与空气中的水汽发生反应,局部剧烈放热,发生自燃,进而引起废溶剂桶中的有机溶剂燃烧而导致火灾。这样的分析不仅笼统、牵强,而且很荒诞,工业级乙醇钠中怎么会含有金属钠呢?正是由于该实验室根本不重视对危险化学废弃物的管理,所以大家都想不起来往桶里倒了什么物质,当然也就找不到是因何物引起火灾。

置评:

平时未及时逐一处理危险报废试剂,安全观念淡薄、管理失控是事故的主要原因。

案例 4

某合成部门接到通知,限期整体搬迁至很远的分公司,因此留下大量来不及处理的危险化学报废试剂和危险废物,如图 21-10 所示。

由于时间紧迫,领导只好将这些危险化学报废试剂和危险废物交给留守人员处置,结果由于不明各种物品性质而发生起火燃烧事故,见图 21-11 [图 21-11(a)、(b)为事故录像截图]。

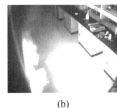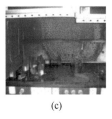

　　　　　　　　　　　　　(a)　　　　　　　　　(b)　　　　　　　　　(c)

图 21-10　危险化学报废试　　图 21-11　对一批不明废弃物进行处理,导致通风橱内燃烧以及大火被
　　　　　剂和危险废物　　　　　　　　　　　　　扑灭后的残局

置评:

(1)平时一心抓项目进度,忽视安全,没有及时处理掉日常产生的报废试剂,日积月累,导致大量危险报废试剂及废弃物堆积过多,留存时间太长,出事故是必然。

(2)处理大量的危险报废试剂及废弃物时不能心急,一定要花足够的人力、物力、时间和精力,耐心地逐一单独处理。

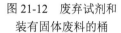

图 21-12　废弃试剂和
装有固体废料的桶　　图 21-13　双手拎起正在
燃烧的固体废料桶

案例 5

废物收集人员从某实验室运出一个装满固体废料的桶(图 21-12)，在搬运过程中，该固体废料桶中突然有火苗蹿出，为了不致引燃推车里其他的有机废液桶，该废物收集人员立即用双手拎起正在燃烧的固体废料桶出楼(图 21-13)，之后，被赶来的研发人员用灭火器将火扑灭，并彻底处理了该桶中的危险物品，直到没有氧化性、pH 呈中性为止。

由于废物收集人员行动果断而敏捷，将燃烧的废物桶及时移出装满有机废液的推车，双手拎起燃烧的废物桶离开研发大楼，避免了一场火灾，没有造成人员伤害和财产损失。

事件发生后，该实验室对发生起火的废料桶进行了细致检查，发现固体废料桶内的废弃物品很杂乱，既有固体碳酸钠、硫酸钠、氢氧化钠(钾)等无机盐、过柱后的废硅胶、脱脂棉，还有有机溶剂，以及误操作倒入的氧化剂亚氯酸钠。

起火原因很有可能是亚氯酸钠氧化有机化合物导致局部放热，从而引燃硅胶中残留石油醚等溶剂。

置评：

实验室安全管理混乱，员工安全观念淡薄，不重视危险报废试剂和危险废物的及时妥善淬灭处理，是这次起火事件的主要原因。

案例 6

某研发人员处理自己长久留存下来的各种固体废旧试剂。他先将这些固体废旧试剂倒入一个 5L 的塑料烧杯中，然后在向烧杯中倒入一瓶固体甲酰肼时突然冒出黄烟并着火。事故当事人与同事用黄沙和灭火器迅速将大火扑灭，如图 21-14 所示。

　　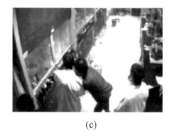

(a)　　　　　　　　　　　(b)　　　　　　　　　　　(c)

图 21-14　事故录像截图

(a)向烧杯中倒入固体废旧试剂；(b)烧坏突然冒出黄烟并着火；(c)将大火扑灭

当事人在事后分析，固体试剂混合淬灭不像液体混合淬灭那么均匀，估计为固体试剂混合储热发生燃烧，因为有些有机试剂虽为固体，但仍有一定的着火点。各种固体试剂混合物之间发生反应而造成局部过热导致燃烧。

置评：

(1)处理方法不对，不能采取固相直接淬灭，危险固体试剂要单独溶解于合适溶剂中才能做淬灭反应。

(2)即使类似碳酸钠等无大的危险性的固体废弃物品也需用合适溶剂(如水)溶解稀释，并做中和处理，以避免局部放热。

(3)只有硫酸钠等无危险性的报废物品，才可以不用化学方法处理。

案例7

某研发人员在做三氧化铬的氧化反应时发生冲料，当事人将残液直接倒入废液桶中，约 5min 后发生燃烧。

当事人先用灭火毯盖住桶口将火暂时捂灭，又用灭火器进行灭火，接着加碱和还原剂进行彻底淬灭处理。如图 21-15 所示，桶被烧得变了形。

置评：

(1)本事件虽未造成大的损失，但是如果没人在场，就是另外一种后果了。

(2)三氧化铬与桶内的有机溶液在酸性(硫酸)条件下发生放热反应而燃烧。

图 21-15 被火烧变形的桶

(3)发生冲料等意外事件时不要惊慌，要头脑清醒，迅速采取妥善合理的措施。

(4)强氧化性的试剂要经彻底还原淬灭处理后才能倒入废液桶中。

案例8

迫于安全卫生检查，某研发人员上午 10：00 开始处理实验室中遗留下来的各种报废试剂，其中有两瓶未用完、放置时间过长的变质四氢铝锂，总共约 30g。他将装有变质四氢铝锂的塑料包装袋开口后悬浮于冷却的四氢呋喃中(10L 的铝锅内有约 2L 四氢呋喃和约 2kg 干冰)，搅拌下缓慢加入 1L 左右的乙酸乙酯，大概 1h 后加水和稀盐酸(共 1L 左右)。因担心反应未完全，害怕放热剧烈，于是 11：30 左右又补加了 2kg 左右的干冰，然后放置于落地通风橱中。下午研发人员一直观察处理的废液，不定时搅拌，无气泡产生，也无放热现象。研发人员晚上 18：00 左右离开实验室。到晚上 22：00 点左右时废液自燃起火，火灾报警系统自动启动，大火被值班保安人员扑灭。落地通风橱被烧毁，见图 21-16。技术夹层内的风管和室外的排风机全部被烧毁。所幸图 21-17 中左边桶内的石油醚未被点燃，否则后果不堪设想。

图 21-16 落地通风橱被烧毁　　图 21-17 左侧桶内装有石油醚

置评：

操作粗放是事故的直接原因。一是未将塑料包装袋中的四氢铝锂分散开，其未能充分混合于四氢呋喃中；二是加入的干冰太多，温度太低，所加的乙酸乙酯根本就没能同袋内的四氢铝锂反应，所加的水和稀盐酸被极低温度冻成固态冰。12h 后温度逐渐回升，固态冰融化，水进入塑料包装袋，与袋内的四氢铝锂反应，大量放热并产生氢气，发生起火。

销毁处置操作不合理且粗鲁，是处置危险化学废弃物的大忌。

案例 9

某员工处理实验室以前剩下的过期四氢锂铝，先是用药勺将四氢锂铝加到盛有四氢呋喃的桶里，后来发现装四氢锂铝的塑料袋口开始冒火，慌忙下赶紧把手上的带有火星的四氢锂铝往桶里倒，结果引起桶里的四氢呋喃起火。他先将灭火毯盖在桶口，接着又把盖在桶上的灭火毯拿下来去盖着火的袋子，这样桶里又烧起来了。接着又引起通风橱内其他溶剂起火。因为该通风橱离温感报警器较近，导致自动喷淋装置喷水。事故录像截图见图 21-18。

图 21-18　事故录像截图

当事人分析事故原因及后果：①因为用的是金属勺而不是牛角勺，摩擦引起火星；②员工因经验不足，没有及时采取正确措施，导致火势加大，灭火毯无法扑灭；③除了通风橱被烧毁及橱内物品损失外，自动喷淋装置无法人工停止，喷下的大量水渗漏到楼下，造成了更大的损失。

置评：

对于淬灭处理四氢锂铝的操作，从头至尾的各个环节和细微处都充满危险，需引起注意。

(1)开袋。如已经启封过，注意袋口内外是否留存有四氢锂铝，否则遇空气中的潮气马上有火星生成，这是很容易着火的一个环节。

(2)取样。虽然不是每次用金属勺都会起火星，导致燃烧，但操作规程上禁止用金属勺，这一点不能有侥幸心理。

(3)淬灭。一般要求四氢呋喃中的含水量不能高于 0.01%。加干冰的目的，一是维持容器内部上空弥漫阻燃的二氧化碳，二是适当降低内温，但是只能加少量干冰，加太多导致温度太低不利于淬灭反应，也不能在加了少量干冰后耽搁好长时间后才加四氢锂铝，以至于容器内部上空弥漫的二氧化碳被空气置换掉，起不到阻燃效果。用乙酸乙酯做淬灭剂要计算好摩尔数(即物质的量)并稍过量，直到没有气泡(氢气)冒出为止，最好用四氢呋喃和乙酸乙酯的混合溶液，这样淬灭反应就会温和一些；也可以直接滴加水和四氢呋喃的混合溶液来进行淬灭处理，但是操作更要细腻小心。详细操作方法可见本章第三节以及第四篇第二十四章第八节的相关内容。

案例 10

某研发人员将称金属钠的称量纸和钠屑放在通风橱内的大塑料杯中，然将旋蒸接收瓶中的回收有机液体倒入该塑料杯，结果产生火星并燃烧。由于烧到了手，结果盛有有机液体的接收瓶脱手掉落地面，致使大塑料量杯、台面和地面都起火。图 21-19 为火灾扑灭后的情景。

图 21-19　火灾扑灭后的情景

置评：

旋蒸接收瓶回收的有机液体通常含水量很高，倒入塑料量杯中时与金属钠反应起火，引起易燃有机液体的燃烧。思想决定行为，对金属钠的特性不做深入了解，忽视金属钠的危险性，是淬灭操作不规范的原因，而淬灭操作不规范是本次事故的直接原因。

案例 11

过量的高碘酸钠参与反应后，进行旋干、萃取、碱洗、有机相乳化，有大量固体析出，用布氏漏斗过滤，然后将有机相干燥旋干，得产品。盛有滤渣的布氏漏斗被放在通风橱过夜自然干燥，第二天在将布氏漏斗内的固体滤渣倒入垃圾篓时发生爆炸，手中的布氏漏斗被炸得粉碎。当事人手部被炸成重伤，脸部被布氏漏斗碎片划伤，并造成耳膜受损。

置评：

多余的高碘酸钠混杂在滤渣中，干燥后倾倒时，包含有高碘酸钠的固体粉末间发生摩擦，引起爆炸。应该及时用水洗掉滤渣，并淬灭多余的高碘酸钠，才能保障后面的操作安全。

案例 12

某研发人员处理一个自己原来遗留的反应瓶。溶剂早已旋干，瓶中留有黑色固体约十余克，因为时间已长，以为没有什么问题，就加了一些甲醇，晃动了几下便倒入废液桶中。不久发现废液桶内有火星出现，随即冒出熊熊火焰，于是他立即用灭火毯把桶盖上，然后将此废液桶搬到室外进行了彻底的淬灭处理。

当事人经过查阅记录本和仔细回忆，确认是以前反应留下来的危险化学废物。当事人分析起火原因，认为是氨基钠和环戊二烯钠遇到甲醇而起火。

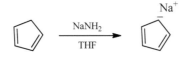

置评：

首先，对产生的危险化学废物要及时妥善处理，如果一时不能处理，要做标记或用代码标号，以防事后忘记；标记或代码标号要清晰，不可模糊或丢失，如果发现模糊或丢失，要及时补上。疑难危险化学废物的处理，要尽一切办法确认其品类，若实在无法辨别，就要从最坏处考虑，采用最高级别的稳妥方法处理，并从最坏处做好防护。

案例 13

废液收集人员在实验室内将废液合并倒入推车上的废液桶时，废液桶内突然冒火，并迅速扩大。一旁的研发人员合力协助，赶紧用灭火器进行扑救，但冲起的热气启动天花板的温感报警，致使自动喷淋动作，结果造成实验室一片狼藉，见图21-20。

图 21-20 事故录像截图

置评：

化学实验室内的各种有机废液如果在倒入废液桶前没有逐批逐次彻底淬灭，就可能成为危险化学废弃物。这样的废弃物可能具有某种或多种危险特性，一旦进行拼桶操作，由于性质互忌，就会发生事故。另外，对于废液桶内起火，用灭火器往往会使事态扩大，应该用灭火毯，既简便省力也更有效。

案例 14

某研发人员将遗留下来的叠氮钠废液进行淬灭处理。在向敞口玻璃烧杯内的叠氮废液加入次氯酸钠的过程中，由于反应剧烈，烧杯内的混合物发生爆炸，飞出来的玻璃碎片将左前臂划出约 10cm 的伤口，后紧急送医院进行包扎治疗。

置评：

这次爆炸的原因有三：一是由于参与反应的双方(叠氮钠水溶液和次氯酸钠溶液)的浓度较高，二是加次氯酸钠溶液过快，三是天气比较炎热，反应温度偏高。如果预先考虑到这三点并采取有效措施，就不会发生爆炸伤人事故。

案例 15

某研发人员用硼烷二甲硫醚还原羧酸。他先将羧酸置于 3L 的三口瓶中，然后加入 500mL THF，在低于−10℃下加入 1370mL 2.0mol/L 的硼烷二甲硫醚溶液，并在−10℃下反应 1h。反应结束后慢慢加入 1000mL 甲醇，搅拌后将该反应混合物在旋转蒸发仪上浓缩，在快要旋干时，放气解除真空，正准备把反应瓶从旋转蒸发仪上取下时，瓶子突然爆炸，瓶内反应物料燃烧起火。

当事人分析是由于气温过低导致甲醇淬灭反应不彻底，溶液中残留部分硼烷，浓缩后，在解除真空放气时，氧气进入反应瓶而引起残留的硼烷自燃爆炸。

置评：

要确保多余的硼烷按照规范进行彻底淬灭，以保证后面的萃取、加热浓缩等操作能安全完成。

第三节 危险化学废弃物的初步预处理

鉴于化学实验室产生的危险化学废弃物的各种危险特性，以及因不当的储存、处理、运输及管理而对工作环境、生态环境或人体健康造成伤害，要求研发人员和各级主管对此要引起高度重视，自觉地将定期处理危险化学废弃物的工作放在自己的议事日程上。

工业危险化学废弃物的处理有物理方法(如吸收吸附和掩蔽掩埋等)、化学方法(淬灭反应和燃烧)、生物降解法和自然光解等方法。而化学实验室内产生的危险化学废弃物，种类繁多且浓度高,导致处理的危险性也相对增高。实验室内不可能有专用处理设施,最简便可行的是通过化学淬灭反应来消除其主要的危险危害性。

在实验室中,利用对应的化学方法对危险化学废弃物进行及时妥善的初步预处理也称为销毁、淬灭、消解或降解。基本原理就是用化学方法破坏其基本化学结构,使之失去原有的危险特性。在对危险化学废弃物进行处置的整个过程中,实验室里的淬灭处理属于初步预处理,要求最大限度地消除各种强烈的化学反应性、爆炸敏感性、自燃、遇湿易燃、急性毒性、恶臭、催泪性、腐蚀性等危险性。这是本节讨论的重点,本章第四节涉及工业彻底无害化处置。

在实验室对危险化学废弃物进行初步预处理,不但属于有难度的技术活,而且有风险,要求当事人进行及时和妥善的处理,若不处理,安全隐患到了其他人手里就会变得更隐蔽、危险性更大、危害也更大。初步预处理是实验室研发人员的责任和义务,要在主管的指导下完成,其目的是保持化学实验室的良好工作环境、确保员工自身的人身安全以及后续的运输和处置阶段的安全。危险化学废弃物只有经过实验室研发人员的初步预处理,其危险性降到最低,才能被移出实验室,交给有处置资质的相关单位进行彻底无害化处置。

实验室所有的危险化学废弃物的处置工作都要经过初步预处理(也称淬灭处理)和无害化处置两个阶段,只有经过这两个阶段的紧密科学配合,才算达到危险化学废弃物的安全无害的终极处置。

初步预处理(淬灭处理)是由研发人员完成,而无害化处置一般由专业公司通过焚烧等方法进行。无害化处置阶段要求彻底解决三致性、致敏性、亚急性慢性毒性、浸出毒性、污染性和易燃性等危险性,这将在本章第四节讨论。

一、初步预处理的基本要求

(一)及时性

因为危险化学废弃物的各种危险特性具有潜伏性和突发性,如果不能用安全可靠的重结晶、蒸馏等方法提纯加以利用,就要果断及时地进行淬灭降解预处理。

将原先纯净、包装密闭性良好的稳定状态的危险试剂,变成危险化学报废试剂或危险化学废物,其实是一个将危险源变成安全隐患的过程,安全隐患处于不稳定状态,处于一个随时会突发危害的状态。长期留存下来的一些化学报废试剂以及舍不得丢弃的一些中间体最终变成了危险废弃物,如图 21-21 所示。

图 21-21 舍不得丢弃的中间体最终变成危险废弃物

如果没有严格的管控措施，不及时对已经产生的危险化学废弃物进行初步预处理，就会造成危险化学废弃物越积越多、标签字迹模糊、标签丢失，或大量且种类繁多的危险化学废物混合在一起等若干复杂局面，没办法找到合适的淬灭方法，无从下手，致使后面的情况变得更糟糕且更具危险性。

（二）妥善性

危险化学废弃物的危险性来源于其化学性质，每一种或每一类危险化学废弃物都有各自独特的化学性质，独特的化学性质表现出不同的化学反应性(如氧化性、还原性、聚合分解性等)、遇空气自燃、遇湿易燃、爆炸敏感性、急性毒性、恶臭、催泪性、腐蚀性等。要消除危险化学废弃物的这些危险性，必须按照其危险化学特性进行对应的化学淬灭处理。例如，$LiAlH_4$ 和丁基锂都是遇湿(水)燃烧的物质，这就说明水能淬灭它们，根据这一反应特性，就可以设计出控制性的水淬灭方案。首先稀释(稀释就是控制)它们，将它们悬浮($LiAlH_4$)或溶解(丁基锂)在干燥的 THF 中，然后在冷却搅拌下，控制性地加水淬灭；对于反应结束后多余的 $LiAlH_4$，根据产物对 pH 的要求，淬灭剂可用高浓度的 NaOH 水溶液或饱或氯化铵水溶液。

虽然危险化学废弃物的淬灭预处理是件精细活，但不能人为复杂化。要选用廉价易得的淬灭用料，能以废灭废更好，用最简单可靠、最经济有效的方法。既要简便，也要处理到位，更要安全，不能在处理过程中发生事故，这些就是预处理的妥善性。

对危险化学废弃物进行及时而妥善的初步预处理，不但体现了实验室研发人员和实验室主管的安全责任感，也是实验室安全管理工作的基本要求。

二、初步预处理前的基本准备程序

"工欲善其事，必先利其器。"在处理危险化学废弃物前，只有在深入领会其重要性、完全知晓其危险性和充分做好各项前期准备工作的基础上，才能稳妥安全地处理好身边的危险化学废弃物。

1. 人员

危险化学废弃物的物主作为责任人，与主管一起成为责任主体，对危险化学废弃物是否及时妥善处理，是要承担安全责任的。处理时，至少要有两人在场，除了危险化学废弃物的物主外，主管(如组长)还要指定有经验的人来协助操作，最好还要另派人进行监察和验收。

2. 时间

处理危险化学废弃物不可在节假日或晚上进行，以防万一发生事故没有人报告和救援，一定要在白天上班时间进行。

3. 通风橱

保证所使用的通风橱台面整洁干燥，无其他任何无关化学试剂，操作范围内无水；淬灭危险化学废弃物通常会产生有害或易燃气体，甚至可能发生意外，要保证通风橱门能上下(或左右)顺滑移动,确保排风畅通,通橱门底部的空气流速不小于 0.4m/s;确认通橱门玻璃为夹胶玻璃或贴膜玻璃。

4. 试剂器材

淬灭所用的各种试剂和仪器用品要一次性备齐,淬灭所用溶液要配好待用。

5. 周围禁忌

远离火种、热源,远离易燃、可燃物,清空无关的试剂和杂物。

6. 个人防护用品

尽量考虑到待处理的危险化学废弃物可能产生的危害性质和危害程度,备齐各种相应防护用品,包括呼吸用品(视危险性选用口罩、自滤式呼吸器或自给式正压呼吸器)、脸部防护用品(视危险性选用眼镜、眼罩或面罩)、手套(视危险性选用一次性手套、化学防护手套、织布或橡胶手套)等。

7. 灭火器材

视淬灭物质的危险性质,预备好适量的黄沙、灭火毯和灭火器(二氧化碳或干粉),放在旁边,以防不测。如果在处理过程中发生燃烧,可以用灭火毯盖住容器口,或采取其他相应灭火办法。

三、各类常见危险化学废弃物的危险特性和初步预处理方法

几乎每一种或每一类危险化学废弃物都有多种不同的淬灭方法,所以在淬灭前要充分了解该化学物质的危险特性。

以下淬灭方法基本都是原则指导性的方法,并非绝对标准而不可变动,在多数情况下,可以针对自己的现有实际条件按照原理进行变通。例如,处理 NaH 或 LiAlH$_4$,若手头一时没有 THF,用其他合适醚类等惰性有机溶剂处理也是可以的,但是绝对不能用醇类等有活性氢的溶剂,否则会马上起火燃烧;处理反应中多余的酸性物质要用碱淬灭,而如果产物对碱不稳定,那就要采用其他妥善方法;要特别注意被淬灭物质与淬灭剂之间的加料顺序,要将化学危险性大的一方加到化学性质较稳定的一方中作为基本操作规则,如果搞颠倒可能会发生事故,甚至是爆炸伤人事故。另外,在危险性不太明了的情况下,应该查阅相关资料,如该物质的 MSDS,请教主管或与有经验的同事讨论,先小试一下,在有充分把握的情况下,再逐渐放大。这里还要注意,少量和大量在危险程度上,有很大区别,量变到质变,有时会有天壤之别。

初步预处理包括直接对危险化学废弃试剂的淬灭处理和对反应结束后多余危险试剂的淬灭处理。

(一) 易爆无机化合物

1. 叠氮类

叠氮化合物是叠氮酸(HN$_3$)的衍生物,分子特征是含有爆炸性基团叠氮基(—N$_3$)。19 世

纪末曾风行一时将叠氮化合物以传统的概念划分为类卤化物,这种概念来源于化学反应历程,并被许多实验证明,其作为亲核试剂使用相当成功。后来为了表明叠氮化合物的结构与性能之间的关系,采用按照化学键结构的不同来定义叠氮化合物,把它们分成离子叠氮化合物、重金属叠氮化合物、共价键叠氮化合物和叠氮配位化合物。近代随着测定晶体结构的物理方法迅速发展,通过实验,根据分子轨道理论将叠氮化合物分成两组,一是具有对称性叠氮基团、在某种程度上有离子结合的无机叠氮化合物组(也即类卤化物,如叠氮钠),二是具有共价键性质的有机叠氮化合物组(RN_3)。

叠氮钠又称叠氮化钠或迭氮化钠,是实验室常用的试剂。受热、接触明火,或受到摩擦、震动、撞击时可能发生爆炸;能与酸类剧烈反应产生爆炸性的叠氮酸;能与其他金属或重金属(如 Fe、Cu、Pb)及其盐类交换形成更加敏感的化合物,如叠氮化铅,即使室温以下也可能爆炸。叠氮钠又属于剧毒品,和氰化物具有相似毒性,对细胞色素氧化酶和其他酶有抑制作用,并能使体内氧合血红蛋白的形成受阻,从而使中毒者死亡。

废弃叠氮钠的淬灭处理以避免明火、撞击、酸性介质为前提,通过比较温和的反应条件进行分解。叠氮钠可与高锰酸钾进行温和的淬灭反应,反应式如下:

$$2KMnO_4+6NaN_3+4H_2O=\!=\!=2KOH+6NaOH+2MnO_2\downarrow+9N_2\uparrow$$

反应生成的氢氧化钠和氢氧化钾能够保证溶液的 pH 在碱性条件下,避免了叠氮钠在酸性介质中生成剧毒物叠氮酸的危害,同时还有惰性气体氮气生成。

也可以用亚硝酸钠、次氯酸钠、亚氯酸钠等,以取材方便为主。例如,叠氮钠与次氯酸钠的反应式为

$$2NaN_3+NaClO+H_2O=\!=\!=2NaOH+NaCl+3N_2\uparrow$$

不管使用哪种淬灭剂,都要配成不高于 5%的较稀溶液,叠氮钠控制在 2%～5%的浓度,过浓叠氮钠溶液与过浓氧化剂溶液反应,会过于剧烈,曾发生过淬灭操作过程中的爆炸伤人事故。要预先算好反应摩尔数,淬灭剂不必太过量,气体停止放出表示已到终点。

反应结束后,淬灭反应液中多余的叠氮钠时,可将反应液调 pH>9,让其充分成盐,转至水相,分层后,分出水相。如果叠氮钠过量太多,要用水稀释,将浓度控制在 2%以下,然后在搅拌下慢慢加入较低温度的次氯酸钠或亚硝酸钠溶液中进行淬灭处理。

2. 无机过氧化物

1) 过氧化氢(H_2O_2)

过氧化氢的淬灭方法一般有化学还原和二氧化锰催化分解两种方法。

化学还原: $\qquad\qquad\qquad\qquad Na_2SO_3+H_2O_2=\!=\!=Na_2SO_4+H_2O$

MnO_2 催化: $\qquad\qquad\qquad\qquad 2H_2O_2\xrightarrow{MnO_2}2H_2O+O_2\uparrow$

化学还原淬灭时,将过氧化氢加水稀释至浓度为 5%以下,然后加到搅拌下的浓度为 10%左右的亚硫酸氢钠或亚硫酸钠水溶液中。要预先算好反应摩尔数,还原剂稍微过量没有关系,但是过氧化物不能有多余,然后用淀粉碘化钾试纸检测呈阴性为止。

淬灭反应结束后多余的过氧化氢时,可将 10%左右的亚硫酸氢钠或亚硫酸钠水溶液加到搅拌下的反应液中,要预先算好反应摩尔数,3.7g 亚硫酸钠可以淬灭 1g 左右的过氧

化氢(折纯)。然后用水润湿的淀粉碘化钾试纸检测呈阴性为止。

二氧化锰分解法：向过氧化氢溶液中分批加入二氧化锰，可明显看到反应液冒泡(氧气)。然后搅拌 30min 左右，淀粉碘化钾试纸检测呈阴性为止。35mg 二氧化锰可以分解 1g 左右的过氢化氢(折纯)。缺点是：在处理反应液时多一道过滤操作；二氧化锰可能包裹一些产物，造成物理损失，降低收率。

注意：用水润湿的淀粉碘化钾试纸检测时，要等待一段时间，大多数情况下，需要几分钟的时间(甚至更长)才能显色，以表达出真实的结果，其不像 pH 试纸那样灵敏快捷，不要将假阴性当成真阴性，否则可能在后续操作中(如加热浓缩)出事。用淀粉碘化钾试纸检测过氧化物的淬灭是否完全时，要有耐心。

2)过氧化钠(Na_2O_2)

过氧化钠为浅黄白色颗粒粉末，易引起燃烧爆炸，应避免与有机化合物和可燃物质接触，称量时不能用称量纸。若密封不严，其会吸收空气中的水分和二氧化碳而变质。它易溶于水，生成氢氧化钠和过氧化氢。

淬灭时，缓慢分批地溶于水中，会有大量热产生，可用冰冷却。然后慢慢加到搅拌下的 5%左右的亚硫酸氢钠水溶液中，预先要算好反应摩尔数。直至水润湿的淀粉碘化钾试纸检测呈阴性为止。

3. 卤素含氧酸及盐(酯)

爆炸性随卤素价态的变化而变化，一般来说，卤素的价态越高，爆炸性越大。与有机化合物混合、接触还原剂或受撞击易引起燃烧和爆炸。

1)高碘酸、高碘酸钠、氯酸钠、高氯酸钠、溴酸钾等卤素含氧酸及盐

淬灭方法：溶于 10～20 倍量的水中，慢慢加入 5%～10%的亚硫酸氢钠水溶液，大量放热，可用冰冷却，直到淀粉碘化钾试纸呈阴性为止。其中高碘酸和高碘酸钠的水溶液在用亚硫酸氢钠溶液淬灭时，开始阶段有单质碘生成，溶液颜色变深，随着亚硫酸氢钠溶液的不断加入，溶液变黄并呈强酸性，最后用碱中和。

其他卤素的含氧酸及其盐类的淬灭方法同上。

2)次卤酸酯类(ROX)

醇类与卤素反应生成的次卤酸酯，如次氯酸叔丁酯[$(CH_3)_3COCl$]、次氯酸乙酯(C_2H_5ClO)、次氯酸甲酯(CH_3ClO)，常用作卤化剂和氧化剂，该类试剂极其危险，"莫名其妙"地发生过爆炸、冲料和燃烧事故，其实它们的危险性源于它们强氧化剂的性能和爆炸敏感的本质。

淬灭方法：可用乙醇或 THF 溶解，然后用亚硫酸氢钠水溶液淬灭。如果是次氯酸叔丁酯，注意生成的叔丁醇与水相会分层，容易造成淬灭不彻底，尤其需要注意。

4. 过碳酸钠、过硫酸铵、过硼酸钠

过碳酸钠、过硫酸铵、过硼酸钠是一类具有过氧基—O—O—的盐，有强氧化性，性质不稳定，在加热，与有机化合物、还原剂等接触或混合时有引起燃烧爆炸的危险。

淬灭方法可参考上述卤素含氧酸及盐。

（二）易爆有机化合物

1. 有机叠氮物

1) 有机叠氮试剂

常用的叠氮试剂除了叠氮钠外，叠氮乙酸乙酯（AAE）、三甲基硅叠氮（TMSA 或 TMSN$_3$）、叠氮磷酸二苯酯（DPPA）、三正丁基叠氮化锡（TBSnA）、叠氮化四丁基铵（TBAA）等也是近年来实验室有机合成研究开发的常用试剂。

许多有机叠氮试剂的叠氮基与 C、P 或 Si 直接结合，对于这种结合，离子结合的成分少，共价结合的成分多，所以这些有机叠氮试剂一般归为假类卤化物的叠氮化合物。

叠氮基作为爆炸性基团，其分解能为 200～240kJ/mol。叠氮乙酸乙酯和三甲基硅叠氮由于分子量小，分别为 130 和 115，它们的爆能比值大于 1.5，具有爆炸敏感性。曾用三甲基硅叠氮与炔加热反应制备三氮唑的两个不锈钢聚四氟闷罐都发生了猛烈爆炸。而叠氮磷酸二苯酯、三正丁基叠氮化锡和叠氮化四丁基铵，由于分子量大，爆能比值都小于 0.8，相对比较安全，至今没有找到爆炸案例。

此类废弃试剂淬灭处理的原则和方法同叠氮钠，因为不溶于水，溶剂可选择 THF 或低级醇，然后用次氯酸钠淬灭。双方的浓度不能太高，否则可能发生剧烈反应而导致爆炸。

淬灭反应液中多余的叠氮试剂时要注意温度，低于 20℃淬灭反应较慢，高于 30℃淬灭反应速率加快，生成的氮气以气泡的形式溢出，很容易冲料。不能在分液漏斗中进行淬灭，以免大量气体形成而造成喷泻或爆炸。淬灭处理的原则和方法同叠氮钠。

2) 有机叠氮产物

通过用叠氮试剂对一些有机化合物进行修饰，可以合成许多带有叠氮基的目标化合物。这些带有叠氮基的中间体，如果分子量低于 200，一定要避免加热浓缩，特别是分子量很小、浓度较高或较纯的情况下更容易发生爆炸，这样的爆炸事故很多。如何避免可以参阅第四篇的相关章节。

不用的含叠氮基的中间体要及时用次氯酸钠等氧化剂淬灭。

2. 重氮甲烷类

1) 重氮甲烷

重氮甲烷遇水分解，溶于乙醇和乙醚，在常温下为有发霉味的黄色有毒气体。其气态对皮肤、眼和呼吸道黏膜有强烈刺激作用，吸入后对神经系统也有抑制作用。国外有多次中毒死亡报道，其中包括实验室人员。阈限值仅为 0.05ppm（前苏联）或 0.2ppm（美国）。

重氮甲烷是最具爆炸敏感性的有机化合物之一，在受撞击、加热（建议不要高于 70℃）、高强光照或发生剧烈化学反应时，能发生强烈爆炸。浓溶液在有杂质情况下也容易发生爆炸，未经稀释的液体或气体在接触金属（特别是碱金属盐如硫酸钙）时易发生爆炸。气态重氮甲烷流经粗糙锋锐的表面，如毛糙的玻璃表面可能发生爆炸，所以不能使用磨口接头，只能使用抛光接头并涂真空油脂的玻璃仪器。重氮甲烷没有商品供应，只能在用前临时制备，用多少就制备多少，并尽快用完，切勿长久存放。制备方法见第四篇第二十六章第四节。

如果重氮甲烷有剩余，要尽快加以淬灭。淬灭时先用乙醚稀释，然后滴加到不断搅拌下的 2%～5%的乙酸或 0.5%的稀盐酸中。反应液中多余的重氮甲烷可用乙酸或很稀的盐酸直接淬灭，即使有微量多余的重氮甲烷也要淬灭彻底，以免后处理(如加热浓缩)时引起爆炸。

2)三甲基硅烷化重氮甲烷

三甲基硅烷化重氮甲烷是一种分子式为$(CH_3)_3SiCHN_2$的重氮化合物，因其爆炸性比重氮甲烷小而被广泛用作重氮甲烷的替代品。

三甲基硅烷化重氮甲烷可通过(三甲基硅基)甲基氯化镁与叠氮磷酸二苯酯反应制备。

三甲基硅烷化重氮甲烷是一种商业市售试剂，常用作有机合成中的甲基化试剂。它可用于羧酸的甲酯化反应中，以替代较易爆炸的重氮甲烷；它还可与醇类发生反应以制备甲醚，而重氮甲烷则不可。三甲基硅烷化重氮甲烷也是硫叶立德[2, 3]-σ 重排反应(也称为"多伊尔-柯姆斯反应"，Doyle-Kirmse reaction)中制备烯丙基硫化物和烯丙基胺的反应试剂。

虽然三甲基硅烷化重氮甲烷的爆炸性比重氮甲烷弱，但仍具有一定的毒性。当三甲基硅烷化重氮甲烷被用于转化羧酸至相应甲酯时，其会经由醇解反应在进程中产生重氮甲烷。当人体吸入三甲基硅烷化重氮甲烷时，会与肺部表面的水汽发生相似的反应。所以吸入三甲基硅烷化重氮甲烷可能也会导致与吸入重氮甲烷类似的症状(如肺水肿)。这使得三甲基硅烷化重氮甲烷吸入后有潜在的致命性，据报道，已有至少两人的死亡与吸入三甲基硅烷化重氮甲烷有关联，他们分别是加拿大新斯科舍温莎的制药工人和美国新泽西州的化学家。

三甲基硅烷化重氮甲烷的淬灭处理可参考重氮甲烷。

3. 有机过氧化物

1)间氯过氧苯甲酸

间氯过氧苯甲酸(m-CPBA)有强氧化性，性质极不稳定，遇摩擦、撞击、明光、高温、硫及还原剂，均有引起爆炸的危险。

例如，m-CPBA 的淬灭原理同过氧化氢，其与亚硫酸氢钠的反应式为

$$NaHSO_3+ClPhCO_3H=\!\!=\!\!=\!\!=NaHSO_4+ClPhCO_2H$$

将有机过氧化物溶于 10 倍量的 THF 或醇中，在强力搅拌下，用 10%亚硫酸氢钠或亚硫酸钠的水溶液还原至润湿的淀粉 KI 试纸呈阴性。进行淬灭反应时大量放热，需注意冷却。

淬灭对比试验表明，亚硫酸氢钠的淬灭效果好于亚硫酸钠或硫代硫酸钠，这可能是由于亚硫酸氢钠的酸性以及生成物硫酸氢钠的酸性比较强，可以提供一个酸性的快速反应环境。

淬灭反应结束后多余的有机过氧化物时，也一定要在强力搅拌下先加足够量的亚硫酸氢钠水溶液，然后才能分出有机层，否则在后面的浓缩中会发生爆炸，已经有很多的教训。1g 亚硫酸钠可淬灭 2g 左右的 m-CPBA(70%计)。特别注意的是，对于有机过氧化物参与的反应，其溶剂多为二氯甲烷，有机过氧化物在二氯甲烷中难以在短时间内使润湿的淀粉碘化钾试纸变色，一般要等待好几分钟，甚至 10min，否则很容易将阳性错判为阴性。另外，应使溶液的 pH≤9，否则会产生假阴性(详见第四篇第二十六章第二节)。

过氧苯甲酸、过氧乙酸等有机过氧酸的淬灭方法同上。

2）其他有机过氧化物

根据取代基的不同，可大致分为烃基氢过氧化物、二烃基过氧化物、二酰基过氧化物、过氧化碳酸酯、过氧化酯、过羧酸、含金属和非金属离子的过氧化物等。

这些有机过氧化物的危险性和淬灭方法同上。

（三）遇湿易燃无机化合物

废弃的遇湿易燃无机化合物大多由于存放时间长、保管不善、开封使用后造成漏气吸湿或包装严密性被破坏，由安定状态的危险源变成了随时可能出事的安全隐患。使用前首先要观察其包装外表是否胀气鼓包，如果是铁皮罐装，开启前，开口要朝前，不要对着自己脸部或别人，以防突然爆炸或起火伤人。曾经发生过开启硼氢化锂铁皮罐的过程中爆炸并烧伤人的事故，造成当事人烧伤面积达 11%。

1. LiBH$_4$（硼氢化锂）、NaBH$_4$ 和 KBH$_4$

以 LiBH$_4$（硼氢化锂）为例。在 LiBH$_4$ 的处理过程中，因有剧毒而易自燃的硼烷气体以及易燃易爆的氢气生成，需在负压的通风橱内操作，橱门下口的空气流速不能低于 0.4m/s，以能让大量的空气及时冲稀氢气，避免形成爆炸极限而将通风橱内的物品、技术夹层，甚至风机炸毁。将 LiBH$_4$ 慢慢加到搅拌下的水中，LiBH$_4$ 与水的比例为 $1:20(m/V)$ 以上，反应放热，温度上升较快，LiBH$_4$ 被分解，有少量气泡产生，超过 40℃ 时要加冰及时冷却，直至 LiBH$_4$ 被加完。滴加饱和氯化铵溶液或者 1～2mol/L 浓度的盐酸，先要一滴一滴地慢加，确保不使液面溢出，直至没有气泡为止。也可以将 LiBH$_4$ 水溶液慢慢加到 0.5%～1% 的盐酸水溶液中。

进行酸性淬灭，LiBH$_4$ 先分解生成硼烷，继而分解成氢气，表现为有大量气体溢出液面，这些气体都是易燃易爆气体，所以要及时排除，并严密做好个人防护。

淬灭合成反应中多余的 LiBH$_4$ 也可用酸性水溶液至没有气泡生成为止，如果产物为碱性，可在酸淬灭后再用合适的碱性溶液调回。

注意：①要有良好的通风，将产生的爆燃性气体及时稀释并排出。不能让气体出口对准机械搅拌上的电机等有电火花生成的仪器设备，否则生成的硼烷或氢气可能会被点燃或爆炸。也不能在大量易燃易爆气体产生并聚集后，才想起开排风，这样的举动意味着爆炸即将发生，因为排风系统末端电机的电火花会引爆，从而将整个排风系统炸毁；②不可用甲醇等醇类溶解，因为分解反应剧烈，生成大量气泡，易造成事故。

NaBH$_4$ 和 KBH$_4$ 的处理方法和注意事项同上述的 LiBH$_4$。NaBH$_4$ 和 KBH$_4$ 本身的易燃危险性要低于 LiBH$_4$，但是淬灭处理时的危险性与 LiBH$_4$ 相同。

2. LiAlH$_4$（四氢铝锂）

四氢铝锂也称铝锂氢、氢化铝锂或缩写 LAH，其反应活性比硼氢化锂（钠、钾）强得多，遇潮湿的空气会突然起火燃烧，遇水即发生爆炸性分解，取样时不能用金属勺。在充满氮气的手套箱里取样称量较为安全，潮湿天气在暴露空气下取样称量，经常会发生燃烧，甚至伤人事故。

将废弃的四氢铝锂溶解或悬浮在无水四氢呋喃中，由于四氢呋喃挥发的气体和四氢铝锂遇四氢呋喃中的水生成的氢气都能使液体上方的某个区域形成燃烧极限或爆炸极限，如遇火花（四氢铝锂遇湿就会有火星生成）会发生燃烧或爆炸，所以最好将装有四氢铝锂的塑料袋整体浸入四氢呋喃液体中，然后慢慢将四氢铝锂从塑料袋里拨出。不要在四氢呋喃液体的上空抖倒四氢铝锂，更不能在容器的口部抖倒四氢铝锂，口部往往是四氢呋喃燃烧极限的区域，由此引起的燃烧事故很多。也可以在四氢呋喃液体表面通入流动的氮气或氩气，避免燃烧极限或爆炸极限形成，这样更为保险。待四氢铝锂全部转入四氢呋喃后，再在搅拌下滴加用四氢呋喃稀释的乙醇或乙酸乙酯，至无明显气泡，不能过快，否则过多的氢气会带动液体冲出来，由此引起的火灾也不在少数。淬灭剂的反应摩尔数要预先算好，最好超过一倍，然后在搅拌下慢慢加水，搅拌下任其自然升至室温，最后用稀盐酸调至中性，这样才算淬灭彻底。见以下反应方程式：

$$LiAlH_4+4ROH=\!=\!=Al(OR)_3+LiOR+4H_2\uparrow$$
$$LiAlH_4+4H_2O=\!=\!=Al(OH)_3+LiOH+4H_2\uparrow$$

沾有微量四氢铝锂的物品如称量纸、草纸、牛角勺、包装瓶和塑料空袋等都要一同彻底淬灭，以确保安全。

四氢铝锂是有机合成中非常重要的化学还原试剂，常用于酰胺、腈基、羧酸、羧酸酯、羰基、炔烃化合物的还原，也可用于脱除活泼的烷基卤或芳基卤。一般来说，用四氢铝锂还原，反应较为干净，产率也较高。然而，淬灭反应中多余的四氢铝锂并不像淬灭废弃四氢铝锂那样简单，因为要考虑防止胶状物形成。若淬灭用水加多了，生成的氢氧化铝在水相中呈令人厌恶的胶状物，但淬灭用水也不能不够。

那么，若淬灭反应中多余的四氢铝锂，加多少水最合适？以四氢铝锂还原酯的反应为例，要综合以下两个反应式来计算。

先要计算底物酯类被还原的情况，看需要多少水：

$$4R'CO_2R+3LiAlH_4+6H_2O=\!=\!=4R'CH_2OH+3LiAlO_2+4ROH+4H_2\uparrow$$

再看剩余的四氢铝锂需要多少水：

$$LiAlH_4+2H_2O=\!=\!=LiAlO_2+4H_2\uparrow$$

综合以上两项可知：投了多少摩尔的四氢铝锂，就加两倍于四氢铝锂摩尔数的水。宗旨是：水的用量要使得四氢铝锂恰好都生成颗粒状偏铝酸锂 $LiAlO_2$，这样好过滤。水若加多了，偏铝酸锂分解成胶状的氢氧化铝，其与水和有机溶剂形成乳化层，很难抽滤，所以要计算准确。

对于中性或酸性产物，后处理时可以采用加酸或饱和 NH_4Cl 溶液的方式将产生的 $LiOH$、$Al(OH)_3$ 溶解后萃取。然而，当产物是碱性物质时，只能在碱性条件下做后处理，尽可能用计算好的饱和 $NaOH$ 溶液，否则，弄得不好，淬灭处理后发生乳化，往往只能得到絮状固体或胶状物，用硅藻土都很难滤去，这样因吸附而容易造成产品的物理损失，严重影响收率，有时会因得到一锅胶状体而发生束手无策、颗粒无收的局面。

根据反应产物对酸碱的要求，确定淬灭用水溶液的 pH，更关键的是要算准淬灭用水量，不能多也不能少。如果产物对淬灭剂的 pH 没有要求，尽可能采用 NaOH 溶液淬灭，操作时，先用水再用浓的 NaOH，以恰好都生成 $Al(OH)_3$ 的胶体状颗粒，再加硫酸镁干燥，搅拌大约半小时后形成的复盐为沙状固体，这样好抽滤，产物在滤液中经减压浓缩即得产品。直接加芒硝(十水合硫酸钠，$Na_2SO_4 \cdot 10H_2O$)也可以淬灭反应液中多余的四氢铝锂，但是效果不是很理想。

3. 钠、钾、锂

制备醇钠时，可直接将小的块状钠溶于醇中。而淬灭废弃的钠块、钠皮或钠屑，较为可靠安全的方法是，将钠悬浮在干燥的四氢呋喃中，搅拌下慢慢加醇至全部溶解为止，然后用稀酸中和。

锂、钠、钾都属于化学活泼性很大的碱金属，通过比较与醇的反应，它们的化学活泼顺序为：锂＜钠＜钾，所以将它们悬浮在干燥的四氢呋喃中后，锂可用甲醇淬灭，钠用乙醇，而钾用异丙醇或乙醇淬灭。

为防止产生的氢气着火，最好在氮气流不断冲稀情况下进行，特别是淬灭金属钾时，更要如此。金属钠或钾与高浓度卤化物反应，往往会发生爆炸。

4. NaH、KH、LiH、CaH₂

氢化钠(NaH)又称钠氢，由于过分活泼、易燃，必须分散在矿物油中以降低燃烧危险性，质量分数一般为 60% 以下。可以直接投入反应，如需要除油可用正己烷洗涤，然后倾倒出正己烷，一定要避免倒干，否则非常危险，容易突然起火。一般情况下不用清洗太多次，除非矿物油影响反应。例如，若体系太黏稠，有油再有气泡产生的话，容易冲料。

淬灭废弃的 NaH，可将其悬浮在干燥的四氢呋喃中，搅拌下慢慢加乙醇或异丙醇至不再放出氢气、澄清为止。

空的塑料袋或包装瓶内壁往往黏附有少量 NaH，不管有没有，都要用乙醇荡洗干净后才算解除危险。如果不这样处理就随便丢入垃圾桶，冒出火星会引燃其他物品。淬灭反应后多余的 NaH，可直接缓慢滴加水或醇进行淬灭。

KH、LiH 的处理方法同 NaH。CaH_2 的化学活性相比 NaH 要低得多，在实验室里主要用于制备各种无水有机溶剂。可将废弃的 CaH_2 或制备无水溶剂后的 CaH_2 渣泥直接用无水乙醇稀释，然后逐渐分批地加入装有大量水的敞口容器中，会有大量氢气放出，但放热不明显。

5. 碱金属氨基物

碱金属氨基物是一类去质子化的强碱，包括氨基锂、氨基钠、氨基钾等。

氨基钠遇水会发生爆炸，将久藏的氨基钠从容器里取出时也发生过爆炸。

淬灭废弃的碱金属氨基物，可将其溶于干燥的甲苯或四氢呋喃中，搅拌下慢慢加醇或水，最后用稀盐酸中和。空的包装瓶也要一同彻底淬灭。淬灭反应后多余的碱金属氨基物，可直接缓慢滴加醇或水进行淬灭。

6. 硼烷类

硼烷又称硼氢化合物，是硼与氢，或硼与烷基组成的化合物的总称。甲硼烷(BH_3)

仅在气体中发现，不能单独存在，最简单的硼烷是二聚体乙硼烷（B_2H_6）。常用的还有大位阻的 9-硼烷双环[3, 3, 1]壬烷（简称 9-BBN）、手性还原剂（−）二异松蒎基氯硼烷［简称（−)-DIPCl］等。

硼烷可发生水解、卤化、胺化、氢化、烷基化、醇解等反应，也可与金属有机化合物反应。统计下来，化学实验室中用作还原反应的居多。

硼烷都具有难闻的臭味，低级硼烷(硼原子数少)的化学性质十分活泼，高浓度硼烷与空气接触时会发生爆炸性的分解，所以要将其溶于醚类等稳定性液体里，制成 0.5mol/L 或 1.0mol/L 等较低浓度的溶液，便于使用，也相对比较安全。

市售的硼烷一般是溶于 THF 或二甲硫醚等溶剂中形成复合体，如硼烷四氢呋喃络合物、硼烷二甲基硫醚络合物、硼烷吡啶络合物、三苯基膦硼烷复合物、儿茶酚硼烷、2-甲基吡啶硼烷、N,N-二乙基苯胺硼烷、三乙基硼、二乙基(3-吡啶基)硼烷、三乙基硼氢化锂等。实验室里有二十多种硼烷被使用。

硼烷遇空气就会燃烧，甚至闪爆，反应式为

$$B_2H_6+3O_2 \longrightarrow B_2O_3+3H_2O$$

硼烷遇水会燃烧，放出大量的热甚至爆炸，反应式为

$$B_2H_6+6H_2O \longrightarrow 2B(OH)_3\downarrow+6H_2\uparrow$$

淬灭废弃硼烷试剂，可在氮气保护下，先将其溶于 10 倍体积的无水 THF 中(如果是一般的 THF，要先做小试，以免水分含量高而发生溢出或起火事故)，然后滴加甲醇或乙醇，直到无气泡产生为止。

硼烷参与的反应完成后，一般用甲醇等醇类淬灭，先在冰浴(不能用干冰浴，温度太低不反应，蓄势而后爆发很可怕！)冷却下一滴一滴地滴加甲醇，特别是刚开始，要非常缓慢，因为有大量气泡生成，容易使反应液外溢而发生事故。可外加氮气吹气，也要注意通风和防护措施。开始淬灭时一定要有耐心，不可求快，其不像四氢铝锂、氢化钠那样很快被淬灭，硼烷需要较长的处理过程才能彻底淬灭。当加入过量的甲醇后，溶液可稍加升温，缓慢回流，一般要半小时以上才基本淬灭干净。

其他硼烷复合物以及 9-BBN 的淬灭方法可参考硼烷。

（四）遇湿易燃有机化合物

遇湿易燃有机化合物多为有机金属化合物。

有机金属化合物又称金属有机化合物，是甲基、乙基、丙基、丁基等烃基和芳香基的碳原子与金属原子直接结合形成的化合物，也可以是有机胺的氮原子或有机硅的硅原子直接与金属成键的化合物。金属原子为锂、钠、镁、钙、锌、镉、汞、铍、铝、锡、铅等。

常用的有机锂、有机镁、有机锌、有机铝、有机锡等有机金属化合物，基本上都是易氧化的高活性易燃品，即使为了降低危险性便于使用而稀释在非质子的有机溶剂中，也同样可燃，存在安全隐患，所以几乎所有的有机金属试剂参与的反应都需要在氮气或氩气惰性气体保护下进行。在许多反应中，有机金属化合物最好现制现用，即使是商业级市售品，也不能存放太久，并需低温和避光保存。

一个大包装瓶，如 500mL，经过多次针扎取样，有机金属化合物会由于遇氧或水汽

加速分解变质。多次取样、保存不当或长期放置，有机金属化合物就会变色、浑浊、沉淀、分层，成为废弃危险品，需要及时妥善销毁处理。反应后多余的有机金属化合物也要做安全淬灭处理。

1. 有机锂化合物

有机锂化合物中的锂与碳直接成键，如 n-BuLi、s-BuLi、t-BuLi、MeLi、PhLi 等，锂也可以直接与有机胺的氮原子直接成键，如 LDA 和 LiHMDS。有机锂是一类极强的碱类亲核试剂。锂原子具有天然的电正性，因此有机锂化合物的大部分电荷密度被推向了化学键上的碳或氮原子一端，从而易形成碳或氮的负离子，然而碳锂键或氮锂键却具有相当大的共价键特性，这从它们良好的脂溶性可表现出来。

最常用的有机锂试剂为甲基锂、丁基锂、苯基锂，另两种常用的大位阻有机锂强碱为二异丙基氨基锂(LDA)与六甲基二硅基氨基锂(LiHMDS)。其中叔丁基锂是目前市售有机锂试剂中碱性最强的烷基锂试剂，其 pK_a 超过 53。

有机锂可在醚类(乙醚、THF)和烃类(戊烷、庚烷、己烷、环己烷)等介质中用金属锂和相应卤代烷反应来制备，制备操作方法不下十种。

LDA 和 LiHMDS(包括 NaHMDS、KHMDS)是实验室中的常用试剂，有商品供应，但通常在使用前临时用丁基锂夺取胺上的质子来制备：

$$R_2NH + C_4H_9Li \Longrightarrow R_2NLi + C_4H_{10}$$

式中，$R = (CH_3)_2CH、(CH_3)_3Si$。

有机锂和格氏试剂具有许多相似之处，凡格氏试剂能发生的反应，有机锂基本都可以，但由于有机锂的反应活性一般比格氏试剂强，有些格氏试剂不能起反应，有机锂则能进行。有机锂还能通过锂氢交换或锂卤交换而生成新的有机锂化合物。有机锂的化学反应活性很高，与空气接触会立即着火。为了降低取样和使用中的危险性，市售品一般都预先稀释成 1～2mol/L 的低浓度溶液，即使这样低的浓度，与空气、水、酸类、卤素类、醇类和胺类直接接触，仍可能会发生剧烈反应，甚至燃烧爆炸。所以取样和使用等都要在有氮气或氩气存在下的惰性环境中进行，而且反应一般控制在-78℃(干冰的丙酮饱和溶液)的低温。

废弃有机锂化合物的淬灭处理：将废弃的有机锂化合物溶于 5～10 倍量的无水 THF 中进行稀释，加少量干冰冷却至-20～-10℃。慢慢加入用 THF 稀释的乙醇中，淬灭剂的反应摩尔数要过量一倍，边加边搅拌，然后加水做彻底淬灭，最后用稀 HCl 调至中性；也可以加水直接淬灭 THF 稀释的废弃有机锂化合物，但要缓慢，并保持在 0～5℃。如果将稀释的废弃有机锂化合物的 THF 溶液加到淬灭剂溶液中，要预先将淬灭剂溶液冷到 0～5℃。

取样用的注射针头、注射筒内有残留的有机锂化合物，在空气中可能会冒火星而引发事故，所以应先在干冰中放置，然后用 EtOAc 或醇洗涤，这样清理后才能丢入锐器等的专门收集桶中。

淬灭反应结束后多余的有机锂化合物，可将反应液自然升至室温，再加合适 pH 的水溶液淬灭，依反应产物对酸碱的要求而采用相应 pH 的水溶液。若对 pH 没有特别要求，一般用饱和氯化铵水溶液。

2. 格氏试剂

格氏试剂是有机镁化合物的代称。

废弃的格氏试剂和反应结束后多余格氏试剂的销毁方法可参照上述有机锂化合物的淬灭方法。

3. 有机锌化合物

实验室最常用的有机锌化合物二乙基锌是由 Edward Frankland 于 1849 年发现的，是第一种被发现和制备的有机锌化合物，也是第一种被发现的具有金属-碳 σ 键的化合物。常用的有双烷基锌、有机锌卤化合物(R-Zn-X)、锌酸锂盐或锌酸镁盐($M^+R_3Zn^-$，其中 M 代表锂或镁)。

废弃的有机锌试剂和反应结束后多余的有机锌试剂的销毁方法可参照上述有机锂化合物的淬灭方法。

4. 有机铝化合物

铝与羟基中的碳以 α 键结合形成的化合物，反应性较高，常用的有三烷基铝、二烷基氢化铝、二烷基氯化铝、一烷基二氯化铝、三烷基三氯化二铝等，如 DIBAL-H；也有与氧结合的醚烃类铝氢化合物等，如红铝。

例如，二异丁基氢化铝(DIBAL-H)是四氢铝锂的大位阻衍生物，不适宜用四氢呋喃做 DIBAL-H 的溶剂，因为两者反应生成配位化合物。一般是以 1.0mol/L 的浓度保存在甲苯或者正己烷溶液中，遇水发生剧烈反应生成氢气。

废弃 DIBAL-H 和反应后多余 DIBAL-H 的淬灭方法可参考四氢铝锂，特别是淬灭反应后多余的 DIBAL-H，要充分考虑防止乳化的发生。

包括红铝(如甲苯溶液)等其他废弃的有机铝试剂和反应结束后多余有机铝试剂的销毁方法可参照上述有机锂化合物的淬灭方法。

5. 有机锡化合物

实验室常用的有机锡试剂有二烷基二卤化锡(如二丁基二氯化锡)、三烷基锡氢(如三正丁基锡氢)、三烷基卤化锡(如三正丁基碘化锡)、四烷基锡(如烯丙基三正丁基锡)、六烷基锡(如六甲基二锡烷)等。废弃的有机锡试剂和反应结束后多余有机锡试剂的销毁方法可参照上述有机锂的淬灭方法。对于剧毒或高毒的有机锡，可加 KF 的饱和水溶液或 Py-HF 溶液，强力搅拌 30min 以上，再按照常规方法进行后处理及纯化。

总之，反应结束后多余的有机镁、有机锌、有机铝和有机锡试剂的淬灭方法需要慎重考虑。碱金属锂、钠或钾，在酸性、中性或碱性水环境中进行淬灭都可以，也容易操作，反应后处理的 pH 只要符合产物要求就行；而镁、锌、铝、锡在 pH 较大情况下可能会乳化，难以过滤又影响收率。需要考虑三点：一是如果产物对 pH 无特殊要求，后处理的 pH 尽可能控制在弱酸性，如用氯化铵等盐类饱和水溶液淬灭；二是水淬灭后的镁、锌、铝、锡的盐或相应化合物要成颗粒状，便于过滤除去，或溶于水相中分层弃去；三是能通过

KF 与硅藻土的混合物过滤，或通过硅胶短柱。

（五）遇水剧烈放热化合物

遇水剧烈放热化合物一般包括浓硫酸、氯磺酸、酰卤、硫酰卤、酸酐、氯化亚砜、三卤化磷、三卤氧磷、五卤化磷、五氧化二磷、三卤化铝、三卤化硼等（常用的卤为氯或溴）

这是一类遇水剧烈放热的物质。淬灭时，要慢慢加到不断搅拌下的大量冰水中，确认反应完全后才能用碱中和。对于不立即与冰水反应的三氯氧磷及一些酸酐，可慢慢倒入常温水中，确认反应完全，才能继续加，千万要防止蓄积反应潜热。蓄积反应潜热是极其危险的，如量大且未放热，说明已经蓄积了大量反应潜热，事故可能会随时发生。淬灭反应会大量放热，不时加冰冷却，最后在冷却下用碱中和。处理时只能慢慢将其加入水中，注意顺序不能反，即绝对不能将水加入以上化合物中。

$AlCl_3$ 和 BBr_3 遇水发生剧烈分解，更要慢慢地加入不断搅拌下的水中。

BBr_3 是令人生畏的、冒白烟的强腐蚀性液体，对人体有毒性及致敏作用，但用于芳甲醚的脱甲基成酚的反应，其产物收率和纯度等的表现大多不会令人失望，脱芳醚的乙基甚至苄基也有好的结果，脱去烷基甲醚或烷基乙醚的甲基或乙基多为成功案例。然而，BBr_3 遇醇等有机化合物立即燃烧，所以不能与醇类等有机化合物接触，经常发生 BBr_3 遇有机溶剂起火事故。例如，反应结束后将滴完 BBr_3 的滴液漏斗取下，下端口残留的一滴 BBr_3 不小心滴在有甲醇的台面上，引发整个台面起火。为了安全起见，往往用不燃的无水二氯甲烷来稀释 BBr_3，或将 BBr_3 滴加在二氯甲烷的反应液中。

（六）重金属及盐类

1. 汞

汞蒸气有剧毒，泼散的汞或水银温度计打破洒落的汞，应该尽可能快速彻底清除，可以用硫磺粉覆盖至少 12h 后收集。如果掉入缝隙等很难直接接触的地方，可立即自制一个带有强力负压、连有缓冲安全瓶的尖头吸管的装置，将汞液滴吸入瓶内。

2. 汞化合物

对于氧化汞、有机汞、汞盐等废液，可以制成 HgS 沉淀(适量的亚铁盐催化)后收集。废液可先调节 pH 至 8～10，然后加入过量硫化钠，使其生成硫化汞沉淀，再加入硫酸亚铁作为共沉淀剂，硫酸亚铁将废液中悬浮的硫化汞微粒吸附而共沉淀。清液可排放，残渣集中处理。

也可以在含汞废液中加入硫化钠和明矾(十二水合硫酸铝钾)，促使汞离子以 HgS 形式沉淀析出，静置待沉淀分层，排放上清液，除汞率可达 99%。实验步骤如下：将待处理含汞废水和 Na_2S 溶液混合，充分搅拌待黑色浑浊液产生。将产生的浑浊液先加 10% NaOH 溶液混匀，然后加明矾溶液混匀，静置待沉淀产生或离心分离沉淀物。若处理不干净，可重复净化处理。清液可排放，残渣进行集中处理。

对于含烷基汞之类的有机汞废液，要先将其分解转变为无机汞，然后才进行处理。方法是：根据有机汞的量，加入浓硝酸及 6%的 $KMnO_4$ 水溶液，加热回流 2h。待 $KMnO_4$

溶液的颜色消失时，把温度降到 60℃以下，然后加入适量 $KMnO_4$ 溶液，加热溶液，直至不褪色。

汞的毒性表现在无论它以单质还是化合物存在，都可能会污染空气，最终污染江河湖海和土壤。汞或 HgS 沉淀以及所有重金属单质及其盐都要集中做无害化处置。

3. 六价铬试剂

PCC、重铬酸吡啶鎓盐（PDC）和琼斯试剂是六价铬的限制性氧化剂，包括其他六价铬试剂，如果不处理就随意丢入垃圾桶，会与有机化合物产生氧化反应而发热燃烧，已经发生过多次垃圾桶起火事件。多余废弃的铬试剂，以及反应后处理时通过硅藻土、硅酸镁载体等过滤下来的铬残余物，都要做及时淬灭处理，否则会成为安全隐患。

淬灭方法：加入过量异丙醇直至体系颜色从橙色或红色变成绿色（三价铬的特征色），这种方法省事，但难将六价铬完全变为安全状态的三价铬。

最好采用亚硫酸氢钠还原法，反应式为

$$4H_2CrO_4+6NaHSO_3+3H_2SO_4 \Longrightarrow 2Cr_2(SO_4)_3+3Na_2SO_4+10H_2O$$

溶液由橙红色或橙黄色变为绿色才安全。如果 pH 在 3 以下，反应可在短时间内结束，如果使 pH 在 7.5～8.5 范围内，则三价铬会以 $Cr(OH)_3$ 形式沉淀下来，反应为

$$Cr_2(SO_4)_3+6NaOH \Longrightarrow 2Cr(OH)_3\downarrow+3Na_2SO_4$$

4. 镉废液

用消石灰 $[Ca(OH)_2]$ 将镉离子转化成难溶于水的 $Cd(OH)_2$ 沉淀。即在镉废液中加入消石灰，调节 pH 至 10.6～11.2，充分搅拌后放置，分离沉淀，当检测滤液中无镉离子时，将其中和后即可。

5. 铅废液

用消石灰将二价铅转为难溶的氢氧化铅，然后采用铝盐脱铅法处理。即在废液中加入消石灰，调节 pH 至 11，使废液中的铅生成氢氧化铅沉淀，然后加入硫酸铝，将 pH 降至 7～8，即生成氢氧化铝和氢氧化铅的共沉淀物，放置，使其充分澄清后，检测滤液中不含铅，排放废液，分离沉淀。

6. 其他金属试剂

钠汞齐、锌粉、锌汞齐、锌-铜偶合剂等一些金属合剂或配位金属试剂在有机合成上有着重要实用价值，但切不可随便丢入垃圾桶，否则在有氧的情况下与有机化合物接触可能发生燃烧，需要引起重视。

废弃的金属试剂以及反应后处理的金属试剂（包括过滤后的硅藻土滤渣等）都需要经过淬灭处理，一般可用酸化淬灭处理。

锌汞齐在实验室里处理有 5 种处理方法，比较好的方法是浓硫酸法和氢氧化钠法。浓硫酸法：将废锌汞齐与浓硫酸加热反应可得到无危险性的硫酸汞和硫酸锌。氢氧化钠法：将废锌汞齐与氢氧化钠反应得到锌酸钠，从而与汞分离。该法的反应速率较硫酸法慢。

上述收集的重金属汞、镉、铬、铅、锡单质或重金属盐的沉淀，必须全部交给有处置资质的单位作无害化处置，详见本章第四节中的水泥回转窑处置化学废弃物。

（七）高毒和剧毒物

1. 硫酸二甲酯

硫酸二甲酯属于高毒物，无论是报废试剂还是反应后处理，都要做淬灭处理。利用碱性水解反应就可以淬灭，先用乙醇溶解，加到搅拌下的浓 NaOH 水溶液或浓氨水中，在常温下继续搅拌至水溶液变清，其毒性就可以解除，再用酸中和调至中性。

反应液中多余的硫酸二甲酯也可以用碱处理，或通过柱层析将其截留在柱中或洗脱液中，再用碱淬灭。

其他高毒或剧毒酯类也可参照此方法进行处理。

2. 氰化物

1）氰化钠、氰化钾和氰化锌

氰化物多属于剧毒品，废弃试剂以及反应液内多余的氰化物都要做淬灭处理，淬灭完全后的废液才可以移出实验室。氰化物的淬灭方法有很多种，实验室比较方便的淬灭处理是 Fe^{2+} 法和氧化法。

（1）Fe^{2+} 法。

向含 CN^- 的弱碱性溶液中加入 20%硫酸亚铁或 $FeSO_4+Na_2SO_3$ 后，室温搅拌过夜，或搅拌 0.5h 后长时间放置，其目的主要是生成复盐。

（2）氧化法。

先用次氯酸钠氧化氰化物为氰酸盐：

$$NaCN+NaClO =\!=\!= NaOCN+NaCl$$

然后进一步氧化成二氧化碳和氮气：

$$2NaOCN+3NaClO+H_2O =\!=\!= 3NaCl+2NaOH+N_2\uparrow+2CO_2\uparrow$$

总反应如下：

$$5NaClO+2NaCN+H_2O =\!=\!= 5NaCl+2NaOH+N_2\uparrow+2CO_2\uparrow$$

调 pH>9，加入新鲜、有效氯浓度高的 NaClO 溶液，1mol 氰化物约需 5L 10% NaClO 溶液。先要计算一下，NaClO 至少应超过理论量的一倍。搅拌过夜，反应后的 pH 会升高。

无论是 Fe^{2+} 法或是氧化法，处理后都要进行 CN^- 浓度检测，方法如下：

（1）用淀粉碘化钾试纸测试，但需要调 pH≤9。

$$2I^-+ClO^-+2H^+ =\!=\!= I_2+Cl^-+H_2O$$

（2）$c(CN^-)$ 浓度测试纸（$c(CN^-)$ 浓度<100mg/L）。先用 pH 试纸测 pH>11，否则测试的 CN^- 浓度不代表真实含量，再用 $c(CN^-)$ 浓度测试纸的标准比色卡 [$c(CN^-)\times10^{-4}$: 0、1、3、5、7、10]。测试值必须是 0~1，即 0~100ppm。如果要求更精密，可用 Quantofix 氰化物浓度测试，测试灵敏度为 1~30mg/L CN^-。一般要求 $c(CN^-)$<5mg/L 才可以交给有资质单位作进一步处理。

2）三甲基硅氰（TMSCN）、氨基氰（NH₂CN）、卤化氰（CNX）

一些相关氰化物虽未列入剧毒品目录，但是属于高毒物，或有其他危险性，其废弃氰化物或反应结束后多余的氰化物都要做消解处理。

三甲基硅氰(TMSCN):遇水发生反应生成氢氰酸,淬灭方法可参照氰化钠,用 NaClO 溶液处理。

氨基氰(NH₂CN):大桶原包装发生过聚合爆炸。在低于 15℃的弱酸弱碱溶液中几乎不发生水解,但在 25℃、pH<2 或>12 时,水解则很快完成,生成尿素。

$$H_2N-CN+H_2O = H_2N-CO-NH_2$$

卤化氰(BrCN、ICN、FCN):遇热、遇水就会放出剧毒氰化氢气体。溴化氰遇酸会引起爆炸,碘化氰与水缓慢反应生成氰化氢。淬灭方法可参照氰化钠,用 NaClO 溶液处理。

3. 三氧化二砷

三氧化二砷是最具商业价值的砷化合物及主要的砷化学开始物料。

淬灭三氧化二砷可用氧化钙(或氢氧化钙)和碳酸钠(或碳酸氢钠)加入三氧化二砷水溶液中生成亚砷酸钙 $[Ca_3(AsO_3)_2]$、砷酸钙 $[Ca_3(AsO_4)_2]$ 等沉淀,可以大大降低其毒性。

其他含砷废液的处理原理:利用氢氧化物的沉淀吸附作用,如镁盐脱砷法,在含砷废液中加入镁盐,调节 pH 为 9.5~10.5,生成氢氧化镁沉淀;利用新生的氢氧化镁和砷化合物的吸附作用,搅拌,放置一夜,排放废液,分离出的沉淀可与上述重金属盐的沉淀一起集中处理(见本章第四节中的水泥回转窑处置化学废弃物)。

4. 其他剧毒物及细胞毒物

国家现行公布的《剧毒化学品目录》仅有 184 种剧毒化学品,其实这些都是一些市场上常见、大多公众知晓的大宗化学品,而对于化学领域,包括超敏细胞毒物在内,有剧毒危险性的化学品不计其数,所以不能认为没有列入国家《剧毒化学品目录》的化合物就不是剧毒化合物。

各种剧毒物的淬灭方法可以根据各自不同的化学性质,特别要对其活性基团和整体结构进行考虑,采用合适方法,改变其活性基团或破坏其整体结构,比较保守而可靠的方法是用 Fenton 试剂进行氧化淬灭或焚烧处置。

(八)腐蚀性物质

一些 pH 极端的强碱强酸都属于腐蚀性物质,可以按照国家标准 GB 5085—1996 调节溶液的 pH 小于 12.5 并大于 2.0,最好接近中性(pH=7),才算完成腐蚀性物质的初步预处理。对于强酸或强碱,慢慢加到不断搅拌下的水中,强酸用强碱中和、强碱用强酸中和。

醇钾或醇钠:不但易燃(例如,叔丁醇钾在空气中分解积聚温度能自燃,自燃点为 160~165℃),且有很强腐蚀性,需要溶在稀的稳定溶剂中,再加到水中,最后用酸中和。

淬灭反应后多余的醇钾、醇钠,如果较稀,可以直接加水或饱和盐水溶液。

(九)有害尾气

有害尾气治理是一个涉及生产制造业非常广泛、非常复杂的大课题,与环境保护和人的健康等众多问题密切相关。若不及时妥善处理，将严重阻碍人类社会健康和谐发展。

作为小环境的实验室，有害尾气吸收与处理更是同研发人员的安全与健康、仪器设施的保养、项目的顺利进行以及产物的质量等密切相关，需要认真对待。

实验室产生的有害尾气按其化学性质可分为酸性、中性和碱性，也可分为剧毒（如 HCN、H_2S 等）、腐蚀（如 HCl、SO_2 等）、易燃易爆（如 H_2、BH_3 等）等几类。

工业有害尾气处理有化学、生物、物理、光解等方法，从工艺上分类主要有吸附法、燃烧法、膜分离法、离子交换法、转化法等多种方法。

实验室是一个研发场所，空间有限，单元操作复杂多变，不可能像工业中那样仅对某一种有害气体进行专门设施的设计和建造。

实验室处理有害气体一般是按照其化学性质进行吸收淬灭。例如，有氯化氢、硫化氢等酸性气体生成，可用氢氧化钠水溶液进行吸收淬灭；通氯气的反应，有多余氯气排出，氯气属于潜酸性剧毒气体，也可用氢氧化钠水溶液进行吸收淬灭。如果是少量的，可以采取倒置漏斗的简单方法（图 21-22）。

如果气体量较大，可以进入吸收淬灭管（图 21-23）。管内装有比表面积大的填料，有害气体从管的底部进入，吸收淬灭剂为氢氧化钠水溶液，从管顶部进入，气液两相在管内进行充分接触，氢氧化钠水溶液通过连接储罐的管道用水泵打循环（图 21-24）。这样，由通风橱反应装置释放出来的有毒气体通过软管从填料吸收塔下部进入，气液交换后，有毒气体被氢氧化钠水溶液或 NaClO 吸收液充分淬灭和吸收，不会排入大气。

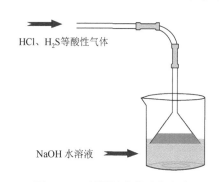
图 21-22　倒置漏斗的吸收方法

图 21-23　吸收淬灭管

图 21-24　水泵

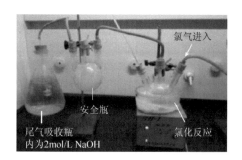
图 21-25　防倒吸装置

如果淬灭剂对反应有影响，为了防止倒吸，应在吸收装置与反应瓶之间搭建一个防倒吸装置，即安全瓶，以免倒吸时发生爆炸、影响反应等意外状况的发生，如图 21-25 所示。

图 21-25 是一个通氯气的氯化反应装置，溢出的氯气经过安全瓶到达尾气吸收瓶，被 2mol/L 的氢氧化钠溶液淬灭：$2NaOH+Cl_2 \rightleftharpoons NaCl+NaClO+H_2O$。该装置也可用于通 HCl、$H_2S$ 等反应。如果是通氨气等碱性气体，将尾气吸收瓶内的淬灭液改成稀盐酸就可以了。

（十）氢化反应催化剂

氢化反应催化剂是一类活性很高的物质，干燥状态下在空气中就可能有火花生成。即使是废弃的氢化反应催化剂或氢化反应后的催化剂，活性还是很高的，由于处理不当引起的火灾经常会发生，小到损失一些物料、仪器或伤手伤脸，大到将整个实验室或整层楼烧毁。

常见的氢化反应催化剂包括雷尼镍、载体铂、载体钯（如钯碳、氢氧化钯）。由于受实验室条件限制，淬灭这些废弃或使用后的贵重金属催化剂在实验室很难进行。

保守和稳妥的做法：将这些废弃或使用后的催化剂，以及沾有微量催化剂的物品（如称量纸、滤纸、草纸、硅藻土和塑料空袋）放入专门的桶内，用水浸封，废弃物上方的液面高度需大于 5cm。定期交给有资质或原生产厂家的专业厂家，作回收再加工利用。

（十一）废弃压缩化学气体试剂及钢瓶

化学实验室使用的气体除了极少数是自己临时制备外，大多数为商品供应的钢瓶装化学气体试剂，主要有压缩气体（氢气、二氧化碳、氩气、二氧化硫、硫化氢、氯化氢、烯烃等）、液化气体（液氯、液氨等）、溶解气体（丙酮乙炔）和冷冻液化气体（液氮）四大类。

图 21-26 为各种废弃的化学气体钢瓶。

图 21-26　各种废弃的化学气体钢瓶

化学实验室一般没有资质，也没有处置设施和处置能力来处理废弃钢瓶化学气体试剂以及空钢瓶，所以在购买前需单独与生产气体的专业厂家、经营单位，或有资质的专业危险气体处置机构联系并签约，保证使用后的报废剩余气体及钢瓶能随时被回收利用或处置。

第四节　危险化学废弃物的彻底无害化处置

1989 年 3 月联合国环境规划署通过了《控制危险废物越境转移及其处置巴塞尔公约》，并于 1992 年 5 月 5 日生效，我国是该公约最早的缔约国之一。该公约的内容包括了危险废物的分类、有害特性、处置作业、越境转移等。产生危险化学废弃物的所有企事业和相关人员都有义务遵守该公约。

现行的《国家危险废物名录》是由国家环境保护部和国家发展和改革委员会制定的，自 2008 年 8 月 1 日起施行。该名录中的编号从 HW01 到 HW49 共有 49 个类别和不同的废物代码，共计 498 种危险废物组分。化学实验室内产生的危险化学废弃物被分列在《国家危险废物名录》的多个类别和不同的废物代码中，但其数量远远大于《国家危险废物名录》所列的数目。

本章第三节提到的仅仅是在化学实验室内对危险化学废弃物的预处理，因为受限于实验室的处理条件，包括实验室的内环境、处理技术、处理规模、处理所用设施设备等器材、处理代价和建筑防火性能等，都不可能做到彻底无害化处置。虽然经过研发人员预处理后，它们不再具有原来的强烈反应性、爆炸性、遇空气遇湿易燃性、毒害性、恶臭、催泪性和腐蚀等危险特性，然而这些化学废弃物的可燃性、浸出毒性和污染环境等危险特性还是存在的。在实验室进行初步预处理后，只有转移至有资质的危险化学废弃物专业处理单位进行彻底的无害化处置，危险化学废弃物的整个处理工作才算完全结束。

对这些废弃物的最终处置，目前通用的方法是利用焚烧炉的控制焚烧法。但是这种方法很不经济，化学废弃物的热值被白白浪费掉，而且，焚烧温度为 800～1000℃，温度不够高，烟囱出口仍然有黑烟冒出。鉴于化学实验室产生的废弃物多数有很高的热值可以利用，从 20 世纪 80 年代开始，我国一些水泥制造行业引进欧洲先进技术和设备，对湿法水泥回转窑进行技术改造，很好地解决了废弃物的处置和利用问题。与其他专门的焚烧处置的企业相比，水泥回转窑处置化学废弃物的优点表现在：焚烧固体废弃物(如玻璃、硅藻土等)产生的灰渣直接转化为水泥的一部分，不产生二次灰渣。液态的有机废液经专门管道输入作为燃料，随同煤粉，通过炉尾进入，焚烧温度高，可达 1000～1600℃，焚烧彻底，可以节约资源、能源，生成二氧化碳等最高氧化态的气体，达到了固体污染物和液体污染物的零排放，符合国家"清洁生产"和环境保护等方面的要求。

复习思考题

1. 危险化学废弃物分哪两大类？
2. 危险化学报废试剂分哪几类？
3. 发生危险化学废弃物事故的主要原因是什么？
4. 危险化学废弃物初步预处理要解决哪些危险性？
5. 危险化学废弃物初步预处理的基本原理是什么？基本要求是什么？
6. 危险化学废弃物初步预处理前的基本准备程序是什么？
7. 熟知各类危险化学废弃物初步预处理的原理和操作方法。

第四篇　安　全　操　作

本篇各章涉及有机合成实验室里的各种操作安全规范，包括仪器设备操作安全规范、单元操作安全规范和工艺操作安全规范三大类。这些规范(成文或未成文的 SOP)在社会规范中属于第三层面的构成要素，即在组织中是指构成生产力的安全技术方面的 SOP。

第二十二章　仪器设备操作安全规范

有机合成实验室是一个事故多发场所，事故的发生与研发人员的不安全行为和物(机)的不安全状态有密切关系，因此，一定要把握好"人-物(机)"之间的协调关系。对于人与实验室仪器来说，这种协调关系就是在充分了解各种仪器的原理和结构特点的基础上，顺应它们的灵性进行操作并做好维护保养。只有建立了人-机之间的良好协调关系，才能得心应手地完成研发和生产任务。本章介绍易引起事故的仪器的相关操作安全规范。

第一节　常用仪器设备操作安全规范

化学实验室使用最频繁的仪器设备主要有磁力搅拌器、机械搅拌器、调压器、旋转蒸发仪和真空泵等。

一、(恒温)磁力搅拌器

磁力搅拌器是化学反应的基本仪器之一，有多种类型，如图 22-1 所示。

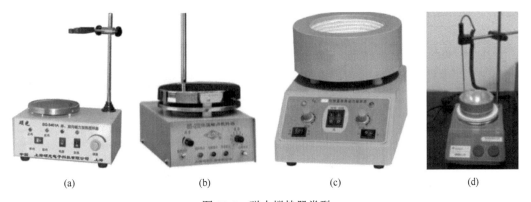

(a)　　　　　　(b)　　　　　　(c)　　　　　　(d)

图 22-1　磁力搅拌器类型

(a)磁力搅拌器；(b)盘式加热恒温磁力搅拌器；(c)加热套；(d)铝杯式恒温磁力搅拌器

(一) 基本原理

磁力搅拌器工作原理：利用磁性物质同性相斥异性相吸的特性，通过不断变换基座两端的极性来带动反应容器内的磁性搅拌子转动，并通过磁性搅拌子的转动来带动反应液旋转，这种旋转就是搅拌，能使反应液均匀混合。如果带有加热功能，配合温度控制装置，就成为磁力加热搅拌器或称恒温磁力搅拌器，可使搅拌和加热同时进行。一般化学合成实验室是通过另外的油浴加热装置来加热反应，所以，多数实验室用的是具有单一搅拌功能的磁力搅拌器。

（二）使用

磁力搅拌器一般适用于 2L 以下的反应瓶(器)，而且是黏稠度较小的液体(反应液和后处理液体)或者固液混合物。超过这些范围必须使用机械搅拌器。

（三）维护保养

(1)仪器应保持清洁干燥，严禁反应液流入机内，以免损坏机器。

(2)反应完成后，搅拌和加热的电旋钮要回位至零，并拔出电插头，切断电源。

(3)加热板表面的铝盘若落上液体，会腐蚀盘面或发热冒气，影响电热元件和电动机，需立即关掉电源清理干净。

(4)防止剧烈震动，以免损坏机件。

（四）安全须知

(1)电源插座应采用三孔安全插座，必须可靠接地，以确保设备与人身安全。

(2)搅拌过快会使搅拌子做不规则旋转，导致上下不停地乱跳，严重时可能击碎反应瓶。这时应迅速将旋钮调至零位，待搅拌子静止后，再缓缓升速搅拌，逐级稳定升速。

(3)即使不加热，反应瓶也应放在容器内，如用钢精锅作托底保护，以免搅拌子击破反瓶等意外情况发生，造成物料损失，并可能流入机内损坏仪器造成腐蚀或起火事故。即使当时不起火，也会埋下隐患，日后被腐蚀或发生电气短路而被烧毁。图 22-2 中属于违章操作，应该避免。

图 22-2　违章操作

二、机械搅拌器

实验室用机械搅拌器(图 22-3)的搅拌轴是用电动机通过减速器带动的，搅拌器一般装在转轴端部。研发人员根据各自的情况自行安装带有搅拌翼(也称搅拌头)的搅拌棒，搅拌翼的材质一般为聚四氟乙烯，搅拌棒的材质一般为玻璃或聚四氟乙烯等。

（一）使用

机械搅拌器一般用于 1L 以上的反应瓶(罐、釜)。不适合磁力搅拌器的黏稠度较大的

图 22-3　各种机械搅拌器

反应液或后处理液体可以用机械搅拌器。

（二）维护保养

(1)仪器应时刻保持清洁干燥。

(2)反应完成后，搅拌和加热的电旋钮要回位至零，并拔出电插头，切断电源。

(3)防止剧烈震动，以免损坏机件。

（三）安全须知

(1)电源插座应采用三孔安全插座，必须可靠接地，以确保设备与人身安全。

(2)对易燃易爆气体(如氢化钠拔氢反应产生的氢气)或强腐蚀性气体(如氯化氢气体)生成的反应，反应瓶上的冷凝管上方出口要远离机械搅拌的电机，否则易引起火灾或爆炸。

三、调压器

化学实验室用于调节加热线圈功率大小的调压器为自耦变压器或手动单相接触式调压器(图 22-4)。

（一）基本原理

调压器就是匝数比连续可调的自耦变压器。当调压器电刷借助于手轮主轴和刷架的作用，沿线圈的磨光表面滑动时，就可连续地改变匝数比，从而使输出电压平滑地从零调节到调压器的最大值。

(a)　　　　　　　　　(b)

图 22-4　手动单相接触式调压器

（二）使用

使用时，先借助手轮将调压器的电压调至零位，然后插调压器插头和加热圈插头，最后再根据需要缓慢均匀地旋转手柄调节电压。

（三）维护保养

（1）调压器外壳保持干净整洁，不允许有水滴、油污等落入调压器内部，调压器应定时停电，除去内部积聚的尘埃。

（2）使用和存放时必须放置在干燥、整洁、通风的地方，最好在靠近橱壁处用耐腐蚀的钢板做一个包框遮盖住调压器，如图22-4(b)所示，将其与加热油浴和反应瓶隔开，以防发生反应冲料等情况而腐蚀调压器。

（3）要经常自检，松垮是造成打火冒火花而烧毁调压器的主要原因之一，无论新旧，都要至少每月一次断开电源检查各接头和紧固件是否松动，如有松动应加以紧固。

（4）线圈与电刷接触的表面应经常保持清洁，否则易引起打火，烧坏线圈表面。若发现线圈表面稍有黑色斑点可用棉纱沾乙醇(90%)擦拭，直至表面斑点除去为止。

（5）每次用毕，要通过手柄将电压调回零位。

（四）安全须知

（1）最多不能超过额定功率的70%，更不能过载使用。

（2）一个调压器只能带动一个加热圈。

（3）移动或搬运调压器时，应手捧调压器底座，不可拖拽电源线或手提调压器手柄。

（4）距油浴锅及反应装置至少20cm，以防冲料引起调压器燃烧或被腐蚀。

（5）若有内部打火、产生烧焦味等可疑问题，要及时维修，部件老化要及时更新，不能带病作业，超过使用年限或损毁的要及时报废。

超载、接头松动(图22-5)、冲料(图22-6)是造成调压器被烧毁的三大主要原因。

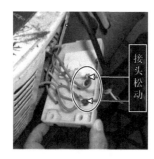

图22-5　超载和接头松动造成调压器被烧毁

图22-6　冲料造成调压器被烧毁

（五）使用小常识

(1)调压器电压与加热圈功率的关系：功率与电压的平方成正比。

(2)调压器最容易打火，造成负荷发热，常被烧毁的部位有：碳刷与线圈接触处、线圈输入接头、接线板内外接头、由于冲料而引起的线圈间漆层剥落等部位。

(3)夜间油浴温度升高的原因：①晚间干支路的电压比白天高；②排风机被关掉→空气流通丧失→对油浴的散热效果降低→油浴温度升高；③线圈被腐蚀→线圈间蹿火→电流抄近路→相当于线圈扎数减少→电压升高→功率增加→油浴温度骤升。

（六）换代技术与产品

为了消除调压器的种种缺陷和安全隐患［如内部打火、易被腐蚀起火、操作复杂易出差错、占面积(图 22-7)等］，一种新型智能控温系统(智能控温仪)已经进入实验室。该系统采用 PID 智能操作控制、热电偶感温、继电器控制输出、单键快速升降温度设定模式，设定、控制双排数字显示，并设有断偶保护功能。当设定好所需温度后，微电脑将根据温度差自动调整升温速率，通过不间断脉冲供电，比例调节，快速达到最佳升温效果，精度为±1℃，可以安全精确加热控温。体积小，不占用宝贵的通风橱空间，可以方便地安装到搅拌器的支柱上或在其他安全的地方使用，安全距离充足，见图 22-8。

图 22-7　传统的调压器会占据橱内有限空间　　　　图 22-8　智能控温仪不占有效空间

智能控温仪的使用注意事项：控温探头需要固定牢固，不能晃动；放置在导热油的合适位置，不能靠近加热圈；深度要在液面 2cm 以下，也不能落底。另外，要确保加热线圈全部浸入油中。

图 22-9 为控温探头的位置不合适导致的起火事件，导热油已经烧干。

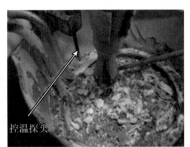

图 22-9　控温探头位置不合适导致的起火事件

四、旋转蒸发仪

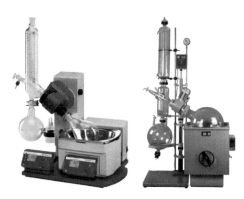

图 22-10　旋转蒸发仪

旋转蒸发仪(图 22-10)用于在减压条件下连续蒸馏大量易挥发性溶剂,广泛应用于反应萃取液的浓缩和色谱分离接收液的蒸馏浓缩。

(一)基本原理

旋转蒸发仪的基本原理是薄膜减压蒸馏。被浓缩的溶剂在连续转动的蒸馏瓶内壁形成薄膜,在减压情况下被不断挥发抽走。

旋转蒸发仪是一个多单元组合仪器,包括转动系统、加热系统、真空系统、冷凝水循环系统等。

(二)使用

按照使用说明书进行操作。调节蒸馏瓶在水浴锅内的高低。先减压,确认真空度上升后再开动电机转动蒸馏烧瓶,慢慢调节合适的转速。待水泵真空稳定后(低于 0.1atm,1atm=101325Pa),才可对水浴加温。打开加热浴的电源开关,调节合适水温。

(三)维护保养

(1)用前仔细检查仪器,玻璃瓶是否有破损,各接口是否吻合,注意轻拿轻放。

(2)用软布(可用纸巾替代)擦拭各接口,然后涂抹少许真空脂。

(3)各接口不可拧得太紧,要定期松动活络,避免长期紧锁导致连接器咬死。

(4)先开电源开关,然后让机器由慢到快运转;停机时要使机器处于停止状态,再关闭开关。

(5)各处的聚四氟开关不能过力拧紧,容易损坏玻璃。

(6)每次使用完毕必须用软布擦净留在机器表面的各种油迹、污渍、残留溶剂。

(7)停机后拧松各聚四氟开关,长期静止在工作状态会使聚四氟活塞变形。

(8)定期对密封圈进行清洁,方法是:取下密封圈,检查轴上是否积有污垢,若有,用软布擦干净,然后涂少许真空脂,重新装上即可,保持轴与密封圈滑润。

(四)安全须知

(1)玻璃零件接装应轻拿轻放,装前应洗干净,并擦干或烘干。

(2)各磨口、密封面、密封圈及接头安装前需要涂一层真空脂,但要注意不能污染产物。

(3)水浴锅通电前必须加水,不允许无水干烧。

(4)旋蒸调速,转速不可过快,否则转轴易折断,并且水浴锅的水易晃出。

(5)不可浓缩易爆物品。某研发人员违反旋转蒸发仪使用规范,将叠氮物放在旋转蒸发仪里浓缩。随着一声巨大闷响，水浴锅被炸翻，整个水浴锅腾起，落到旁边的水桶中，如图 22-11 所示。

　　(6) 水温不宜过高，以免蒸发过快。超过 80℃时，应该改用油浴。

　　(7) 蒸馏瓶高低调节好后要将整个转动轴装置固定牢靠。

　　另外，蒸馏瓶与转动轴要严密插牢，并用不锈钢夹子夹牢，否则蒸馏瓶可能由于晃动而松动脱落，掉进水浴锅里。蒸馏瓶脱落，有机溶剂进入水浴锅挥发，航空

图 22-11　违规旋蒸叠氮物事故现场

插头电源输出间接触不良和旋蒸调速板可控硅被击穿而产生火花是导致旋转蒸发仪起火燃烧的直接原因，见图 22-12。

　　　(a)　　　　　　　(b)　　　　　　　(c)　　　　　　　(d)

图 22-12　事故录像截图

（五）使用小常识

　　(1) 旋转蒸发仪由多个运作系统组成，任何系统或部位出了毛病就不能完成既定任务，一旦转动不顺或有异响，加热、真空等出现问题要及时维修，不能使其带病作业。

　　(2) 一旦发现蒸馏瓶脱落，有机溶剂流入锅内，要立即在远处拔掉总电源，并马上更换水。不能放任不管，也不能在旋蒸仪器的控制开关上进行关闭操作，以免引起火灾，因为安全距离不够。附近空间达到爆炸极限就会在仪器内的电火花触发下引起火灾，见图 22-12(b) 中的第一团火球，可知有机蒸气是往下沉的。

　　(3) 如果蒸发瓶不易取下，可用木榔头沿转轴倾斜方向轻轻敲击蒸发瓶口或用退瓶器退蒸发瓶，这样取蒸发瓶不但简单安全且转轴不易断裂。

　　(4) 选用 3L 以上蒸发瓶时，应低速运转，蒸发瓶入水深度应使其重力与浮力相平衡，避免受力过重而损坏转轴。

　　(5) 旋蒸仪升降时，要先松开锁紧装置，再进行升降，否则易使操作手柄断裂。

　　(6) 旋转蒸发仪闲置不用时，将加液塞(或称放气塞)取下，可防止真空油脂干涸而无法旋动加液塞。

　　(7) 冬季温度低于 0℃时，下班后放空冷凝器盘管内存水，防止因水结冰胀裂冷凝器。

　　(8) 水浴锅加温，不要从早开到下班。一是在上料时难调真空平衡而易冲料；二是满屋蒸汽缭绕，既增加用电负荷浪费电能，也增加室内温度，特别是夏天，会降低空调效能。

　　(9) 经常更换水浴锅内的水，可延长电热管的使用寿命。

　　(10) 仪器使用完毕后，拔掉电源，清洁外表。

五、真空泵

减压蒸馏(包括减压分馏)是分离提纯有机化合物的常用方法之一,真空泵可以为之提供一个负压环境。

真空泵的类型非常多,而且有不同的分类方法。

按真空度分类:低真空泵(也称粗真空泵,压力范围为 1333～101325Pa、大于 10mmHg)、中真空泵($1.33×10^{-1}$～1333Pa、0.1～10mmHg)、高真空泵(10^{-6}～$1.33×10^{-1}$Pa、小于 0.1mmHg)、超高真空泵(10^{-10}～10^{-6}Pa)和极高真空泵($<10^{-10}$Pa)。

按结构分类:滑阀式、旋片式、罗茨式、往复式、水环式、喷射式等多种真空泵。

按工作原理分类:气体输送泵和气体捕集泵两种类型,其中气体输送泵包括液体真空泵(水环式真空泵)、往复式真空泵、旋片式真空泵、定片式真空泵、滑阀式真空泵、余摆线真空泵、干式真空泵、罗茨真空泵、分子真空泵、牵引分子泵、复合式真空泵、水喷射真空泵、气体喷射泵、蒸汽喷射泵、扩散泵等;气体捕集泵包括吸附泵和低温泵等。

按润滑介质分类:油式真空泵、无油真空泵。

化学实验室的水泵主要用于抽料、抽滤和简单减压浓缩(如旋转蒸发仪)等。

关于真空度及压力单位换算:真空度的表达方式有很多,由于各种书籍文献报道以及使用习惯的不同,有很多种压力单位,至今没有得到统一。各单位相互间的转换关系可参见表 22-1 的压力单位换算表。

表 22-1　压力单位换算表

单位	Pa	Bar	atm	torr	mmHg	psi
1Pa	1	0.00001	0.00001	0.0075	0.0075	0.00014
1bar	100000	1	0.9869	750.062	750.062	14.504
1atm	101325	1.01325	1	760	760	14.7
1torr	133.3	0.00133	0.00132	1	1	0.01934
1mmHg	133.322	0.00133	0.00132	1	1	0.01934
1psi	6894.76	0.06895	0.06805	51.7149	51.7149	1

(一) 水循环真空泵

水循环真空泵主要有水环式真空泵和水喷射真空泵两种。

化学实验室通常使用的水循环真空泵为水喷射真空泵,室内用的水循环真空泵通常简称水泵(图 22-13),室外用的水循环真空泵称水冲泵(图 22-14)。

水喷射真空泵属于粗真空泵,它所能获得的极限真空度为 2000～4000Pa,相当于 15～30mmHg。

图 22-13　室内用水循环真空泵

图 22-14　室外用水循环真空泵

1. 水喷射真空泵工作原理

水喷射真空泵是利用"文丘里"效应使混合室内的空气被高速的水流强制带走，从而形成抽气效果，其动力由水泵提供。其工作原理是将具有一定压力的工作介质水，通过喷嘴以亚音速向吸入室高速喷出，将水的压力能变为动能，形成高速射流；通过压差变化使水分子发生质点的紊动扩散(产生水分子之间的真空空间)以及高速射流的表面黏滞等作用，将吸入室中的气体挟裹至水流内外，形成气液混合流，进入扩压器，从而使吸入室压力降低，形成真空；在扩压器的扩张段内，气体被进一步压缩，速度降低，混合射流的动能转变为压力能，压力升高至大于排水压力(即背压)，与水一起被排出，从而产生连续的吸气过程，直至形成最终的真空。因此，水泵的最高真空度不可能超过使用温度下的水的饱和蒸汽压。然而，质量高的水泵，其真空度可以接近当时水温的饱和蒸汽压，理论值可见表 22-2。

表 22-2　不同水温下的饱和蒸汽压理论值

水温 (℃)	蒸汽压 (mmHg)	水温 (℃)	蒸汽压 (mmHg)	水温 (℃)	蒸汽压 (mmHg)	水温 (℃)	蒸汽压 (mmHg)
0	4.6	8	8.1	16	13.6	24	22.4
1	4.9	9	8.6	17	14.5	25	23.8
2	5.3	10	9.2	18	15.5	26	25.2
3	5.7	11	9.8	19	16.5	27	26.8
4	6.1	12	10.5	20	17.5	28	28.4
5	6.5	13	11.2	21	18.7	29	31.0
6	7.0	14	12.0	22	19.8	30	31.8
7	7.5	15	12.8	23	21.1	31	33.7

由表 22-2 可以得知，水泵要获得较高真空度，除了机械性能以及密封性能优良外，水温越低，真空度越高。对于质量好的水泵以及严谨的操作，实际的真空度可达理论值的 70%～80%。

2. 使用

(1)开机前检查水箱的水位，水位低时及时补充。

(2)插电源时，先关闭泵上的电位开关，如不关闭开关，由于后面有负荷，插电源时易冒电火花。

(3)停机时先关闭设备阀门或放气后再关闭电源，防止倒吸。

3. 安全须知

(1)使用水泵要开更新水，否则造成水温上升，真空度下降，而且易燃有机溶剂大量积聚并漂浮在水泵箱内，如图 22-15 所示。有机溶剂蒸气达到爆炸极限时遇水泵箱上的电机火花，可使水泵整体烧毁，如图 22-16 所示。

特别是抽滤含乙醚等低沸点的易燃有机溶液，很容易起火，将水泵烧毁，甚至引发大火。

图 22-15　易燃有机溶剂大量积聚并漂浮在水泵箱内　　　　图 22-16　水泵被烧毁

（2）箱体上方为电机散热孔，要保持畅通，不能用灭火毯、抹布或其他物品遮盖散热孔，如图 22-17 所示，否则阻碍散热，会严重损害内部电机，甚至过热烧毁，引发火灾，如图 22-18 所示。

图 22-17　物品遮盖散热孔　　　　　　　　图 22-18　引发火灾

（3）旋蒸时，要注意温度及冷却效果，若冷却不佳，有机溶剂会被抽入泵中，电机在易燃溶剂环境中运转的危险性不言而喻。

（4）真空泵不要直接与反应装置相连，中间要搭建缓冲瓶，以防冲料污染泵体，进而造成电机腐蚀、短路起火等事故发生。一旦停止使用要及时关闭，避免空转磨损。

4. 使用小窍门

（1）要想增强真空度，除了平时要保养维护好、使之始终处于良好工作状态外，可以在水箱内加入冰水或冰块（注意不能堵住水泵），水温越低，真空度越高。

（2）水泵通常是与旋转蒸发仪连在一起用的。要达到比较理想的真空度，除了使水泵水箱的水保持低温外，旋转蒸发仪的冷凝器也要用冰水打循环，这样可大大提高效率。

（二）真空油泵

真空油泵可以提供比水泵更高真空度的作业空间。

图 22-19　真空油泵

1. 工作原理与用途

真空油泵分两部分，由电机和不同类型的油泵组成。真空油泵有很多种类，工作原理各不相同，化学实验室的真空油泵一般使用旋片式真空泵（简称旋片泵），是一种油封式机械真空泵，见图 22-19。

真空油泵在化学实验室较少用于减压蒸馏，主要用于低温冷冻干燥和加温烘箱。通过高真空能够除去高沸点的溶剂或杂质，或通过高真空将高沸点的目标物进行分馏收集。它特别适用于在常压蒸馏时未达沸点即已受热分解、氧化或聚合的物质。

2. 使用

减压蒸馏整套仪器的组装顺序(从左到右)：加热装置、蒸馏瓶、毛细管(或磁力搅拌子)、克氏蒸馏头、温度计、直形冷凝管、接收器、收集瓶、安全瓶(兼当放空瓶)、冷阱、真空计(如U形水银压差计)、干燥吸收装置(包括氯化钙填充的水蒸气吸收塔、粒状氢氧化钠填充的酸气吸收塔、石蜡片填充的有机蒸气吸收塔)、真空泵，如图22-20所示。

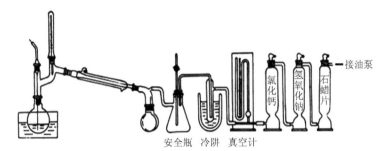

图22-20　完整的减压蒸馏装置

以上各主要单元装置缺一不可。其中干燥吸收装置可根据实际蒸馏物品的性质来设计，可以单用浓硫酸来吸收水蒸气和有机蒸气；也可以单设一种吸收塔，如氯化钙填充的水蒸气吸收塔，或粒状氢氧化钠填充的酸气吸收塔，或石蜡片填充的有机蒸气吸收塔，这三种的选用或综合选用顺序可以根据需要来进行组配；也可以采用其他合适吸收物质来填充吸收塔。冷阱和真空计的顺序可以变动。如果蒸馏量一直很小，为了减少接头(较多的泄漏点会影响真空度)，也可以将各种吸收剂组合在一个气体干燥塔内，如图22-21所示。

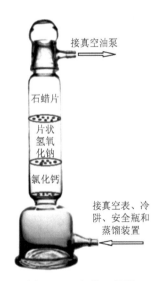

图22-21　气体干燥塔

常用的测压计，除了U形水银压差计外，还有很多种真空计或真空表，可以根据需要来安装。安全瓶之前的组件可固定在台面上，也可装在推车上，便于移动，如图22-22所示。冷阱在每次临用前装配，倒掉内容物并清理干净，添加冷浴介质。

真空油泵忌讳进入大量空气，不能长时间无负载的空抽。

在油泵减压蒸馏前必须在常压或水泵减压下蒸除所有低沸点液体、水，以及酸、碱性气体。

3. 关键操作

真空低温冷冻干燥的关键操作规范是，必须将目标物和冷阱冷却至规定的低温时，才能在空载状况下(先打开气阀)

图22-22　实体图

启动真空油泵。任务完成后，关闭真空油泵前必须先打开气阀，否则容易发生倒吸，详见本章第二节中的"冷冻干燥器(冻干机)"。

真空加温烘箱的关键操作规范是，必须有效力可靠的冷阱，以及上述的真空油泵应正确开启和关闭。

4. 保养与维护

真空油泵的保养和维护非常重要，包括及时换油、各连接处的密封、冷阱和吸收塔的合理装配、正确地开机和关机等。

5. 真空油泵使用禁忌

(1)将真空油泵当水循环真空泵用，抽低沸点或酸碱物，而且各吸收装置安装不到位或根本没有。后果是影响工作效率、缩短真空油泵使用寿命、引发事故。

(2)空转或长时间抽空气。后果是油泵过早磨损。

(3)先关泵，再通大气，使得油泵倒吸。

(4)泄漏点太多、搭建装配不严密、漏气。后果是影响真空度、缩短冷却润滑油的使用寿命。

(5)通宵长时间使用。后果是缩短使用寿命。

(6)置于弥漫着腐蚀性气体的环境中。后果是使用寿命大大缩短，造成电机腐蚀、线路短路、跳火、引发事故。

(7)操作粗放。后果是使用寿命大大缩短、造成事故。

(8)各部件松动。后果是影响真空度、引发事故。

图 22-23　油泵事故

(9)平时不擦拭。后果是污垢沉积、锈蚀、漏电、跳火、引发事故、缩短使用寿命。

不按照规范使用和维护保养，其思想根源是懒惰、投机取巧和不重视，带来的后果是影响工作效率，缩短仪器使用寿命，油泵油箱发生爆裂、爆炸或起火事故，得不偿失，如图 22-23 所示。

6. 安全须知

(1)不要指望仅安装冷阱就能起到全部吸收作用，对于强酸碱的化合物来说还必须安装酸、碱吸附装置。

(2)不能直接和旋转蒸发仪相连，不能抽低沸点物质(bp＜120℃)。

(3)在接真空管时注意，不可将冷阱的进出口接反，否则冷阱内的溶剂会有吸入油泵的危险。

(4)不允许戴着沾有溶剂的手套启动油泵。

(5)不要长时间空抽，避免油泵过早磨损。

(6)注意观察油的颜色，当发现变黑或呈乳白色时，及时报修换油。若油泵倒吸也应该换油。

(7)对于好的真空泵，抽到较高真空度后，声音是微弱而清脆的。当发现不运转、电机有嗡嗡声音时，及时关机，拔掉电源插头，否则电机有发烫起火的危险。

(8)仪器使用完毕后，拔掉电源，清洁外表。

第二节　非常用仪器设备操作安全规范

一、氢化仪

氢化实验室内的氢化仪一般用于氢化、插羰、缩合等有气体参与的反应，又因常伴有固体催化剂参与反应，所以属于气、液、固三相物料进行化学反应的搅拌反应装置。除了催化氢化、插羰和缩合反应外，氢化仪同时也适合实验室其他需要在压力玻璃容器内进行液体和气体充分混合的反应。

（一）基本结构和基本原理

整套氢化仪由氢化瓶、聚四氟密封头、十字表头和压力表组成，如图 22-24 所示。

为防止瓶内意外超压(>60psi)而发生意外，可加装一个可逆式防爆阀，如图 22-25 所示。

图 22-24　氢化仪及配件　　　　　　　图 22-25　加装可逆式防爆阀

反应瓶可用硅硼酸玻璃、聚四氟乙烯、玻璃纤维涂层或不锈钢等材质。通常使用的氢化瓶的材质是强度较高的硅硼酸玻璃。

搅拌一般使用磁力搅拌器进行。

（二）技术参数

压力范围：≤60psi(约 4atm。1psi 约等于 0.068atm)。

使用温度：≤80℃。

反应瓶材质：硅硼酸玻璃。

反应瓶容量：35mL、75mL、250mL、500mL、1000mL、2000mL。

氢气连接管线材质：聚丙烯。

阀门材质：黄铜和青铜，并用聚四氟乙烯密封，氨气或其他腐蚀性气体需用不锈钢阀门。

（三）使用

加料顺序有两种：①先在氢化瓶内充氩气或氮气，然后一次性加入催化剂，用洗瓶将瓶壁四周的催化剂冲洗下去,再加反应物和溶剂;②先在氢化瓶内加反应物和溶剂,然后充氩气或氮气,一次性加入催化剂,用洗瓶将瓶壁四周的催化剂冲洗下去。

置换瓶内的气体前,不允许启动搅拌,须先抽真空(如果使用沸点较低的溶剂,可至溶剂近沸),再通入氢气(每次 30~40psi),重复 2~3 次,然后通过调节减压阀到所需压力下进行氢化。温度稳定后调压至预先设定的压力。

反应停止,必须先放出反应瓶中的氢气(若有加热则须先充分冷却),然后才能打开氢化瓶。

(四) 安全须知

(1)催化剂 Raney Ni 密度大,沉于瓶底,加上颗粒粗糙,很容易在搅拌时使瓶底磨损变薄,引起瓶子爆破,因此,在氢化瓶中使用磁力搅拌子时要禁止使用 Raney Ni。

(2)长期受压和加温使用会引起氢化瓶疲劳而导致危险,所以需将累积使用 2000h 的氢化瓶坚决淘汰掉。

(3)硅硼酸玻璃不适合强碱介质的反应;十字表头属于金属制品,不适合酸性介质的反应,即使是不锈钢材质,在酸性环境中也容易被腐蚀造成事故。

(4)氢化瓶只能用于压力 60psi 以下(室温)、或 50psi 以下(低于 80℃的加温反应)的氢化反应或插羰反应,不可以将氢化瓶挪作他用。

(5)氢化瓶不可用于有分解、聚合等放热的反应;另外,对于产气反应,如上 Boc 或脱 Boc 都会有气体产生,需要计算考量气压上升带来的安全隐患。

(6)清洗时检查聚四氟塞上的橡皮圈是否完好。旋转聚四氟塞时用手旋即可,禁止用氢化瓶塞扳手旋。

(7)装十字表头时检查是否确实已连接上(可以通过声音和观察加以判断,表头底部是合起来的,可以注意观察)。

(8)整套装置上有三个阀门,当开启其中一个时,其他两个必须处于关闭状态。

(9)当反应温度过高,特别是高于使用溶剂的沸点时,进行取样或出料要先降温。

(10)只有在通氢气后或一氧化碳(插羰)反应后才能开启搅拌,其他情况禁止开启搅拌。

(五) 摇摆式氢化仪

摇摆式氢化仪也称摇摆式混匀仪,除了反应瓶外,还包括由气动马达或防爆电机组成的振荡系统压力调节系统、支架、反应瓶保护罩等,如图 22-26 所示。

图 22-26　摇摆式氢化仪

由于是通过摇摆晃动振荡整个氢化瓶,气液固接触更加频繁、充分,比氢化仪的静置搅拌效率高 3~5 倍,而且有金属保护罩,可以防止瓶子爆破时伤人。缺点是不能加温(即使有加热套,也难准确控温),价格也较高。

（六）影响压力变化的因素

氢化反应中的压力变化是需要密切关注的，超过氢化瓶的压力承受范围，就可能发生爆炸。影响压力变化的因素有以下几方面：

（1）反应加氢过程会释放出气体的反应。由于催化氢化是在催化剂表面完成的，反应初期催化剂大量地吸收氢气，氢气源源不断地进入，表压保持不变。当氢气吸附达到平衡时，反应过程中大量放出气体，压力开始升高，如叠氮被还原（用 Pd/C 比较缓和；用 Raney Ni 一般很剧烈，应禁止）以及 Boc 酸酐参与的氢化脱苄上 Boc 等反应。

（2）在氢化条件下，反应体系中有分解的物质产生。例如，甲酸在 Pd/C 的催化下被分解成氢气和二氧化碳、DMSO 在高温下分解等。这致使压力增高，甚至发生爆炸。

（3）反应过程大量放热的反应。当此类反应的投料量很大时，快速的搅拌伴随大量的催化剂会使反应加速，随着反应温度的升高，反应速率又进一步加快，并呈几何级数上升，导致短时间内大量放热，体系温度瞬间飙升，压力迅速升高，甚至爆炸。

（4）为了促进或者抑制反应速率、保护特定基团等，加入一定量的酸或者氨气等，在进行加热时，由于汽化而使反应体系压力增高，甚至爆炸。一般禁止在氢化瓶中加强酸和强碱，强酸腐蚀氢化瓶瓶口上方的金属器件如表头、公母插件、十字架等，强碱腐蚀氢化瓶。

（5）低沸点物质经过低温冷却后投入氢化瓶再加热的反应。

二、实验室用高压釜

氢化实验室内的高压釜同氢化仪一样，也用于氢化、插羰、缩合等有气体、液体和固体参与的各种加温加压反应，也属于气、液、固三相物料进行化学反应的搅拌反应装置，但是高压釜比氢化仪更能适合各种苛刻反应条件，如更高压力和更高温度等条件，以强化传质和传热过程。

（一）基本结构和基本原理

一套高压釜系统（图 22-27）由高压釜（图 22-28）和控制器（图 22-29）两部分组成。

图 22-27　高压釜系统　　　　图 22-28　高压釜　　　　图 22-29　控制器

1. 高压釜部分

高压釜部分由釜体、釜盖、连接法兰、磁力搅拌器、加热器、阀门、冷却盘管、安全爆破阀、压力表、控制仪等部件组成。

(1)反应容器由釜体和釜盖组成，采用 316L 不锈钢(00Cr17Ni14Mo2)、304 不锈钢(0Cr18Ni9)、1Cr18Ni9Ti 不锈钢或哈氏合金加工制成。氢化实验室内的高压釜一般为开式平盖反应釜，釜体通过螺纹与法兰连接，釜盖为整体平盖，两者由周向均布的主螺栓、螺母紧固连接。

哈氏合金在各种还原性或氧化性介质中具有优良的耐腐蚀性能，能耐苛刻温度、浓盐酸以及氯的腐蚀。抗腐蚀性能强弱排序为：哈氏合金＞316L 不锈钢＞304 不锈钢。

为适应高温高压的操作环境，釜体与釜盖、磁力耦合器与釜盖等密封面之间多采用锥面与圆弧面、圆弧面与圆弧面之间的线接触密封方式。密封面非常光滑，操作及维修时要注意保护，若使用合理，可使用千次以上。

(2)连接法兰：法兰材料为 35CrMo，釜体与法兰以螺纹连接，法兰上有周向均匀分布的螺栓，通过拧紧螺母达到密封，密封可靠无泄漏。

(3)磁力搅拌器：由电机驱动外磁钢体转动，外磁钢体通过磁力线带动内磁钢体、搅拌轴及搅拌桨叶转动，从而达到搅拌的目的。为了保证磁力搅拌器的正常运行，磁力搅拌器上设有冷却水套，每次开机之前必须在冷却水套之间通入冷却水来降低温度，确保磁力搅拌器的磁性材料不退磁；要从磁力搅拌器的下水嘴进水，上水嘴出水。

(4)加热器：反应釜的加热是通过电加热器，具有导热效果均匀、加热速度快、使用寿命长等特点，出线通过插座插头与控制仪相连。

(5)在釜盖的上部、侧部装有搅拌口、测温口、进气口、排气口、压力表安全爆破阀口等，外接阀门、压力表、安全爆破阀、测温保护管等，均采用圆弧与圆弧线接触形成密封，通过拧紧螺母达到密封。

(6)进、排气口配针形阀，开在釜盖的侧面，可通过此阀门通气、排气及抽真空。

(7)冷却盘管系统：在釜盖的侧部开有进水口和出水口，当需要降温时，要从釜盖冷却水进水口通水，另一出口为出水口。

(8)测温口配保护管是用来放置测温铂电阻的。它是用密闭的 304 钢管通过螺纹与釜盖相连接。

(9)压力表：压力表和安全爆破阀口共用一个口，压力表用来测量釜内的压力。

(10)安全爆破阀：在安全爆破阀口安装安全爆破阀，其是由爆破片、压环装配组成的压力泄放安全装置。当爆破片内侧压力差达到预定的温度下的预定压力值时，爆破片即可爆破泄放出压力介质。

2. 控制器部分

(1)外壳面板装有控制釜内和夹套温度的两个温度数显表、加热电压表、电机电流表、转速表、工作时间显示表以及调节旋钮和控制开关等，供操作使用。

(2)搅拌控制电路的电子元件均组装在一块线路板上，采用双闭环控制系统，具有调速精度高、转速稳定、抗干扰等特点，并且具备限制超速、过流等完善的保护功能，调节"调速"旋钮即可改变直流电机的直流电压，从而改变电机的转速，达到控制搅拌速度的目的。

(3)加热电路中采用固态继电器(俗称调压块)调压，使加热电路趋于简单化，只要调节"调压"旋钮即可调节加热功率。同时，加热电路的控制部分配备智能化数显表，使加热温度根据工艺的要求随意调节，并且控制温度的精度极高。

(4)所有外接引线均从后面板通过防水接头由控制器内的接线端子引出。

3. 基本原理

高压釜的搅拌是通过磁力驱动，利用永磁材料进行耦合传动的传动装置，将传统的机械密封和填料密封的那种通过轴套或填料密封搅拌轴的动密封结构变为静密封结构，具有转速显示及无级调速功能。釜内介质完全处于由釜体与密封罩体构成的密封腔内。彻底解决了填料密封和机械密封因动密封而造成的无法克服的泄露问题，使反应介质绝无任何泄露和污染。

高压釜的加热是用加热器通电加热，加热功率可调，温度由自动温度调节仪控制，能实现自动恒温的目的，控温精度为±1℃。

(二)技术参数(各型号有所不同)

工作压力：0.1～15.0MPa，使用时要特别注意爆破片的承压范围。

夹套工作压力：0.1～1.6MPa(可调)。

工作温度：室温～300℃(可调)。

搅拌转速：20～1000r/min(可调)。

加热方式：夹套导热油电加热管。

搅拌桨叶形式：推进式、桨式、锚式、涡轮式等。

各个厂家生产的各种高压釜，其各项技术参数是不相同的，要看说明书。

(三)使用

按照不同型号的高压釜使用说明书进行安装、调试、投料、运转、卸料、清洗。

(四)安全须知

(1)在操作前，应仔细检查釜体有无异状，在正常运行中，不得打开上盖和触及板上的接线端子，以免触电。

(2)应定期对测量仪表进行校准，以保证其准确可靠地工作。

(3)升温速率不宜太快，一般不大于80℃/h；加压也应缓慢进行，尤其是搅拌速度，只允许缓慢升速。如遇停电，应立即将调速旋钮调回零位。

(4)不得速冷，以防过大的温差压力造成釜体损坏。

(5)反应釜运转时，联轴器与釜盖间的水夹套必须通冷却水，以控制磁钢的工作温度，避免退磁。

(6)严禁在高压下敲打拧动螺栓和螺母接头。严禁带压拆卸。

(7)爆破膜在使用一段时间后会老化疲劳，降低爆破压力，也可能会有介质附着，影响灵敏度，应定期更换，或根据使用次数和使用时间来更换，以防失效。

(8)针形阀为线密封，仅需轻轻转动阀针即能达到良好的密封性，禁止用力过大，以免损坏密封接触面。

(9) 用橡皮管吸取高压釜内含有 Raney Ni、Pd/C、Pd(OH)$_2$ 等催化剂的反应液时，注意不能抽空反应液，以免吸附在管内壁上的易燃催化剂和空气摩擦引起燃烧。要反复用相应溶剂冲洗高压釜内壁，并及时吸取。用过的橡皮管不能随便扔入垃圾桶，要随同滤纸、硅藻土以及擦拭物等一起浸入水中，交管理员处理。用过的橡皮管也可用适当溶剂或水冲洗，确认干净后可再利用。

(10) 使用结束后，气体钢瓶的所有阀门必须关闭，调整压力表读数至 0，并保持周围环境的整洁。

(11) 氢气钢瓶中的气体不可用空，当总表压力读数低于 2MPa 时，应更换氢气钢瓶。

(12) 做催化氢化反应，在投料和出料时，要预先在高压釜旁边配备两个灭火器和一块灭火毯，以备紧急时使用。

(13) 高压釜及控制仪必须接地使用以保证高压釜运行安全。正确合理地操作，方可保证压力容器的安全运行，因为即使是容器的设计完全符合要求，制造、安装质量优良，如果操作不当，同样会造成压力容器事故。

(14) 要保证高压釜安全运行，必须做到以下几方面：

① 平稳操作。

压力容器在操作过程中，压力的频繁变化和大幅度波动对容器的抗疲劳破坏是很大的。应尽可能使操作压力保持平稳。同时，容器在运行期间也应避免壳体温度的突然变化，以免产生过大的温度应力。当压力容器加载(升压、升温)和卸载(降压、降温)时，速度不宜过快，要防止压力或温度在短时间内急剧变化对容器产生不良影响。

② 防止超载。

防止压力容器超载，主要是防止超压。反应容器要严格控制进料量、反应温度，防止反应失控而使容器超压。储存容器充装进料时，要严格计量，杜绝超装，防止物料受热膨胀使容器超压。

③ 状态监控。

压力容器操作人员在容器运行期间要不断监督容器的工作状况，及时发现容器运行中出现的异常情况，并采取相应措施，保证安全运行。容器运行状态的监督控制主要从工艺条件、设备状况、安全装置等方面进行。

a. 工艺条件。主要检查操作压力、温度、液位等是否在操作规范规定的范围之内；容器内工作介质的化学成分是否符合要求等。

b. 设备状况。主要检查容器本体及与之直接相连接部位如阀门、法兰、压力温度液位仪表接管等处有无变形、裂纹、泄漏、腐蚀及其他缺陷或可疑现象；容器及与其连接管道等设备有无震动、磨损；设备保温(保冷)是否完好等情况。

c. 安全装置。主要检查各安全附件、计量仪表的完好状况，如各仪表有无失准、堵塞，联锁、报警是否可靠投用，是否在允许使用期内，室外设备冬季有无冻结等。

(五) 紧急停运

压力容器发生下列异常现象之一时，操作人员应立即采取紧急措施，并按规定程序报告管理员和主管部门。这些现象主要有：①工作压力、介质急剧变化，介质温度或壁温超过许可值，采取措施仍不能得到有效控制；②主要受压元件发生裂缝、鼓包、变形、泄漏等危及安全的缺陷；③安全附件失效，接管、紧固件损坏，难以保证安全运行；④发生火灾直接威胁到压力容器安全运行；⑤压力容器与管道严重震动，危及安全运行等。

三、不锈钢聚四氟闷罐

不锈钢聚四氟闷罐，内胆为聚四氟乙烯材料，又称高压消解罐、高压罐、合成反应釜等，属于压力容器的范畴，其压力性能是参考 GB 150—2011 中的反应压力容器而设计制造的。

不锈钢聚四氟闷罐是高压釜的延伸产品，以下简称闷罐，如图 22-30 所示。

| 30mL | 100mL | 30mL分解图 | 100mL分解图 | 30mL | 100mL |

图 22-30 不锈钢聚四氟闷罐及其组合件

设计闷罐的初衷是将其用作分解难溶物质的密闭压力容器，所以被称为高压消解罐。闷罐内有聚四氟乙烯衬套，双层护理，可耐强酸强碱，抗腐蚀性好，且为高温高压密闭的环境，能达到快速消解难溶物质的目的，常用于气相、液相、等离子光谱、质谱、原子吸收和原子荧光等化学分析方法中做样品前处理。高压消解罐是测定微量元素及痕量元素时消解样品的得力助手，可在铅、铜、镉、锌、钙、锰、铁、汞等重金属测定中应用，在进行样品前处理时，用作消解重金属、残留农药、食品、淤泥、稀土、水产品、有机化合物等的盛装容器。

闷罐内衬聚四氟乙烯(俗称塑料王，熔点为 327℃)，密闭性能优良，与一般全钢制高压釜相比，更耐强酸强碱，更具抗腐蚀性。紧密外衬的是不锈钢外套，可使之具有耐高压性能，所以近些年来，闷罐又被作为一种耐高温、耐高压、防腐的反应容器，在化学实验室中得到广泛应用，在做一些有压力的小型合成反应时，往往首先想到的是这种闷罐。

（一）使用

放入反应试样后，将杯内的盖子盖紧。在不锈钢罐体内先放不锈钢垫片，再将装有反应试样的聚四氟内杯放入不锈钢外套中，附上不锈钢垫片，注意上下垫片的正反面。旋紧不锈钢的盖子，必要时可将钢棒插到盖顶圆孔中助力紧固，然后放到水浴或油浴中进行加热反应。

（二）安全须知

(1)温度与内衬聚四氟乙烯的强度成反比，温度越高，聚四氟乙烯强度下降。使用温度：如果所进行的为非分解剧烈升温或非聚合剧烈升温等危险反应，150℃以下为安全温度，150～200℃为相对安全温度，200～220℃为安全警界温度，220℃为极限温度。对于有氨或氯化氢等气体以及乙醚等低沸点物质参与或生成的反应，温度应控制在 100℃以下。对于 NH₃/MeOH、NH₃/EtOH、NH₃/THF 的溶液，物质的量浓度小于 4mol/L 的，限制在 130℃以下；大于 4mol/L 的，限制在 100℃以下。THF 为溶剂的，限制在 140℃以下。

对于超过 160℃的非强酸腐蚀性（pH 小于 4）、非分解剧烈升温或非聚合剧烈升温的危险反应，推荐在钢质高压釜中进行。

(2)安全压力：虽然制造商承诺新罐的压力允许值为 4～10MPa，但是随着多次使用，易疲劳或老化，耐压能力会逐渐下降，所以推荐使用压力应在 4MPa 以下。压力越高，风险也越高。

已经发生过多次闷罐爆炸事故，所以在进行高温高压反应前，要对反应物、反应溶剂的物理和化学性能、反应液的体积、空间体积，以及依据理想气体状态方程计算出的最高反应温度时的压力做到心中有数，以防超限而发生爆炸。

特别要严防可能放热的反应。例如，自身的聚合反应热引起的高温分解可能导致碳化而爆炸。从很多爆炸案例看，几乎所有反应物都被高温碳化成黑色，这些黑色物质几乎不溶于任何溶剂。

(3)使用前应检查不锈钢罐体和盖子是否有目测到的变形、损伤或者裂痕，观察螺口处的丝牙是否损坏，不锈钢垫片是否变形。

(4)使用前要检查聚四氟内杯的杯体和盖子是否有目测到的变形、损伤或者裂痕，要初步检查内杯的密封性：将内杯和罐子一起放入不锈钢罐中，然后用手将聚四氟的盖子轻轻提起，若盖子能将聚四氟的杯体一同顺利提出，说明聚四氟内杯密封性良好；反之则差。反应结束后，打开盖子只能用旋转上提的方法，如较困难，只能借助工具先旋动，才能用手慢慢上提，不能用刀片撬开盖子，这样容易使盖子变形而报废。

(5)若用油浴加热，注意罐体底部不要直接接触电加热圈，以免罐体底部被局部加热导致危险。若用烘箱加热，只能使用密封式电加热的防爆烘箱，即发热体为特制瓷套式电热器加热（夹套加热和层板加热）的烘箱，要求控温精度达到±2℃。不能在有明火的普通烘箱或马弗炉中使用。曾经发生过闷罐在烘箱内高温下泄漏、遇烘箱底部的电热丝而爆炸的事故，此爆炸事故不但将烘箱的玻璃门炸毁，还将两个侧面、背面和顶部炸得鼓起来。

(6)禁止用闷罐做含氮量较高的物质、过氧化物等易爆物的危险反应，已经有很多爆炸案例。

(7)禁止用闷罐做在高温下易聚合、易分解等剧烈放热危险反应，要禁止有硼烷、环氧乙基物、DAST 等参与的反应，以及 DMF 和 DMSO 做溶剂的反应。放热反应会导致罐内温度上升，而且闷罐内的温度很难及时散去，这样，温度越高，反应速率就越快，产热也就越多。已经有很多由于自身反应加速导致高温而引起的爆炸案例。

(8)所有闷罐反应需有挡板隔离，要在通风橱门拉到底的情况下进行操作。

(9)添装系数：反应液总体积一般不超过总有效体积的 50%，对于有气体放出或底物含易挥发物质(氨溶液、甲胺、乙胺等)的反应，添装系数不得超过 1/3。即使认为是最安全的反应，也要保证添装系数小于 4/5。

(10)加热时要按照规定的升温速率升温至所需反应温度，并小于规定的安全使用温度。将温度逐渐升到 100℃至少需要 0.5h，在此基础上恒温 1h 后，才能升温到所需温度。

(11)反应结束降温时，不能骤降，要严格按照规定的降温速率操作，以利安全和延长闷罐的使用寿命。先从油浴里取出闷罐在空气中冷却 0.5h 以上，然后水冷，最后用冰水冷却。待充分冷却并确认釜内的聚四氟内杯物料温度低于反应物和溶剂沸点后方能打开釜盖，进行后续操作。

(12)加热时需使用温控仪，严格控制反应温度，避免失控。

（三）报废

(1)若发现钢罐内壁或外壁大面积发黑发黄、螺纹口锈蚀，应当报废。

(2)发现不锈钢罐体和盖子变形、损伤或者有裂痕，或螺口处的丝牙损坏，或不锈钢上下垫片翘边、变形或有微小裂痕的应当立即报废。

(3)发现聚四氟内杯的杯体和盖子变形、损伤或者有裂痕的应当立即报废。密封性不好的应当查找原因进行维修，如仍不能密封的要坚决报废掉。

(4)因长时间高温致使内衬杯壁超过 2/3 变黑的，极度发黑的，或者有残留不能清理掉的应当立即报废。

(5)任何使用人员或管理人员有足够理由认为应该报废的，就应当果断地进行报废处理。

四、臭氧发生器

臭氧发生器是用于制取臭氧气体(O_3)的装置，见图 22-31。臭氧易于分解无法储存，需现场制取现场使用，所以凡是用到臭氧的反应均需使用臭氧发生器。臭氧发生器产生的臭氧气体可以直接利用，也可以通过混合装置和液体混合参与反应。

图 22-31　不同型号的臭氧发生器

（一）基本原理

臭氧发生器是利用高压电离，使空气中的部分氧气分解聚合为臭氧，是氧的同素异形转变过程。

化学实验室常用的臭氧发生器属于间隙高压放电式，以氧气为气源，使用一定频率的高压电流制造高压电晕电场，使电场内或电场周围的氧分子发生电化学反应，从而制造臭氧。

（二）基本配置

臭氧发生器的基本配置包括氧气源、臭氧发生器和冷却水。

臭氧发生器按介电材料划分，常见的有石英管、陶瓷板(管)、玻璃管和搪瓷管等几种类型。使用各类介电材料制造的臭氧发生器市场上均有销售，其性能各有不同。

(三) 使用

按照不同型号臭氧发生器的使用说明书进行使用。

(四) 安全须知

(1)电源插座必须有可靠的接地装置，以保证人身和设备安全。

(2)完备的供水体系是设备运行的必要条件，必须保证冷却水供应充足，且畅通无阻。

(3)机器内部有高压部件，要严格注意安全，设备在运行状态时不得开启机器前后门，检修维护时必须切断电源。

(4)设备运行中如果水温过高，会导致臭氧产量下降，严重时设备将报警提示，直至跳停保护，不能正常工作。夏季局部区域水温偏高，机器仍可开启，但臭氧量将下降，应加大冷却水供给量。

(5)长时间停机应排空冷却水，关闭臭氧出口阀门，以保证臭氧管内干燥，冬季尤其注意排水以防冰冻。

(6)臭氧是一种氧化性极强的不稳定气体，其输出浓度受多种因素的影响，其中腔体温度是极重要的因素之一，臭氧在 30℃ 左右时会在 1min 内衰减一半，在 40～50℃ 时衰减达到 80%，超过 60℃ 会马上分解。

(7)臭氧发生器需要使用的氧气一般存储于钢瓶内，压力高达 15MPa。氧气钢瓶内高压氧的危险特性是，如果发生泄漏，遇上可燃物品无需火源就会马上起火燃烧，氧气钢瓶周围除了反应所需用品外，不能有纸箱、木材、衣物、有机物品等易燃物品。氧气钢瓶上所用的总阀和减压阀必须是无油的，减压器内外不得沾染油脂，如有油脂必须擦拭干净后才能使用，因为减压器上的油脂遇高压氧会发生燃烧，甚至引起爆炸，所以不能将其他气体钢瓶的有油控制阀安装在氧气钢瓶上。另外，氧气钢瓶内的氧气不能用尽，用至 0.5MPa(约 5kg/cm²) 时就要更换新的氧气钢瓶。

(五) 保养维护与故障排除

1. 正常工作条件

臭氧发生器正常工作的基础是正常供水、供气、供电。

2. 保养与维护、故障排除

臭氧发生器若本身质量不合格，使用不当，以及保养或维护不及时，很容易发生烧毁，图 22-32 是被烧毁的臭氧发生器。

操作人员每次开机前应检查放电室外壁与下方有无漏水、滴水现象，水、气管道有无漏水、漏气现象。运行中电流表指针抖动，电流突然变大，以及放电声音异常都说明放电室工作不正常。除电源电路工作不正常以外，放电室发生故障与冷却水的内漏均会引起这

图 22-32　被烧毁的臭氧发生器

种现象，如果内漏严重还可能引起空气开关跳闸。

五、微波反应器

微波反应器又称微波有机合成反应仪，其是一个微波加热的综合装置，见图 22-33。

图 22-33　各种型号的微波反应器

微波技术应用于有机合成反应，使反应速率比常规方法加快数十甚至数千倍，并且能合成出常规方法难以生成的物质。

（一）微波加热原理

微波和无线电波、红外线、可见光一样，都属于电磁波，微波的频率范围为 300MHz～300000MHz，根据公式：波长=波速÷频率，即波长为 1mm～1m。

微波加热就是将微波作为一种能源加以利用，当微波与物质分子相互作用时，产生分子极化、取向、摩擦、碰撞、吸收微波能而产生热效应。

在微波合成中，微波与反应混合物中的分子或离子直接偶合，通过偶极旋转或离子传导这两种方式将能量从微波传导到被加热物质，使得反应体系中的能量快速增加。一方面可以使能量更有效地作用于各种反应，使反应速率更快，反应产率更高，反应更清洁，另一方面微波直接将能量传递给溶剂、催化剂和反应物，转化为分子能，所以能够驱动某些在传统加热方式下不能发生的反应，为化学转换带来了全新的可能性。

（二）参与反应的物料与微波功率

在反应体系中，充分考虑溶剂极性与微波功率的关系是非常重要的。通常可以把溶剂的极性强弱作为它们吸收微波能力的考察指标，见表 22-3。

表 22-3 反应中常用溶剂的微波吸收水平

微波吸收水平	10mL 反应所需微波功率(W)	溶剂
高	20～50	DMSO、EtOH、MeOH、丙醇、硝基苯、甲酸、乙二醇
中	50～100	水、DMF、NMP、丁醇、乙腈、HMPA、甲基乙基酮、丙酮及其他酮类、硝基甲烷、乙酸、邻二氯苯、1,2-二氯乙烷、2-甲氧基乙醇、三氟乙酸
低	100～150	氯仿、二氯甲烷、1,4-二恶烷、四氯化碳、乙二醇二甲醚、乙酸乙酯、四氢呋喃、吡啶、三乙胺、甲苯、苯、氯苯、二甲苯、正戊烷、正己烷和其他碳氢化合物

表 22-3 虽然指出了一些溶剂通常使用的微波功率，但是一定要注意微波功率不仅只是考虑溶剂一方面，还要考虑反应底物和催化剂吸收微波的能力、反应要达到的温度以及反应容量等因素。总之，一定要综合考量体系所需要的微波功率。

（三）使用

按照不同型号微波反应器的使用说明书进行使用。

（四）安全须知

(1)反应液装量：10mL 微波管(反应器)，最佳样品量为 2～5mL，最少不能低于 0.5mL，最多不能超过 7mL。35mL 微波管，最佳加入量为 10～20mL，最少不能低于 2mL，最多不能超过 25mL。

(2)注意不要让底物或催化剂黏附在瓶壁，以防局部过热而爆瓶。若有样品黏附在瓶壁，可使用吸管吸取溶剂，将样品尽量冲洗下去。

(3)为了安全，在微波场作用下容易发生爆管的反应是不能做的。例如，可能的聚合或分解反应；反应物/溶剂带有爆炸性基团；反应物/溶剂的沸点低于 40℃。有些反应要特别小心，如放热量大、产生气体、反应物与溶剂互不相溶等。如果是危险性不大的产气反应，应尽量降低反应物的物质的量浓度，最好通过计算，使产生的气体压力控制在微波管承受的范围内。

(4)禁止有强挥发性气体产生的反应做微波合成，如氨水、氯化亚砜、三氯氧磷及挥发性胺等。曾发生过此类事故，将含有氨水的物料用微波管进行密封，加热到 100℃后发生爆炸，微波管被炸碎。事故原因是，加热过程中氨水产生的压力超过了微波管的承受能力。

DMF 在高温下也会分解，其分解速率与温度成正比。DMSO 在 100℃会逐渐分解，在 120℃保持 30min 就会出现分解；DMF 在 150℃保持 30min 就可能出现分解。如果要做这种溶剂的高温反应，可采用 NMP 替换 DMSO 或者 DMF 做溶剂，或许能达到相同的效果。

(5)反应温度最大设定值不要超过所用溶剂沸点 50℃，反应压力在 20bar 以内(最好设置在 10bar 以内)。注意某些溶剂在微波场的作用下会产生分解。

(6)检查微波反应管和盖子是否完好无损。有破损的、有裂痕的、划痕严重的反应管禁止再使用。变形的样品盖禁止重复使用。

(7)投反应时，应该使用较细的黑色油性记号笔将便于自己识别的标记写在反应管的上部侧壁。严禁将标签纸粘贴在反应瓶的侧壁上，以防局部过热。

(8)摸索反应条件时，要从最低的功率开始摸索，逐步提高到合适功率。

(9)严禁在炉腔内无负载的情况下开启微波，以免损伤磁控管。也不要将金属物品放入炉腔，避免金属打火。

(10)使用仪器时务必确认好反应管在管架上的位置，避免因为位置设置错误导致仪器暂停，影响后续反应。

(11)反应结束后从炉腔拿出器皿时，应戴隔热手套，以免高温烫伤。

(12)微波反应时间不要超过 3h，进行长时间微波反应会加速仪器的损耗和老化。

(13)爆管后一定要清洗微波腔和红外探头，并检查微波导流块是否松动。

六、冷冻干燥器（冻干机）

对于一些粉体和生物制品，加热干燥常常造成颗粒不可复原的团聚，尤其是在超细粉体制备方面，液相中的纳米颗粒经加热干燥会聚结为难以分散的团块。这主要是因为普通的颗粒干燥过程中水分从颗粒间孔道散发，表面张力导致极高的附加压力，将颗粒紧压在一起成为团块。

冷冻干燥可以避免这一问题。冷冻干燥是先将待干燥物溶解在溶液中（一般是水），并冷冻为固体，再在高真空条件下通过升华作用使其中的水分气化进入温度更低的捕水冷阱而脱除水分。由于冰的气化过程不会对固体颗粒原有的分散状态产生影响，因此可以完好保存原颗粒不被压紧而团聚。

冷冻干燥非常适合处理生物制品和一些不耐热的物质，如各种冻干粉的制备，包括酶、激素、核酸、血液和免疫制品等。因为它没有高温操作，可以防止生物制品变性或变质，呈现出质轻疏松的良好形态。

鉴于冷冻干燥的低温性和物态完整性，冷冻干燥被广大研发人员认可，并在化学实验室中得到越来越广泛的使用。

（一）基本原理

冷冻干燥是指在高真空（<20Pa）状态下利用升华原理使预先快速冻结的物料中的水分直接从冰态升华为气态被除去而使物料干燥，又称为升华干燥，或简称冻干。

物质在干燥前始终处于低温（<−40℃的冻结状态），同时冰晶均匀分布于物质中，升华过程不会因脱水而发生浓缩现象，避免了由水蒸气产生泡沫、氧化等副作用。干燥物质呈海绵多孔状，无干缩，体积基本不变，极易溶于水而恢复原状。最大限度地防止干燥过程中物质的理化和生物学方面的变性。

（二）基本结构

冷冻干燥器各式各样，但是基本结构相同，如图 22-34 所示。它由制冷系统、真空系统、加热系统、电器仪表控制系统组成，主要部件为干燥箱、凝结器（捕水冷阱）、制冷机、真空泵、加热/冷却装置等。

图 22-34　各种型号的冷冻干燥器

（三）准备工作

1. 系统准备

检查各个系统是否清洁和干燥，捕水冷阱是否干净，冷阱上方或侧面的 O 形密封橡胶圈应保持清洁。第一次使用时，可薄薄涂上一层真空脂，将有机玻璃罩置于橡胶圈上，轻轻旋转几下，有利于密封，同时固定好。

2. 样品准备

样品需要预冷到至少-40℃，可以用干冰或干冰-丙酮浴，或者在液氮（-196℃）中进行冷却。对于盘式的冷冻干燥机，可将平盘放在深度低温冰箱（-80℃）中进行冷冻。

样品要求迅速而深度冷冻，不能"回融"。无论是平盘或瓶子，样品厚度要均匀，不要超过 10mm（物料厚度为 10mm 的样品，冻干时间约为 24h）。如果是茄形瓶，可在深冷浴中边冷却边旋转，使瓶子内部四周冻结厚度均匀。

3. 检查真空泵

确认已加注真空泵油，不可无油运转。油面不得低于油镜中线。

（四）使用

按照不同型号冷冻干燥器的使用说明书进行使用。

（五）安全须知

(1)操作过程中切勿频繁开关电源，若因操作失误造成制冷机停止运转，不能立即启动，至少等 20min 后方可再次启动，以免损坏制冷机。

(2)每次冻干结束旋开"充气阀"向冷阱充气时，一定要慢些，以免冲坏真空计。

(3)有毒或有腐蚀性的样品最好不要用冷冻干燥。如果一定要用，需要用特定的滤器或吸收装置等来保护真空泵，确保做好系统维护工作。

(4)真空泵油需保持干净。微黄或无色的油是干净的，颜色变深表示有酸污染，雾状浑油表示有水污染。真空泵油被污染时需要及时更换。

七、冰箱

化学实验室的冰箱主要有四大类，超低温冰箱、普通冰箱、防腐冰箱和冰柜。

（一）冰箱事故原因

冰箱是很容易发生爆炸或起火事故的电器,主要原因有电冰箱自身问题和管理使用不当。①电冰箱本身的问题,包括质量问题、线路老化、背后的启动电容烧毁等;②管理使用问题,包括管理混乱、负荷过大、试剂腐蚀、内部形成爆炸极限等。

案例

某药厂实验室的安全管理一直不严,一台冰箱存放的可燃物由于泄漏挥发达到爆炸极限浓度而发生爆炸,继而发生火灾,整个楼层过火,消防大队派出多辆消防车,花了三个多小时才把火扑灭。

研发人员违反规定使用、忽视管理或粗放管理,都会导致各式各样的问题或事故发生,化学实验室冰箱的过早报废等情况一直比较严重,甚至是触目惊心的,如图 22-35 所示。

图 22-35　过早报废的冰箱

（二）安全须知

(1)为了便于冰箱散热,其背面需离开墙体 20cm 以上。

(2)绝对不能放置二氯亚砜、酰氯、盐酸溶剂等腐蚀性物品,否则会大大缩短冰箱使用寿命,引发事故。千万别指望靠封口膜就能彻底封住。只要有极其微量的 HCl 气体溢出,这台冰箱不久就会被糟蹋报废。

(3)不可敞口放置易燃有机液体。冰箱内部空间小,若敞口放置易挥发液体试剂,很容易达到爆炸极性浓度,从而缩短冰箱使用寿命,甚至引发爆炸事故。

(4)冰箱中互忌物品混放、随意堆放、塞满物品。若超负荷运载,可缩短冰箱使用寿命,甚至引发事故。

(5)冰箱(冰柜)内禁止放置没有规范标签的试剂、溶剂、反应液和产物;禁止进行化学操作和反应。

(6)化学实验室内的冰箱,即使是防腐冰箱,在购买后都必须经过电工做卸除内部照明灯等线路的防爆改造,贴上主管部门认可的标记后才能进入实验室使用。

八、紫外荧光灯

化学实验室的紫外荧光灯(也称暗箱式紫外分析仪)主要用于薄层层析。

薄板层析法常用的吸附剂有硅胶和氧化铝,不含黏合剂的硅胶称硅胶 H(柱层析用);

掺有黏合剂如煅石膏的称为硅胶 G；含有荧光物质的硅胶称为硅胶 HF254 或 HF365，可在波长为 254nm 或 365nm 的紫外光下观察荧光，而附着在光亮的荧光薄板上的有机化合物却呈暗色斑点，这样就可以观察到无色组分；既含煅石膏又含荧光物质的硅胶称为硅胶 GF254，化学实验室一般多用 GF254 的硅胶板，所以应该使用 254nm 的紫外灯。

（一）工作原理

市售紫外荧光灯实际上属于一种低压汞灯，由辐射出一定范围紫外光波的灯管、特制的两片滤光片(只允许 365nm 及 254nm 紫外光通过)、黑色材料制成的暗箱和观察窗口挡板(或透明有机玻璃)构成。紫外光由开关控制，分别提供 254nm 短波紫外光和 365nm 长波紫外光。

（二）安全须知

短波紫外光对人体有伤害，254nm 波长的紫外光属于能量极高、非常危险的 UVC 区域。该紫外光强烈作用于皮肤时，可发生光照性皮炎，皮肤表现出红斑、痒、水疱、水肿、蜕皮等症状，紫外光属于物理致癌因子，严重的还可引起皮肤癌。眼睛对该波长的紫外光极其敏感，直接照射引起的伤害也非常大，可以对晶状体造成损伤，造成角膜炎、结膜炎或白内障，甚至永久性伤害。被紫外光辐射造成伤害所需要的剂量取决于紫外光强度和照射时间。

使用时应避免人体各部位(主要是手、眼)被紫外光照射。观察时应关好挡板，检测时可用长镊子夹住薄板观察，绝不可以用手拿着薄板伸进箱体内，更不能长时间直接暴露于灯下。

不用紫外灯时要及时将其关闭。

（三）紫外光对人体的危害

按照 ISO-DIS-21348，紫外辐射分类如表 22-4 所示。

表 22-4 紫外辐射分类

名称	缩写	波长范围(nm)	能量(eV)
长波紫外光，紫外光 A 或黑光	UVA	400～315	3.10～3.94
近紫外光	NUV	400～300	3.10～4.13
中波紫外光，紫外光 B	UVB	315～280	3.94～4.43
中紫外光	MUV	300～200	4.13～6.20
短波紫外光，紫外光 C，杀菌紫外辐射	UVC	280～100	4.43～12.4
远紫外光	FUV	200～122	6.20～10.2
真空紫外光	VUV	200～100	6.20～12.4
低能紫外光	LUV	100～88	12.4～14.1
高能紫外光	SUV	150～10	8.28～124
极紫外光	EUV	121～10	10.2～124

少量自然光的紫外辐射对健康有好处。例如，中波紫外光的照射可以诱导皮肤以每秒

1000 国际单位的速率生成维生素 D。这种维生素对健康有积极的正面影响，其能控制钙的新陈代谢(维持生命正常运作的中枢神经，以及骨骼生长和骨密度)、免疫、细胞增殖、胰岛素分泌以及血压。但是，近年来人们逐渐认识到，过量的紫外光引起光化学反应，可使人体机能发生一系列变化，尤其是对人体的皮肤、眼睛以及免疫系统等造成危害。UVA、UVB 和 UVC 都会损害胶原蛋白，因此会加速皮肤的衰老。UVA 和 UVB 还会破坏皮肤中的维生素 A。

研究表明，紫外光能引起细胞核内脱氧核糖核酸(DNA)的损伤，由于机体内在的缺陷，细胞不能对损伤的 DNA 进行修复，从而发生对变异 DNA 的复制。若机体的免疫系统不能及时排斥，清除这种变异的细胞，即机体免疫监视功能有缺陷，这种变异 DNA 的细胞将发生增殖，最终导致肿瘤的形成，因此，紫外光是皮肤致癌的一个重要因素。研究还表明，中紫外光可全部被角膜上皮细胞吸收，对角膜的损伤力非常大。眼睛是对紫外光最为敏感的部位，中紫外光和近紫外光能对晶状体造成损伤。

2011 年 4 月 13 日，世界卫生组织隶属的国际癌症研究机构(IARC)将所有类别的紫外光辐射归类为 1 级致癌物质，这是被认定的最高等级致癌物质之一。

某药物研发公司一研发人员在生物安全柜的紫外灯未关的情况下连续工作了 6h，导致脸部、手部及眼睛严重伤害，工伤鉴定为 10 级伤残；某学校一教室将紫外灯当照明灯，致使全班 46 名学生眼睛红肿、流泪，并被确诊为急性角膜炎、结膜炎，同时裸露皮肤大面积出现红斑、痒、水疱、水肿和蜕皮，后续问题还有待观察。

复习思考题

充分理解：把握好"人-机(物)"之间的协调关系就是在充分了解各种仪器的原理和结构特点的基础上，顺应它们的灵性进行规范操作并做好维护保养。

第二十三章　单元操作安全规范

化学实验室里有许多单元操作，主要包括量取(易燃、忌潮、忌氧危险固体物品在惰性气体氛围手套箱中的称重，以及易燃、忌潮、忌氧危险液体物品在惰性气体氛围中的量取)，加温、降温与控温，加压与减压，搅拌，通气，氢化，尾气吸收，淬灭，分液，干燥，结晶，过滤与抽滤，减压蒸馏与分馏，柱层析与板层析，离子交换，无水溶剂制备等。这些单元操作通常要依靠仪器设备完成，一些单元操作安全规范已经在前几篇和本篇第二十二章的仪器操作安全规范中作过介绍，以下对安全隐患较大、容易发生事故的单元操作进行增补。

第一节　柱　层　析

层析法也称色谱法或色层法。柱层析也称柱色谱法，是层析法中的一种。

柱层析是一种物理分离方法。当混合物通过某一物质时，由于这一物质对混合物中各组分具有不同的吸附、溶解及亲和性能，利用此类性能的差异，将混合物中各组分分开，达到分离目的的操作，即为柱层析分离法。

用于层析分离的柱子称为层析柱，一般用玻璃或金属制成。

用层析柱分离产物，有常压、正压(操作时称加压)和负压(操作时称减压)三类方法，以下介绍正压和负压两类方法。

正压和负压两类方法由于破坏了混合物在固液两相间的分配平衡，分离效果不如常压方法理想，且洗脱剂用量较大，但是正压和负压两类方法有提高馏出速度的效果，特别是使用 300 目以上很细的固定相和诸如 PE & EA 组成的轻质流动相时，正压和负压两类方法就能显示出它们的优势。所以，正压和负压两类方法在实验室里被广泛采用，然而带来的安全隐患需要引起重视并要妥善解决。

加压方法有气泵加压、氮气加压和双连球加压三种方法。

一、气泵加压柱层析

为了方便地对层析柱加压，一些实验室采取小型电动气泵直接对柱子加压(空气)，这种操作存在很大安全隐患。加压泵一般用电动气泵，其内部在使用过程中会产生电火花，另外，电插头在插入或拔出时也会产生电火花。过柱时一旦发生有机溶剂溅出、流淌或挥发，随时都可能被引燃，因此，使用电动气泵加压，风险较高。

已经发生过多次由使用加压气泵引起的事故。加压气泵属于电机，当储液球与柱子之间出现洗脱剂喷溅时，操作者不由自主地去拔气泵的电源插头而引起燃烧；洗脱剂流至地面，附近空间达到爆炸极限，遇电机内的电火花而引起火灾。

图 23-1 是一次使用加压泵引起火灾后的场面，图 23-2 是当事人烧伤治疗后的脸部结疤。

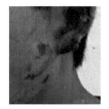

图 23-1 火灾后的场面　图 23-2 脸部伤后的结疤

如果一定要用加压泵来给层析柱加压，安全距离要有保障，即：使气泵远离层析柱，需要超过 2m；电源插座和气泵插头也要远离作业区（即层析操作和流动相配制存放区域）。为了彻底除去此隐患并能安全高效地进行柱层析分离工作，极力推荐下述第二、三种较安全的加压法，也可以采用下述第四种方法——减压法。

二、氮气加压柱层析

采用氮气加压进行柱层析，摆脱了电火花或短路引起的安全隐患。但是在操作中，要注意氮气压力的调试，注意各个组件的密闭调试，做到紧固牢靠，避免喷溅、滑离和泄漏。

氮气加压柱层析装置由正压氮气源、三通、气球等构成，见图 23-3。

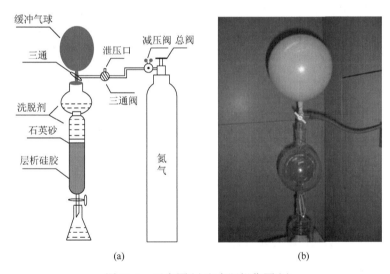

图 23-3　示意图(a)和实际操作图(b)

氮气加压柱层析的使用方法如下：

(1)如图 23-3 所示，搭建好装置，必要时，安全缓冲气球可用两个叠层。

(2)要预先倒入洗脱剂后再接好管路，用橡皮筋扎紧，以固定连接部位，使气路畅通。

(3)打开氮气钢瓶总阀，细心调节减压阀至洗脱液流速适中，注意缓冲气球。

(4)接好一瓶洗脱液换瓶时不要关闭柱底部考克阀，以免压力增大吹破气球和层析硅胶出现断层影响分离。

(5)在增添洗脱液时，先关闭总阀，打开泄压口至体系中压力为常压，然后取出三通，倒入适量洗脱剂(不要动减压阀，以免下次重新调整浪费时间)。

(6)加好洗脱液后接好管路，用橡皮筋扎紧，以固定连接部位，然后打开总气阀。

（7）重复（4）、（5）、（6）操作，直至分离结束。

（8）以上是断续性的操作，如果要连续性操作，可以在洗脱液的瓶上再添加一个合适装置，使之在不中断体系正压的情况下增添洗脱液。

氮气加压柱层析的优点：氮气加压层析的气压恒定，流速均匀，操作方便，且避免了电火花，氮气又是惰性气体，从而避免了火灾的发生，大大提高了安全性。

三、双连球加压柱层析

采用双连球加压柱层析，无需用电，也摆脱了由电火花或短路引起的安全隐患，达到了本质安全。要注意各个组件的密闭调试，紧固牢靠，避免喷溅、滑离和泄漏，见图 23-4。

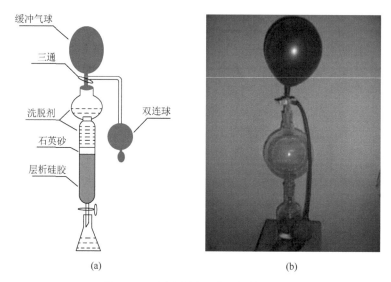

图 23-4　示意图（a）和实际操作图（b）

双连球加压柱层析的使用方法与上述氮气加压柱层析基本相同。优点是装置简单，操作方便安全，不产生明火；缺点是与氮气正压相比，压力不易控制，流速不稳。

四、真空减压柱层析

将柱上端加压改为柱的下端减压即为真空负压层析柱，如图 23-5 所示。

真空减压柱层析的使用方法如下：

（1）如图 23-5 所示，搭建好装置。

（2）倒入洗脱剂并接好管路，用橡皮筋扎紧，以固定连接部位，然后打开底阀门使气路畅通。

（3）调节真空阀至洗脱剂流速适中。

（4）在增添洗脱液时，可从上部直接倒入适量洗脱剂，注意尽可能不要吸空。

（5）接好一瓶洗脱液换瓶时要先打开真空管路中的三通（暂时中断真空），取下满的接收瓶，然后换上空瓶。

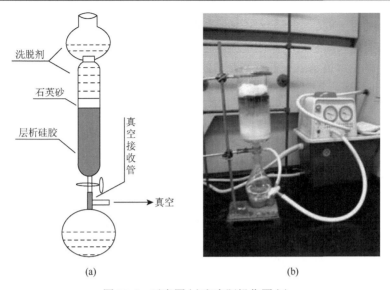

（a）　　　　　　　　　　　　　　　（b）

图 23-5　示意图（a）和实际操作图（b）

（6）重复（4）、（5）操作，直至分离结束。

真空减压柱层析的优缺点：

（1）优点：操作相对安全，主要优点是速度更快，分离一种几克甚至几十克的化合物，一般只要半个小时就能解决问题，这是常压甚至加压方法难以做得到的。

（2）缺点：洗脱剂用量比加压柱层析略多。

第二节　高温浴与低温浴

一、高温浴

热交换是绝大多数化学反应、物理处理的必需单元操作。

对化学实验室的多数化学反应和物理处理的加热过程，热交换介质一般控制在 150℃以下，超过 150℃定义为高温。

对于中试实验室或合成车间的钢制反应釜，夹套温度在 150℃以下的反应，可以用锅炉提供的水蒸气；高于 150℃的反应，由于夹套钢板对蒸气压力的承受力所限，需要采用非水的油浴加温，不需要加压，仅靠传热介质的循环就可以达到安全传热的目的。

高温带来的安全隐患是显而易见的，特别是通常采用的敞口油浴加温，所产生的安全隐患一直是化学实验室的防范重点，需要引起高度重视。不允许在无人值守的情况下，将超过 150℃的油浴的反应过夜。

高温产生的安全隐患不仅来自高温反应本身，也来自正向加温的传热介质。高温反应本身的安全隐患可能导致的事故有变质、冲料、燃烧或分解放热爆炸；而正向加温传热介质的安全隐患导致的事故往往是燃烧，继而引起火灾。

案例

某研发人员在 10L 的反应器中做一个放大的黄鸣龙还原反应。先期蒸馏出生成的水，蒸完后加热至油温190℃，继续反应3h。当事人下班回家，让同事到达反应时间时帮忙关掉反应，但被委托人却忘记停掉该反应。时至深夜，高温油浴起火，引燃周围可燃物，造成很大损失，详见本篇第二十五章第九节的案例。

（一）高温油浴

1. 敞口油浴

工业反应釜夹套中的高温导热油一般为热媒油（Dowtherm oil，联苯-联苯醚，也称道生油，bp 258℃、mp12℃）等，而实验室的敞口油浴中的高温导热油一般为矿物导热油或合成导热油，常用的有甲基硅油、苯甲基硅油或以苯甲基硅油为主的改性硅油等。对于以苯甲基硅油为主的改性硅油，敞口安全极限温度可达250℃、密闭循环可达320℃（极限值，不推荐），且低温流动性较好，极限低温可达-40℃。需要特别注意的是，市面上标称 WD-340 或 WD-350 型号的高温油，敞口使用的油浴温度不宜超过180℃，尤其在超过200℃时，油面开始烟雾滚滚，随时都可能起火，危险性高。

高温油浴不但容易引起火灾，而且对人也可能会产生直接危害。某研发人员头伸进通风橱，打理橱内的物品时，高温油浴内的不锈钢聚四氟闷罐破损冲锅，高温油溅起，当事人的脸部被高温油烫伤，治疗期长达半年。

2. 密闭油浴

在密闭情况下对反应器进行密闭循环加热，改性硅油最高温度可达250℃。

图23-6 为导热油加热器，加热器将热油打入合成反应器的夹套内，见图23-7 和图23-8，导热油在加热器和反应器夹套之间循环，并对反应液进行加温。

图23-6　导热油加热器　　图23-7　合成反应器夹套　　图23-8　夹套内有导热油的合成反应器

这种高温反应器价格比较昂贵，占用面积大，移动不方便，只能在公斤级实验室里专门配备和集中管理使用。

化学实验室里如有超过180℃的小型高温反应，通常采用以下相对较简便而且较安全的方法。

（二）铝浴

根据反应瓶的大小和形状，有多种体积规格的铝制高温浴供选择，见图23-9。铝浴可以做不超过 250℃ 的高温反应，缺点是反应瓶的外围与铝体内表面难以紧密接触，温度的准确性和稳定性较难控制。

图 23-9 大小形状各异的铝浴

（三）电热套

根据反应瓶大小，有多种规格的电热套供选择，见图 23-10。商家称可以做不超过 300℃ 的高温反应，但是在实际应用上，一般超过 200℃ 时就有危险。

图 23-10 大小形状各异的电热套

（四）沙浴

沙浴需要用电炉等加热器对细沙进行加温，可以做超过 300℃ 的高温反应。

（五）酸浴和盐浴

酸浴：质量比为 6:4 的硫酸+硫酸钾，浴温范围为 100～360℃。

盐浴：可参见《化学用表》（顾庆超等编，江苏科技出版社 1980 年出版）。

（六）微波

微波反应器可加热极性溶剂或极性底物，内温可达 250～300℃。

（七）煤气灯、酒精灯或电炉直接加热

一般将装有液体的器皿放在石棉网上用煤气灯、酒精灯或电炉进行加热，要求边加热边搅拌，使液体均匀受热。应当注意，石棉已被 IARC 确定为致癌物。

注意：少数人用马弗炉或普通烘箱做反应，这种方法是极其危险的，因为在有限密闭空间发生有机溶剂泄漏或挥发时很容易达到爆炸极限而发生爆炸事故（见本篇第二十四章第八节最后一个事故案例），所以严格禁止在马弗炉或普通烘箱中进行加温反应。

二、低温浴

化学实验室的一些反应、后处理或蒸馏冷却等单元操作需要在低于室温下进行，这样就需要一个低温浴。如果是在 0℃至室温之间进行的反应，可用普通冰+水做冷浴，而低于 0℃的低温浴则需要另行制备，或购买专门仪器——低温恒温反应浴。

（一）自行制备低温浴

实验室里产生和维持低温的方法主要有三种：冰盐浴(ice-salt bath)、干冰-溶剂浴(dry ice-solvent bath，也称溶剂干冰浴)和液氮-雪泥浴(liquid nitrogen slush bath)。

1. 冰盐浴

冰盐浴的降温与溶液的凝固点下降有关。当盐和冰均匀地混合在一起时，冰因吸收环境热量稍有融化变成水，食盐遇水而溶解，使表面水形成了浓盐溶液。由于浓盐溶液的冰点比纯水低，而此时体系中为浓盐溶液和冰共存，因此体系的温度必须下降才能维持这一共存状态。这将导致更多的冰融化变成水来稀释浓盐溶液，在融化过程中因大量吸热而使体系温度降低。

冰盐浴也可作为冷阱浴用于减压蒸馏低沸点馏分的冷凝收集，但效果比液氮-雪泥浴差。

低温冰盐浴的制作很简单，将碎冰与盐按照一定质量比搅拌混匀即可。见表 23-1，表中为各种盐和冰的比例，以及相对应的恒定温度，碎冰用量以 100g 计。

表 23-1　碎冰与盐的混合比例及冰点

单盐(质量，g)	温度(℃)	混合盐(质量，g)	温度(℃)
$CaCl_2 \cdot 6H_2O$ (41)	−9.0	NH_4Cl (20)+$NaCl$ (40)	−30.0
$CaCl_2 \cdot 6H_2O$ (81)	−21.5	NH_4Cl (13)+$NaNO_3$ (37.5)	−30.2
$CaCl_2 \cdot 6H_2O$ (124)	−40.3	NH_4NO_3 (42)+$NaCl$ (42)	−40.0
$CaCl_2 \cdot 6H_2O$ (143)	−54.9	—	—
NH_4Cl (24)	−15.0	—	—
$NaCl$ (33)	−21.3	—	—

注：1. 实验室中以氯化钠加冰混合为最常用，可用于−18℃左右的低温反应。
　　2. 用一根胶管不断吸出冰融后的盐水，但不要吸完，要留一点盐水。每隔一段时间加盐和冰，并搅拌，可以维持几个小时特定的低温(视环境温度)。

2. 干冰-溶剂浴

干冰即固体的二氧化碳，有颗粒状和棒状的商品供应，它与多种溶剂都能形成有良好冷却效果的混合物。干冰-溶剂浴的配制和维持方法简单可靠，一般是先将少量粒状的干冰小心加入所需溶剂中(加得太快容易发生大量泡沫而溢出)，直至有包覆着冻结溶剂的干冰块出现，并不再溶解为止，这便得饱和的干冰-溶剂冷却浴，此时冷却浴温度已至所能达到的稳态温度，之后只需间隔一定时间补充固体干冰并加以搅动就能维持恒定低温。

表 23-2 示出了基于饱和干冰的有机溶剂的稳态温度。

表 23-2 基于饱和干冰的有机溶剂的稳态温度

有机溶剂	稳态温度(℃)	有机溶剂	稳态温度(℃)
乙二醇	−12	异丙醚	−60
四氯化碳	−23	氯仿	−61
乙腈(AR)	−42	乙醇	−72
乙腈(工业级)	−42～−50	丙酮	−78
间二甲苯	−58	乙醚	−100

注: 1. 固态二氧化碳(干冰)的升华温度为−78.9℃。

2. 最常用的是干冰-丙酮浴。例如,丁基锂参与的反应多数采用干冰-丙酮浴,稳态温度为−78℃。

溶剂纯度对干冰-溶剂浴的温度范围影响较大。例如,使用分析纯的乙腈调制的干冰-乙腈浴,稳态温度是−42℃,但当分析纯的乙腈中混有 3%的丙烯腈时,冷却浴的稳态温度会从−42℃降至−51℃。一般用工业级乙腈调制的干冰-乙腈浴就能达到−42～−50℃的稳态温度。

配制干冰-溶剂浴不仅可以使用单一的纯溶剂,也可使用由两种溶剂互溶后配制的混合溶剂。使用混合溶剂时可通过调节两种溶剂的比例来调节所需干冰-溶剂浴的稳态温度。例如,纯的乙二醇饱和干冰冷却浴稳态温度为−12℃,乙醇为−72℃,通过调节乙二醇和乙醇的比例能近似线性地调节温度,配制的冷却浴温度变化范围是−12～−72℃。

个人防护:由于干冰温度极低,人体皮肤沾上会产生严重冻伤,特别在取用干冰和配制干冰浴时,一定要按照要求佩戴厚实的棉手套,不能有侥幸心理。

3. 液氮-雪泥浴

液氮的沸点为−196℃,将液氮小心地加到不断搅拌(避免液氮-雪泥浴局部固化)的有机溶剂中,这样就能调配出呈冰淇淋状的液氮雪泥浴,液氮-雪泥浴可随有机溶剂的不同制成低至−196℃的稳态低温,定时补加液氮可维持数小时的稳态低温。但如果反应需要维持更长时间的低温如过夜时,则要有人值班,以定时补加液氮,或使用专门仪器——低温恒温反应浴。液氮-雪泥浴也可作为冷阱浴用于减压蒸馏低沸点馏分的冷凝收集。表 23-3 示出了不同种类液氮-雪泥浴的稳态低温。

表 23-3 不同种类液氮-雪泥浴的稳态低温

有机溶剂	稳态温度(℃)	有机溶剂	稳态温度(℃)
乙腈	−41	正丁醇	−89
氯仿	−63	异丙醇	−89
乙酸丁酯	−77	甲苯	−95
乙酸乙酯	−84	乙醇	−116
丁酮	−86	正丙醇	−127

个人防护：液氮本身温度极低，直接接触或溅至人体会产生严重冻伤，加上汽化时大量吸热会使得冻伤更严重。特别在取用液氮和配制液氮-雪泥浴时，一定要按照要求佩戴厚实的长袖棉手套，不能有侥幸心理。

4. 自制冷浴的应用比较

冰盐浴一般仅适合 0～-20℃的单元操作，低于-20℃的单元操作，大多采用干冰-溶剂浴，而液氮-雪泥浴仅在低于-78℃才考虑采用。

通常化学实验室低温恒温浴采用干冰比液氮多，一是因为干冰是固体，搬运、取样和加料等操作灵活安全，使用简单方便，而液氮是极冷的液体，用杜瓦罐装，取样麻烦而且也不安全，容易溅到人的体表而产生冻伤。二是因为干冰作为冷源制冷量大，常压下干冰的气化潜热为 573kJ/kg，1kg 干冰变为 25℃时 CO_2 气体能吸收 653kJ 的热量，而 1kg 的液氮(-196℃)转化成 25℃的氮气时吸收的热量为 411kJ，只有干冰吸收热量的 63%，可见使用干冰做冷源需要的干冰量仅是液氮用量的 63%。虽然干冰的单价略高于液氮，但是综合考虑，使用干冰仍优于液氮。所以能用干冰的就不要用液氮，一般仅在低于-78℃才用到液氮-雪泥浴。

干冰和液氮都是极低温度的危险源，不可裸手操作，要做好个人防护，以防冻伤。特别是液氮，在倒取时，容易溅起，一旦接触到人体皮肤，接触部位会马上被冻伤，特别要预先戴好面具、厚棉手套和长袖手套，仅靠单薄的乳胶手套防护是不够的。

关于低温的测量：酒精温度计与水银温度计都属于膨胀式温度计，在测量低于-10℃的低温时常有误差，所以通常不用膨胀式温度计来测低温。用传感器-热电偶比较精准，而且量程大，可达到-200～1300℃，特殊情况下可达-270～2800℃。

冰盐浴、干冰-溶剂浴和液氮-雪泥浴，按照规定的比例制备所产生的稳态低温基本是一个定值，一般不需要特意进行准确测量。

（二）低温恒温槽

现在市面上有多种供实验室使用的低温仪器商品。低温恒温槽，又称低温恒温反应浴、低温槽、低温浴槽、低温反应浴，可代替干冰和液氮做低温反应，控制温度可以随意调节。底部带有强磁力搅拌，具有二级搅拌及循环系统，使浴内温度更为均匀，可单独做低温、恒温循环泵使用及提供恒温冷源。

低温恒温槽控温精度较高，操作简便，温度设定和测量温度均为数字显示，清晰直观。按最低温度分为-5℃、-10℃、-20℃、-30℃、-40℃、-80℃、-120℃等几种。

第三节　无水溶剂制备安全规范

实验室许多反应常会用到无水溶剂或绝对无水溶剂。

对于无水和绝对无水的概念，至今没有很明确的界限。例如，市售无水乙醇的纯度是99.5%(含水量为 0.4%～0.5%)，而绝对无水乙醇(也称绝对乙醇)为 99.95%(含水量为 0.04%～0.05%)。然而这种无水和绝对无水的含水量太高，一般很难符合实验室化学反应的无水要求。为了更切合实际要求，在本书中无水和绝对无水的概念定位为：无水溶剂的含水量为 0.01%～0.05%，而绝对无水溶剂的含水量应低于 0.01%。

判断无水或绝对无水溶剂是否符合反应要求，需要测定其中的微量水分，可以用无水硫酸铜粉末检测，若乙醇中含水分，则无水硫酸铜变为蓝色硫酸铜。用金属钠来处理非质子性溶剂时，最好用紫外线吸收剂二苯甲酮做指示剂来检测，绝对无水时生成蓝色，显色机理有很多说法，比较认可的是：由酮生成的自由基阴离子称为羰基自由基，二苯甲酮做指示剂是二苯甲酮中的氧原子夺取了钠中的电子，生成了暗蓝色羰基自由基。是否变蓝或蓝色深浅，与加入的二苯甲酮和处理的溶剂量有关。如果要准确定量测出含水量，一般用水分测量仪，该仪器是应用卡尔·费歇尔滴定分析原理，以双铂电极检测滴定过程，以单片机控制测量和电解及数据处理，并自动打印参数和测量结果。该仪器具有许多优点：自动基线校正、空白补偿、平衡速度快、稳定性好、终点自动判断、结果准确、操作方便、分析速度快、分析数据重复性好。

一、绝对无水溶剂的梯度制备

制备绝对无水有机溶剂一般需要一个梯度操作过程：从含水量较高的工业级，经过预处理到化学纯(CP)或分析纯(AR)，再到无水级，最后一步到达绝对无水级。在此过程中，物理和化学方法需要综合使用。

物理方法是通过分馏提纯以及 3A 型分子筛(孔径为 3Å[①])或 4A 型分子筛(孔径为 4Å)除水的方法。

化学方法一般是用 CaO、CaH_2、Na、Mg 等干燥剂与水反应而除水：

$$CaO+H_2O\!=\!=\!=\!Ca(OH)_2$$
$$CaH_2+2H_2O\!=\!=\!=\!Ca(OH)_2+2H_2\uparrow$$
$$2Na+2H_2O\!=\!=\!=\!2NaOH+H_2\uparrow$$
$$Mg+H_2O\!=\!=\!=\!MgO+H_2\uparrow$$

(一)绝对无水乙醇的制备

第一步物理方法：因为 95.5%乙醇和 4.5%的水形成恒沸点混合物，所以工业乙醇经过分馏得到的乙醇纯度最高仅为 95.5%。

第二步化学方法：加入氧化钙(生石灰)加热回流，使乙醇中的水与生石灰作用生成氢氧化钙，然后再将无水乙醇蒸出。这样得到无水乙醇，纯度可达 99.5%以上。

第三步化学方法：用金属镁或金属钠进行处理来制备绝对无水乙醇(纯度大于 99.95%)。

1. 用金属镁制取绝对无水乙醇的具体操作程序

(1)确认加热装置如电加热套、圆底烧瓶、索氏提取器(图 23-11 或图 23-12)仪器完好无损，冷凝回流水正常，橡皮管无老化、破裂，氮气保护装置正常。

(2)确认蒸馏装置组装完整。

(3)含水量低于 0.5%的无水乙醇、金属镁屑、碘准备妥当。

---

① 1Å=10^{-10}m。

(4)在 10L 的三口瓶中加入 80g 金属镁屑,然后加入 500mL 无水乙醇。含水量比 0.5% 每高于 0.05%, 需多加 20g 金属镁屑。

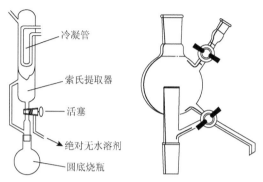

图 23-11　索氏提取器

图 23-12　改进型索氏提取器

(5)确认冷凝水打开并保持适当流速,打开电源开关,将变压器调节到适当的位置。

(6)在氮气保护下(或在冷凝管上附加一只无水氯化钙干燥管),将无水乙醇加热,加入 5~6 粒碘粒后,将混合液继续加热回流至金属镁全部消失。如果在加碘后,反应仍未引发,则可再加入数粒碘,若所用乙醇含水量超过 0.5%则难以引发。

(7)在其稍微冷却后,加入 8L 无水乙醇,然后将溶液加热回流。

(8)经过 3h 以上的回流,开始收集。

(9)将所收集的溶剂转入干燥的溶剂瓶中,充入氮气,旋紧瓶盖并用封口膜密封。

(10)处理约 20L 无水乙醇后,在三口瓶中加入水,将残余物处理掉。

2. 用金属钠制取绝对无水乙醇的具体操作程序

装置和操作同上,以金属钠替代金属镁。金属钠要预先用专门的钠丝挤压机制取,或剪成小粒,以增加钠的比表面积。加热前务必加入几粒沸石,如果忘加,必须冷却至室温才能加,否则会发生暴沸冲料引起火灾。加入 1g 二苯甲酮指示剂以检测水分。经过 4h 以上的回流,在稍冷微沸情况下加 20mL 邻苯二甲酸二乙酯或草酸二乙酯以除去生成的氢氧化钠。合格后开始收集。残渣(剩余的钠丝)可用 95%以上的乙醇处理掉。

用钠丝挤压机制取或切剪操作后,可能会产生一些钠屑,必须仔细捡起,彻底收集,以避免后患。集中的钠屑要小心地放入石油醚中,再用乙醇处理至全溶。不可将乙醇直接倒在钠屑上,也不可将含有钠屑的石油醚或乙醇倒入水中(由此引起的大火曾将一名员工的手和脚烧伤)。另有一研发人员误将含水量较高的乙醇当石油醚,在将钠丝挤压机的钠丝挤入该含水量较高的乙醇中时,发生剧烈反应而失火,实验室天花板的消防喷淋启动,瞬间整个实验室充满水,直至消防大队出动才将事态控制住。

(二) 注意点

(1)金属钠作为除水剂时,因为固体的钠丝比表面积很小,很难与分散在溶剂中的水充分接触,一般需要回流 4~6h 才能达到基本除水的目的。判断是否基本除水,一看有无细小的氢气泡，二看二苯甲酮指示色(蓝色)。

(2)如果反应过程中钠表面被 NaOH 覆盖或二苯甲酮消耗过多，无法继续生成自由基就不能变蓝，此时再加金属钠回流一段时间，然后加二苯甲酮显色效果更好。

(3)加热回流最好采用史兰克线(Schlenk line)中的双排管操作技术，如图 23-13 所示。以氮气流或氩气流来封堵空气的侵入，并提供惰性环境，避免有机溶剂及其蒸气与空气接触，这样可以制取高品质的无水无氧溶剂。

图 23-13 双排管

(4)以上任何溶剂的含水量若超过 0.5%，就不可直接用金属钠或氢化钙来处理。可以先做除水预处理：醇类可用生石灰，$CaO+H_2O \Longrightarrow Ca(OH)_2$；乙腈可用无水氯化钙，$CaCl_2 + nH_2O \Longrightarrow CaCl_2 \cdot nH_2O$，生成二水、六水或八水氯化钙。如果溶剂中含有氨或乙醇等杂质，则分别生成 $CaCl_2 \cdot 8NH_3$ 和 $CaCl_2 \cdot 4C_2H_5OH$ 等络合物。

(5)分子筛处理属于物理吸附，过程长，至少 3d，一般 3~7d，并且需不时搅拌或摇晃。最好采用柱子，如无水溶剂处理器(SPS)的方法。

(6)蒸馏 DMSO 时，温度不可高于 100℃，否则会发生歧化反应生成二甲砜和二甲硫醚。

(7)卤代烃(如二氯甲烷)切勿用钠丝进行干燥，否则容易发生剧烈 Wurtz 偶合反应而爆炸。卤代烃与金属锂直接反应生成有机锂，与镁反应生成格氏试剂，反应也很剧烈，虽然很危险，但能控制。

(8)THF 等也可用 $LiAlH_4$ 来干燥，惰性气体氛围下加热回流，除水效果优于金属钠，但是燃烧危险性也更大。剩余的 $LiAlH_4$ 和 NaH 决不可用于 EtOAc、DMF、DMSO 和丙酮的干燥除水，否则马上会发生起火或爆炸。

二、物理吸附法制备无水溶剂

无水溶剂处理器也称溶剂净化系统(solvent purification system，SPS)，见图 23-14，取代了传统危险的蒸馏法，达到脱水脱氧的目的。SPS 已经应用多年，被证明是高效(快速)、高性能高质量(彻底除水除氧)、安全防火(不加热、无动力)、简单方便的有机溶剂净化专用设施，非常适合化学实验室使用。其设计原理是利用活性填料的物理吸附，在低压氮的压力下，有机溶剂从存储器被迫进入两根分别装有活性氧化铝(activated alumina)及铜(copper)或分子筛的净化圆管，流经过程中就可以进行除氧脱水，将处理后的溶剂排放到已抽真空或经氮气冲荡过的玻璃器皿中备用(图 23-15)，也可以直接在机器上随用随取(图 23-16)。

甲醇不可用孔径为 4Å 的 4A 分子筛处理，因为甲醇分子的尺寸小，可能进入内径为 4Å 的分子筛的晶穴内部，乙腈和二氯甲烷的分子也较小，同样不适合用 4A 分子筛来处理。

制备各种绝对无水溶剂的相关干燥剂见表 23-4。

图 23-14　无水溶剂处理器　　图 23-15　溶剂净化后收集备用　　图 23-16　随用随取

表 23-4　制备各种绝对无水溶剂的相关干燥剂

溶剂	干燥剂	备注
二氯甲烷(DCM)	CaH_2 或 3A 分子筛柱	K_2CO_3 预干燥
四氢呋喃(THF)	钠(二苯甲酮)、CaH_2 或 4A 分子筛柱	KOH 预干燥
乙醚(DEE)	钠(二苯甲酮)、CaH_2 或 4A 分子筛柱	$CaCl_2$ 预干燥
二异丙胺、三乙胺(TEA)	CaH_2、4A 分子筛柱	KOH 预干燥
苯(PhH)、甲苯(Tol)	钠(二苯甲酮)或 4A 分子筛柱	浓硫酸除噻吩
二甲亚砜(DMSO)	CaH_2 或 4A 分子筛柱	不可用 NaH
二甲基甲酰胺(DMF)	CaH_2 或 4A 分子筛柱	不可用 NaH
乙腈(ACN)	CaH_2 或 3A 分子筛柱	K_2CO_3 预干燥
吡啶(Py)	CaH_2 或 $NaNH_2$	KOH 预干燥
丙酮(DMK)	CaH_2 或 B_2O_3	$CaCl_2$ 预干燥
甲醇、乙醇	$Mg+I_2$、CaH_2 或 3A 分子筛柱	CaO 预干燥
己烷	CaH_2	$CaCl_2$ 预干燥
1,4-二氧六环	钠(二苯甲酮)或 4A 分子筛柱	KOH 预干燥
乙酸乙酯(EtOAc)	P_2O_5	$CaCl_2$ 预干燥

第四节　无水无氧操作安全规范

有些化合物对于空气中的水或氧甚至氮气是很敏感的,遇水遇氧可能发生变质,对反应结果造成影响,甚至发生剧烈反应,如燃烧或爆炸。

为了保证这类化合物不受水和氧的干扰,在合成、分离、纯化或分析鉴定过程中,必须使用特殊的仪器和无水无氧操作技术。否则,即使合成路线和反应条件都是合适的,最终也得不到预期的产物。所以无水无氧操作技术在化学实验室里有着较广泛的运用。

无水无氧操作分三种:直接保护操作、手套箱操作和史兰克线(Schlenk line)操作。

一、直接保护

对于要求不太严格的体系,可以采用直接将惰性气体通入反应体系置换出空气的方法,这种方法简便易行,广泛用于各种常规反应,是最常见的保护方式。惰性气体可以是氮气或者氩气，而对于一些对氮气敏感的如单质金属锂的操作就一定得用氩气。

二、手套箱

需要无水无氧操作要求的取样、称量、研磨等，一般建议在手套箱内进行。

手套箱有简单的，如外壳为有机玻璃的；也有包括缓冲室等复杂的，如外壳材料为不锈钢的(玻璃视窗除外)。

有机玻璃外壳的手套箱比较简单经济，由于强度不够，无法进行真空换气，只能靠不断充氮气以排挤空气，所以无法达到低氧低水分的高要求，只能在一些要求较低的情况下使用。

不锈钢外壳的手套箱较贵，由氯丁橡胶长手套、抽气口、进气口和密封很好的玻璃窗组成。经过三次真空抽换气，就能达到高惰性气体比例的要求。例如，以每次换取 90% 计，三次以后，10%×10%×10%=0.1%，空气含量只占 0.1%，这样就能用在一些高标准的反应操作中。

手套箱的优点：无水无氧效果好。

手套箱的缺点：操作不方便，不利索；所有器具和化学用品要预先放入，一旦忘记需重来，耽误进程或严重影响结果。

三、史兰克线

史兰克线也称无水无氧操作线，是一套惰性气体的净化及操作系统。通过这套系统，可以将无水无氧惰性气体导入反应系统，从而使反应在无水无氧气氛中顺利进行。对空气和水高度敏感的化合物如丁基锂等金属有机化合物的制备和处理，通常用 Schlenk 技术。

无水无氧操作线主要由干燥柱、除氧柱、Na-K 合金管、截油管、双排管、真空计等部分组成。各个部分都要事前做充分处理和准备，最后进行严密组装。

图 23-17 为史兰克线结构示意图。

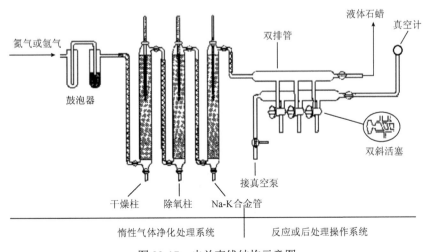

图 23-17　史兰克线结构示意图

因为市售惰性气体一般含有氧和 10～50ppm 的水分，所以需要净化处理系统。如果属于高纯气体，氧和水分低于 2ppm，一般不需要史兰克线前半部分的惰性气体净化处理系统，当然这要根据实验的具体要求来做决定。

对于通常的无水无氧操作，可以根据实际需要进行简化，一般只需要双排管。其基本原理是：对于两根分别具有多个支管口的平行玻璃管，通过控制它们连接处的双斜三通活塞，对体系进行抽真空和充惰性气体两种互不影响的功能性操作，从而使实验目标体系始终维持在惰性气体保护之下。

优点：无水无氧效果好，使用起来比手套箱方便。

缺点：前期准备工作繁杂。

建议：双排管比较简单，其在一般化学实验室中的应用可以普遍推广。

第五节　易燃危险试剂取样

以丁基锂为代表的烷基有机金属(锂、钠、钾、镁、锌、铝等)试剂，是实验室内遇湿遇空气极其易燃甚至易爆的危险物品。纯的硼烷及多数烷基硼烷在空气中就能起火剧烈燃烧。它们的这种易燃危险性导致操作困难，包括包装、运输、存储、分装、取样、称量、投料、使用等，整个过程的每一个步骤都存在危险。为了降低这种危险性，供应商一般都预先将它们用非极性溶剂稀释成较稀的浓度，如 1～2mol/L。然而，即使比较稀，易燃危险性有所降低，但是依然存在，需要认真对待，严格执行操作规程。

实验室里面临的难题之一是如何安全取样。通常按照取样量的多少而采取不同的方法，如取 100mL 以下，多用注射器取样；1000mL 以下，应该用搭桥法(又称双针头转移法)；超过 1000mL，需要将大包装钢瓶中的试剂进行分装，然后再用注射器或搭桥法取样。

一、易燃液体的注射器抽取

注射器抽取仅限 100mL 以下。

(一) 准备工作

(1)观察瓶内试剂是否有沉淀浑浊，如有则不能使用，需要及时妥善地进行淬灭处理，以免留下安全隐患，淬灭方法参见第三篇第二十一章第三节中相关淬灭操作的细节。

(2)整套包装应包括：①外包装。由泡沫外盒、马口铁筒体(内有蛭石做防震缓冲)和塑料袋组成，如图 23-18 所示；②瓶口包件。由塑料瓶盖、铝质密合瓶盖和内膜等部件组成，用前需仔细察看瓶盖是否完好无损，如图 23-19 所示。

铝质外壳下沿需往里紧扣玻璃瓶螺纹口的下圈，否则在旋开塑料瓶盖时，有可能会将整个盖子打开，这样就很危险。图 23-20 和图 23-21 为不合格包装产品，存在严重安全隐患。瓶盖内膜要有良好的密合性，用针扎孔，针头拔出后能立即复原合拢和密闭。

(3)准备充满惰性气体的气球，并连有针头，目的是保持瓶子内外的气压平衡。

(4)采用干燥的注射器，包括内栓。

图 23-18 外包装

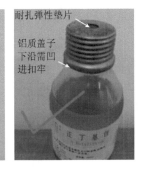

图 23-19 瓶口密合部件

图 23-20 不合格包装产品(1)

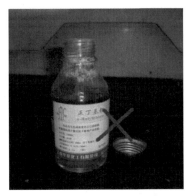

图 23-21 不合格包装产品(2)

（二）安全操作规程

(1)将试剂瓶平稳放在台面上。

(2)拧开瓶盖。

(3)将气球插入内膜，使瓶子内外保持压力平衡。

(4)将干燥的注射器插入内膜。

(5)食指和中指抵住筒体上口的围挡，两个指头可以在围挡的上方，如图 23-22 所示，也可以上下方各一个指头，如图 23-23 所示，这样能控制注射器内活塞的行程，然后靠大拇指和无名指拉动注射器的内活塞，至需要的体积刻度为止。

图 23-22 两个指头可以在围挡的上方

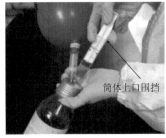

图 23-23 围挡的上下方各一个指头

(6)立即将注射器内的试剂注入反应瓶内或滴液漏斗中。

(7)空的注射器要用醇类淬灭才能丢入规定的专门收集桶内。

（三）注意事项

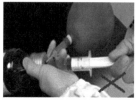

图 23-24　错误的操作

(1)不可将试剂瓶腾空拿在手中，以免滑落引起火灾。曾发生过事故：瓶子腾空滑落，试剂溅到衣服上引起全身起火。

(2)抽取时，不可无节制地拔注射器的活塞，否则很容易拔空引起火灾，图 23-24 的方法是极其错误的。

案例

2008 年 12 月 29 日，美国某大学分校的化学实验室中，一位大学毕业参加工作才两个月的 23 岁女研究助理在用注射器抽取叔丁基锂时，由于活塞拉空，叔丁基锂洒出，挥发，遇上空气燃烧，又不幸打翻旁边的一瓶有机溶剂，引起大火。虽然戴了防护眼镜和丁腈手套，但未穿耐燃工作服，而且身穿化纤毛衣（相当于固体汽油），包括双手和胳膊在内，40%的身体面积被烧伤，虽经大力抢救，这位研究助理还是在出事 18 天后不幸去世。由于平时的培训和防护措施未跟上，该校被加州职业安全与卫生管理局处罚31875 美元，校方自感管理不善表示认可处罚。此事件在美国各高校和相关行业引起轰动，反响很大。

二、易燃液体的搭桥法转移

搭桥法转移也称双针头转移法，一般使用范围为 $100\sim1000\text{mL}$。

通过双针头连接管，在正压或负压状况下将液体试剂压入或吸入接收容器内。

按照个人习惯和现场取材情况，正压法或负压法可以任意选用。原理如图 23-25 所示，包括左上方(正压)惰性气体压送和右上方(负压)抽取两种。如果选用左上方(正压)

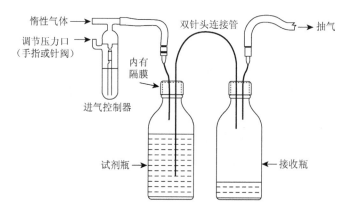

图 23-25　搭桥法转移原理图

惰性气体压送的方式,右上方的抽气改为惰性气体气球或空气球,以保持压力平衡;如果选用右上方(负压)抽取的方法,则需要在试剂瓶上插一个充有惰性气体的气球,并卸去压送装置。

(一)正压法

先要抽真空用惰性气体(氮气或氩气)置换瓶内的空气,然后用正压惰性气体将试剂瓶内的危险液体试剂压入接收容器内,见图23-26。

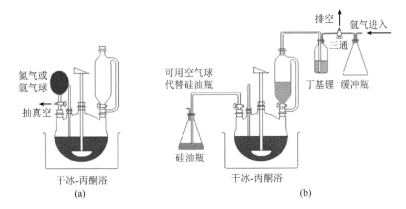

图 23-26　正压搭桥法
(a)先抽真空再用氩气回复;(b)用正压搭桥法压取丁基锂

(二)负压法

(1)与正压法相反,负压法是依靠负压将试剂瓶内的危险液体试剂抽入接收容器内,见图23-27。

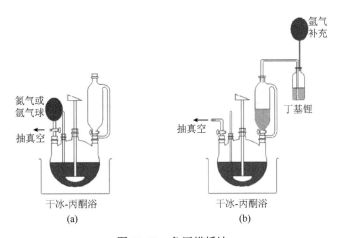

图 23-27　负压搭桥法
(a)先抽真空再用氩气回复;(b)用负压搭桥法抽取丁基锂

(2)更详细的图示见图23-28。

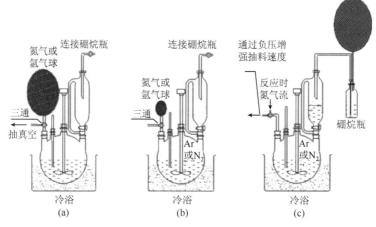

图 23-28　搭桥法移取硼烷(或丁基锂等有机金属试剂)
(a)抽真空；(b)用氮气或氩气回复；(c)氮气或氩气压送

(3)注意：双针头连接管及滴液漏斗内的残留危险试剂要及时妥善小心淬灭，以免掉落台面，特别是台面上有水或极性溶剂的情况下，已引起过多次火灾，甚至导致整个通风橱起火。

三、大包装易燃液体的取样

对于大包装如钢瓶装危险液体试剂，安全取用需要一套专门装置，操作规程如下：

以 30L 钢瓶装丁基锂为例，其中一个手轮为出液阀，另一个为进气阀，见图 23-29。

与其配套的为进气总成(图 23-30，也称进气阀接头)、出液口阀门总成(图 23-31，包括压力表等，也称出液阀接头)。

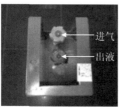
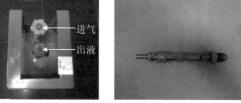

图 23-29　大包装易燃液体试剂钢瓶　　　图 23-30　进气总成　　　图 23-31　出液口阀门总成

（一）连接

分别将接头连接到相应阀门上，用惰性气体检查气密性，如图 23-32 所示。

（二）压料

(1)将进气接头与惰性气体口连通，出液 B 阀对应接口与接收容器连通。

(2)开通惰性气体阀和绿色进气阀，将气体充入钢瓶。

(3)依次打开出液阀、出液 A 阀、B 阀，将液体压入接收容器，见图 23-33。

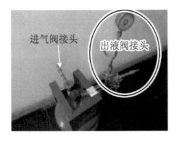

进气阀接头

出液阀接头

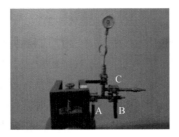

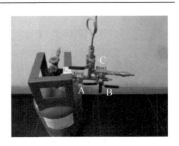

图 23-32　连接　　　　　　　　　　　图 23-33　压料

（三）停止压料

（1）在快要达到取样量时，依次关闭惰性气体阀、进气阀、出液阀、出液 A 阀。

（2）将出液 C 阀对应接口与惰性气体连通。

（3）依次开通惰性气体阀、出液 C 阀，吹出存留在阀门管路中的余液。

（4）无余液流出时，关闭惰性气体阀、C 阀、B 阀，见图 23-34。

（5）将连接惰性气体和接收容器的管路断

图 23-34　停止压料

开，拆除钢瓶两个接头，将出液阀接头内部单独做安全淬灭和清洗处理。

四、遇湿易燃固体危险试剂的取样、称样和加料

$LiAlH_4$、NaH、$LiBH_4$ 等都是遇湿易燃物品，经常在取样、称样、加料或淬灭时发生燃烧，继而引发大火。对于如何进行安全操作，下面以 $LiAlH_4$ 为例说明。

（1）不能用金属勺子取样，可用牛角勺。

（2）在惰性气体氛围的手套箱内取样和称量。

（3）如果为相对湿度低于 50%的干燥天气，少量取样（几克的量）可酌情在正常状态下进行，但动作要准确迅速，提前准备好各种应急工作和预备工作，一切仪器要预先干燥并用惰性气体保护，准备好消防器材。

（4）先用锥形瓶称量 $LiAlH_4$，然后将瓶口用氮气球（预先要用氮气试一下是否漏气）罩住，倒置，将 $LiAlH_4$ 全部转移至气球中。再将装有 $LiAlH_4$ 的气球套（罩）在装有干燥管的反应瓶口上。加料时，将气球提起，往反应瓶里抖 $LiAlH_4$，并视反应情况决定加料速度。

第六节　如何用氮气球来安全地封闭反应

一、氮气球的作用

氮气球在化学实验室中应用十分广泛和频繁。只要反应不产生气体或产气很少（如

图 23-35　氮气球封闭反应

某研发人员做一个放大的烷基化反应：

1～2L 以下），无论是低温、室温或忌讳密闭的加温回流反应，一般都能用氮气球来封闭反应。用氮气球来封闭反应可起到避潮（水）、避氧和缓冲防爆三个作用，使用起来很方便，如图 23-35 所示。

但是，随便乱用氮气球是会出事的，已有许多事故教训，如下面的爆炸事故。

在一个 3L 三颈瓶中加入 1.1L 无水四氢呋喃（THF）和 255g 吡唑（3.75mol），冰浴降温至 5℃，搅拌下分批加入 108g 氢化钠（NaH，4.5mol），温度冷却至 15℃ 以下。加完氢化钠，在氮气球保护下滴加苄溴（BnBr），冰浴控温 15℃ 以下。约 1h 滴加完毕，继续搅拌，温度一直控制在 15℃ 左

图 23-36　爆炸后通风橱内的情况

右。1h 后，当事人发现反应温度异常。反应突发，反应温度突然上升，他一边招呼周围实验人员拿好灭火器以备不测，一边跑出去取干冰准备对体系实施冷却。当他提着干冰桶冲进实验室时看到膨大的气球突然爆裂，接着发生爆炸。大火迅速被周围人员用灭火器扑灭，但爆炸形成的强大压强不但将通风橱的橱门损坏，还将通风橱上面的钢板框架炸得向外凸起，严重变形，大面积的天花板被震落，整个楼层都有震感，图 23-36 为爆炸后通风橱内的情况。所幸未造成人员伤害。

事故原因：此反应按理论计算有 100L 的氢气产生，而且有明显的阈温（矿物油熔化或溶解以及氢化钠拔除底物活性氢的所需温度），瞬间产生的几十升氢气会胀破气球，使通风橱、排风管及天花板内的空间立即达到爆炸极限，而机械搅拌器等通风橱内的电器都是非防爆的，时时都有电火花产生。

二、氮气球的使用方法

图 23-37　氮气球套在冷凝管上　图 23-38　氮气球套在针管上

如何用氮气球来安全地封闭反应呢？可将氮气球绑在弯接管、直套管或三通上，如图 23-35 所示。也可以直接套在冷凝管或针管上，如图 23-37 和图 23-38 所示。

在上述方法中，推荐将氮气球

绑在三通上的方法，因为三通充气便利，好操作，孔径较大，比较畅通。但千万注意使用三通时，要处于打开的方向，不能关上。特别是当用橡皮筋固定三通旋塞时，很容易由于橡皮筋自身的扭力而慢慢自动旋移三通旋塞的角度，一旦被关上就成了刚性密闭体系，这是极端危险的，由此发生过多起爆炸事故。

100mL 以下的反应瓶可以考虑将氮气球绑在针管上的方法，但在使用前，要检查针头是否畅通。从安全的角度考虑，一般不推荐针管连接的方式，尤其对于大的反应瓶，禁止将氮气球绑在针管上，因为针孔小非常容易造成不通畅或堵塞。

三、注意事项

1. 太大的反应

太大的反应不推荐用氮气球，因为气球的容积往往不够。如图 23-39 和图 23-40 所示，冷凝管底下分别是一个 2L 和一个 10L 的大反应瓶，这是不推荐使用的。并且两图中的针孔小，易造成不通畅或堵塞。

图 23-39　采用氮气球的大反应(1)　　图 23-40　采用氮气球的大反应(2)

2. 有腐蚀性气体产生的反应

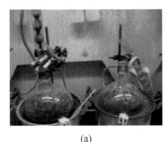 

(a)　　　　　　　　(b)

图 23-41　爆破和冲料事故

有腐蚀气体(HCl、H_2S、Cl_2、SO_2 等)产生的反应，不能用针头。因为细小的孔径很容易锈堵。已经发生过多次爆破和冲料事故，如图 23-41 所示。

如图 23-41(a)所示，由于针孔锈堵而形成刚性密闭系统，冷凝管已被冲落，反应液喷至四壁。图 23-41(b)也是由于针孔锈堵而形成刚性密闭系统，由于内压大，最后一步反应的反应瓶爆破，一个多月的辛苦汗水付之东流，实验只好从头开始。

四、避水避氧的产气反应的操作

对于有气体生成的反应，如用 $NaBH_4$ 同路易斯酸($AlCl_3$、BF_3 等)反应生成硼烷、NaH 同反应底物中的活泼氢反应生成氢气等反应，除非确证只有很少气体(少于 0.1mol/L)生成，否则绝对不能用氮气球来封闭反应。

对于那些需要避潮（水）或避氧的产气反应，如何操作呢？可以用 $CaCl_2$ 干燥管或双排管氮气流，如图 23-42 所示。

图 23-42　　$CaCl_2$ 干燥管或双排管氮气流

注意：干燥管中的 $CaCl_2$，应该每个反应一换，$CaCl_2$ 颗粒易吸湿堵塞而发生事故。

图 23-43　　直接排气

对于产气的大反应，不能用气球密闭，甚至不必用 $CaCl_2$ 干燥管或双排管氮气流，可以直接排气，如图 23-43 所示。

空气中的潮气影响不了反应，因为反应瓶一直处于正压，外界空气难以入内。即使有点潮气也影响不了大反应的成功与收率，不必担忧一只苍蝇落下来会使一艘航空母舰沉没，有机合成家既要有绣花般的精巧，又要有利落大方、得心应手的操作气度。粗犷更显大气和干脆，利索敏捷更加安全高效。

直排时注意气体出口要远离搅拌电机，可以在冷凝管上端接软管将气体引出，如为有毒或腐蚀性强的气体要做尾气吸收，并配安全瓶。

五、氮气和氩气的比较

氩气球也被采用。氩气的分子量为 40，标准状态下密度为 $1.784kg/m^3$，而空气分子量约为 29，标准状态下密度为 $1.287kg/m^3$，氩气密度高于空气，属于下沉性惰性气体；氮气分子量为 28，标准状态下密度为 $1.250kg/m^3$，氮气密度低于空气，属于上漂气体。相对来说，在安全性上面，氩气球好于氮气球。然而，在现实中氮气球的使用却比较普遍，这是因为氮气的价格比氩气低，同时，氮气也广泛应用于其他领域，易得，使用更方便。

一般情况下使氮气即可，如果对反应等操作的要求比较讲究，最好使用氩气。

第七节　尾气吸收

反应或后处理过程中经常会有一些气体生成，有些是有毒有害的，有些具有腐蚀性，有些则是易燃易爆的，需要将这些气体收集并同时进行处理，即进行尾气吸收。

尾气吸收处理的方法无非是物理吸收和化学淬灭，通过相应吸收淬灭处理，才能保障工作环境的安全，不危害研发人员的身心健康。

工业上需要设计和建造一套尾气吸收淬灭设备，而实验室由于尾气量小，且经常变化，通常只需针对实际情况搭建一套比较简单的尾气吸收和淬灭处理装置。

一般来说，吸收和淬灭是同时进行的。

一、尾气种类

(1) 有毒气体：HCN、H_2S、Cl_2、SO_2、SO_3 等。

(2) 爆炸性气体：HN_3、CH_2N_2 等。

(3) 腐蚀性气体：NH_3、HCl、HBr、HI 等。

(4) 易燃气体：CO、H_2、CH_2CH_2 等。

二、吸收和淬灭

（一）吸收方式

实验室中的尾气吸收方式很多，见图 23-44。

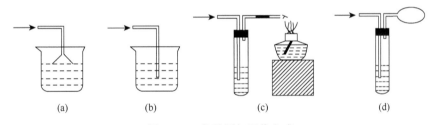

图 23-44　各种尾气吸收方式

(a) 吸收式 1；(b) 吸收式 2；(c) 灼烧式；(d) 收集式

吸收式 1 [图 23-44(a)]，也称漏斗倒扣法，适合 NH_3、HCl 等易溶于水的尾气。

吸收式 2 [图 23-44(b)] 适合 HCN、H_2S、Cl_2、SO_2、SO_3 等。对于 CO、H_2、CH_2CH_2 等易燃气体，为了防止这些气体积聚而形成爆炸极限，一方面可通过加强环境气体流通、提高空气置换率来避免，另一方面也可以用灼烧式 [图 23-44(c)]，将随时产生的易燃尾气及时焚烧掉，但须注意，要预先点火，不能等到产生大量可燃气体时再想到点火，这样极其危险。收集式 [图 23-44(d)] 可用于气体为产物的反应，也可用于反应的检测和控制，通过气体的多少来检测反应进行的程度，收集的气体再用合适方法进行淬灭。所有尾气吸收操作都必须在负压的通风橱内进行。

为了增加吸收效率，可以采用多孔球泡的方式，见图 23-45，这样可大大增强气液交换效率。对于不能一次性吸收完全的尾气，可将多个装有淬灭剂的容器串联起来进行多级吸收，见图 23-46。

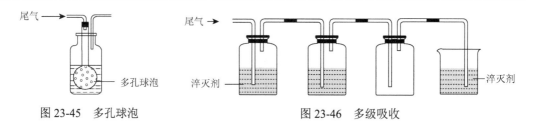

图 23-45　多孔球泡　　　　　　　　　图 23-46　多级吸收

（二）淬灭方法

1. 酸碱类

酸碱类的淬灭用对应的中和方法。例如，最常用的氢氧化钠水溶液可吸收中强或强酸性尾气，可用盐酸吸收中强或强碱性尾气。浓度和用量要通过尾气量来进行配置。一般用倒扣漏斗的方式。

2. 有毒类

对于 HCN、H_2S 等毒性尾气，可用次氯酸钠等适当氧化剂进行吸收并彻底淬灭。Cl_2、NO_2 则用 NaOH 溶液吸收。

3. 易燃类

CO、H_2 等既不溶于水，也无法利用化学试剂进行淬灭处理，只能用灼烧式——直接用酒精灯点燃处理。

4. 易爆类

HN_3 的淬灭剂可用次氯酸钠水溶液，CH_2N_2 可用稀乙酸。

（三）防止倒吸

在某些尾气吸收过程中，由于淬灭吸收液的倒吸，会对实验产生不良的影响，如玻璃仪器的炸裂、反应试剂的污染、爆炸等，因此，在有关实验中必须采取一定的措施防止吸收液的倒吸。防止倒吸一般采用下列装置，见图 23-47。

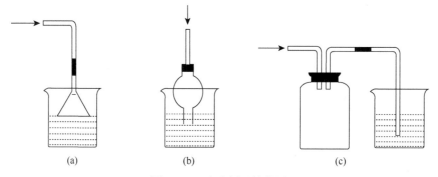

　　　（a）　　　　　　　　　（b）　　　　　　　　　　（c）

图 23-47　防止倒吸的装置

(a)倒扣漏斗式；(b)肚容式；(c)蓄液式

1．倒扣漏斗式

这种装置可以增大气体与吸收液的接触面积，有利于吸收液对气体的吸收。当易溶性气体被吸收液吸收时，导管内压强减小，吸收液上升到漏斗中，由于漏斗容积较大，烧杯中液面下降，使漏斗口脱离液面，漏斗中的吸收液受自身重力的作用又流回烧瓶内，从而防止吸收液的倒吸。

2．肚容式

肚容式也称大肚子型。当易溶于吸收液的气体由干燥管末端进入吸收液被吸收后，导气管内压强减小，使吸收液倒吸，而进入干燥管的吸收液由于本身质量，使得上部空间的压强与干燥管外的液面压强始终保持平衡状态，这样，吸收液受自身重力的作用又流回烧杯内，从而防止吸收液的倒吸。这种装置的原理与倒置漏斗很类似。

3．蓄液式

当吸收液发生倒吸时，倒吸进来的吸收液被预先设置的蓄液装置储存起来，以防止吸收液进入受热仪器或反应容器。这种蓄液装置又称安全瓶或缓冲瓶。

尾气处理除了上述化学或物理方法外，还有生物和光解等方法，但不大适合实验室的"短平快"操作要求。

第八节　催化氢化反应中关于催化剂的操作

催化氢化反应属于还原反应类型，在有机合成中有着非常重要的作用。例如，药物合成反应中的催化氢化反应数量大约占4%，而由催化氢化反应引起的事故却有着较高的比例，需要引起高度重视。特别是由催化剂引起的事故常被人们所忽视，所造成的事故，危害程度有大有小，有的事故对整个公司的经营甚至是毁灭性的打击。

一、催化剂的燃烧危险性

常用的催化剂主要有：Pd/C（钯碳，通常有5%和10%两种）、$Pd(OH)_2$ 和 Raney Ni。这些催化剂的燃烧危险性来源于它们在同含有机溶剂蒸气的空气摩擦时极易起火星，进而引起有机溶剂燃烧，这类燃烧事故是经常发生的。摩擦分以下三种情况：

（1）催化剂为动态，含有机溶剂蒸气的空气为静态。例如，加催化剂时，催化剂穿过含有机溶剂蒸气的空气。

（2）催化剂为静态，含有机溶剂蒸气的空气为动态。例如，抽滤时，一旦抽干，作为动态的含有机溶剂蒸气的空气穿过静态的催化剂。

（3）催化剂和含有机溶剂蒸气的空气都为动态。例如，在没有惰性气体或氢气的环境下进行搅拌，以及在用负压皮管抽料抽空时，两者均为动态。

即使没有发生摩擦，这类催化剂若已经用过，遇上空气也可能燃烧，见第二十五章第六节的案例：装有废弃钯碳的废物桶由于没有用水封住废弃钯碳，其表面起火。

二、对应的安全措施

根据催化剂燃烧危险特性的起源,需要切实将对应的安全措施落实在以下 5 个操作阶段中:

(1)当容器内已盛有醇、醚、烃等有机溶剂时,这些有机溶剂的蒸气就弥漫在液面上方,当加入的催化剂下落时,穿过含有有机蒸气的空气(发生摩擦),就有火星出现,继而引燃容器内的有机溶剂或反应液,发生火灾。

加料时的着火危险性:干 Pd/C>湿 Pd/C;Pd(OH)$_2$>Pd/C>Raney Ni。其中市售的 Raney Ni 通常用水浸泡着,干基遇空气会起火星,皮肤沾了湿品,也会在干燥时将皮肤烧坏。

根据催化剂同含有机溶剂蒸气的空气摩擦会起火星这一危险特性,有以下解决方法:①先加催化剂,再加有机溶剂和反应底物。注意,加有机液体或反应底物时,要慢加,否则,如果将催化剂冲起来,也可能起火燃烧;②如果已加了有机溶剂,且反应不忌水,可用水拌湿催化剂再加入,这样比较安全。一般来说,市售的催化剂含水量在 5%～70%,水分的存在并不影响催化剂的活性,无需顾虑,对于绝大多数的氢化反应,可以用含水量 50%左右的催化剂;③如果已加了溶剂,可以向容器充入氮气或氩气等惰性气体后马上加入催化剂;④最稳妥的做法是,所用的容器(氢化瓶或高压釜)要预先充入惰性气体,如氩气或氮气。有的人虽然充了惰性气体,但还是在加催化剂时燃烧,那是因为充了惰性气体后,耽搁的时间太长,又被空气置换了。如果在充了惰性气体后要去办其他事情(称量催化剂等操作),要将充满惰性气体的容器的瓶口盖上。

(2)反应期间取样或反应结束时卸除容器部件,要预先通入惰性气体才能打开,并立即将黏附在容器上部边缘或盖子上的催化剂及时冲入反应液,以防止起火。

(3)反应结束后,从高压釜内抽料,也要注意不能抽空,否则,抽料管内壁上的催化剂遇管内流动的空气摩擦也会起火燃烧,继而引燃抽滤瓶中的反应液。若有这样的情况发生,可折截橡皮管,断绝空气流通,然后加空白溶剂,松开橡皮管继续抽取,将管内的催化剂冲干净。

(4)抽滤的安全操作要点。有很多火灾是在抽滤操作过程中发生的。抽滤时的燃烧危险性:Raney Ni>Pd(OH)$_2$>Pd/C。工业生产可以用氮气压滤的安全方法,实验室里没有这个条件,特别是抽滤有 Raney Ni 催化剂的反应液,一旦抽干,就创造了催化剂同含有机蒸气的空气摩擦的燃烧条件,导致起火星。所以,操作时要有两个人在场,其中一个人为帮手,快要抽干时,马上接着加反应液或用于洗催化剂的相应空白溶剂,或提早拔除真空橡皮管解除真空。一个人操作,难以顾及全面。另外,即使不小心起点火星也不用恐慌害怕,一旦起火星,一定要立即停止抽滤,可以用湿布捂的方法或用水灭或拿出过滤漏斗另外放置处理,千万不能用有机溶剂去灭火。曾有人在慌忙中将身边的甲醇倒入起火(Raney Ni 催化剂)的漏斗里,想浇灭火星,结果是火上浇油,造成火灾。小火时,不需要用灭火器,否则会把辛苦得来的成果搞得一团糟,因此,在抽滤前要事先准备一块湿布和一杯水,以备急用,起火星时一定要镇静,利利索索、大大方方地处理。

(5)催化剂用后,不能乱扔,包括过滤纸、硅藻土、抽料管,一律放入专门的废物桶内，用水覆盖。及时在氢化室的催化剂台账上进行登记，也不得去向不明。催化剂用后乱扔所造成的起火事故曾毁掉半个公司(见第三篇第二十一章第二节的案例2)。

三、事故案例

某研发人员将 2.5g 干钯碳放入 1L 的反应瓶中，然后加入桶装甲醇(反应溶剂)，在加甲醇的过程中，瓶内突然起火，并连同装有甲醇的溶剂桶起火，手一抖，桶掉地，引起反应瓶、通风橱内和地面较大面积起火，将通风橱内的水泵等器材烧毁。大火还引起天花板上的消防喷淋动作，一时间，水火并存，后来整个实验室充满了烟雾。

图 23-48 和图 23-49 分别为事故录像截图和事故后的通风橱照片。

图 23-48 事故录像截图　　　　　　图 23-49 事故后的通风橱照片

原因分析：属于上述催化剂危险特性中的第 2 种摩擦情况，即：作为动态的含有机溶剂蒸气的空气穿过静态的催化剂，催化剂和含有机溶剂蒸气的空气相互摩擦而起火。

教训：避免起火有多种措施，用水润湿干钯碳或直接用市售的湿钯碳；若一定要使用干钯碳，则一定要在惰性气体保护下，将催化剂加到甲醇中，或在惰性气体保护下将甲醇加到催化剂中。不应该单人操作；不应该直接用桶装有机溶剂。

复习思考题

充分理解：操作规范与事故之间的关系。

第二十四章　常见事故的直接原因探究

一些事故案例已经在前面各篇的章节中做了介绍和分析,本章专门针对常见事故进行归类性探究，有助于从事故原点和本质内涵上进行理解，做好针对性的防范。

第一节　反应热效应

反应热效应是化学合成反应中的普遍现象。所有的化学反应都会伴随能量变化，其中绝大部分是热量的变化。

化学反应的实质是分子碰撞中发生旧键的断裂和新键的形成，一般来说，前者吸收能量，后者放出能量。这两个过程的能量不同，所以反应过程中就有了能量的变化。体系中的能量是守恒的，整个反应是放热还是吸热取决于这两个过程能量的相对大小。

一、活化能

化学反应中的分子从常态(非活化分子)转变为容易发生化学反应的活跃状态(活化分子)所需要的能量称为活化能，即活化能是活化分子的平均能量(E^*)与反应物分子平均能量(E)的差值(E_a)，单位是千焦每摩尔(kJ/mol)。活化能又称为阈能(反应临界能)或势能垒(可理解为势垒的高度或能垒的高度)。需要注意的是，即使是同一反应，催化剂不同，机理就不同，活化能也就不同。合适的催化剂可以降低反应物的活化能。例如，酶促反应(生物体内的各种代谢、转化、合成等)就是由于在各种酶的催化下，反应的活化自由能被大大降低，所以能在恒定体温的状况下得以顺利有序进行和高效完成。

二、反应热

当化学反应在一定温度下进行时,反应所释放或吸收的热量为该反应在此温度下的热效应，简称反应热。等容过程的热效应称为等容热效应；等压过程的热效应称为等压热效应。反应热是由于反应前后物质所具有的能量不同而产生的，用 Q 表示。当 $Q>0$ 时，表示吸热；当 $Q<0$ 时，表示放热。单位一般用 kJ/mol 或者 kJ/g 表示，其数据可以利用反应量热仪器(如 DSC、C80、RC1)测得，也可以通过理论计算求得。

反应热主要有生成热、燃烧热和溶解热等。化学反应的安全影响因素主要是生成热，包括取代、消除、加成、氧化、还原、分解、聚合等所有断键或成键反应中的热能变化。

物质具有的能量可以用"焓"来描述，其是与物质的内能有关的物理量，用"H"表示。焓变是指反应产物与反应物的焓值差，是状态函数，用"ΔH"表示，单位是 J/mol 或 kJ/mol。而在化学实验室的实践中常用 J/g 来评估反应的危险性，这样更为直观实用。

如果是在恒压条件下，绝大多数化学反应的反应热等于焓变，即：$\Delta H = Q_p$。

从焓变角度看，$\Delta H = H$(反应产物)$-H$(反应物)；从反应热角度看，$\Delta H=$反应产物的能量–反应物的能量。前后的差值若是负值，反应就是放热反应，正值则为吸热反应。

放热反应：$\Delta H < 0$（如氢气燃烧生成水的反应：$\Delta H = -242\text{kJ/mol}$），如图 24-1 所示。

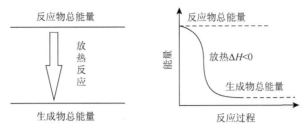

图 24-1　放热反应的能量变化

吸热反应：$\Delta H > 0$（如水分解生成氢气和氧气的反应：$\Delta H = +242\text{kJ/mol}$），如图 24-2 所示。

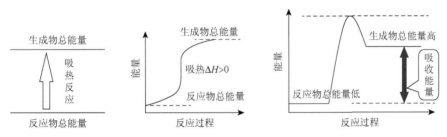

图 24-2　吸热反应的能量变化

多数有机合成反应都有一个旧键断裂和新键形成的过程。放热或是吸热取决于反应物化学键断裂吸收的热量与生成物化学键形成放出热量的差值（释放能量），如图 24-3(a) 所示。在图 24-3(b) 中，a 为活化能，表示断裂反应物化学键吸收的热量；b 表示生成物化学键形成放出的热量；c 表示反应热。

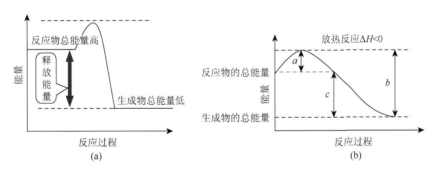

图 24-3　反应过程热效应的变化

三、反应潜热

反应潜热也称潜在反应热，是指由于体系温度过低（体系未达到反应阈温）、固液接触不充分或传热不良等因素，已投入的反应底物暂时没有发生实质性反应，则潜存在反应体系中的即将释放（或吸收）的反应热。

反应潜热是由于未被预期到的或操作失控的能量释放暂时抑制(或吸收暂时抑制)而产生的。反应潜热在预计外或操作失控时的突然爆发是放热反应的最大安全隐患,许多冲料、爆炸燃烧等事故就源自忽视或难以掌控的反应潜热。

反应潜热的危害程度与反应物的内在本质、质量、反应类型、反应环境和操作方式等密切相关。

四、温度与反应速率的关系

反应伴随着热能的变化,反过来,热能直接影响着反应速率。

范霍夫(Van't Hoff)根据大量的实验数据总结出一条经验规律:温度每升高 10℃,反应速率近似增加 2~4 倍。这个经验规律也称为范霍夫规则,可以用来估计温度对反应速率的影响。表达式:$r=k(T+10K)/k(T)\approx 2\sim 4$。

(一) 阿伦尼乌斯公式

温度与反应速率的关系可用阿伦尼乌斯(Arrhenius)经验公式来表示。

温度对反应速率的影响,通常都是讨论速率常数 k 随温度的变化,一般来说,反应的速率常数随温度的升高而快速增大。

微分公式: $$\mathrm{d}\ln k/\mathrm{d}T=E_a/(RT^2)$$

式中,E_a 表示实验活化能,可视为与 T 无关的常数;k 值随 T 的变化率取决于 E_a 值的大小。

不定积分式(对数式): $$\ln k=-E_a/(RT)+B$$

式中,B 表示积分常数。此式描述了速率系数与 $1/T$ 之间的线性关系。可以根据不同温度下测定的 k 值,以 $\ln k$ 对 $1/T$ 作图,应得一直线,其斜率为 $-E_a/(RT)$。

定积分式: $$\ln(k_2/k_1)=E_a/\left[R(1/T_1-1/T_2)\right]$$

此式假设活化能与温度无关,根据两个不同温度下的 k 值求活化能。

指数式: $$k=A\exp\left[-E_a/(RT)\right]$$

此式描述了速率随温度而变化的指数关系,该式通常被称为反应速率的指数定律。A 为指前因子,E_a 为阿伦尼乌斯活化能。阿伦尼乌斯认为 A 和 E_a 都是与温度无关的常数。

(二) 反应类型

化学反应速率与温度的关系大体有以下五种类型,如图 24-4 所示。

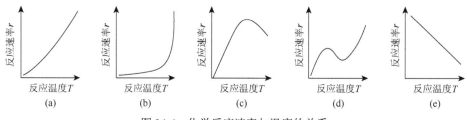

图 24-4　化学反应速率与温度的关系

第 1 种类型如图 24-4(a)所示,符合阿伦尼乌斯公式,反应速率随温度的升高逐渐加快,它们之间呈指数关系,这类反应最为常见;第 2 种类型如图 24-4(b)所示,开始时温度的影响不大，达到一定极限时，反应以极快速度，甚至爆炸的形式进行；第 3 种类型如图 24-4(c) 所示，在温度不高时，反应速率随温度的升高而加快，达到一定的温度，反应速率反而下降。生物体内的酶促催化反应和多相催化反应基本都属于这一类；第 4 种类型如图 24-4(d) 所示，反应速率随温度升高到某值时下降，再升高温度，反应速率又加大，可能因为有副反应发生；第 5 种类型如图 24-4(e) 所示，随温度升高，反应速率反而下降，如一氧化氮氧化成二氧化氮的反应。这种类型的反应很少，也符合阿伦尼乌斯公式。

其中第 2 种类型是本节讨论的重点，这类反应很容易发生事故，危害性最大。问题在于，反应开始时，温度的影响不大，而达到阈温时，反应以极快的速率完成，因为时间太短，又产生大量的热，通常引发冲料或爆炸，极易造成事故。

五、反应阈温

反应阈温也称反应临界温，即触发反应全面快速发生所需要的最低温度值。

绝大多数反应的反应速率随温度上升而加快，反映在二维坐标上，斜率（正切）较平缓，如图 24-5 所示。而有些反应有特殊而明显的引发反应的温度阈值，低于该温度，几乎不反应，一旦达到该反应需要的温度阈值时，反应很快，甚至在瞬间完成，并放出大量的热能。反映在二维坐标上，开始一段温度范围内，斜率几乎为零，而达到阈温时刻，有一个直线上升几乎成垂直 90°的突跃，斜率几乎变得无穷大，如图 24-6 所示。

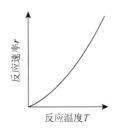

图 24-5　多数反应的热效应

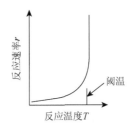

图 24-6　阈温很严格的反应的热效应

对于图 24-6 中阈温很严格的反应，在实验中，通常是要么不反应，要么在达到某阈温时反应突然爆发，剧烈放热而导致冲料、起火或爆炸，所以这是一类最危险的反应。因为反应开始或反应过程很难掌握和控制，所以即使是一些经验丰富的化学家，遇上这类反应也很难有充分把握做得既成功又安全。

将纯氢气和氧气以等反应摩尔比混合在一起，让其反应生成水，在低于 400℃的情况下，反应速率极慢，几乎觉察不出来，而一旦达到引燃温度（实验室数据常压约为 450℃，受多种因素制约）时可瞬间完成反应（爆炸），则 450℃就是该反应的阈温（反应临界温度）。

一些聚合反应、分解反应、游离基导向反应以及聚变和裂变的反应常有明显的阈温。另外，有些取代、消除、加成、氧化、还原等反应也有明显的阈温。例如，氢化钠参与的反应常有明显的爆发温度。氢化钠是细度很高、遇湿易燃的粉末状固体物，活性非常高，为降低其反应活性，市售氢化钠通常用矿物油进行分散并包裹其微小颗粒。这样处理出来的氢化钠常会伴随一个严格的阈温，阈温高低取决于两个因素，一是包裹氢化钠的矿物油熔化或被反应溶剂溶解时，氢化钠颗粒暴露出来的温度，二是暴露的氢化钠与底物的起始反应温度。反应物的量越大，反应温度就越难控制，也越难操作。

六、反应热、反应潜热与阈温的安全对策

反应过程中放出大量热能并有较高阈温的反应是很难掌控的。因为反应处在温度高位，加上瞬间剧烈放热，引发的事故非常多，在反应操作的安全事故中占据较大比例。

（一）安全对策

（1）对于上述第 1 种类型的反应，如果无论低温或高温都会剧烈放热，就要结合反应的具体情况，尽量在较低温度下进行缓慢加料，但要确保每加一点底物就已经反应掉或至少已经在反应进行中，并不断将生成的反应热通过冷浴及时带走，这样才不会引起潜在反应热的蓄积，避免突然爆发的局面发生。

低温加料、延长加料时间和反应时间是降低危险的安全操作方法，也能减少副反应的发生。

（2）对于第 2 种类型，即有阈温特征的瞬间剧烈放热的反应，在滴加了一点底物后要确定反应已经引发才能继续稳妥滴加底物，并保证所加底物都在反应进行中，这可结合反应液温度的变化和冷浴的温差情况进行综合判断。这类反应一般都在较高温度或回流状态下滴加底物，这使得每加一点就马上反应掉，并及时将反应热导走，确保在整个反应过程中不蓄积大量的反应潜热。避免一次性将大量底物加进去或加完，以致在某一个温度节点（阈温）反应爆发而导致冲料或爆炸燃烧。总之，要保证在整个反应过程中不蓄积大量的反应潜热。

（3）适当稀释。例如，已知强酸和强碱反应生成可溶性盐的反应热约为 57.3kJ/mol，1mol NaOH 和 1mol HCl 完全反应放出 57.3kJ 的热量，若反应液浓度很大就非常危险，但在大量水存在下就会缓和得多，因为溶剂是反应热的吸纳存储库。在有机合成反应设计中，一般底物与溶剂的质量比或体积比大多为 1∶10，可以视放热等情况适当变动或加大配比，多数溶剂具有较高的热容，能有效地吸储部分反应热，降低反应体系温度，增加系统的安全稳定性。

（4）改变反应机理，用合适催化剂进行单相催化、多相催化或相转移催化，以及生物合成（例如，人体内的酶促等所有类型反应都是在 37℃ 下温和完成）等方法，可以改变活化能，破除阈温，大大降低反应温度，使其平稳进行。例如，用 HC-1 型催化剂，氢气与氧气不用燃烧就能在 90～110℃ 下反应生成水。

（二）实例讨论

1. 格氏反应

格氏反应之所以危险难掌控，是因为它们有很敏感的反应阈温以及瞬间的大量反应热。

我们通常说的格氏反应实际上包括两部分：格氏试剂的制备以及格氏试剂的碳负电荷中心（δ^-）向底物（醛、酮、酯、腈等）的正电荷中心（δ^+）进攻的亲核加成反应。

格氏反应中的安全事故一般出现在格氏试剂的制备过程中，其主要危险性在引发阶段，

多因蓄积了反应潜热发生冲料，导致起火燃烧，甚至爆炸，图24-7是这类事故的照片。

图24-7　制备格氏试剂时的安全事故图像

制备格氏试剂时的引发过程是否顺利与安全取决于镁的活度、卤代烃的结构、温度、浓度、引发剂、溶剂种类及溶剂纯度（含水量）、仪器内表面的水分和操作等很多因素，以及这些因素之间的协同作用。

反应的安全性主要体现为在大量滴加卤代烃溶液前必须十分肯定反应已经引发，并且保证能顺利将加进去的反应液反应掉。如果不确定，就不能进行连续滴加操作；在不确定时，累积滴加的量最多不能超过总量的 10%（视反应规模大小）。如果加的比例太大，一旦引发反应，将放出大量的热，轻则冲料引起物料损失，重则发生燃烧爆炸事故。

一般来说，格氏试剂在亲核加成反应中，其安全性则相对好很多。

2. 取代反应

多数取代反应较平稳，然而，有的取代反应却有着明显的反应阈温。例如，脱 Boc（叔丁氧羰基）等反应往往需要预先制备盐酸乙酸乙酯溶液，可采取在乙酸乙酯里直接通干燥氯化氢气体的方法。另一种方法是在乙酸乙酯中加入乙酰氯，然后在 5～10℃下滴加乙醇（其实 5℃可以认定为该反应的阈温），使反应生成氯化氢而溶入乙酸乙酯，成为需要的乙酸乙酯的盐酸溶液。这种方法制备得到的氯化氢含量比直接通干燥氯化氢气体的方法准确。

某研发人员采取乙酰氯的方法，先是将 220g 乙酰氯加入 1800mL 乙酸乙酯中，然后用干冰-丙酮浴冷却（他错误地认为温度越低越安全），之后将计算好的 126g 乙醇一次性全部加了进去，由于温度太低，反应并没有发生。卸去干冰-丙酮浴后不久，温度渐升，大约在 5℃时，反应突然间爆发，引起冲料、起火，通风橱内的物品几乎被全部烧光（图 24-8）。

图24-8　制备盐酸乙酸乙酯溶液时通风橱火灾后的情景

事故原因：低温下物料全部加完，而因为体系温度低，反应活化能不够，反应没有被引发，积蓄大量反应潜热，一旦温度升至反应阈温，反应爆发。由于瞬间产生的大量反应热无法及时移除而引起冲料并起火爆炸。

类似事故：制备盐酸甲醇可以采取在甲醇中直接通干燥氯化氢气体的方法，也可以在甲醇中加入乙酰氯，这取决于当时取材的便利性。后一种方法应在 0～5℃下滴加乙酰氯（其实 0℃可以认定为该反应的反应临界温度），使生成的氯化氢溶入甲醇，成为需要的盐酸甲醇溶液。某研发人员采取滴加乙酰氯的方法，他将 500mL 乙酰氯滴加到-20～-25℃

图 24-9 制备盐酸甲醇时
通风橱火灾后的情景

的 500mL 甲醇中，滴加到一半左右时，他观察到温度没有上升，就一次性加完了乙酰氯。约半小时后，反应突然爆发，瞬间冲料，遇电器产生火花，引起通风橱内着火(图 24-9)。

3. 硝化反应

硝化反应多为强烈放热反应，规模越大越难掌控，工厂车间发生硝化反应的爆炸事故常有发生和报道。即使是实验室的小规模硝化反应，事故也是时有发生。

按照文献将发烟硝酸(300mL)加入反应瓶中，用干冰-丙酮浴冷却至−20℃。将化合物 **A**(100g，0.52mmol)分批加入，并控制反应温度为−18℃～−20℃。加料完毕，将反应混合液在−20℃下搅拌 3h。然后，撤掉冷浴，使其自然升温。在升温的过程中，反应突然剧烈放热，产生大量烟雾，紧接着起火燃烧。如图 24-10(事故录像截图)和图 24-11 所示。

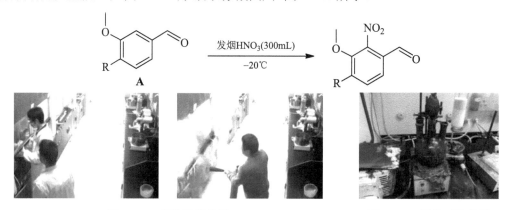

图 24-10 事故录像截图　　　　　图 24-11 燃烧后的情景

原因分析：反应的起始温度设置得太低，导致储备了大量反应潜热。在缓慢升温时，达到反应阈温而使反应突然爆发，导致冲料。同时硝酸进入丙酮中，剧烈放热。最后导致一场火灾。

教训：应该适当提高加料时的反应温度，使得每加一点底物就会反应掉，不积聚反应潜热。如果需要优化硝化选择定位而必须采用低温缓慢反应，也要通过点板等色谱方法并参考物料已加入量与产物的比值来判断反应的进行程度，确保所加的少量物料都基本反应完才能继续加，不能盲目将物料全部混在一起齐步升温。

4. 其他反应潜热蓄积而导致的事故案例

在反应或后处理操作过程中，温度过低引起反应潜热积聚是一些研发人员常犯的低级错误，由此引起的冲料、燃烧和爆炸事故非常普遍。

案例 1

某研发小组由于实验室搬迁，处理平时留存下来的 8 个不满瓶的废旧硼烷二甲硫醚溶液。考虑到硼烷已经放置很久，想尝试用冰水加干冰的方法处理，以能提高处理速度。因此，先在水桶中加入冰水，再加入少量干冰，在搅拌情况下缓慢倒入硼烷二甲硫醚溶液，反应有气泡产生，但并不是很剧烈，就这样接着加了一瓶又一瓶，每瓶在 100mL 左右。在倒完第 6 瓶硼烷二甲硫醚溶液后，水桶里突然冒起大量气泡（氢气）并有大量气液混合物溢出，继而发生大爆炸，并起火燃烧。通风橱的柜门被炸碎，内部惨景不堪入目，而且天花板的技术夹层内由于达到爆炸极限而被炸，天花板纷纷脱落。如图 24-12（事故录像截图）和图 24-13（爆炸后通风橱及天花板的情况）所示。

图 24-12　事故录像截图　　　　　图 24-13　爆炸后通风橱及天花板的情况

原因分析：急于求成，违反操作规程，致使通风橱内和技术夹层内的氢气浓度达到爆炸极限而引起爆炸。

教训：强制性的降温掩盖了剧烈反应的本来面目而造成反应潜热的蓄积。不能积累太多的废旧硼烷二甲硫醚溶液等危险试剂，而应在平时就要及时小量分批处理，避免一次性集中处理太多。可用 THF 充分稀释后，非常缓慢地滴加到常温水中进行淬灭，待充分放热后再适当冷却。

不能将太多的硼烷二甲硫醚溶液一起倒入同一个桶中进行处理，需要尽可能地分散并稀释到不同的桶中，并避免用冰水处理。

案例 2

某研发人员做一个铁粉还原反应：

$$\text{1} \quad \xrightarrow[\text{RT}]{\text{Fe/HOAc}} \quad \text{2}$$

在反应瓶中加入 1kg 底物 **1** 和 2.5L HOAc，加入第一批 20g 铁粉时，反应未引发，继续加铁粉，3h 内分批共加入铁粉约 500g，加完这批铁粉后，反应仍然没有温度变化，考虑到可能存在反应潜热的蓄积，所以没有再进一步加入铁粉（该反应共需要 1500g 铁粉）。继续搅拌 2h 后反应开始放热，虽然已用冰水与干冰冷却，但为时已晚，仍发生喷料爆炸（图 24-14）。

图 24-14　喷料爆炸后的情景

原因分析：反应没有引发就大量投料，导致反应潜热蓄积，反应一旦引发将一发不可收拾，冲料燃烧或爆炸就是其结局。

教训：铁粉乙酸还原反应应确保引发，且待反应平稳后，才可以继续补加铁粉，边加边搅拌，并将生成的反应热通过冷浴导除。之后也可以分批投料，减少反应潜热的积聚。

第二节　量热仪在过程安全中的应用

火灾和爆炸是有机合成研发实践中最常见、最具危害性的事故类型，其具有危险性的物质评价的着眼点主要看可能发生事故的各项相关物质的能量性能。大多数化学反应都是放热的，存在潜在的热失控风险。当反应释放出来的热量不能被及时移除时，会导致反应体系温度升高，进而加快反应速率，释放出更多的能量，最终导致反应失控，引起火灾或者爆炸。因此，我们必须对反应过程中涉及的原料、中间体、产物以及反应过程等进行热量的定性预测和定量分析，从而评估工艺是否安全，并对工艺中的热风险进行预防和防护。所含化学潜能在反应中一旦失去控制，就成了导致事故的危险性能量，其危险性大小（危险度）可以通过释放的容易性、释放的速度（剧烈性）和释放的多少来描述。其中容易性反映了能量意外释放事故发生的概率，而剧烈性和能量多少（单位质量的能量和数量的乘积）反映了事故的严重程度。由此可以按关系式来定量估算危险性：

危险度=事故概率×事故严重度

其中，评估化学反应过程（后处理虽然以物理过程为主，其实大多也伴随着化学过程）的危险性，测定各相关物质的能量是其核心内容。因为化学反应过程始终贯穿着热的变化，化学反应的危险性绝大多数取决于反应中的热的变化，冲料、燃烧或爆炸是反应温度突然、快速、极端变化的结果，所以，绝大多数化学燃烧爆炸事故其实是"热"在从中作祟。"热"虽然是多数化学反应的正能量和主导因素，但也是多数化学反应事故的实质性元凶。测量反应过程中热的变化，以及对起始物料、中间体、单元过程等进行热的测量，是定性预测和定量判断反应过程是否安全的重要手段。

目前，在市场上有多种量热仪可供选择。常用的量热仪有差示扫描量热仪（DSC）、微量量热仪（C80）、反应量热仪（RC1）和加速量热仪（accelerating rate calorimeter，ARC）等，如图 24-15 所示。

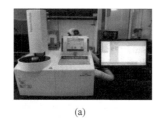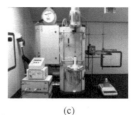

(a)　　　　　　　　　(b)　　　　　　　　　(c)　　　　　　(d)

图 24-15　常用的量热仪

(a)差示扫描量热仪；(b)C80 微量量热仪；(c)反应量热仪；(d)加速量热仪

一、差示扫描量热仪

（一）基本概念

在过程安全领域，差示扫描量热仪（differential scanning calorimetry，DSC）为最常用的

筛选量热仪。其优势在于测试的样品量小，实验时间短，又可以获得定量数据。即使测试高能材料，其也可以保证实验过程的安全。

1. 测量原理

DSC 的测量原理是：同时对参比坩埚和样品坩埚进行加热，记录两坩埚之间的温度差，并以温度差与时间或者温度差与温度的关系作图。

2. 实用意义

DSC 的应用十分广泛，过程安全科学家可以根据 DSC 测试，评估被测样品的危险程度以及安全温度。DSC 作为热筛选量热仪，可以得到表征反应性化学物质危险性的各种参量，如表征化学反应发生难易程度的起始温度（T_{onset}）、单位质量反应性化学物质的放热焓等。

（二）在过程安全中的应用

作为热筛选量热仪，DSC 非常适合测定分解热。样品加热到 400℃，大多数有机化合物都可能会发生分解，根据 DSC 热谱图中的分解焓可估算出样品分解的绝热温升，进而评估反应失控的严重程度。这类热稳定性筛选实验对于未知化合物的潜在风险的分析特别有用。但是 DSC 没有压力传感器，因此无法获得压力数据。

1. DSC 测试方法

（1）被测物可以是原料（固态或液态）或反应混合液（均相溶液），但是 DSC 测试不太适合非均相溶液。

（2）针对某个反应的安全评估，一般会测试反应前原料、反应前混合液、反应后混合液、淬灭液、浓缩液、产品湿品、纯品等。如果该反应还有一些特殊危险环节，也必须取样测试。

（3）样品量：5～10mg，放置于耐压密闭坩埚中。

（4）测试温度范围为–30～400℃，一般升温速率设定为 1～10℃/min。

2. DSC 数据分析

（1）放热焓＜100J/g，安全。

（2）100J/g≤放热焓＜400J/g，中等风险。

（3）400J/g≤放热焓≤800J/g，高等风险。

（4）放热焓＞800J/g，潜在爆炸性。

（5）T_{onset}：放热曲线偏离基线时的初始温度。

（6）T_{safe}：根据经验法则，T_{safe}（安全温度）＝$T_{left\ limit}$－100℃。

3. DSC 曲线举例

图 24-16 为 DSC 典型实验图谱。由图可知：①放热焓＝801J/g，数值大于 800J/g，具有潜在爆炸性；②T_{safe}：T_{safe}（安全温度）＝135℃－100℃＝35℃，说明被测样品在 35℃以下

是安全的。

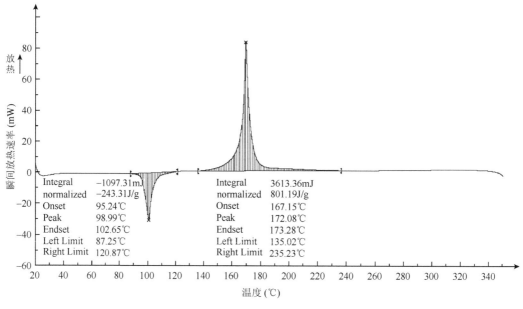

图 24-16　DSC 典型实验图谱

4. 其他注意事项

(1)用于安全评估的 DSC 坩埚必须是耐压密闭坩埚。因为蒸发吸热会掩盖放热效应。

(2)DSC 作为热筛选量热仪，应重点关注放热焓，表征释放热量的严重程度。而不是起始温度(T_{onset})，因为起始温度和化学物质的称样量、仪器的灵敏度等都有关系。

二、C80 微量量热仪

（一）基本概念

C80 微量量热仪是 Calvet 式量热仪，与 DSC 的测量原理相似，是目前功能最强大的微量热设备。

C80 采用三维量热(热电偶环绕在样品周围)来进行测量，具有高灵敏度，适用于几乎所有的量热研究，特别是在生命科学及医药研究、过程安全、能源和食品领域。在过程安全方面，主要包括压力骤变的风险评估、化学合成及之后的热分解反应、物质热稳定性的研究、正常工艺流程的危险评估、事故风险评估和工艺放大的危险评估。

凭借强大的传感器及可选择的各种样品池，C80 可以模拟几乎任意反应过程的条件。例如，恒温量热：实现恒温条件下的热测量；扫描量热：实现程序控温条件下的热测量；反应量热：混合样品池可模拟反应条件，包括液/液、固/液及气体反应等；比热容(C_p)测定：液体、固体和粉体均可测量比热容。

通过 C80 热稳定性实验，可以得到更精确的表征反应性化学物质危险性的各种参量，如表征化学反应发生难易程度的起始温度(T_{onset})、单位质量反应性化学物质的放热焓以及压力信息等。

（二）在过程安全中的应用

1. C80 测试方法

(1)被测物可以是原料(固态或液态)或反应混合液(溶液或固液混合)。

(2)测试通过 DSC 热筛选出的具有潜在风险的样品。

(3)样品量约 1g，放置于相应的样品池中。

(4)测试温度范围为 30～300℃，升温速率为 0.1～2℃/min。

2. C80 数据分析

(1)放热焓<100J/g，安全。

(2)100J/g≤放热焓<400J/g，中等风险。

(3)400J/g≤放热焓≤800J/g，高等风险。

(4)放热焓>800J/g，潜在爆炸性。

(5)T_{onset}：放热曲线偏离基线时的初始温度。

(6)T_{safe}：根据经验法则，T_{safe}(安全温度)=$T_{left\ limit}$-30℃。

(7)测试过程中压力的变化。

三、全自动反应量热仪

（一）基本概念

RC1 反应量热器(reaction calorimeter)是一个自动化实验室合成反应器，是工厂中半间歇反应釜的真实模型。RC1 既是自动化实验室合成反应器，又是热平衡的反应量热器，因此，它是过程开发包括放大过程的理想工具。

在实验室阶段，RC1 反应量热器可提供实际条件下间歇反应的可重复结果，这样可以大大减轻中试工厂的压力。一切重要的过程变量都被测量和控制，如温度、压力、加料操作、混合、反应的热能、热传递数据等。通过 RC1 反应量热测试，从公升规模获得的结果可以放大至工厂生产条件，或反过来，工厂中的生产过程能缩小到升的规模，从而容易地得以研究和最优化。

1. RC1 的系统构成

(1)自动恒温和控制系统。

(2)温度控制的反应釜，标准反应釜体积为 0.1～2.0L，压力范围从真空至 350bar，另外有特殊反应釜备选。

(3)速度可变的搅拌器，可测量半定量的扭力矩。

(4)全面的安全监测系统。

(5)个人计算机(PC)。

2. RC1 的操作模块

由于应用于间歇式反应，一个实验可包括大量的操作，各个操作模块可由 RC1 按预设程序自动化运行。而对仪器和过程参数的连续监测可保证仪器的安全运行。操作模块主要包括加热和冷却，搅拌和混合，加入反应物，测量和控制过程参数［如压力(加压或真空)、pH、浊度等］，蒸馏和回流。

（二）在过程安全中的应用

1. RC1 应用中常见的反应类型

对于具有潜在危险的反应，需要进行 RC1 测试，如氧化反应、硝化反应、重氮化反应、叠氮化反应、自由基反应和剧烈放热放气的反应。

2. RC1 数据分析(一般使用控制反应温度的 T_r 模式)

(1)绝热温升 $\Delta T = \Delta H/C_p$。

①最大绝热温升(maximum adabatic temperature，MAT)

MAT≤50℃，无压力产生：安全；MAT>50℃：存在风险。

②最大合成反应温度(maximum temperature of synthesis reaction，MTSR)

最大反应温度=实际操作温度+最大绝热温升(MTSR=T_r+MAT)；

MTSR<T_{safe}：安全(T_{safe} 由 DSC 或 C80 测得)，不会触发反应分解。

(2)放热速率(maximum heat generation rate，Q_r)。

Q_r<50W/kg：安全。

(3)单位质量放热量 ΔH。

ΔH≤100kJ/kg：安全；ΔH>100kJ/kg：存在风险。

(4)加料完毕后的热转换率(fraction of heat released，FHR)

FHR>90%：加料控制的反应。

表 24-1 所示为 RC1 数据与过程安全。

表 24-1　RC1 数据与过程安全

参数	安全条件
Q_r	<50W/kg
ΔH	<100kJ/kg
MAT	<50℃
MTSR	<T_{safe}
FHR	>90%

四、加速量热仪

加速量热仪(accelerating rate calorimeter，ARC)是一种绝热量热仪，用于模拟绝热条件下的反应失控情形。

五、特别注意点

各种量热仪器测得的数据只能做参考，因为这些数据来源和采样都是受局限的，不能代表一切，不一定能反映整个反应动态过程的真实情形。有些反应发生爆炸的原因是非常复杂的，是导致事故发生的内在原因、多种客观因素以及它们相互间可能的各种逻辑对应关系、轨迹交合和逻辑发展的结果，并非由孤立单一的热效应因素引起，而是综合性的，与规模大小、环境因素、热交换方式、操作方式、人为因素等很多叠加因素密切相关。有些反应的爆炸危险性并非简单地来自原料、反应过程或产物，而是来源于其他方面，或由于多因素叠加、交汇而出现。例如，一起案例的反应式(详见本篇第二十六章第二十一节的事故案例)如下：

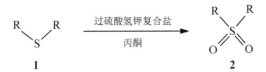

虽然该反应在进行公斤级放大之前做过 **1** 和 **2**(反应底物和产物)的 DSC 分析，反应底物和产物的 DSC 数据很好，并以此数据做出了很好的安全评估。但对于这样一个危险反应，除了测试原料和产物外，还必须要对反应前混合液、反应后混合液、淬灭液、浓缩液等做全面的测试。测试项目不全面，分析结果就片面，安全评估就有误。

该反应在后处理时发生强烈爆炸，实际原因是过硫酸氢钾复合盐(oxone)与丙酮在某种条件下发生了反应，形成了未预计到的过氧化物，最后在后处理的操作中发生事故。

然而，该反应及后处理也不是每次都发生爆炸，已经进行的多批反应中仅有一次发生了爆炸。类似的案例很多，需要客观全面分析和评估反应的安全性，不能单凭量热仪器测得的某些数据来进行整个项目的安全评价。

第三节　安全热容量和反应热传导

有机合成反应的反应底物大多需要溶解在有机溶剂中，反应在液相中进行。使用液态反应体系的目的和意义有以下几方面：

(1)反应底物均匀分散在液态体系中，能增加反应底物之间的相互有效碰撞，加快反应速率。

(2)液态反应体系充当反应热的存储库，即热容库。广义热容库是指暂时吸收容纳反应热的系统。

(3)作为传热介质将反应体系外的温浴热量传导进来，以及将吸收的反应热通过体系外的冷浴温差从反应体系中传导出去，以维持一个理想的反应温度环境，保证反应速率的平稳性。

其中，有机溶剂作为热容库和传热介质体系在安全考量上有着极其重要的意义。作为热容库的有机溶剂，如果在品种选择上不当或数量不够，就会引起反应热不能被安全、及时、有效地吸储，从而导致冲料，甚至爆炸燃烧。

还有重要的一面，当反应热大于有机溶剂的安全热容量(其定义见本页下半页)时，特别是放大到公斤级以及车间生产，如何将反应过程中大于有机溶剂热容量的部分及时导除，需要涉及热交换的换算，而热交换的换算又涉及设施的形状、材质、交换面积、冷媒品种及不同阶段的温度、搅拌方式和速度等。

热容(heat capacity)是用以衡量物质所包含的热量的物理量，GB 3102.4—1993 的标准定义是："当一系统由于加给一微小的热量 δQ 而温度升高 dT 时，$\delta Q/dT$ 这个量即是该系统的热容。"通常用符号 C 表示，单位是 J/K($\mathrm{J\cdot K^{-1}}$)或 J/℃($\mathrm{J\cdot ℃^{-1}}$)。或者说，热容是一定量的物质在一定条件下温度升高 1℃所需要的热，其公式为

$$C = \lim_{\Delta T \to 0} \frac{Q}{\Delta T} = \frac{\delta Q}{dT}$$

比热容(specific heat capacity)又称比热容量或比热(specific heat)，是单位质量的某种物质在温度升高时吸收的热量与它的质量和升高温度的乘积之比。比热容是表示物质热性质的物理量，与物质的状态和物质的种类有关，通常以符号 c 表示，常用单位为 $\mathrm{J/(kg\cdot ℃)}$、$\mathrm{J/(g\cdot ℃)}$、$\mathrm{kJ/(kg\cdot ℃)}$、$\mathrm{cal/(kg\cdot ℃)}$、$\mathrm{kcal/(kg\cdot ℃)}$等，其中℃也可用 K 表示。一些常用有机溶剂的比热容[$\mathrm{kcal/(kg\cdot ℃)}$]的大体值(300K、定压和定容的情况下)如下：甲苯 0.41、乙醚 0.43、乙酸乙酯 0.46、四氢呋喃 0.47、乙酸 0.48、二异丙醚 0.53、石油醚 0.53、丙酮 0.53、乙醇 0.58，甲醇 0.60，水 1.00。

这里要新定义一个名词：安全热容量。安全热容量是指某反应体系(反应底物、催化剂及溶剂的总和)在特定条件(如定压)下，达到沸点(或体系爆炸温度临界值、体系燃烧温度临界值)前的反应热的安全容纳量，也即反应总体系安全吸储反应热的最大能力。虽然在反应热大于安全热容量的情况下，可以通过回流冷却来移去反应热与安全热容量的差值，但是考量安全热容量仍然是保证本质安全的有效措施，而且是非常重要的。

用安全热容量进行反应的设计，特别是在有机溶剂选择上突显其重要意义。一般来说，反应过程中的安全热容量主要取决于所选择有机溶剂的比热容、沸点的高低和用量。比热容、沸点和用量称为决定安全热容量的三要素。对于一个反应来说，反应体系中反应溶剂沸点的高低对安全热容量起的作用最大，其次为溶剂的用量(有时为主要素)，最后才是溶剂的比热容。

(1)对于放热明显的反应，在相似相溶原则的基础上，尽量选择比热容高的有机溶剂，以便能最大量地安全吸储反应热。

(2)对于放热很明显的反应，应该选择沸点高的有机溶剂，这样更能大大提高安全热容量，以最大量地吸储反应热。例如，甲苯的比热容为 0.41，乙醚的比热容为 0.43，在使用等量溶剂的情况下，乙醚的比热容仅比甲苯高出约 5%，但是由于甲苯的沸点比乙醚高出很多，有效安全热容量就相应高出很多倍。如果某反应可以用乙醚做溶剂，也可以用甲苯做溶剂，而且反应热较大，那就要果断选用甲苯。在常用的已知有机溶剂中，乙醚的容热能力是最小的，所以一般不要考虑使用乙醚，在乙醚的使用管理上要加以严格限制。

(3)对于放热比较明显的反应，有机溶剂的使用量一般是反应底物质量的 10~20 倍，

对反应热大、放热很明显的反应，甚至要增加到 50～100 倍，以大比例有机溶剂来增加安全热容量。但要注意一些忌水的反应。过大比例的溶剂，即使是绝对无水溶剂，仍有微量水分存在，溶剂量过大，水分也会随之增多，活性反应试剂可能会由于溶剂量太大而被由此增加的水分淬灭掉，影响反应质量，导致收率和产物纯度降低。

根据经验，在 30g 以下的小规模反应中，以上因素可以只进行定性考虑，如果是超过 30g，达到百克、甚至公斤级以上的反应，需要做综合考量，最好通过量热器做热效应的定量分析来考量有机溶剂的安全热容量，这样才能有效降低风险。

另外很重要的一点是，当反应热超过有机溶剂或整个反应体系的安全热容量时，可以提早通过反应热的及时导除来有效降低风险。对实验室小规模，可考虑反应环境体系内外的温差(冷浴的温度)、搅拌速度等。如果是公斤级或车间的放大反应，一定要做热交换定量计算，包括热交换面积、热交换面的材质与厚度、冷媒的温度与交换量等的分析，只有这样才能及时导除多余的反应热，使反应能安全平稳进行。

案例 1

某研发人员做如下反应：

向一个溶有 4mol 底物的 3L 乙醚溶液(在 5L 三口瓶)中，滴加三氯氧磷、铜锌合剂和三氯乙酰氯的乙醚混合液，滴加了全量的 1/4 后发生冲料，因此停止滴加。当反应液自然冷却至室温后，继续滴加，反应液温度又有所升高，接着又一次发生冲料，所以又停止滴加，再降温，进行室温搅拌。之后继续将剩余物料加完，半小时后再次发生冲料，最后导致起火燃烧，反应彻底失败。

原因分析：所用溶剂乙醚的比热容小、沸点低、用量比例小，导致总体热容小；而反应放热较多，大大超过所用乙醚的安全热容量，稍有升温，便发生冲料。

对策：可采用异丙醚、甲基四氢呋喃或甲基叔丁基醚等比热容高、沸点较高的溶剂，并加大所用无水溶剂量的比例，以增加体系的安全热容量，可避免冲料的发生。

案例 2

如本章第六节案例 3 介绍的用乙醚做溶剂的如下反应：

在一个 5L 的三口瓶中，氮气保护下用甲苯制备 200g 钠沙后，依次加入 3L 乙醚和 450g TMSCl，然后滴加 500g 氯丙酸乙酯。结果发生冲料和燃烧爆炸，场面很糟，如图 24-17 所示。

原因分析：由多方面原因引起，从安全热容量的角度分析，此反应选择乙醚做溶剂是不恰当的。一是因为乙醚的比热容小；二是因为乙醚的沸点太低；三是乙醚的用量太少。三个原因综合分析可知，反应体系的安全热容量过小。另外，还有产气反应密闭、反应瓶留有的安全有效空间太小、操作不当等直接因素。

图 24-17　冲料和燃烧爆炸后的场面

其他研发人员也做过这个反应，不过是选用比热容高、沸点高的异丙醚或甲基叔丁基醚代替乙醚，反应过程既安全又便于操作，结果也令人满意。

在有机合成设计上，用乙醚做溶剂是最不符合热容安全要求的，特别是进行格氏试剂的制备，放热明显、量大而且集中，所以非常容易引起冲料、燃烧或爆炸。大多数格氏试剂的制备和格氏反应只能小试而很难用于规模化工业生产的道理就在于此。除非迫不得已的个别情况下使用乙醚（例如，制备重氮甲烷时需使用乙醚，因为重氮甲烷需要在常压下以较低的温度蒸出，否则，稍微受热，或未经稀释的重氮甲烷气体接触粗糙的物品表面即能引起爆炸），一般不要考虑使用。使用乙醚的问题很多，除了热容安全性能很低而易冲料外，还有易产生静电、易被氧化成过氧化物等缺陷，所以尽量不要用乙醚，而考虑使用2-甲基四氢呋喃等热容性能高的合适溶剂。

分析了一些密闭爆炸反应案例后发现，如果能预先将反应液用溶剂适当稀释，反应热就能被吸储，反应液的温度就不会急剧上升，也就不会发生爆炸以及底物或产物在高温下碳化。

第四节　爆炸性聚合反应

由低分子单体合成聚合物的反应称为聚合反应。人类生活已经离不开聚合反应，生物体内的各种大分子都是通过聚合反应形成的；广泛使用的聚乙烯、聚丙烯酸酯类、丁苯橡胶、ABS 树脂等成千上万种的聚合物以及它们的延伸产品都是通过各自单体的控制性聚合反应生产出来的。当今，通过聚合反应生产的商品已经在人类生活、生产中发挥了越来越重要的作用。

然而，聚合反应也有不好的一面，在化学实验室的正常反应期间，由于意外、未能预先控制的聚合反应引发的爆炸事故时常发生。

聚合反应的反应热一般都较大，多数为 100～150kJ/mol，有些则更高，其最高温度 T_e 一般为 200～300℃，但当聚合反应的反应热超过 160kJ/mol（或 800J/g）时，体系的最高温度 T_e 就可能超过 350℃，甚至更高，特别是在浓度很高或无溶剂的情况下，此时的反应物、产物或溶剂在高温下分解碳化的同时，常常还会伴随爆炸。聚合爆炸后的一个重要特征是，相关物质在高温下被分解并碳化的残留物一般都呈现深色，多数是焦黑色的，既不溶于极性溶剂，也不溶于非极性的有机溶剂。

聚合爆炸是聚合瞬间产生的高热导致的分解爆炸，这与下一节的爆炸性分解反应（气体分解爆炸、液体分解爆炸和固体分解爆炸）是有本质区别的。有机化合物在聚合副反应的剧烈放热过程中，如在隔绝空气、T_c 超过 380℃ 的条件下，又可能进行热分解，生成碳和其他产物，这个过程称为碳化(也称炭化)。碳化是有机化合物的热解过程，包括热分解反应和热缩聚反应。在高温隔绝空气的情况下，有机化合物中由碳、氢、氧、氮、硫等元素组成的架构被分解，碳氢键、碳氧键、碳氮键、碳碳键等分能级被打断，碳原子不断环化、芳构化，成为富碳甚至纯碳物质，如缩合苯环平面状物质、三维网状结构的碳化物。一般说来，大多数有机化合物在＞380℃ 的密闭缺氧的条件下都能碳化，生成芳环缩合体游离碳等黑色物质。

据统计，在化学工业界，由于反应热失控引起的爆炸，在包括聚合、硝化、磺化、水解、成盐、卤化、烷基化、胺化、重氮化、氧化等十多个单元反应中，聚合反应约占失控爆炸等事故总数的 48%，由此可见做好聚合反应的热管控是极其重要的。

一、聚合反应的类型

(一) 按反应机理进行分类

1. 连锁聚合反应

连锁聚合反应(chain polymerization)也称链式反应,有直链式反应和支链式反应两种,两种反应都需要活性中心。反应中一旦形成单体活性中心，就能很快传递下去，瞬间形成高分子。平均每个大分子的生成时间很短(零点几秒到几秒)，同时放出大量的热。连锁聚合反应的特征包括以下几方面：

(1)聚合过程由链引发、链增长和链终止三步基元反应组成，各步的反应速率和活化能差别很大。

(2)反应体系中只存在单体、聚合物和微量引发剂(或引发因素)，也可能包括溶剂。

(3)链式反应一旦启动将很难抑制，如果反应热过大，瞬间即可发生爆炸。

(4)根据活性中心不同(取代基的电子效应和位阻效应)，连锁聚合反应又分为自由基聚合(活性中心为自由基)、阳离子聚合(活性中心为阳离子)、阴离子聚合(活性中心为阴离子)和配位离子聚合(活性中心为配位离子)。

现代的高分子合成以自由基聚合最为常见，因为只要存在未成对电子(孤对电子)，都可通过热分解、引发剂、光、氧化还原反应、高能粒子辐射等作用而形成自由基。而化学实验室内发生的聚合爆炸事故多以离子聚合为主。

2. 逐步聚合反应

在低分子转变成聚合物的过程中反应是逐步进行的，称为逐步聚合反应(step polymerization)。其特征包括以下几方面：

(1)反应早期，单体很快转变成二聚体、三聚体、四聚体等中间产物，之后，反应在这些低聚体之间进行。

(2)聚合体系由单体和分子量递增的中间产物所组成。

(3)大部分的缩聚反应(反应中有低分子副产物生成)都属于逐步聚合反应。

(4)单体通常是含有官能团的化合物。

以上两种聚合机理的区别主要反映在平均每一个分子链增长所需的时间上。逐步聚合反应的危险性比连锁聚合反应相对小很多，是因为逐步聚合的反应时间较长，所产生的反应热能得以及时泄除，不大量蓄积。

（二）按单体和聚合物在组成和结构上发生的变化进行分类

1. 加聚反应

单体加成而聚合起来的反应称为加聚反应(addition polymerization)，反应产物称为加聚物。其特征是：①加聚反应往往是烯类单体键加成的自由基链式聚合反应，属于连锁聚合机理。无官能团的结构特征，多数碳链加聚物的元素组成与其单体相同，仅电子结构有所改变；②加聚物的分子量是单体分子量的整数倍；③这是一类危险性大的聚合反应，当加聚反应的反应热超过 1000J/g 时，容易引起爆炸。

2. 缩聚反应

缩聚反应(condensation polymerization)是缩合反应多次重复形成聚合物的过程，兼有缩合出低分子和聚合成高分子的双重含义。反应产物称为缩聚物。其特征包括以下几方面：

(1)缩聚反应通常是官能团间的聚合反应。

(2)反应中有低分子副产物产生，如水、醇、胺等。

(3)缩聚物中往往留有官能团的结构特征，如—OCO—、—NHCO—等，因此大部分缩聚物都是杂链聚合物。

(4)缩聚物的结构单元比其单体少若干原子，因此分子量不再是单体分子量的整数倍。

(5)这类聚合反应的反应热一般不是很大，为 100~600J/g，爆炸危险性相对较小。

二、能发生爆炸性聚合反应的有机化合物类型

以下仅列出可能具有爆炸危险性的聚合反应的化合物(爆聚单体)类型。

爆聚单体主要是不饱和程度较高的化合物，主要分为以下三类：

(1)含有不饱和键，大部分是碳碳双键，也可能是两个不同原子的双键或叁键，如氮氧双键、碳碳叁键、碳氮叁键等。

1, 3-丁二炔在高于 35℃时很有可能发生爆炸性聚合反应：

$$\equiv\!\!\equiv\!\!\equiv\!\!\equiv \xrightarrow{\;>35℃\;} HC\equiv C\!\!\left[\!\!\begin{array}{c}C=C-C\equiv C\\ H\ \ H\end{array}\!\!\right]_n\!\!C\equiv CH + 聚合反应热$$

有丙烯酸酯类参与的反应，如在密闭，或高压、高浓度、较高温度、有引发因素等情况下进行，很容易引起爆炸性聚合反应：

$$HC\!=\!CH\!-\!CO_2R' \longrightarrow \left[\!\!\begin{array}{cc}R & CO_2R'\\ | & |\\ CH & -CH\end{array}\!\!\right]_n + 聚合反应热$$

即使像氢氰酸这种不饱和的简单分子，在碱、高温、光线等条件下也会发生自聚反应，

放出大量热能而猛烈爆炸。

（2）一种单体分子上含有两个或多个有特殊功能的原子团。例如，对硝基苯胺和浓 H_2SO_4 混合加热，可能发生瞬间脱水的爆炸性聚合反应：

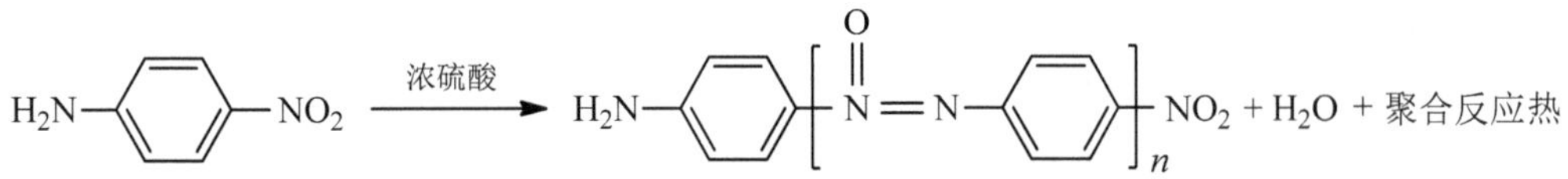

（3）单体是不同原子组成的环状分子，如碳氧环、氧硫环、碳氮环等。这些单体在某种条件下可以互相连接形成高聚物，同时放热。

例如，具有环氧基的碳氧环分子，由于三元环的高度张力，存在很强的反应性，很有可能发生开环聚合，甚至爆炸：

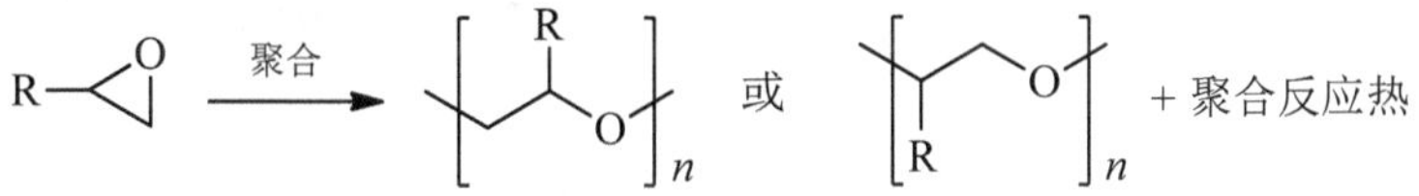

根据反应条件的不同，碳氧环分子的开环聚合有以下几种聚合类型：

①阴离子开环聚合。

环氧化物的阴离子开环聚合可以用氢氧化物、醇盐、金属氧化物、金属有机化合物或其他阴离子活性物来引发反应。在阴离子开环聚合中，任何有活泼氢的化合物（如水、醇）均可作为起始剂。

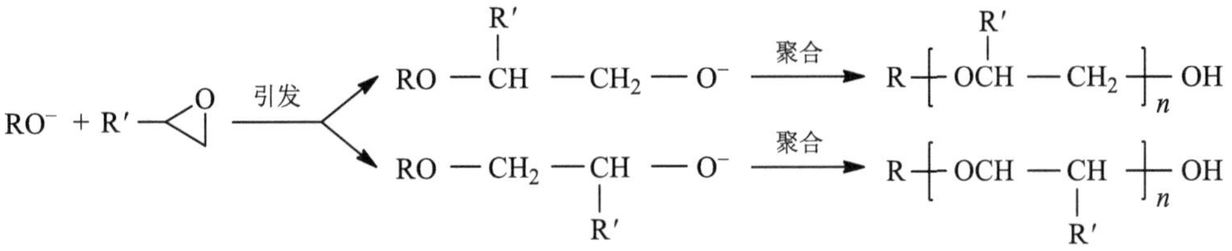

②阳离子开环聚合。

在环氧化物的阳离子开环聚合反应中，增长反应是通过叔氧离子增长物种来进行的。

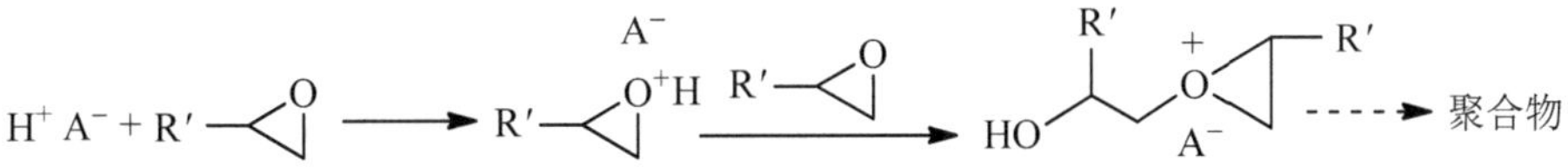

其催化剂（引发）体系主要包括质子酸（强质子酸，如浓硫酸、三氟乙酸、氟代磺酸、三氟甲磺酸等）、Lewis 酸（如 BF_3、$SnCl_4$ 等，需要与水或其他质子给体一起作用才能引发环氧化物的聚合）、碳正离子、氧离子（因为叔氧离子是实际引发物种，所以预先制得的叔氧离子也可用于引发聚合）。

除上述两种开环聚合类型外，还发现众多的配位开环聚合。

三、聚合反应引起的事故

聚合反应的危险性需要引起特别重视。聚合开始后，产生的热量又会引起聚合的连锁反应，从而加速聚合反应的进行，同时放出更多热能。特别是那些剧烈的聚合反应，随着反应温度急剧上升，反应速率也急剧加快，连锁聚合反应的速率失控，瞬时高速完成，从而引起冲料甚至剧烈的爆炸。

案例 1

在不锈钢聚四氟闷罐内进行下面的迈克尔加成反应，油浴温度达 140℃，该温度稳定大约三小时后发生闷罐爆炸，通风橱内部分装置损坏，见图 24-18，所幸无人员伤亡。

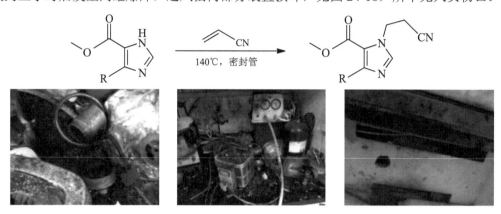

图 24-18　闷罐爆炸后的场面

原因：丙烯腈在不加阻聚剂的情况下，遇到加热、碱金属或是暴露于紫外光中时，可能会发生十分剧烈的聚合反应，温度过高，继而被分解发生爆炸，生成黑色碳化物等产物。

案例 2

某研发人员将 1000g 化合物 1 溶于 10L 甲醇中，在 0℃分批加入 230g 氢氧化钠（1：1.5 当量），然后升至室温反应，TLC 检测反应完全时，转移到 20L 的旋蒸瓶中，减压浓缩大部分甲醇，调节水浴温度为 40℃。然后向瓶中加入 8L 水，用乙酸乙酯提取、干燥、浓缩，得到黄色固体产物 2，产率为 96.6%。反应式如下：

该反应在同等条件和同样操作程序下已经安全顺利做过多个批次，但在快结束的一个批次中，当减压浓缩到约一半反应液时，发生强烈爆炸。最终将临近的落地通风橱门和对面的两个落地通风橱门的玻璃炸碎，见图 24-19，爆炸残留物为焦黑体。

图 24-19　爆炸后的场面

原因分析：环氧乙基发生阴离子开环聚合，放热爆炸。另外，硝基也可能遇热爆炸，加大爆炸动力。

案例 3

某研发人员按照文献进行下面的反应（**A** ── **B**）：

在 0℃下，将硫氰化钾（50g）分批加入化合物 **A**（100g）的无水乙醇（1L）溶液中。在此温度下，反应混合液搅拌 3h，有沉淀生成。过滤分离固体沉淀，并用冷水洗涤。将收集到的固体溶解于二氯甲烷（1L）中，用无水硫酸钠干燥，然后真空浓缩得到化合物 **B**（70g，产率：62.7%）。

当事人用二氯甲烷（DCM）提取反应后的产物，在旋蒸结束时，本应该是浅黄色的固体（此前已经顺利做过几批），这次从旋蒸仪上取下时，颜色很快由浅变深，突然发生爆炸，如图 24-20 所示。

图 24-20　爆炸后的场面

原因分析：可能是由 EtO⁻作为引发剂而进行的阴离子聚合引起的。掉落地上的残留物呈现深褐色，既不溶于水，也不溶于有机溶剂，经元素分析，与推测的聚合体 C（见上式）比较吻合。残留物颜色加深，可能与聚合物的共轭双键发色基团有关。元素分析得碳含量偏高，可能部分被碳化。

案例 4

用 1,4-丁炔二醇和氯化亚砜在吡啶存在下制备 4-氯丁炔-1-醇，反应式如下：

$$\text{HOH}_2\text{C}-\text{C}\equiv\text{C}-\text{CH}_2\text{OH} \xrightarrow[\text{Py/PhH}]{\text{SOCl}_2} \text{HOH}_2\text{C}-\text{C}\equiv\text{C}-\text{CH}_2\text{Cl}$$

反应完成后用乙醚萃取。经水洗干燥后在常压下蒸去乙醚和苯，剩下的产物粗品约 500mL，然后用水泵减压蒸馏。加热至 110～120℃，20mmHg 真空下，当蒸出 150mL 产品时，内温急剧上升失去控制，随即发生爆炸，见图 24-21。

图 24-21　爆炸后的场面

该反应此前曾重复做过多次，因反应量较小，未曾发生事故。

原因分析：含炔基官能团的化合物在加热条件下，若有某些杂质存在会发生聚合反应，并放出大量的热，导致温度失控发生爆炸。图 24-23 中，由喷溅到通风橱内壁的黑色残留物可知，这是由聚合放热引起的热分解爆炸，生成了碳化物等产物。

四、聚合反应中爆炸事故的预防

（一）分析原料、中间态及产物的结构组成

在设计反应路线或反应开始前，要根据能发生聚合反应的分子结构类型和影响因素来认真分析参与反应的各种原材料的分子结构和操作程序，以判断是否有可能发生聚合爆炸，如果是中试或大量投料，预先要做热稳定性（热熔）测试。如果得到高危险性的分析结果，就要设法优化操作程序，或重新设计合成路线，改用安全可靠的原料和方法。

（二）降低加料速度

通过实时监测（TLC 等）或观察温度变化，确认每加一点反应底物都基本反应完时，才能继续加入。

（三）用合适溶剂进行稀释

采用比热容大的溶剂，并稀释反应液，以吸收反应热，降低聚合的可能性，降低反应体系的最高温度（T_c），避免爆炸事故的发生。

（四）采用非刚性密闭式容器

采用开放式的反应容器，如需要避潮（水）避氧，可用广口惰性气流工艺（即使这样，对于瞬间放出大量热的爆炸式聚合反应，仍然无济于事）。

（五）适当降低温度

高温常常是聚合反应的诱因，反应热如不及时导出，积蓄到一定温度，就可能触发和启动聚合反应（副反应）而削弱主反应。

（六）添加阻聚剂

添加阻聚剂适宜于自由基聚合反应。能使烯类单体的自由基聚合反应完全终止的物质称为阻聚剂。阻聚剂又称抑制剂、延缓剂，是为防止易聚合单体在提纯精制、合成反应、存储运输过程中发生聚合反应，而必须加入的能迅速与自由基作用使聚合反应终止的物质。为了控制反应中的爆聚倾向，加入合适阻聚剂，可使链终止，防止爆炸。

阻聚剂的种类很多，按分子结构分为自由基型阻聚剂和分子型阻聚剂，其中以自由基型阻聚剂应用最为广泛。

1. 自由基型阻聚剂

自由基型阻聚剂，尤其是含氮和含氮氧的稳定自由基，阻聚效果较好，如 1,1-二苯

基-2-三硝基苯肼(DPPH)和 2, 2, 6, 6-四甲基哌啶氮氧自由基(TEMPO)等。虽然它们本身也是自由基，但由于它们很稳定，不能引发单体聚合，只能有效地与链自由基结合，因此链自由基消失。DPPH 的稳定性主要来自 3 个苯环的共振稳定作用及空间障碍，使夹在中间的氮原子上的不成对电子不能发挥其应有的电子成对作用。作为一种稳定的自由基，DPPH 可以捕获（"清除"）其他的自由基，见下式：

2. 分子型阻聚剂

分子型阻聚剂有多元酚类、芳胺类、醌类、芳香族亚硝基化合物、芳香族硝基化合物、有机硫、有机磷、有机金属化合物、无机化合物(氯化铁、硫酸铜等)、单质(碘、氧气、铜粉等)。

反应结束后，需要清除阻聚剂。可用物理法，如分馏、置换等，或者采用化学法，向单体中加入能与阻聚剂进行化学反应的物质，使阻聚剂转化为水溶性物质，以便于除去。

第五节　爆炸性分解反应

一、气体分解爆炸

一些反应要用到气体，也有的反应会产生一些气体。这些气体有可能存在分解爆炸的危险性。常见的分解爆炸性气体有乙炔、丙炔、乙烯、丙烯、臭氧、环氧乙烷、四氟乙烯、氮氧化物(一氧化氮、二氧化氮)等。这些气体在某种条件作用下可能被引发分解，分解过程产生高热而引起化学性爆炸，又称为气体分解爆炸。几种气体的分解爆炸反应式如下：

乙炔分解爆炸反应：$C_2H_2 \longrightarrow 2C(固)+H_2$ 　　　　$\Delta H=-226.7kJ/mol$

乙烯分解爆炸反应：$C_2H_4 \longrightarrow C(固)+CH_4$ 　　　　$\Delta H=-127kJ/mol$

环氧乙烷分解爆炸反应：$C_2H_4O \longrightarrow CH_4+CO$ 　　　　$\Delta H=-134.2kJ/mol$

过氧化氢分解爆炸反应：$2H_2O_2 \longrightarrow 2H_2O+O_2$ 　　　　$\Delta H=-54.25kJ/mol$

例如，容器内较高浓度的双氧水遇杂质可能发生分解，导致容器压力升高、温度上升，而系统的温度升高反过来又加速残液内双氧水的分解，如此形成恶性循环，最终引发爆炸。

气体发生分解爆炸的条件包括以下几方面：

(1)气体必须是分解性气体。即气体本身能发生分解，而且分解放热较多。一般说来，分解热在 80kJ/mol 以上的气体就有可能发生分解爆炸。这是由气体的化学组成所决定的，是发生分解爆炸的内因。

(2)要有初始能量。初始能量来源于反应或自身分解产生的高温，各种分解爆炸性气体的初始能量不同。同一种气体的初始能量随压力的升高而降低，初始能量越低，气体发生分解爆炸的危险性越大。

(3)需要一定的压力。每一种分解爆炸性气体都有一个临界压力，低于这个压力，一般不会发生分解爆炸；高于临界压力，压力越高，分解爆炸的危险性越大。

以上的后两个条件是分解爆炸的外因。分解和高温推动压力的升高，高压是爆炸的直接原因。

二、分解气体爆炸

对于有些分解反应、复分解或歧化分解反应中产生的气体，热效应并不是发生爆炸的主因，而是通过气体迅速膨胀、超过容器承受压力而发生的物理性爆炸，也称为分解气体爆炸。

碳酸铵受热分解(干燥物在58℃下就很容易分解，水溶液在70℃时也会分解)放出氨及二氧化碳；碳酸(氢)盐遇酸分解成二氧化碳；Boc酸酐与胺类反应后生成二氧化碳；氢化钠(NaH)的负氢与底物的活性氢结合的同时会生成等摩尔的氢气；硼氢化盐(锂、钠、钾)遇路易斯酸分解成硼烷，继而遇活性氢生成氢气等。如果容器是刚性密闭的，内压会急剧升高，超过容器的极限承受压力就会发生物理性爆炸。这些都是实验室中常见的爆炸事故类型，容易造成人员伤害和经济损失。

而一旦有分解热效应，能量的释放将更加助推爆炸的威力，这被称为物理化学爆炸。

某研发人员将下面的两步反应设计为一锅法(one-pot)来做：

$$
\begin{array}{ccc}
\underset{\textbf{1}}{\text{R'} \underset{\text{R}}{\benzene} \begin{array}{c} \text{NH}_2 \\ \text{NO}_2 \end{array}} & \xrightarrow[\text{Pd/C,MeOH}]{\text{H}_2} & \underset{\textbf{2}}{\text{R'} \underset{\text{R}}{\benzene} \begin{array}{c} \text{NH}_2 \\ \text{NH}_2 \end{array}} \xrightarrow{\text{HCO}_2\text{H}} \underset{\textbf{3}}{\text{R'} \underset{\text{R}}{\benzimidazole} \begin{array}{c} \text{N} \\ \text{N} \\ \text{H} \end{array}}
\end{array}
$$

在氢化瓶中加完所有的物料并密闭，在准备进行搅拌和通氢气时，突然间发生了猛烈爆炸。爆炸威力很大，飞溅的玻璃碎片将放在旁边的钢精锅炸出了许多洞孔，还将所在通风橱、对面通风橱以及窗户的玻璃炸裂或穿孔，如图24-22所示。当事人脸部和手部也受了严重创伤。

图 24-22　通风橱、对面通风橱以及窗户的玻璃炸裂或穿孔

经过分析，原因是：甲酸在钯碳的催化下被分解成氢气和二氧化碳，发生物理性爆炸：

$$\text{HCO}_2\text{H} \longrightarrow \text{CO}_2\uparrow + \text{H}_2\uparrow$$

经查证，甲酸在某些金属催化剂下，或在氧化锌、高锰酸钾的作用下，室温时也可能分解成氢气和二氧化碳。

三、液体分解爆炸

有些液体在某种诱导因素(如高温、酸碱、金属离子、光线等)下，会发生自身分解、歧化分解或与其他化合物发生复分解反应。

(1)DMF 的分解。

$$(CH_3)_2NCHO(DMF) \xrightarrow{350℃} (CH_3)_2NH\uparrow + CO\uparrow (加热自身分解)$$

(2)DMSO 的分解。

$$2CH_3SOCH_3(DMSO) \xrightarrow{>100℃} (CH_3)_2S\uparrow + (CH_3)_2SO_2(加热歧化分解)$$

DMSO 发生歧化反应产生的二甲砜还可能在自身分解热能的助威下进一步分解，引起密闭体系的猛烈爆炸。

另外，DMSO 遇热以及在自身分解热能的推动下还可能发生以下一系列复杂分解反应而爆炸：

$$CH_3SOCH_3 \longrightarrow CH_3SH + HCHO \longrightarrow (HCHO)_x$$

$$2CH_3SH + HCHO \longrightarrow (H_3CS)_2CH_2 + H_2O$$

$$2CH_3SH + CH_3SOCH_3 \longrightarrow H_3CSSCH_3 + H_3CSCH_3 + H_2O$$

(3)乙酸钠盐的分解。

$$CH_3COOH + 4NaOH \longrightarrow 2CH_4\uparrow + 2Na_2CO_3(加热复分解)$$

分解、复分解或歧化分解反应的危险性在合成反应中很容易被忽视，这些反应如果是在刚性密闭容器内发生，很可能会导致爆炸事故。

案例 1

将 5g 底物、80mL 硝基甲烷(既为反应底物，又为反应溶剂)和 4mL 三乙胺加入 100mL 不锈钢聚四氟闷罐中，搅匀后放入油浴锅内，逐渐加热到 110℃，并稳定在该温度，大约 12h 后，闷罐发生爆炸，钢体底部以及下部垫片变形；闷罐的不锈钢外盖被炸飞，内胆破碎；玻璃油浴锅完全破碎；通风橱四壁都是变黑的残物。

原因分析：硝基甲烷热分解爆炸，内容物被高温碳化；硝基甲烷在碱性条件下自身可能会生成爆炸性极强的含能硝基乙醛肟；另外加料过多，预留空间过小。

案例 2

将 15g 原料和 150mL DMSO 加在一起搅拌，在 100℃保温 45min 后发生猛烈爆炸。事故当事人后来描述，250mL 的烧瓶和温度计被炸得粉碎，冷凝管还剩一半，通风橱门的防爆玻璃被炸碎。

原因分析：DMSO 在超过 100℃情况下会发生自身歧化分解。另外，DMSO 与酰氯类等物质(如氰尿酰氯、苯酰氯、乙酰氯、苯碘酰氯、亚硫酰氯、硫酰氯、三氯化磷)接触时也会发生剧烈的放热分解反应。

DMSO 和 DMF 也可以作为某些反应体系的反应物而参与反应。DMSO 在碱、HBr 和其他试剂的催化下会剧烈分解。加热 DMSO 的碱性体系达 100℃时会有潜在的安全风险。DMF 与 Br_2、$KMnO_4$ 或者 CrO_3 反应，可能会引起爆炸；DMF 还可以与其他多种试剂反应。

案例 3

某研发人员在不锈钢聚四氟闷罐中做以下反应：

$$X\text{-}C_6H_3(X)\text{-}OH + \triangle\text{-}Br \xrightarrow[\text{DMSO，180℃}]{Cs_2CO_3} X\text{-}C_6H_3(X)\text{-}O\text{-}\triangle$$

在 4h 内将油浴温度逐渐上升至 180℃，开始恒温，控温仪显示正常。但 1h 后闷罐发生爆炸，不锈钢旋盖被炸脱，通风橱橱顶挡板被冲脱，见图 24-23，同时反应物泄漏，有异味产生。

图 24-23　爆炸后的场面

事故发生后，通风橱旁的两人均有耳鸣症状，到医院就医，一周后仍有轻微耳鸣症状。

原因分析：DMSO 在密闭环境中遇高温分解，从而产生爆炸。另外，反应中有 HBr 产生，加速 DMSO 的分解，同时加大密闭空间的压力，增强了爆炸威力。

案例 4

下面的一个氧化反应按照文献报道的两倍量放大。

$$\underset{\mathbf{A}}{X\text{-}C_6H_3(R)\text{-}CHO} \xrightarrow[\text{H}_2\text{O}/t\text{-BuOH, 25℃}]{NaClO_2, NaH_2PO_4} \underset{\mathbf{B}}{X\text{-}C_6H_3(R)\text{-}CO_2H}$$

在室温下向 **A** 的 $H_2O/t\text{-BuOH}$ 溶液中加入 $NaClO_2$，搅拌下溶液变澄清，然后分批加入 NaH_2PO_4。反应中两种无机盐溶解后，开始放热，手感发热，但是温度并不很高，因此仍按照文献方法继续操作。加完所有物料后大约半个小时发生强烈爆炸，通风橱门被炸毁，后面还连续发生多次爆炸，整个实验室烟雾弥漫，如图 24-24 和图 24-25 所示。

图 24-24　事故录像截图　　　　　　　　　　图 24-25　事后照片

原因分析：该反应的放热较快，$NaClO_2$ 在酸性环境中转化为 $HClO_2$，$HClO_2$ 遇热分解爆炸。另外，$HClO_2$ 在酸性条件也可能氧化叔丁醇及产物形成过氧化物，在受热时发生分解爆炸。

教训：这类反应的投料量不能太大，不能连续加料，反应期间需严格控制温度。反应结束后一定要及时用还原剂淬灭 $HClO_2$。

一个类似的放大氧化反应：

$$A \xrightarrow[\text{t-BuOH, H}_2\text{O}]{\substack{\text{2-甲基-2-丁烯,}\\ \text{NaClO}_2,\ \text{NaH}_2\text{PO}_4}} B$$

该氧化反应结束后分层得到约 20L 废水溶液，内含约 1100g 以 $HClO_2$ 为主的无机化合物和少量有机产物。为了反萃残留在桶中废水溶液内的剩余产物，事故当事人利用负压将桶中的水相抽取到 50L 玻璃分液器中，大约抽了一半，玻璃分液器内发生强烈爆炸，黄绿色的二氧化氯气体弥漫所在空间。整个玻璃分液器被炸毁，玻璃洒落一地，通风橱的玻璃门被炸碎，见图 24-26。

图 24-26　爆炸瞬间录像截图和事后照片

原因分析：亚氯酸分解爆炸的可能性最大：$8HClO_2 \longrightarrow Cl_2 + 6ClO_2 + 4H_2O$。其次，二

氧化氯也不稳定，受热或遇光易分解为氧气和氯气，引起爆炸。

教训：反应结束一定要及时用还原剂淬灭。幸亏事故发生时通风橱门已被拉下，通风橱的玻璃虽被炸毁，但是对爆炸产生的冲击起到了缓冲作用，使得分液器的碎玻璃没有直接伤到人，否则后果不堪设想。

案例 5

某研发人员将固体 **A**（5.5g，0.025mol）溶解于二氯甲烷（60mL）中，然后加入叠氮基三甲基硅烷（14g，0.125mol）。反应混合液在室温下搅拌 3h。LC-MS 显示反应完成，然后浓缩混合液，得到固体产物 **B**。

$$\underset{\textbf{A}}{\underset{Ar}{\overset{O}{\parallel}}C-Cl} + TMSN_3 \xrightarrow{DCM} \underset{\textbf{B}}{\underset{Ar}{\overset{O}{\parallel}}C-N_3}$$

第一次反应及后处理都很顺利。第二次反应结束时，将反应液转移至旋蒸瓶中进行减压浓缩，旋干溶剂二氯甲烷（DCM）。当旋蒸瓶中的内容物都成为固体时，该研发人员发现旋蒸瓶里有大量白烟，就去放气，想把瓶子取下来，这时瓶子爆炸了，飞出来的玻璃碎片将手部虎口处割破，右脸颊被划出一道 3cm 长的伤口，在医院缝了 6 针。

原因分析：多余的叠氮基三甲基硅烷（TMSN$_3$）遇热分解爆炸。

教训：TMSN$_3$ 在无溶剂稀释的情况下不能加热，更不能密闭加热；多余的 TMSN$_3$ 一定要预先清除干净，或通过层析方法将产物分出。

案例 6

有些反应发生爆炸，存在分解与聚合两种爆炸机理。

某研发人员按照文献，在 100mL 不锈钢聚四氟闷罐中将 15mL 的丙炔酸甲酯 **1**（150mmol）与 50mL 的 TMSN$_3$ **2**（375mmol）混合，通过密闭加温来制备三氮唑。

$$\underset{\textbf{1}}{\overset{O}{\underset{OMe}{\parallel}}} + \underset{\textbf{2}}{TMSN_3} \longrightarrow \underset{\textbf{3}}{\underset{HN}{\overset{N=N}{\diagdown}}} \overset{OMe}{\underset{O}{\parallel}}$$

将平行两个闷罐分别放于两个直径为 18cm 的油浴锅中，计划密闭加温至油浴 105℃反应 90h。在缓慢加温到 80℃时情况稳定，大约 10min 以后，两个平行反应的闷罐都相继发生了爆炸，见图 24-27。

图 24-27　两个平行反应的闷罐发生爆炸的场景

爆炸不但造成正在使用的通风橱严重毁坏（两个爆炸的闷罐击穿台面，还将台面下柜内的物品炸碎），而且靠背的通风橱以及对面通风橱也有一定程度的损坏。从爆炸被掀开的变形的不锈钢厚质盖子和变形的不锈钢厚质釜体可以想象到爆炸的威力非常大。

原因分析：从两种反应底物的分子结构可以看出，TMSN₃遇高温存在分解放热机理，其叠氮基是对热敏感的爆炸性基团。而丙炔酸甲酯遇高温存在聚合放热机理。从爆炸后的焦黑残留物也可以看出，反应物已经被高温碳化。

案例 7

某研发人员在做过多次小试的基础上进行放大实验，反应式如下：

$$A(60g) \qquad B(100g)$$

把 A、B 两种反应底物加入反应瓶中，在氮气保护下室温搅拌，准备反应过夜。大约一个小时后，当事人发现该反应在放热，突然沸腾起来，气球膨胀变大(小试时没发生这种情况)。当事人怕气球爆破，想打开三通放气，此时瓶中的反应物突然变黑，炸开三通，同时物料喷出，烫伤手，接着反应瓶爆炸。

原因分析：底物 B(2-氯甲基环氧乙烷)在一定条件(如反应热)下，既可能发生剧烈分解放热爆炸，也可能发生聚合放热爆炸。既会发生自身开环聚合，也可以与反应底物 A 发生混合型聚合，即分解与聚合的机理都可能存在，这需要进一步专门研究。

教训：小试没事，放大不一定没事。小试与放大是不一样的，甚至反应过程都可能不一样，最后会导致不同的结果。另外，放大也不是每次都会爆炸，因为相关轨迹没有发生交合。

从以上各案例以及很多不锈钢聚四氟闷罐爆炸案例看，DMSO、DMF、有高能或爆炸敏感基团的试剂等所有可能会发生分解、聚合或聚合分解混合型的反应，都不能在闷罐或刚性密闭容器里进行加温反应，个人、主管和组织都不能有侥幸思想，安全管理部门要严格控制。

四、固体分解爆炸

几乎所有固体炸药的爆炸都是分解爆炸，化学实验室中常会遇上一些难以预料的固体分解爆炸。

案例 1

一位研发人员用硝基甲烷和氢氧化钠制备硝基乙醛肟：

得到粉状固体产物后，将其装瓶并放在通风橱中，半夜时分发生爆炸。

原因分析：硝基乙醛肟属于含能物质，上述爆炸属于固体重组结晶爆炸，即：无序的固体在结晶初期，分子还是处于不稳定的运动状态，分子相互间重组碰撞会自身发热(结晶热)而发生分解爆炸。

理论分析：物质的结晶属于物理运动，实际上是自然界"物以类聚、有序组合"的普遍现象。结晶前，固体分子在液体环境中，分子运动较容易，聚集结合过程中耗能少、速度快，同时，结晶热能也能被具有很大热容量的液体溶剂所包容而很快吸收。当其在液体中处于过饱和状态时，结晶就随之发生了。而当其所在环境的液体溶剂被强制减压浓缩后，固体分子被保留，但是并不是固体分子自由自愿有序组合的结果，它们的结晶热能并没有得到充分释放，而是暂时存储下来。然而，即使是固体，其分子仍在不停地运动，尽管不像在液体环境中那样自由快速，但是，通过释放结晶能以便重新有序聚集(结晶)而达到体系的稳定性是固体分子运动的基本规律之一。

案例 2

某研发人员制备了以下结构的大约 300g 粗品：

由于产品纯度不高，结晶不成形，研发人员怀疑里面有水分，于是加入 100mL 无水乙醇和 100mL 无水甲醇，捣匀后，放在 40℃的水浴上，想用旋蒸法将其中的水减压抽干。然而事故就在一瞬间发生了：3L 的反应瓶被炸开，大量的气体烟雾弥漫至四周，并发生空间二次闪爆。

原因分析：可能是产物在醇存在下遇热分解爆炸。

案例 3

某研发人员进行如下反应时突然发生猛烈爆炸：

由于在实验操作过程中做好了自我防护，戴了防护眼镜，又拉低了通风橱门，未受到实质性的伤害。初步认为，氨基氰的性质呈现多样性，既易聚合(三个相同氨基氰分子可能形成三聚体化合物三聚氰胺)，也易在某些特定条件下分解爆炸。

五、多氮化合物的分解爆炸

有机合成实验室遇到的许多固体爆炸案例是由多氮化合物引起的，它们属于含氮高能化合物。

富含氮的化合物，如重氮基($-N\equiv N^+$)和肼(联氨：$-NH-NH-$)属于高能基团。干燥的重氮盐不稳定，受热或震动易爆炸，但是也有例外。肼剧毒，极可能致癌，当浓度较高时，即使在惰性气体中也会爆炸。还有许多含有羟胺或肟官能团的化合物也是不稳定的，有极高的分解能，有些对震动、热或摩擦较敏感。其他一些富含氮的化合物，尤其是当分子量较小或者氮/碳原子数量比接近 1 时，对震动、热或摩擦较敏感。

多氮唑类杂环化合物由于含氮量高，分子中含有多个 N—N、N—C、N=N、N=C 键等较高能量的化学键，从而显现出分解爆炸性能。虽然感度多数低于叠氮化合物，但是该类化合物普遍具有高的正生成焓，大多超过 1000kJ/mol，分子结构中氮含量高，碳和氢的含量低，使之更容易达到氧平衡，燃烧爆炸时生成氮气、水和二氧化碳气体，放气量大。近些年来，对多氮唑类含能杂环化合物的研究开发已成为军工航天业寻找新的高能量密度材料(high energy density materials，HEDM)

图 24-28　2014 年 4 月 20 日某厂苯并三氮唑发生爆炸的场景

的研究热点之一。而对药物研发及生产，由于大多作为原料或中间体的多氮唑类杂环化合物具有爆炸性，它们的大量合成则受到限制。例如，苯并三氮唑进行真空蒸馏等操作时很容易发生分解爆炸，并继而引发火灾，这类爆炸事故时有发生，如图 24-28 所示。

除了多氮唑类杂环，还有胍类、偶氮类和嗪类等富氮化合物，是药物研发及生产经常遇到的一类，其含氮量大多超过 20%。虽然同多氮唑类杂环一样，感度一般也较低，但属于含能化合物。如果分子中含有强氧化剂或爆炸性基团，及外界对它们的刺激量超过一定阈值时，则易引起这类物质的快速分解、燃烧和爆炸，所以也需要按照含能物质来考量它们的安全性。10g 以上规模的反应，特别是公斤级，则需要通过热分析仪器来进行定量测试分析。

某研发人员在完成某反应后进行处理时，用油泵抽干氨基四氮唑的溶剂后，用牛角勺刮取附在瓶壁上的产物，结果发生了爆炸，碎玻璃击坏了通风橱门的玻璃、分液漏斗等，还将当事人的脸和左手手指炸伤。

C-氨基四氮唑属于高能的多氮化合物，爆炸所需的引爆能量极小，轻微摩擦产生的热量足以引爆，而且爆炸的能量极大。C-氨基四氮唑与氢氧化物混合爆炸，其硝酸盐、高氯酸盐有极强的爆炸性。

图 24-29　爆炸后的场景　　图 24-30　血迹斑斑

类似的一起多氮化合物爆炸事故：当事人将多次合成所得的产物(多氮化合物)装瓶保存，在装瓶过程中有一小块产物粘在瓶口，当事人用不锈钢勺拨下粘在瓶口的产物时发生爆炸，见图 24-29；玻璃碎片飞溅，将当事人一只眼睛的角膜、脸、腹部和手割伤，血迹斑斑，见图 24-30；当事人的耳膜也被巨大的爆炸声震伤。

原因分析：不锈钢勺与多氮化合物撞击产生的能量引爆了该化合物。

除了传统的硝基、叠氮等高能多氮化合物外，新的高能多氮化合物包括四嗪、四唑和呋咱 3 大类，其爆炸性能也逐渐被人们认识。

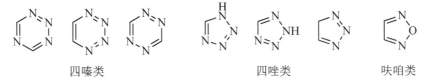

四嗪类　　　　　　　　　　　　　　　四唑类　　　　　　呋咱类

这些高能多氮化合物，含氢少，氧平衡被改变，其能量主要来源于环结构中含有的更高能的 N—N 键、C—N 键和更大的环张力。它们作为中间体和最终产物的一部分，在药物研发领域应用广泛，在合成反应中需要引起高度重视和密切注意，并以首先进行安全评估为要。

即使很简单的分子结构也可能由于某些因素而发生分解爆炸。例如，一桶羟胺刚由供应商送至某公司门口，就发生了爆炸；仓库内一瓶 2,4,6-三甲基苯磺酰羟胺突然爆炸。这种爆炸是经常发生的，但至今对其分解爆炸机理尚不明确。因此，羟胺及其衍生物不能在密闭体系中进行加热反应，存储运输也要求低温。

以上主要讨论的是多氮类固体化合物的分解爆炸，其他爆炸类型的化合物或基团可参见第三篇第十三章相关内容。固体分解爆炸有时很难预料，在有些情况下规律性不好，所以对于规模较大的可疑反应，最好预先做 DSC 等热稳定性测试。

第六节　产　气　反　应

反应(包括后处理)时常有气体产生而使容器内部产生正压。一般的普通型玻璃反应瓶，无论是 95 料或 17 料的硼硅玻璃材质，其内部承受压力一般不超过 10psi(特殊材质和特殊工艺加工的氢化瓶可以承受 60psi 的压力，约相当于 0.4MPa 或 4atm)。同厚度同材质的反应瓶越大，承受的压力越小；温度越高，玻璃反应瓶的强度越低。对于反应中不断产生的气体，需要及时地排出导走，如果瓶内的气体压力超过容器的承受压力，会发生冲料或物理性爆炸，此类事故的案例很多。另外，反应瓶所在的通风橱，若危险物品多，物理性爆炸还常引发连锁性的二次事故。所以，玻璃反应瓶最忌讳的就是刚性密闭下的超标正压。

对于钢制高压釜、不锈钢聚四氟闷罐等压力反应容器，即使装有安全爆破片，但是瞬间产生的超过容器泄放能力的气体还是不能立即得到释放而容易造成容器的爆炸。

需要提早知道：是否属于产气反应、生成的是什么气体、气体产生的总量、最大的气体产生速率、气体何时释放。只有充分知晓这些，才能采取对应措施，防止事故的发生。

如果产生的气体有毒或有强腐蚀性，则需要做尾气吸收，并保证吸收液中的淬灭剂浓度始终在有效范围。

一、安全措施

1. 敞口

对于不忌讳湿气和空气、对压力又没有要求的反应与后处理，一般都可以敞口操作，以使产生的气体能够随时得到排放。

2. 使用氮气流

对于忌讳湿气和空气、对压力没有要求的反应与后处理，可使用氮气流，氮气流连通出口，这样不但可以防湿避空气，而且可以保持恒压，并不断稀释放出的气体，如氢气，使之不能形成爆炸极限，降低所产生气体的危害性。

3. 软性密闭

1)气球缓冲形式

若反应或后处理过程中产生的气体为2～3L，可以慎用空气球做缓冲。一般市售气球的充装容量大约为3L，若产生的气体超过气球的充装容量，也会发生危险。

2)液封

为了避免反应直接接触空气，可以采用液封装置，使产生的正压气体能顺畅导出去。

液封一般要加装一个安全瓶，以防止液封介质倒吸。一般液封适用于密封的内外压差不是很大的反应。

要考虑液封用的介质是否与密封的气体发生反应，对于有毒或腐蚀性很强的气体，要使用能吸收这些气体的液封介质。若对液封介质无特别要求，可以用水或油类。

4. 防止反应突然爆发

如果反应中会产生气体，需要通过调控温度(不一定是越低越好)、调整滴加速度、留足够空间等方式严格把控反应的平稳进行，不能急躁、图省事。如果有量大的反应，要预先做小试，认真观察小试的反应现象。以下是一些典型事故案例。

案例1

某研发人员按照文献做如下反应：

在0℃，将氢化钠(70.1g，1.75mol)悬浮于无水四氢呋喃(5L)中，然后逐滴加入化合物A(400g，1.46mol)的无水四氢呋喃(1L)溶液。将混合液回流反应5h。

加料完毕，没有明显的放热反应迹象，然后加热回流，即有大量气泡产生，突然间反应加剧，冷凝管上部起火。造成通风橱顶部的灯管玻璃破碎，10L反应瓶被掉下来的碎玻璃砸坏，引起更大的火灾。

原因分析：加热回流，反应瞬间爆发，产生的大量氢气通过冷凝管出口溢出，遇到机械搅拌电机内的电火花而引发火灾。

案例2

某研发人员做如下反应：

图 24-31 事故后的场景

在搅拌下将 NaH(100g，4eq.)缓慢地加到 **A**(150g)和 **B**(100g)的 THF 反应液中，用冰浴冷却，其间瓶中出现大量固体，体系变得非常黏稠，磁力搅拌无法搅动，研发人员便用手协助摇晃反应瓶，使反应体系均匀。当所有 NaH 加完后，反应物 **A** 和 **B** 全部形成钠盐，体系变稀，磁力搅拌子突然转动，体系产生大量气体(氢气)泡沫，造成冲料，反应液进入冰水浴中，起火并引燃反应瓶中的溶剂 THF 和挂在橱壁上的有机溶剂洗瓶，火势加大。该研发人员在第一时间关闭通风橱，在众人的协助下用黄沙和干粉灭火器将大火扑灭。事故照片如图 24-31 所示。

原因分析：该反应的两个底物共有三个活性氢，需求 NaH 的物质的量大，其用量大，所以产气多。又因开始反应体系非常黏稠，随着温度缓慢上升，反应液变稀，反应突然爆发，导致瞬间产生大量氢气，发生冲料。含有过量 NaH 的反应液进入冰水浴中而起火。

教训：大批量的 NaH 要分批投料，要使反应体系搅拌均匀，确保每加一点 NaH 都要基本反应完才能继续少量加入。

案例 3

某研发人员按照文献做如下反应(也可见第一篇第五章第一节和本章第三节)：

$$\text{Cl} \diagup\diagdown \overset{\overset{\displaystyle O}{\|}}{C}\diagdown O \diagdown + \text{TMSCl} \xrightarrow[\text{乙醚}]{\text{Na}}$$

反应物和溶剂：500g 氯丙酸乙酯，450g TMSCl，200g 钠沙，3L 乙醚。

首先要制备钠沙。在 5L 三口瓶中加入甲苯和 200g 钠，加热回流，将钠熔融，然后机械搅拌迅速将其打成细小钠沙，停止加热，冷却到室温，停止搅拌。将甲苯倒出，用 200mL 乙醚洗涤钠沙两次，加入 3L 乙醚，得钠沙的乙醚混合液。将 TMSCl 倒入，然后在氮气保护下滴加氯丙酸乙酯。在滴加了一部分氯丙酸乙酯后，反应触发，剧烈放热，冷凝管口的气球爆炸，钠沙和乙醚从冷凝管上方的出口喷出，冷凝管被冲离反应瓶而掉落，然后冷凝管的水流出，遇桌面上的乙醚和钠，整个桌面燃烧起来。大家齐心协力灭火，然而，此时当事人却做了一个极端错误的动作(拉下通风橱门)和荒唐的决定(不关排风)，这更增加了灭火难度。大家在一场混乱中将整层的大小灭火器和黄沙全部用完，也没能将火扑灭。这时消防喷淋启动，人员只好撤离，一直到安全管理人员赶到现场进行指挥，才将大火扑灭。最终现场一片狼藉。

原因分析：①这是产气反应，没能将产生的气体及时导出，也没有采取措施冲稀易燃易爆气体；②没能控制好反应，导致蓄积反应潜热而发生冲料；③反应瓶太小，留下的有效空间太小，不符合安全要求；④起火时错误地拉下通风橱门，导致灭火剂无法喷入，属于无效灭火；⑤起火后不关排风，结果是持续供氧，火越烧越旺，使得灭火异常困难；⑥从安全热容量的角度分析，此反应选择乙醚做溶剂是不恰当的，因为乙醚的沸点低，比热容小，温度稍高就引起冲料，不好把控，应选择异丙醚、甲基四氢呋喃等较高沸点的溶剂。

案例 4

某研发人员做以下反应：

$$S\text{—}NH \cdot HCl \xrightarrow[\text{0°C～室温}]{CF_3COOH/H_2O_2} O_2S\text{—}NH \cdot HCl$$

该反应此前已经做过多次小试，此次放大 8 倍。首先在冰水浴里向反应液中滴加过氧化氢，滴加完后，在瓶口套上一气球做缓冲，然后升至室温，在升温过程中，反应突然爆发，大量气体爆破气球，反应液从瓶内喷发出来，飞溅出来的三氟乙酸溅到当事人的脸部，用大量水冲洗后，仍有灼热感。隔日当事人发现脸上有明显灼烧痕迹，去医院检查后休息了三天。

原因分析：过氧化氢分解产生大量氧气。有人做了过氧化氢溶液分解特性的研究，他们探讨了不同浓度、温度、酸碱度等条件下过氧化氢水溶液的分解情况。他们认为，若条件控制不当，反应体系中剩余的大量过氧化氢会发生剧烈分解，导致火灾爆炸事故。

案例 5

某研发人员后处理一个用 LiAlH₄ 还原酯的大反应。为了淬灭多余的 LiAlH₄，先用干冰-丙酮浴将反应的内温降到零下 10°C 左右，然后往反应液里加了大约 5mL 的 NaOH 溶液（浓度为 40%），有气体产生，但温度几乎不变。大约 10min 后，先往反应液中加了一些干冰，再将剩余的 320g NaOH 溶液慢慢加入反应液中，并补加了一些干冰。用气球封闭反应体系。2h 后发生猛烈爆炸，通风橱内的物品几乎全被炸毁，橱门损坏，天花板被震得脱落。熊熊大火持续了 15min 后被发现，之后用了两台推车式二氧化碳灭火器才将大火扑灭，见图 24-32。

图 24-32　事故录像截图

原因分析：待淬灭的反应液温度被降得太低，淬灭剂 NaOH 溶液的浓度又太高，加入过低温度的反应液中会立即被冷却凝固成固体，不能充分接触到多余的 LiAlH₄。一旦温度逐渐回升到淬灭反应的温度，会很快加速熔化固态的 NaOH 溶液，使其变成液体，然后反应生成的大量氢气突破气球，形成大范围空间的爆炸极限，遇到搅拌电机内部的电火花，则造成强烈爆炸。另外，因为有大量气体产生，此淬灭反应使用气球也是不合适的。

除了电机内部电火花可以引爆氢气爆炸外，还有另外两个因素也值得重视：一是淬灭反应突然爆发后，气球爆破，冲出的反应液流到水浴锅中，其中的 LiAlH₄ 和水浴锅内的水也会产生火花，遇大量氢气而爆炸。二是因为用醇、水或浓的氢氧化钠水溶液来淬灭多余的 $LiAlH_4$ 会生成大量氢气，所以淬灭时一定要用氮气吹，以冲稀氢气，使爆炸极限不能形成。

5. 注意气体出口的位置

如果有易燃易爆气体生成，出气口与火源(电器内的电火花)之间要有安全距离。反应中产生的危险气体通常通过反应瓶的瓶口或冷凝管出口溢出，若出口在电机附近，就可能引起爆炸。

某研发人员做下面的反应：

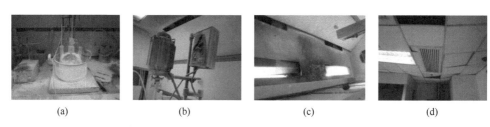

当事人用冰盐浴冷却反应体系(3L 三口瓶)，将 100g 钠屑分批加入含有 300mL 2-丁酮和 307mL 甲酸乙酯的 1L 甲基叔丁基醚溶液中，用机械搅拌器搅拌，温度开始上升，于是在冰盐浴上加干冰，反应 2h 后，温度急剧上升，反应失控，其中一个瓶颈加套的气球急剧膨胀而爆炸起火，天花板内的技术夹层爆炸，天花板松动掉落。

图 24-33 是爆炸燃烧被扑灭后的照片。

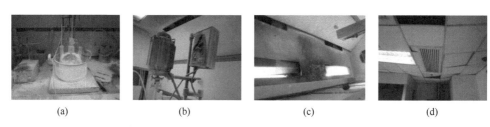

图 24-33　爆炸燃烧被扑灭后的照片
(a)反应失控；(b)氢气被搅拌电机内的电火花点燃；(c)通风橱内壁被烧；(d)天花板技术夹层被炸

另外，当事人的实验服袖口着火，手背虎口处被灼伤，面部及头发被火燎焦。

直接原因：反应设置不合理，氢气出口在搅拌机的电机附近，同时氢气出口套气球，产生的大量氢气先爆开气球，然后机械搅拌电火花又引爆大量氢气。另外，加钠屑太快，没有等消耗完就过快加料；用冷却装置造成反应温度过低，反应没有及时引发，一旦温度上升则引起急剧反应，从而造成失控。

间接原因：研发人员的安全意识薄弱，培训不到位，相关管理人员没有及时给予指导，监督不力，未及时发现隐患并制止其违章操作。

二、分液漏斗中的气体释放

分液漏斗用于密度不同且互不相溶的液体的静置分层和分离。分液漏斗有球形、梨形、筒形和安全型等多种样式，除了用于萃取和分液外，也可用于滴加反应液，其中筒形分液漏斗多用于滴加反应液。分液漏斗上部的塞子称为活塞，下部的塞子称为旋塞。

分液漏斗的安全隐患主要是内部产生的正压气体。正压气体主要来源于摇晃有机液体时产生的有机蒸气和反应(如碳酸钠中和酸)产生的气体。

用分液漏斗进行萃取操作时，为了使两相(如水相和有机相)间充分接触，需要手持分液漏斗进行晃动或振荡，同时用左右手各两个手指固定住活塞和旋塞，以免塞子掉落。在晃动或振荡的过程中，时常有气体产生，需要及时松开上部活塞放气，如果处于倒置状态，则要旋开分液漏斗的旋塞，及时将正压气体放出以泄压。特别是在用如碳酸氢钠中和漏斗中的酸性液体时，或酸性液体中和漏斗中的含有碳酸氢钠的溶液时，晃动或振荡的过程中会有大量二氧化碳气体产生，如果不及时将气体导出，随时有爆炸危险(发生过冲料和爆炸伤脸伤眼的事故)。一般根据实际情况，缓慢晃动一下或几下时就要打开活塞或旋塞放气，后面可逐渐增加晃动次数再放气，重复多次动作后才可以进行剧烈振荡。

某研发人员将热的反应液倒入分液漏斗，然后加乙醚进行萃取，上下左右剧烈摇晃。当打开分液漏斗的旋塞时，液体物料瞬间喷出，不但溅在脸部和上身，还引起一场火灾。

操作时要时刻记住：分液漏斗密闭时的承受压力是有限的，超过限度，要么爆破伤人，要么就是内部的液体冲开上部的活塞或下部的旋塞而喷泻出来，造成物料损失或人员伤害。

第七节　加　料　顺　序

从安全性角度考虑，仅在确认没有明显反应热、没有大量产气，以及小量(克级)反应底物的情况下，才可以忽略反应的加料顺序。但是在加料量相当大或没有把握的情况下，确定加料顺序是非常重要的。

一、加料顺序的原则

对于剧烈放热或产气的反应，应该将高能的反应底物加到具有较高的热容量且稳定性好的溶剂(或另一个液体反应物)中。这样做的安全依据是：逐渐加料产生的溶解热和反应热除了能迅速被稳定液态溶剂吸收外，还能迅速通过传热快的稳定液体进行热的扩散，特别是在搅拌下，产生的热量还可以通过冷浴的温差进行降温，从而降低系统的危险性。

(1)溶于惰性溶剂中的锂、锌、铝等的金属有机化合物以及硼烷、氨基钠等液体，虽然危险性通过稀释被降低，但仍属危险物品。需要在惰性气体环境和合理低温下将这类危险物品慢慢加入不断搅拌下的无水稳定溶剂或无水反应液中，顺序不能颠倒。

(2)凡是性质活泼的固体，如无水三氯化铝、氢化钠、四氢铝锂等，一定要加入无水溶剂或无水反应液中，顺序不能颠倒。液体传热速率快，固体传热慢不利散热，千万不能将液体加入固体中，特别是可能迅速放热和大量放热的物质。

(3)反应结束后，要将反应液慢慢倒入搅拌下的淬灭溶液中才较安全。在淬灭烈性液体如浓硫酸、三氯氧磷、三氯化磷时，一定要将它们慢慢倒入不断搅拌的水中，并确认每加一点就反应掉一点，同时温度不能过低，否则会积聚反应热而爆发事故。

除非已知或证明不会有溶解热或反应热产生，才可以任意选择加料顺序，并以方便为主。

二、事故案例

加料顺序不正确引起的事故非常多，其后果多数很严重，引起冲料、燃烧或爆炸，甚至可能导致人员伤害、财产损失或延误项目的完成。

（一）需将固体加入液体中

案例 1

某药厂放大一个傅-克烷基化反应，先将 80kg 无水三氯化铝放入三吨的反应釜中，然后通过高位槽将 1200L 的无水四氢呋喃加入釜中，加至一半，操作工人通过视孔发现釜内气泡翻滚，所以立即招呼同事撤下操作平台，刚离开车间不远，反应釜就发生了爆炸。虽然该釜设有爆破片，但是由于爆炸过于猛烈，泄爆不及，该反应釜被彻底炸毁，并由此引发火灾，整个车间内的可燃物品被烧得所剩无几。

原因分析：加料顺序弄反，反应热不能在固体中得到迅速扩散，致使反应热迅速积聚。

教训：应将固体三氯化铝以合适速度加到不断搅拌下的液态无水四氢呋喃中。

案例 2

某研发人员在做 2-羧酸吡啶氧化物的转位时发生爆炸，反应式如下：

$$\underset{\underset{O}{|}}{\overset{}{N}}-CO_2H \xrightarrow{POCl_3} Cl-\underset{N}{\bigcirc}-COCl$$

作为底物的氮氧化物呈胶状半固态，而三氯氧磷为液体。该研发人员为操作方便，直接将液体三氯氧磷倒入胶状氮氧化物中，结果发生氮氧化物的强烈分解爆炸。

曾经做过几批小规模的同样的转位反应，都比较顺利，但是这次为放大反应，结果发生爆炸。

原因与教训同上。胶状物同固体一样不利于传热。

案例 3

当事人操作一个 70g NaH 的反应，溶剂为 DMSO。该员工先把 70g NaH 装入三口瓶中，随后加入普通瓶装的 DMSO，还没等加反应底物，三口瓶便发生冲料并爆炸燃烧，幸亏周围人员及时使用干粉灭火器将火扑灭，见图 24-34 中的事故录像截图和事后现场照片（图 24-35）。

图 24-34　事故录像截图　　　　　　　　　　图 24-35　事后现场照片

原因分析：一是加料顺序弄反，反应热不能在固体或半固态物品中迅速扩散，反应潜热迅速积聚；二是普通瓶装 DMSO 的含水量大，与 NaH 反应，达到一定温度后，包裹 NaH 的矿物油脂全部熔化，使反应加速，以致瞬间产生大量热量而导致事故发生。

教训：对类似的放热反应，应该将固体加入无水溶剂中，并时刻观察体系温度，不能一次性将固体全部加完，要确保每加一点就反应掉一点，保证不积聚反应热或反应潜热。另外，大量 NaH 参与的反应，不宜用 DMSO 做溶剂，也不能用 DMF 做溶剂。

（二）淬灭物质不能加入反应活性高的液体中

配制稀硫酸溶液时一定要将反应活性高的浓硫酸慢慢加入不断搅拌的水中，操作过程中，有大量溶解热释放出来。不能颠倒过来将水加入浓硫酸中，如果在量大并快速加水的情况下，一定会发生溅爆伤人事故。这是常识，但是还是有人犯错，仍有类似事故发生。

案例1

某研发人员将水倒入大约 600mL 回收的三氯氧磷中，手持瓶子摇晃了几下后发生爆炸，见图 24-36。

脸部、手和腿严重受伤，图 24-37 为被碎玻璃划破的满是洞眼的实验服。

图 24-36　事故录像截图　　　　　图 24-37　布满洞眼的实验服

水与三氯氧磷的反应，不像水与浓硫酸混合时那样立即放热，其有一个潜在蓄发期，这要视温度而定，短则几秒，温度低的情况下可能需要几分钟乃至更长时间。

原因分析：加料顺序不正确，不应该将水加到三氯氧磷中。

教训：三氯氧磷的安全淬灭方法是将三氯氧磷慢慢倒入不断搅拌的温水中，视升温情况加冰冷却。既不能将水加到三氯氧磷中，也不能将三氯氧磷加到冰水中。有时发现废液桶中突然烟雾滚滚，那是由于将三氯氧磷一下子倒入冷水中，以为淬灭完毕，就倒入废液桶中，但过了一段时间温度渐升而产生大量热量的缘故。

案例2

某研发人员将遗留下来的叠氮钠废液进行淬灭处理，在向玻璃烧杯内的叠氮钠废液中加入次氯酸钠水溶液的过程中，由于反应剧烈，烧杯内的混合物发生爆炸，飞出来的玻璃碎片将研发人员的左前臂划出约 10cm 的伤口，后紧急送医院进行包扎。

原因分析：一是叠氮物和次氯酸钠的浓度较高，反应剧烈，产生大量气体并放热；二是将淬灭液加入高浓度的叠氮钠废液中，加液顺序颠倒。

教训：在淬灭多余叠氮物废液的过程应在塑料烧杯或废液桶内进行，应将低浓度的叠氮钠废液加入不断搅拌下的稀的淬灭液中，在炎热的天气状况下处理叠氮废液时，更应该将其缓慢加入次氯酸钠溶液中，不可过快，更不能颠倒加料顺序。这是淬灭操作的基本安全要领。

类似的一起爆炸事故：

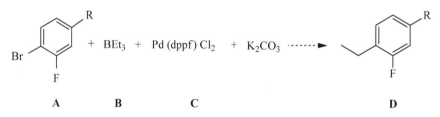

1　　　　　　　　　　　　　　　　　　　　　**2**

在−20℃下，将叠氮钠(14.2g)和硝酸铈铵(240g)加入化合物 **1**(40.0g)的乙腈(1500mL)溶液中。将反应混合液在−20℃下搅拌 8h。往混合液中加入冰水(800mL)，然后用二氯甲烷萃取。合并后的有机相用无水硫酸钠干燥，水相用次氯酸钠水溶液处理。

将次氯酸钠水溶液倒入含多余叠氮钠和硝酸铈铵的混合废水溶液中，晃动反应瓶，瓶口红光一闪，发生爆炸。

原因分析：加料顺序颠倒，另外，含多余叠氮钠的反应废液未用水进行充分稀释。

教训：同案例 2。

案例 3

某研发人员做以下反应：

图 24-38　事故后的现场照片

$A + BEt_3 + Pd(dppf)Cl_2 + K_2CO_3 \cdots\cdots\rightarrow D$

A　　　　**B**　　　　　**C**　　　　　　　　　　**D**

(1,1′-二(二苯膦基)二茂铁二氯化钯)

投料：120g **A**(0.55mol)、215g **B**(2.2mol)。

事故发生在反应的后处理阶段。当反应瓶内温度降到 40～50℃时，加入少量 $NaHCO_3$ 水溶液，立即发生剧烈反应，继而冲料，有少量反应液流到油浴锅中，油浴锅开始燃烧。火苗引燃挂在通风橱后壁的三个塑料洗瓶，使火势增大。虽然大家用二氧化碳灭火器控制火势，但是由于火势太大，直至反应瓶的反应液和塑料洗瓶中的溶剂全部烧尽，火势才逐渐停息。图 24-38 为事故后的现场照片。

原因分析：淬灭反应的加料顺序弄反。遇水会发生剧烈反应的三乙基硼与底物的摩尔比为 4∶1，摩尔比过大；整个反应的投料量大，三乙基硼的剩余量就更大。这种情况下就要考虑淬灭反应的加料顺序问题。

教训：三乙基硼与底物的摩尔比不能过大；40～50℃的淬灭温度太高，同时温度太低又容易造成反应潜热蓄积,导致后期反应爆发而发生冲料、出事故。如果反应液中确实有很多高能试剂,则需要将反应液慢慢倒入(或滴加)搅拌下的淬灭液中。

只有在反应液很稀的情况下,才可以将淬灭液直接加到反应液中。例如,丁基锂参与的反应多在低温下进行,丁基锂的摩尔比往往不会过量很多,所以,可以直接往反应液中加饱和氯化铵水溶液,这样的操作方法与将反应液倒入淬灭液相比,会方便很多。如果反应液中不含有高能危险物料,则可以不考虑加料顺序,怎么方便就怎么做。

(三)稳妥稀释、避免浓烈介入

两种具有强化学活性的化合物直接相遇会发生剧烈反应的要预先采取适当稀释等方法,甚至要用惰性气体保护,以免引起事故。

某研发人员用三溴化硼进行甲醚上的脱甲基反应,在用量筒量取三溴化硼并用恒压滴液漏斗滴加完毕后,将甲醇加到量筒中以淬灭残留在量筒中的微量三溴化硼,此时突然起火,并引发整个操作台面起火。另有某研究所一研发人员将滴加完三溴化硼的滴液漏斗取下时,滴液漏斗出口末端剩余的一滴三溴化硼不小心掉在实验台面上,由于台面有乙醇等液体而引发整个台面起火。

原因分析:三溴化硼是活性极强的路易斯酸,凡是有三溴化硼参与的反应,只能用二氯甲烷等惰性不燃溶剂进行稀释,若直接与醇类等极性试剂相遇,就会发生剧烈反应而起火。

教训:在不加控制(稀释、低温、慢加等)的情况下,将活性大的试剂直接加入会产生剧烈反应的另一个活性大的试剂(体系)中,发生事故是必然的。在处理残留的三溴化硼时,先用惰性溶剂如二氯甲烷稀释,以增加热容量降低危险性,再缓慢加入醇类等极性试剂进行淬灭,并不断搅拌,才能避免事故发生。三溴化硼的起火事故很多,大部分是由不懂其性质,搞错加料顺序或毛手毛脚造成的。

第八节　燃烧极限、爆炸极限和闪爆

一、燃烧极限

可燃性物质——固体、液体、气体,不论哪种物质的燃烧,从根本上说,都是产生的可燃性气体、可燃性蒸气或粉尘在一定状态下和空气(或助燃性气体)混合后而发生的。不过,可燃性物质和空气的混合要有一定比例,比例过高或过低都不会发生燃烧,只有在一定比例范围内才能发生燃烧。一定的比例范围则称为燃烧极限(flammability limits)。

燃烧极限用可燃性气体或蒸气在混合气体中的体积分数来表示。

二、爆炸极限

可燃气体、蒸气和粉尘(多数活性金属粉尘也是可燃的)等可燃性物质与空气(或助燃性气体)必须在一定的浓度范围内均匀混合,形成预混气,遇到火源等外能才会发生爆炸,这个浓度范围称为爆炸极限(explosion limits),或爆炸浓度极限。详细内容可参见第三篇的相关章节(主要在第十三章第二节)。

爆炸极限的表示方式与燃烧极限相同。粉尘的爆炸极限用每单位体积的粉末质量(mg/L、g/m^3 或 kg/m^3)来表示。

三、燃烧和爆炸的区别

燃烧由火焰形成,一般情况下火焰会在可燃气体中传播。燃烧极限是针对火焰是否在其混合气体中传播而定义的。而由爆炸极限引起的化学爆炸是指在气体存在的整个空间内瞬间(极短时间)产生燃烧的现象,其不管火焰在空气中传播的形态。闪爆的各种特征则介于燃烧和爆炸两者之间。

时间上:爆炸比燃烧短;爆炸在瞬间完成,而燃烧需要传播。

空间上:爆炸通常在密闭情况下进行,而燃烧通常不在密闭情况下进行。

功率上:同等质量的可燃物,爆炸所产生的功率比燃烧大得多。

温度上:爆炸比燃烧产生更高的温度。

声压上:爆炸放出大量气体,物体体积急剧膨胀,使周围气压急剧变化,介质产生振动并发出巨大声响。压力急剧升高是爆炸现象的最主要特征。

表 24-2 为一些可燃性气体的燃烧极限和爆炸极限。

表 24-2　一些可燃性气体的燃烧极限和爆炸极限

物质	燃烧极限(%)				爆炸极限(%)			
	空气中		氧气中		空气中		氧气中	
	下限	上限	下限	上限	下限	上限	下限	上限
氢气	4.00	75.00	4.65	93.90	18.30	59.00	15.00	90.00
乙炔	2.50	80.00	2.50	93.00	4.20	50.00	3.50	92.00
甲烷	5.00	15.00	5.40	59.20	6.50	12.00	6.30	53.00
丙烷	2.12	9.35	2.30	55.00	—	—	3.20	37.00
一氧化碳	12.50	74.50	15.50	93.90	15.00	70.00	38.00	90.00

常说的爆炸极限其实包含燃烧极限,在现实中,这两个术语之间存在着理解上的混淆。在一些手册、规范、标准等公开发行的材料中,很多化学品的爆炸极限数据其实是燃烧极限。例如,氢气在空气中的爆炸极限是18.3%~59%,但人们常常将氢气在空气中的燃烧极限4%~75%当作爆炸极限(见第三篇第十三章第二节表13-1)。

四、闪爆

闪爆也称爆燃或燃爆,是燃烧和爆炸之间的一种化学反应状态,其本质与燃烧和爆炸相同,是指当易燃易爆气体或粉尘在一个空气流通性不好、相对封闭的空间内聚集到一定浓度后，一旦遇到明火或电火花就会立刻发生爆燃，见图24-39。

一般情况下只是发生一次性爆炸，如果易燃易爆气体能够得到及时补充还将发生多次爆炸事故。如果没有强烈的闪爆声，也称为闪燃。

图 24-39　某生物工程公司实验室发生化学品容器闪爆事故

五、化学实验室内常见的起爆火源和热源

(1) 明暗火：酒精灯、烘箱、电热板、电热枪、电吹风等。

(2) 火星：电源开关、灯管的启辉器和镇流器、热敏触点、电线电器接触不良、调压器、磁力搅拌器、机械搅拌器、通过管道连接到室外的风机、各种电机(加压气泵、真空泵、旋蒸仪等)、手机、摇摆机、鞋底与地面的摩擦等。

(3) 热源：摩擦(勺子取样、过滤、搅拌)、电热套、散热器、可移动加热器、干燥烘灯、结晶热等。

(4) 静电：化纤或纯毛衣服、高速流动的惰性有机溶剂(烃类如石油醚)、感应静电起电、热电起电、压电起电、亥姆霍兹层等。

六、燃烧极限事故案例

案例 1

某研发人员处理约 10g 的废弃四氢铝锂。计划在一个 3L 的塑料烧杯中加入 500mL 四氢呋喃(THF)，搅拌下缓缓加入四氢铝锂，然后缓慢滴加乙酸乙酯。但是在缓缓加入四氢铝锂的过程中(图 24-40)，盛有四氢铝锂的塑料袋口忽然冒火(图 24-41)，塑料烧杯的杯口迅速燃起大火(图 24-42)，周围同事用灭火器和黄沙将火扑灭(图 24-43)。剩余的四氢铝锂在黄沙和干冰的覆盖下缓缓用乙酸乙酯淬灭，然后用水彻底淬灭(图 24-44)。

图 24-40　向四氢呋喃中缓缓加入四氢铝锂　　图 24-41　盛有四氢铝锂的塑料袋口冒火　　图 24-42　塑料烧杯的杯口燃起大火　　图 24-43　用灭火器和黄沙灭火　　图 24-44　事故后的现场图

原因分析：盛放四氢铝锂的袋口遇湿起火星，塑料烧杯杯口的 THF 蒸气达到燃烧极限，导致着火。

THF 蒸气的浓度随液面上空的高度不同而呈现线性变化，见图 24-45 和图 24-46，贴近液面处几乎都是四氢呋喃蒸气，没有空气，这里即使有火花出现也不会发生燃烧、闪爆或爆炸。而在容器口部附近，THF 蒸气的浓度处于燃烧极限范围内，一旦有火花，就会被点燃，并由于 THF 蒸气的不断挥发补充而持续燃烧。

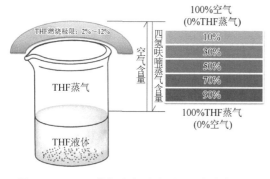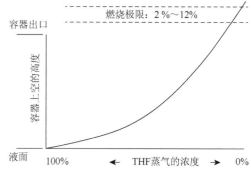

图 24-45　THF 蒸气浓度随液面上空高度变化的　　　图 24-46　THF 蒸气的浓度与液面上空高度的
　　　　　　　示意图　　　　　　　　　　　　　　　　　　　关系

同样的起火事故也是在处理过期四氢锂铝的过程中，当事人先在通风橱中将四氢呋喃倒入桶中，然后用药勺往里面加四氢锂铝固体，加了几勺后没有问题，在搅拌下继续加四氢锂铝。突然间，勺上的四氢铝锂开始起火星，继而引起塑料桶内的溶剂着火，冒起强烈的浓烟，之后用灭火毯和干粉灭火器将通风橱内的火扑灭。因为该通风橱离烟雾报警器较近，导致消防自动喷淋装置喷水，现场很糟糕，见图 24-47。

图 24-47　事故现场照片

原因分析：因为用的是金属勺而不是牛角勺，四氢锂铝因摩擦起火星。塑料桶口部的THF 蒸气的浓度达到燃烧极限，导致着火。

案例 2

在旋蒸仪上浓缩石油醚和乙酸乙酯的过柱馏分，旋蒸转速突然加快，导致溶剂瓶掉入锅内，当事人迅速拿起来，重新旋上。大约两分钟后，旋蒸仪开始起火，旁边的同事迅速拿灭火器将火扑灭，最终造成产品的报废损失。

原因分析：旋蒸仪起火需具备两个条件，即燃烧极限与电火花。有机溶剂(如石油醚、乙酸乙酯等)洒落于水浴锅内，挥发的有机蒸气溢出锅沿并下沉(有机溶剂蒸气的密度高于空气)，使旋蒸仪底座的所在空间达到燃烧极限；如果水浴锅底座内的各种电子元件接触不良以及温度调控仪触点，会不断地有电火花产生，一旦附近的燃烧极限达到，就会立即起火。

水浴锅底座内常常发生航空插头与电源输出之间接触不良而产生火花的现象，一旦水浴锅内有有机溶剂，很容易引起火灾，见图 24-48。

图 24-48　事故录像截图

七、闪爆事故案例

闪爆的危害是难以预料的，严重时会引起人身伤害和财产损失，也是化学实验室需要严防的重要内容之一。

案例 1

一位合成研发人员在干燥一根用水洗干净的直径为 20cm 的层析柱时，为了赶进度，先用丙酮荡洗了这根大柱的内部，然后将电吹风伸入大柱内吹热风，结果发生闪爆，该员工的眉毛、胡子和前额头发被燎焦，右手、脸部和双眼被高温烫伤。

案例 2

某药物研发公司楼外的下水道发生爆炸，继而连续燃烧。起因是某化学实验室打翻的乙酸乙酯和石油醚从实验室的地漏流入下水道，外单位流动人员的未熄灭烟头被风吹入下水道，由于达到爆炸极限引起闪爆。爆炸将窨井盖炸翻并抛至几米以外，下水道大火还将停在旁边的大巴车的车门和前挡风玻璃烧坏。

类似事故发生在某市一地势较高的制药厂，由于操作工人不知高位槽内的大量二硫化碳发生了溢流，极度易燃的低沸点二硫化碳顺着下水道流经市区，结果发生了长达几公里的下水道连续闪爆，几十次震天动地的爆炸将道路旁下水道的厚石板炸翻，幸好是在冬季深夜，车少人稀，否则后果不堪设想。

八、爆炸极限事故案例

案例 1

某制药公司的化验室内，一普通冰箱内的有机溶剂挥发达到爆炸极限而爆炸，结果引起整层楼燃烧，消防大队花了三个多小时才将大火扑灭。

案例 2

某员工用三个 30mL 的不锈钢聚四氟闷罐擅自在烘箱内做加温反应，半夜时分，聚四氟乙烯内胆在 200℃高温下出现穿破损坏（通过不锈钢外壳下部的小孔），导致罐内的四氢呋喃反应液倾刻泄漏，烘箱内部达到爆炸极限而发生爆炸，整个箱体的上、下、左、右的四个面都被炸得变形而鼓起，前门玻璃被炸碎，并将烘箱门前两米开外的一个塑料桶以及桶内的玻璃仪器炸碎。

第九节　刚 性 密 闭

除了用特别材质和特别工艺加工制造的氢化瓶等反应容器外,普通玻璃反应瓶的内部承受压力一般在 1atm 以下,如果压力过大,就会发生爆破或爆炸事故。相同材质、相同制造工艺和相同厚度的瓶子,体积越大,承受的压力越小。根据理想气体状态方程 $pV=nRT$,刚性密闭、等容等温的情况下,气体越多,压力越高,即气体物质的量与压力成正比。刚性密闭等容以及气体物质的量一定的情况下,温度越高,压力越高,温度与压力也成正比,其对应关系如表 24-3 所示(设起始温度为 20℃ 时,压力 $p_1=0.1MPa$)。

表 24-3　温度与压力的对应关系

温度(℃)	20	30	40	50	60	70	80	90
压力(MPa)	0.100	0.103	0.107	0.110	0.114	0.117	0.120	0.124
温度(℃)	100	110	120	130	140	150	160	170
压力(MPa)	0.127	0.131	0.134	0.138	0.141	0.144	0.148	0.151

化学实验室的许多爆炸事故与刚性密闭有关。

案例 1

Bucherer-Bergs 反应是羰基化合物与氰化钾及碳酸铵,或氰醇与碳酸铵直接反应生成乙内酰脲类化合物的反应。下面的常压反应,反应温度为 60~80℃,反应时间为 18h。

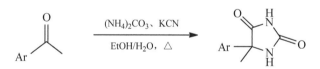

将两个平行反应过夜进行,其中一个发生物理爆炸,见图 24-49,反应物料全部散落台面。

原因分析:碳酸铵在加温时容易升华,逐渐凝聚在冷凝管内侧下部,造成刚性密闭堵塞。因此,长时间反应需要有人值守,以经常观察凝聚情况,及时疏通。

有类似的一个 Bucherer-Bergs 放大反应,

图 24-49　刚性密闭加热导致的物理爆炸

其中 KCN 的用量为 183g,反应需 60℃ 下反应过夜,由于碳酸铵遇热大量升华,升华的碳酸铵凝聚在整个冷凝管内壁,冷凝管被堵塞,形成密闭加热反应体系,大约在半夜时分瓶子爆开,反应物料溅落在通风橱内,见图 24-50。

图 24-50　冷凝管被堵塞导致爆炸

卤化铵也会"升华"，但其机理与一般的升华不同。加热时，由于卤化铵分解成气态的氨和卤化氢而气化，进入冷凝管后又被冷却，重新结合成卤化铵而沉积在冷凝管内壁。因为表观现象与升华一样，所以常把它归于升华。另外，多聚甲醛也有升华性，需要注意。

案例 2

以下是一个用 BH$_3$·Me$_2$S 还原酰胺的反应：

将 34.6g 反应底物用 1.5L 无水 THF 溶解，加入大大过量的 BH$_3$·Me$_2$S（300mL，20eq.）。反应在 65℃下加热回流，冷凝管上方安装了一个三通阀，三通阀上加了一个气球。反应大约 2h 后，反应液突然将冷凝管顶出反应瓶，冲出来的反应液遇到热的油浴引起着火（图 24-51）。

图 24-51　事故后的现场

原因分析：反应所用的 BH$_3$·Me$_2$S 的量较大，在加热反应过程中产生了大量气体。三通阀误关堵塞了体系，导致整个反应在刚性密闭条件下进行，造成反应瓶内的压强过高而冲料。

教训：在进行反应前应该充分了解反应机理，预测反应过程中可能会出现的现象。进行反应前应对反应装置进行充分检查，确保安全的情况下再开启反应装置。

案例 3

有以下反应：

进行加热回流，为防潮，冷凝管上方加用过的氯化钙干燥管，结果导致反应冲料。

原因分析：干燥管内的氯化钙受潮，引起堵塞，密闭反应体系内压力急剧增大而冲料。

案例 4

下面的一个环合反应：

投 50g 原料，大约 7h 后，反应瓶发生爆炸。爆炸的气浪将通风橱门的玻璃炸碎。

原因分析：在加热过程中生成的产物熔点高，在液体表面结晶，越来越多的固体封住液面，并逐渐加厚，而过量的甲酰胺(沸点为 210℃并分解)在厚实固体封面的下部，因为温度高，甲酰胺加速分解，而搅拌子太小，不能转动，传热不良，最终形成密闭加温体系而引起爆炸。

有些反应或后处理过程中，虽然没有气体产生，但是如果在刚性密闭情况下的温度比密闭前有过大升幅而出现液体或空间的温升热胀，也会由于压力升高而导致爆炸，特别是在反应瓶内留有很少有效空间的情况下，压力升高带来的危险性就更大。在设计反应和操作时，需要考虑周全。所以，除了分解反应或聚合分解反应(即使是很厚实的不锈钢聚四氟闷罐也可能被爆破)外，如果一定要密闭，反应瓶内留有高比例的空间有时能大大减少压力带来的危险性，如果插上一个空的气球(缓冲密闭体系)能解决问题则更好。

第十节　反应器内的安全空间

对于较剧烈的危险反应，即使是敞口(如冷凝管上方敞口)的反应，反应容器内也要留有足够的缓冲空间，应至少是反应液体积的两倍以上，以防溢料、冲料及爆炸的危险。如果是氢化瓶、钢制反应釜或不锈钢聚四氟闷罐等刚性密闭的反应器，或装有气球的缓冲密闭反应器，反应液上空的有效空间体积比例则要更高，需达三倍以上，以预防气压过高而引起爆炸。

案例 1

某研发人员做一个用硼烷还原酰胺的反应：

当事人在 500mL 的反应瓶中做一个总共 420mL 反应液的反应，在冷凝管上方使用了玻璃三通阀和气球(此为画蛇添足)。在回流过程中，内部压力升高，造成冲料，溢出的反应液含有未反应的硼烷，其遇到水槽边的水随即燃烧，反应失败。

另一位研发人员做一个几乎同样的用硼烷将酰胺还原为胺的反应：

当事人先将 50g 底物(0.34mol)置于 1000mL 的三口瓶中，然后加入 600mL THF，在氮气的保护下，将 170mL 硼烷的二甲硫醚溶液(10mol/L，5eq.)在室温下滴加到反应液中，滴加过程约 20min，待滴加完毕后，将反应体系置于油浴中加热（设定温度为 75℃）。完成上述操作步骤后，大约过了 10min，先是一声爆炸，气球爆破，反应液从冷凝管的上端出口喷出，接着发生更加猛烈的爆炸。图 24-52 为事故后的现场。

原因分析：①反应瓶中留出的空间太小，没有足够的安全缓冲空间；②不应该加气球密闭，应该敞口，并用氮气流冲稀产生的氢气。

案例 2

图 24-52　事故后的现场

将 90g 原料投入 10L 的反应瓶中，加入 5L 无水 THF 溶解，搅拌下将 3L 硼烷二甲硫醚溶液加入反应瓶中，溶液几乎满满一锅，然后加热回流。

图 24-53　事故后的现场

$$R \underset{}{\overset{}{\bigcirc}} \underset{HN}{\overset{NH}{\bigcirc}}_{O}^{O} \xrightarrow[\text{THF}]{BH_3/Me_2S} R \underset{HN}{\overset{NH}{\bigcirc}}$$

刚开始回流，硼烷就溢出自燃。反应报废，造成物料损失。图 24-53 为事故后的现场。

原因分析：由于反应瓶内的安全缓冲空间不够，违反操作规程造成事故。

第十一节　放 大 反 应

凡是热效应大的反应（甚至后处理），放大规模在危险性上远比小试大得多。对于同样的反应，小试没问题不代表放大时没问题，其差异是显著不同的，这称为放大效应。

一个反应是否安全，在一定程度上取决于反应规模，特别是热效应大的反应或后处理，放大时的危险性来自于焓变（ΔH）、物料的量、时间、所处环境。

焓变：负值越大，放热越多，也就越危险。在本章第一节中已经介绍。

物料的量：当焓变一定时，物料的量越多，总反应热就越多，反应也就越危险。

时间：充分放热的时间越短，反应越危险。对于反应临界温度很明显的如格氏试剂的制备反应，硝化、分解以及聚合等反应，由于集中放热，不太适合放大或规模化生产，如果要做，需要在彻底弄清热效应的基础上，经过工艺改进或特殊技术处理才能实施。瞬间完成放热的反应，结局最糟糕。例如，爆炸性的反应，反应时间越短，其功率越大，破坏性也就越大。

环境：反应热若不能被所在环境迅速吸收或移走，或蓄积反应潜热，危险性就很大。

对同样反应的小试与放大，因为焓变是定值，要降低物料量加大的放大反应的危险性，只有围绕时间和环境两个要素来考虑，而反应时间和反应环境其实体现在反应潜热蓄积和传热两大问题上。放大反应的危险性主要来自反应潜热蓄积和传热，这实际上是一个量变到质变的问题，是两个关键的安全隐患。

1. 反应潜热蓄积问题

研发人员经常会有一些误区，认为浴温越低越保险，总是采用丙酮加干冰，这是很荒谬而且很危险的行为，因为这样会抑制或阻止反应的正常进行，掩盖危险，一旦掩盖不住时，就会酿成冲料或火灾爆炸等大事故。

对于剧烈放热的放大反应，一是要确认所加的物料反应完，不可使反应体系中累积未反应的物料；二是要适当控制加料速度，人为拉长反应热的释放时间，使反应热能及时移走、被传导出去，不蓄积反应潜热。

反应潜热蓄积包括两个方面，一是已经混合在一起的反应液中待反应的反应潜热；二是反应中累积的热量，其中，累积的热量=产生的热量–移走的热量。

2. 传热问题

反应热一般是通过反应器壁传给壁外的冷媒来移走的。小量反应所产生的热量少，反应瓶和溶剂可吸收掉其中一部分热量，其余被反应瓶壁外的冷媒容易地吸收，使反应平缓进行，危险性悄然消失。这样，最重要最关键的危险——传热问题在反应放大时却很容易被研发人员忽略而将潜在的危险性不知不觉地掩埋。

传热不畅是放大反应最突出的安全问题。

决定传热速率的因素除了瓶壁材质、厚度、搅拌速度与方式、反应器内外温差、中心距离等外，更重要的是反应器散热面积与反应器体积(物料量)的比值，该比值在很大程度上决定了放大反应的危险性。反应放大就意味着物料体积的加大，大体积反应器比小体积反应器的冷却速率要慢得多，这是由于大体积反应器单位体积的平均散热面积要远远小于小规模反应器。例如，长宽高各为 10cm 的容器内的 1000mL 体积物料，5 个面的传热面积为 500cm^2，比值仅为 0.5(500cm^2/1000mL)，而 1cm^3 容器内的 1mL 体积物料，5 个面的传热面积为 5cm^2，比值为 5(5cm^2/1mL)，大反应的传热速率只有小反应的十分之一。同时大反应器的中心部位到瓶壁的距离远，所以传热速率更小。

反应潜热蓄积、储热和传热不畅是进行放大反应时必然面临的安全问题，需要妥善解决，这也是衡量相关人员的知识水平、认知能力、工作态度和责任感的问题。

放大反应除了以上有关的反应潜热蓄积和传热两个问题外，还有气体释放、副反应生成等问题，如果未考虑这些深层次的问题就按照小试反应的条件盲目平行放大，那发生事故就不是偶然了。

案例 1

事故反应式如下：

73g(1eq.)　　120g(2eq.)

此前该反应已经做过多批次小试，这次是放大反应。73g 反应底物被溶解在 350mL 吡啶及 350mL 水的混合液中，按照小试的加料速度，室温下半个小时内分次加入 120g KMnO₄。室温搅拌 45min 后，反应开始加热。大约两小时后，发出一声爆鸣声，反应冷凝管上方的气球爆破，物料喷出，此时油浴温度为 60℃，但反应液自行强烈沸腾。

原因分析：反应严重储热，导热不畅，从而造成反应爆发冲料。在反应前，未仔细考虑反应机理和放大效应，反应放大后，没有认识到反应的放热量及放出气体的量也将相应增大，从而认为在小试时没有发生事故，在放大中也不会有问题。

教训：反应前应仔细考虑反应机理和放大效应，认真观察小试的反应温度等细小变化，尽可能预料和排除反应中可能出现的问题。对于没有无水无氧要求的反应不要加上气球。

案例 2

在做吡啶氮氧化物的转位时发生爆炸，反应式如下：

在做放大之前做了三个批次的小试，投料 20～120g 固体底物，加完 POCl₃ 后进行回流反应，小试反应正常。这次放大反应的投料为 600g，需加 2L POCl₃。放大时和小试的操作相同，将 POCl₃ 缓慢加入底物中，加入约 400mL 时发现反应物沸腾，随即发生爆炸，爆炸将通风橱内所有物品全部炸毁，橱门玻璃全部炸碎。

原因分析：加料顺序有问题，将液体加到固体里，不利于搅拌散热。小试没有暴露出来的问题在放大时很可能会暴露出来。反应潜热积聚，热效应加速氮氧化物的分解爆炸。

第十二节 安 全 距 离

安全距离是指为防止危险物体(或危险状态)对人(或机物)造成的危害,必须在两者之间保持的最小空间距离。这个空间距离也称距离临界值,是依据科学评估而人为设定的。有国家标准、行业标准,也有"不要靠得太近"等约定俗成的规定。

本不该发生而仅是由于不符合安全距离而发生的事故在化学实验室里有很多。

案例 1

某研发人员发现层析柱的洗脱剂漏了一地，于是她将一沓草纸放上去，想吸附地上的洗脱剂，并用脚推草纸（图 24-54），结果由于有机溶剂大量挥发，局部空间达到爆炸极限，遇旁边电动空气泵的电火花而起火，当事人惊慌而逃（图 24-55），大火后被同事们及时扑灭（图 24-56）。图 24-54、图 24-55 和图 26-56 为事故录像截图，图 23-57 为事故后现场照片。

原因分析：草纸的比表面积大，吸附溶剂的同时也在使有机溶剂大面积挥发，而正在运转的电动空气泵产生的内部电火花是爆炸极限(安全隐患)引发事故的触发因素。

不注意安全使用电动空气泵引起的事故已有多起，都是由电火花（电动空气泵产生）

图 24-54　用脚推草纸

图 24-55　起火

图 24-56　灭火

图 24-57　事故后的现场

同爆炸极限所在区域之间的安全距离不够所致。

案例 2

某研发人员做一个加热回流反应，忘记了打开冷凝管内的冷却水，结果甲苯蒸气从冷凝管顶端冒出，冷凝管出口处的甲苯蒸气遇机械搅拌器内的电火花引发燃烧，造成火灾事故。除了反应所有物料的损失外，机械搅拌器、水泵等仪器被烧毁，通风橱也被烧得面目全非。当事人的左手臂前部和脸部被烧伤。

原因分析：冷凝管出口处在电机附近，安全距离不够。

图 24-58　事故后的现场

案例 3

某清洁工在靠墙的洗缸边进行洗瓶操作，洗缸内有二百多升的乙醇，该清洁工不小心将乙醇溅到墙上的电插座内而引起火灾。幸亏人多，消防器材齐备，大家奋力将大火扑灭。

某研发人员在地上配制柱层析的流动相，旁边就是电插座，电插座与有机溶剂之间的安全距离不够，有机溶剂挥发形成局部空间的爆炸极限，和插头电火花相遇而造成起火，见图 24-58。

案例 4

这是一起风机与有机易燃物品靠得太近引起的起火事故。图 24-59(a)为送风机自身过热起火后被扑灭后的情景；图 26-59(b)显示紧靠送风机放着大量的大桶，里面装有有机溶剂；图 24-59(c)显示，最靠近送风机的一桶有机溶剂的桶口已经被烧通，可以看见里面的有机溶剂。此事发生在半夜，要不是巡查人员发现得早，及时扑灭，再迟一点后果就不堪设想。

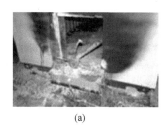
(a)

(b)

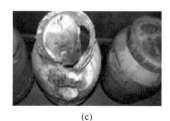
(c)

图 24-59　事故后的现场

此案中，安全距离明显不够。

案例 5

反应中经常会发生冲料，靠近反应瓶的一些电器，特别是调压器最容易受到反应液的腐蚀等损害，使调压器发生短路烧毁、过早报废。所以要尽可能拉大反应瓶与调压器之间的距离，应至少为 20cm。图 24-60 为被烧毁的调压器。

图 24-60　被烧毁的调压器

案例 6

某研发人员在用注射器从 5L 溶剂桶中吸取乙醇时，发现桶内溶剂只有半桶，注射器针头够不着，所以将桶倾斜进行抽取。但由于手未扶牢溶剂桶，溶剂桶翻倒，乙醇洒落在旁边正在工作的变压器上和自己的实验服上。变压器短路起火，并引燃沾有溶剂的实验服。身边没有旁人，当事人只好单枪匹马，自己推着推车式的二氧化碳灭火器将火扑灭。期间当事人脱下燃烧的实验服放在实

图 24-61　事故后的现场

验台上，实验服又引燃放在操作台上的实验记录本，实验记录本被烧掉二十多页。事故造成当事人左脸、下颌及手上较大面积轻度灼伤，一个电吹风机和一台变压器的外壳损毁，四台搅拌器被烧坏。事故后的照片如图 24-61 所示。

教训：在易燃易爆物品的操作区域或爆炸极限存在的区域，不能使用有火花产生的电器、插座和可能产生电火花的老化电线等，要相互远离、拉开距离方能保证安全，视情况一般要相隔两米以上。

案例 7

某研发人员进行过柱分离操作，由于柱子较长(高)，在通风橱内操作不方便，就放在通风橱外的地上进行。由于是加压过柱，突然间溶剂球与柱体分离，石油醚外泄，当事人下意识中随即将加压气泵的电源插头拔下，此时，插头和插座产生电火花，致使石油醚起火燃烧。后在众人努力下将火扑灭。当事人因手套起火，左手被烧伤，磁力搅拌器等电器被烧坏。

此类事故很多，几乎都是由没有足够的安全距离而引起，如果拉大电动气泵、电源插头插座和层析柱之间的距离，或在通风橱内进行柱层析就不会发生这类事故。另一起同样的事故中，当事人的头发被烧着，双手有不同程度的烧伤，医院鉴定为左手二级浅度烧伤，右手二级深度烧伤，烧伤面积约为人体总面积的 1%，治疗时间为四周。

第十三节　机(物)的疲劳与老化

机(物)的疲劳与老化是一种自然现象，是不以人的意志为转移的自然界的基本规律。

自然界的任何客观存在都有一个产生和发展变化的过程,疲劳与老化是这个过程的普遍特征。在安全事故起因分析的活动中,疲劳与老化作为安全隐患(事故起因)常常被放在非常重要的位置来探讨。

哪些物(机)疲劳或老化到一定程度,会成为安全隐患呢?根据第一篇第四章第二节中非危险源、危险源、安全隐患和事故的逻辑关系图可以得知,内含能量的危险源或后来承载能量的非危险源,疲劳或老化到一定程度,就可能成为安全隐患,若处理得不好或有触发因素,就可能导致事故。

物(机)的整体或其中的元器件和组分大多在循环变化的载荷下运动,疲劳与老化是其主要的失效形式,也是各种安全事故的主要成因之一。

引起物(机)及其元器件或成分疲劳老化的主要原因有物理因素、化学因素、生物因素、环境因素、工艺因素,甚至管理因素等。疲劳与老化是综合变化和作用的过程。

(1)物理因素:温度、湿度、电压、电磁场、振动冲击、过载、磨损、机械损伤等。

(2)化学因素:氧化、聚合或分解、腐蚀、失效等。

(3)生物因素:微生物侵蚀、分解等。

(4)环境因素:光解、高温老化、低温变脆、环境条件恶化等。

(5)工艺因素:设计不合理、材料不对路、制造加工工艺不良、安装工艺不可靠等。

(6)管理因素:不尊重科学、违反客观规律、排优选劣、无计划盲目指挥等。

以上因素引起的疲劳和老化可能导致局部或整体结构的变化,局部或整体的缺陷得到发展,从而使各项物理、化学等参数达不到起初设计时的安全可靠性要求。例如,材料强度降低导致变性、变质、变形等,致使退化失效、局部失效、全局失效或灾难性失效,最后可能形成安全隐患甚至引发事故。

疲劳与老化是无时无刻、无所不在的实际问题。所有物(机)都有其使用范围和寿命,疲劳与老化贯穿于整个生命周期。进行连续工作和间断工作、超载使用和按照规定使用、正常环境和恶劣环境中使用,物(机)在使用安全性和使用寿命上是很不相同的。

物(机)的疲劳与老化,同安全隐患及事故直接关联,在化学实验室中,由物(机)的疲劳与老化引起的事故很多,需要引起重视。

案例1

某研发人员在一个不锈钢聚四氟闷罐中做以下反应:

在30mL的小焖罐中加入1.5g化合物**1**和8mL三氯氧磷,再加入0.4mL水,盖好盖子并拧紧放入油浴锅中,然后慢慢加热到120℃,此时焖罐底部穿通,反应液冲入油浴锅内,高温油溅到当事人的额头和颈部,造成严重烫伤。

原因分析:不锈钢聚四氟闷罐由于长期高温使用导致老化。另外,聚四氟乙烯的强度会由于高温而大大下降，而且三氯氧磷和水反应会产生大量氯化氢气体，在 120℃ 高温下会使压力骤然升高，最后导致内胆底部破裂，反应液冲出。这类事故在各单位已经发生过多起。

案例 2

某研发人员准备做反应，当加料完毕，插电源时，通风橱内的台面突然起火。检查结果是强力搅拌器的电线老化、金属丝裸露导致短路引起电火花，见图 24-62，并引燃溅在桌面上的乙醇，见图 24-63。

图 24-62　搅拌器的电线老化龟裂　　　　图 24-63　事故录像截图

类似原因引起的事故很多。例如，台面上搅拌器的电源线绝缘胶皮由于长时间在通风橱内被化学试剂腐蚀而脱落，内部带电金属丝裸露在空气中，撒漏的有机溶剂接触到带电金属丝引起燃烧，如图 24-64 所示。

图 24-64　电线老化龟裂及起火后的现场

使用仪器设备时要注意：切不可让仪器设备疲劳作业、带病作业，发现仪器设备有故障应及时报修。万物皆有"灵性"，你对它好，它自然会给你提供很好的帮助，你不在乎它，虐待它，它也会报复你。

复习思考题

1. 反应热的蓄积是怎样形成的？
2. 反应临界温度的危害有哪些？如何掌控？
3. 量热仪在过程安全中的应用主要体现在哪些方面？具有哪些实质性意义？
4. 什么是安全热容量？决定安全热容量的三要素是什么？它们相互间的关系如何？
5. 使用乙醚做溶剂有哪些缺陷？
6. 聚合爆炸是聚合瞬间产生的高热导致的分解爆炸，它与爆炸性分解反应(气体分解爆炸、液体分解爆炸和固体分解爆炸)有什么本质区别？
7. 产气反应的操作需要哪些注意事项？
8. 做反应时，加料顺序原则有哪些？
9. 充分理解燃烧极限、爆炸极限和闪爆的形成条件、注意事项及其危害。
10. 刚性密闭的危害有哪些？如何预防？

11. 反应器内的安全空间在理想气体状态方程 $pV=nRT$ 中的意义是什么？

12. 放大反应的危害性突出表现在何处？为什么？

13. 深刻理解安全距离在安全管理中的重要地位。

14. 如何理解机(物)的疲劳与老化同物(机)处于不安全状态的关系？

第二十五章 常见事故的人为因素

以上各篇章节所涉及的事故的原因分析基本都是基于物(机)的不安全因素进行探讨，找出事故原点，有针对性地进行分析。其实对所有事故进行深究可知，都与当事人的不安全行为有关，而不安全行为来自不安全思维和观念。总之，所有事故都是不遵守 SOP、违反了客观规律的结果。

有机合成实验室中的所有事故都涉及人的因素，包括主观因素如故意或有意，以及非主观因素如无知或无意。这里面既有认识问题，也有方法问题。

1. 认识问题——不安全意识

认识问题包括无知或无意违规，故意或有意违规。

无知或无意违规又称为非主动性违规，其根源在于认知水平有限或认知素质有限，自身学习的主动性不够或能力不够、培训不到位、领导不重视等。

故意或有意违规又称主动性违规，其根源在于心灵深处的安全意识淡薄、投机取巧、偷工减料、急于求成、懒惰毛躁、损人利己或损人不利己等思想。

2. 方法问题——不安全行为

操作不当引起的事故归属于方法问题。表面上看，方法问题属于无知违规，但深究后发现，方法上的问题实质上仍然属于违反 SOP，未按照客观规律办事。

化学实验室中所有事故的背后，深究根源，都存在人为因素，都由违反 SOP 所致，只不过是有意违规和无意违规所占的比例不同而已。无意违规也是违规。

美国某大学的化学实验室在进行叠氮物的制备反应时发生爆炸，事后该大学的化学系主任对事故的根本原因进行了如下评价。

他强调，比反应本身更重要的是事件的根源：对反应的危害性认识不足。文献操作中缺少相关提醒注意事项。他还认为，实验组在成功做了几次该反应而没有发生事故后，变得过于自信。他说，"虽然他们意识到了危害的可能性，但是关注却变得越来越少"。

总而言之，反应中出现爆炸的根本原因是人的认识问题，以及由认识问题产生的方法问题。

本章主要从认识问题和方法问题上来探讨有机合成研发实践中的事故。这些问题包括投机取巧、毛躁、操之过急、防护操作不到位、心存侥幸、不负责任、擅离职守、懒惰、方法不对路等。

一些事故已经在前面各篇的章节中做了介绍和分析，本章专门针对常见的各种人为因素引起的事故进行归类性探究，有助于从不安全行为的心理等因素的本质和内涵上进行理解，做好有针对性的防范。

第一节　投机取巧、心存侥幸、急于求成、忽视危险性

投机取巧常常是违背规范操作的根源，心存侥幸是安全的大敌。领导对有些项目急于求成，所以紧催员工，大家匆匆忙忙赶进度，最终赶出了大事故。

作为一个化学行业的研发人员，无论如何都不能抱有投机取巧、心存侥幸、急于求成等心态，要脚踏实地、按照 SOP 进行操作。

案例 1

某研发人员做以下反应：

将原料 **A** 制成酰氯 **B** 后的浓缩物直接溶入二氧六环中，然后在 5～7℃下滴加到两个摩尔比 NaN₃ 的二氧六环/H₂O 的溶液中，反应 30min，将反应液倒入冰水中，然后用冰水充分洗涤两次，以除去多余的 NaN₃，再用 EtOAc 萃取，无水 Na₂SO₄ 干燥，然后过滤，于 45℃下旋蒸，当浓缩至接近一半时发生猛烈爆炸。

原因分析：图省事，反应的后处理不到位，未将生成的爆炸敏感性很强的 HN₃ 彻底清除掉，从而导致加热减压浓缩时发生 HN₃ 的分解爆炸（从第一步得到的浓缩物会导致第二步反应的环境为强酸性，大量多余的 NaN₃ 会转化为 HN₃）。

教训：此类反应的后处理必须将体系转化为碱性，即 pH 大于 10，使体系中的 HN₃ 全部转化为水溶性的 NaN₃，然后用水洗多次才能将 NaN₃ 全部除去。HN₃ 在有机相中的溶解度远远大于在水中的溶解度，用水无法除去 HN₃。另外，产物 **C** 的分子量虽然较大，但也有爆炸敏感性，不能直接加热浓缩至干，需要结合下一步做适当的技术处理。

案例 2

某研发人员做以下放大反应：

将 52.3g **A**（288.9mmol）溶于乙醚，然后在 0℃滴加到溶有 56.8g NaN₃（873.8mmol，3.0eq.）的 600mL 丙酮溶液中，室温搅拌 3h 至终点，然后过滤除去 NaCl。将滤液转移至 1000mL 的茄形瓶中，在旋转蒸发仪上减压蒸除反应溶剂丙酮和少量的乙醚，减压过程中水浴的温度低于 35℃，浓缩完后，当事人拿在手中仔细观察（幸亏此时没爆炸）。然后将茄形瓶放入通风橱下的柜中，用封口膜轻按盖住瓶口，又观望许久（幸亏此时也没爆炸）。之后，当事人关好柜门，离开实验室后大约 5min 发生强烈爆炸。从监控录像上看，柜门被炸开，整个柜子被炸毁，天花板纷纷落下，见图 25-1（估算爆炸威力超过两颗手榴弹）。

图 25-1　爆炸事故录像截图

原因分析：未听从安全部门的批注意见，执意进行操作。该反应本来就存在爆炸危险性，还图省事，违反操作规程。其实当事人根本就没有充分意识到爆炸危险性：滤液中剩余大量的爆炸敏感度高的叠氮钠，从前一步来的底物 **A** 所处的环境进行分析，其实多余的叠氮钠都转化成了高度敏感的爆炸物 HN_3。当事人没有将前一步和这一步的酸性环境转化为碱性，用水充分洗去水溶性的叠氮钠。另外，产物的两个高能基团使得爆炸危险性和爆炸威力大大增加。

教训：①这类具有高度爆炸危险性的反应，其反应规模要严格控制，超过克级的反应不能贸然进行；②低分子量的叠氮化产物不能以浓缩液或干燥的方式存放或应用，应始终使其以溶液的状态存在，这样危险系数会大大降低。

案例 3

某清洁工打扫实验室时，因地面上有大面积的有机污垢，为了图省事，投机取巧的念头油然而生，她违反实验室安全规定，将大量桶装乙醇直接撒泼在地面上（大量挥发），见图 25-2，然后用拖把拖。不料再次喷洒时，乙醇洒到了墙上的电插座上而引起火灾，见图 25-3，幸亏有保安巡检，协助将大火扑灭。期间，天花板上的消防自动喷淋启动，如倾盆大雨，使整个实验室地面的积水超过 2cm 深。

图 25-2　将桶装乙醇直接撒泼在地上　　　　　　图 25-3　起火

案例 4

某研发人员在减压蒸除氯化亚砜时，未搭建合适的减压装置，而是违规直接在旋转蒸发仪上进行。由于旋转瓶装的物品太重，钩扣又没扣紧，旋蒸时瓶子脱落，掉到水浴锅中，不但造成物料损失，而且导致生成的盐酸烟雾扩散，污染了整个实验室。

教训：不能在旋转蒸发仪上进行氯化亚砜、三氯氧磷等高腐蚀性以及与水剧烈反应的液体的减压浓缩操作。另外，浓缩高密度液体要分批次进行，不可盲目图快，否则欲速则不达。

案例 5

某研发人员做一个硼氢化氧化反应：

$$Ar \diagup\!\!\!\!= \quad \xrightarrow[\text{NaOH, H}_2\text{O}_2]{\text{BH}_3 \cdot \text{THF}} \quad Ar \diagdown\!\!\diagup\!\!\diagdown OH$$

1　　　　　　　　　　　　　　　　　　**2**

将底物 **1** 溶解在 700mL 无水 THF 中，冷至 0℃，搅拌下滴加 229mL BH$_3$·THF 溶液（0.229mol），然后自然升至室温搅拌 2.5h。再降至 0℃，滴加 297mL 3mol/L NaOH 溶液，然后缓慢滴加 247mL 30% H$_2$O$_2$ 溶液（2.18mol）。反应液升至室温搅拌 1h。将反应液静置，使其分层，对有机相进行干燥，然后在旋转蒸发仪上进行加热减压浓缩。当从旋转蒸发仪下取下蒸馏瓶时发生爆炸，事故现场见图 25-4。当事人脸部受伤，地面和眼镜上也沾有血迹，分别见图 25-5 和图 25-6。

图 25-4　事故现场　　　　图 25-5　地面上沾有血迹　　　图 25-6　眼镜上沾有血迹

原因分析：这是一个反马氏规则的硼氢化氧化反应，过氧化氢需要大大过量。安全后处理的关键之一是要彻底淬灭过量的过氧化氢。但是该当事人违反操作规程，没有淬灭多余的过氧化氢就加热浓缩反应液，所以爆炸是必然的结果。

教训：反应结束后，一般可用二价或四价的硫试剂来淬灭（还原）多余的过氧化氢，如稀的亚硫酸（氢）钠或硫代硫酸钠的水溶液。对比实验表明，亚硫酸（氢）钠比硫代硫酸钠的效果好。另外，预先要计算出需要多少还原剂，淬灭后，再用润湿的淀粉 KI 试纸检测直至呈阴性才能进行提取、干燥和浓缩等操作。注意显色可能需要几分钟的时间，而且要在 pH 小于 8 的情况下，否则可能呈假阴性而埋下爆炸隐患。

案例 6

某反应方程式如下：

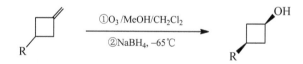

将 190g 底物溶于二氯甲烷和甲醇的混合溶液（1∶1）中，然后在−65℃下通入臭氧约 4.5h。溶液呈现浑浊白色，然后点板，得知原料反应完。将反应液取回后，继续用干冰-丙酮浴冷却，分批慢慢加入 74g NaBH$_4$（加料时间为 1.5h），加料完成后，计划将温度升至−10℃再用饱和 NH$_4$Cl 溶液淬灭多余的 NaBH$_4$。当温度升至−25℃时，反应

瓶发生爆炸。

原因分析：当事人心情急躁，臭氧反应完后没有用氮气将游离的臭氧彻底吹干净，剩余臭氧在 $NaBH_4$ 的存在下，达到一定温度会剧烈反应而发生爆炸。

案例 7

某研发人员违反规定擅自委托值班保安为他控制某过夜反应，保安也超越自己的岗位职责范围而为其进行一些有一定技术含量的专业操作，结果错将不用的油浴电热插头直接插在 220V 的插座中，没过几分钟就发生了起火燃烧，见图 25-7。

图 25-7　事故录像截图

案例 8

某研发人员做一个用四氢铝锂还原腈为胺的反应：

$$\text{HO}—C_6H_4—\text{CN} \xrightarrow[\text{THF}]{\text{LAH}} \text{HO}—C_6H_4—CH_2—\text{NH}$$

　　1　　　　　　　　　　　2

投料时误将 CH_2Cl_2 当作反应溶剂 THF，室温过夜后发现原料没有变化，这才觉察到溶剂用错。为图省事，当事人直接将反应液旋干，欲替换成 THF。旋干 CH_2Cl_2 后，当事人为方便集中固体反应物，用金属刮刀刮，结果事故就发生了：突然发出巨响，烟火喷出，手套被烧着。见图 25-8 和图 25-9。

　　图 25-8　事故录像截图　　　　　　　图 25-9　事故现场照片

教训：切不可在旋转蒸发仪上减压浓缩有四氢铝锂存在的反应液，也不能用金属材质的工具刮四氢铝锂。违反操作规程而图方便不可取。

第二节　粗心毛躁、麻痹大意

规范操作的大忌之一就是粗心毛躁、麻痹大意，由此引起的事故案例有很多。

案例1

某管理员在冷库货架上取三溴化硼，由于外包装泡沫塑料湿滑而失手滑落，将其掉在地上，药品冒出白烟，继而消防警报响起。于是大家佩戴上全面罩，用吸附棉处理，并将黄沙倒在试剂瓶摔碎地点。之后将吸附有泄漏液体的黄沙等全部装入空桶中，再用大的黑色塑料垃圾袋将桶和清理物装起，迅速将现场清理干净。

某实验助理用马甲袋盛装两瓶甲烷磺酰氯(甲烷磺酰氯的密度大，而且腐蚀性极强，会很快腐蚀鞋袜和皮肤)，当手拎马甲袋出走时，由于马甲袋破损，两瓶试剂掉落在地上打破。因为属于剧毒品，实验室内人员即刻全部撤离，然后佩戴好正压呼吸器，用碱性液体进行淬灭，再用黄沙吸收并清扫干净。

以上案例的教训：拿取化学试剂时一定要戴手套；试剂包装外表湿滑时，要戴布制手套。当用一只手拿试剂时，另一只手要做托底保护。转移化学试剂时，不可用塑料袋，也不可手持化学试剂进行长距离移动，一定要装入桶中或牢固的箱内。

案例2

某研发人员左手拿起丁基锂试剂瓶，右手打开瓶盖，不料瓶子从左手脱落，顺着外衣滑落到地上，丁基锂从瓶口溅出，袖口和衣服上都沾有丁基锂而瞬间起火，整个身体被火包围，幸亏同事迅速用二氧化碳灭火器将火扑灭，见图25-10。

图25-10　事故录像截图

图25-11　正确方式　　图25-12　不正确方式

教训：打开瓶盖或桶盖时，动作要规范。将瓶子放在台面上，一只手往下抵住台面并按稳，再用另一只手开盖，如图25-11所示；不能腾空拿着瓶子开盖，以免滑落(图25-12)。开瓶时，瓶口不能朝向自己或别人的脸部。

案例3

某研究人员在称量NaH时，由于空气湿度太大，在天平和手上(瓶中)的大约40g NaH着起火来。又一次，该研发人员称取 LiAlH$_4$，左手拿装有 LiAlH$_4$ 的塑料袋，右手用不锈钢药匙开始取样，当取到第三匙时，眼前突然出现一团红光，LiAlH$_4$ 燃烧起来。结果造成操作台的台面起泡，当事人的右手食指和无名指被灼伤。

教训：应该用牛角药匙取易燃药品，不应该使用不锈钢药匙；遇湿易燃物品的称量不应该在潮湿天气、暴露于空气的情况下进行，最好在充有惰性气体的手套箱内操作。

案例 4

某研发人员用四氢铝锂还原环戊烯环氧化合物，要做三个 10L 的平行放大反应。每个反应瓶装有乙醚 5L，环戊烯环氧化合物 600g，各需要四氢铝锂 200g。实验中用 500mL 锥形瓶称量和盛装四氢铝锂。反应需要在低温下投料，当事人用干冰-丙酮浴冷却。事发之时，一份 200g 的四氢铝锂已经称量完毕，在取样称量第二份时，少量飘落的四氢铝锂与干冰-丙酮浴的钢精锅外的冷霜接触，产生火花，从而引起装有四氢铝锂的塑料袋和锥形瓶中的四氢铝锂燃烧。由于火势很猛，在场的多位同事一起参与灭火，花了大约 40min 才将大火扑灭，整个楼层的灭火器和黄沙都被用光。

教训：干冰-丙酮浴的钢精锅外的冷霜也是水，需要用干抹布或灭火毯盖上钢精锅，以防飘落的四氢铝锂直接接触到冷霜；另外，称量四氢铝锂应该在惰性气体氛围的手套箱内进行，如无该条件，应选择在干燥的天气进行，而且动作要规范利索。

案例 5

某研发人员在合成车间做放大反应，在添加仲丁基锂的操作过程中，把压缩空气管当成了氮气管，误将压缩空气当作氮气充入了三百升装的仲丁基锂钢罐中，这随时都可能发生爆炸。关键时刻被专职安全管理人员发现并及时制止，立即用氮气对仲丁基锂罐中的空气进行置换，避免了一次重大事故的发生。当管理人员发现时，物料输送管和仲丁基锂钢罐已经发热，一旦爆炸，后果不堪设想。

原因分析：当事人毛躁粗心，复核人也同样没有发现问题。

整改措施：设备上，对所有管道和设备的标识进行规范，管道应根据国家标准要求的工业管道安全色上漆；车间氮气管道和压缩空气管道采用不同的快装接头，即使操作工不能区分氮气和压缩空气，也不会造成误操作，做到本质安全。人员管理上，上岗前就危险反应的注意事项(或已经出现过的安全隐患)对员工进行交代，对设备和管道等情况进行现场确认；向全体员工通报这次未遂事故的情况，提高全员安全意识。制度管理上，制订现场安全检查的要点，使员工掌握基本的现场安全检查知识；对"班组级"新员工的安全教育要做到现场见习和讲课相结合，具体放在车间现场，在进行危险反应时，应至少安排一位有操作实践经验的员工指导工作，在进行新步骤操作的前后，复核人要对各种物料的质量和其他状况进行认真复核。

案例 6

某研发人员为了处理废弃的硼烷二甲硫醚，从一堆漏斗中随便拿了一只，没有经过仔细检查，更没有经过清洗处理就直接使用，当她将硼烷二甲硫醚溶液倒入漏斗时，突然间从漏斗里蹿起火苗，火势迅速扩散，导致事故当事人的额头和左手严重烧伤，被同事迅速送医。

原因分析：由漏斗不干净，有水存留导致。

教训：废弃危险试剂不仅不符合反应要求，其危险性也仍然是存在的，不能有丝毫麻痹大意等轻视观念。淬灭危险试剂要当危险反应来做，甚至需要更加严谨细心和认真的态度。在处理危险品前，要预先清理干净通风橱；操作中使用的玻璃仪器应当预先清洗，烘干后再用；要做好防护措施，戴上防爆面具和加厚的防火手套；要按照标准操作进行危险品处理。转移危险试剂(如硼烷二甲硫醚以及丁基锂等有机金属试剂等)要同做反应一样使用双针头转移，避免让危险试剂直接暴露在空气中。

案例 7

干冰-丙酮浴的锅底漏，丙酮挥发的蒸气遇磁力搅拌器内的电火花而起火，后被扑灭，见图 25-13。

图 25-13　事故录像截图

原因分析：平时不检查，做事粗心毛躁，出事是必然的。

案例 8

某研发人员将称好的 NaH(玻璃表面皿)放在反应瓶旁边。反应瓶用氮气流保护着，由于该研发人员突然间将氮气开得过大，致使反应瓶口的空心塞被弹出，掉入用于冷却的冰浴中，同时，水溅到旁边装有 NaH 的表面皿中，发生起火。由于该研发人员手忙脚乱，急忙用二氧化碳灭火器进行灭火，但冲力较大的二氧化碳将 NaH 冲起，结果火焰四处乱飞。

原因及教训：做事毛毛躁躁，安全距离不够，另外，NaH 起火应该用黄沙。

图 25-14　事故现场图

案例 9

某研发人员使用电热枪烘烤硅胶板，由于过热，电热枪出于自我保护，自动暂停(处于待机状态)，当事人没有彻底关闭，就将暂停的电热枪放在一边走开了。电热枪自然冷却后，又自动启动，其吹出的高温气流将旁边装有有机溶剂的洗瓶引燃，接着引燃一瓶甲苯和通风橱内的其他物品，幸亏被路过的同事发现并将火扑灭，如图 25-14 所示。

案例 10

某研发人员做一个三氧化铬为氧化剂的反应：

$$\text{原料} + CrO_3 \xrightarrow{(AcO)_2O/AcOH/H_2SO_4} \text{产物}$$

各物料的用量分别为：100g 原料、145g 三氧化铬、1000g 乙酸酐、1000g 乙酸、200g 硫酸。用冰盐浴冷却，当三氧化铬加到 100g 左右时，发生冲料。当事人清理现场时，未将收集到的仍有危险性的残液进行淬灭处理，就直接倒入废液桶中，约 5min 后废液桶内起火燃烧，当事人用灭火毯盖住桶口将火捂灭，又用灭火器进行灭火。安全管理人员在接到报告后立即前往，了解情况后，迅速采取加碱和还原剂的方式进行了妥善彻底处置。

直接原因：三氧化铬和硫酸放热，又有很强的氧化作用，使桶内的有机溶剂燃烧。

间接原因：当事人做事粗心毛躁，没有考虑未反应的三氧化铬的强氧化性以及由此产生的安全隐患。

教训：强氧化性的试剂要经彻底还原淬灭处理后才能倒入废液桶中。

案例 11

某研发人员用双针头法转移丁基锂，转移结束后，细软管中残留的丁基锂溶液滴在了通风橱操作台上的擦拭过丙酮的草纸上，引起燃烧。慌忙中该员工又将草纸拉出通风橱并扔在地上，之后同事帮忙清理，将地上的残渣倒入垃圾桶中。由于燃烧后的残渣没有完全熄灭，又引起垃圾桶冒烟起火，见图 25-15。

图 25-15　事故录像截图

教训：在使用丁基锂等易燃危险试剂时要保持台面干净整洁，用完后的器具要及时彻底淬灭；在清理燃烧残渣时要确定完全熄灭后再清理，避免引起二次火灾。

案例 12

某研发人员在倒盛有金属钠(用于干燥)的无水 THF 时，有钠块掉在实验台上，因为预先未清理好台面，台面潮湿，钠块即刻鼓泡膨胀。当事人用镊子夹钠块，产生明火，接着乱上加乱，由于紧张又将盛有钠块的 THF 试剂瓶打翻在地面上，而地面上有少量水，随即起火。结果通风橱里外及地面均起火，见图 25-16。

图 25-16　事故录像截图

案例 13

某研发人员滴加完叔丁基锂，在取下恒压滴液漏斗时未注意到漏斗底端留有一滴，这滴叔丁基锂落下，碰巧落在台面上的少许溶剂中而起火，进而引发反应瓶起大火，见图25-17。

图 25-17　事故录像截图

类似的事故很多，在滴液漏斗滴完危险试剂后，要确保漏斗底端没有残留的试剂才能取下。危险试剂包括遇湿易燃、遇空气或极性有机试剂会剧烈反应的有机金属试剂、硼烷、三溴化硼等。

案例 14

某研发人员不小心将石油醚泼洒在通风橱的台面上，当事人用草纸擦拭时发生燃烧，见图25-18和图25-19。

图 25-18　事故录像截图　　　　　　　图 25-19　事故现场照片

原因分析：台面的石油醚蒸发，而草纸的比表面积大，石油醚吸附在草纸上会使挥发出来的石油醚更多，局部空间达到燃烧极限，同时通风橱内的水泵运转，内部的电火花引燃石油醚蒸气。

教训：使用石油醚等低沸点有机溶剂时要远离使用中的电器，通风橱内随时保持整洁，以免起火及由此造成更大的损失。

案例 15

图 25-20　爆炸现场

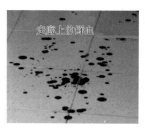

图 25-21　血迹斑斑

某研发人员误将一瓶硝基甲烷当作四氢呋喃倒入盛有固体氢氧化钠的瓶中，瓶中即刻冒出白烟，他立即将通风橱的玻璃门拉下，瓶口的烟变成黑色泡沫状液体，发生爆炸，见图25-20。包括该研发人员在内的两人的手臂都被飞溅的玻璃碎片割伤，血迹斑斑，见图25-21。

原因分析：这是一起典型的误操作事故，因粗心大意，没有仔细核对所要使用的化学试剂而造成。硝基甲烷在强碱性条件下自身可能会生成爆炸性极强的含能硝基乙醛肟。

案例 16

某研究人员做催化氢化反应，用氢气球给反应瓶通氢气。氢气球连着三通阀，三通阀再连接反应瓶。当第一个氢气球用完后，从反应瓶的瓶口上直接拔除连接氢气球的三通阀。在准备将另一个连有氢气球的三通阀插在该反应瓶瓶口上时，由于反应瓶口处沾染有少量干的钯碳催化剂，其与瓶口的空气接触后产生火花，进而引燃了反应瓶内的氢气，发生混合性气体爆炸。

原因分析：此类事故很多，都是由没有牢记钯碳等催化剂的危险特性，做事不周全导致。此案例也说明，安全无小事，稍不注意，往往会酿成大祸。

第三节　操作不得法、操之过急

实验室操作有其规范性，必须遵守客观规律，不按照客观规律办事，是要付出代价的。

案例 1

某研发人员违反规范而在通风橱外的操作台上称量有异味的刺激性试剂，不慎将装有恶臭的苯乙肼的烧瓶打碎在地，导致恶臭四溢。接着又做了两件错事，一是用拖把拖，并将沾有恶臭苯乙肼的拖把带出实验室，通过走廊，放在洗手间，使污染面扩大；二是打开窗户，破坏了实验大楼内各部位气压的有序梯度压力差，使污染面蔓延至整个大楼，致使大楼内的许多员工中毒，出现头晕呕吐。

按照 HVAC（供热通风与空气调节）规范建造的实验大楼，三级负压系统确保有序的送排风，开启门窗会打乱整个平衡有序的通风系统，致使污染面扩大。

案例 2

某研发人员做如下反应：

$$\text{Ar}\overset{\text{OH}}{\underset{}{\diagdown}}\text{NO}_2 \xrightarrow{\text{Zn/AcOH}} \text{Ar}\overset{\text{OH}}{\underset{}{\diagdown}}\text{NH}_2$$

在室温下先把 170g 硝基化合物溶在 2L 单口反应瓶里的 1L 乙酸中，室温搅拌下加入 150g 锌粉，加完后敞口搅拌大概 2min 后发生了爆炸。通风橱玻璃被炸裂，反应失败，所幸未造成人员伤害。见图 25-22 和图 25-23。

图 25-22　事故录像截图

图 25-23　事故现场照片

原因分析：违反操作规程，操之过急，锌粉加得太快，产生的热量来不及导出而使反应速率加快。一旦反应全面爆发，温度骤然升高便易引起硝化物爆炸；另外，反应物浓度过高也是原因之一。

案例 3

某研发人员处理废弃四氢铝锂时，将四氢铝锂悬浮在塑料烧杯里的 THF 中，然后直接倒入桶装的乙酸乙酯，由于反应剧烈，大塑料杯内的 THF 很快着火。当事人先用灭火毯盖住，但掀开又继续烧，多个回合都无法将火扑灭，接着又引燃其他物品，后来在同事的帮助下使用二氧化碳灭火器才将塑料烧杯及其他部位的火扑灭，见图 25-24 的事故录像截图。

图 25-24　事故录像截图

教训：乙酸乙酯作为四氢铝锂的淬灭剂，只能一滴一滴地慢慢加，甚至要用 THF 稀释。若加乙酸乙酯的速度太快，则反应剧烈导致起火。

案例 4

某研发人员心急火燎地用丙酮荡洗了许多烧瓶，然后置于烘箱中进行干燥，人刚离开实验室，烘箱便发生爆炸。

这是由丙酮达到爆炸极限所致，烘箱只能用于烘水分，瓶子上不能残留过多有机溶剂。

案例 5

某研发人员减压蒸馏硝化反应后的产物，当蒸至剩下很少残液时，突然发生爆炸。分析结果是多硝基副产物发生了爆炸。

第四节　动作不利索、不规范

化学实验室的一切操作活动都有其特性和规范性，该快的不能慢，该慢的不能快，如有不当就会出现问题。

案例 1

某研发人员做催化氢化反应，他将称好的 15g 催化剂 Pd(OH)₂/C 放入预先充有氩气的氢化瓶中，然后量取反应溶剂甲醇，并将甲醇倒入，此时瓶中的催化剂突然着火。冲出的火苗烫着了持有量筒的右手，手中的量筒不幸脱落，同时打翻甲醇溶剂瓶，致使大量甲醇流出，整个操作台顿时一片火光。

原因分析：将催化剂放入预先充有氩气的氢化瓶后，由于相隔时间太长，瓶口未密闭，瓶内的氩气被空气逐渐置换。将甲醇倒入时，催化剂与混有有机蒸气的空气摩擦而起火。

案例 2

一研发人员在配料间按照规范将溶剂甲醇、钯碳和底物分别加入氢化瓶中。当到实验室准备用氢气置换瓶中的氩气时，感觉催化剂可能不够，又返回配料间补加催化剂。补加干钯碳后(少许催化剂沾留在瓶口)，他直接将 5L 桶装甲醇向氢化瓶中倒，在倒的过程中发生起火，手被烧伤，整桶甲醇掉落地上，引起地面起火。

原因分析：以上催化剂起火事件具有代表性。从整个操作程序上看好像没错，但是问题出在操作动作不利索，也不规范，中间停顿时间过长，瓶中的氩气又慢慢被空气置换了。

教训：氩气是否彻底置换了瓶中的空气，瓶口是否留有催化剂，如果中间有停顿，是否需用盖子盖住瓶口以防空气置换瓶中的氩气等，都是这类操作中需要周密考虑的问题。另外，可以用含水 50%左右的湿催化剂(除非反应特别忌水)，安全性会提高。

第五节　防护不到位

在实验室中，几乎所有操作都存在安全隐患，所以在进入实验室区域以及进行操作前都必须做好个体防护，穿戴好个人防护用品。

案例 1

某实验助理搭建一个简易的尾气吸收装置，用一根橡皮管与细颈漏斗相连，装置搭建好后，他怕漏斗在使用过程中会脱落，又用双手去固定，这时细颈漏斗颈部断裂成两截，两端破损玻璃尖角交叉将其双手戳破。他立即被送到医院治疗，右手掌缝了四针，左手也缝了数针，且发现左手食指一根筋被戳断，伤势较为严重，造成工作无法继续，生活短期无法自理。

教训：在玻璃管和橡皮管对接过程中，用力要恰当，最好事先用油脂或水润滑，操作时必须戴好布制防护手套，以免发生意外伤害。

除了上述漏斗外，类似将玻璃管插入橡皮塞，或者把橡皮管套入玻璃管，以及于试管上塞橡皮塞时，强行操作而受伤的案例很多。还有核磁管(拧管子的盖帽)碎裂，残存在抹布中的毛细管等的破碎玻璃锐角造成的伤害案例非常多，需要多加注意。同事间要多交流操作体会，互帮互学，老员工和主管对新员工要做好"传、帮、带"。

案例 2

某研发人员准备做一个醇氧化成醛的反应，需要先自制氧化剂 IBX(2-碘酰基苯甲酸)：

制备结束，将大约 10g 的 IBX 存放在 100mL 玻璃烧瓶内，正准备放到天平上称量时，手里装有 IBX 的烧瓶突然发生爆炸，造成手部多处被炸伤，脸部下颌处多处划伤，其中最严重的伤口有 6cm 长。

原因分析：可能由于微量残留的溴酸钾导致 IBX 爆炸，另外，IBX 本身也可能发生结晶重组爆炸。但是，明知制备 IBX 时非常危险，却不做任何防范措施，不佩戴任何防护用品而徒手操作，一旦遇上爆炸等事故，就非常容易受伤。

教训：在进行这种存在危险因素的反应前，应该对反应的风险进行评估，详细查阅各化合物的危险性，充分做好个人防护。

第六节　管理不善、未妥善保存试剂或处置废弃试剂

危险化学试剂或中间体都要严加管理，按照其基本特性进行妥善存储、运输和使用，否则很容易发生事故。

案例 1

某研究小组要整体搬迁至另外一个实验大楼，大家匆匆将仪器和试剂打包待运。半夜时分，打包纸箱发生起火燃烧，火势持续十多分钟，天花板上的消防喷淋头启动，大火才被喷淋水扑灭。图 25-25 是被烧毁的试剂纸箱。

原因分析：其中一试剂瓶中残留有几十克的 $LiBH_4$，其封闭不良，未妥善保管而受潮，遇高温潮湿天气而突发起火燃烧。

同样的一次 $LiBH_4$ 爆炸起火事故：通风橱下的试剂柜内，试剂摆放混乱，其中有一马口铁筒内的袋装硼氢化锂由于密闭不良，平时又未放入干燥器内，日渐分解。事发当日，实验室内湿度大、温度高，突然发生爆炸并起火。图 25-26 为发生猛烈爆炸时火光和烟雾的录像截图。

图 25-25　被烧毁的试剂纸箱　　　　　　图 25-26　事故录像截图

案例 2

通风橱里的三溴化硼保管不善，很容易突然发生爆炸事故，一些实验室有过这类教训，如图 25-27 所示。

图 25-27　三溴化硼的爆炸事故

三溴化硼为无色液体，沸点为 91℃，在空气中会产生烟雾，遇水和醇会发生爆炸性分解。相对密度为 2.65，有强腐蚀性。有毒，对眼睛、皮肤、黏膜和呼吸道有强烈的刺激作用；吸入后可能由于喉、支气管的痉挛、水肿、炎症以及引起化学性肺炎、肺水肿而致

死；中毒的表现有烧灼感、咳嗽、喘息、喉炎、气短、头痛、恶心和呕吐。

三溴化硼的启封、取样、称样、密封和存储保管等一直是个棘手问题。用玻璃瓶盛装，启用后可用软木塞或蜡密封，因其对橡胶类的腐蚀能力极强，不可用橡胶塞。一旦启封，最好尽快用完，如果预计一时用不完，要果断用二氯甲烷稀释并妥善淬灭。存储时，放在阴凉干燥通风处，要防潮，远离热源和潮湿源，要与碱类物质隔开。因其腐蚀性太强，不可以放入冰箱中保存。三溴化硼主要用于脱醚类的烃基，溶剂多为二氯甲烷，应研发需求，现在市面上已有市售 1mol/L 三溴化硼的二氯甲烷溶液供应，易于取样、称样和短时间保存。

案例 3

盐酸甲醇溶液等盐酸有机试剂应该现配现用，不可长时间存储。过于严密封闭其实就是刚性密闭，容易发生物理性爆炸，如图 25-28 所示。

图 25-28　爆炸后的现场

案例 4

酸碱不可放在一起进行转移。某实验人员搬移放有瓶装试剂的纸盒时，盐酸和三甲胺一起掉落在地，两试剂瓶都破损，顿时雾气腾腾，整个实验室内的空气都被污染，见图 25-29，所有的电器都受到酸雾和盐雾的腐蚀，将影响其使用寿命。

图 25-29　实验室内的空气被污染

案例 5

钯碳、氢氧化钯、Raney Ni 等催化剂用后要集中收集。为了防止接触空气，必须用水浸封，不使催化剂露出水面。

某氢化实验室疏于管理，桶内的废弃催化剂露出水面，晚间发生起火燃烧，见图 25-30。幸亏保安通过远程监控在屏幕上及时发现并采取措施，将火扑灭，没有使火情进一步扩大。

图 25-30　废弃催化剂起火燃烧

第七节　把实验室当化工厂

大规模投料和小试在危险性上是完全不同的，大规模投料主要存在叠加热效应问题以及其他很多不确定问题。另外，化学实验室只适合研发实验，特别危险或超过公斤级的大反应不适宜在实验室内做，实验室和工厂车间在防火等级上是不同的，不能混为一谈。

案例1

某研发小组因嫌市售的过氧苯甲酸太贵就自己进行制备，先摸索条件以便日后放大生产。第一次小试反应结束后，将内含大约27g过氧苯甲酸的600mL二氯甲烷溶液进行浓缩，打算在常压40℃下浓缩至120mL，然而，当体积浓缩至约130mL时就发生了强烈爆炸，见图25-31。

图25-31　强烈爆炸后的现场

大规模生产极其危险的化学试剂或化工原料时有其独特的安全生产设施和管理方式，以及对应的防备措施，而普通化学实验室在一般情况下是难以实现的。

案例2

某研发小组嫌市售的硫氢化钠纯度低、质量差，就在特殊气体实验室里进行大规模硫氢化钠的制备（生产）：

$$H_2S + NaOH \longrightarrow NaHS + H_2O$$

由于实验室的简单尾气吸收装置仅适合小规模反应，结果大量的硫化氢尾气因吸收不彻底而发生大规模泄漏，污染了整个研发大楼，造成该楼的所有人员紧急撤离。

第八节　极端片面性思维、操作偏激

某研发人员考虑到环氧乙烷的较低沸点和毒性，害怕其挥发，就先用干冰-丙酮浴冷却含有底物、环氧乙烷和甲醇溶剂的反应液，再将温度极低的该反应液加到氢化瓶中，然后加热。由于内部极冷、外部急速加热，氢化瓶的材质结构出现问题，其强度由此迅速下降，不

图25-32　氢化瓶爆炸

能承受应有的压力。当压力升到30psi时，氢化瓶发生爆炸，见图25-32。

原因分析：当事人的极端片面性思维→过分内冷外热的方式→氢化瓶骤冷骤热→内应力改变→强度下降，氢化瓶承受不住原有的规定内压而引起爆炸。另外，环氧乙烷也会发生自身聚合。

第九节　擅离职守、丢三落四、做事不负责任

化学实验室属于进行研究开发的危险场所,实验人员需要具有严谨的科学态度和高度责任感。如果擅离职守、丢三落四、做事不负责任,出事故是必然的结果。

案例1

某研发人员做一个黄鸣龙改良还原反应:

该反应在已经成功摸索过多次的基础上进行放大。反应在 10L 反应器中进行,在蒸馏出多余的水合肼和生成的水后再加热至 190℃反应 6h,预定在当天晚上 8 点停止反应。当事人没有坚守岗位,委托另一位加班的同事在晚上 8 点帮他关掉反应,但该同事离开实验室时却将此事忘记了,而当事人也没有打电话进行确认。半夜时分,园区巡夜保安发现实验室着火,冒出大量浓烟,大火随即迅速蔓延,所以赶紧拨打 119 电话报警,消防大队出动四辆消防车赶来将火扑灭。此次事故的损失较为严重,烧毁了两个通风橱,橱内的装置、器具全部烧毁,通风橱上方的吊顶烧掉,桥架内的电缆线损失严重。此事故也造成较大的负面社会影响。

据现场分析,着火是由加热油浴锅内的硅油引起的。夜间整个电网用电负荷低,电压上升,而电加热圈的功率与电压的平方成正比,电压高,功率加大,从而引起硅油的温度超温而燃烧起火。由于当事人擅离职守,不负责任地交给别人去做,而承接人又丢三落四,忘记关电源,导致事故发生,再加上相关值守保安未能及时发现和扑救,致使事态进一步扩大。

案例2

某研发人员在通硫化氢气体时,未严格遵守操作规程,通气管未插到反应液的底部,也没有及时更换尾气吸收液,致使硫化氢气体外溢。由于当事人离开岗位而没有及时采取应急解决措施,造成严重空气污染事故。大楼内的许多员工出现头晕恶心,深受其害,纷纷撤离。

之后不久,他在蒸馏甲苯时忘记加入沸石,结果发生暴沸,甲苯溢出而起火。

注:常压蒸馏有机溶剂时,如果没有搅拌装置,一定要加沸石,敲碎的瓷器碎粒则更好。对要求不高的减压蒸馏最好用旋转蒸发仪,旋转蒸发属于薄膜减压浓缩,一般不会发生冲料事故,但在转速过慢的情况下可能会发生暴沸。有些研发人员在使用旋转蒸发仪时,喜欢将水浴锅内的水提前加热,或始终使仪器处于电加热状态,这常会发生冲料而导致物料损失或起火事故。如果不用旋蒸,而是采用常规减压蒸馏或分馏,那就一定要使用搅拌或毛细管来阻止暴沸。

案例3

一位研发人员对自己用过的剩余氢化钠没有做标记,后来竟当作硅藻土使用,结果发

生起火。由类似的低级错误引起的事故还有很多。

试剂瓶或中间体的标签要及时贴上并贴牢。你认为能记住的东西，过几天就怎么也想不起来了，这是很糟糕也是很危险的事情。

案例 4

因电加热圈的重心不平衡而翘起，露出油面，达到自燃点而起火，见图 25-33。

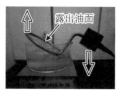

图 25-33　电加热圈重心不平衡而引起的火灾

没有全面深入地考虑整个反应或多个相关单元操作的危险性，没有严密的掌控措施，也常常是事故多发的原因。另外，电加热圈的设计也不合理，难以平衡，存在安全隐患。

第十节　缺乏前瞻性

对危险性反应要预先把全过程包括后处理仔细研究一遍。操作前有前瞻性，才能做到主动防护。以下是一个氧化 30g 底物的反应：

$$R\text{—}\underset{\text{苯并咪唑}}{\boxed{}}\text{—SH} \xrightarrow[\text{30\%AcOH}]{Cl_2} R\text{—}\underset{\text{苯并咪唑}}{\boxed{}}\text{—}S(=O)_2\text{—Cl}$$

图 25-34　抽滤瓶被炸碎的情景

爆炸发生在反应结束的后处理阶段——过滤固体产物磺酰氯。在拔掉抽滤瓶抽气管的几秒后，抽滤瓶内的溶液发生了爆炸，抽滤瓶被炸得粉碎，见图 25-34。

当事人受伤，被立即送进医院。爆炸声致使当事人耳朵鼓膜穿孔，需动手术；上嘴唇被划出约 1.5cm 的伤口，缝了几针；脖子上被爆炸的碎片划破好几处；手上扎入很多布氏漏斗碎片，医生通过拍的片子，用镊子把能看见的取出来了，而进入手掌里面的小碎片是当事人后来自己用酒精消毒，然后慢慢用针挑（或抠）出来的。鼓膜穿孔的那只耳朵虽然动过手术，但听力在事后 6 年仍未完全恢复。

原因分析：由于氯气和水作用生成次氯酸，并可能进而将乙酸氧化成过氧乙酸。次氯酸和可能生成的过氧乙酸都是易爆物，当抽滤结束拔掉抽气管时，空气瞬间进入抽滤瓶，滤液发生剧烈振荡引起了爆炸。

　　教训：①缺乏前瞻性，没有预计到该反应可能会生成易爆的次氯酸和过氧乙酸；②过氧乙酸属于对热(如加热、震动、摩擦等以及搅拌、抽滤、旋蒸等单元操作引起的分子碰撞)极其敏感的爆炸品，所以反应温度一定要低于零摄氏度(但是不能蓄积反应潜热)，反应结束后一定要及时用亚硫酸盐等还原性物质彻底淬灭生成的过氧化物,才能继续进行后续操作，避免爆炸事故的发生。

复习思考题

　　有机合成化学实践中容易出现哪些不安全行为？为什么会产生？

第二十六章　危险反应的安全注意事项

危险反应在有机合成反应中比例不大，但是事故率高，危害大，容易造成反应失败、项目进程延误、物料和财产损失甚至人员伤亡。

所谓危险反应，是指那些存在危险隐患，易发生事故的反应，包括但不限于：①瞬间剧烈放热的反应，容易发生冲料或燃烧爆炸事故；②有大量气体产生的反应，容易发生冲料或燃烧爆炸事故；③有毒物质(特别是毒性、催泪、臭味等刺激性物质)参与或产生的反应，容易发生人员伤害事故；④有致敏或强腐蚀性的物质参与或产生的反应，容易发生人员伤害事故。

以下分类别介绍一些主要危险反应的安全注意事项。

第一节　叠氮化试剂及其参与的反应

自 1864 年由德国化学家 Griess 制备出第一个有机叠氮化合物苯基叠氮以来，通过以叠氮钠(也称迭氮钠)为代表的叠氮化试剂进行的拟卤二级反应动力学的亲核反应，制备出了大量有机叠氮化合物、三氮唑、四氮唑等化合物，这类富含能量又可作为活性中间体加以多种应用的化合物引起了广泛重视。通过有机叠氮化合物、多唑类杂环的合成及其延伸，研发人员可以完成许多设计规划，如然而，以叠氮钠为代表的叠氮化试剂以及有机叠氮产物和多氮产物通常都具有爆炸性，通过热、光、压力、摩擦或撞击等引入少量外部能量后就会引起剧烈的爆炸性分解，造成事故。这方面已经有很多沉痛教训。例如，某校一位女硕士生合成一个六元环的杂环化合物，这个化合物的 1，3，5 位上有三个叠氮基，合成出来后，转移到干燥器中，在油泵减压下抽掉溶剂。第二天，她来取干燥器中的叠氮化合物，当她用力打开干燥器时，由于剧烈振荡，叠氮化合物发生剧烈爆炸，将整个干燥器炸得粉碎。她的整个脸部受伤，被缝了 24 针，所幸的是眼睛未受到伤害。

叠氮物引起的事故案例在本书以往各篇的相关章节中有很多地方已经涉及。

一、安全认识

从合成、后处理、纯化和保存的安全角度出发，需要有以下 4 点基本安全意识：

(1)有机叠氮及多氮化合物都具有潜在的爆炸性，小分子量的中间体或终端产物不能以纯品形式保存，需要低温保存在低于 1mol/L 的稀溶液中。分子量较大的纯品（或含量高）的中间体及终端产物也需在低温和黑暗状态下少量保存。

(2)在设计路线时，若中间体或目标产物为有机叠氮化合物，需考量其爆炸危险性的大小，有以下 3 个经验安全性的指标可供参考。

①原子数比值。

碳、氧原子总和数与氮原子数的比值方程为

$$\frac{原子数(C)+原子数(O)}{原子数(N)} \geqslant 3$$

当目标叠氮化合物的原子数比值≥3 时，可认为有足够的安全系数，但在其合成、后处理、分离和储藏时，总量也应限制，最多不要超过 30g。如果超过 30g，风险系数会加大。

原子数比值与对应的相关操作，请参考表 26-1。

表 26-1　原子数比值与对应的相关操作

原子数比值	叠氮化物用量或存储量	操作注意事项及存储要求
比值≥3	≤30g	正常合成、后处理、分离。可纯品存储
1≤比值<3	≤20g	低温操作与存储。不可纯品使用或存储，溶液浓度保持≤1mol/L
比值<1	≤10g	只能以中间过渡态的形式短暂存在，并保持低温、低浓度

②叠氮比值。

本书在这里要新定义一个名词"叠氮比值"。叠氮比值是指叠氮基成分（氮原子量与叠

氮基团数量的乘积)在分子中所占的比重，定义式为

$$叠氮比值=\frac{14n}{M}\times100\%$$

式中，n 表示叠氮基的个数；M 表示分子量。

通常可用这个比值指标来考量有机叠氮化合物的爆炸性。如果某有机叠氮化合物分子的叠氮比值超过 7%，就存在爆炸危险性，这是比对很多事故得出的经验值，比值越高危险性越大。也就是说，只有一个叠氮基的分子，当其分子量小于 200 时就具备了爆炸危险性；有两个叠氮基的分子，其分子量小于 400 时就有爆炸危险性。这其实与前文中的原子数比值方程的考量原则是基本相同的。当叠氮比值为 6%～7% 时，可能具有爆炸危险性，低于 6% 就基本没有爆炸危险性了。例如，作为治疗艾滋病的首选药物叠氮胸腺嘧啶脱氧核苷(AZT，也称齐多夫定)以及抗生素叠氮西林等极少数药物的分子中虽然有叠氮基，但却没有爆炸危险性，这是因为它们的叠氮比值低于 6%。

③爆能比值。

爆能比值是指分子的放热分解能(kJ/mol)除以分子量的值，是以放热焓变 ΔH 来衡量的，见第三篇第十三章第三节。

经验表明，当有机叠氮物的爆能比值超过 0.8 时，也即放热焓变 ΔH 大于 0.8kJ/g，爆炸的危险性就存在；若比值小于 0.8，爆炸危险性降低；比值越小，安全系数越大。

(3)在叠氮钠参与的反应中不要使用卤代烃(如二氯甲烷和氯仿)做溶剂，以免生成爆炸性更强的二叠氮甲烷和三叠氮甲烷。

(4)相关废弃物应装入独立专用且有明确标记的容器，尤其不要与酸接触，以免产生更高感度(爆炸)及更高毒性的 HN_3(沸点只有 36℃)。如果浓度大于 14%，即使没有氧气，叠氮酸的蒸气对震动也是非常敏感的，轻微震动也会爆炸，而且，HN_3 的毒性接近 HCN。按照国家标准 GBZ/T 160.29—2004，工作场所叠氮酸最高允许浓度为 $0.2mg/m^3$。工程防护和个体防护上需要有特别要求。

原子数比值、叠氮比值与爆能比值，三者之间是存在线性关系的，通过三方面的评估，基本就能了解其爆炸危险性。

二、安全操作注意事项

(1)NaN_3 属于剧毒品，投料、反应和后处理，需戴好防毒面具和手套，做好个人防护。NaN_3 及有机叠氮物属于高感度易爆品，不能用金属勺或刮刀进行取样称量等操作，也不能受热、震动，更不能烘干。

按照国家标准 GBZ/T 160.29—2004，工作场所叠氮钠最高允许浓度为 $0.3mg/m^3$。

(2)所有接触过 NaN_3 的器具和后处理水溶液都需要在负压的通风橱内用次氯酸钠溶液进行荡洗操作，以彻底淬灭。

(3)反应结束后的反应液，pH 要大于 9 后才能进行萃取(不至于变成水洗不掉的剧毒和爆炸性物质 HN_3)。

(4)带有叠氮基的产物存在爆炸性(除非满足上述 3 个安全性指标，以及量很少，如只有 1g 以下)。有机叠氮化合物的合成、后处理和纯化不宜使用浓缩(常压蒸馏和减压蒸发)

等操作，最佳选择是萃取后保留在溶液里直接用于下一步。柱层析后进行浓缩也可能引起有机叠氮或多氮唑化合物分解爆炸。

最好结合下步的反应，看是什么溶剂，可用与下步相同的疏水溶剂(如二氯甲烷、甲苯等)提取，不要浓缩。如果下步不是疏水溶剂，解决方案为：在后处理的低沸点萃取液中加下步的较高沸点溶剂，通过减压浓缩，置换出低沸点的萃取液。用较高沸点溶剂置换原来的低沸点溶剂是一种可取的安全变通方法，在多数情况下可以考虑使用。

原则：带有叠氮基的产物在分子量小于 200 的情况下，如果物料量超过克级，不能加热浓缩，更不能蒸干或烘干；即使分子量为 200～250，如果反应规模较大，也要慎重考虑。

(5)处理反应过量的 NaN₃ 后处理水溶液，要按照 1∶50 以上的浓度配成稀的水溶液，慢慢加入不断搅拌下的 NaClO 溶液中进行淬灭，彻底搅拌后静置过夜。加料顺序不可以反过来。如果 NaN₃ 和 NaClO 溶液太浓，淬灭时可能会发生爆炸。按照下面的淬灭反应式，多余 1mol 的 NaN₃ 约需 500mL 10% NaClO 溶液。

$$2NaN_3+NaClO+H_2O=\!=\!=\!2NaOH+NaCl+3N_2\uparrow$$

也可以用稀的硝酸铈铵或亚硝酸(多用其钠盐水溶液)处理。有人提出用 NaBH₄ 处理更安全，但此法需要经过验证。

通过拟卤二级反应动力学的亲核反应来制取有机叠氮化合物，除了叠氮钠外，近年来实验室常用的叠氮试剂还有叠氮乙酸乙酯(AAE)、三甲基硅叠氮(TMSA 或 TMSN₃)、叠氮磷酸二苯酯(DPPA)、三正丁基叠氮化锡(TBSnA)、叠氮化四丁基铵(TBAA)等，以及自爆性极强的叠氮化卤，如叠氮化碘、叠氮化溴和叠氮化氯等。在考量这些叠氮试剂以及它们的有机叠氮生成物的爆炸危险性时，充分牢记上述 4 点安全意识和严格遵守上述 5 点安全操作注意事项是非常重要的。

具有爆炸特性的叠氮化合物，不能以纯品甚至浓溶液保存，要以稀溶液的形式保存。最好直接用于下一步，直到叠氮基团消失为止。

三、实例

例1

申报工艺：将 80g 底物 **A**(240mmol，1.0eq.)和 40g NaN₃(0.6mol，2.78eq.)加入 250mL乙醇中，加热至 65～70℃，反应 4h。TLC 板[石油醚∶乙酸乙酯(体积比)=10∶1，Rf=0.5]显示反应原料消耗完全，无剩余。然后将反应混合液倒入冰水(4L)中，用甲基叔丁基醚萃取三次，每次 1L。合并后的有机相用无水硫酸钠干燥，然后真空浓缩得到 **B**。

批注：后处理进行真空浓缩很可能发生爆炸。因为该产物带有两个叠氮基，原子数比值＜3，叠氮比值＞7%，爆能比值大于 0.8，是一个具有明显爆炸危险性的化合物，不可以真空浓缩，特别是产物在量较大的情况下，不要以纯品存在，需要结合下一步反应及其所用溶剂进行相应安全后处理。

例 2

申报工艺：将 40g 反应底物(1eq.)和 42g 氯化铵(3.73eq.)溶于 EtOH/H$_2$O(1500mL/450mL)的溶液中，加入叠氮钠 51g(3.73eq.)，在 80℃反应 16h，减压蒸出乙醇，残留的水层用乙酸乙酯萃取，有机层用盐水洗涤三次后，干燥，减压旋干，过柱纯化浓缩得产物。

批注：①加料顺序改为，先将反应底物溶于 EtOH/H$_2$O 中，然后加叠氮钠，最后加氯化铵；②该产物带有叠氮基。原子数比值＜3，叠氮比值＞7%，爆能比值大于 0.8，是一个具有爆炸危险性的边缘化合物。在 80℃反应 16h 后蒸出乙醇，极具爆炸危险，不能这样做；③由于氯化铵大大过量，反应液呈酸性，反应结束后，要用碳酸钠溶液转化反应液至碱性(pH 大于 10，所有脂溶性的 HN$_3$ 都转化为水溶性的 NaN$_3$)后，再用乙酸乙酯萃取。萃取液不能浓缩至干，否则也可能爆炸。结合下一步反应的溶剂环境，按照上述相关项的安全注意事项来选取合适萃取溶剂，规范操作，严格做好各项保全措施；④水层中含有大量多余的叠氮钠，要加到不断搅拌下的 0～10℃次氯酸钠溶液中淬灭。

例 3

申报工艺：室温下，将浓盐酸(4.92mL，60mmol)加入 NaN$_3$(24g)的二氯甲烷(40mL)悬浊液中。搅拌 1h 后，逐滴加入底物 **A**(12mL)，然后加入三乙胺(3.6mL)。室温搅拌 5h 后，将反应混合液加水稀释，然后分层。水相用二氯甲烷再次萃取。合并后的有机相依次用饱和碳酸氢钠水溶液、饱和食盐水洗涤，无水硫酸镁干燥，然后真空浓缩。

批注：①建议不要使用 DCM 等卤代有机化合物做溶剂，因为 DCM 可能会消耗叠氮钠；②因为叠氮钠大大过量，在酸性环境下，有剧毒和易爆 HN$_3$ 生成，要做好严密防护；③反应结束，要用 Na$_2$CO$_3$ 水溶液中和酸性反应液 pH 至 9～10。NaHCO$_3$ 的碱性不够，只能调到 pH=8 左右；④该产物带有叠氮基，原子数比值＜3，叠氮比值＞7%，爆能比值大于 0.8。产物通过浓缩提纯，具有爆炸危险性。可结合下一步反应综合考虑选择合适萃取溶剂，不用浓缩，也可以用下一步高沸点的溶剂来置换萃取溶剂；⑤水层中含有大量多余的叠氮钠，要在不断搅拌下加入较低温度(0～20℃)的次氯酸钠溶液中进行淬灭。

例 4

申报工艺：在氮气保护下，将化合物 A (45g，0.33mol，1.0eq.)、氯化铵 (54.0g，1.01mol，3.0eq.) 和 NaN₃ (28.5g，0.43mol，1.3eq.) 加入 80% 的乙醇水溶液 (1000mL) 中，然后加热至 75℃，搅拌 2h。冷却后，加入水 (800mL)，然后用乙酸乙酯萃取三次，每次 200mL。萃取得到的乙酸乙酯相，用水洗两次，每次 200mL，然后用无水硫酸钠干燥。在水相中加入氢氧化钠水溶液调节至 pH=11，然后用次氯酸钠淬灭。

批注：该反应是在酸性环境中进行的，有极易爆炸的 HN_3 生成，其会转移到乙酸乙酯中，需要用 Na_2CO_3 溶液调反应液 pH 至 9～10，才能用乙酸乙酯提取。乙酸乙酯提取液不能浓缩，可接着往下做，或者用下一步的溶剂置换掉乙酸乙酯。若能用下一步的溶剂直接做这一步的萃取剂则更好。

例5

申报工艺：将 **A** (660g，4.78mol) 和三乙胺 (800mL，5.74mol) 溶于四氢呋喃 (960mL) 中，冰浴冷却下，加入叠氮磷酸二苯酯 (DPPA，1.13L，5.26mol)。室温搅拌 4h 后，将反应混合液倒入含有乙酸乙酯、饱和碳酸氢钠水溶液的混合液中，然后用乙酸乙酯萃取。合并后的有机相用无水硫酸钠干燥，然后减压浓缩掉溶剂。残留物用甲醇洗涤，得到产物 (580g，收率为 74%)。

批注：产物有爆炸性，后处理用浓缩的方法取得产物，虽然不是每次都会发生爆炸，但是这样操作是很危险的。需要结合下一步，产物不要以高浓度保存或提纯，措施同例4。

例6

将 100g 底物 **A** (0.62mol，1.0eq.)、102g NaN₃ (1.5mol，2.5eq.) 和 83g NH₄Cl (2.5mol 2.5eq.) 加入 1500mL DMF 中，搅拌下加热至 110℃，反应 72h。冷至室温，倒入冰水中，用乙酸乙酯提取 (1500mL×3)。干燥、浓缩，得到粗产物。

批注：①这样操作，将可能发生猛烈爆炸。因为过量的 NaN₃ 在酸性 NH₄Cl 下会产生爆炸性的 HN_3，后处理时很难用水洗去而进入乙酸乙酯，浓缩时就会发生爆炸；②后处理时，先用碱将反应液 pH 调至 9～11，才能用乙酸乙酯提取；③NaN₃ 是剧毒品也是易爆炸物，不能用金属勺或刮刀进行取样称量等操作；④所有接触过 NaN₃ 的器具和后处理水溶液都要用 NaClO 荡洗；⑤处理含有过量 NaN₃ 的反应母液，要按照 1∶50 以上的浓度配成稀的水溶液，搅拌下慢慢加入 NaClO 进行淬灭，彻底搅拌后静置过夜。如果 NaN₃ 太浓，加入 NaClO 时可能发生爆炸。多余 1mol 的 NaN₃ 约需 500mL 饱和 NaClO 溶液进行淬灭。

第二节　过氧化物及氮氧化物参与的反应

包括过氧化氢等无机过氧化物、过氧酸、有机过氧化物等，以及它们参与的具有爆炸危险的危险反应和后处理，还包括通过这些危险反应生成的有机过氧化合物以及各种氮氧化物的爆炸危险性，都需要深入了解，并引起特别重视。

一、对有机过氧化物及氮氧化物的安全认识

对有机过氧化物及氮氧化物的爆炸危险性需要全面认识。

衡量过氧化物和氮氧化物，以及它们的目标产物(为过氧化物或氮氧化物)的爆炸危险性，有两个经验参数可参考，一是过氧比值，二是放热焓变，它们都是过氧化物的安全性指标。

1) 过氧比值

本书在这里要新定义一个名词"过氧比值"。过氧比值是指过氧基或氮氧化物成分(氧原子量与过氧基团或氮氧基团数量的乘积)在分子中所占的比重，定义式为

$$过氧比值 = \frac{16n}{M} \times 100\%$$

式中，n 表示过氧基团或氮氧基团的个数；M 表示分子量。

通常可用这个比值指标来考量有机过氧化物的爆炸性。如果过氧比值超过 8%，就有爆炸危险性，这是比对很多事故得出的经验值，过氧比值越高，危险性越大。也就是说，只有一个过氧基团(或一个氮氧基团)的分子，当其分子量小于 200 时就可能具备了爆炸性；有两个过氧基团(或两个氮氧基团)的分子，其分子量小于 400 就可能具备爆炸性，这种方法比较直观和简单，例外的不多。对于放大或大规模生产，还需要结合下面的爆能比值(放热焓变)进行细致考量。

2) 爆能比值

爆能比值是指某爆炸性分子的放热分解能(kJ/mol)除以分子量的值，是以放热焓变 ΔH 来衡量的。当有机过氧化物及氮氧化物的爆能比值大于 0.8，即放热焓变大于 0.8kJ/g 时，爆炸危险性就大。这需要通过量热仪器来测量，然后根据测得的数据进行分析和安全评估。

过氧比值与爆能比值之间是有直接线性关系的，而且成正比。过氧比值过大，通过量热仪检测评估后，如果是具有爆炸危险性的有机过氧化物，就不能与金属接触，也不能震动或受热，更不能烘干。不能以纯品甚至浓溶液保存，要保存于稀的溶液中。最好尽快用作下一步，直到过氧基团消失。

过硫酸及其盐或复盐(如过硫酸氢钾复合盐)，因含过氧基(—O—O—)而同属于过氧化物。

氮氧化合物的爆炸危险性来自于其中的含能基团——氮氧键，以前不被人们重视，由于发生过多次爆炸事故才逐渐被人们重视起来。

　　一些吡啶类、嘧啶类、嗪类等氮杂芳环，形成一个类苯结构的大 π 键。因为环氮原子的电子对不参与构成大 π 键，环碳原子的电子云流向氮原子，氮杂芳环被钝化，致使氮杂芳环成为一个缺电子环系，导致亲电取代反应难度加大。当氮杂芳环的氮被氧化生成氮氧化物后，氧原子的电子对向环上转移，环上 π 电子云密度增大，因而亲电取代反应被活化，其作用机理相当于氯苯，亲电取代反应中亲电基团优先进攻氮氧位的邻位和对位(即 2 位和 4 位)。氮杂芳环的氮原子被氧化生成氮氧化物的目的意义就在于此。

　　吡啶氮原子可被过氧化氢或过氧酸氧化而形成氮氧吡啶化合物(也称吡啶氮氧化物、吡啶-N-氧化物、N-氧化吡啶、氮氧化吡啶、氧化吡啶等)，表达方式有如下几种：

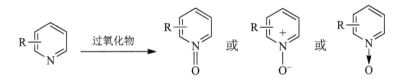

　　N-氧化吡啶通常只作为一个重要的过渡性中间体来应用。由于氮原子被氧化后不能再形成带正电的吡啶离子，其 2 位和 4 位活性增强，有利于发生芳香族亲电取代反应，可在这些位置进行氯化、硝化等，主要生成 4 位取代的 N-氧化物，若 4 位已有基团，则在 2 位取代。取代完毕，然后通过转位机理可消去其氮上的氧，就可以得到由吡啶直接取代所不能得到的衍生物。因此吡啶类氮氧化物也常被用作有机合成试剂或中间体。

　　通常用 H_2O_2/HOAc 体系或 m-CPBA 氧化。底物被氧化后，其极性大大增大，TLC 的 Rf 值大大降低。通过大量事故分析，被氧化生成的氮氧吡啶类、氮氧嘧啶类和氮氧嗪类化合物，其中的氮氧化学键($N{\rightarrow}O$)富含能量，通常被认为是一个高能量的爆炸基团，相当于一个过氧基团($-O-O-$)，也称为拟过氧基，其氮氧化物被称为拟过氧化物，因此，氮氧化物的爆炸危险性可以参照过氧化物。

二、安全操作注意事项

　　(1)在溶剂中进行的反应通常不会有危险性。溶剂不但提供了一个各反应物之间能相互碰撞接触进行反应的平台，而且也是一个热容库，在力所能及的范围内吸收并化解瞬间产热带来的各种危险。因此，反应期间发生的爆炸事故比例并不大，其爆炸危险性一般表现在后处理的浓缩、干燥等阶段，所以，后处理阶段自始至终要全面做好个人防护。

　　(2)过量的过氧化物在有机相中的浓度往往大于水中的浓度，通常很难用水洗尽过量的过氧化物。除去多余的过氧底物，可用亚硫酸钠或亚硫酸氢钠等还原性物质的水溶液来处理有机层，通过充分搅拌，将过量的过氧底物淬灭掉。要预先核算一下过氧底物的多余量才能得知需要多少亚硫酸钠或亚硫酸氢钠等还原性物质，还原性淬灭剂最好要比理论量多出 10%。一般情况下 1g 亚硫酸钠(配成 10%水溶液)可以淬灭 2g 左右 70%含量的 m-CPBA，3.7g 亚硫酸钠淬灭 1g 左右的 H_2O_2。搅拌 10min，注意适当冷却。

　　试验证明，淬灭剂用亚硫酸钠或亚硫酸氢钠，效果优于硫代硫酸钠或二氧化锰。

　　(3)用以水润湿的淀粉碘化钾试纸来测试有机层中是否有残留的过氧化物(或氧化

剂），呈阴性才能确保后面的操作安全。在某些情况下，这种测试不像测 pH 那样快而灵敏，观察时要耐心等一会儿。另外，使用淀粉碘化钾试纸时还需要注意所测试溶液的 pH。当被淬灭的溶液为碱性，pH 超过 9～10 时，淀粉碘化钾试纸中的 KI 变成蓝色 I_2，又可以继续发生如下歧化反应：

$$3I_2 + 6OH^- \Longrightarrow 5I^- + IO_3^-$$

这样就可能产生假阴性，容易误导人，以为过氧化物已经除尽而进行误操作，导致发生危险。因此，用淀粉碘化钾试纸时首先要知晓被测溶液的 pH，以免误判，得出错误结论。已经由此误判断而发生过爆炸事故。

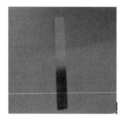

图 26-1 为含有同样浓度过氧化物的溶液，淀粉碘化钾试纸显色由于 pH 的不同而有不同表现，左边是 pH≥10 的测试情况（几乎为假阴性），而右边是溶液 pH 调为 7 时，显示阳性，展现出溶液中过氧化物的真面貌。

图 26-1　不同 pH 下淀粉碘化钾试纸显色的比较

（4）要注意到反应所用的溶剂是否会被过氧化物氧化为过氧化物。如果反应溶剂被氧化为过氧化物，在后处理过程中如浓缩操作就可能发生爆炸。至于哪些物质或溶剂容易或可能被氧化为过氧化物，可参见第三篇第十六章第二节的相关内容。

（5）如果产物为过氧化物或氮氧化物，那么这些产物也可能有爆炸性（除非满足过氧比值与爆能比值的安全性指标），其合成、后处理和分离纯化不宜使用浓缩（常压蒸馏和减压蒸发）等操作，最佳选择是萃取后保留在溶液里直接用于下一步。柱层析洗脱液的浓缩也可能引起这类化合物分解爆炸。产物不能在烘箱内干燥，若一定要获得少量干燥物，最好在常温下真空干燥，干燥后的产物不能用金属勺或刮刀进行操作。

总之，带有过氧基团或氮氧基团的化合物在分子量小于 200 的情况下，如果物料量超过 3g，不能加热浓缩，更不能蒸干；分子量在 200～250 之间的带有过氧基团或氮氧基团的化合物，也要慎重考虑。安全性指标不是很好的反应后处理，只有在物料量较小（如 3g 以下）的情况下才可用 CH_2Cl_2 或乙醚等低沸点的溶剂提取，这样，浓缩时只需要较低的温度（不高于 30℃）即可，仪器前要用挡板保护。

（6）产物为过氧化物或氮氧化物时，其后处理最好结合下步的反应，看是什么溶剂，可用下步相同的疏水溶剂（如二氯甲烷、甲苯等）提取，不要浓缩。如果下步不是疏水溶剂，解决方案为：在后处理的低沸点萃取液中加下步的较高沸点溶剂，通过减压浓缩置换出低沸点的萃取液，用较高沸点溶剂置换原来的低沸点溶剂是一种可取的安全变通方法，在多数情况下可以考虑使用。

（7）解除真空时，不要直接用空气，应该用氮气或氩气等惰性气体。

氮氧化物的分子量在 120～150 时常为胶固状，超过 150 多为固体。如果分子中含有极性的基团，呈固态的分子量还会降低。这在后步反应的加料顺序上值得注意，通常需要将固态的氮氧化物加到液态的反应物中，便于散热，如果加料顺序颠倒，有可能由于散热不良而导致意外事故发生。

三、实例

例1

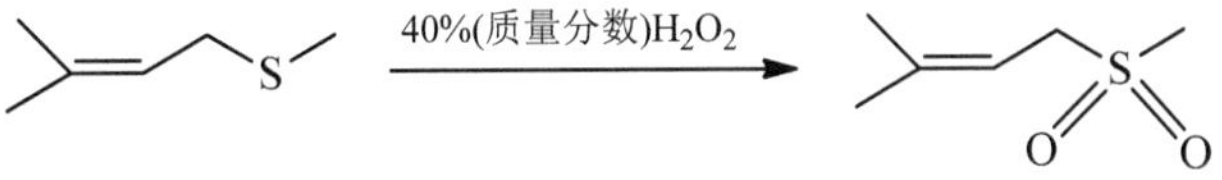

申报工艺：在冰水浴冷却下，将化合物 **A**(60g)缓慢加入搅拌下的 330mL 冷水中，随后缓慢加入过氧化氢(108mL)。将反应液升温至 65℃，搅拌过夜。冷却至室温后，向反应液中加入氯化钠至饱和，然后用乙酸乙酯萃取。合并后的有机相用无水硫酸镁干燥，然后旋干，得到产物。

批注：这样后处理，在加热减压浓缩乙酸乙酯提取液时，会发生猛烈爆炸，即使分多次旋蒸也有爆炸危险，已经有很多这样的爆炸事故。因为反应后处理时，大量过量的过氧化氢会溶解在乙酸乙酯有机相中，即使用水洗多次也很难彻底洗去溶解在乙酸乙酯中的过氧化氢。可用亚硫酸钠或亚硫酸氢钠等还原性物质的水溶液来处理有机层，通过长时间强力搅拌，将过量的过氧化氢反应掉。最后用以水润湿的淀粉碘化钾试纸来测试有机层，呈阴性才能确保后面浓缩操作的安全。

例2

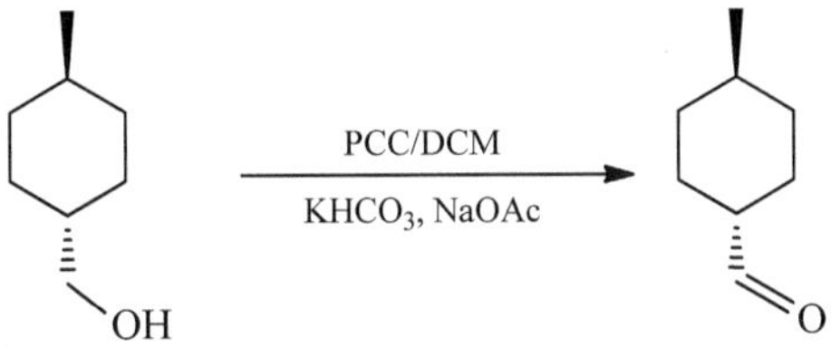

申报工艺：用 PCC 做氧化剂，其他不再进行具体描述。

批注：PCC 具有吸湿性，有吡啶气味，对眼睛和皮肤具有刺激性腐蚀作用。一般只适宜小规模反应，中试规模会有潜在风险，收率也不会高。建议用 TEMPO/NaClO 来替代 PCC，TEMPO(四甲基哌啶-氮氧化物)作为自由基捕获剂，是一种平和而有效的氧化催化剂以其做氧化剂的反应式如下：

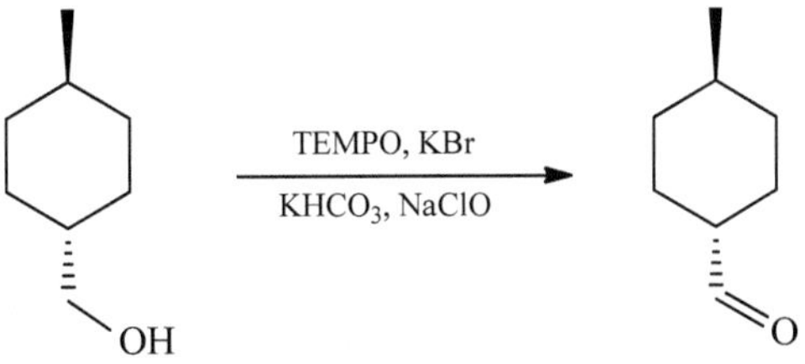

该反应必须在较高温度下，将次氯酸钠溶液缓慢或分批加入含有底物和 TEMPO 的反应液中，在每加一部分次氯酸钠溶液前都要确保前面所加的都已经反应完。

然而，另一个研发公司的类似反应却在 0～5℃的低温下加氧化剂，当料加到一半左右时，温度急剧上升，想冷却也来不及了，此时研发人员立即停止加料，拉下通风橱，爆炸发生了，通风橱的玻璃门、反应瓶和双排管被炸毁。研发人员左手小指和无名指之间被玻璃扎伤流血，实验室同事立即将其送往医院进行急救处理，最后缝了五针，输液三天。

例 3

　　申报工艺：反应完成后，将反应液浓缩至 200mL 后倾倒至水中，析出固体，抽滤所得即为产品。水相用亚硫酸钠溶液完全淬灭后倒入废液桶。

　　批注：这样操作(浓缩)有爆炸的危险，一是由于有过量的过氧化氢，二是产物也有爆炸性。需要在反应结束后，先用亚硫酸钠溶液将过量的过氧化氢淬灭才能浓缩。另外，产物不可烘干，可用真空干燥法。另外要提醒，本产品为固体，进行下一步反应时，需将固体氮氧化物加到另一个反应底物的溶液中。

　　有人担心用亚硫酸盐淬灭掉反应液中多余的过氧化物时，对氮氧基会产生影响，大量试验结果证明，不会影响产物结构。例如，过氧化氢与 2-氯-5-甲基吡啶的反应，用亚硫酸钠淬灭掉多余的过氧化氢后，分别对原料和产物进行 NMR($CDCl_3$) 和 LC-MS 验证，证明产物不受影响。

第三节　正价卤化合物及其参与的反应

　　正价卤化合物的爆炸危险性主要来自于它们的氧化性，即使是单质的卤素也有氧化性(氧化性从氟到碘依次降低)，常用的正价卤化合物主要有以下类型：

　　(1)含氧酸及其盐：HXO、HXO_2、HXO_3、HXO_4，氧化性来自于正价 X(Cl、Br、I)。含氧数越少其氧化性越高，如 $ClO^- > ClO_3^- > ClO_4^-$；而敏感性则相反：$ClO_4^- > ClO_3^- > ClO^-$。

　　(2)N-卤代琥珀酰亚胺和 N-卤代乙酰胺：NXS 和 NXA，X 为 Cl、Br、I。多作为卤代试剂，但由于正价卤素具有氧化性，有时也作为氧化剂使用。

　　(3)IBX：其氧化性来自于高价碘(+5 价)。

　　(4)R_3COX：如次氯酸叔丁酯，其正价卤素具有氧化性。

　　(5)互卤化物：XY_n($n=1$、3、5、7)，X 重于 Y，氧化性来自正价 X。

一、对正价卤化合物的安全认识

　　一些正价卤化合物通常用于卤化反应，但其本身又是一类有爆炸危险性的氧化剂。

　　氧化反应的实质是夺取电子，正价卤有夺取电子的强烈趋势。它们在氧化反应过程中，放热焓变较大，往往会超过 800J/g，当反应物料量比较大、又在短时间或瞬间完成，就更为危险。某些正价卤化合物还可能将反应液中的一些物质(如溶剂)氧化成过氧化物，而后在加热、浓缩时发生分解爆炸。例如，Cl_2 在以水和乙酸为溶剂的反应中就可能先生成次氯酸而后将乙酸转化成具有爆炸性的过氧乙酸(见第三篇第二十五章第十节的案例)。

R₃COX 的爆炸敏感性相当于过氧醇 R₃COOH，如下反应就发生过强烈爆炸：

其他类型的正价卤化合物也常有爆炸事故发生。

二、安全操作注意事项

(1)正价卤化合物在存储、转运、取样时，需要低温、稳定，不能震动，特别是固体正价卤化合物对外能很敏感，要避免接触热、碰撞或摩擦等。

(2)尽可能在较高温度下滴加正价卤化合物溶液，可慢加或分批加，在每加一部分正价卤化合物溶液前都要确保前面所加的都已经反应完。

(3)正价卤化合物的摩尔比不必过大，反应液中多余的正价卤化合物要做彻底淬灭处理才能保证安全。包括过滤后的滤渣也不能随便倒入垃圾桶，否则可能引起垃圾桶起火，进而引发大火，对滤渣中残余甚至微量的正价卤化合物都要做彻底淬灭处置。

三、实例

例1

申报工艺：在单口圆底烧瓶中加入 1,3-二烷基丁基脲(6.50g，37.73mmol，1.00eq.)的无水乙醚(40.00mL)混合液。将反应容器进行避光保护，然后逐滴加入次氯酸叔丁酯(6.15g，56.60mmol，1.50eq.)，滴加时间超过 30min。将得到的灰黄色溶液继续搅拌 30min。冰浴下降温至 0℃，然后分批加入叔丁醇钾(5.50g，49.05mmol，1.30eq.)。将反应混合液升温至 20℃，搅拌 8h，用 H-NMR 监测反应进程。向反应混合液中加入正己烷(80mL)进行稀释，然后转移到 500mL 的分液漏斗中，水洗三次，每次 60mL。有机相中加入无水碳酸钾(5.0g)干燥，搅拌 3h 后，过滤，30℃下浓缩得到残余物。

批注：次氯酸叔丁酯对热非常敏感，反应结束后，要将多余的次氯酸叔丁酯用亚硫酸氢钠水溶液彻底淬灭。

例2

IBX 是典型的高价碘(+5 价)试剂，在有机合成中用作氧化剂，用于将一级醇和二级醇分别氧化为醛和酮。该化合物于 1893 年被首次合成，但由于它在多数常见有机溶剂中的溶解性不好，其应用最初并不是很广泛。1994 年 Frigerio 发现其易溶于二甲基亚砜，对醇和邻二醇的氧化效果很好，从而揭开了 IBX 在有机合成中应用的新篇章。

IBX

用溴酸钾氧化法来制备 IBX 时，安全操作步骤为：在 500mL 三口瓶中将 20g KBrO$_3$ 溶于 2mol/L 的 190mL 硫酸溶液，加热到内温 60℃。然后将 20g 邻碘苯甲酸分批加入反应液中，加料过程中溶液逐渐变成橘红色，有溴蒸气产生且有白色固体生成。邻碘苯甲酸加完后，保持内温在 65℃继续加热搅拌 2.5h。后处理过程如下：将反应液在冰水浴中冷却到 0℃左右，小心将析出的大量白色固体过滤，滤饼用冷水洗三次(200mL×3)，乙醇洗二次(100mL×2)，再用冷水洗三次(200mL×3)，可得约 12g 产品 IBX，然后转移至瓶中备用。

IBX 比较稳定，可长期存放，但易爆，一些人认为它对震动的敏感性可能是由于其中有原料溴酸钾残留，见本篇第二十五章第五节的爆炸案例。鉴于其多次爆炸带来的危害性，近二十多年来，一些安全性能好的 IBX 衍生物被合成出来并得到实际应用。

最好避免直接使用 IBX，而应该使用添加了稳定剂的 SIBX。如果必须使用，则需要彻底除去微量残留的溴酸钾，并保存于塑料广口瓶中，以降低爆炸的可能性以及爆炸带来的危害。

将 IBX 与乙酸和乙酸酐的混合液加热即得戴斯-马丁氧化剂(Dess-Martin periodinane, DMP)，后者更易溶于常见有机溶剂中，具有更优越的氧化性能，已得到广泛应用。IBX 在氧化反应方面常与 DMP 有相似的性质，不过 DMP 不稳定，不能长期保存，最好现做现用，用不完的要及时用合适的还原剂淬灭掉。现在 IBX 和 DMP 都有商品供应。

例 3

申报工艺：将化合物 **A**(22.8g，100mmol)，高碘酸钠(260g，1.2mol)和三氯化钌(150mg)加入四氯化碳(400mL)、乙腈(400mL)和水(1000mL)的混合溶液中，室温下搅拌 1d。然后加入乙醚(1000mL)，剧烈搅拌。萃取分离得到的有机相用饱和食盐水洗，无水硫酸钠干燥，然后真空浓缩，随后采用硅胶过柱纯化。

批注：高碘酸钠以及反应结束后过滤剩余的微量高碘酸钠都极其容易爆炸，要妥善、及时、彻底淬灭掉过滤得到的剩余高碘酸钠，否则容易引发爆炸事故，如第三篇第二十一章第二节的案例 11。另外，乙醚有可能会被高碘酸钠氧化生成过氧乙醚，浓缩乙醚提取液时极易爆炸。须用还原物如亚硫酸钠将多余的高碘酸钠和可能生成的过氧化物淬灭，使润湿的淀粉碘化钾试纸呈阴性才安全。

例 4

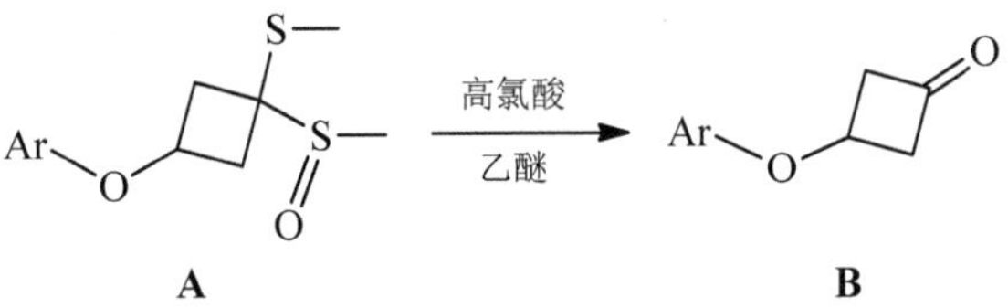

申报工艺：室温下将 35%的高氯酸水溶液逐滴加入化合物 **A**(80g) 的乙醚(1000mL) 溶液中，然后搅拌过夜。加入碳酸氢钠和水，用甲基叔丁基醚萃取，旋干得粗品化合物 **B**。

提示研发操作者：高氯酸可能促使乙醚和 MTBE 生成过氧化物，加热浓缩时容易引起爆炸，如何避免？

该研发人员马上会同主管讨论，修改后的操作描述为：室温下，将 35%的高氯酸水溶液逐滴加入到化合物 **A**(80g) 的乙醚(1000mL) 溶液中，然后搅拌过夜。反应结束后，加入碳酸氢钠水溶液调节 pH=8，然后加入亚硫酸氢钠水溶液。当润湿的淀粉碘化钾试纸不再显蓝色，用甲基叔丁基醚萃取，旋干得粗品化合物 **B**。

最后，该反应被批示同意。

例 5

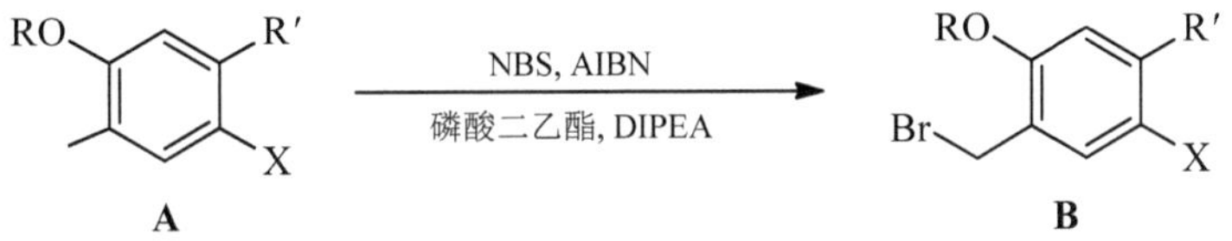

申报工艺：在 25℃下，将偶氮二异丁腈(AIBN)和 *N*-溴代丁二酰亚胺(NBS)一次性加入到化合物 **A**、磷酸二乙酯和 *N,N*-二异丙基乙胺(DIPEA)的混合液中，然后升温至 65～75℃。

批注：这是一个游离基反应，AIBN 一般在 60℃产生自由基，作为热引发剂参与反应，但一次性加入反应物料，并升至 65～75℃，大量的反应潜热积聚在反应混合物中，后期有发生冲料的危险，特别是量越大越容易造成反应潜热大量积蓄。需改变一下工艺，在 65～75℃的情况下分批加 AIBN 和 NBS，并不断移去生成的热，避免热量积蓄冲料而引起燃烧。这样，6kg 产物被成功安全地制备出来。

例 6

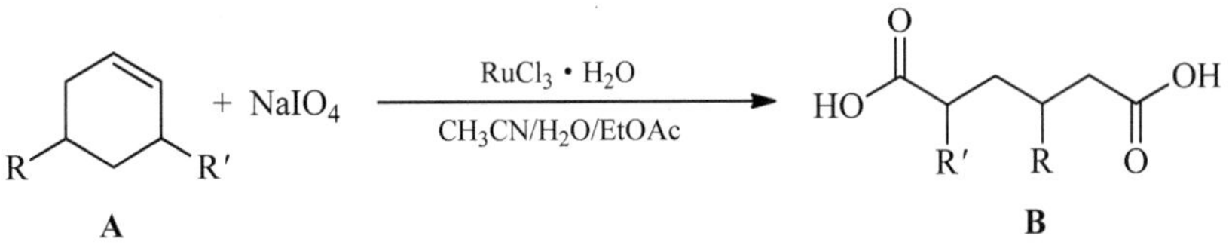

申报工艺：按照规定量，将反应底物 **A** 和 RuCl₃·H₂O 溶于乙腈、EtOAc 和 H₂O 的混合液中，冰水浴下分批加入 NaIO₄，控制反应内温度在 10～25℃，加完后常温搅拌过夜。反应结束，抽滤，液体加水和 EtOAc 分液，有机相用硫酸钠干燥，后旋蒸得固体产物。

批注：要用亚硫酸钠或硫代硫酸钠淬灭多余的高碘酸钠。先计算剩余多少高碘酸钠，再根据反应式计算需要多少亚硫酸钠或硫代硫酸钠。淬灭反应前，要用水稀释含多余高碘酸钠的废水溶液，淬灭剂亚硫酸钠或硫代硫酸钠也要配稀，双方浓度都要低于10%。包括内含多余高碘酸钠（及碘酸钠等）的滤渣，也要一并做淬灭处理。否则多余高碘酸钠在干燥后也可能发生爆炸。以上淬灭处理要认真对待，千万不可掉以轻心。

第四节　重氮甲烷及其参与的反应

重氮甲烷（别名叠氮甲烷）自1894年发现至今，已有一百多年的历史。

重氮甲烷的结构可以用共振式表示：

$$H_2C=N^+=N^- \rightleftharpoons H_2C^-—N^+\equiv N \rightleftharpoons H_2C^+—N=N^-$$

重氮甲烷主要用于羧酸、醇、酚、烯醇及氮硫杂原子的甲基化，特点是没有副产物形成，被认为是甲基化清洁试剂；还可使环酮扩环，生成多一个碳原子的环酮，或在合适条件下生成环氧化物；与酰卤反应生成重要的中间体 α-重氮酮。此外，由于其特殊的双偶极结构，与不饱和键进行环加成反应时，其产物含氮杂环在热或紫外光作用下生成环丙烷或其衍生物，同时放出氮气。

一、安全认识

重氮甲烷在室温下为黄色气体，沸点为−23℃，剧毒，刺激性强，且吸入易引起肺病和癌变。极易爆，遇粗糙、锋锐的表面都可能发生爆炸（已经发生过此类事故），所以使用的玻璃器皿必须是抛光的，不能用磨口插件；遇金属（特别是碱金属）易发生爆炸；重氮甲烷遇热易爆，所以在制备重氮甲烷时要用沸点最低的乙醚，便于在尽可能低的温度下随同乙醚蒸出来。重氮甲烷在乙醚等惰性溶液中存放较安全，在稀的反应液中可以加热回流。

二、安全操作注意事项

（1）因为重氮甲烷流经玻璃瓶的磨口面都可能发生爆炸，所以制备重氮甲烷要用专门特制的玻璃抛光接插件装置，不允许用普通玻璃仪器来制备重氮甲烷和盛装重氮甲烷。

（2）重氮甲烷是易爆物，不可撞击，承受高温，或与金属接触，应现制现用，用多少制多少。如有剩余，要及时小心淬灭。虽然存放冰箱中可保持两个月，但从安全角度考虑，不值得推广。

（3）抛光的玻璃接插件口要涂抹油脂。

（4）水浴温度不超过70℃。

（5）多余的重氮甲烷可用稀乙酸淬灭至黄色消失。反应液中多余的重氮甲烷可用乙酸或很稀的盐酸淬灭，淬灭时做好多层个人防护。

（6）尽量选择在乙醚中原位生成重氮甲烷，使之直接与底物反应，而不要使用重氮甲烷发生器，这样可以避免因蒸馏重氮甲烷乙醚溶液等危险操作而发生意外。

三、重氮甲烷的制备

制备重氮甲烷的方法很多，一般是将具有下面结构的化合物在碱性条件下进行催化降解，即可得到重氮甲烷：

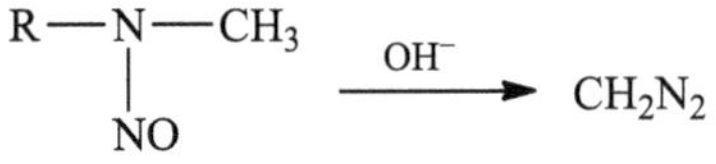

$$R{-}\overset{\underset{NO}{|}}{N}{-}CH_3 \quad \xrightarrow{OH^-} \quad CH_2N_2$$

其中 R 为磺酰基、羰基或类似吸电子基团，化学结构式如下：

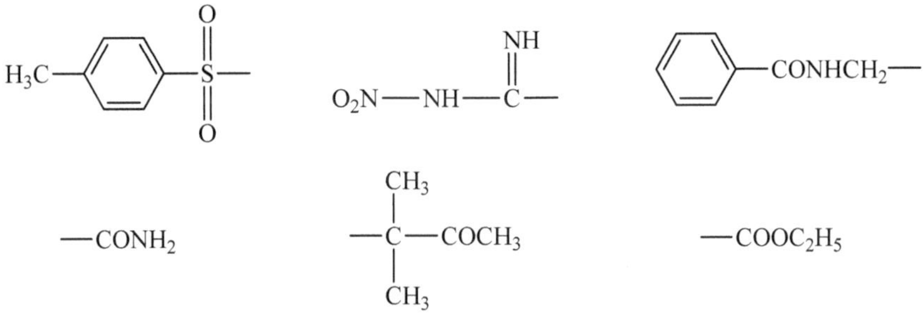

例 1

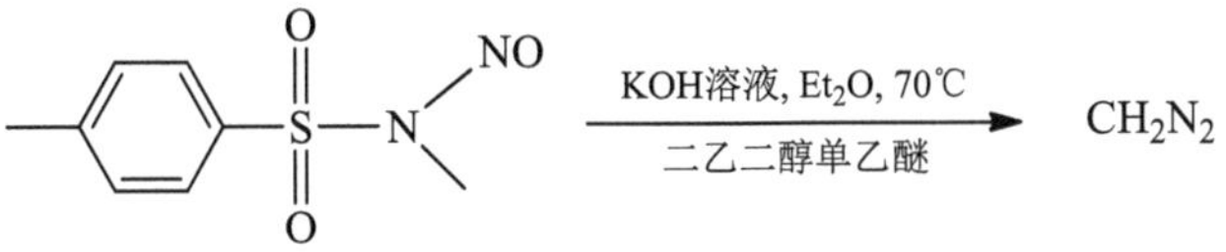

将氢氧化钾(18g，0.0321mol)溶于水(30mL)，加入抛光蒸馏瓶中，再加入二乙二醇单乙醚(100mL)，同时加入 20～30mL 乙醚，控制水浴温度为 70℃，观察反应装置，等有乙醚流出，说明达到了反应温度。向反应液中滴加 N-甲基-N-亚硝基对甲苯磺酰胺(64.5g，0.301mol)溶于乙醚(350mL)的溶液，重氮甲烷随同乙醚馏出，直到没有液体流出为止，说明反应结束。接收瓶用干冰-丙酮浴冷却，无水硫酸钠干燥(避免用硫酸钙)，大约得重氮甲烷乙醚溶液 0.21mol，为 70%收率(有时可高达 80%收率，为 0.24mol)。如果手头没有 N-甲基-N-亚硝基对甲苯磺酰胺，也可以用 N-甲基对甲苯磺酰胺(p-CH$_3$—C$_6$H$_4$—SO$_2$NHCH$_3$)，经亚硝化制得。

例 2

用双(N-甲基-N-亚硝基)对苯二甲酰胺与 30%氢氧化钠溶液反应制取，操作同例 1。前者可用双(N-甲基)对苯二甲酰胺(p-CH$_3$NHCO—C$_6$H$_4$—CONHCH$_3$)，经亚硝化制得。

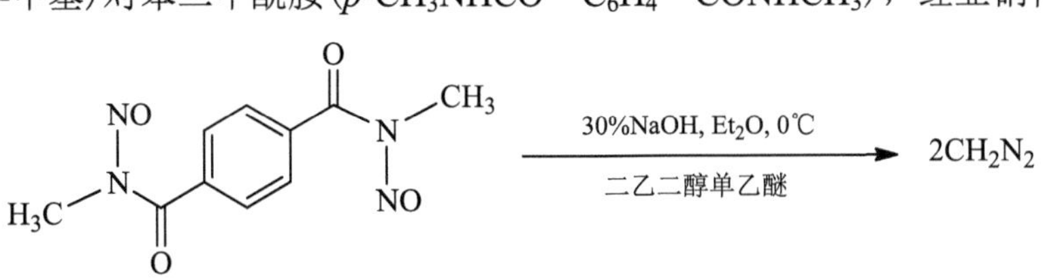

上述两种方法涉及强致癌的亚硝胺中间体，这些中间体需要自制且不稳定难以保存，并且原料分子量较大，制备重氮甲烷的效率不高。

例3

原子利用率较高的制备重氮甲烷的方法是，在相转移催化剂存在的强碱性环境下用三氯甲烷与水合肼反应。方法：在 250mL 抛光三口瓶(专用)中加入 15mL 三氯甲烷、8mL 乙醚及 10mL 50%氢氧化钠，并加入苄基三乙基氯化铵(或者其他相转移催化剂)，于 50～60℃水浴中回流，在不断搅拌下滴加 85%水合肼 10mL，约 0.5h 加完，继续回流 4h 后，将反应液放冷，静置，用分液漏斗分去水层，得黄色重氮甲烷乙醚液，产率可达到 67%。

鉴于重氮甲烷的多重危险性，具有作为甲基化剂、重排扩环等多用途的三甲基硅烷化重氮甲烷正己烷溶液(如 2mol/L)或乙醚溶液，已有商品供应，与重氮甲烷比较，相对不易爆炸，但是仍然有毒。当三甲基硅烷化重氮甲烷被用于转化羧酸至相应甲酯时，它会经由甲醇解反应在进程中产生重氮甲烷。当人体吸入三甲基硅烷化重氮甲烷时，其会与肺部表面的水汽发生相似的反应。所以吸入三甲基硅烷化重氮甲烷可能也会导致与吸入重氮甲烷类似的症状(如肺水肿)。这使得三甲基硅烷化重氮甲烷吸入后有潜在的致命性，已经造成过死亡事故(见第三篇第二十一章第三节)。

重氮甲烷被广泛用作有机合成中的甲基化剂，反应结束后，一般可用稀酸(盐酸或乙酸)将多余的重氮甲烷淬灭掉。

第五节　硝化反应及硝基化合物参与的反应

硝化反应是向有机化合物分子中引入硝基($-NO_2$)的反应过程。

硝化反应的机理主要分为两种，对于脂肪族化合物的硝化一般是通过自由基历程来实现的，其反应历程比较复杂，在不同体系中也会不同，很难有可以总结的共性。而对于应用最多的芳香族化合物来说，其反应历程基本相同，是典型的亲电取代反应，反应动力学属于二级。

一、安全认识

(1)反应放热的多少是决定危险发生的可能性和危险的严重程度的第一个主要因素。

硝化反应放热焓变大，为强放热反应。42 种硝化反应的量热数据表明，其平均反应热为 145kJ/mol，其中大多数硝化反应的反应热为(-145 ± 70)kJ/mol，绝大多数反应热超过 600J/g，且反应非常剧烈，极易失控造成冲料或爆炸事故。

(2)反应动力学表明反应放热的快慢，是决定危险发生的可能性和危险的严重程度的第二个主要因素。

本征反应动力学为二级，反应速率取决于反应底物和硝化剂：

$$r=k_1[芳香化合物]\,[NO_2^+]$$
$$=k_2[芳香化合物]\,[HNO_3]$$

并与分子活度(电子云密度)、介质温度、浓度、碰撞频率、酸的活度、杂质等因素相关。多数硝化反应属于非均相(有机相和水相)，影响反应的因素很多，如搅拌、热交换等。硝化反应的难易主要取决于芳香环中的电子贫富状况，推电子的基团导致环上富电，吸电子的基团导致环上贫电(缺电子体系)，前者容易发生亲电取代反应，后者则较难，需要苛刻条件如高浓度硝酸(发烟硝酸)或混酸(浓硝酸和浓硫酸)。

(3)产物存在硝基，本质上不稳定，硝基越多越不稳定。硝基属于对热敏感的爆炸基团，反应时的过热可能导致产物分解，加剧发生爆炸的可能性。特别是硝化反应失控时，温度上升，硝化反应速率陡增更加推高温度，继而发生产物的分解爆炸的恶性后果。有机硝化物的分解热非常高，一般大于 1000J/g，在近似绝热条件下(反应介质瞬间隔热)温度急剧升高，分解反应的热加速过程显著。而且，分解过程有自催化现象。失控下，多重能量集聚，从而导致爆炸。

(4)统计过 56 种硝基化合物的分解焓值的分布，大多数的分解焓都在–240kJ/mol 到–360kJ/mol 之间。产物的硝基越多，热稳定性越差，分解焓绝对值越大。

(5)高浓度硝酸或混酸(浓硝酸和浓硫酸)有强氧化性、腐蚀性和不稳定性。

二、安全操作注意事项

(1)硝化反应的主要危险性在于该类反应的反应热大，大多超过 600J/g，需要将不断生成的反应热及时移出，不能积蓄反应潜热。可在较高温度下通过控制滴加硝化剂的速度来控制反应温度，需配备良好冷却措施。

(2)反应不能密闭，以防冲料或爆炸，可用干燥管。仅在小量反应时可慎用气球(缓冲防爆)。

(3)产物不可用烘烤方法干燥，可用真空常温干燥。产物不要接触金属，避免因高温、明火、摩擦、撞击及光照等引起的火灾爆炸事故。

(4)硝基化合物参与的反应实例。

氯化铵+铁粉还原硝基的反应式为

申报工艺：略。

批注：这是一个放热反应，开始有一个触发的起始过程，容易造成假象而将铁粉或氯化铵一次加完，这样会造成反应潜热蓄积，一旦触发开始，就会发生冲料，甚至起火。

方法一：将底物溶解在 80%乙醇中，搅拌下将全量的铁粉加入，升温至 70℃，逐份滴加 20%氯化铵水溶液(每份为总量的 1/20～1/10)，应该有升温，如果不升温，再提高 5～10℃加下一份的 20%氯化铵水溶液。注意不要蓄积反应潜热以防冲料。

方法二：将底物溶解在 80%乙醇中，搅拌下将全量的 20%氯化铵水溶液加入，升温至70℃，逐份添加铁粉(每份为总量的 1/20～1/10)，应该有升温，每加一次，温升 2～3℃，反应平息后再继续加，如果不升温，适当提高 5～10℃再加下一份的铁粉，注意不要蓄积反应潜热。

第六节　金属有机化合物及其参与的反应

金属有机化合物是一类应用非常广泛的试剂。金属有机化合物又称有机金属化合物，是指烃基(烷基和芳香基)碳元素与锂、钠、镁、钙、锌、镉、汞、铍、铝、锡、铅等金属原子结合形成的化合物，是至少含有一个金属-碳(σ 或 π)键的化合物，如丁基锂、苯基锂、格氏试剂(有机镁)、二乙基锌、烃基锡等。

烷氧基、巯基与金属的化合物(ROM、RSM)及碳酸盐等不称为金属有机化合物，有些化合物虽然含有金属-碳键，如 NaCN 等，其属于典型的无机化合物，不是金属有机化合物。

一、安全认识

(1)易燃性。几乎所有的金属有机化合物都具有遇湿遇空气易燃的危险特性。所以，它们在制备时就直接被稀释在惰性介质中以降低自身的燃烧危险性，如乙醚、四氢呋喃和二甲硫醚等醚类，以及甲苯、己烷等。一些常用的金属有机化合物都有商品供应，都被稀释在密闭的液态惰性介质中。另外，它们大多数遇纸、木头、织物和橡皮也会起火燃烧。

(2)有毒性。例如，有机锡(以三烃基锡毒性最大，如三苯基锡、三丁基锡等)对人类有直接和间接的毒害作用。通过呼吸道吸收、皮肤和消化道吸收等途径产生直接毒害；间接毒害是由有机锡污染大气、土壤、水源等环境资源，以及海洋水生动植物，继而通过食物链影响人体健康。

二、安全操作注意事项

(1)无论是使用自己制备的还是市售的产品，取样时都要严格避潮(水汽)、避空气。少量(低于100mL)可用注射器抽取；量大取样，需要采用双针头转移方法或专门装置的分装方法，详见本篇第二十三章第五节相关内容。

(2)金属有机化合物在抽样投料时要用氮气保护并远离水源。台面要保持干燥清洁，干冰浴的锅上冷凝的霜水可用小的灭火毯或干抹布盖好。反应自始至终都要通惰性气流。在完成滴加后，要将滴液漏斗末端的残留液全部滴入反应液中，防止在拿出的过程中，末端的残留液滴在反应瓶的外面而引起燃烧事故。

(3)将金属有机化合物在惰性气体环境中用与反应相同的溶剂(非活性氢)进行稀释，然后将其慢慢加入搅拌下的底物溶液中进行反应，顺序不能颠倒。

(4)反应结束后，要在避水避氧的状态下淬灭反应液中多余的金属有机化合物。可按照它们不同的特性以及产物和反应液的特性，酌情使用饱和盐水(如氯化铵)等方法进行安全淬灭。为了方便起见，一般可直接将淬灭溶液慢慢滴加到搅拌下的反应液中。如果所剩金属有机化合物不多或很稀，也可以直接将反应液慢慢倒入搅拌下的淬灭溶液中，此时需密切关注温度变化。

第七节　四氢锂铝及其参与的反应

四氢铝锂又称氢化铝锂、锂铝氢，缩写为 LAH，是一种复合氢化物，为白色或灰白色结晶体，分子式为 $LiAlH_4$，是活性极大、极易燃烧的危险物品。能溶于乙醚、四氢呋喃等有机溶剂，是有机合成中非常重要的还原剂，尤其是对于醛酮、酯、羧酸、酰胺和腈的还原。

一、安全认识

(1)在干燥空气中相对稳定，但受热或直接与湿气、水、醇、酸类接触时，即发生放热反应并放出氢气而燃烧或爆炸。与强氧化剂接触会产生剧烈反应而爆炸。

(2)不能用四氢锂铝干燥 DMSO、DMF 或卤化物，否则会起火燃烧。

(3)遇有四氢锂铝引起的小型火灾，建议用干黄沙覆盖。

由于四氢锂铝在存储和使用上的不安全性，实验室大量使用或工业上使用时，常以四氢铝锂的衍生物双(2-甲氧乙氧基)氢化铝钠(红铝)作为还原剂来替代四氢锂铝，相对比较安全，而且可以获得与四氢锂铝几乎同样的还原效果和收率。

二、安全操作注意事项

(1)四氢铝锂在空气里会迅速吸收水分而放热并燃烧，称量和投料时台面需保持干燥。

(2)反应仪器要预先做干燥处理，全部准备好才能称量。称量时不能用金属勺取样，可用牛角匙(即使这样，动作也要轻)；不能用称量纸，可直接用玻璃瓶。忌讳潮湿天气称量四氢锂铝。有条件的话，最好在氮气氛围的手套箱里操作。

(3)通常先在反应瓶里充满惰性气体，然后加入无水溶剂(常用四氢呋喃)和四氢铝锂，有少量气体发生并伴有放热(由于微量水分)，注意冷却。如果是深冷反应，干冰浴的锅上有冷凝霜水，要用小的灭火毯或干抹布盖好，以免扬起的四氢铝锂粉尘与冷凝霜接触而发生燃烧(曾出过大火事故)。如果是分批加四氢铝锂，在每次加之前，都要用惰性气体置换一次，以免洒落在瓶口的少量四氢铝锂引起燃烧。反应不宜过夜。无水溶剂和四氢铝锂的溶液配好后再慢慢加入反应底物。如果将四氢铝锂加到溶有反应底物的溶液中，操作安全性要差一些。

(4)反应瓶既不可刚性密闭，也不要用气球密闭。可用新装的 $CaCl_2$ 干燥管或氮气流。反应期间，人不能离岗。

(5)1000mL 及以上的反应瓶建议用机械搅拌，并注意冷凝管的上出口要远离机械搅拌的电机，可以用玻璃接管或橡皮管将出口引开，否则反应或后处理时溢出的氢气遇上电机内部的电火花会发生燃烧或爆炸(已经发生过)。采用氮气流冲稀产生的易燃易爆的氢气。

(6)对于有大量四氢铝锂参与的反应，先将产品溶于 THF 中，然后慢慢地滴加到含四氢铝锂的 THF 溶液中。

(7)在滴加淬灭剂前后，要充分搅拌均匀，并使反应瓶保持惰性气体流通。淬灭温度不能太低，不要低于 0℃，太低将使淬灭剂(盐或碱的水溶液)结成固体，不能及时充分淬灭，导致反应潜热蓄积，后面会爆发冲料，甚至爆炸燃烧。淬灭剂可根据产物对环境 pH 的要求来选择，通常用强酸弱碱盐或碱的饱和水溶液，如饱和氯化铵或高浓度氢氧化钠溶液(10%~40%)，加碱是为了生成易过滤的固体铝盐。其中的水量要恰到好处，不能少也不能过多，水的用量为两倍于多余四氢铝锂的摩尔数最好，这样便于形成颗粒状 $LiAlO_2$。过多则形成凝胶状 $Al(OH)_3$，呈浓牛奶状或一锅乳胶状，很难过滤，物理损失很大，且操作困难，甚至失败。

理想处理模式：$LiAlH_4 + 2H_2O \rightleftharpoons LiAlO_2 + 4H_2\uparrow$

糟糕模式：$LiAlH_4 + 4H_2O \rightleftharpoons LiOH + Al(OH)_3 + 4H_2\uparrow$。$Al(OH)_3$ 是很难过滤的物质。

更保守的方法是用十水硫酸钠固体，利用结晶水来淬灭多余的四氢铝锂。这样就不可能有难过滤的凝胶状 $Al(OH)_3$ 生成，缺点是收率上可能会因物理损失(吸附)而打折扣。

二异丁基氢化铝(DIBAL-H)和红铝是四氢铝锂的大位阻衍生物，安全性上好于四氢铝锂，但是遇水仍然会发生剧烈反应生成氢气。另外，它们的原子经济性差，原子利用率很低，分子量为一百多，仅利用其中一个 H 原子，利用率不到 1%。

三、实例

例1

做一个由 $LiAlH_4$ 和 $AlCl_3$ 参与的还原反应：

申报工艺：称取 $LiAlH_4$(5.7g，150mmol)，置于用氮气吹干的烧瓶中，加入 200mL 乙醚，用氮气置换，把温度降到 0℃。分批小量多次加入 $AlCl_3$(20.0g，150mmol)，加完后将悬浮液搅拌 10min，温度为 0℃。将 3-丁烯腈(10.0g，150mmol)溶于 100mL 乙醚中，用恒压漏斗慢慢滴加到悬浮液中，滴加时间为 40min，加入过程中一直保持 0℃，滴加完后，将反应液继续在 0℃下搅拌 2h。反应完后，慢慢滴加 10% NaOH 溶液，直至反应液呈弱碱性，处理过程中保持溶液为 0℃左右，用乙醚萃取，有机相干燥旋干，蒸馏出的液体加入烧瓶中(置于干冰浴中)，烧瓶上用气球套住，禁止用塞子，置于落地通风橱内。

批注：这是一个先制备铝烷(AlH₃)，然后由铝烷还原 3-丁烯腈的反应。如果将乙醚加到 $LiAlH_4$ 中，很可能会燃烧，因为这个操作过程是放热的。美国的一个实验室发生过这样的事故，将醚加到 $LiAlH_4$ 中不幸起火，研发人员被烧得全身是火，被别人扑灭，该实验室因此被政府责令停业整顿三个月。如果将 $LiAlH_4$ 加到乙醚中就会安全得多，但是需要氮气保护。另外，$AlCl_3$ 和乙醚也不能加反，同样的道理，必须将固体 $AlCl_3$ 加到乙醚中。

注意：AlH_3 的化学活性很大，极其易燃，在其制备、转移、反应、淬灭等过程中都需要特别小心。制备 AlH_3 的方法很多，一般是用 $LiAlH_4$ 与路易斯酸反应：

$$3LiAlH_4 + AlCl_3 \rightleftharpoons 4AlH_3 + 3LiCl$$

$$2LiAlH_4+ZnCl_2=\!=\!=2AlH_3+2LiCl+ZnH_2$$

$$2LiAlH_4+BeCl_2=\!=\!=2AlH_3+Li_2BeH_2Cl_2$$

$$2LiAlH_4+H_2SO_4=\!=\!=2AlH_3+Li_2SO_4+2H_2$$

生成的 AlH_3 与醚类形成络合物，如

$$AlH_3+(C_2H_5)_2O=\!=\!=H_3Al\cdot O(C_2H_5)_2$$

制备 AlH_3 的反应以及后面的还原反应一般都在醚类溶剂中进行，如乙醚、四氢呋喃、甲基四氢呋喃、甲基叔丁基醚等。因为反应生成热大，所以需要选择热容量高的醚类，尽量不要用乙醚。

例2

做一个 $LiAlH_4$ 还原酯的反应：

将 30g 底物溶于 500mL THF 中（1L 单口瓶），室温条件下加 $LiAlH_4$，大约 5min 后，反应开始升温，产生大量气体，发生冲料，冲料停息后瓶壁上出现小火花，继而整个瓶子烧起来，引发大火。先是用小灭火毯快速将瓶口盖上，但由于冲出的物料较多，火势迅速蔓延到桌面上。因为通风橱内还有其他反应，有四个搅拌器、一个变压器和一个油浴锅，所以桌面上的火很难用灭火毯灭掉，为了避免更大范围着火使用了灭火器，最终将火扑灭。

原因分析：①单口瓶不便于操作，应该用三口瓶；②加料太快；③没有用惰性气体保护；④安全空间不够，反应液总量只能占瓶子体积的 1/4～1/3。

除了解决上述缺陷外，建议做 $LiAlH_4$ 反应时，尤其是大量的反应，可将产品溶于 THF 中，然后慢慢地滴加到 $LiAlH_4$ 的 THF 溶液中，这样更加安全。

第八节　硼氢化钠(钾、锂)参与的反应

碱金属锂、钠、钾的硼氢化物，化学活性很高，是常用的有机羰基化合物的选择性还原剂。它们还常常被作为硼烷的前体(硼烷原料)来应用，即先与路易斯酸反应生成硼烷，然后进行更加有效而广泛的还原反应。然而，它们的危险性还是时时存在的，需要深入了解。

一、安全认识

硼氢化钠(钾)在常温常压下稳定，对空气中的水汽和氧短期较稳定，长期遇湿则逐渐分解。硼氢化锂在干空气中稳定，但在湿空气中分解。硼氢化钠(钾、锂)遇酸极易分解，迅速发热、甚至起火燃烧、爆炸。

硼氢化钠(钾、锂)的取样、封存、反应及后处理等操作都很讲究，由于不当操作或管

理不善引起的火灾、爆炸和伤人事故已经很多。其中硼氢化锂尤为活泼，其危险性几乎与四氢铝锂相当。

大多数情况下是将硼氢化锂（钠、钾）与路易斯酸反应，使生成的硼烷在反应液中直接还原有机羰基化合物等反应底物。在这种情况下，尤为需要知晓硼烷（见本章第九节）的危险特性，进而采取对应的安全防范措施。

二、安全操作注意事项

(1)通过初始反应温度的微小变化来判断分批加入的硼氢化钠（锂、钾）是否反应完全是非常重要的。避免因为反应潜热蓄积引起的冲料燃烧事故。

(2)加稀酸等淬灭剂时有氢气生成。有两点需要注意：一要慢，开始加了一滴淬灭液后，氢气气泡连同反应液从反应液表面大量溢出，要等气泡平息后才能加第二滴，淬灭过程一定要有耐心，否则会发生溢料而出现燃烧甚至爆炸，后面可根据情况逐渐加快淬灭速度；二要用氮气流（不是用氮气密闭），这样可以冲稀生成的氢气而避免燃烧或爆炸。

(3)500mL 以上的反应建议用机械搅拌，注意冷凝器的上出口要远离机械搅拌的电机，否则反应或后处理时溢出的大量硼烷或氢气遇上电机的电火花会发生燃烧或爆炸。

(4)要确保通风效果，避免达到爆炸极限。

第九节　硼烷及其参与的反应

硼烷又称硼氢化合物，因其物理性质类似于烷烃，故称为硼烷。已知有 20 多种硼烷衍生物，其中甲硼烷（BH_3）为气体，二聚体为乙硼烷（B_2H_6）。人们普遍将自制或市售的乙硼烷简称为硼烷，在反应方程式中往往习惯性地写成 BH_3，以便于配平反应式。

在有机有机合成实验室里，硼烷多作为还原剂使用。一些手性硼试剂被开发出来，如9-硼烷双环-3, 3, 1-壬烷（9-BBN）、(R)-2-甲基-CBS-噁唑硼烷、(S)-2-甲基-CBS-噁唑硼烷、二异松蒎基氯硼烷、α-蒎烯硼烷（IpC2BH）、氯代二（3-蒎基）硼烷（IpC2BCl）等，它们可以把药物分子中的醛基、酮基直接还原为具有特定手性的醇类。

一、安全认识

(1)硼烷的化学性质非常活泼，多数硼烷在空气中就能自燃，所以都将它们溶解在惰性液体里（如二甲硫醚、四氢呋喃等醚类以及苯中）进行稀释以提高其安全性，便于存储、运输、取样和使用。

(2)硼烷的毒性很大，吸入乙硼烷会损害肺等部位。

二、安全操作注意事项

(1)硼烷的自燃性很高，不能暴露于空气。

(2)硼烷遇水和空气会猛烈燃烧，所以抽样投料都要用氮气保护并远离水源。台面要干净整洁，干冰浴的锅上若有冷凝的霜水，可用小的灭火毯或干抹布盖好。反应自始至终都要通惰性气流，以稀释溢出的硼烷或氢气。

（3）用水（多用饱和盐水）或甲醇淬灭反应时，一定要充分搅拌均匀，并确保是在氮气流保护下，开始时要非常缓慢地一滴一滴地滴加淬灭液，以防冲料，后面可以根据情况逐渐加快滴加速度。通常是在零度以下（−5～0℃）用水或甲醇淬灭反应，水或甲醇的用量要算好，要超过理论量的 50%，加完后，先在 0℃ 以下搅拌 20～30min，然后升温至室温下搅拌 20～30min。

（4）超过 500mL 的反应要用机械搅拌，注意冷凝器的上出口要远离机械搅拌的电机，否则反应或后处理时溢出的大量硼烷或氢气遇上电机内的电火花会发生燃烧或爆炸。

（5）要确保通风效果，避免出现爆炸极限。

三、实例

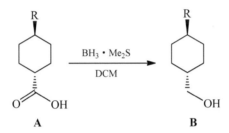

申报工艺：将 BH$_3$·Me$_2$S 滴加到溶有原料羧酸 **A** 的二氯甲烷溶液中（−5℃），然后升温至 25℃⋯⋯

批注：在申报工艺进行中，反应热会在某个时刻大量释放出来，温度急剧升高，气体大量冒出，二氯甲烷沸点低，热容量小，易造成冲料、燃烧事故。防止反应潜热积聚以及反应气体突发的解决办法：将稀的羧酸溶液控制在 25℃，将 BH$_3$·Me$_2$S 滴加到该稀的羧酸溶液中，生成的气体通过氮气稀释并及时排出，反应热通过冷浴除去，使反应液始终保持在 25℃。保证滴加和反应、产热和冷却、产气和排气都在平衡状态下进行。最好改换沸点比二氯甲烷高的溶剂。另外，二甲硫醚很臭，需要用 NaClO 溶液及时充分吸收淬灭。

按照上述批注建议操作，该百公斤规模的反应被安全实施。

第十节　氢化钠及其参与的反应

氢化钠也称钠氢，是由 Na$^+$ 和 H$^-$ 组成的一种离子型的金属氢化物，是盐类氢化物的典型代表。氢化钠的负氢虽然有还原性，但在有机合成中，较少用作羰基还原剂，不能像四氢铝锂那样通过协同作用来完成还原反应。氢化钠主要被用作强碱（pK_a≈36），它可以夺取很多化合物中的活性氢而生成相应的钠化合物，便于亲电试剂进攻。

一、安全认识

（1）含量大于 97% 的氢化钠为银白色针状结晶，在潮湿的空气中会自燃，遇水发生爆炸性反应，较之金属钠与水反应要剧烈得多。考虑到纯品氢化钠在制备、存储、运输、取样和使用时的高危险性，市场上的商品氢化钠是以细微颗粒分散在矿物油中，其中氢化钠的含量多为55%～80%。常用含量为60%的氢化钠是一种灰白色的油固混合物，外表的矿物油使之与空气隔离，对氢化钠起到安全保护作用。然而，60%的氢化钠的活性依然极大，仍是极易燃烧的危险物品。

(2)氢化钠作为强碱，可以夺取质子(拔氢)，同时产生氢气。从安全角度分析，氢化钠又是一种危险的生氢剂，许多氢化钠燃烧事故多是由这个特性引起。

(3)氢化钠在空气里会迅速吸收水分放热并燃烧。

二、安全操作注意事项

(1)称量和投料时台面要保持干燥。

(2)反应仪器要预先做干燥处理，全部准备好才能称量。称量时不能用金属勺取样，可用牛角匙；也不能用称量纸，可直接用玻璃瓶。最好在充满氮气的手套箱里操作。

(3)切不可用气球密闭反应体系，以防发生爆炸。因有大量氢气产生，可用新装的 $CaCl_2$ 干燥管或氮气流。

(4)如果放热厉害，注意冷却，如果是在较低温度下反应，浴锅外表有冷凝霜水，要用小的灭火毯或干抹布盖好。

(5)因为氢化钠的外表是矿蜡，低温时，一时不会发生剧烈反应，但常有后来爆发的现象发生。所以人不能离岗，也不能任其过夜。

(6)由于市售氢化钠是分散在矿物油中，要求高的话，可用醚或烃洗去外表的矿物油(必要时可用干燥的氮气吹干醚或烃)，但是此时活性更大，极易燃烧，非常危险。

(7)反应结束后，在滴加淬灭剂的前后，要使反应液上空始终保持充足的惰性气流，以稀释产生的氢气。淬灭剂一般用醇类或饱和盐水等。

(8)遇有氢化钠引起的小火灾，应用干黄沙扑灭。

三、氢化钠及碱金属氢化物

氢化钠、氢化锂(LiH)和氢化钾(KH，商品为分散于矿物油中的 35%悬浮液)的化学反应活性都很高，暴露在空气中能自燃，受热或与潮气、酸类、氧化剂接触即放出热量及氢气，从而引起燃烧和爆炸。它们的用途及安全注意事项基本与氢化钠相同。

氢化钙(CaH_2)在实验室一般做干燥剂，用于制备无水溶剂等。活性比氢化钠小，但仍有遇水放出氢气的危险性。

第十一节　氨基钠及其参与的反应

氨基钠($NaNH_2$)，是一种超强碱，反应性很强，一般作为强碱用于反应底物的去质子，也用于脱卤化氢制备烯或炔类化合物。

一、安全认识

(1)久储不当会大大影响活性，特别是氨基钠变成黄色或棕色后，表示已经有过氧化物生成，可能发生爆炸。遇到此情况可用甲苯将其浸没，然后慢慢加入稀醇予以销毁。

(2)在储存或使用时，应注意防水，避免直接接触酸和氧化剂，否则可引起爆炸。

(3)氨基钠有强腐蚀作用，使用时需要做好个体防护。

二、安全操作注意事项

(1)取样、投料、反应过程都要避水避氧。

(2)氨基钠虽有商品供应，但最好现制现用，用多少制多少，不要久储。制备方法：取一个三口瓶，分别安装搅拌、导气管和带有氯化钙干燥管的冷凝管；导气管上接氢氧化钠干燥塔，再与氨气钢瓶连接。外用干冰-丙酮浴冷却，通入氨气使其冷却为液体氨；待液体氨达到需要的量时，取下导气管，瓶口用塞子塞住；搅拌下在液氨中加入少量硝酸铁，再缓慢分批投入洁净的小块金属钠；待钠全部反应，溶液由蓝变灰后，再加入另一小块钠，直到钠全部加完并完全生成氨基钠为止，此时由蓝色溶液变为灰色悬浮物，可直接用于下步反应。若下步反应是其他溶剂，可让氨气挥发殆尽再用(可小心加温加速挥发)，但操作过程要利索稳妥进行。

(3)其他碱金属氨基物，如氨基锂和氨基钾也是超强碱，其实验室的制备方法、用途、危险特性及安全操作注意事项与氨基钠基本相同。

与氨基钠类似，大位阻的烷基二硅基氨基钠(如六甲基二硅基氨基钠，NaHMDS)试剂以及对应的 LiHMDS、KHMDS，烷基氨基锂(如二异丙基氨基锂，LDA)等，都是一类极强的碱，常用于反应中的去质子化或作为碱性反应中的催化剂。安全性比氨基钠高很多。这些大位阻化合物的优势在于可以固体形式直接加入反应体系(当然更多的是配成一定浓度的溶液)，由于分子内具有亲脂性的三甲基硅基(TMS)基团，能溶于广泛的非质子性溶剂中，如醚类的四氢呋喃、乙醚，以及芳烃中。缺点是原子经济性差，原子利用率很低，偌大一个分子，仅利用其中一个 H 原子，利用率不到 1%。

第十二节　金属钠(钾、锂)及其参与的反应

钾、钠、锂是一类化学反应活性很高的碱金属，它们的化学活泼性：钾＞钠＞锂，在有机合成实验室里，这些单质碱金属多用于还原反应、制备醇钠、醇钾，以及其他一些相关反应。

一、安全认识

钾、钠、锂都很活泼，都需隔绝空气避水储存，钠和钾一般浸没于煤油或石蜡油等惰性液体环境中。

不能用钠(钾)来干燥卤代试剂,因为在钠(钾)的存在条件下,卤代试剂会发生伴随剧烈放热的自身偶联反应。

金属锂、钠、钾引起的火灾,不能用水或泡沫灭火剂扑灭,而要用碳酸钠干粉灭火器。

二、安全操作注意事项

(1)钠(钾)的取、切等操作要远离水源,操作台面等周围要保持干燥。

(2)不要切得很小很薄,根据反应剧烈程度,建议每条 2~5g。开始放热较厉害,要密切注意反应液的升温情况,酌情考虑如何及时冷却。若用水浴冷却,在水浴上沿用灭火毯盖住,以免这类金属掉入水中起火。后期看情况可能要适当升温,钠(钾)块才能溶解。

(3)擦拭金属钠(钾)的纸可用无水乙醇淬灭,不能直接扔入垃圾桶。

(4)500mL 以上的反应最好用机械搅拌,注意冷凝器的上出口要远离机械搅拌的电机,否则反应时溢出的氢气遇上电机的电火花会发生燃烧或爆炸。可增加管道长度,将出口引开,使出口远离电机。

第十三节　氯化铝及其参与的反应

氯化铝或称三氯化铝,为有离子性的共价化合物。在有机合成实验室里主要用于傅-克烷基化或傅-克酰基化反应。

一、安全认识

(1)氯化铝的摩尔用量必须与反应物相同。另外,反应后的氯化铝很难回收,所以淬灭后会产生大量的腐蚀性废料。

(2)氯化铝作为强路易斯酸用于傅-克反应,其反应溶剂多为四氢呋喃。而四氢呋喃中氧的孤对电子与铝的空轨道配位,会形成络合体并放热。

(3)氯化铝有强烈腐蚀性,对皮肤、黏膜有刺激作用。在严防皮肤黏膜受伤害的同时,还要注意到它的升华特性,可能通过呼吸道侵害到人体内部器官。

二、安全操作注意事项

(1)加料顺序:通常采用无水四氢呋喃做反应溶剂。必须将固体氯化铝加到搅拌下的液体四氢呋喃中,以便于散热,而不能将液体四氢呋喃加到固体氯化铝中,特别是在投料量比例较大的情况下,一定要遵循这个加料顺序,千万不能颠倒,否则会由于散热不良而发生冲料、燃烧或爆炸。

(2)四氢呋喃溶解无水氯化铝时会冒烟,甚至可能出现大量白雾,这是由于四氢呋喃中的水分过多、氯化铝生成了氯化氢的缘故。需要预先将四氢呋喃进行彻底干燥,水分含量越低越好,至少要低于 0.008%才符合要求。

(3)反应结束后,将反应液慢慢倒入搅拌下的淬灭溶液里比较安全。

第十四节　氯气及其参与的反应

氯气一般用于氯代、氧化等反应。可直接使用钢瓶装的氯气，也可采用氧化浓盐酸的方法在实验室制取氯气，氧化剂有高锰酸钾、二氧化锰、重铬酸钾等，需要搭建一套专门装置。

一、安全认识

(1)氯气属于剧毒品，吸入后，主要作用于气管、支气管、细支气管和肺泡，导致相应的病变。高浓度氯吸入或接触时间较久，常可致深部呼吸道病变，使细支气管及肺泡受损，还可刺激迷走神经，引起反射性的心跳停止。氯气中毒不可以进行人工呼吸，应立即脱离现场至空气新鲜处，保持安静，并立即送医。眼及皮肤灼伤按酸灼伤处理，立即用清水彻底冲洗。空气中氯气允许浓度应低于1ppm。

(2)氯气有强氧化性，在进行主反应的同时，如果有氧或水存在，往往还可将某些酸、醇或醚类等(包括反应物或溶剂)氧化成过氧化物，在主反应或后处理的加热、过滤及浓缩过程中可能发生爆炸。不要说实验室的新手，即便是经验丰富的研发工作者，也可能考虑不周而在这方面吃亏。切记一定要认真检查是否有过氧化物生成。

二、安全操作注意事项

(1)要有充分完善而严密的尾气吸收装置，尾气用NaOH溶液等碱液做淬灭吸收，气泡端口在液面以下2～3cm处。中间要有安全瓶。

(2)掌握气体的放出速度。要求：不搅拌时有少许气泡从液面出现，搅拌时看不见有气泡从液面冒出。戴好防毒面具，拉低通风橱门。

(3)氯气参与反应时，如果是用乙酸、醚类或醇类做溶剂，可能会有过氧化物生成，在反应液的后处理(抽滤、浓缩)前，要用$NaHSO_3$等还原物质将溶液中的过氧化物彻底去除才能进行抽滤或浓缩等操作，否则容易爆炸。可用润湿的淀粉KI试纸进行检测，注意测试溶液的pH要低于9，否则会呈假阴性而被误导。

二氧化硫、三氧化硫、氯化氢等气体反应的安全操作注意事项可以参照上述(1)、(2)两项。

第十五节　硫化氢及其参与的反应

硫化氢一般用于硫代等反应，一般直接使用钢瓶装的硫化氢气体。

一、安全认识

硫化氢是具有刺激性和窒息性的无色气体。低浓度接触仅有呼吸道及眼的局部刺激作用，高浓度时全身作用较明显，表现为中枢神经系统症状和窒息症状。硫化氢具有"臭蛋样"气味，但极高浓度很快引起嗅觉疲劳而不觉其味。

(1)硫化氢只要极低的浓度便有臭感，嗅觉阈值仅 0.4ppb(0.0004ppm)，硫化氢在空气中的最高容许浓度是 10mg/m³。

(2)日常生活中的硫化氢中毒，多数是由于生物体或粪便有机质中的蛋白质通过腐败降解作用产生氨基酸，其中的胱氨酸或半胱氨酸又在厌氧菌作用下经过无氧酵解生成硫化氢，这类由下水道聚集的硫化氢引起的中毒死亡案例一直持续不断。而实验室中的硫化氢中毒案例多是由防护措施不到位、自身麻痹大意引起的，如泄露、未作尾气吸收、突然冲料、未在负压的通风橱内操作等。

轻度中毒：轻度中毒主要是刺激症状，表现为流泪、眼刺痛、流涕、咽喉部灼热感，或伴有头疼、头晕、乏力、恶心等症状。检查可见眼结膜充血、肺部有干啰音，脱离接触后短期内可恢复。

中度中毒：接触高浓度硫化氢后以脑病表现显著，出现头疼、头晕、易激动、步态蹒跚、烦躁、意识模糊、谵妄，癫痫样抽搐可呈全身性强直阵挛发作等；可突然发生昏迷；也可发生呼吸困难或呼吸停止后心跳停止。眼底检查可见个别病例有视神经乳头水肿。部分病例可同时伴有肺水肿。脑病症状常比呼吸道症状出现得早。X 射线胸片显示肺纹理增强或有片状阴影。

重度中毒：接触极高浓度硫化氢后可发生电击样死亡，即在接触后数秒或数分钟内呼吸骤停，数分钟后可发生心跳停止；也可立即或在数分钟内昏迷，且呼吸骤停而死亡。死亡可在无警觉的情况下发生，当察觉到硫化氢气味时可立即丧失嗅觉，少数病例在昏迷前瞬间可嗅到令人作呕的甜味。死亡前一般无先兆症状，可先出现呼吸深而快，随之呼吸骤停。

二、安全操作注意事项

(1)要有充分完善而严密的尾气吸收装置，尾气用 5%的 NaClO 吸收。

(2)气泡端口在液面下 2～3cm 处。

(3)控制气体的放出速度：不搅拌时有少许气泡从液面出现，搅拌时要看不见有气泡从液面冒出。

(4)佩戴过滤式防毒面具(半面罩)，拉低通风橱门。

(5)对于反应液的淬灭，可用过量(一般 2 个摩尔比以上)的 NaClO(有效氯 10%～20%)或 H_2O_2(5%～10%)把 H_2S 氧化成亚硫酸盐或硫酸盐，这样处理后就不臭、低毒甚至无毒了。

硫化氢的危害以及其他安全操作注意事项可参见第三篇第二十章第一节。

第十六节　氯磺酸和烷(芳)基磺酰氯参与的反应

氯磺酸和磺酰氯常通过磺化反应用于有机中间体的制备，烷(芳)基磺酰氯常作为强离去基团被引入中间体化合物中。

一、安全认识

氯磺酸和烷(芳)基磺酰氯密度大，属强酸，对织物和人体皮肤有强烈腐蚀作用，而且毒性也很大。

二、安全操作注意事项

(1)因氯磺酸和烷(芳)基磺酰氯密度大、腐蚀性强且高毒，长距离转移时要放入桶内，短距离拿取移动要用双手，一手持瓶一手托底。

(2)要有尾气吸收装置，用碱性溶液吸收，在尾气吸收装置中间要搭建一个缓冲安全瓶。

(3)后处理时，应将冷却后的反应液慢慢倒入搅拌下的冰水里，严防放热冲料。

第十七节　氰化钠(钾)及其参与的反应

氰化钠(钾)在化学实验室里常用于缩合、加成导入氰基等反应。

一、安全认识

氰化钠和氰化钾都是剧毒品，前者毒性远大于后者。中毒时，轻者有黏膜刺激，唇舌麻木、头痛、眩晕、下肢无力、胸部有压迫感、恶心、呕吐、血压上升、心悸、气喘等。重者呼吸不规则，逐渐出现昏迷、痉挛、大小便失禁、血压下降，迅速发生呼吸障碍而死亡。

(1)皮肤接触：立即脱去污染的衣着，用流动清水或 5%硫代硫酸钠溶液彻底冲洗至少 20min，然后视情况决定是否送医。

(2)眼睛接触：立即提起眼睑，用大量流动清水或生理盐水彻底冲洗至少 15min，然后视情况决定是否送医。

(3)吸入：迅速脱离现场至空气新鲜处。保持呼吸道通畅，若呼吸困难，给输氧。呼吸、心跳停止时，立即进行人工呼吸(勿用口对口)和胸外心脏按压术。给吸入亚硝酸异戊酯，然后立即送医。

(4)食入：饮足量温水，催吐。用 0.02%的高锰酸钾水溶液或 5%硫代硫酸钠水溶液洗胃，然后立即送医。硫代硫酸钠溶液解毒机理是产生无毒的 SCN^-：

$$CN^- + Na_2S_2O_3 \longrightarrow SCN^- + Na_2SO_3$$

二、安全操作注意事项

(1)按照国家剧毒品管控政策的"五双制度"进行各项操作。

(2)进行投料、反应和后处理时，戴好防毒面具和手套，做好个人防护。特别是在酸性条件下的反应，会有 HCN 气体溢出，除了工程防护外，严谨的个人防护也是必需的。在反应量较大的情况下，可在操作工位悬挂或随身佩戴便携式氢氰酸气体测定仪，还可以采用较精确的"联苯胺"小纸条进行即时监控。详见第三篇第十七章第一节。

(3)对于有 KCN 和碳酸铵参与的 Bucherer-Bergs 反应，要注意碳酸铵受热易升华，又在冷凝管下部的内颈部位凝聚，会造成堵塞而引起刚性密闭，从而导致爆炸。要保持冷凝管通畅，反应期间人不离岗，做加热反应不能过夜(除非有人在岗)。

(4)所有接触过氰化物的器具和后处理水溶液都要在通风橱内用 NaClO 荡洗。废液用碱调 pH 至 11，用 NaClO 淬灭多余的 CN^-，多余 1mol 的氰化物约需 500mL 饱和 NaClO 溶液，彻底搅拌后静置过夜。第二天用氰根试纸测氰化物浓度，小于 10^{-4} 才安全。

三、实例

申报工艺：将底物 60g(0.3mol)、氰化钾 29.5g(0.45mol)和碳酸铵 57g(0.6mol)加入 1000mL 含水乙醇中，加热至 60℃反应过夜……

批注：①注意碳酸氢铵升华容易堵塞冷凝管下部，最好使用直形冷凝管，并经常疏通；②进行投料、反应和后处理时，戴好防毒面具和手套，做好个人防护；③该加热至 60℃ 的反应，不能无人值守而任其反应过夜；④所有接触过氰化物的器具和后处理水溶液都要在通风橱内用 NaClO 荡洗。废液处理需遵照上述安全操作注意事项中的第(4)项。

第十八节　氧卤化磷及卤化磷参与的反应

氧卤化磷，如氧氯化磷(又称三氯氧磷)和三溴氧磷，以及卤化磷 PX_n(X 为氯、溴，n 为 3 或 5)，如三氯化磷、五氯化磷、三溴化磷、五溴化磷，它们的化学性质相仿，化学反应性都非常强，通常用于制备有机卤化物。

一、安全认识

(1)健康危害：对眼睛、皮肤、黏膜和呼吸道有强烈的刺激作用。吸入可能引起喉、支气管的痉挛、水肿、炎症，化学性肺炎、肺水肿而致死。中毒表现有烧灼感、咳嗽、喘息、喉炎、气短、头痛、恶心和呕吐。

皮肤接触：尽快用软纸或棉花等擦去毒物，继而用 3%碳酸氢钠溶液浸泡。然后用水彻底冲洗，视情况决定是否送医。

眼睛接触：立即提起眼睑，用流动清水冲洗 15min 或用 2%碳酸氢钠溶液冲洗，然后视情况决定是否送医。

吸入：迅速脱离现场至空气新鲜处。注意保暖，保持呼吸道通畅。必要时进行人工呼吸，然后视情况决定是否送医。

食入：患者清醒时立即漱口，给饮牛奶或蛋清。立即就医。

(2)遇湿分解，有极强的酸性，对皮肤、黏膜、织物、金属、仪器设备等有强腐蚀性。

(3)过敏性和毒性。例如，三氯氧磷和三氯化磷均有毒，而且皮肤接触其液体或蒸气可能会出现过敏。

二、安全操作注意事项

(1)需戴橡胶耐酸碱手套，仅靠很薄的乳胶手套或丁腈手套远远不够。

(2)如果是固体或活性强的反应物，将反应物加到三氯氧磷中比较安全，特别是氮氧物的转位氯化，如果反过来加，可能会发生爆炸。

(3)反应时要有尾气吸收装置，可从冷凝管的上端引出，在尾气吸收装置中间搭建一个缓冲安全瓶。整个体系要非常畅通，不要连接三通(以免自动扭动造成密闭)、尖头吸管等。尾气用碱液吸收。

(4)减压浓缩反应液也要装缓冲安全瓶，防止水倒吸引起爆炸，建议不要在旋转蒸发仪上进行减压浓缩，因为旋蒸瓶容易掉在水浴里而发生事故。

(5)将结束后的反应液倒入不断搅拌下的水中通常有一个较长的待发期，要时刻注意，淬灭温度不可太低，否则可能会蓄积反应潜热而后导致突然爆发而冲料。

(6)淬灭回收的三氯氧磷，可慢慢倒入搅拌下的常温水中，反应放热厉害，但通常有一个较长的待发期，稍不注意，反应可能会突然爆发冲料而发生事故。推荐用常温水，不用碎冰。淬灭后用碱溶液中和至 pH 为 6~8。若用碳酸氢钠，注意产生的 CO_2 气体的生成、以防冲料。

(7)杂环卤代产物对人体特别是皮肤可能有强烈致敏性，注意严密防护(如使用氯丁橡胶手套)。

(8)三氯氧磷、三氯化磷及五氯化磷都有毒，投料、反应和后处理时要做好个人防护。

三、实例

例1

A   B

申报工艺：将化合物 **A**(450g)溶于三氯氧磷(4100g)中，然后加入五氯化磷(770g)。将反应混合液在 100℃下搅拌 16h，多余的三氯氧磷通过蒸馏除去。残留物溶于二氯甲烷(2000mL)中，然后加入饱和碳酸氢钠水溶液。

批注：产物可能有强烈致敏性，要按照第三篇第十九章表 19-4 "隔离防护等级"中的极强致敏物(V级)进行防护。

例 2

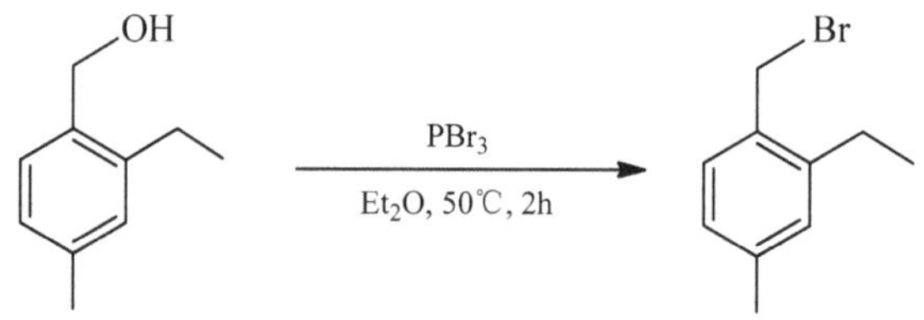

申报工艺：略。

批注：此反应不宜用乙醚做溶剂，因为此反应的反应热较大，而乙醚的热容量太小，易造成冲料事故。产物有强烈催泪性和致敏性，要严密防护，包括一切使用和接触过反应的仪器用品，都要用 5%次氯酸钠溶液荡洗，做彻底淬灭。

第十九节　可能生成危险性产物(副产物)的反应

不仅要关注主反应和主产物,还要判断在反应过程或后处理过程中是否会生成富含能量或有毒的副产物,富含能量的副产物往往带有爆炸基团,新的有毒物往往不为人知,由此会产生意想不到的安全隐患,稍不注意,往往会发生爆炸事件或中毒伤人事故,已经有很多案例和教训。

某些富含能量或有毒的副产物有其独特的形成机理,需要仔细判断,要求从各反应物之间、反应物与溶剂之间、反应物与生成物之间、生成物与溶剂之间的相互关系上,以及反应条件(温度、压力、操作程序、反应内在环境如酸碱度等、反应液面上空环境)上进行系统分析和评估。

一、可能生成爆炸性产物(副产物)的反应

例 1

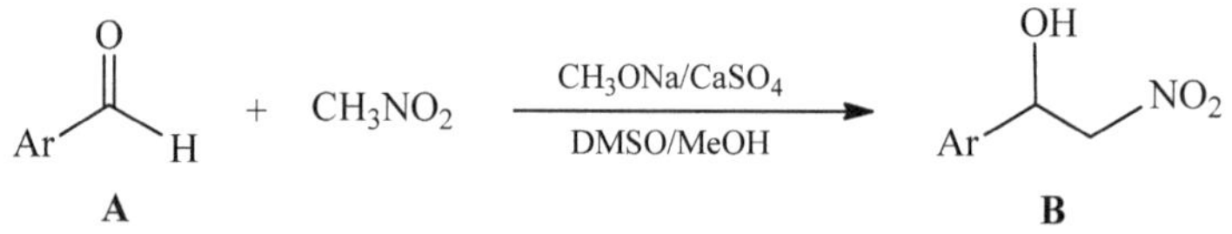

申报工艺：将反应底物 A(150.00g，832.59mmol，1.00eq.)溶于二甲亚砜(1.30L)和硝基甲烷(445.20g，7.29mol，8.76eq.)的混合溶液中，加入硫酸钙(56.67g，416.30mmol，0.50eq.)，接着加入甲醇钠(112.44g，2.08mol，2.50eq.)的甲醇(930.00mL)溶液。得到的黄色悬浊液在 25℃下搅拌 4h……

批注：这是一个硝基甲烷在碱性条件下与醛基的亲核加成反应。然而，硝基甲烷在强碱性条件下，自身可能会生成爆炸性极强的含能硝基乙醛肟：

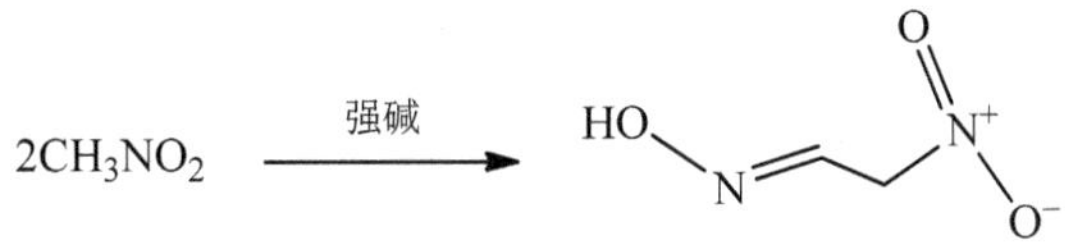

$$2CH_3NO_2 \xrightarrow{\text{强碱}} \text{HO}-N=CH-CH_2-NO_2$$

在放大前，要验证是否有硝基乙醛肟产生，如有生成，产生量是多少，在萃取时，是伴随在产物中，还是在母液里，要做安全评估。

例 2

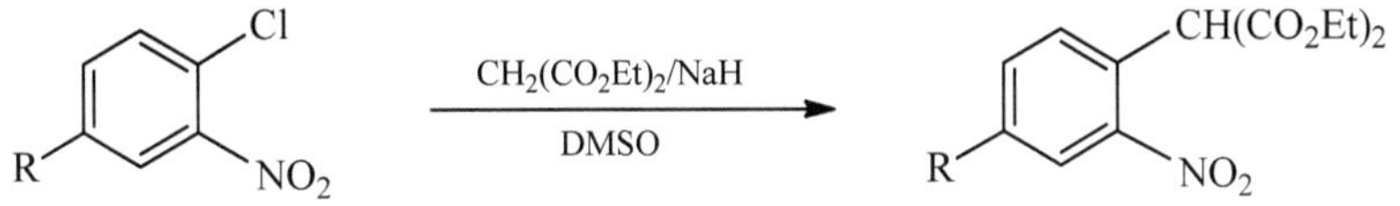

申报工艺：往 30L 的反应瓶中加入二甲亚砜(6.6L)。然后分批加入氢化钠(229g，60%，573mol)。加料完毕，将反应液在 30℃搅拌 10min。然后逐滴加入丙二酸二乙酯(1090g，6.81mol)的二甲亚砜(500mL)溶液……

批注：用 DMSO 或 DMF 做溶剂，在 NaH 强碱作用下，理论上 DMSO 或 DMF 有发生自身缩合反应、剧烈放热而爆炸的可能性。虽然现实中极少出现这种情况，但是一旦被某种未知因素触发，后果将不堪设想。建议改换其他安全可靠的溶剂。

例 3

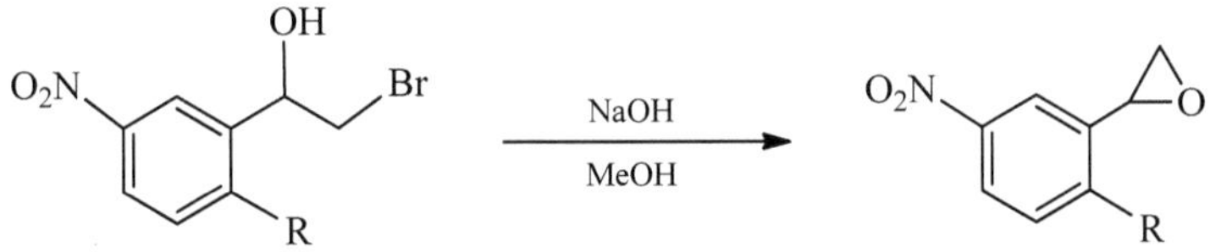

申报工艺：将 1200g 底物 **A**(1.0eq.)溶于 15L 甲醇中，加 272g NaOH(6.90mol，1.5eq.)，常温常压下搅拌反应 5h，蒸干甲醇，水洗，用乙酸乙酯提取，再蒸干得 **B**。

批注：①此类反应在后处理旋蒸时曾发生过严重爆炸；②反应结束后直接加水，用酸中和掉多余的 NaOH，调 pH 至 7.0，然后在较低温度下旋掉绝大部分甲醇，再用 EtOAc 提取。旋蒸 EtOAc 提取液，要分批少量在较低温度(低于 35℃)下进行，至少分 6 批，并严密做好个人防护；③旋蒸后取样时，不能接触金属，也要严密做好个人防护；④产物除了原有的对热敏感的硝基外，还产生易开环聚合放热的环氧乙基，不能在烘箱里烘干，也不能接触金属，建议用真空低温干燥，最好以溶液的状态接着往下做。

例 4

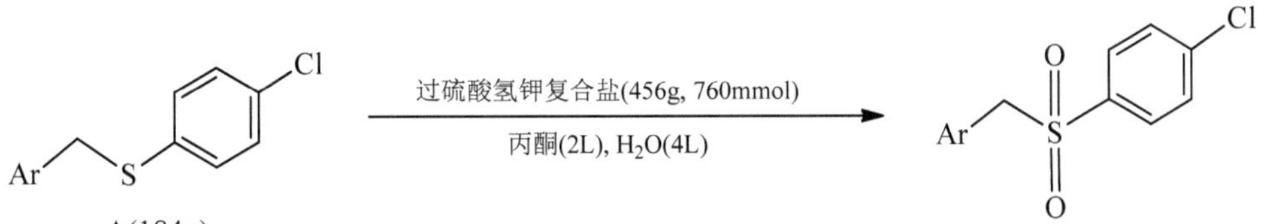

申报工艺：控制温度低于 30℃，将过硫酸氢钾复合盐(oxone)的水溶液逐滴加入化合

物 A 的丙酮溶液中。滴加完毕，将反应混合液在 30℃下搅拌 2h。非常小心地逐滴加入 10% 的亚硫酸钠水溶液，直至淀粉碘化钾试纸呈阴性。然后分离有机相，并用水、饱和食盐水洗涤。

批注：过硫酸氢钾复合盐易溶解于水，由过硫酸氢钾、硫酸氢钾和硫酸钾组成（$KHSO_5 \cdot 0.5KHSO_4 \cdot 0.5K_2SO_4$），其氧化功能来自于高酸的化学性质，本身比较稳定，是使用方便的酸性氧化剂。然而，过硫酸氢钾复合盐除了氧化反应底物硫醚为砜外，还会氧化反应溶剂丙酮，使之生成具有爆炸性的过氧丙酮。建议采用 CH_2Cl_2、$CHCl_3$ 或其他合适溶剂更稳妥；即使这样，反应结束后也要用 10% Na_2SO_3 溶液将多余的过硫酸氢钾复合盐彻底淬灭掉才更安全。

例 5

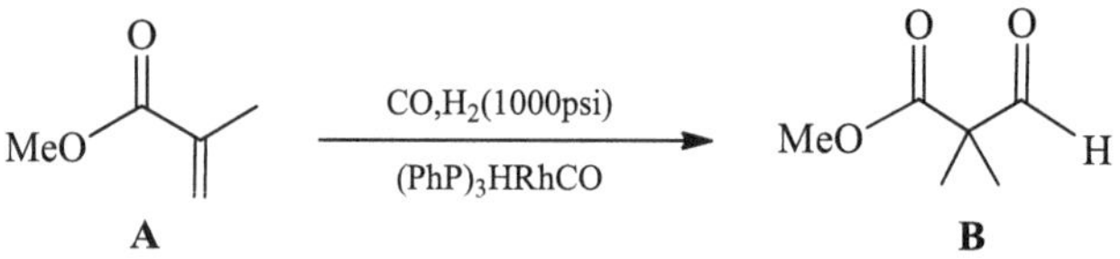

申报工艺：丙烯酸甲酯与 H_2/CO 混合气体在 55～65℃的高压（1000psi）催化条件下进行插羰基做醛的反应……

批注：丙烯酸酯在加热情况下可能发生放热聚合反应，密闭情况下风险很大，不建议这样做，或加合适阻聚剂。

例 6

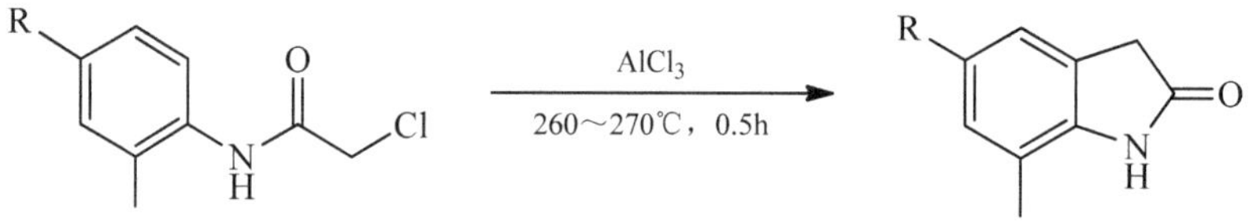

申报工艺：将反应瓶放在铝浴内，加 $AlCl_3$，升温到大约 260℃时将底物分批加入反应器中。反应 2h 后自然冷却，后处理是将固体反应物捣碎，分批加入水中。

批注：高温下需要注意 $AlCl_3$ 升华，其会凝聚在瓶子上部，可能造成堵塞而发生危险。本身的反应会大量放热，加底物会推高温度的快速上升，加上又在高温下进行，危险性极大。另外，一定要用机械搅拌，这样才能充分搅拌起来。

二、可能生成有毒有害产物（副产物）的反应

例 1

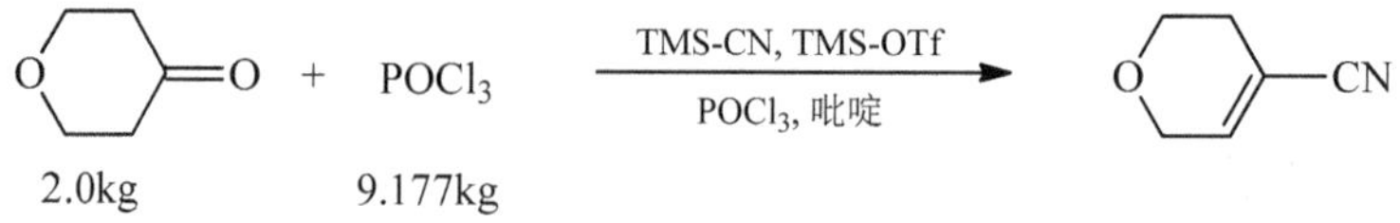

申报工艺：略。

批注：反应中有 HCN 产生，需做尾气吸收，并做在线 HCN 检测。操作区域的氢氰

酸气浓度报警和泄漏警示监测有仪器和化学两种方法。仪器方法：可用便携式氢氰酸气体测定仪；化学方法：可采用较精确的"联苯胺"法。详见第三篇第十七章第一节。

例 2

申报工艺：将甲醇钠（1mol/L，5mmol）加入化合物 **A**（5.30g，50mmol）的甲醇（100mL）溶液中……

批注：反应中有 HCN 和 NaCN 生成，要搭好尾气吸收装置，保证尾气能被次氯酸钠充分吸收，并在负压的通风橱内完成所有操作，充分做好保护措施。

例 3

申报工艺：将化合物 **A**（28g，0.16mol）溶于四氢呋喃（500mL）中，然后在 55～60℃下分批加入五硫化二磷（28g，0.13mol）。将反应混合液加热至回流，直至化合物 **A** 完全反应。过滤反应液，将滤液旋干得到粗产品 **B**，直接用于下步反应。

批注：五硫化二磷（P_2S_5 或 P_4S_{10}）作为硫化试剂，能将醇、羰基中的氧转变为相应的硫代化合物。虽然是黄绿色结晶固体（mp 276℃），但是遇空气中的水汽易分解成有恶臭气味的 H_2S，曾经发生过恶臭气味四溢，导致整个实验大楼的许多员工头晕恶心的事故。需要在负压强大的通风橱内操作，并做尾气吸收，吸收液用 2mol/L 的氢氧化钠溶液或次氯酸钠溶液。后处理的溶液也要用氢氧化钠或次氯酸钠溶液做彻底淬灭处理。

例 4

| | 1200g | 1030g | 3620g |

申报工艺：将上述化合物在甲苯中进行加热回流反应，检测终点，用 4L 含有 400mL 甲醇的饱和 $NaHCO_3$ 水溶液淬灭，用 DCM（2L×3）萃取。有机层用水洗，用无水 Na_2SO_4 干燥，浓缩得到产物。

批注：产物属于异腈，有强烈恶臭，令人恶心，要注意个体防护。所有器皿都要在通风橱内用盐酸、次氯酸钠或过氧化氢做淬灭处理。用 $NaHCO_3$ 水溶液淬灭会有大量二氧化碳生成，注意防止因气泡带出液体而溢料。

例 5

申报工艺：在-40℃，氮气保护下，将化合物 **A**(2.5g，19.5mmol)的无水乙醚(15mL)溶液加入三光气(1.94g，6.5mmol)的无水乙醚(25mL)溶液中，随后逐滴加入吡啶(1.65mL，19.5mmol)。将反应混合液升至室温(28～30℃)，然后搅拌 5h。反应混合液用硅藻土过滤，室温下减压浓缩滤液，得到粗产品 **B**。

批注：产物异氰酸酯有特殊刺激味，而且分子量小，易挥发，加重了伤害程度。要严格做好个人防护，做到不伤害自己也不伤害别人。

三、可能生成腐蚀性、刺激性产物(副产物)的反应

例 1

申报工艺：在 0℃下往 **B** 中分批加入 **A**。加完后，将反应液在 110℃下搅拌过夜。反应液冷却至 25℃后倒入冰水(100mL)中。过滤得到白色沉淀，然后水洗，随后进行真空干燥。

批注：该反应有 HCl 气体生成，反应式展开后就能清楚看出来：

$$ArH + 2HSO_3Cl \longrightarrow ArSO_2Cl + H_2SO_4 + HCl\uparrow$$

计算好反应底物的物质的量，就能推算出有多少摩尔的 HCl 气体生成，这个反应不能用气球封闭(一般超过 4L 就会胀破)，要将生成的腐蚀性气体及时导出去，而且要有尾气吸收装置，用碱性溶液吸收，尾气吸收装置中间还要搭建一个缓冲安全瓶。后处理时，应将冷却后的反应液慢慢倒入搅拌下的冰水里，过程中会大量放热，注意冷却，避免溢出冲料。

例 2

申报工艺：略。

批注：BBr₃ 及其反应副产物有强烈腐蚀性，脱苄没有必要采用 BBr₃ 方法，建议采用

氢化脱苄等温和方法。

例3

某反应，文献报道要加氢加压并在加盐酸情况下才能脱苄基（Bn）。研发人员在常压的情况下加氢脱苄没有成功，想申请在氢化实验室里用氢化瓶或压力釜做，反应式如下：

申报工艺：需要用氢气加压，并在 2mol/L HCl 的强酸性条件下反应。

批注：该反应在脱 Boc 后，游离胺会对钯有致毒作用，使钯失去活性，从而失去脱苄活力，所以要在强酸环境下进行。但是，氢化瓶或者压力釜的压力表等金属元件大多不耐强酸，2mol/L HCl 的强酸性会腐蚀仪表器件，造成仪器过早损坏，而且也很危险。

建议：先在自己的实验室内用 2mol/L HCl（强酸）脱 Boc，产品为弱酸性的盐酸盐，再去氢化室加氢脱苄。氢化瓶或高压釜可适应略偏酸环境，但不能承受强酸环境。

例4

申报工艺：在 0℃下，将三溴化磷加入溶有化合物 **A** 的乙醚溶液中。反应混合液在室温下搅拌过夜。反应完成后，冷却至 0℃，用碳酸氢钠水溶液淬灭。混合液用乙醚萃取两次。合并后的有机相用饱和食盐水洗，无水硫酸钠干燥，然后浓缩，得到无色油状产物 **B**。

批注：①反应热大，乙醚的热容量很小，如果反应量放大，容易冲料。最好选择异丙醚、甲基四氢呋喃等合适溶剂；②产物具有强烈催泪性，还可能有致敏性，需要做好个人防护；③用 $NaHCO_3$ 淬灭，注意有大量 CO_2 气体生成而可能导致溢出冲料。

第二十节　合成路线的设计和反应危险性的判断

制备一种化合物一般有多种合成路线或方法，合理设计合成路线在有机合成中是极其重要的，它反映了一个有机合成研发人员的基本功、知识的丰富性、头脑的灵活性和安全责任感，代表了一个人的合成水平和素质。采用合理的合成路线能够便捷安全地得到目标化合物，而采用笨拙的合成路线虽然最终也能得到目标化合物，但是付出的代价不仅仅是时间的浪费、项目的延误和合成成本的提高，更重要的是可能潜在安全隐患甚至引发事故、造成各种损失和伤害。

一、合成路线的设计目的与原则

合成一种有机化合物常常可以有多种路线,可用不同的原料,通过不同的反应和途径,获得所需要的目标化合物。不同的目的就有不同的思路,不同的思路就有不同的设计原则,不同的设计原则就有不同的合成路线,不同的合成路线就有不同的安全性。

(一)以发表论文为目的时的安全问题

1. 作为论文目标物的中间体或原料

如果合成的化合物是离论文目标物很远的中间体或起始原料,就不是论文工作的重点,不能花费很长时间或很多精力去进行文献方法的仔细比对和详细摸索,所以利用手头现有原材料进行设计,以最简便方法合成出来就行。但是这种思路往往会因不顾代价、赶时间等产生一些安全隐患。

2. 作为论文目标物

如果合成的化合物是作为论文目标物,除了注重商业价值的论文外,大多学术性论文的重点不一定注重实用性和安全性,而主要是创造性、新颖性、时效性。此"三性"体现在合成路线的设计上,是为了表达新的思想,所用的合成路线应该是新颖的,反应条件是创新的,方法是与众不同、别具一格的,这时考虑的主要问题大多不是合成成本的问题,甚至也不一定太多考虑安全问题。这时也往往会因不惜代价、一味追求狭义目的而产生一些安全隐患问题。论文的发表是一些论文作者的主要目的,至于安全问题一般不会考虑太多,也不会在论文中作详细描述甚至根本就不加注释,所以这样的论文发表后,给后人作为文献来参考,就会留下很多安全隐患,甚至误导,许多研发人员为此吃过亏。

新药研发初期的合成路线的设计与实践,虽然不一定是按照发表论文的程序去做,但多数是为了快捷赶时间去合成大量目标化合物,从而常常忽视一些安全问题。

(二)合成工艺的摸索和改进

纯粹合成工艺的摸索和改进大多具有商业性质,涉及实用性,要讲究成本、简便性和安全性。合成路线的设计与选择应该是以最低成本、最简单、最安全地得到目标化合物为原则,即如果目标化合物是以工业生产为目的,则选择的合成路线应该以最低的合成成本和安全可靠为原则。一般情况下,简短的合成路线,反应总收率较高,因而合成成本最低,而长的合成路线总收率较低,合成成本较高。但是,在有些情况下,较长的合成路线由于每步反应都有较高的收率,且所用的试剂较便宜,因而合成成本反而较低,而较短的合成路线由于每步反应收率较低,所用试剂价格较高,合成成本反而较高。所以,如果以工业生产为目的,则合成路线的设计与选择应该以计算出的和实际结果得到的合成成本最低而且安全可靠为基本原则。

（三）合成路线的设计和选择原则

合成路线的设计和选择原则包括以下几个方面。

1. 原料的选择原则

廉价易得；危险性低，尽量避免使用易燃易爆有毒物品；使用环保型原材料，避开强酸强碱高污染物品，选用绿色环保型、原子经济性(原子利用率高)的试剂或原料。

2. 工艺要简单

步骤少，路线简捷，避免过繁过长；操作简单，避免复杂化；易于分离，产率较高；反应与后处理最好常温常压，避免高温高压高真空或过低温度，极端苛刻要求会导致高投入而且危险性大的一系列问题。

3. 成本要低、收率和质量要高

低成本、高收率和优质是最终目的，但是三者都必须建立在安全的基础上，不能忽视事故成本。

4. 安全要贯彻于整个设计原则中

总之，原料的选择、工艺的确定、收率与成本的权衡、安全评估等都与合成路线的设计与优化有关。在合成路线的设计与优化过程中，始终坚持把安全放在首位是非常重要的，不能等出了事故再去考虑如何重新设计新路线。

二、反应危险性的定性评估

反应危险性的定性评估是指，从反应的化学性及化学过程、物理性及物理过程、所涉及的仪器设备和环境等方面进行综合评估。

(1)首先要评估反应所用底物、试剂、反应中间体、反应产物以及溶剂和催化剂等辅助剂的各种危险性，以及它们之间相互作用后可能产生的危险性。例如，是否有易燃易爆危险性、是否有毒害性、是否有腐蚀性、是否有刺激性、是否有致敏性等。

不但要从化合物整体结构特征上分析其危险性，更主要的是要从有机化合物所属官能团结构上分析其危险性，因为绝大多数有机化合物的活性官能团决定其化学性能和物理性能，这是化学的基本规律。通过活性官能团的类别及其所属位置可以定性判断是否存在聚合、分解等剧烈副反应，是否有爆炸性、毒害性、腐蚀性、刺激性和致敏性，是否有气体产生等情况。这些问题，在一般的文献资料中是不会详细介绍的，即使普遍认为可靠的像MSDS、OS 等主流文献资料，也会因撰写人的知识水平所限、科学技术的变迁和进步、所做调查和实践等条件所限，会遗漏一些真正的危险警示描述，所以这些资料都只能做参考，不能盲目相信、盲目照搬。

(2)评估反应开始、反应进行中、反应结束和反应后处理等环节的热量变化，是否存在反应速率与反应温度密切相关的温度临界值等危险因素，必要时可借助量热仪如 DSC

等进行反应热测定。

(3) 评估反应的安全容纳量、安全空间是否足够。

(4) 评估反应条件是否苛刻，能否以更温和的方式进行，化险为夷。

(5) 评估该反应中的各种危险性对仪器设备的要求，能否变通替换，转危为安。

(6) 评估反应规模大小与危险性的关系。

(7) 评估能否改换其他更安全的原料、合成工艺、操作和仪器设施。

(8) 评估其他可能存在的危险性。

第二十一节　危险有机物的结构特征

有机合成实践中相当大比例的事故起源于危险性物品。危险性物品分单质和化合物两类，危险性化合物又分危险性无机化合物和危险性有机化合物。

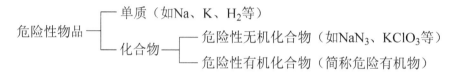

危险性有机化合物简称危险有机物，本节主要讨论危险有机物的结构特征。

结构决定性能是化学的基本规律，近些年来，一些研究人员(见蒋军成，潘勇：《有机化合物的分子结构与危险特性》)根据这一规律采用定量构效关系(quantitative structure-activity relationship，QSAR)或定量结构-性质相关性(quantitative structure-property relationship，QSPR)来揭示物质微观结构与宏观性质之间的定量关系。其基本假设是：有机化合物的性能与分子结构密切相关，分子结构不同，性能就不同，而分子结构可以用反映分子结构特征的各种参数来描述，即有机化合物的各类理化性质可以用化学结构的函数来表示。通过对分子结构参数和所研究性质的实验数据之间的内在关系采用合适的统计建模方法进行关联，建立分子结构参数与理化性质之间的定量关系模型。一旦建立了可靠的定量结构-性质相关模型，仅需要分子的结构信息，就可以用它来预测新的或尚未合成的有机化合物的各种性质。

危险有机物的危险本质是它们含有一个或多个不稳定化学中心，不稳定化学中心也称化学活性中心或化学活性部位，一般是由化学活性的基团组成。对于危险有机物，如果施加人的不安全行为，或置于一个不稳定的环境下(如 pH、温湿度等)，就可能会发生事故。

危险有机物一般含有哪些不稳定中心呢？

1) 爆炸性基团

有机合成实验室常用的危险有机物中的一些主要高感度"爆炸性基团"大约有几十种，详见第二篇第十三章第三节。这些对热敏感的基团越多，或放热焓变 ΔH 越大，危险性就越大；不但事故概率大，而且能量大，危害性也就相应增大。

2) 反应性很强的基团

分子内如果含有多个反应性很强的基团，再加上适当条件(温度、酸碱度、杂质催化剂、光等)，就易发生自身或分子间的聚合等反应，并强烈放热，导致爆炸等事故发生。

3）毒害基团

毒害基团包括具有强腐蚀性的强酸性或强碱性基团，引起致敏性的芳杂环卤代物、活性位置被卤素取代的化合物（α 位卤素取代或烯丙位卤素取代的化合物）、发臭基团等。

4）其他功能基团

其他功能基团包括潜在的产气基团、可能生成过氧化物的基团（或结构）、化合物中的放射性元素、DNA 甲基化剂等。

案例 1

某研发小组按照客户提供的成熟工艺条件并在多次几十克到百克级成功经验的基础上进行公斤级放大反应：

将 1.15kg 原料 **A**（9.91mol，1eq.）、过硫酸氢钾复合盐（oxone，10.5kg，17.1mol，过氧化物为 3.44eq.）和丙酮（24L）放入 50L 的反应瓶中，同量一共两锅。室温（25℃）下反应过夜 12h，取少量反应液过滤，滤液浓缩，进行核磁检测确认反应完成，对两锅放大反应开始后处理，过滤，将滤液旋干，两锅共得到 1.7kg 产品 **B**。所得滤饼用丙酮重新打浆并在室温下过夜，分为两锅，每锅加丙酮 20L。第二天早上过滤，在将滤液旋干的过程中发生爆炸，见图 26-2。

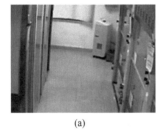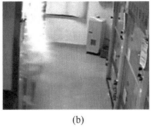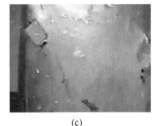

（a）　　　　　　　　　　（b）　　　　　　　　　　（c）

图 26-2　事故录像截图

(a)爆炸前；(b)起爆；(c)爆炸瞬间

原因分析：可能是过硫酸氢钾复合盐（oxone）与丙酮反应生成过氧丙酮。1980 年 Curci 首次经由过硫酸氢钾复合盐和丙酮作用得到过氧丙酮（The Journal of Organic Chemistry，1980，45，4758）。而环形结构的三过氧化三丙酮（triacetone triperoxide，TATP）在 1895 年由化学家 Richard Wolffenstein 作为熵炸药而发明。过硫酸氢钾复合盐与丙酮的反应虽然很慢，但是一旦有过氧丙酮生成，达到一定量时，其爆炸感度和威力是可想而知的。在主反应进行时，反应底物硫代环己酮的两价硫优先抢着与过硫酸氢钾复合盐发生作用，而一旦硫代环己酮的两价硫被氧化为亚砜或砜后，反应能力较弱的溶剂丙酮就会乘机与过硫酸氢钾复合盐发生作用而生成过氧丙酮，甚至生成环形结构的三过氧化三丙酮（TATP），即便过氧丙酮的量不会很多，但是起爆敏感，分解爆炸威力巨大。反应式为

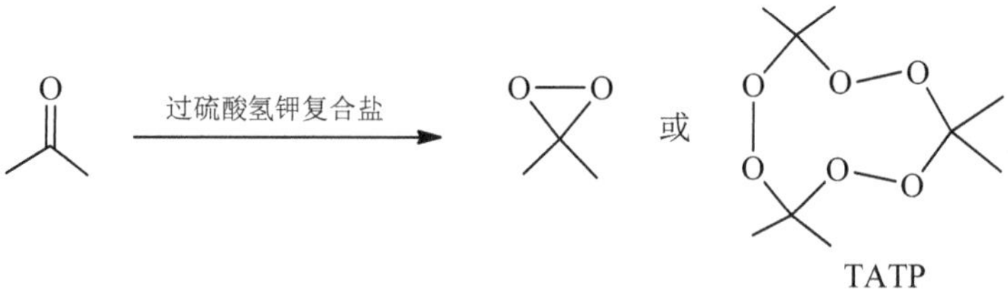

TATP

在第二次用丙酮打浆过程中，多余的过硫酸氢钾复合盐只好与丙酮反应，加上长时间搅拌，充分接触，生成部分过氧丙酮，在浓缩过程中便发生分解爆炸。

另外，这是一个放大的危险反应，危险系数随反应物料的数量增加而大为增加，这是化学反应基本的危险特性。

虽然该反应在进行公斤级放大之前做过 A 和 B（反应底物和产物）的 DSC 分析，也以此数据进行了安全评估，但是检测和分析得不全面，反应底物和产物的 DSC 数据虽然很好，但是实际问题是出在过硫酸氢钾复合盐与丙酮的反应产物上。

案例 2

分子内或分子间发生反应而导致爆炸或冲料：

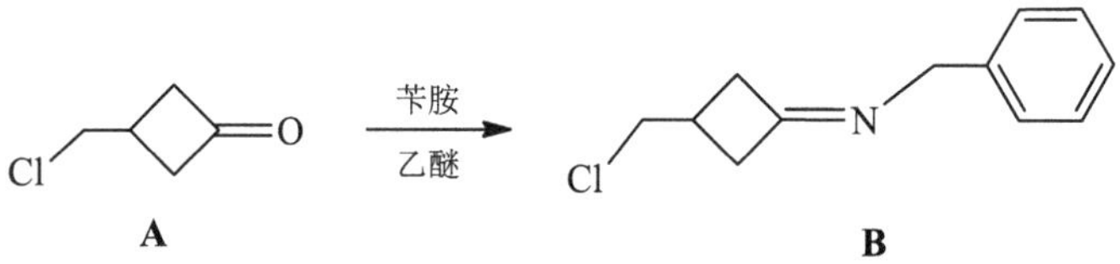

在 0℃下，将苄胺加入化合物 **A** 的无水乙醚溶液中，然后逐滴加入四氯化钛的戊烷溶液。将反应混合液升温至 20℃，并搅拌过夜。TLC 板显示反应完成。过滤反应液，将滤液倒入 1mol/L 的氢氧化钠水溶液中，然后用甲基叔丁基醚萃取三次。合并后的有机相用无水硫酸钠干燥，过滤。将滤液旋干，得到化合物 **B**。

结果在得到油状产物 **B** 后的大约 1h，装有产物的瓶子发生爆炸。

原因分析：产物 **B** 分子内存在 δ^+ 和 δ^- 两处能相互反应的反应活性点，易发生分子间的聚合放热反应。分子内有两处或两处以上存在诸如 δ^+ 和 δ^- 的强的反应活性点，在条件成熟的情况下，可能会发生分子内或分子间的偶合反应，有的形成诸如五元环的热力学稳定态，得到完全不同的分子内偶合产物，有的是分子间手拉手的聚合物。如果这类聚合反应是瞬间剧烈放热的，就会发生爆炸或冲料，由于高温（如接近 400℃或超过）继而碳化，颜色加深甚至变黑。

批注：注意产物含有两个以上能相互反应的活性中心，当产物被浓缩时或放置时，可能会发生分子间偶联聚合的放热反应，甚至碳化爆炸。

案例 3

某研发人员做一个胺酯交换反应：

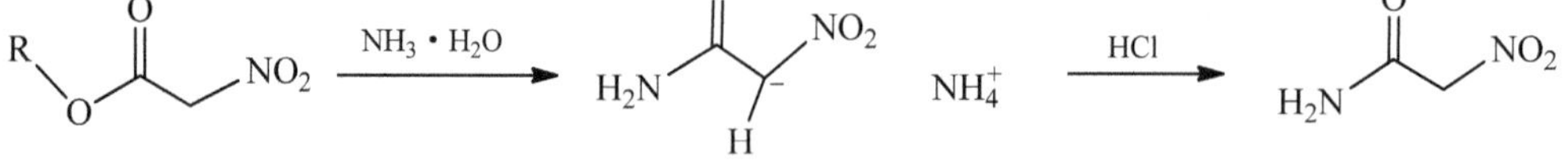

反应结束后，调 pH，产物沉淀，研发人员将含水的粗产物硝基乙酰胺放在旋蒸瓶里，

减压抽干。水浴 50℃，中途发现旋蒸瓶内的内容物突然冒起白烟，大量白烟抵消真空，形成正压而冲出放气孔，旋蒸瓶被强大气压冲脱而掉落，大量棕红色的气体随同物料冲出，弥漫在实验室的整个空间，见图 26-3。强大的后坐力将瓶子连同水浴锅冲离，物料冲至天花板。

图 26-3　事故录像截图

原因分析：产物为不稳定的危险化合物，有四个化学活性部位。在某个温度轨迹、酸碱度轨迹等多因素轨迹的交合点上，会发生分子间偶联聚合和(或)分解反应。物料颜色变深，可能是分子间发生偶联聚合反应，形成多个共轭双键(发色基团)；棕红色的气体可能为分解的二氧化氮。

复习思考题

1. 危险反应与哪些因素有关？如何考量反应的危险性？
2. 深刻理解化合物的结构特征决定性能是化学的基本规律。

主要参考文献

陈瑛. 2006. 克己复礼与公民道德建设. 湖南科技学院学报, 27(2): 1-4

范雪卿, 李彬. 2007. 触电事故及防止触电事故的基本要素和方法. 煤, (7): 63-65

冯忠良, 伍新春, 姚梅林, 等. 2010. 教育心理学. 2版. 北京: 人民教育出版社

甘心孟, 沈斐敏. 2000. 安全科学技术导论. 北京: 气象出版社

洪永汉. 1995. 辐射防护最优化的基本方法和程序. 核动力工程, 16(4): 365-370

江玉波, 匡春香, 韩春美, 等. 2012. 有机叠氮化合物的合成研究进展. Chin J Org Chem, 32(12): 2231-2238

蒋军成. 2011. 危险化学品安全技术与管理. 2版. 北京: 化学工业出版社

李高. 2000. 稳定同位素标记药物在临床药代动力学研究中的应用. 中国临床药理学杂志, 16(1): 58-62

李树臣, 李保国, 王洁. 2005. 浅谈锌汞齐的回收利用与无害化处理. 内蒙古石油化工, (12): 19

李文吉, 孙京津. 1995. 从几起爆炸事故看环氧乙烷安全管理的必要性. 日用化学品科学, (3): 25

林刚. 2004. 重氮甲烷的性质及生产使用//《低温与特气》百期庆典暨低温与气体技术交流大会论文集. 大连: 低温与特气杂志编辑部: 72-77

刘瞻. 2000. 叠氮化合物的结构和性质. 怀化师专学报, 19(2): 50-57

刘中兴, 谢佳欣, 石宁, 等. 2009. 过氧化氢溶液分解特性研究. 齐鲁石油化工, 37(2): 99-102

苗金明, 徐德蜀, 陈百年, 等. 2005. 职业健康安全管理体系的理论与实践. 北京: 化学工业出版社

覃容, 彭冬芝. 2005. 事故致因理论探讨. 华北科技学院学报, 3: 1-10

许景文. 1993. 恶臭生物处理的研究. 上海环境科学, 11: 33-37

许正权, 宋学锋, 李敏莉. 2006. 本质安全化管理思想及实证研究框架. 中国安全科学学报, 16(12): 79-85

王克强, 孙献忠. 2001. 有机化合物的闪点与沸点的关联及计算. 计算机与应用化学, 18(6): 581-584

王如君. 2005. 事故致因理论简介(上). 安全、健康和环境, (4): 10-12

王翔朴. 1981. 化学物质引起的职业性变态反应性疾病. 国外医学(卫生学分册), (3): 20-22

翁干友, 史建公. 2001. 有机过氧化物的性质、分类及用途. 石化技术, 8(1): 63-66

张恒山. 2002. 法理要论. 3版. 北京: 北京大学出版社

张文显. 1989. 规则、原则、概念——论法的模式. 现代法学, (3): 27-30

张志刚, 蒋慧灵, 黄平. 2007. 双氧水爆炸事故机理分析及预防措施研究. 安全与环境学报, 7(4): 108-110

张治国, 尹红. 2007. 环氧乙烷环氧丙烷开环聚合反应动力学研究. 化学进展, 19(4): 575-582

赵晶晶, 常健辉, 王伟, 等. 2011. 浅谈化学实验室的防护手套. 科技创新导报, (28): 128-129

周长江. 2004. 危险化学品安全技术管理. 北京: 中国石化出版社

朱福印, 施善林. 2009. 氨基氰稳定剂的选择. 无机盐工业, 41(2): 59-62

彩　　图

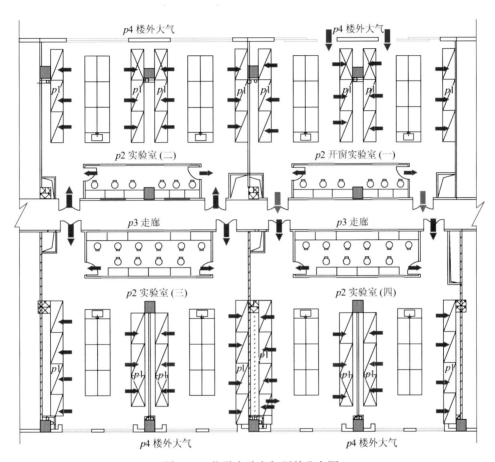

图 8-11　化学实验室气压差分布图

图 10-10　指针在正常（绿色）区域

图 10-11　指针在不正常（红色）区域